U0888759

现代高分子科学名著译丛

医用纺织品手册

（德） V. T. 巴特尔斯（V. T. Bartels） 主编
钱志勇 等译
吴大诚 李瑞霞 校

Handbook of Medical Textiles

化学工业出版社
·北京·

Handbook of Medical Textiles
V. T. Bartels
ISBN:9781845696917
© Woodhead Publishing Limited,2011
The authors have asserted their moral rights.
Authorized Chinese translation published by Chemical Industry Press Co. ,Ltd..

《医用纺织品手册》(钱志勇 等译)
ISBN:9787122392336
Copyright © Elsevier Ltd. and Chemical Industry Press Co. ,Ltd. All rights reserved.
No part of this publication may be reproduced or transmitted in any form or by any means, electronic or mechanical, including photocopying, recording, or any information storage and retrieval system, without permission in writing from Elsevier (Singapore) Pte Ltd. Details on how to seek permission, further information about the Elsevier's permissions policies and arrangements with organizations such as the Copyright Clearance Center and the Copyright Licensing Agency, can be found at our website: www. elsevier. com/permissions.
This book and the individual contributions contained in it are protected under copyright by Elsevier Ltd. and Chemical Industry Press Co. , Ltd. (other than as may be noted herein)

This edition of Handbook of Medical Textiles is published by Chemical Industry Press Co. ,Ltd. under arrangement with Elsevier Ltd.
This edition is authorized for sale in China only, excluding Hong Kong, Macau and Taiwan. Unauthorized export of this edition is a violation of the Copyright Act. Violation of this Law is subject to Civil and Criminal Penalties.

本版由 Elsevier Ltd. 授权化学工业出版社有限公司在中国大陆地区（不包括香港、澳门以及台湾地区）出版发行。
本版仅限在中国大陆地区（不包括香港、澳门以及台湾地区）出版及标价销售。未经许可之出口，视为违反著作权法，将受民事及刑事法律之制裁。
本书封底贴有 Elsevier 防伪标签，无标签者不得销售。

注意

本书涉及领域的知识和实践标准在不断变化。新的研究和经验拓展我们的理解，因此须对研究方法、专业实践或医疗方法作出调整。从业者和研究人员必须始终依靠自身经验和知识来评估和使用本书中提到的所有信息、方法、化合物或本书中描述的实验。在使用这些信息或方法时，他们应注意自身和他人的安全，包括注意他们负有专业责任的当事人的安全。在法律允许的最大范围内，爱思唯尔、译文的原文作者、原文编辑及原文内容提供者均不对因产品责任、疏忽或其他人身或财产伤害及/或损失承担责任，亦不对由于使用或操作文中提到的方法、产品、说明或思想而导致的人身或财产伤害及/或损失承担责任。

北京市版权局著作权合同登记号：01-2021-5254

图书在版编目（CIP）数据

医用纺织品手册/(德）V. T. 巴特尔斯（V. T. Bartels）主编；钱志勇等译.
—北京：化学工业出版社，2021. 8
书名原文：Handbook of Medical Textiles
ISBN 978-7-122-39233-6

Ⅰ. ①医… Ⅱ. ①V… ②钱… Ⅲ. ①医用织物-手册 Ⅳ. ①TS106. 6-62

中国版本图书馆 CIP 数据核字（2021）第 101820 号

责任编辑：傅四周 李建丽　　装帧设计：王晓宇
责任校对：杜杳然

出版发行：化学工业出版社（北京市东城区青年湖南街 13 号 邮政编码 100011）
印　　装：凯德印刷（天津）有限公司
787mm×1092mm 1/16 印张 27¾ 彩插 1 字数 631 千字 2022 年 1 月北京第 1 版第 1 次印刷

购书咨询：010-64518888　　售后服务：010-64518899
网　　址：http://www. cip. com. cn
凡购买本书，如有缺损质量问题，本社销售中心负责调换。

定　　价：199. 00 元　　版权所有 违者必究

作者名单和通讯录

主编

V. T. Bartels
Bartels Scientific Consulting GmbH
Heidestrasse 26
74336 Brackenheim
Germany
E-mail：vt. bartels@bartels-scientific. de

第 1 章

S. Petrulyte* and **D. Petrulis**
Department of Textile Technology
Kaunas University of Technology
Studentu 56
LT-51424
Kaunas
Lithuania
E-mail：salvinija. petrulyte@ktu. lt；
donatas. petrulis@ktu. lt

第 2 章

S. Rajendran* and **S. C. Anand**
Institute for Materials Research and Innovation
University of Bolton
Bolton
BL3 5AB
UK
E-mail：S. Rajendran@bolton. ac. uk

第 3 章

H. M. Zins
Howard M. Zins Associates LLC
810 Rotherham Drive
Ballwin
MO 63011
USA
E-mail：hmzins@yahoo. com

第 4 章

J. R. Ajmeri* and **C. Joshi Ajmeri**
Department of Textile Technology
Sarvajanik College of Engineering and Technology

Dr R. K. Desai Marg
Athwalines
Surat-395 001
Gujarat
India
E-mail：jajmeri@hotmail. com

第 5 章

M. Doser* and **H. Planck**
Department of Biomedical Engineering
Institute of Textile Technology and Process Engineering (ITV)
German Institutes for Textile and Fiber Research Denkendorf (DITF)
Koerschtalstrasse 26
73770 Denkendorf
Germany
E-mail：Michael. doser@itv-denkendorf. de

第 6 章

R. Mathis *
BASF Personal Care and Nutrition GmbH
Rheinpromenade 1
40789 Monheim
Germany
E-mail：Raymond. Mathis@Cognis. com

A. Mehling
BASF Personal Care and Nutrition GmbH
Henkelstrasse 67
40551 Düsseldorf
Germany
E-mail：Annette. Mehling@Cognis. com

第 7 章

U. S. Toti，**S. G. Kumbar** *，**C. T. Laurencin**，**R. Mathew** and **D. Balasubramaniam**
Department of Orthopaedic Surgery
Department of Chemical，Materials and Biomolecular Engineering
University of Connecticut Health Center
263 Farmington Avenue
Farmington
CT 06030
USA
E-mail：Kumbar@uchc. edu

第 8 章

G. Song *
Department of Human Ecology
University of Alberta
Edmonton，AB
T6G 2N1
Canada
E-mail：guowen. song@ualberta. ca

W. Cao
Department of Family and Consumer Sciences
California State University-Northridge
18111 Nordhoff Street
Northridge，CA
91330-8309
USA
E-mail：wei. cao@csun. edu

R. M. Cloud
Family and Consumer Sciences
Baylor University
One Baylor Place 97346
Waco，TX
76798-7346
USA
E-mail：rinn _ cloud@baylor. edu

第 9 章

V. T. Bartels
Bartels Scientific Consulting GmbH
Heidestrasse 26
74336 Brackenheim
Germany
E-mail：vt. bartels@bartels-scientific. de

第 10 章

U. Wollina
Department of Dermatology and Allergology
Hospital Dresden-Friedrichstadt
Academic Teaching Hospital of the Technical University of Dresden
Friedrichstrasse 41

01067 Dresden
Germany
E-mail：wollina-uw@khdf. de

第 11 章

R. Weckmann
Dr Rainer Weckmann Textile Consulting
Sulzbergring 14
74336 Brackenheim
Germany
E-mail：dr. weckmann@web. de

第 12 章

U-C. Hipler* and **C. Wiegand**
Department of Dermatology and Allergology
Friedrich Schiller University Hospital Jena
Erfurter Str. 35
07740 Jena
Germany
E-mail：Christina. Hipler@med. uni-jena. de

第 13 章

R. James
Centre for Healthcare Associated Infections
University of Nottingham
CBS Building
University Park
Nottingham
NG7 2RD
UK
E-mail：richard. james@nottingham. ac. uk

第 14 章

F. Wiesemann* and **R. Adam**
Procter & Gamble Service GmbH
Sulzbacher Strasse 40
65824 Schwalbach am Taunus
Germany
E-mail：wiesemann. f@pg. com；
adam. r@pg. com

第 15 章

S. Liu
Department of Textile Sciences
University of Manitoba
Winnipeg
Manitoba R3T 2N2
Canada
E-mail：lius0@cc. umanitoba. ca

G. Sun*
Division of Textiles and Clothing
University of California，Davis
CA 95616
USA
E-mail：gysun@ucdavis. edu

第 16 章

J. Beringer* and **J. Kurz**
Hohenstein Institute
Schloss Hohenstein
74357 Bönnigheim
Germany
E-mail：j. beringer@hohenstein. de；
j. kurz@hohenstein. de

第 17 章

R. H. McQueen
Department of Human Ecology
University of Alberta
Edmonton，AB
T6G 2N1
Canada

E-mail: rachel. mcqueen@ualberta. ca

第 18 章

W. Zhong
Department of Textile Sciences
Faculty of Human Ecology
University of Manitoba
R3T 2N2
Canada
E-mail: zhong@cc. umanitoba. ca

第 19 章

U. Möhring, **D. Schwabe*** and **S. Hanus**
TITV Greiz-
Textilforschungsinstitut
Thüringen-Vogtland e. V
Zeulenrodaerstrasse 42-44
07973 Greiz
Germany
E-mail: d. schwabe@titv-greiz. de

第 20 章

W. Nocker
Consultant
Roseggerstrasse 9
85521 Ottobrunn
Germany
E-mail: wnocker@yahoo. de

第 21 章

M. Walz
Eschler Textil GmbH
Max-Planck-Str. 10
72336 Balingen
Germany
E-mail: michael. walz@eschler. de

第 22 章

C. Rotsch, **H. Oschatz***, **D. Schwabe**, **M. Weiser** and **U. Möhring**
TITV Greiz-
Textilforschungsinstitut
Thüringen-Vogtland e. V
Zeulenrodaerstrasse 42-44
07973 Greiz
Germany
E-mail: h. oschatz@titv-greiz. de

第 23 章

G. Bartkowiak* and **I. Frydrych**
Central Institute for Labour Protection
National Research Institute
Department of Personal Protective Equipment
Wierzbowa 48
90-133 Łódź
Poland
E-mail: grbar@ciop. lodz. pl

I. Frydrych
Technical University of Lodz
90-924 Łódź
Żwirki 36
Poland
E-mail: iwona. frydrych@p. lodz. pl

第 24 章

L. Van der Schueren* and **K. De Clerck**
Department of Textiles
Ghent University
Technologiepark 907
9052 Zwijnaarde (Ghent)
Belgium
E-mail: lien. vanderschueren@ugent. be;
karen. declerck@ugent. be

译者简介

钱志勇，博士，四川大学二级教授、博导，国家杰出青年基金获得者，国家“万人计划”科技创新领军人才，中国医药生物技术协会纳米生物技术分会主任委员，四川大学华西医院生物治疗国家重点实验室纳米生物医学研究室主任。担任 *Signal Transduction and Targeted Therapy*、*Chinese Chemical Letters*、*Journal of Biological Engineering* 等期刊副主编。主要研究方向是纳米生物材料和纳米药物，以通讯和共同通讯作者身份在 *Science Advances*、*Nano Today*、*Adv Funct Mater*、*Adv Sci*、*ACS Nano*、*Acta Pharm Sinica B*、*Chin Chem Lett* 等国内外知名学术期刊发表学术论文 100 余篇，被他引 6000 余次，2015～2020 年连续入选 Elsevier 中国高被引学者榜单。有两组专利技术与企业达成转让协议，其中“注射用多西他赛聚合物胶束”和“注射用紫杉醇聚合物胶束”已经获得 2 项药物临床试验批件。以第一完成人身份获得 2019 年度高等学校科学研究优秀成果奖（科学技术）自然科学奖一等奖、成都市自然科学奖，并获得四川省青年科技奖、2019 年度“药明康德生命化学研究奖学者奖”，入选《中国化学快报》主办的第一届 CCL 优秀青年学者。

译 者 名 单

第 1 章	彭锦荣　钱志勇	第 13 章	周　凯　钱志勇
第 2 章	袁利萍　郑　静　钱志勇	第 14 章	楚冰洋　钱志勇
第 3 章	陈　昱　郑　静　钱志勇	第 15 章	韩茹霞　钱志勇
第 4 章	何鑫业　郑　静　钱志勇	第 16 章	查若愚　郑　静　钱志勇
第 5 章	胡丹蓉　钱志勇	第 17 章	曲　莹　郑　静　钱志勇
第 6 章	贾彦鹏　郑　静　钱志勇	第 18 章	许韫韬　郑　静　钱志勇
第 7 章	李　浪　钱志勇	第 19 章	杨　云　钱志勇
第 8 章	潘　梦　郑　静　钱志勇	第 20 章	肖　垚　钱志勇
第 9 章	贺欣龙　郑　静　钱志勇	第 21 章	周小涵　郑　静　钱志勇
第 10 章	郝　颖　郑　静　钱志勇	第 22 章	杨　帆　钱志勇
第 11 章	孙　鳌　郑　静　钱志勇	第 23 章	杨成莉　钱志勇
第 12 章	刘庆亚　钱志勇	第 24 章	史　琨　郑　静　钱志勇

注：翻译者除郑静外，全部为四川大学钱志勇教授团队成员。郑静老师为成都信息工程大学图书馆学科馆员。

校者前言

此译本《医用纺织品手册》原书的英文书名为“Handbook of Medical Textiles”，是伍德海德纺织丛书（Woodhead Publishing Series in Textiles）的第 100 号，于 2011 年由伍德海德出版公司出版发行。全书共分 24 章，每一章都可以视为一篇独立的综述评论文章，由该领域的权威专家撰写。这套丛书是由久负盛名的英国纺织学会（The Textile Institute）与伍德海德出版公司共同编辑并编号出版的，目前已经出版到近第 200 号，是国际上涵盖面最广的一套纺织丛书，对于整个纺织科学和工程从基础到最新发展都一览无遗，可以认为是这一领域最重要的专业参考书籍。

正如原书主编 V. T. Bartels 在前言中所述：“纺织品最令人兴奋的应用是其医疗用途。医用纺织品位于技术学科和生命科学的交汇处……所有不同的科学彼此相互作用，相互重叠。其中一门学科的新发展可能也会推动其他学科的创新。”所以，尽管本书潜在的主要读者是纺织和医疗两个领域的研究者、专家和管理人员，但对与此二领域交叉的众多研究者都有所裨益。

我国是世界上纺织品生产和消费量最大的国家，在医用纺织品方面也是如此。我们认为，为了加强对于医用纺织品的研究和开发，更好参考国外同行的经验，花费时间翻译介绍本书是一项有益的工作。国外同行在这一方面的努力于伍德海德纺织丛书中就有集中的反映。例如，除本书之外，此丛书论及医用纺织品的还有：第 48 号《医疗用医用纺织品和生物材料》（主编 S. C. Anand，M. Miraftab，S. Rajendran 和 J. F. Kennedy）；第 63 号《医疗保健用智能纺织品：材料、体系和应用》（主编 L. Van Langenhove）；第 75 号《医疗保健用纺织品》（主编 S. C. Anand，J. F. Kennedy，M. Miraftab 和 S. Rajendran）；第 77 号《生物灵感纺织品》（主编 A. Abbott 和 M. Ellison）；第 107 号《纺织生物技术进展》（主编 V. A. Nierstrasz 和 A. Cavaco Paulo）；第 108 号《卫生和感染控制用纺织品》（主编 B. McCarthy）；第 113 号《作为医用植入物的生物纺织品》（主编 M. W. King，B. S. Gupta 和 R. Guidoin）；第 174 号《医用纺织材料》（主编 Qin）。此外，还有联合 Elsevier 于 2019 年出版的《伤口护理用高级纺织品》（主编 S. Rajendran），都值得大家参考。

本书作为专业技术书籍，主要读者对象是专家学者，可供他们进一步研究时参考借鉴。但是，本书论述的医用纺织品，不仅仅是医院的医生、护士和患者所必须使用的，有些医用纺织品已经成为人们日常生活中不可缺少的一部分了，例如一次性尿布。婴儿从出生就开始使用医用纺织品，虽然大部分人每天都在使用，但却没有把它当成医用纺织品，因为太普通了，根本不会把它与高科技关联起来。实际上，这是一个很好的例子：化学家发明了一种超高吸水聚合物，1 克聚合物可以吸收几十克甚至近 1 千克的水，这就为一次性尿布的发明提供了材料学的基础；经过许多发明家和医用纺织品生产者的不懈努力，这项产品的舒适度和接受度已经很高，可谓家喻户晓！与此原理相同的产品还有成人失禁用的内裤和床垫、女性的卫生巾等，产品惠及广大人群，并创造了许多工作岗位。这项发明就是多学科协同努力的一个成功实例。本书中有专门章节论述这种神奇的产品，对其中的科学道理以十分浅显的方式做了深入讨论，甚至适合感兴趣的广大公众阅读参考。

本书的责任编辑傅四周先生对工作认真负责，帮助译校者避免了许多译文中的错误。在本书付印之际，译校者深表感谢！

四川大学教授、四川大学华西医院生物治疗国家重点实验室纳米生物医学研究室主任、中国医药生物技术协会纳米生物技术分会主任委员钱志勇教授的团队对原著进行翻译。钱志勇教授及其团队具有生物医学和高分子科学与工程的多学科背景，在这些交叉学科的领域进行和完成多项创新研究，取得了丰硕的成果，由他的团队对本书进行翻译是十分恰当的。成都信息工程大学郑静老师也参与了翻译工作。本人和李瑞霞教授有幸参加校订，特此推荐。

最后，我们计划请原书主编 V. T. 巴特尔斯先生为中译本作序，给我国读者介绍原书出版后继续的发展方向。但是，虽多方设法，仍与巴特尔斯先生无缘，译校者深感遗憾，仅此对他主编这本有用手册表示感谢！

吴大诚

2021 年 1 月于四川大学纺织研究所

原版前言

纺织品最令人兴奋的应用是其医疗用途。医用纺织品位于技术学科和生命科学的交汇处（见下图）。一方面，从技术方面看来，我们有纺织工程、化学、测试和鉴定；而另一方面，我们有生命科学，如医学、微生物学、舒适性或压力（要注意下图中学科罗列绝非十分完整）。所有不同的科学彼此相互作用，相互重叠。其中一门学科的新发展可能也会推动其他学科的创新。例如，新的超高吸水剂是化学家发明的可形成凝胶的物质，引导开发出新型婴儿尿布和医用成人失禁产品。三维间隔织物（纺织工程）或生物功能服装（化学）被迅速用于新的医疗产品，如绷带或特应性湿疹患者的服装。相反，不同的学科有其自身的需求，这些需求并不总是一致的。例如，组织中使用的涂层或层压织物对体液或细菌（医学、微生物学）的防护水平显著提高。但使用者很快意识到，涂层或薄膜必须透气，即具有水蒸气渗透性，否则穿着舒适性会变得不足。所有这些不同方面之间却有千丝万缕的联系，使得医用纺织品成为一个既有挑战性且又十分迷人的研究领域。

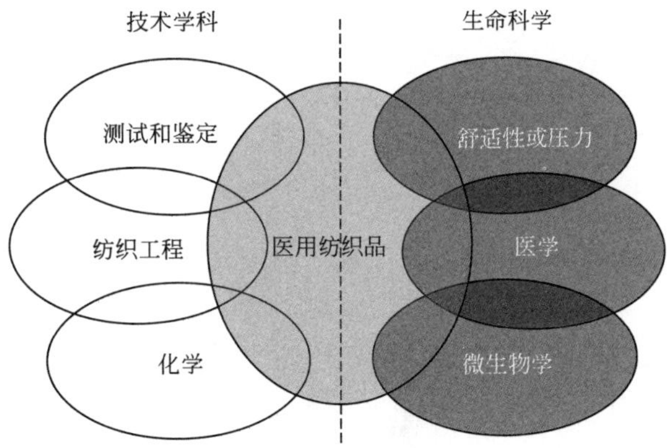

医用纺织品可以看作是更广泛的“技术纺织品”的一个类别。在这里，我们可以发现与其他应用的联系，如类似材料在不同用途中的使用。例如，在手术室中使用的防护纺织品与用于化学、生物危害或恶劣天气的防护服类似。与此实例类似，针对恶劣天气新开发的防护服，如密织微细纤维织物或透气层压织物，也被用作手术服。因此，外科医生和其他手术室工作人员获得了更高的防护水平和良好的穿着舒适性。

医疗纺织品不仅是一个迷人的研究领域，而且从经济观点来看也极其重要。医用纺织品是医学取得进步的决定性因素，这种医学进步往往是新医用纺织品的结果，反之亦然。

因此，医用纺织品是现代疾病管理的必然组成部分。发达国家的中老年人口数量不断增加，对医用纺织品的需求又产生了强大的推动力。

在过去几十年中，从普通棉织物开始，医用纺织品得到了迅速的发展。这一进展几乎影响到所有纺织行业：可生物降解的新纤维成分使新型植入物成为可能；最新的纺织机械可制造三维间隔织物以及银离子基纤维，可有效地减少细菌生长。多年来，医用纺织品领域通过这种方式得到了广泛的发展。因此，它变成了一个难以理解和审查的领域。

本书涵盖了医用纺织品研究、开发和应用的几个重要方面。它可以作为读者熟悉医用纺织品的起点，让有经验的读者扩大知识面。

本书分为四个部分：第 1 篇，医用纺织品的类型和性能；第 2 篇，纺织品和皮肤；第 3 篇，卫生用纺织品；第 4 篇，医用纺织品案例研究与应用。各篇又分为若干章节。每一章都可以视为一篇独立的评论文章，由该领域的权威专家撰写。作者来自大学、研究机构、行业和医院，这也反映了医疗纺织品功能的多样性。相信，这几篇内容对来自各行业的读者将大有裨益。

编写本书是我的荣幸。我要感谢全体作者，使我们可以分享他们的卓越才能，也要感谢他们在撰写极其优质手稿中付出的努力。我也要感谢伍德海德出版公司那些可爱的人，在本书撰写的过程中，在很多情况下得到了他们的大力支持。最后，我非常荣幸地祝愿每一位读者都能读到令人兴奋和丰富的内容。

V. T. 巴特尔斯
于德国布拉肯海姆

目 录

第 1 篇 医用纺织品的类型和性质

第 5 章 植入物和再生医学用纺织品 96

第 8 章 医用纺织品和热舒适性 143

第 2 篇　纺织品和皮肤

第 9 章　医用纺织品在皮肤上的接触感　160

第 10 章　纺织品引起的机械性皮肤刺激　181

第 11 章　纺织品过敏　196

第14章 用于个人保健和卫生的吸收性产品 234

第15章 生物功能性纺织品 248

第 19 章　患者手术期间使用的保温纺织品　317

第 20 章　外科医生手术服评估：追求手术服的舒适感避免产生生理压力　323

第 21 章　护士职业服装：舒适度改进与经济效益相结合　336

第 22 章　患者接受度高的医用绷带和长袜　350

第 1 篇

医用纺织品的类型和性质

第 1 章

用于医疗保健的现代纺织品和生物材料

S. Petrulyte，D. Petrulis
立陶宛考纳斯科技大学

摘要： 本章提供了最新信息，涉及医用纺织品和生物材料的来源和主要性质。首先评价织物结构和生物材料在医疗保健中的作用，然后描述了用于医疗行业的织物结构和生物材料的类型和关键性质。还介绍了先进样品的主要特点和产品的创新应用。在本章的最后一部分，展望了医用纺织材料的发展前景。

关键词： 先进医用纺织品，生物材料，高分子，医用纺织品性能，织物结构。

1.1 引言

由于在当今医疗保健领域中的创新应用，医疗纺织行业及其相关研究正以惊人的速度发展，并在感染控制材料、阻隔材料、创面护理产品和医疗器械等领域成效显著。例如，几十年前，医疗保健品市场上只上市了少数几种非传统的创面敷料（非传统的创面敷料是传统创面敷料的反义，传统的创面敷料如消毒棉、平纹拉绒绷带和纱布绷带等）。如今，在世界各地，医用纺织品的产品种类、市场规模和细分市场都呈现了爆炸式增长，且市场上新产品不断涌现。此外，作为前沿研究的重心，对棉和其他天然纤维如蚕丝、亚麻和大麻等，已有了充分了解并广泛使用。借助使用酶和其他先进的生物技术手段，以及借助新加工方法和所用纤维的改性，这些天然纤维性能显著提高，并克服了自身缺点。

许多现代医用纺织品都是由高分子纤维成分及其改性结构制成的。“生物材料”一词是希腊语“bios”（与生命有关的一切）和“materials”（包括在生产或制造过程中用作资源的、具有某些性质的物质或成分）的组合。生物材料可以简单地定义为天然或人工（人造）材料，它们可以构成整个或部分生命生物结构或生物医学装置。因此，生物材料本质上适合应用于医学。

生物高分子是一类有机高分子。众所周知的生物高分子，如淀粉、蛋白质、肽等，构成了大部分的生命结构和生物圈。生物高分子倾向于产生一种明确的结构，表现出与天然材料类似的功能，并且是通过模板引导的过程构筑的。生物材料是自然科学与工程科学交叉整合的产物。生物材料的主要应用包括：缝合、关节置换、人工韧带、肌腱、创面敷料、血管、心脏瓣膜、人工皮肤、组织再生支架、防护结构、生物监测系统等。

随着植入式器械、医疗器械、包扎和加压服装、创面愈合、感染控制、阻隔材料、控制释放、卫生产品以及新型智能纺织产品和纺织材料等各领域的进一步拓展，先进医用纺织品领域得到了显著发展。医疗纺织品领域的最新创新证实了组织工程和纳米应用等现代技术的重要性，也证实了它们对先进创面护理结构的巨大影响。

人类社会总是处于动态变化发展的过程。并且，当今社会，特别是在欧洲和美国，正经历着向诸如人口老龄化和个体寿命增长等阶段的演变。人类活动和文明具有复杂多变的环境，还包括如交通事故、化学物质的影响、温度和其他因素等的危害。因此，这些因素刺激了医疗保健产品市场的快速发展，并对开发现代纺织材料和高分子的新手段和技术均提出了要求。对许多新的跨学科领域及其最新发展需要进行定期的科学调查，因此对生物材料和纺织品体系的研究须同时在工艺、技术、功能及效率等导向下进行。事实上，研究人员开发的新产品通常很快就能够被批准上市。利用生物技术开发现代纺织产品是可能的，这将开拓出新兴市场并加速产品生产速度。此外，白色生物技术（环境友好生物技术）是预防污染的，并主要关注更加清洁的生产过程。

1.2 纺织品结构和生物材料在医疗保健中的作用

新一代医用纺织品是一个重要且正在快速发展的领域。医用纺织品的重要性是由其优异的物理、几何和机械性能（如强度、延展性、柔韧性、透气性、汽液渗透性、二维或三维结构的有效性、纤维长度、细度、横截面形状等的多样性等等）所决定的。如今，纺织产品能够将传统的纺织品特点与现代的多功能化手段相结合，且这种结合在不断演变。医用纺织品应根据实际情况（是医疗保健监测还是用于治疗）、应用特点、患者的个体化差异等提供多种特定功能。

凡具有确定功能的特种材料可归入医用纺织品，可将其扩展到由天然或/和人工（人造）材料制成的多功能系统。

医用纺织品和生物材料的作用取决于它们的主要特点，并依赖于最终的应用。这些材料可以是抑菌的、抗病毒的、无毒的、杀菌的、高吸水性的、非过敏的、透气的、止血的、生物相容性的及装载了药物的，也可以被设计成兼具适宜的机械性能和舒适性的。各式各样的纺织品结构均可用于医疗保健：纤维（或长丝）、长条、纱线、机织物、非织造布、针织物、钩针织物、编织物、刺绣物、复合材料等。医用纺织品也使用如水凝胶、基质胶（组织工程）、薄膜、水胶体及泡沫等材料。其优点是，这些材料能够以凝胶、薄膜、海绵、泡沫、珠子、纤维、支架基质等，以混合或组合等方式被应用。具有特殊功能的特殊添加剂可用于高端产品中以实现吸收气味、提供强大的抗菌性能、减轻疼痛和缓解刺激等目的。纳米纤维因其独特的如高表面积/体积比、厚度薄、具有纳米尺度纤维直径、多孔性和质量轻等性能而被使用（Petrulyte，2008 年）。

1.3 医用纺织品和生物材料的类型

医疗保健用纺织品包括纤维、长丝、纱线、机织物、针织物、非织造材料、天然材料和人造材料的制成品以及使用了这些作为原材料生产的产品。在纺织产品中，纤维是主要的基础结构元素。表 1.1 列举了常用于医用纺织品中常用纤维及分类。最重要的、用于医疗保健的天然纤维是棉、蚕丝和亚麻。这些纤维是医疗产品中最古老的纺织结构。同时，工业制品纤维（manufactured fibers）可以定义为不同于天然材料组成的纤维。用于医疗保健行业的工业制品纤维可细分为有机纤维和无机纤维。有机纤维可以根据天然高分子和合成高分子分为两大类。在过去几十年中，由聚酯（PES）、聚酰胺（尼龙，PA）、聚丙烯（PP）、黏胶（CV）和聚四氟乙烯（PTFE）等高分子制成的纤维得到了越来越多的应用。聚对苯二甲酸乙二醇酯（PET）作为最常见的纤维状聚酯也被使用。除这些纤维外，从天然高分子中亦衍生出多种纤维类医用材料，如海藻酸盐（ALG）、聚乳酸（PLA）及类型多样的胶原蛋白等。

工业制造/加工技术和纤维直径（带条或薄膜宽度）的关系如图 1.1 所示。表 1.2 给出了使用不同技术加工的医疗产品所用的纺织结构。每种结构都提供了特定的应用可能性：

- 透气膜、涂层膜、编织纱布和管状绷带是创面护理产品的合适结构。例如，一个现代的三层复合创面敷料由接触层、功能层和保留层组成。每一层均可由非织造材料、泡沫材料、薄膜、纱线和凝胶制备。
- 编织管状结构，又被称为支架，可作为可植入的腔内器件被应用（Yuksekkaya 和 Adanur，2009 年）。这些结构由聚酯（PES）单丝制成。
- 静电植绒技术制备的材料是一种新型医用纺织品（Walther 等，2007 年）。这种方法为制造具有各向异性性质且在高孔隙率条件下仍具有高抗压强度的基底材料提供了可能。
- 花式纱线，通常作为装饰用纺织品，亦可满足医疗用途的要求：为增强用于创面的敷料，成功开发具有竹节效应的花边纱线，该花边纱线由空心纺锤机生产（Chen 等，1999 年）。
- Ehret 和 Lahteenkorva（1998 年）提出了以下复合结构：非织造布（由基于乳酸的高分子或共聚物或高分子的混合物制成）和薄膜［由可生物降解脂肪族聚酯（BAPE）型高分子制成］。这种复合材料可应用于尿布、卫生巾、防护服、手术巾和手术面罩。

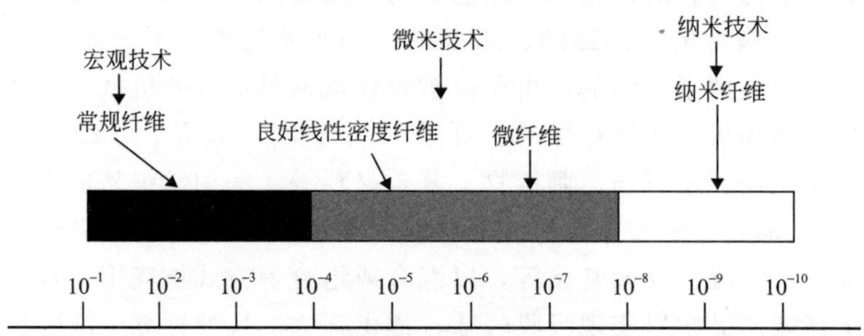

图 1.1 工业制造/加工技术与纤维直径的关系（取自 Sawhney 等，2008 年）（见彩图）

表 1.1　医用纺织品中常用纤维的分类

起源	来源	纤维的例子
天然纤维	植物（蔬菜）纤维	树皮（亚麻，大麻等） 叶子（马尼拉麻蕉等） 种子（棉花）
	动物纤维	毛发 丝（蜘蛛，蚕） 羊毛
工业制品（人造）纤维	基于天然高分子的纤维	海藻酸盐（ALG） 莱赛尔（纤维素纤维，CLY） 聚羟基乙酸（聚乙交酯，PGA） 聚乳酸（聚丙交酯，PLA） 蛋白质（胶原） 纤维胶（黏胶纤维，CV）
	基于合成高分子的纤维	氨纶（EL） 二烯类弹性纤维（ED） 聚酰胺（尼龙，PA） 聚酯（PES，PET） 聚丙烯（PP） 聚四氟乙烯（PTFE） 聚乙烯醇纤维（维纶，PVAL）
	其他纤维	碳纤维（CF） 玻璃纤维（GF） 金属纤维（银，金等）（MTF）

表 1.2　可用于医疗产品的织物结构及相应的工艺技术

结构	工艺技术
纤维	天然或人工（人造）纤维制备过程
网织物	天然或人工（人造）纤维制备过程，梳理
梳棉	梳理、牵引
粗纱	粗纺（初纺）
细纱	纺纱技术
长丝纱线	长纱形成（挤出、切割等）
股纱	装配、加捻技术
花式纱	纺丝、加捻、针织技术等
织造物	编织技术
非织造材料	通过摩擦力或/和内聚力或/和黏附力进行黏合
针织物、钩针织物	针织技术、钩针织技术
编织材料	编织技术
刺绣材料	刺绣技术
垫片织物	能够层层构建的技术
复合材料	复合技术
修饰体系	通过如包覆、装载、打印、键合、等离子体等技术进行的改性方法

- 用五通道聚酯和棉纱制成的双层机织物可以替代常规床单用于高风险褥疮患者（Armakan 等，2009 年）。
- 用于治疗静脉疾病的针织医用长袜的性能必须符合在使用过程中的必要功能，包括原料（纱线数量和组成）、长袜设计参数（细度、梯度压缩性、尺寸）和穿着条件（Radu 等，2008 年）。
- Walther 等（2007 年）在组织工程支架中使用聚酰胺（PA）纤维作为纤维束成分。
- 加捻技术在外科 PA 线的制造中有着重要的应用（Zablockaite 和 Petrulis，1995 年）。
- Swiatek 等（2008 年）为开发敷料，开发了一种用于制造医用聚对苯二甲酸乙二醇酯（PET）非织造布的技术。在该研究中提出了熔喷技术并提供了主要的工艺参数。
- 以编织物的形式制备的碳材料被植入（Blazewicz，2001 年）。
- Lou 等（2008 年 b）研究了聚乳酸（PLA）外科缝线的制造和性能。结果表明，聚乳酸-壳聚糖复合缝合线能抑制细菌生长，促进创面愈合。
- 特定的设计标准对于功能性小直径动脉替代移植物的发展具有重要意义（Isenberg 等，2006 年）。用于测量目标性能参数的具体数值可能取决于所用人造动脉自身的性质。
- Mitchell 和 Niklason（2003 年）列出了正在增长的用于组织工程化血管移植物的要求。人们普遍认为，以下成分是必要的：具有高拉伸强度的生物相容成分，以提供机械支撑（胶原或类似纤维结构）；生物相容的弹性成分，以提供反冲和防止动脉瘤形成；以及非活化且连续的内皮组织，以防止血栓形成。
- 基于环境响应性水凝胶的药物释放装置实现了对生物活性分子相对容易控制的释放，因此在生物医药领域方面引起了相当大的关注（Petrusic 等，2009 年）。对水凝胶敷料临床性能的前瞻性评估研究表明该体系对治疗慢性创面有效（Zoellner 和 Kapp，2007 年）。
- 由交织在受限和柔性两层间隔中的间隔物连接形成的间隔织物为医疗应用提供了有趣的纺织品解决方案。该类纺织结构具有良好透气性和热调节功能的机械性质和微气候特征，能够用来防止慢性创面（Heide 等，2005 年）。
- 在皮肤愈合中，网状移植物亦被使用。这种移植物是由孔均匀分布的纺织品制成的。在网状移植物被吸收的过程中，在植入部位上形成了新生膜。涂层网织物用作皮肤的替代品被用于创面覆盖（Tavis 等，1980 年）。
- 近年来，越来越复杂精巧的多功能系统受到了人们的重视。目前正在开发用于制造中空纤维、超细纤维和其他结构改性的先进技术（Petrulis，2009 年）。例如，膜技术最重要的应用之一是血液透析，在血液透析中，膜被用作人工肾脏。Rafat 等（2006 年）研究了通过热诱导相分离工艺制造的熔纺聚砜中空纤维膜。

前一级组织的加工水平及质量影响纺织品成品的性质和性能。

1.4 医用纺织品的关键性能

高分子材料和纺织产品在医疗领域的适用性归功于其独特的来源和性质，使其能够用于卫生、防护、治疗、非植入式或植入式材料、体外装置等。

纤维素是应用最为广泛的天然高分子，是当前用于大量生产医疗保健材料的基本高分子。有用的性能，包括生物降解性和良好的生物相容性，使角蛋白和丝素用于生物医学的结构性生物高聚物。这些生物高分子可以从头发、羊毛、丝绸、指甲和羽毛中提取。几个世纪以来，丝素一直被用作制造手术线的理想原料。从天然丝素中获得的材料具有良好的水蒸气和空气渗透性，以及高的生物相容性。然而，以丝素制备的薄膜和海绵等产品因过于脆弱而无法应用于生物医学中。另一方面，Marelli 等（2008 年）的研究结果表明从形态（纤维大小和多孔性）、结构（稳定性）和生物（细胞相容性）角度等均证明，经静电纺丝处理的丝素垫可作为组织工程基质用于小血管移植。

再生纤维素纤维也被用于取代传统材料。天然高分子或其化学衍生物经过溶解和挤压后形成再生纤维，并且该高分子的化学性质在纤维形成后被保留或被再生。在医疗保健领域，由纤维素制成的黏胶（CV）纤维被称为合适的材料。通过将纤维素直接溶解在有机溶剂中后制备的再生纤维被称为莱赛尔（CLY）纤维。CV 和 CLY 纤维是高度亲水性的，且不是热塑性的。

海藻酸盐（ALG）、聚乙醇酸（PGA）、聚乳酸（PLA）以及它们的共聚物（PLGA）是备受关注的生物高分子。

ALG 是一种天然高分子，通常从海藻中提纯获得。海藻酸盐也被称为聚尿苷酸。根据 Muri 和 Brown（2005 年）的研究，ALG 纤维具有无毒、无致癌、无过敏、止血、生物相容、强度合理、可被消毒、易于进行药物装载操作及易于加工等特点。Fabia 等（2005 年）研究了医用 ALG 纤维的超分子结构参数。Le 等（1997 年）、Knill 等（2004 年）报道 ALG 及改性纤维可用于生产医疗用途的纱线和织物，例如用作促进创面愈合的药物载体。Mikolajczyk 和 Wolowska-Czapnik（2005 年）建立了多功能 ALG 纤维的制造条件。这些纤维由海藻酸锌和海藻酸铜制成。这些具有高吸湿性和抗菌作用的纤维将产生新一代的敷料。海藻酸铜纤维的韧性及其经改性的电性能是设计用于医院亚麻布和压缩绷带材料的有用指标。

聚乙醇酸或聚乙交酯（PGA）被认为是成纤高分子，可直接由乙醇酸聚合而成。PGA 纤维强度高且特别坚硬。PGA 熔融温度高，且在有机溶剂中溶解度低。PGA 不仅可生物降解，而且具有生物相容性，即无毒性，通常不会被目标生物体排斥。因此，它在生物医学领域中得到了广泛应用。Walther 等（2007 年）认为 PGA 是最广泛应用的支架材料之一。PGA 也适用于药物控释领域，由于主链中存在酯键，具有水解不稳定性的特点。目前，PGA 被广泛用作制造可吸收缝线的材料。例如，Absorbex® 是一种涂有硬脂酸钙的合成可吸收编织外科缝线，由 100% 纯 PGA 制成（SSM Sterile Health Prodcts INC，2005 年），其性能包括强度高、柔软性好、摩擦系数最小、结头易脱落、结头安全性极高、结数少、临床安全性好等。

聚乳酸（或聚丙交酯，PLA）是一种来源于玉米、甜菜或小麦的功能材料。聚乳酸可以直接由乳酸聚合而成。与聚乙交酯相比，聚丙交酯重复单元中存在额外的甲基基团，因此，聚丙交酯的疏水性更强。它是医药工业中的一种重要材料。如 Lou 等（2008 年 b）所述，聚乳酸具有良好的生物相容性、良好的生物降解性和优良的力学性能。该材料可满足骨组织工程（如骨和软骨的再生与修复）中对细胞生长有促进作用的载体材料的需要。

许多由纺织技术生产的支架，如聚乳酸非织造布，是已知的和原则上对不同细胞类型增殖都有利的（Walther 等，2007 年）。基于聚乳酸的材料兼具耐用性和丝滑感，可以与羊毛或棉花进行共混（Gokilavani 和 Gopalakrishnan，2009 年）。Lou 等（2008 年 b）报道了基于聚乳酸的可吸收外科缝线的制造方法和性能。

Gokilavani 和 Gopalakrishnan（2009 年）表示，聚乳酸和聚羟基乙酸可被用作可吸收创面缝合产品、骨科修复可吸收针和固定装置以及组织工程结构等。

Radjabian 和 Kish（2008 年）指出，聚乳酸纤维的加工条件对纤维的结构和其他性能均有影响。结果表明，纤维的热性能和力学性能主要取决于纤维的结晶度和分子取向。该研究测试了纤维的双折射、热性能、拉伸性能（韧性、初始模量和断裂应变）等。结果表明，不同结构参数的长丝具有完全不同的力学性能。

聚乳酸（聚丙交酯）和聚羟基乙酸（聚乙交酯）的共聚物（PLGA）也用于制备医疗保健品。与聚乳酸相比，由 PLGA 制成的材料吸收时间更短。由于 PLGA 在体内可水解为乳酸和乙醇酸等原始单体，因此被认为是一种理想的可生物降解的高分子。此外，由于 PLGA 的降解时间可通过改变合成过程中所用单体的比例进行调整使 PLGA 成为制造许多医疗产品（如移植物、植入物、假体装置、缝合线、微米/纳米颗粒等）的常用选择。Maquet 等（2004 年）报道称聚乳酸和聚乳酸-羟基乙酸的力学性能能够通过混合生物活性玻璃而得到改善。

甲壳素、壳聚糖、胶原和明胶是医疗纺织品生产中广泛使用的材料。关于这些材料来源和品质的研究在许多文章中都作了描述。

甲壳素是自然界中广泛存在的一种结构性多糖。这种高分子被认为是仅次于纤维素的第二大生物材料。生产甲壳素的主要来源包括：蟹、甲壳类、虾和龙虾的壳；昆虫肢体的某些部分，例如蝴蝶的翅膀；水母、藻类和真菌等。甲壳素是一种具有良好生物活性的高分子材料。甲壳素产品具有抗细菌、抗病毒、抗真菌、无毒、无过敏等特点。甲壳素不溶于常见的溶剂。具有良好的手感、透气性、吸收性、光滑性和无化学添加剂等性质的三维甲壳素产品是用作创面愈合敷料的理想选择。Sagar 等（1991 年）在制造基于甲壳素纤维敷料时，提出了使用非动物来源的微真菌菌丝作为原料的方法；产生的微真菌纤维不同于正常纺制的纤维。Gokilavani 和 Gopalakrishnan（2009 年）证实了甲壳素适用于创面敷料的观点。为了制备可用于新型纺织敷料制造的可溶性衍生物，一种从死蜜蜂体内分离甲壳素的方法被开发（Draczynski 和 Szosland，2005 年）。通过对蜜蜂甲壳素的初步研究，得到了具有生物活性的可溶甲壳素混合聚酯。

二丁酰甲壳素（DBC），一种可溶性甲壳素衍生物，被称为具有确定生物性质的高分子（Chilarski 等，2007 年）。在本研究中，DBC 是在非均相条件下由虾甲壳素与丁酸酸酐反应得到的，其中高氯酸被用作反应的催化剂。在大多数情况下，都能实现理想的创面愈合效果。

壳聚糖是一种部分脱乙酰化的甲壳素。壳聚糖具有生物相容性和生物可降解性，能以凝胶、薄膜、纤维、珠子、载体基质和混合物等形式被应用。壳聚糖可溶于许多常见的酸性水溶液。据 Muzzarelli 等（1991 年）、Rigby 等（1997 年）及 Ciechanska（2004 年）等的研究结果表明，甲壳素-壳聚糖纤维和壳聚糖衍生物均具有优良的抗菌和促进创面愈合的功能。随后，由一定量的抗菌纤维和/或具有不同功能的壳聚糖形式的生物活性复合材料被开发（Niekraszevicz等，2007年）。为了达到生产非织造布和海绵状材料的目的，该研究进行了试验。为了抑制感染，抗菌成分被引入，而壳聚糖有助于创面愈合并缩短恢复时间。Rajendran和Anand（2006年）、Basal等（2009年）与Zemljic、Persin（2009年）等指出，甲壳素和壳聚糖纤维作为生物已用产品的关键性质还包括止血、杀菌和无毒。Niekraszevicz（2005年）也介绍了壳聚糖在医疗敷料（包括止血制剂）中的应用实例。具有涂层结构的细丝也可用于医疗保健产品；例如，海藻酸（ALG）细丝涂覆的壳聚糖是为高级创面敷料而开发的（Tamura等，2002年）。采用浸没-沉淀相转化法制备的壳聚糖包覆的非织造布敷料具有控制因蒸发而失水、促进液体排出和抑制外来微生物入侵等性质（Lou等，2008年c）。并对多种壳聚糖膜和非织造壳聚糖膜的性能进行了研究。水蒸气通过膜的渗透分为吸附和扩散两个过程。当壳聚糖溶液浓度增加时，膜的孔径减小（见图1.2）。Kucharska等（2008年）也研究了壳聚糖和壳聚糖-海藻酸敷料海绵的生物学性质，如细胞毒性和止血性能。正如Muzzareli（1973年）、Khor和Lim（2003年）以及Basal等（2009年）所述，壳聚糖被广泛用于创面愈合、药物输送和组织工程等领域。Walther等（2007年）对壳聚糖作为组织工程支架和聚酰胺（PA）植绒纤维生产中的替代物进行了检验。以壳聚糖-胰岛素生物活性复合物形式存在的激素活性纤维在体外和体内条件下的功效和生物相容性亦被研究（Medovic等，2008年）。Shin等（1999年）研究了聚丙烯（PP）非织造布物面料的抗菌整理。该研究中，采用了壳聚糖寡聚物溶液对织物进行处理。具有光滑和纤维表面的丝素/壳聚糖混合膜可在携带活性抗菌和抗氧化物质方面发挥重要作用（Basal等，2009年）。这种由植物提取物制成的薄膜也可以用作创面敷料的接触层材料。其特殊的属性包括：高表面积体积比、微尺度纤维直径、多孔性和轻质性。

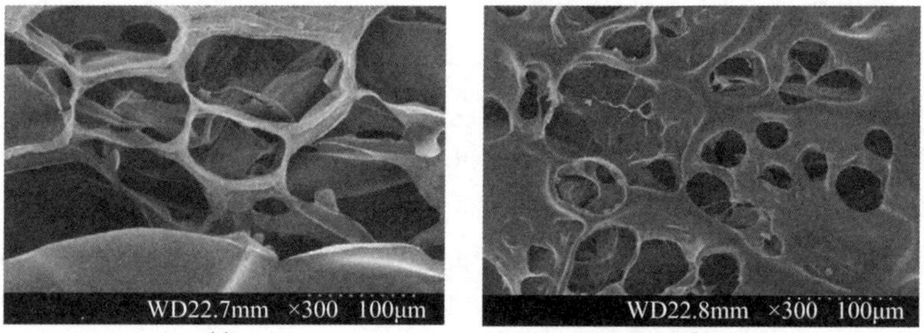

图1.2 不同浓度下的壳聚糖膜的形貌

(a) 重量比1%；(b) 重量比2%（Lou等，2008年c）

胶原是最丰富的动物蛋白质。它是所有结缔组织的主要蛋白质成分，胶原可分为许多不同的类型。每种类型都有特定的分子链结构。胶原用于缝合已有很长一段时间。它具有限定的生物降解速率，生物相容性好，且纯度高。胶原材料（Friess和Lee，1996年）作为支架在组织培养和创面愈合中具有巨大的潜力。由Ⅰ型胶原蛋白制成的胶带可作为基质用于支架制备（Walther等，2007年）。该研究中使用的胶原矿化方法是由Bradt等（1999年）开发的。创面敷料中的胶原蛋白可以以不同的物理形式出现，如挤出制备的纤维、薄膜和海绵等。由生物敷料生产获得的一种先进产品（Still等，2003年）是一种双层的复合材料：在一层胶原海绵上，使一层活体人类同种异体皮肤细胞增殖。用于组织修复的杂化支架由胶原蛋白和甲壳素制成（Lee 等，2004 年）。Gokilavani 和 Gopalakrishnan（2009 年）证实了胶原蛋白在缝合和细胞工程结构中的应用。

明胶来源于骨、皮肤和软骨等组织，主要由Ⅰ型和Ⅱ型胶原组成。明胶在 37℃下熔化，并会在低于 37℃的温度下开始凝胶化（Walther 等，2007 年）。为了便于加工及作为植绒黏合剂，必须将明胶制成温热溶液（温度 40～60℃）。作为一种黏合剂，明胶已被应用于支架制造（Walther 等，2007 年）。人造皮肤替代品的作用和对慢性创面的治疗正不断发展（Jones 等，2002 年）。皮肤替代品在烧伤护理中具有非常重要的作用，且可用于早期烧伤及慢性创面的保护，以提高生存率和更好地恢复功能和外观（Bar-Meir 等，2006 年）。明胶和 D 型葡聚糖多糖（Lee 等，2003 年 b）已被用于生产生物人工皮肤。

透明质酸（又称玻尿酸）是一种广泛分布于结缔组织、上皮组织和神经组织的材料。透明质酸能够与多种生物分子产生相互作用（Kennedy 等，2001 年）。当然，由于透明质酸的溶解性、快速吸收和组织停留时间短等特点，将透明质酸直接用于创面护理具有局限性，但是具有不同溶解性的透明质酸衍生物，如纤维、膜、海绵和微球等就非常具有潜力。Kirker 等（2002 年）指出透明质酸和硫酸软骨素可以通过化学改性的方法制成水凝胶膜，并作为生物交互敷料用于创面愈合。透明质酸由于其生物相容性及在组织细胞外基质中普遍存在等性质，作为一种生物材料支架在组织工程研究中越来越受欢迎。Walther 等（2007 年）测试了透明质酸作为黏合剂在短纤技术生产的支架中的作用。

一些材料可以为医用纺织品增加重要的功能。银掺杂纺织品（Kim 和 Sun，2000 年）作为创面敷料被用于感染创面的治疗，也可用于高感染风险的创面治疗。硝酸银作为防腐剂已使用多年。Parikh 等（2005 年）的研究结果表明，高浓度的硝酸银对组织具有非常高的毒性。但是，浓度为 0.5%硝酸银水溶液却具有显著的抗菌活性，且无组织毒性。硝酸银对大多数细菌菌株都有效（Parikh 等，2005 年）。磺胺嘧啶银（SSD）是目前用于局部烧伤治疗的一种优良药物（Momcilovic，2002 年）。Parikh 等（2005 年）也研究了 SSD 的抗菌性能。

目前，纤维等高分子材料具有新的功能和应用。生物学功能和合理的机械性能及携带药物的能力为纤维提供了新的潜力。用于创面愈合和护理的材料要求兼具常规的和特殊的性能。结构、物理和机械性能的多样性具有重要意义：稳定的空间结构，纯度和无毒性，无菌性，对微生物、污垢、液体和其他异物等的有效屏障，在不引起刺激或浸渍（macerating）的情况下控制渗出物和液体的能力，缓震效果，舒适性，缓解疼痛性，隔热性，透气性，气体交换能力，机械保护效果，吸水和吸液性，易于无创去除，不敏感，不造成过敏，使用松散纤维或其他颗粒来避免伤害创面以及通过添加到敷料中的物质调节愈合性能。

1.5 医用纺织品的接触行为与传递现象

在许多应用中，医用纺织品会接触到其他物质，如身体器官所产生的物质。因此，生物可降解性是医用纺织品的一个非常重要和独特的品质。用于医疗保健的纤维分为可生物降解纤维和不可生物降解纤维。例如，用作组织工程支架的材料应是可生物降解的，以便新组织形成后，支架的任何成分都不会残留于体内（Walther 等，2007 年）。

可生物降解材料包括棉花、纤维胶（CV）、海藻酸盐（ALG）、胶原蛋白、甲壳素、壳聚糖及其他能在两到三个月内被人体吸收的材料。合成纤维，如聚酰胺（PA）、聚酯（PES）、聚对苯二甲酸乙二醇酯（PET）、聚丙烯（PP）和聚四氟乙烯（PTFE）等，降解时间超过六个月的，是不可生物降解的纤维。但是，这仍然是一个模糊的定义。因为不同研究人员对描述吸收、生物吸附和降解过程等术语的解释均不同。绝对不可生物降解性质在某些情况下是一个主要的缺点，因此已有研究人员尝试对聚丙烯纤维进行改性使其获得一定程度上的生物可降解性（Janicki 等，2009 年）。这些纤维的主要优点是：密度低，韧性较好，耐化学和生物制剂，具有优良的隔热性能，以及制造成本低。

传递性质也非常重要。例如，应注意到受医务人员喜欢的两个主要功能：防护性和舒适性（Podpovitny 等，2008 年）。为了评估不同纺织材料对牙医长袍这种特殊用途的适用性，有必要对一系列性质，如透气性、透水性、耐热性、冷暖感等进行测试。轻型网状针织物是一类常用于团队运动服装的针织物，被选用于牙医长袍原型的开发，以达到改善热传递以及最大限度地提高人体舒适度的目的。

高分子结构自身的性质赋予产品呈现多用途传输的功能。考虑到纤维的液体吸收现象，特别是考虑到现代创面敷料为有效地促进创面愈合提供和保持的湿润条件，高吸水性材料仍具吸引力。

据 Chen 等（1999 年）、Eaglstein（2001 年）、Kumar 等（2004 年）、Muri 和 Brown（2005 年）、Rajendran 和 Anand（2006 年）以及 Gokilavani 和 Gopalakrishnan（2009 年）等的研究结果表明，以湿性愈合理念为指导，能够吸收创面渗出物的海藻酸盐类（ALGS）已成为创面治疗中最重要的材料之一。基于 ALG 的产品在吸收创面渗出液时形成凝胶，从而预防了创面干燥。相反，传统的棉纤维和黏胶纤维（CV）会粘连在创面上，在去除敷料过程中会引起不适。Kumar 等（2004 年）指出，软质硅树脂网状物是一种非黏性多孔敷料，其创面接触面由一层涂有硅树脂的柔性聚酰胺（PA）网组成。其多孔性质允许液体穿透第二层敷料。Vrabic 等（2007 年）研究了等离子体表面处理是如何改变黏胶纤维的吸收性质的。在设计的机织物结构中使用了两种不同的纱线，一种具有优异的毛细吸水能力，另一种具有较高的吸湿性能（Armakan 等，2009 年）。在该研究中，第一种纱线（顶层）的功能是将蒸汽或液体形式的水分迅速转移到底层，而第二种纱线的功能是吸收水分并将其保持在底层。Russell 和 Mao（1999 年）指出，许多用于吸收性创面敷料的非织造结构在织物结构的平向平面或横向平面上具有各向异性流体传输性质。这些性质会显著影响应用效果。这种材料的纤维取向分布是影响各向异性流体传输的主要因素，可以通过调控这些因素来设计理想的传输性质。定向渗透和渗透的各向异性是由织物的孔隙和纤维直径、取向分布等因素决定的。这种吸收现象对纺织品的各种性质，如皮肤舒适性、静电积聚、防水性、收缩性和皱痕恢复等具有重要意义。

高吸水性纤维（Rajedran 和 Anand，2006 年）是由高吸水性高分子制成，高吸水性高分子可以吸收自身质量 50 倍的水。同时，传统木浆和棉填料的吸收剂只能吸收相当于其自身质量 6 倍的水。高吸水性纤维还具有表面积大、操作灵活、能形成柔软产品、形状可控以适合创面表面等优点。与粉末相比，高吸水性纤维吸收液体的速度更快，而且含量也很高。值得注意的是，纤维在吸收体液时，不会失去其纤维结构并保持其原始形态。

在某些医疗应用中，过滤是必要的。在这种情况下，液体过滤系统可能被使用。Huang

等（2003 年）注意到作为过滤器性能最重要的考虑因素之一——过滤效率，其与纤维直径密切相关（见图 1.3）。

下面给出了一种完全不同的传递方式，即信号传递。光纤是一种能够沿其长度方向传输光的纤维。Zieba 等（2007 年）介绍了医用纺织工程中的光纤技术。这些纤维用于传输被检测到的信号。例如，呼吸信号对于非侵入性健康监测系统是必要的。经特殊设计的纤维还可用于多种医疗保健领域，包括传感器（Petrulis 和 Petrulyte，2008 年）。大多数光纤由玻璃制成（GF）。

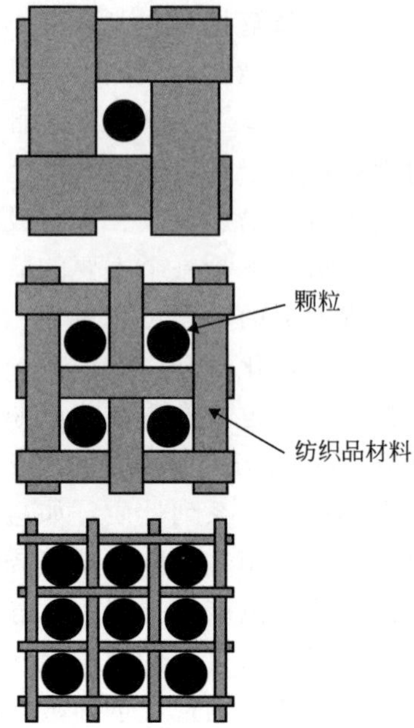

图 1.3 过滤器的效率随着纤维直径的降低而增加（取自 Huang 等，2003 年）

1.6 医用纺织品体系的工程稳定性和密实性

一些用于医疗的理想材料在机械性能和结构上仍然存在局限性。为减少甚至消除这些局限性，人们已进行了很多尝试。

Wilk（1999 年）指出，传统的棉漂白纱布织物敷料的结构特点是尺寸不稳定、飞边、毛绒和平直表面。新一代敷料由一种纱罗织物结构的漂白棉织物组成，其上涂覆了一层柔软的石蜡材料。石蜡消除了纤维松散的问题。

研究人员非常重视基于 ALG 的材料。针对扁平创面 ALG 创面敷料可制成非纺织材料的形式，而针对填充腔和深腔创面则可制成条状或衬垫状的形式。如 Chen 等（1999 年）和 Eaglstein（2001 年）所述，ALG 敷料需要结合第二个敷料。在许多情况下，对创面渗出物的吸收和胶凝过程，纤维结构会解离，因此不能将使用过的 ALG 敷料进行整体去除。结合被临床接受的非胶凝材料对 ALG 敷料进行加强后能够实现彻底、清洁地去除。这种网状物可以通过机织、编织和针织等方式来制备。由芯层、壳层和黏合剂组成的增强型花式花边纱线应能松散地维持 ALG 的纤维结构，以此获得最大的吸水性，并为便于敷料去除提供了必要的强度。无捻拉条或微捻粗纱形式的 ALG 纤维可用作纱线的保护层并提高了成纱质量。Miraftab 等（1999 年），Rajedran 和 Anand（2006 年）都研究了用于医疗行业的先进材料。根据织物制造方法（编织、针织、非织造）以及应用领域，可通过调整三氯乙烯阿魏酸含量使基于 ALG 的材料获得所需的机械性能（Miraftab 等，1999 年）。Steplewski 等（2006 年）提出了制造 ALG-壳聚糖纤维的不同方法。在该研究中，研究了这些纤维的力学性能和横截面结构。

壳聚糖纳米纤维具有良好的生物降解性、生物相容性和无毒性等特点，但机械性能较差。Vrieze 等（2008 年）的研究结果表明，通过电纺方式将一层壳聚糖纳米纤维纺在一层醋酸纤维素纳米纤维上，所得到的双层非织造布具有比壳聚糖非织造布更好的力学性能，使该材料有可能用作创面敷料。壳聚糖/聚环氧乙烷交联的纳米纤维片具有良好的耐受性和生物相容性，在医疗和医药应用中具有广阔的前景（Lubasova 和 Martinova，2008 年）。同时，单纯由壳聚糖形成的薄膜的拉伸强度和弹性都较差。Shelma 等（2008 年）

试图通过加入甲壳素纳米纤维来改善壳聚糖的机械性能，从而开发出壳聚糖复合膜。

Blazewicz（2001 年）和 Blazewicz 等（2004 年）对碳材料进行了研究。已被用于软组织和硬组织损伤重建的碳纤维在设计应用于多个领域的先进生物材料中具有特殊的潜力（Blazewicz，2001 年）。

Krucinska 等（2009 年）对壳聚糖/碳纳米管纤维的性能和结构进行了研究。结果表明，在壳聚糖纤维中掺入 2%的碳纳米管，可显著提高其韧性和杨氏模量。

1.7 研究和产品开发的先进实例

1.7.1 从可见纤维到分子形状的改性

与传统材料相比，所谓的“改性产品”有很多优点。近年来对医用纺织品的研究使得对传统材料的改性取得了进展。Tourette 等（2008 年）探索了一种思路，可将刺激响应性微凝胶作为织物基体的表面改性体系。在该研究中，微水凝胶对温度、湿度和酸碱度等重要生理刺激的响应能力得到证实。

Rybicki 等（2005 年）的研究结果表明，采用壳聚糖进行表面改性的棉织物能够从水溶液中吸收抗生素分子。吸收量取决于样品的改性程度。改性程度越高，织物可结合的抗生素量就越大。这种对棉纺织品的后整理能够生产具有治疗功能的新一代敷料，以保护手术创面，免受感染。

对于亲水性低的合成纤维而言，采用酶对其进行表面改性是一种相对新且有前景的替代方法；不同研究小组的最新进展均表明，酶能够很好地水解合成材料（Nierstrasz 等，2009 年）。

Glampedaki 等（2009 年）采用对 pH 和温度变化具有响应性的壳聚糖水凝胶对聚酰胺（PA）进行了表面改性。开发的刺激响应型 PA 可用于控制物质释放和提高穿着舒适性，在防护服和运动服中有许多应用。Matsuda 等（1991 年）重点研究了通过加入抗生素的方法来改性修饰胶原-糖胺聚糖基质。

细菌纤维素是一种天然高分子，由通过氢键结合在一起的葡聚糖链形成的微纤维组成。Ciechanska 等（1998 年）发现采用壳聚糖改性的细菌纤维素结合了这两种生物高分子的生物活性、生物相容性和生物降解性等性质，形成了一种优良的敷料，该敷料能够将创面与环境隔离，并促进创面愈合。细菌纤维素/壳聚糖创面敷料具有创新性，它兼具良好的抗菌性和阻隔性，以及良好的机械性能，在潮湿状态下具有高保湿性（Ciechanska，2004 年）。这种性质使改性细菌纤维素成为治疗各种创面、烧伤和溃疡的优良敷料。这种改性细菌纤维素由直径约为 0.1μm 的微纤维形成的三维网络组成。壳聚糖改性有利于改善细菌纤维素的力学性能。断裂伸长率高表明弹性好，因此这种敷料很适合创面部位而起到很好地防止外部感染的作用。由壳聚糖改性细菌纤维素制成的生物活性材料为创面快速愈合提供了最为优化的湿性环境，促进创面愈合而不产生刺激性或过敏性。这种复合结构能够应用在烧伤、褥疮、皮肤溃疡和难以愈合的创面以及需要频繁更换敷料的创面的护理中（Ciechanska 等，2005 年）。此外，Tomsic 和 Simoncic（2009 年）还研究了改性纤维素纤维的抗菌性能和生物降解性。

近年来，材料的生物活性受到人们的高度重视。与生物相容性、生物安全性和高吸水性等的性能一样，生物活性功能在外科植入物的药物输送系统以及组织再生的支架中是非常重要的。为了使纤维具有生物活性，许多研究人员对纤维进行了改性。通过在纺纱过程中引入抗菌添加剂，由改性人造纤维制成的生物活性纤维可防止疾病和感染的交叉传播（Macken，2003 年）。Buchenska（1996 年）研究了丙烯酸在尼龙 6（PA6）纤维上的接枝聚合反应。该研究探讨了在尼龙 6 纤维结构上引入羧基，然后与抗生素结合进行改性的反应。

胰岛素纤维状人造储存库的激素活性纤维是现代胰岛素治疗研究的新趋势。利用 ALG 纤维对胰岛素进行化学吸附，获得胰岛素的人工吸收库。由于其微观结构和离子交换能力，这些纤维亦被证明便于对胰岛素等大有机分子进行化学吸附（Medovic 等，2006 年）。

碳水化合物在纺织品中的一个新用途是用环糊精对纺织品进行改性。正如 Buschmann（2002 年）、Martin Del Valle（2004 年）和 Fleck（2006 年）所指出的那样，这些材料可以利用包合物来捕捉人体气味化合物，也可以用于释放香水或在皮肤接触时输送药物/化妆品。环糊精是在淀粉的酶降解过程中形成的天然环低聚糖（Grechin 等，2007 年）。环糊精在纤维上的永久固定是纺织材料化学改性的一个有吸引力的发展可能。Wang 和 Chen（2005 年）利用含有 β-环糊精包合物的芳香剂开发了用于芳香疗法的纺织品。

Petrusic 等（2009 年）对热敏水凝胶进行了研究。以溶胀控制释药系统为研究对象，水凝胶微珠被证明是形成具有规则球形微水凝胶的一种有潜力的技术。

在 Strobin 等（2006 年）的论文中，报道了纤维素/丝素共混纤维形成的研究。通过与丝素形成复合物来改性纤维素可获得纤维素/丝素生物材料，从而结合了纤维素的性质与丝素的性质，这些是对敷料材料非常有用的性质。在应用方面，最受关注的丝素含量最高且机械性能适合进一步加工的纤维，例如丝素含量为 9%的纤维。

Strobin 等（2007 年）还讨论了关于丝素改性壳聚糖纤维形成的研究结果。该研究以家蚕茧提取的蚕丝素和壳聚糖为原料进行了研究。对丝素含量为 4.5%～11%的壳聚糖/丝素纤维用作敷料的性能进行了表征。

Mooney 等（1996 年）证实了 PGA 纤维网是一种非常有利于细胞移植的结构，但该结构难以抵抗重压。为了稳定 PGA 网格，分别将聚 L-乳酸（PLLA）和 50/50 聚 L-乳酸-乙醇酸（PLGA）共聚物的氯仿溶液喷涂在已形成中空纤维的网格上。结果表明，与 PLGA 结合的器件相比，PLLA 结合的器件降解速度较慢。

1.7.2 现代纺织结构和引入添加成分的特殊材料

高级医用纺织品中可引入特殊材料或/和具有特殊功能的添加剂。这种特殊的添加剂可以吸收细菌感染创面的难闻气味，提供抗菌性能（银金属或其盐），包括防腐剂，抗菌成分，抗生素，用于止痛和减轻刺激的锌膏、糖膏作为除臭剂，及可以提供蜂蜜疗法等。通过引入具有治疗功能的材料使纺织品成为现代医疗产品。例如，高级的创面护理不仅涉及用于覆盖身体表面的材料，还包括泡沫、水胶体、水凝胶或基质材料等。将医药物质引入纺织结构是通过将医药产品固定在高分子上而发展起来的。

Gepp 等人（2009 年）提出了封装细胞的新方法和装置。它是分散非常小体积超高黏度医用级海藻酸钠（ALG）水凝胶的一种工具。非接触分散实现了 ALG 构建基质、分离和转移细胞藻酸盐复合物，同样也可分散生物活性水凝胶。

不同的后整理方法，尤其是医用纺织品的涂料，代表着一个日益增长的市场。医用涂料产品包括创面敷料、自粘石膏、石膏绷带材料、胶原/硅化组织、导电材料等。

在抗菌和抗静电服装等多种医疗应用中，需要使用具有恒定纺织性质的镀银纤维。当然，为了便于整合到纺织品生产中，导电纤维必须允许采用传统的生产工艺，如编织、针织和刺绣，并具有较高的耐洗性。为了提高用于导电的金属沉积量和改善金属在金属-纤维界面的黏附性，开发研究了一种与工业相关的等离子溅射工艺（Hegemann 等，2008 年）。镀银聚酯（PES）和棉混纺织物被证实对细菌具有非常有效的抑制作用（Jiang 等，2007 年）。Korner 等（2008 年）报道了含银涂层应用于聚酯（PES）织物。这种涂层可进一步应用在纺织植入物和创面敷料领域。

临床试验评估了一种新的装载有银盐的吸收性敷料的有效性和安全性（Lazareth 等，2007 年）。据 Wang 等（2007 年）研究结果表明，与其他敷料相比，使用银敷料的患者的就诊次数和治疗持续时间中位数较高，且就诊间隔也较短。因此，这些结果对银敷料在慢性创面治疗中的有效性提出了质疑。

例如，医疗应用对导电织物的需求日益增长，它们非常适合用作集成在电疗法绷带中的电极，以刺激人体内的血液流动。Schwarz 等（2008 年）计划创造一种高导电性、稳定和皮肤友好的纺织品。金是一种理想的材料，可在织物表面形成一层薄的涂层。对芳纶（AR）复丝表面镀上一层金后，通过化学和机电测试，对金层形成的真实机理进行了评价，并对 AR 纱外面的镀金进行了物理和力学两方面表征。

1.8 医用纺织品和产品的未来

1.8.1 新产品和应用的趋势及挑战

医用纺织品的新发展包括：采用活性（愈合）成分对其进行功能化，生物活性材料的使用，以及作为人体器官供体替代品的组织工程使用（Anon，2009 年 a)。涉及具有保护作用的舒适纺织品的创造，如果我们要解决这些复杂问题，并得出最佳方案，则需要跨学科工作，既包括纤维材料、纺织品和服装领域的科学家，又有医务人员和设计师(Podpovitny 等，2008 年)。医用纺织品巨大的创新潜力使其成为工业和科学的推动力。最多样化科学领域之间的跨学科合作使该行业能够赋予一种材料多种功能（Gokilavani 和 Gopalakrishnan，2009 年)。

具有抗菌、抗紫外线、防汗、低变应原、防螨、治疗性和催化降解等功能的纺织品在以下领域开拓了新的市场：护理产品、通过功能化纺织品控制药物释放、卫生、消毒和灭菌、床上用品和低变应原性纺织品、支架、噪声防护/降噪、离子、辐射和振动等（Anon，2009 年 b)。

纳米技术在过去十年中获得了巨大的发展。智能服装等涂层产品以及纳米涂层材料是当前创新应用的范例。但是，关于纳米纤维的机械性能与静电纺丝参数之间的关系缺乏系统的信息（Huang 等，2003 年）。该领域存在许多挑战，仍然存在许多基本问题。

医疗、福利、保护和卫生应用领域对功能性纺织品的兴趣日益增长，功能性纺织品包含生物活性纤维材料（Miranda 等，2009 年）。这些产品结合了织物基质的性能和所含化合物的活性。

生物技术预计将对动植物纤维生产产生很大影响。影响动物纤维生产的一系列现代生物技术，包括诊断学技术、新疫苗技术和治疗药物技术，以及改变植物纤维质量和性质（即强度和长度）并促进高性能纺织品发展的技术现均已问世。新型生物材料具有高抗紫外线、可控生物降解性、生物相容性、阻燃性、超高亲水性等创新性能。

细菌定植仍然是一个大问题，因为伴随其出现的是患病、染疾的发生和费用的增长。因此，研究抗感染材料具有重要意义。在这一领域已有许多研究，但确切的机制尚未确定。Choi 等（2004 年），Korner 等（2008 年）和 Ilic 等（2008 年）在该方面进行了一些重要的研究。根据 Choi 等（2004 年）的研究结果，尽管羊毛纤维的一般成分与其他天然蛋白质材料相似，但它并未用于任何生物医学应用。该研究探讨了羊毛与抗生素的印染条件，以开发新型抗感染材料，用于体外生物医学及生物应用。两种抗生素，多西环素（Doxy）和环丙沙星（Cipro），被应用于不同的温度、时间和 pH 值等条件下。Korner 等（2008 年）研究了含银纳米复合物等离子体涂层在纺织品中的应用。等离子技术为表面改性提供了一个吸引人的普适工具。这些涂层可进一步应用于纺织植入物和创面敷料领域。Ilic 等（2008 年）研究了通过电晕处理沉积在聚酰胺（PA）织物上的银纳米粒子的抗菌效果。银纳米粒子具有良好的稳定性和较高的表面积体积比，在纺织品抗菌后整理中的应用使织物具有良好的抗菌效果。

Eming 等（2002 年），Kumar 等（2004 年），Isenberg 等（2006 年），Deveci 和 Basal（2009 年）也探讨了关于创造新产品和新技术的未来概念。尽管小直径人工动脉的研究取得了很大进展，但许多开放式问题仍然需要生物学家、工程师和临床医生的跨学科努力。巨大的临床需求将确保研究继续朝着功能化小直径血管移植的目标进行（Isenberg 等，2006 年）。据 Eming 等（2002 年）和 Kumar 等（2004 年）所述，基因技术的进步提高了生长因子的利用率，以及它们在创面愈合和护理中的潜在治疗作用。能够为所有类型的损伤（包括与创面相关的腿截肢等）提供快速安全愈合手段的工程化生长因子正在被积极开发和改进（Eming 等，2002 年）。微胶囊化技术为高效稳定、处理、储存和可控递送应用提供了多种优势（Deveci 和 Basal，2009 年）。

1.8.2 组织工程概念

组织工程的目的是在体外培养有活力的人体组织。通过将生物材料引入细胞和组织中重建和修复活生物体拓展了组织工程领域。由天然或合成材料制成的三维纺织结构在组织工程中作为支架被广泛使用。这种织物支架能够为细胞的维持提供必要的条件。此外，支架还应具有一定的形状、孔隙和体积。

小血管旁路移植仍然主要使用自体移植。当没有合适的自体血管存在时，将使用聚四氟乙烯（PTFE）作为抑制替代物。然而，高分子移植物没有足够的性能来满足这一应用，并且常常导致移植失败（Isenberg 等，2006 年），因此，对天然结构性质和生物功能的成功模拟是组织工程和生物材料领域一个非常重要的目标（Huang 等，2003 年）。可生物降解和生物相容性高分子能够被用作基质（Ohkawa 等，2004 年）。在三维可生物降解支架上培养细胞可以产生适合重建手术的组织或作为新型体外模型系统（Kim 等，1999 年）。

碳基植入材料作为骨缺损重建的支架被进行了检验（Blazewicz，2001 年）。还研究了化学和物理功能化修饰的碳复合材料作为潜在材料在组织治疗中的应用（Blazewicz 等，2004 年）。

具有三维细胞培养功能的移植支架必须复制软骨组织的结构特点。在受损软骨的再生中，支架材料应逐渐消失，而在创面愈合的过程中，真正的软骨应逐渐长成。当生物降解发生时，真正的生长的软骨将覆盖蜘蛛丝织物，最终创面将在没有任何人工植入物残留的情况下恢复（Gellynch 等，2005 年）。

Bajgai 等（2008 年）制备了聚己内酯（PCL）接枝葡聚糖（PGD）电纺膜材。成功地构建了具有高分子量 PGD（PGD-50）的纳米纤维膜材，并研究了该支架在组织工程中的应用前景。研究结果表明，PGD-50 基质是促进细胞增殖、过程生长和迁移的合适基质，因此是人造细胞外基质的良好材料。为了使聚己内酯（PCL）更适合组织工程，首先采用 1,6-六亚甲基二胺对 PCL 电纺纤维支架进行修饰，以在其结构上引入氨基（Mattanavee 等，2009 年）。

心脏瓣膜支架（Rissanen 等，2009 年）已被用于心血管组织工程。多种生物分子（胶原蛋白、壳聚糖）可被固定在 PCL 组织工程皮肤适用于难以愈合的创面，如糖尿病足溃疡。如 Naughton 等（1997 年）和 Smith（1999 年）所述，在这种情况下，支架是由多股纱线制成的钩编网，人皮肤成纤维细胞可被植入并附着在这些纱线上。所得到的是含有代谢活性细胞的皮肤组织和皮肤基质。组织工程为自体皮肤移植提供了可行的替代品，可用于多种临床应用，包括从覆盖烧伤等原发区域到促进慢性创面的愈合（Kumar 等，2004 年）。这种产品可以是单层的或双层的。由于具有良好的生物相容性和机械性能，用静电纺丝处理丝素生产具有巨大组织再生和修复潜力的各种二维和三维基质备受关注（Marelli 等，2008 年）。

医用织物的机械性在植入后一般会发生变化，因此，生产出当组织在其中生长并形成重要的复合物时并不改变其机械性能的织物，这是非常有必要的。Kamaruk 等（1999 年）研究了刺绣技术在组织工程织物支架结构发展中的潜力。结果表明，绣花织物不仅不会变硬，还能提高针织物的拉伸力。

Kim 等（1999 年）研究了几种用于血管组织工程的可生物降解合成高分子支架。其基本目的是将细胞植入可降解高分子支架中，以促进组织生长及重塑。聚乙醇酸（PGA）是一种广泛应用于组织工程的高分子材料，但它会被迅速地再吸收，这可能导致组织在重塑之前过早地弱化。Kim 等（1999 年）指出有必要通过调控与高分子的相互作用来改善组织结构的机械性能和调节细胞表型。

海藻酸盐（ALG）在针织、机织、非织造、编织、刺绣或它们的组合等方式得到的纺织支架中有特定的、专门的用途。柔韧性提供了多样性，因此 ALG 纤维体系是促进细胞对组织结构进行三维重建的理想选择（Muri 和 Brown，2005 年）。支架结构和多孔性是引导新生组织形成的关键性质（Wintermantel 等，1996 年）。同时需要支架-宿主组织间的结构生物相容性。结合了不同类型的孔、洞和硬质成分的原始三维刺绣织物结构被设计出来（Kamaruk 等，2000 年）。利用静电植绒技术也创建了一种新型的支架（Walther 等，2007 年）。该材料在细胞培养条件下稳定，不同类型的细胞在其上的黏附和增殖良好。进一步的研究将被开展，以研究细胞在角蛋白/纤维蛋白纳米纤维混合物构成的非织造布上的生长，以此评估该织物体系在生物医学中的潜在应用（Zoccola 等，2008 年）。尽管对动脉替代物的需求是明确的，但是低血流速度造成在大直径动脉移植中取得成功的合成材料在小直径（即小于 6mm）动脉移植中失败。研究人员探索了利用动脉组织细胞或不同的干细胞结合天然和合成支架来制作管状结构，以尝试发展小直径动脉替代移植（Isenberg 等，2006 年）。

1.8.3 将生物材料和纺织品用于纳米体系和智能产品的科学策略

纳米体系

在未来，对纳米技术和纳米纤维进行更全面的研究和发展将十分必要。纳米技术的进步为纺织工业创造了巨大的机遇和挑战（Sawhney 等，2008 年）。纳米纤维由于其独特的性能（Graham 等，2004 年）（例如高表面积/体积比、膜厚度薄、纤维纳米级直径、结构多孔性和轻质性等）而备受关注。纳米纤维在作为药物载体将药物递送至特定部位方面具有很高的潜力。如果想要将药物载入纳米纤维基质中，则必须将药物封装在纳米纤维结构里面（Hussain 和 Ramkumar，2006 年）。纳米纤维的理想性能包括其机械性能和生物学性质如生物相容性等（Huang 等，2003 年）。

由于静电纺高分子纳米纤维的尺寸较小，从静电纺纳米纤维中收集的膜具有每单位质量下表面积大和孔径非常小等性质。这些性质意味着静电纺纳米纤维具有许多潜在的应用前景。据 Huang 等（2003 年）报道，其中一个应用是用作医疗假体，主要是作为移植物和血管。这些体系以包括组织工程在内的更广泛或更前沿的应用为目标：皮肤多孔膜、血管和神经再生的管状结构、骨和软骨再生的三维支架以及皮肤愈合、创面敷料、药物输送载体等。

用作支架的具有纳米结构的膜可以通过静电纺丝的方法制成（Ohkawa 等，2004 年）。Lou 等（2008 年 a）探讨了采用静电纺丝制备聚氧化乙烯（聚乙二醇）/壳聚糖纤维膜的方法。目前还缺乏关于角蛋白静电纺丝的研究，但 Aluigi 等（2007）报道称在水中将角蛋白与聚环氧乙烷进行共电纺可获得规则形状的纳米纤维。使用大气空气和低压空气等离子体对原棉和经漂白剂/丝光处理的棉织物进行功能化可实现对后续使用的纳米银进行更好的吸附（Gorjanc 等，2009 年）。

有许多材料，如金属、纳米级的金属氧化物和生物活性成分，如酶、药物等，可以为纳米纤维增加功能。这种“增值”的纳米纤维可以有效地应用于防护服、药物输送、组织工程和生物材料等领域。由于损伤、疾病等，天然组织可能会被弱化或丢失。因此，在修复受损组织时需要人造支架。纳米纤维支架作为一种可降解植入物，具有足够的机械性和生物稳定性是非常重要的（Hussain 和 Ramkumar，2006 年）。由静电纺聚氨酯纳米纤维膜和丝素纳米纤维组成的创面敷料亦被开发。如 Khil 等（2003 年）和 Min 等（2004 年）报道称，这些材料以它们的孔径分布范围、高表面积体积比和高孔隙率等为特色，这也是适合细胞生长和增殖的要素。Krucinska 等（2009 年）开发了由壳聚糖和碳纳米管（CNT）组成的复丝纱。

有许多操控和增强纺织品表面性能的方法，包括实施表面处理、涂层处理和/或采用纳米技术的改性技术（Sawhney 等，2008 年）。图 1.4 是采用纳米技术进行纺织品后整理的典型应用。适用于许多纺织品类型的抗菌消毒和后整理技术已通过纳米银处理的方法被开发出来（Lee 等，2003 年 a；Wasif 和 Laga，2009 年）。在溃疡上对纳米银敷料的功效进行了测试，结果表明经过一到九周的治疗后溃疡完全愈合。但是，这仍然需要在更多患者中进行进一步的研究（Forner-Cordero 等，2007 年）。抗菌纱（Jixiong 和 Jiachong，2003 年）可由棉、亚麻、丝绸、羊毛、聚酯（PES）、聚酰胺（PA）纤维或这些纤维的混合物与纳米银颗粒复合制成。这些纱线对多种细菌、真菌等都具有有效的抗菌活性。Gulrajani（2000 年）指出，含银抗菌剂已作为一种安全有效并促进愈合的手段被引入创面护理装置中。众所周知，与创面接触的银可以进入创面，并被不利的细菌和真菌吸收，由此使微生物被银离子杀死，从而使受感染的创面得到治疗。Ilic 等（2008 年）强调了电晕处理在活化纤维表面中的可能性，这利于有效地将银纳米粒子负载到 PA 织物上。用双负载银纳米粒子的 PA 织物制成的稳定体系具有优良的抗菌性能和令人满意的耐洗性。

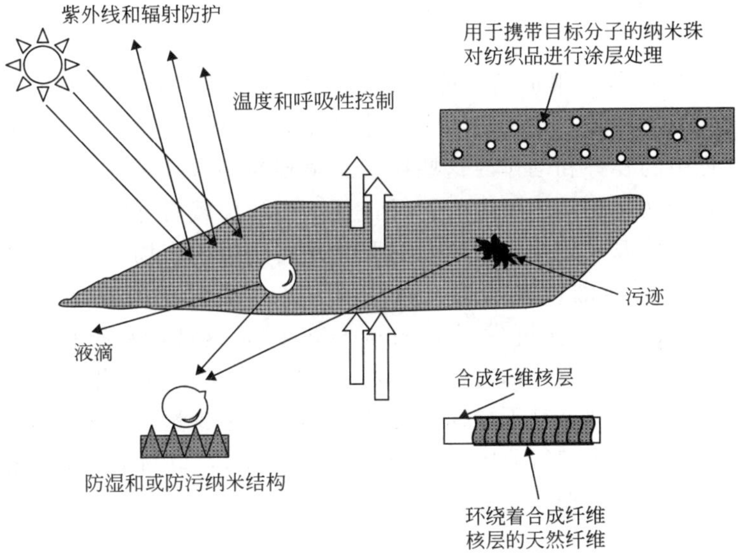

图 1.4　采用纳米技术的后整理用于控制和增强纺织品的品质和性能（取自 Sawhney 等，2008 年）

纳米技术在纤维制造过程中的应用，可以为纤维引入全新的功能，这些功能与所用纳米添加剂的类型相关。通过改善生物可降解纳米纤维结构的机械稳定性并找到将功能材料结合起来的新方法，功能化纳米纤维可以成为高效生物材料的潜在候选材料（Hussain 和 Ramkumar，2006 年）。纤维中纳米添加剂的存在决定了它们在新型植入式材料中的应用潜力。Mikolajczyk 等（2009 年）研究了采用磷酸三钙（TCP）纳米添加剂制造海藻酸锌纤维的条件。该研究中使用了 β-TCP。其具有骨引导性，因此选择了 TCP 纳米添加剂。

Mikolajczyk 和 Bogun（2005 年）研究了陶瓷纳米粒子对聚丙烯腈（PAN）二甲基甲酰胺纺丝溶液流变学性能的影响。在该研究中，三种纳米颗粒被选用，材质分别为：二氧化硅、羟基磷灰石和蒙脱石。设计这些解决方案是为了制备新一代 PAN 纤维，并将其作为前体纤维进行碳化，然后用于对可刺激和支持骨重建过程植入物材料进行设计的医疗部门。

未来纳米技术应用主要着眼于推动以客户为导向的产品的进步，纺织行业将会成为主要受益者之一。然而，毫无疑问，纳米技术和纳米产品的快速发展和增长仍然伴随着一些局限性和未知的健康风险（Sawhney 等，2008 年）。

智能产品

近年来，对医疗领域的新型智能产品亦进行了研究。近期，包括智能产品在内的医用纺织品生产的增长，重新引起了人们对高级后整理技术的兴趣，例如抗菌整理以及纳米颗粒的应用等。

许多材料可用于医疗保健智能纺织品：生物材料、光致变色材料、热致变色材料、导电高分子、纤维和纱线以及相变材料、发光高分子、光学纤维、形状记忆合金和高分子等。此外，还有不同的造型可用。例如，形状记忆合金的造型包括薄膜、弹簧、夹子、箔和金属丝等，这些造型均可用作织物结构的组成部分。形状记忆高分子可以被层压到织物结构上或被压缩成薄膜。相变材料能以微胶囊的形式用于涂层、纤维内部和其他结构中。

Mazzoldi 等（2002 年）报道了一种基于导电高分子或碳填充橡胶的智能纺织品，该纺织品能够作为应变传感器。它可以用来构建可穿戴设备，该设备能够读取穿戴该系统的受试者在康复过程中的姿势和动作。这些纺织品很容易融入真正的可穿戴、仪器化的服装中，能够对人体运动功能的动觉图进行记录，且不会让穿戴者感到不适。

能够测量穿戴者体温或追踪心脏活动的服装才刚刚进入市场。现在，纺织贴片中的微型生物传感器可以分析体液，甚至是一滴汗液，并为受试者的健康提供了更好的评估（Anon，2008 年）。皮肤科医生开发了 Derma Smart®，这种汗衫布料可以减轻由湿疹等干燥皮肤疾病引起的瘙痒（Anon，2007 年）。这种织物是由微纤维制成的，其独特之处在于它可以在皮肤表面滑动，且干燥速度更快，并使用了少量的银来防止细菌的积聚。智能材料也可以被纳入医疗保健行业中（Ahmed，2009 年），以帮助诊断、记录和传输生物生理信号或远程对体征进行动态监测。

1.9 更多信息和建议

详见如下：

http：//www. centexbel. be/Eng/research _ project _ biotex. htm

http：//www. csiro. au/org/MedicalTextiles. html

http：//www. elsevier. com/wps/find/P10 _ 162. cws _ home/main

http://www. fibre2fashion. com/industry-article/4/330/medical-textiles1. asp

http：//www. fibtex. lodz. pl/49 _ 06 _ 13. pdf

http：//www. globalsources. com/manufacturers/Medical-Textile. html

http：//www. scribd. com/doc/4101166/9313

http：//www. swicofil. com/biomedical _ textiles. html

1.10 致谢

非常感谢所有公开来源的作者。

1.11 参考文献

Ahmed D (2009). 'Hybridization of smart textiles in medical and healthcare management', Proceedings of AUTEX 2009 World Textile Conference, 26-28 May, Izmir. CD edition, 206-215.

Aluigi A, Varesano A, Montarsolo A, Vineis C, Ferrero F, Mazzuchetti G *et al.* (2007). 'Electrospinning of keratin/poly (ethylene oxide) blend nanofibers', *J Appl Polym Sci*, 104, 863-870.

Anon. Science Daily (2007). 'Clothes that relieve itch. Fabric glides over skin surface, prevents bacteria build-up'. Available: http://www.sciencedaily.com/videos/2007/0804-clothes_that_relieve_itch.htm [Accessed 18 May 2009].

Anon. Science Daily (2008). 'Smart clothes: textiles that track your health'. Available: http://www.sciencedaily.com/releases/2008/03/080329121141.htm [Accessed 18 May 2009].

Anon. CENTEXBEL (2009a). 'Medtex. Medical applications'. Available: http://www.centexbel.be/files/brochure-pdf/medtech_A4.pdf [Accessed 14 October 2009].

Anon. CENTEXBEL (2009b). 'Healthtech. Textiles for hygiene, health & wellness'. Available: http://www.centexbel.be/files/brochure-pdf/healthtech [1].pdf [Accessed 14 October 2009].

Armakan H D M, Duran D and Basal G (2009). 'Functional bed sheets for prevention of bedsores', Proceedings of AUTEX 2009 World Textile Conference, 26-28 May, Izmir. CD edition, 1487-1490.

Bajgai M P, Aryal S, Bhattarai S R, Bahadur K C R, Kim K-W and Kim H Y (2008). 'Poly (-caprolactone) grafted dextran biodegradable electrospun matrix: a novel scaffold for tissue engineering', *J Appl Polym Sci*, 108, 1447-1454.

Bar-Meir E, Mendes D and Winkler E (2006). 'Skin substitutes', *Isr Med Assoc J*, 8, 188-191.

Basal G, Altiok D, Altiok E and Bayraktar O (2009). 'Antibacterial properties of silk fibroin/chitosan blend films loaded with plant extract', Proceedings of AUTEX 2009 World Textile Conference, 26-28 May, Izmir. CD edition, 194-199.

Blazewicz M (2001). 'Carbon materials in the treatment of soft and hard tissue injuries', *Eur Cell Mater*, 2, 21-29.

Blazewicz S, Piekarczyk I, Staszkow E and Mikolajczyk T (2004). 'Chemically and physically functionalized carbon composites-a perspective material for tissue treatment', International Conference Carbon 2004, 11-16 July, Providence.

Bradt J H, Mertig M, Teresiak A and Pompe W (1999). 'Biomimetic mineralization of collagen by combined fibril assembly and calcium phosphate formation', *Chem Mater*, 11, 2694-2701.

Buchenska J (1996). 'Polyamide Fibers (PA6) with Antibacterial Properties', *J Appl Polym Sci*, 61, 567-576.

Buschmann H J (2002). 'Applications of textiles with permanently fixed cyclodextrins', International Textile, Clothing & Design Conference Magic World of Textiles, 2002, 6-9 October, Dubrovnik. University of Zagreb, Zagreb, 246-249.

Chen X, Wells G and Woods D M (1999). 'Production of yarns and fabrics from alginate fibres for medical applications', in Anand S (ed.), Proceedings of the International Conference Medical Textiles 1999, 24-25 August, Leeds. Woodhead Publishing Ltd., Cambridge, 20-29.

Chilarski A, Krucinska I, Kiekens P, Blasinska A, Schoukens G, Cislo R *et al.* (2007). 'Novel dressing materials accelerating wound healing made from dibutyrylchitin', *Fibres Text East Eur*, 15, 77-81.

Choi H-M, Bide M, Phaneuf M, Quist W and LoGerfo F (2004). 'Dyeing of wool with antibiotics to develop novel infection resistance materials for extracorporeal end use', *J Appl Polym Sci*, 92, 3343-3354.

Ciechanska D (2004). 'Multifunctional bacterial cellulose/chitosan composite materials for medical applications', *Fibres Text East Eur*, 12, 69-72.

Ciechanska D, Kazimierczak J and Gusta M (2005). 'Wound dressing materials based on chitosan modified bacterial cellulose', Proceedings of 5th International Scientific Conference Medtex 2005, 28-29 November; Lodz. Printing-Office of Scientific Publications, Lodz, 44-46.

Ciechanska D, Struszczyk H and Guzinska K (1998). 'Modification of bacterial cellulose', *Fibres Text East Eur*, 6, 61-65.

Deveci S S and Basal G (2009). 'Microencapsulation by complex coacervation of chitosan and silk fibroin', Proceedings of AUTEX 2009 World Textile Conference, 26-28 May, Izmir. CD edition, 1482-1486.

Draczynski Z and Szosland L (2005). 'Honeybees and medicine', Proceedings of 5th International Scientific Conference Medtex 2005, 28-29 November, Lodz. Printing Office of Scientific Publications, Lodz, 47-50.

Eaglstein W H (2001). 'Moist wound healing with occlusive dressings: a clinical focus', *Dermatol Surg*, 27, 175-181.

Ehret P and Lahteenkorva K (1998). 'Nonwoven/film biodegradable composite structure'. US Patent 5783504.

Eming S A, Smola H and Krieg T (2002). 'Treatment of chronic wounds: state of the art and future concepts', *Cells Tissues Organs*, 172, 105-117.

Fabia J, Slusarczyk C, Gawlowski A, Graczyk T, Wlochowicz A and Janicki J (2005). 'Supermolecular structure of alginate fibres for medical applications studied by means of WAXS and SAXS methods', *Fibres Text East Eur*, 13, 114-117.

Fleck C A (2006). 'Palliative dilemmas: wound odour' Wound Care Canada, 4, 10-14. Available: http://www.cawc.net/open/wcc/4-3/fleck.pdf [Accessed 2 March 2007].

Forner-Cordero I, Navarro-Monsoliu R, Munoz-Langa J, Alcober-Fuster P and Rel-Monzo P (2007). 'Use of nanocrystalline silver dressing on lymphatic ulcers in patients with chronic lymphoedema', *J Wound Care*, 16, 235-238.

Friess W and Lee G (1996). 'Basic thermo-analytical studies of insoluble collagen matrices', *Biomaterials*, 17, 2289-2294.

Gellynch K, Verdonk P, Almqvist F, Nimmen E, Bakker D D, Langenhove L *et al.* (2005). 'A spider silk supportive matrix used for cartilage regeneration' in Hongu T, Phillips G O and Takigami M (eds.), New Millennium Fibres, Woodhead Publishing Ltd., Cambridge, 267-268.

Gepp M M, Ehrhart F, Shirley S G, Howitz S and Zimmermann H (2009). 'Dispensing of very low volumes of ultra high viscosity alginate gels: a new tool for encapsulation of adherent cells and rapid prototyping of scaffolds and implants', *BioTechniques*, 46, 31-43.

Glampedaki P, Klein J, Warmoeskerken M M C G and Jocic D (2009). 'Surface modification of polyamide via grafted chitosan-based responsive hydrogels', Proceedings of AUTEX 2009 World Textile Conference, 26-28 May, Izmir. CD edition, 480-487.

Gokilavani R and Gopalakrishnan D (2009). 'Bio tech textiles-future trend'. Available: http://www.fibre2fashion.com/industry-article/technology-industry-article/biotechtextiles/biotech-textiles1.asp [Accessed 14 May 2009].

Gorjanc M, Jovancic P, Bukosek V and Gorensek M (2009). 'Study of adsorption of nano silver on cotton pretreated with plasma', Proceedings of AUTEX 2009 World Textile Conference, 26-28 May, Izmir. CD edition, 1029-1032.

Graham K, Schreuder-Gibson H and Gogins M (2004). 'Incorporation of electrospun nanofibers into functional structures', *INJ*, 13, 21-27.

Grechin A G, Buschmann H-J and Schollmeyer E (2007). 'Quantification of cyclodextrins fixed onto cellulose fibers', *Text Res J*, 77, 161-164.

Gulrajani M L (2000). 'Nano finishes', *Indian J Fibre Text Res*, 31, 187-201.

Hegemann D, Amberg M and Guimond S (2008). 'Plasma metallization of yarn for medical applications', Proceedings of the 8th AUTEX 2008 World Textile Conference, 24-26 June, Biela. CD edition. Available: http://www.autex2008.it/cd/[Accessed 14 May 2009].

Heide M, Zschenderlein D and Mohring U (2005). 'Three-dimensional spacer fabrics in medicine', Proceedings of 5th International Scientific Conference Medtex 2005, 28-29 November, Lodz. Printing-Office of Scientific Publications, Lodz, 70-84.

Huang Z M, Zhang Y Z, Kotaki M and Ramakrishna S (2003). 'A review on polymer nanofibers by electrospinning and their applications in nanocomposites', *Compos Sci Technol*, 63, 2223-2253.

Hussain M M and Ramkumar S S (2006). 'Functionalized nanofibers for advanced applications', *Indian J Fibre Text Res*, 31, 41-51.

Ilic V, Saponjic Z, Vodnik V, Dimitrijevic S, Mihailovic D, *et al*. (2008). 'The antibacterial effect of silver nanoparticles deposited on corona treated polyamide fabrics', Proceedings of the 8th AUTEX 2008 World Textile Conference, 24-26 June, Biela. CD edition. Available: http://www.autex2008.it/cd/[Accessed 5 May 2009].

Isenberg B C, Williams C and Tranquillo R T (2006). 'Small-diameter artificial arteries engineered in vitro', *Circ Res*, 98, 25-35.

Janicki J, Fabia J and Slusarczyk C (2009). 'Transformation of nanostructure of PP/PLA fibres under the influence of degradation process', Proceedings of AUTEX 2009 World Textile Conference, 26-28 May, Izmir. CD edition, 805-812.

Jiang S, Newton E, Yuen C-W M and Kan C-W (2007). 'Application of chemical silver plating on polyester and cotton blended fabric', *Text Res J*, 77, 85-91.

Jixiong Y and Jiachong C (2003). 'Antimicrobial yarn having nanosilver particles and methods for manufacturing the same', US Patent 0190851.

Jones I, Currie L and Martin R (2002). 'A guide to biological skin substitutes', *Br J Plast Surg*, 55, 185-193.

Kamaruk E, Mayer J, During M, Wagner B, Bischoff B, *et al*. (1999). 'Embroidery technology for medical textiles', in Anand S (ed.), Proceedings of the International Conference Medical Textiles, 1999, 24-25 August, Leeds. Woodhead Publishing Ltd., Cambridge, 200-206.

Kamaruk E, Raeber G, Mayer J, Wagner B, Bischoff B, *et al*. (2000). 'Structural and mechanical aspects of embroidered scaffolds for tissue engineering', Transactions of 6th World Biomaterials Congress, 2000, 15-20 May, Hawaii.

Kennedy J F, Knill C J and Thorley M (2001). 'Natural polymers for healing wounds', in Kennedy J F, Phillips G O, Williams P A and Hatakeyama H (eds.), *Recent Advances in Environmentally Compatible Polymers*, Woodhead Publishing Ltd, Cambridge, 97-104.

Khil M S, Cha D I, Kim H Y, Kim I S and Bhattarai N (2003). 'Electrospun nanofibrous polyurethane membrane as wound dressing', *J Biomed Mater Res B*, 67, 675-679.

Khor E and Lim L Y (2003). 'Implantable applications of chitin and chitosan', *Biomaterials*, 24, 2339-2349.

Kim B S, Nikolovski J, Bonadio J, Smiley E and Mooney D J (1999). 'Engineered smooth muscle tissues: regulating cell phenotype with the scaffold', *Exp Cell Res*, 251, 318-328.

Kim Y H and Sun G (2000). 'Dye molecules as bridges for functional modification of nylon: antimicrobial functions' *Text Res J*, 70, 728-733.

Kirker K R, Luo Y, Nielson J H, Shelby J and Prestwich G D (2002). 'Glycosaminoglycal hydrogel films as bio-interactive dressings for wound healing', *Biomaterials*, 23, 3661-3671.

Knill C J, Kennedy J F, Mistry J, Miraftab M, Smart G, *et al*. (2004). 'Alginate fibres modified with unhydrolysed and hydrolysed chitosans for wound dressings', *Carbohydr Polym*, 55, 65-76.

Korner E, Fortunato G, Lubben J F and Hegemann D (2008). 'Silver-containing nanocomposite plasma coatings on textiles', Proceedings of the 8th AUTEX 2008 World Textile Conference, 24-26 June, Biela. CD edition. Available:

http：//www. autex2008. it/cd/[Accessed 14 May 2009].

Krucinska I，Lipp-Symonowicz B，Surma B，Steplewski W and Wawro D（2009）.‘Chitosan/carbon nanotubes’ fibres，their properties and structure’，Proceedings of AUTEX 2009 World Textile Conference，26-28 May，Izmir. CD edition，216-227.

Kucharska M，Niekraszewicz A，Wisniewska-Wrona M and Brzoza-Malczewska K（2008）.‘Dressing sponges made of chitosan and chitosan-alginate fibrids’，*Fibres Text East Eur*，16，109-113.

Kumar S，Wong P F and Leaper D J（2004）.‘What is new in wound healing?’，*Turk J Med Sci*，34，147-160. Available：http：//journals. tubitak. gov. tr/medical/issues/sag-04-34-3/sag-34-3-1-0403-2. pdf [Accessed 31 March 2007].

Lazareth I，Ourabah Z，Senet P，Cartier H，Sauvadet A and Bohbot S（2007）.‘Evaluation of a new silver foam dressing in patients with critically colonized venous leg ulcers’，*J Wound Care*，16，129-132.

Le Y，Anand S C and Horrocs A R（1997）.‘Using alginate fibre as a drug carrier for wound healing’，in Anand S C（ed.），Medical Textiles 96，Woodhead Publishing Ltd，Cambridge，21-26.

Lee H J，Yeo S Y and Jeong S H（2003a）.‘Antibacterial effect of nanosized silver colloidal solution on textile fabrics’ *J Mater Sci*，38，2199-2204.

Lee S B，Jeon H W，Lee Y W，Lee Y M，Song K W，*et al*.（2003b）.‘Bio-artificial skin composed of gelatin and（1 3），（1 6）-β-glucan’，*Biomaterials*，24，2503-2511.

Lee S B，Kim Y H，Chong M S and Lee Y M（2004），‘Preparation and characteristics of hybrid scaffolds composed of β-chitin and collagen’，*Biomaterials*，25，2309-2317.

Lou C-W，Lin J-H，Yen K-C，Lu C-T and Lee C-Y（2008a）.‘Preparation of polyethylene oxide/chitosan fiber membranes by electrospinning and the evaluation of biocompatibility’，*Text Res J*，78，254-257.

Lou C-W，Yao C-H，Chen Y-S，Hsieh T-C，Lin J-H and Hsing W-H（2008b）.‘Manufacturing and properties of PLA absorbable surgical suture’，*Text Res J*，78，958-965.

Lou C-W，Lin C-W，Chen Y-S，Yao C-H，Lin Z-S，*et al*.（2008c）.‘Properties evaluation of tencel/cotton nonwoven fabric coated with chitosan for wound dressing’，*Text Res J*，78，248-253.

Lubasova D and Martinova L（2008）.‘Crosslinking chitosan/PEO nanofiber sheets friendly for medical application’，Proceedings of the 8th AUTEX 2008 World Textile Conference，24-26 June，Biela. CD edition. Available：http：//www. autex2008. it/cd/[Accessed 19 May 2009].

Macken C（2003）.‘Bioactive fibres-benefits to mankind’，*Chem Fibres Int*，53，39-41.

Maquet V，Boccaccini A R，Pravata L，Notingher I and Jerome R（2004）.‘Porous poly（[alpha]-hydroxyacid）/Bioglass（R）composite scaffolds for bone tissue engineering. I：preparation and in vitro characterization’，*Biomaterials*，25，4185-4194.

Marelli B，Alessandrino A，Fare S，Tanzi M C and Freddi G（2008）.‘Electrospun silk fibroin tubular matrices for small vessel bypass grafting’，Proceedings of the 8th AUTEX 2008 World Textile Conference，24-26 June，Biela. CD edition. Available：http：//www. autex2008. it/cd/[Accessed 9 May 2009].

Martin Del Valle E M（2004）.‘Cyclodextrins and their uses：a review’，*Process Biochem*，9，1033-1046.

Matsuda K，Suzuki S，Isshiki N，Yoshioka K，Okada T，*et al*.（1991）.‘A bilayer artificial skin capable of sustained-release of an antibiotic’，*Br J Plast Surg*，44，142-146.

Mattanavee W，Suwantong O，Puthong S，Bunaprasert T，Hoven V P and Supaphol P（2009）.‘Immobilization of biomolecules on the surface of electrospun polycaprolactone fibrous scaffolds for tissue engineering’，*ACS Appl Mater Interface*，1，1076-1085.

Mazzoldi A，De Rossi D，Lorussi F，Scilingo E P and Paradiso R（2002）.‘Smart textiles for wearable motion capture systems’，*AUTEX Res J*，2，19-9-203.

Medovic A，Kojic Z，Tasic G，Milakovic B，Kostic M and Skundric P（2008）.‘Efficiency and biocompatibility of hormone-active polysaccharide fibers’，Proceedings of the 8th AUTEX 2008 World Textile Conference，24-26 June，Biela. CD edition. Available：http：//www. autex2008. it/cd/[Accessed 15 May 2009].

Medovic A, Skundric P, Kostic M and Djordjevic P (2006). 'Mathematical modelling of biodegradable insulin artificial depot on alginate fibers', The Book of Abstracts of ICOSECS 5-International Conference of the Chemical Societies of the South-East European Countries, 2006, 10-14 September, Ohrid.

Mikolajczyk T and Bogun M (2005). 'Effect of ceramic nanoparticles on the rheological properties of spinning solutions of polyacrylonitrile in dimethylformamide', *Fibres Text East Eur*, 13, 28-31.

Mikolajczyk T, Bogun M, Kurzak A and Szparaga G (2009). 'Zinc alginate fibres with a tricalcium phosphate (TCP) nanoadditive', *Fibres Text East Eur*, 17, 12-18.

Mikolajczyk T and Wolowska-Czapnik D (2005). 'Multifunctional alginate fibres with anti-bacterial properties', *Fibres Text East Eur*, 13, 35-40.

Min B M, Lee G, Kim S H, Nam Y S, Lee T S and Park W H (2004). 'Electrospinning of silk fibroin nanofibers and its effect on the adhesion and spreading of normal human keratinocytes and fibroblasts in vitro', *Biomaterials*, 25, 1289-1297.

Miraftab M, Quiao Q, Kennedy J F, Anand S C and Collyer G (1999). 'Advanced materials for wound dressings: biofunctional mixed carbohydrate polymers', in Anand S (ed.), Proceedings of the International Conference Medical Textiles, 1999, 24-25 August, Leeds. Woodhead Publishing Ltd., Cambridge, 164-172.

Miranda T, Santos J and Soares G (2009). 'Bioactive textiles for well-being, medical and cosmetic applications', Proceedings of AUTEX 2009 World Textile Conference, 26-28 May, Izmir. CD edition, 200-205.

Mitchell S L and Niklason L E (2003). 'Requirements for growing tissue-engineered vascular grafts', *Cardiovasc Pathol*, 12, 59-64.

Momcilovic D (2002). 'Topical agents used in the treatment of burns', *Med Pregl* 55, 109-113.

Mooney D J, Mazzoni C L, Breuer C, McNamara K, Hern D, *et al*. (1996). 'Stabilized polyglycolic acid fibre-based tubes for tissue engineering', *Biomaterials*, 17, 115-124.

Muri J M and Brown P J (2005). 'Alginate fibres', in Blackburn R S (ed.), Biodegradable and Sustainable Fibres, Woodhead Publishing Ltd., Cambridge, 89-109.

Muzzarelli R A A (1973). Natural Chelating Polymers-Alginic Acid, Chitin and Chitosan. Pergamon Press, Oxford.

Muzzarelli R A A, Mattioli-Belmonte M, Pugnaloni A and Biagini G (1991). 'Biochemistry, histology and clinical uses of chitins and chitosans in wound healing', in Jolles P and Muzzarelli R A A (eds.), Chitin and Chitinases, Birkhauser Verlag, Basel, 251-264.

Naughton G, Mansbridge J and Gentzkow G (1997). 'A metabolically active human dermal replacement for the treatment of diabetic foot ulcers', Artif Organs, 21, 1203-1210.

Niekraszewicz A (2005). 'Chitosan medical dressings', *Fibres Text East Eur*, 13, 16-18.

Niekraszewicz A, Lebioda J, Kucharska M and Wesolowska E (2007). 'Research into developing antibacterial dressing materials', *Fibres Text East Eur*, 15, 10-1-105.

Nierstrasz V A, Van Langenhove L and Kiekens P (2009). 'Biotechnological modification and functionalisation of polyester surfaces', Proceedings of AUTEX 2009 World Textile Conference, 26-28 May, Izmir. CD edition, 271-273.

Ohkawa K, Cha D I, Kim H, Nishida A and Yamamoto H (2004). 'Electrospinning of chitosan', *Macromol Rapid Commun*, 25, 1600-1605.

Parikh D V, Fink T, Rajasekharan K, Sachinvala N D, Sawhney A P S, *et al*. (2005). 'Antimicrobial silver/sodium carboxymethyl cotton dressings for burn wounds', *Text Res J*, 75, 134-138.

Petrulis D (2009). Models of Fibres and Yarns Geometry, Technologija, Kaunas.

Petrulis D and Petrulyte S (2008). 'Smart textiles' (in Lithuanian), *Mokslas ir Technika*, 11, 32-33, 41.

Petrulyte S (2008). 'Advanced textile materials and biopolymers in wound management', *Dan Med Bull*, 55, 72-77.

Petrusic S, Lewandowski M, Giraud S, Koncar V, Jovancic P and Bugarski B (2009). 'Thermo-sensitive hydrogels based on poly (N-isopropylacrylamide) for drug release system', Proceedings of AUTEX 2009 World Textile Conference, 26-28 May, Izmir. CD edition, 162-168.

Podpovitny M, Chen X, Schacher L, Adolphe D and Haikel Y (2008). 'Dentists gowns: new design for better comfort and patient' s perception of professionalism', Proceedings of the 8th AUTEX 2008 World Textile Conference, 24-26 June, Biela. CD edition. Available: http: //www. autex2008. it/cd/[Accessed 5 May 2009].

Radjabian M and Kish M H (2008). 'Characterization of poly (L-lactic acid) filament yarns', Proceedings of the 8th AUTEX 2008 World Textile Conference, 24-26 June, Biela. CD edition. Available: http: //www. autex2008. it/cd/ [Accessed 20 May 2009].

Radu C D, Popescu V, Manea L R, Harpa R, Piroi C, *et al*. (2008). 'Behavior of medical stockings used in chronic venous failure of leg', Proceedings of the 8th AUTEX 2008 World Textile Conference, 24-26 June, Biela. CD edition. Available: http: //www. autex2008. it/cd/[Accessed 20 May 2009].

Rafat M, Dibyendu De, Khulbe K C, Nguyen T and Matsuura T (2006). 'Surface characterization of hollow fiber membranes used in artificial kidney', *J Appl Polym Sci*, 101, 4386-4400.

Rajendran S and Anand S C (2006). 'Contribution of textiles to medical and healthcare products and developing innovative medical devices', *Indian J Fibre Text Res*, 31, 215-229.

Rigby A J, Anand S C and Horrocks A R (1997). 'Textile materials for medical and healthcare applications', *J Text Inst*, 88 (Pt 3), 83-93.

Rissanen M, Puolakka A, Mariani C, Deichmann T, Schmidt D and Nousiainen P (2009). 'Composite scaffolds for cardiovascular tissue engineering made from solution spun polylactide', Proceedings of AUTEX 2009 World Textile Conference, 26-28 May, Izmir. CD edition, 188-193.

Russell S J and Mao N (1999). 'Anisotropic fluid transmission in nonwoven wound dressings', in Anand S (ed.), Proceedings of the International Conference Medical Textiles, 1999, 24-25 August, Leeds. Woodhead Publishing Ltd., Cambridge, 156-163.

Rybicki E, Filipowska B, Kozicki M, Jeziorski A and Jakubic J (2005). 'New generation therapeutic dressings on the basis of surface modified textiles', Proceedings of 5th International Scientific Conference Medtex 2005, 28-29 November, Lodz. Printing Office of Scientific Publications, Lodz, 118-121.

Sagar B, Hamlyn P and Waler D (1991). 'Wound dressing', European Patent 460774.

Sawhney A P S, Condon B, Singh K V, Pang S S, Li G and Hui D (2008). 'Modern applications of nanotechnology in textiles', *Text Res J*, 78, 731-739.

Schwarz A, Hakuzimana J, Kaczynska A, Gasana E, Banaszczyk J, *et al*. (2008). 'Characterization of gold coated yarns', Proceedings of the 8th AUTEX 2008 World Textile Conference, 24-26 June, Biela. CD edition. Available: http: //www. autex2008. it/cd/[Accessed 17 May 2009].

Shelma R, Willi Poul and Sharma C P (2008). 'Chitin nanofibre reinforced thin chitosan films for wound healing application', *Trends Biomater Artif Organs*, 22, 107-111.

Shin Y, Yoo D I and Min K (1999). 'Antimicrobial finishing of polypropylene nonwoven fabric by treatment with chitosan oligomer', *J Appl Polym Sci*, 74, 2911-2916.

Smith M (1999). 'Fibrous scaffolds for tissue culturing', in Anand S (ed.), Proceedings of the International Conference Medical Textiles, 1999, 24-25 August, Leeds. Woodhead Publishing Ltd, Cambridge, 173-179.

SSM Sterile Health Products INC (2005). Available: http: //www. steril. com/eng/productssutur-absorbex-ozelink. html [Accessed 11 May 2009].

Steplewski W, Wawro D, Niekraszewicz A and Ciechanska D (2006). 'Research into the process of manufacturing alginate-chitosan fibres', *Fibres Text East Eur*, 14, 25-31.

Still J, Glat P, Silverstein P, Griswold J and Mozingo D (2003). 'The use of a collagen sponge/living cell composite material to treat donor sites in burn patients', *Burns*, 29, 837-841.

Strobin G, Ciechanska D, Wawro D, Steplewski W, Jozwicka J, *et al*. (2007). 'Chitosan fibres modified by fibroin', *Fibres Text East Eur*, 15, 146-148.

Strobin G, Wawro D, Steplewski W, Ciehanska D, Jozwicka J, *et al*. (2006). 'Formation of cellulose/silk-fibroin blended fibres', *Fibres Text East Eur*, 14, 32-35.

Swiatek J, Jarzebowski J and Cichon J (2008). 'Investigation of fibre diameter distribution in non-woven textiles for medical applications in melt-blown polyester technology', *Fibres Text East Eur*, 16, 14-16.

Tamura H, Tsuruta Y and Tokura S (2002). 'Preparation of chitosan-coated alginate filament', *Mater Sci Eng*, 20, 143-147.

Tavis M J, Thornton J W, Bartlett R H, Roth J C and Woodroof E A (1980). 'A new composite skin prosthesis', *Burns*, 7, 123-130.

Tomsic B and Simoncic B (2009). 'Antimicrobial properties and biodegradability of cellulose modified by a cationic siloxane', Proceedings of AUTEX 2009 World Textile Conference, 26-28 May, Izmir. CD edition, 175-180.

Tourrette A, Glampedaki P, Warmoeskerken M M C G and Jocic D (2008). 'Surface modification of textile material with biopolymer-based micro-and nano-hydrogels', Proceedings of the 8th AUTEX 2008 World Textile Conference, 24-26 June, Biela. CD edition. Available: http: //www. autex2008. it/cd/[Accessed 15 May 2009].

Vrabic U, Jesih A and Svetec D G (2007). 'Physical and absorptive changes in plasma treated viscose fibres', *Fibres Text East Eur*, 15, 124-126.

Vrieze S, Van Camp T, Van Langenhove L and Kiekens P (2008). 'Electrospun chitosan and cellulose acetate as a bilayer nonwoven', Proceedings of the 8th AUTEX 2008 World Textile Conference, 24-26 June, Biela. CD edition. Available: http: //www. autex2008. it/cd/[Accessed 11 May 2009].

Walther A, Bernardt A, Pompe W, Gelinsky M, Mrozik B, *et al.* (2007). 'Development of novel scaffolds for tissue engineering by flock technology', *Text Res J*, 77, 892-899.

Wang C X and Chen S L (2005). 'Aromachology and its application in the textile field', *Fibres Text East Eur*, 13, 41-44.

Wang J, Smith J, Babidge W and Maddern G (2007). 'Silver dressings versus other dressings for chronic wounds', *J Wound Care*, 16, 352-356.

Wasif A I and Laga S K (2009). 'Use of nano silver as an antimicrobial agent for cotton', *AUTEX Res J*, 9, 5-13.

Wilk E (1999). 'Some aspects of cotton leno fabric usage in the new generation of dressing materials', in Anand S (ed.), Proceedings of the International Conference Medical Textiles, 199, 24-25 August, Leeds. Woodhead Publishing Ltd., Cambridge, 149-155.

Wintermantel E, Mayer J, Blum J, Eckert K L, Luscher P and Mathey M (1996). 'Tissue engineering scaffolds using superstructures', *Biomaterials*, 17, 83-91.

Yuksekkaya M E and Adanur S (2009). 'Analysis of polymeric braided tubular structures intended for medical applications', *Text Res J*, 79, 99-109.

Zablockaite I and Petrulis D (1995). 'Research of the structure of threads used in surgery' (in Lithuanian), *Tekstiles ir Odos Technologija*, 20, 38-45.

Zemljic L F and Persin Z (2009). 'Determination of fabric surface properties functionalized by chitosan', Proceedings of AUTEX 2009 World Textile Conference, 26-28 May, Izmir. CD edition, 1040-1043.

Zieba J, Frydrysiak M and Gniotek K (2007). 'Textronics system for breathing measurement', *Fibres Text East Eur*, 15, 105-108.

Zoccola M, Aluigi A, Piacentino M G, Vineis C, Ferrero R and Tonin C (2008). 'Keratin/fibroin blends: production and characterisation of solutions, regenerated cast films and electrospun nanofibres', Proceedings of the 8th AUTEX 2008 World Textile Conference, 24-26 June, Biela. CD edition. Available: http: //www. autex2008. it/cd/ [Accessed 14 May 2009].

Zoellner P and Kapp H (2007). 'Clinical performance of a hydrogel dressing in chronic wounds: a prospective observational study', *J Wound Care*, 16, 133-136.

第 2 章

用于交互式伤口治疗的高科技纺织品

S. Rajendran，S. C. Anand
英国波尔顿大学

摘要： 本章讨论了伤口的生理学及其处理方式。概述了伤口的分类和如何为成功处理伤口选择合适的敷料。批判性地综述了高科技伤口敷料和技术、新型敷料如气味吸附剂和抗菌敷料的现状。讨论了压力疗法在治疗和预防下肢静脉溃疡中的作用。强调了当前压力治疗方案的优点和局限性以及新型矫形填充物和压力绷带的开发研究。

关键词： 伤口，清创，敷料，抗菌，除臭，下肢静脉溃疡，填充绷带，压力绷带，间隔织物，单层绷带。

2.1 引言

医疗保健和医用纺织设备的市场潜力正在显著增加。仅在欧盟，医用纺织品的销售额就达 70 亿美元，已占技术纺织品市场的 10%。欧盟地区每年消耗的纤维达 10 万吨，并且以每年 3%～4%的速度增长。全球医疗器械市场价值超过 1000 亿美元，其中 430 亿美元来自美国市场。西欧是第二大市场，大约占全球医疗器械行业的 25%。英国是世界上大的医疗器械市场之一。该市场由约占医疗保健支出 80%的国民医疗服务体系（NHS）主导，尽管它的私营部门较少。据预测，卫生和医用纺织品的份额将占全球技术纺织品市场的 12%，约将达到 41 亿美元。

医疗保健和医疗设备市场由以下因素推动：

- 人口增长；
- 人口老龄化；
- 生活水平的提高和对生活质量的更高期望；

- 对健康的态度的改变；
- 创新的出现和不断增加的高科技的可获得性。

据预测，先进的伤口敷料具有巨大的市场潜力。伤口护理行业在2003～2006年期间创造了35亿～45亿美元的收入，主要来自美国和欧洲。预计2012年的年增长率将在10%～15%之间。仅在美国，每天就有超过10万例涉及外科伤口的手术。人口老龄化增加了对各种外科手术的需求，特别是心血管、骨科、泌尿外科和皮肤科手术。在英国，每年治疗压疮的费用占NHS总支出的4%[1]。治疗糖尿病足溃疡的年度费用占英国NHS总支出的5%[2]。下肢静脉溃疡的治疗对世界各地的医疗保健专业人员产生了巨大的需求。仅在英国，这种疾病的治疗每年就要花费NHS 6.5亿英镑[3]。据估计，在一年内，单个疗程的下肢静脉溃疡治疗费用在557英镑至1366英镑之间。在美国，65岁以上人群中有3.5%患有下肢静脉溃疡，据估计，每年的医疗费用在25亿～35亿美元之间。

2.2 伤口

伤口是皮肤受伤的结果，包括被割伤、划伤和刺穿的皮肤。伤口的严重程度取决于皮肤的表皮、真皮和皮下各层的损伤程度，从而形成开放性伤口、闭合性伤口、烧伤伤口和腔洞伤口。开放性伤口的例子有：切口伤口、撕裂伤口、擦伤伤口、咬伤伤口、穿刺伤口和撕脱伤口。闭合性伤口是由皮肤受到钝性撞击而造成的，这种撞击可能会撕裂血管和毛细血管，与开放性伤口不同的是，闭合性伤口发生并发症的风险较低，通常很容易治疗。烧伤伤口比较复杂，是根据皮肤损伤的深度来评估的。烧伤伤口可以分为涉及表皮和真皮表层的部分皮层损伤伤口，由深层真皮层损伤引起的深度部分皮层损伤伤口和三层皮肤都受损伤的全层伤口。在伤口愈合过程中使用了不同的术语，如渗出性伤口、腐肉伤口(sloughly wound)、感染性伤口、黑色伤口、绿色伤口、粉红色伤口、红色伤口和黄色伤口。渗出性伤口可以是中度渗出性伤口，也可以是高度渗出性伤口，具体取决于伤口分泌的渗出液的量。腐肉伤口中含有坏死组织、炎性细胞、死细菌和很容易被清除的纤维组织的混合物。感染性伤口是由微生物引起的，这些微生物不仅会阻碍愈合的过程，而且还会产生难闻的气味。伤口愈合过程中的各个愈合阶段，主观上可分为黑色、黄色、绿色、红色和粉色伤口。黑色伤口是坏死的伤口，需要清创。腐肉伤口、感染性伤口和肉芽伤口分别称为黄色、绿色和红色伤口。粉红色的伤口含有成熟的上皮细胞，被认为是伤口愈合过程的最终阶段。

2.2.1 伤口分类

伤口可分为急性伤口和慢性伤口。急性伤口只需几周就能愈合，而慢性伤口则需要几个月才能完全愈合。慢性伤口包括下肢静脉溃疡和压疮。

伤口的分类和愈合过程如图2.1和图2.2所示。一般来说，伤口愈合过程包括三个阶段：

- 炎症阶段，在组织损伤后立即发生，并在此期间发生肿胀。
- 增殖阶段，在此期间形成新的组织和血管。
- 成熟阶段，增殖阶段形成的组织被重塑。

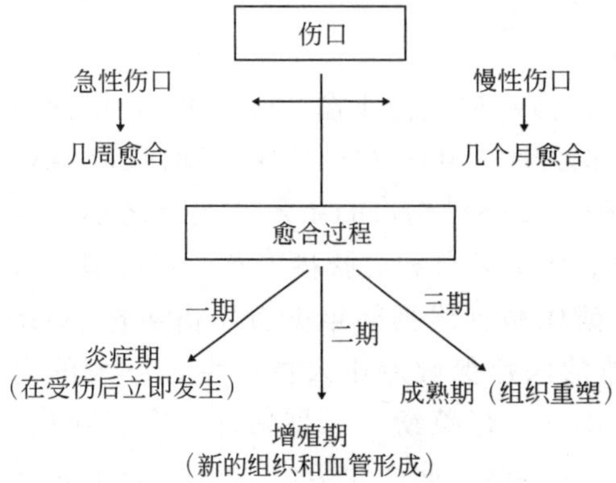

图 2.1 伤口的分类和愈合过程

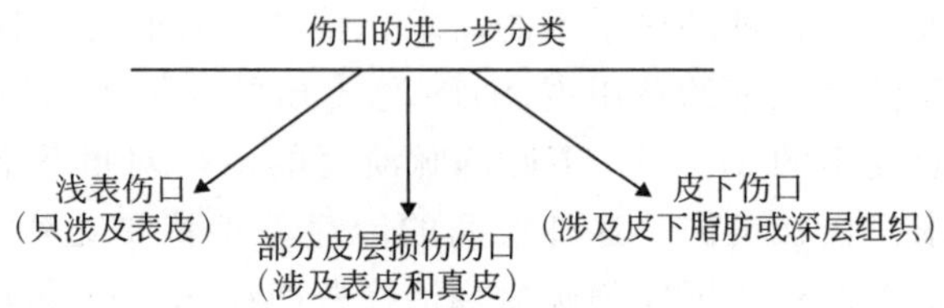

图 2.2 根据伤口深度分类

2.2.2 伤口处理

伤口的护理和治疗是一个临床诊断的问题。首先应检查伤口，以确定渗出液的量以及是否存在感染症状。此外，应评估周围组织以确定溃烂的程度。治疗的第一阶段（清创）通常需要清除伤口上的异物和坏死组织，以防止感染和促进愈合。伤口处理的后续阶段包括控制渗出液、刺激伤口愈合和伤口保护。

伤口清创

有多种方法可以用于伤口清创，这些方法包括自溶的、化学的、机械的和手术的方法[4]。自溶清创是利用人体自身的酶和水分溶解清洁坏死组织的伤口。这种方法的优点是患者几乎没有痛苦，但可能需要花费数周的时间。湿润的伤口环境是自溶清创的关键因素，这种环境通过使用闭塞或半闭塞的伤口敷料获得。

化学清创包括使用外用酶凝胶剂和溶液剂来溶解和清除伤口的坏死组织。不同的酶靶向坏死组织的特定成分（即纤维蛋白、胶原蛋白），并被分为蛋白质水解酶、纤维蛋白水解酶和胶原酶[5]。这种方法被认为是安全的，但应只限于坏死或腐肉存在的区域。靶向纤维蛋白的纤维蛋白水解酶也被认为能将生长因子释放到创面处[6]。纤维蛋白溶酶通常与脱氧核糖核酸酶（DNase）一起制备成局部用软膏。一项对 84 名慢性下肢静脉溃疡患者进行的随机研究得出结论，与使用安慰剂治疗相比，使用蛋白质水解剂软膏没有获得长期的临床益处[7]。

可用于机械清创的各种方法包括使用湿-干敷料法、涡流浴法（whirlpool baths）和伤口冲洗法（脉冲灌洗）。湿-干敷料法使用生理盐水润湿的纱布，敷在伤口上并让其变干[8]。当纱布敷料变干时，伤口表面的碎片和坏死组织黏附在纱布上面。当从患者身上取下纱布时即为伤口清创。然而，采用这种特殊的技术可能会让患者感到非常痛苦，因为敷料黏附在坏死组织上的同时也黏附在活组织上。溃疡伤口也可以用加压的生理盐水溶液（脉冲灌洗）进行清洗和清创。在这种技术中，生理盐水通过注射器穿过导管，以产生大约 15psi❶ 的流体压力。用加压溶液冲洗伤口，去除松散的碎片和坏死组织，而不会给患

❶ 1psi=6894.757Pa。

者带来疼痛[8]。涡流浴的使用有所减少，主要是由于交叉污染和伤口感染的显著增加[8]。

清除溃疡伤口最彻底和准确的方法是手术切除所有坏死组织[9]。手术器械（手术刀，镊子，剪刀或激光器）用于切除坏死组织。手术清创可能伴有出血，可以通过直接按压、电凝止血或用硝酸银灼烧伤口来控制出血[8]。

蛆清创疗法（MDT）是一种新兴的技术，它使用活蛆进行伤口清创，现在在处理慢性伤口方面越来越受欢迎。该疗法在清除多种类型的感染和坏疽伤口方面更为有效，并最终促进伤口愈合。蛆被称为“世界上最小的外科医生”，MDT 被称为“生物疗法”。这种疗法已经存在几个世纪了，但现在人们关注的焦点是这种疗法的复兴。位于英国卡迪夫的手术材料测试实验室（SMTL）正在进行一项开创性的工作，它是英国唯一的蛆繁殖商。这种治疗包括使用约束性敷料将活的医用级蛆虫放入未愈合的伤口中，以清除坏死组织和促进伤口愈合。蛆通过吃掉坏死的组织来清洁伤口。它们首先吐出使组织液化的酶，然后像喝汤一样把液化的组织吸走。蛆虫通过溶解坏死和感染的组织来清洁伤口，通过杀死细菌来为伤口消毒，并刺激伤口愈合。蛆虫疗法的作用机制在其他报道中进行了讨论[10]。一项研究强调了接受蛆虫治疗的糖尿病和非糖尿病患者的疼痛程度[11]。为确定蛆虫治疗的有效方法，对 64 名患者进行了体内研究，结果表明，封闭法降低了蛆清创疗法的效果[12]。据报道[13]，MDT 增加肉芽组织的生长，并促进未愈合脚部和下肢溃疡达到更高的创面愈合率。MDT 首次在重症监护室（ICU）的患者身上反复使用，以避免截肢[14]。在医院全面使用 MDT 还面临着挑战。例如，采购医用级蛆虫是一项后勤挑战，这在世界许多地方仍然是一个问题；高成本；患者的看法和接受能力；储存和处理；对有能力组织处理的护士（tissue viability nurses）的培训和教育；缺乏基于证据的研究。

如果溃疡伤口感染了细菌，并且患者发展为相关的蜂窝组织炎或淋巴管炎（红斑、肿胀、压痛、疼痛和发热），则需要使用全身性抗生素治疗。伤口中普遍存在各种微生物，如果有足够数量的致病细菌在健康组织中繁殖，伤口愈合就会受到严重的影响。需要使用拭子对溃疡创面进行细菌学检查，以确定存在的病原体类型。培养的拭子应直接采集自伤口清洁和清理后，确保细菌样本来自创面基底，而不是创面边缘。根据不同种类的细菌的信息，临床医生可以选择合适的口服抗生素疗法。

2.3 伤口敷料

伤口的愈合不仅取决于药物，还取决于使用适当的敷料技术和合适的敷料材料。敷料应易于使用，且除去时不产生疼痛。它们应该能够为伤口的愈合创造最佳的环境，并且应该设计成通过减少换药的需求来减少护理时间。

有许多类型的伤口敷料可用于处理不同类型的伤口（如表 2.1）。理想的敷料应保护伤口，保持伤口湿润和温度，清除渗出物，促进愈合和减少感染的风险[15]。初级伤口敷料应具有可观的吸收液体的能力。吸收性敷料应经常更换，以避免伤口出现异味，并防止伤口周围皮肤发生皮炎。在初始治疗阶段后改用闭塞型敷料，为促进伤口愈合提供最佳的湿润环境。闭塞型敷料（即水胶体、水凝胶和藻酸盐）可保留含有生长因子、酶和免疫细胞的伤口液，有助于加速伤口愈合。与非闭塞干性敷料相比，闭塞型敷料还能防止细菌进入伤口，从而降低感染的可能性[16]。藻酸盐敷料用钠离子交换从伤口渗出的钙离子。离子的交换形成了纤维凝胶，有助于提供一个湿润和温暖的伤口环境。水胶体敷料与伤口接触后会发生液化和膨胀，产生类似的温暖和湿润的环境。此外，水胶体敷料为微生物提供了屏障，并通过保持周围神经末梢的湿润来帮助减轻疼痛[16]。

表 2.1　各类伤口敷料及其应用

敷料类型和商品名称	主要应用
低黏附性辅料 Adaptic，Release，Melolin，Telfa，Skintact，Mepore，Primapore，Tricotex，NA Ultra，Jelonet，Paranet，Paratulle，Unitulle，Vasaline gauze，Inadine，Sofra-Tulle，Silicone NA，Mepitel，Metalline	减少伤口粘连的风险，更少的创伤
半透膜敷料 Mefilm，Tegaderm，Bioclusive，Cutifilm，Epi View，OpsiteFlexigrid	轻度渗出性伤口，浅表压疮，与海藻酸盐和水凝胶联合使用的初级敷料和二级敷料
气味吸附敷料 Actisorb Plus，Carbonet，Kaltocarb，Metrotop，Cliniflex	用于产生不良气味的伤口
水胶体敷料 Aquacel，Granufl ex，Comfeel，Combiderm，Cutinova Foam，DuoDerm，Tegasorb，Hydrocoll	轻度至中度渗出性伤口，不适用于受感染的伤口
水凝胶辅料 AquaForm，Sterigel，Purilon Gel，Intrasite Gel，Granugel Hydrocolloid Gel	干燥和坏死的伤口，轻微渗出伤口和肉芽伤口，不适用于感染和严重渗出的伤口
聚氨酯泡沫敷料 Allevyn，Tielle，Lyofoam，Sterigel，Nu-Gel，Purilon Gel，Intrasite Gel，Granugel，Flexipore，Spyrosorb	轻度至中度渗出性伤口，不推荐用于干燥的浅表伤口
藻酸盐敷料 Sorbsan，Tegagel，Kaltostat，Algosteril，Algisite，Algoderm，Melgisorb，Kaltogel，Tegagel，Algosteril，Comfeelseasorb	主要用于中到重度渗出性伤口和腔洞伤口的初级敷料，不适用于干燥伤口
藻酸盐-胶原蛋白敷料 Fibracol	适用于治疗足部溃疡及足跟压疮

2.3.1　理想的伤口敷料

通常，敷料被直接放在伤口上（初级敷料），并覆盖有吸收垫（二级敷料）。然后根据伤口在体内的位置，用胶带或合适的绷带将整个敷料包扎起来。初级敷料应保持伤口的温度和湿度水平，以允许呼吸作用和上皮细胞迁移。二级敷料吸水能力不能太强，因为它可能会使初级敷料干得太快。可选择不同形状的伤口敷料，以适用于不同部位，如脚跟、关节、手指和会阴区域。

根据使用的纤维类型，伤口敷料主要分为吸收型和非吸收型。敷料因伤口类型和伤口处理的不同而不同，没有一种敷料是普遍适用的。

理想的敷料通常要求：

- 提供抵御微生物、污垢和其他异物的屏障；
- 在伤口表面提供湿润的环境；
- 控制渗出物；
- 能够被移除而不引起创伤。

敷料还可充当缓冲垫，以防止进一步的损伤和擦伤，也有助于促进而不是干扰愈合过程。传统上，纱布由于其良好的吸水性能和柔软的手感而被用作敷料。然而，已经证实棉纱布可使水分从伤口蒸发，这意味着纱布敷料不能保持湿润的环境以促进伤口更快愈合。此外，纱布会黏附在伤口上。这意味着当纱布被取下时，患者会感到疼痛。另外，纱布需要经常更换。一份完整的市售伤口敷料清单已在别文中发表[17]。

2.3.2 伤口敷料的概念

现代伤口敷料由吸收层组成，吸收层位于伤口接触层和基材之间。吸收层吸收血液、体液和渗出物。伤口接触层是非黏附性的，并且在不干扰新组织生长的情况下，容易移除。一般伤口敷料的模型如图 2.3 所示。

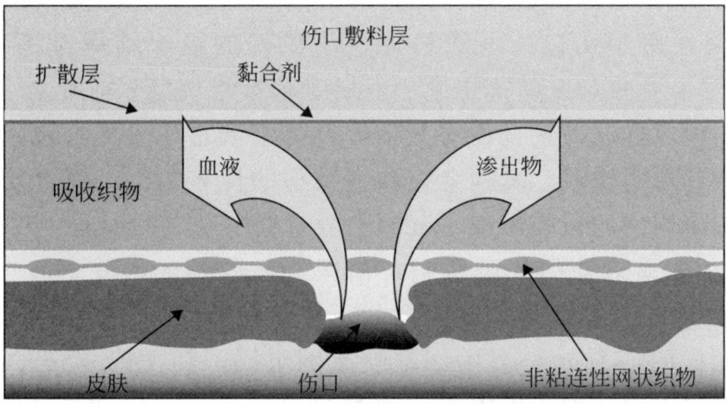

图 2.3 一般伤口敷料的模型

2.3.3 高科技伤口敷料

有几种不同形状和大小的敷料适用于治疗困难和尴尬位置的伤口，比如脚跟、关节、手指和会阴区域。敷料因伤口类型和伤口处理的不同而不同，没有一种敷料是普遍适用的。浸泡在消毒液中的纱布条敷料，由于其低廉的价格，仍用于伤口处理。一项研究比较了用消毒液和原黄素浸泡的纱布条和一种水纤维敷料的使用情况，结果表明，与水纤维敷料相比，使用纱布对患者来说是痛苦的，它延长了住院时间，并且需要更多的止痛剂[18]。藻酸盐敷料越来越多地用于糖尿病足溃疡的治疗[19]。它在溃疡上形成坚硬的闭塞物，从而防止了持续的引流。一种新的藻酸盐敷料（AGA-100）已经被开发出来，该敷料对纤维母细胞的增殖无抑制作用[20]。在猪脊椎旁的部位制造了 7～8 个长 22mm、宽 22mm、深 0.3mm 的矩形伤口，并测量了伤口的闭合率。结果表明，使用 AGA-100 治疗的全层伤口在第 15 天的闭合率（98%），明显高于众所周知的 Kaltostat 和 Sorbsan 藻酸盐敷料。一种胶原-藻酸盐伤口敷料也是治疗足部溃疡的有效敷料[21]。一种藻酸钙-钠敷料是用于治疗压疮、出血和/或感染性血管溃疡的有效敷料[22]。藻酸钙敷料的使用已被证明是通过增加肉芽组织的形成来促进静脉和褥疮溃疡的愈合[23]。临床证明，藻酸钙/钠敷料治疗腔洞伤口效果好，使用方便[24]。藻酸钙敷料可以减轻接受植皮手术的烧伤患者的疼痛程度，并因其易于护理而受到护理人员的青睐[25]。它也被用作一种有效地减轻痔疮手术后的疼痛的止血敷料[26]，用于裂皮供皮区的标准敷料[27]，和用于各种外科感染治疗的药物递送系统[28]。

一项研究表明[29]，莱赛尔纤维敷料可以取代藻酸盐敷料用于慢性伤口的治疗。利用羧甲基纤维素将莱赛尔以化学方法转化为一种新型纤维——水凝胶（Hydrocel）。这种敷料由与伤口液接触的水凝胶组成，就像藻酸盐一样，同时它提供了一个湿润的环境，并且它是不粘连的。一种由甲壳素创面层和可膨胀聚四氟乙烯（PTFE）非织造织物组成的伤口敷料已经被研制出来[30]。一方面甲壳素层被人体吸收，另一方面聚四氟乙烯是细菌和水的屏障。Stone 等人[31] 研究了壳聚糖敷料在皮肤移植供皮区愈合中的应用。在这项研究中，一半的裂皮移植供皮区用壳聚糖包扎，另一半用常规敷料包扎，并评估愈合速率。在此研究中观察到壳聚糖敷料促进了伤口上皮再生和血管真皮内神经的快速再生。Biagini 等人[32] 开发了一种壳聚糖衍生物——*N*-羧丁基壳聚糖，是用于处理整形手术供皮区的敷料。将 *N*-羧丁基壳聚糖的溶液进行透析和冷冻干燥后，得到了一种柔软而具有韧性的衬垫，该衬垫无菌并用于伤口。该敷料促进了更好的组织结构有序性和血管的生成。Muzzarelli[33] 介绍了一种壳聚糖衍生物——5-甲基吡咯烷酮，它已被证明在医学上具有广阔的应用前景。他声称这种聚合物与其他聚合物溶液是相容的，包括明胶、聚乙烯醇、聚乙烯基吡咯烷酮和透明质酸。发明者宣称该敷料的优势包括：愈合受伤的半月板组织、愈合褥疮、抑制假体周围的包膜形成、限制愈合过程中瘢痕的形成和收缩。

Mepitel 是一种非黏附性的硅胶敷料，由医用硅胶制成，并附着在柔韧的聚酰胺网上[34]。它可以留在原位长达两周，在此期间可以更换二级敷料，而不会有损伤脆弱的上皮组织的风险。同样的，Tegapore 由细聚酰胺网组成，其含有 90μm 的孔，允许渗出物自由进入二级吸收层，但孔太小，不允许肉芽组织进入[35]。多孔的网防止敷料黏附在伤口的表面上，同时孔允许渗出物通过，到达吸收层。需要指出的是，多孔的网状敷料吸收体液的能力是有限的，因此，通常在初级网状敷料上覆盖二级吸收敷料/衬垫。在这种情况下，敷料的低附着性比吸水性重要。非黏附性敷料也可以通过真空沉积法包覆上一层薄薄的铝涂层来制作，例如含金属的敷料[36]。应该注意的是，一项涉及护士对各种市售敷料（如藻酸盐、薄膜敷料、泡沫敷料、水胶体、水凝胶、非黏附性敷料、石蜡薄纱敷料、硅胶产品、针织黏胶纤维敷料和纱布在敷料更换时的疼痛、创伤和组织损伤情况）治疗效果的研究表明，水凝胶敷料表现良好。70％的水凝胶敷料在换药时不会引起疼痛、创伤和组织损伤，其次是 50％的水纤维产品和 40％的硅胶产品。相比之下，只有 10％的非黏附性敷料在换药时不会引起疼痛、创伤和组织损伤。然而，研究表明 80％的非黏附性敷料在换药时很少引起疼痛、创伤和组织损伤[37,38]。

2.3.4 非黏附性敷料

目前可用的市售非黏附性敷料的局限性如下：

- 大多数是不吸水和/或疏水的；
- 二级吸收性敷料/衬垫通常覆盖在初级网状敷料上；
- 上述敷料通常用胶带、绷带或袜状弹性绷带等覆盖或固定；
- 大多数高吸水性敷料以藻酸盐、水凝胶、水胶体等为基础，一旦使用便不能保持其原有的形状或完整性，因此必须清洁或清洗伤口，以清除此类敷料在伤口中的残留。

为克服上述缺点，研究者设计和开发了一种新型二合一的高吸收性和非黏附性敷料[39]。通过利用纬编和钩编技术设计了许多具有增强吸收能力的新型编织和钩编结构，同时证明了仔细研究可用于一种产品制造过程中的所有可能的替代方案，可以设计和开发这些产品。还开发了一种具有优异性能的新型非黏合保护层，用于自主开发的结构。所开发的用于初级伤口敷料产品的显著特征如下：

- 单层非黏附性、高吸水性敷料；
- 即使作为敷料材料被使用后，仍保持原来的形状和大小；
- 在敷料表面形成凝胶，便于非创伤性敷料的移除；
- 保持伤口处的湿润环境，促进伤口愈合；
- 增强对体液的吸收；
- 敷料对人体无毒、无刺激性或无过敏反应；
- 高吸收能力和吸收率，促进体液自由流动，防止伤口处液体淤积，从而降低细菌感染和伤口浸渍的风险；
- 凝胶化有助于伤口不粘连，从而允许非创伤性敷料的移除，并保持伤口处湿润的环境，从而促进伤口的愈合；
- 新产品柔软且易于使用，即干燥状态下无凝胶化现象。与藻酸盐敷料不同，它们也可以用于干燥的伤口；
- 利用市售和相对廉价的医用等级纤维，如脱色棉、脱色黏胶纤维、脱色莱赛尔纤维和其他天然、可生物降解、无毒的纤维，以及利用传统材料、设备和化学品制成的保护层组分，已经开发出一系列新型结构和保护层组分并进行了全面表征。

2.3.5 气味吸附敷料

伤口恶臭

伤口恶臭正日益成为一个问题。它主要影响患有慢性伤口的患者。它可以通过多种社会和心理方式影响患者。患者常常觉得这种气味太令人尴尬而无法参加社交活动。这些患者经常在社交上远离他们的朋友、家人和所爱的人，从而导致抑郁。这种尴尬是由于这种恶臭气味经常被误解为不卫生和肮脏。对于一些患者来说，恶臭的伤口是一种无法治愈的慢性疾病，并且被一种持续的令人厌恶的气味包围着。伤口恶臭通常影响慢性伤口的类型，如下肢静脉溃疡、真菌（恶性肿瘤）病变、糖尿病足溃疡和压疮。

伤口恶臭的原因

众所周知，伤口恶臭是由于失活、坏死（死亡）组织的存在或细菌微生物的严重繁殖/感染的结果[40]。如果伤口的恶臭是由于坏死组织的存在，清创可以极大地减少恶臭。如果伤口恶臭是由于细菌的严重繁殖/感染，那么它可能是由好氧和厌氧细菌造成的。目前认为厌氧菌（拟杆菌和梭状芽孢杆菌属）在挥发性难闻气味分子的产生中起着重要作用。恶臭通常是厌氧菌产生的有机酸（正丁酸、正戊酸和正己酸）以及在代谢过程中产生的有机胺类和二胺类（尸胺和腐胺）等不同挥发性物质的混合物[41]。

治疗方法

治疗恶臭的方法包括：①用清创术除去坏死组织；②低剂量的抗生素治疗；③专用气味吸附敷料。目前，所有的市售气味吸附敷料都含有一层高吸附性的活性炭织物。它对挥发性气味分子的吸附非常有效。

活性炭织物（ACC）伤口敷料

自1976年以来，市售气味吸附伤口敷料的数量有所增加；直到20世纪90年代末，它们才出现在英国的处方上。可用的气味吸附伤口敷料是多种多样的，但是它们的结构、成分可能不同，因此包括气味吸附方面的物理性质也可能不同。这些敷料由许多不同的材料组成，从传统的天然吸收性纤维，如棉和黏胶纤维，到聚氨酯膜和纤维类的特殊材料，如藻酸盐和羧甲基纤维素纤维（CMC）。

目前，所有的市售气味吸附敷料都含有一层活性炭织物（ACC）（图2.4）。可以根据这些敷料的液体吸收性把它们大致分为两类，吸收性和非吸收性（表2.2）。从相对简单的结构到复杂的多层复合材料，这些特殊气味吸附剂敷料的特征可能不同。

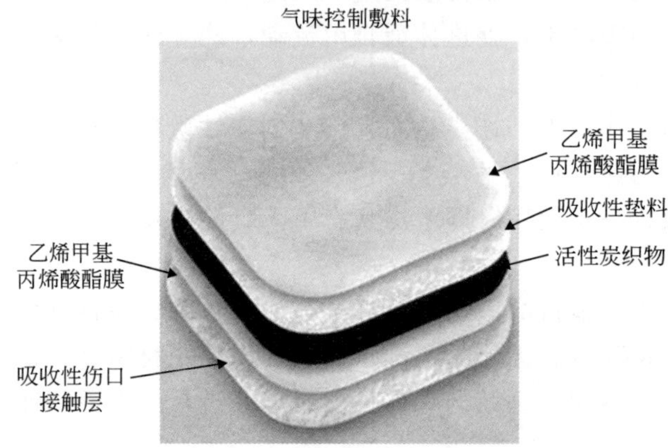

图2.4 气味吸附性敷料

表2.2 市售气味吸附剂敷料

敷料	制造商	主要成分
Carboflex	ConvaTec	ACC[①]，含藻酸盐的吸收性多层膜和CMC[②]纤维伤口接触层
Lyofoam C	Medlock	ACC，聚氨酯泡沫
Carbonet	Smith & Nephew	ACC，具有100%黏胶纤维编织的低黏度的伤口接触层的吸收性多层板
Sorbsan plus carbon	Pharma-plast Ltd	具有藻酸盐纤维伤口接触层的ACC吸收性多层板
Actisorb silver 220	Johnson & Johnson	含银的ACC，非织造织物聚酰胺
Carbopad VC	Vernon Carus	ACC，非织造织物聚酰胺
Clinisorb	CliniMed Ltd	ACC，非织造织物聚酰胺层板
(Std) Melolin	Smith & Nephew	具有多孔聚酯膜接触层的吸收性棉和聚酯纤维羊毛织物

① ACC：活性炭织物；② CMC：羧甲基纤维素。

液体吸收性活性炭伤口敷料一般由多层复合材料组成，具有多层的高吸附性纤维织物或泡沫以及ACC。作为伤口接触层，一些敷料含有藻酸盐和CMC纤维。它们具有形成水凝胶的特性，因此创造了有利于促进伤口愈合的理想的湿润微环境。与其他敷料相比，这些敷料的复杂程度会使它们相对昂贵，因此在选择最合适的治疗方案时，往往会限制对它们的考虑。

气味吸附剂 ACC 被夹在/封装在两层聚酰胺非织造织物之间。一个备受关注的例子是强生公司生产的 Actisorb silver 220（正式名称为 Actisorb plus），强生公司是第一个加入 ACC 层来制作气味吸附敷料的公司。此外，这是目前唯一具有抗菌性能的气味吸附敷料。抗菌银被加入 ACC 层中。含银的 ACC 必须与伤口表面紧密接触，以便使银离子与引起感染的细菌发生反应。因此，ACC 有被伤口液体过早浸透的风险，这将严重影响气味吸附的效率。目前，波尔顿大学正在研究一系列天然聚合物，将其作为活性炭敷料的替代气味吸附材料。应该指出的是，ACC 敷料不适用于干性伤口。

2.3.6 抗菌伤口敷料

生物活性纤维和聚合物是高分子量的天然和合成大分子及其复合物。对生物材料的研究主要集中在伤口愈合和抗菌材料方面，其中生物活性分子的设计和作用机制在纺织纤维的功能中起着关键作用。通过更深入地了解纺织品表面分子的实际活性，有可能开发出新型的伤口愈合和抗菌材料。纤维活性作用机制与纤维周围复杂的生物环境直接相关。因此，这个跨学科的学科领域已经综合了物理科学学科的纺织品合成、分析和聚合物化学与生命科学学科的医学、生物化学、生物物理学和微生物学。

一个多世纪以来，科学家们一直致力于解决如何制造更高效的伤口敷料和抗菌纺织品的问题。现在，我们已经更好地了解了疾病过程的分子基础，我们对生物活性分子的结构和功能的基本理解：生物活性分子的结构和功能使生物活性纤维的产生成为可能，这种纤维可以选择性地与其生物环境相互作用。一些科学家创造了“智能织物”这个术语来描述这类的纺织品所具有的靶向功能，以及它们在伤口愈合、动脉植入或抗菌活性方面所发挥的特定功能。

许多类型的伤口敷料已被开发出来，包括不含药和含药的。市售可用合成伤口敷料由聚氨酯膜组成，能够最大限度地减少伤口的蒸发失水并防止细菌的入侵，因此它在体表二级烧伤的处理中是有用的。阐明敷料的理想结构包括外膜和由织物或海绵组成的内部三维基质。外膜防止体液流失，控制水分蒸发，保护伤口不受细菌入侵。另一方面，内层基质通过让组织生长到基质中促进伤口附着。银/纳米银常用于伤口敷料，为伤口敷料提供了可以抵抗多种细菌的抗菌屏障。银的抗菌作用在古代就已为人所知。公元前 4000 年左右，银制的工具和容器被用来储存和运输水，以防止细菌的形成并确保水质优良。最近，一些含银的伤口敷料已经被开发出来。Thomas[42] 批判性地讨论了银在伤口敷料中的作用。这些敷料的功能是随着时间的推移持续释放低浓度的银离子，并且通常表现为促进伤口愈合以及抑制微生物。与其他局部疗法一样，含银敷料的评价包括体外抗菌研究、动物模型和临床试验。

在现代伤口敷料中仅有抗菌效果被认为是不够的，还需要有额外的促进伤口愈合的性能。基于此，清除伤口环境中任何影响伤口愈合、有害的细菌产物的能力将会是有利的，例如将细菌内毒素（细胞死亡时释放的毒素）与含银敷料结合将是有益的。在现代基于银的敷料中加入凝胶、炭和聚合物等材料，不仅有助于伤口处理，而且可以调节银离子的释放。银通过对细胞膜、呼吸酶和 DNA 的作用，在细菌细胞和酵母菌中表现出选择性毒性。含银聚酰胺织物是一种有效的抗菌剂，被设计用于将银离子递送至伤口部位而不产生潜在的副作用，银被认为是无害的，因为在伤口愈合时它会被自然代谢掉。虽然银的全身毒性没有很好的文献记载，但是用于烧伤伤口治疗的银磺胺嘧啶被认为是造成白细胞减少和肾损伤的原因。除银外，蜂蜜、芦荟、印度楝树等天然产物是现代伤口敷料的潜在抗菌剂。一篇关于在伤口敷料中使用蜂蜜的系统性综述已经在其他地方发表[43]。

2.4 下肢静脉溃疡及其治疗

2.4.1 下肢静脉溃疡

在英国，大约1%的成年人患有下肢静脉溃疡[44]。这种疾病主要影响老年人，特别是妇女，是早期静脉血栓的形成或者浅静脉或交通静脉内的静脉瓣膜功能不全所致[45]。大约40万名患者有下肢溃疡的初期症状，10万名患者有需要治疗的开放性下肢溃疡[46]。下肢溃疡的患病率随着年龄的增长而增加，65～95岁人群中有1.69%的人受该病影响。据估计，这一年龄组患者的发病率中，男性为0.76%，女性为1.42%[47]。静脉溃疡是最常见的下肢溃疡类型。大约80%的下肢溃疡患者患有静脉溃疡。大动脉疾病可能与静脉疾病并存，占所有下肢溃疡病例的10%～25%。持续六周或更长时间的溃疡被定义为慢性腿部溃疡[48]。一些患者可能不止一次患上静脉溃疡，复发率估计在6%～15%之间[49]。

静脉溃疡出现在脚踝和小腿中部之间的下肢绑腿区域。它们的大小不一，从非常小的溃疡到超出绑腿区域的大型溃疡。其特点是创面较浅，形状不规则，边缘倾斜且轮廓清晰。通常情况下，伤口周围的皮肤增厚且色素沉着，即脂性硬皮病[50]。当慢性溃疡上观察到黄白色渗出物时，代表有腐肉存在。而光滑的外表代表有纤维蛋白基质，它抑制新组织形成和伤口愈合。静脉曲张和踝关节水肿通常伴随静脉溃疡[51]。约80%的下肢静脉溃疡患者存在某种不适，20%的患者经历严重或持续的疼痛[52]。

2.4.2 下肢静脉溃疡形成原因

重要的是，动脉和静脉系统应该正常工作，而不会对身体周围的血液循环造成影响。纯血液通过动脉从心脏流向腿部，将氧气和养料输送到肌肉、皮肤和其他组织。然后血液通过静脉流回心脏，并带走废物。静脉中的瓣膜是单向的，这意味着它们只允许静脉血液向上流动。如果瓣膜不能正常工作，或者静脉中没有足够的压力将静脉血液推回心脏，静脉中的血液就会淤积起来，这会导致皮肤承受更高的压力。由于高压和缺少可用的氧气和养料，皮肤恶化并最终出现溃疡。下肢静脉溃疡的最初症状是静脉肿胀（静脉曲张）和静脉血栓（深静脉血栓，DVT），这对于长途航班的乘客来说是一个日益严重的问题。

2.4.3 下肢静脉溃疡的诊断

下肢静脉溃疡的诊断必须从确定患者的完整临床病史和对身体状况进行体检开始。必须确定可能导致溃疡或影响溃疡治疗的可能风险因素。这些风险因素可能包括动脉功能不全、创伤、糖尿病、镰状细胞病、感染、恶性肿瘤或炎症性疾病[53]。

临床医生可用几种无创检测方法检测下肢溃疡和静脉功能不全的原因。这些测试方法有助于评估患者的动脉和静脉循环，并能提供有关血液回流或静脉阻塞位置的信息。

多普勒超声

多普勒超声被用于测量患者踝肱压力指数（ABPI）。超声波技术产生识别动脉内血液流动存在的信号。ABPI 是通过测量下肢足背或胫骨后动脉和同侧上臂肱动脉的收缩压来获得的[54]。ABPI 值为踝部收缩压和肱动脉收缩压之间的比值。为了排除动脉疾病是否是溃疡的起因或是可能抑制治疗的风险因素，ABPI 的测量是重要的。ABPI＞0.9 是正常的，而中度到重度动脉疾病患者的 ABPI 在 0.5～0.8 之间[53]。这些患者不应该使用高压绷带治疗，因为高压绷带的使用可能导致进一步的溃疡并发症，甚至造成截肢[55]。多普勒测量技术在诊断可能患有糖尿病和其他动脉钙化疾病的患者时会产生较高的读数[56]。

超声波扫描

双功彩超扫描是目前评价下肢静脉系统的首选技术。该技术结合了超声成像和脉冲多普勒超声，并提供了浅表、深层和穿通静脉系统的详细结构信息。它可以识别发生血液回流的具体静脉或可能导致静脉高压的阻塞[57]。

光体积描记术和空气体积描记术

光体积描记术和空气体积描记术是被设计出来用于评估小腿肌肉功能障碍和静脉回流程度的简单测试。该技术用于观察运动前后下肢血容量的变化。用止血带限制血液在浅表系统中的流动，则可以评估深静脉系统的潜在阻塞。

侵入性静脉试验，如上行和下行静脉造影也用于评估静脉功能不全。静脉造影术结合了电磁辐射（X 射线）和荧光材料，以提供一种能够使静脉被清晰显示的技术。这些免疫荧光方法可以检测静脉流出障碍，提供瓣膜功能不全的信息，并突出毛细血管周围纤维蛋白的存在[58]。静脉造影术通常在患者接受瓣膜手术之前使用。

2.4.4 压力治疗

应该指出的是，下肢静脉溃疡是慢性疾病，除了压力治疗外，没有药物或手术可以治愈这种疾病。持续的渐进式压力主要是增强血液回流到心脏，改善瓣膜和小腿肌肉泵的功能，减少水肿和防止静脉肿胀。大多数老年人容易发生 DVT，静脉曲张和下肢静脉溃疡。下肢静脉溃疡是最常见的慢性伤口类型，占所有下肢溃疡的 80％～90％。

已经证实，通过使用压力绷带进行压力治疗是除了手术策略、电磁治疗和间歇性气压压力疗法之外治疗各种下肢溃疡的有效治疗方法。下肢静脉溃疡是最常见的溃疡类型，其发病率随年龄增长而增加。它们是慢性的，是由从小腿到心脏的静脉回流不足造成的。

压力绷带的分类

压力绷带主要分为弹性绷带和非弹性绷带。弹性压力绷带（表 2.3）根据在一般腿部角度上产生的压力水平进行分类。3a 级绷带提供 14～17mmHg❶ 的轻度压力，3b 级绷带提供 18～24mmHg 的中度压力，3c 级绷带提供 25～35mmHg 的高度压力[59]。3d 级超高压力绷带（高达 60mmHg）不常使用，因为产生的压力非常高，会减少皮肤的血液供应。必须指出的是，在踝关节压力大约为 30～40mmHg 时，可将小腿部位压力降到 15～

❶ 1mmHg＝133.3224Pa。

20mmHg，一般足以治愈大多数类型的下肢静脉溃疡[60]。压力袜为治疗 DVT 和静脉曲张和预防静脉性下肢溃疡提供了支持。它们被分为轻度支撑（1 级）、中等支撑（2 级）和强支撑（3 级）[61]。

表 2.3　弹性压力绷带分类

等级	绷带类型	绷带功能
1	轻量级顺应（conforming）	施加非常低的绷带下压力，用于固定敷料
2	轻度支撑	适用于温和绷带下的压力，用于防止水肿或治疗混合病因溃疡
3a	轻度压力	在脚踝处施加 14～17mmHg 的压力
3b	中度压力	在脚踝处施加 18～24mmHg 的压力
3c	高度压力	在脚踝处施加 25～35mmHg 的压力
3d	超高压力	在脚踝处施加高达 60mmHg 的压力

理想的压力绷带

应该注意的是，如果使用不当，压力绷带可能是有害的。它们既能提供高的张力，又能提供高的压力。因此，在肢体上使用压力绷带之前，进行涉及多个标准的全面评估是必要的。例如，重要的是考虑压力的大小、压力的分布、压力的持续时间、肢体的半径和绷带层数。绷带提供压力的能力取决于其结构和拉伸时弹性纤维产生的拉力。压力可以通过拉普拉斯定律来计算，该定律指出压力与使用过程中绷带张力和所用绷带层数成正比，而与肢体半径成反比[62]。因此，压力绷带的结构被认为是产生均匀压力分布的一个重要因素。理想的压力绷带应该：

- 提供适合个人的压力；
- 在结构轮廓上提供均匀分布的压力；
- 提供从脚踝到小腿上部逐渐递减的压力；
- 维持压力并保持在原位，直到下一次更换敷料；
- 从脚趾根部延伸至胫骨结节，无间隙；
- 与敷料起互补作用；
- 具有无刺激性和无过敏性。

压力绷带系统

可以通过单层绷带或多层绷带对腿部加压。在英国，四层绷带系统被广泛使用，而在欧洲大陆和澳大利亚，非弹性双层短拉伸绷带系统是标准治疗方法。典型的四层压力绷带系统包括填充绷带、弹力绷带、高压力绷带和黏性绷带。两层和四层系统都需要填充绷带（填料或矫形毛料），用以贴在皮肤上和垫在短拉伸或压力绷带下。

作为一款石膏型的非弹力绷带，Unna 靴在美国很受欢迎。然而，压力将通过三层敷料实现，这三层敷料由 Unna 靴、连续的纱布敷料和外层弹性包裹物组成。应该意识到的是，Unna 靴硬度高，穿起来不舒服并且使用这个靴子后医疗专业人员不能观察溃疡的情况。Unna 靴在小腿肌肉收缩时提供很高的工作压力，但是当患者休息时压力很小[63]。高工作压力有助于增加血液流动，而低静息压力有助于深静脉的充盈。Unna 靴只对非卧床的患者有效，并且由于水肿的减少导致腿部体积减小，需要不断更换。在美国广泛使用的Unna靴系统由于其硬度高穿起来不舒服，价格昂贵而难以应用。短拉伸绷带的功能类似于刚性/非弹性的Unna靴。它们由100%高捻棉纱组成，并在四肢完全伸展时应用。与弹力绷带不同的是，短拉伸绷带能牢牢地固定小腿，从而在患者行走时提供高工作压力[64]。

在压力绷带下面使用多种填充绷带作为填充层，以便均匀地分布压力并提供保护。它们吸收胫骨和腓骨区域产生的高压。值得注意的是，填充绷带的结构是产生均匀压力分布的重要因素。研究表明，大多数市售可用绷带不能提供均匀的压力分布[65,66]。

压缩和压力之间的关系

压力绷带的主要功能是对腿部施加所需的压力。压力绷带完成此目标的能力取决于它的弹性特性。绷带下压力是使用过程中压力绷带、绷带层数、绷带宽度和肢体周长共同产生的绷带张力的作用。使用50%重叠的绷带可有效地产生两层张力，这会产生两倍的压力。压力绷带的原理是基于拉普拉斯原理的。当绷带压力以恒定的张力作用在周长增加的肢体上时，它将产生渐变的绷带下压力，其中对脚踝施加最高的压力。因此，绷带下压力与绷带张力成正比，与肢体周长成反比。绷带保持绷带下压力的能力取决于纱线的弹性性能、织物结构以及对于织物的精加工。

理想的压力

压力绷带主要用于治疗初期，该期治疗的目的是减少水肿和克服静脉功能不全。市面上有许多不同类型的压力绷带系统：这些绷带被分为刚性/无弹性、短拉伸、长拉伸或多层的。织物结构的类型影响绷带的可延展程度。在某些时候，绷带无法在预定的张力下进一步延伸或拉伸（锁定）。有证据表明，为了克服静脉高压并成功治疗下肢静脉溃疡，需要在踝部施加35～40mmHg的绷带下压力，然后在膝盖处逐渐降低至17～20mmHg[67]。最近的一项研究调查了当受试者处于不同的身体姿势时，使腿部静脉变窄和阻塞所需的压力程度。作者发现，无论处于坐位还是站立位，最初的静脉变窄发生在压力为30～40mmHg时。浅静脉和深静脉完全阻塞发生在20～25mmHg（仰卧位）、50～60mmHg（坐位）和70mmHg（站立位）[68]。

绷带的应用

绷带的弹性性能有助于提供高回弹力，从而有助于增加静脉血流并降低静脉高压。此外，它们易于贴合在下肢周围，并允许频繁地更换敷料。为了在正确的张力下使用压力绷带，并避免过多的绷带下压力，绷带使用的技巧是必需的。在任何类型的微血管疾病患者中使用较高的绷带下压力都会导致这些血管的进一步阻塞和压迫坏死[69]。一些制造商会提供绷带表面印有一系列几何标记的压力绷带。当绷带被拉伸到特定的张力时，通过这些标记可见的形变来帮助施加预定的压力水平。例如，当达到恰当的绷带张力时，印刷的长方形就会变成正方形。

在多层绷带系统中，使用三层或四层不同类型的绷带来提供外部压力。一种多层系统可以包括非织造织物填充绷带、非弹性绉布绷带、弹性压力绷带和黏性（黏附）绷带的组合。每种绷带类型的不同属性有助于绷带系统的整体效果。弹性绷带成分提供持续的压力，而黏性绷带提供刚性力，从而增强小腿肌肉泵的功能。由伦敦查林十字医院的临床小组开发的四层高加压系统在英国的医院得到了广泛的使用。四层系统是专门为结合不同的绷带类型和性质而开发的，用以解决渗出液、保护骨突出以及在一段时间内维持绷带下压力能力的临床问题[70]。此外，该系统被设计用于在脚踝处施加所需的40mmHg压力，解决肢体大小和形状不一的问题，并使绷带保持在下肢的位置而不会滑动。四层系统的应用首先涉及在脚趾的底部到膝盖的正下方使用填充绷带层。接下来，在使用绉布绷带之后使用弹性压力绷带。最后，使用黏附层以增加耐久性并完成整体压力布局。表 2.4 展示了不同类型的压力绷带、黏性绷带、填充绷带和多层压力系统的例子。多层高压绷带系统已被证明可为简单的下肢静脉溃疡提供安全有效的治疗选择。在 12 周时，溃疡愈合率高达 70%[71]。四层绷带技术已被证明可以治愈传统胶布绷带系统无法应对的慢性溃疡[72]。最近一篇关于下肢静脉溃疡压力治疗的综述认为，多层压力系统比低压力或单层压力更有效。

表 2.4 压力疗法中使用的绷带示例

绷带名称	功能	制造商
Tensopress	3c 型长拉伸绷带	Smith & Nephew
Setopress	3c 型长拉伸绷带	Medlock Medical
SurePress	3c 型长拉伸绷带	ConvaTec
Adva-co	3c 型长拉伸绷带	Advancis Medical
Dauerbinde K	长拉伸绷带	Lohmann & Rauscher
Silkolan	2 型短拉伸绷带	Urgo Limited
Tensolan	2 型短拉伸绷带	Smith & Nephew
Comprilan	2 型短拉伸绷带	Smith & Nephew
Actiban	2 型短拉伸绷带	Activa Healthcare
Actico（Cohesive）	2 型短拉伸绷带	Activa Healthcare
Rosidal K	2 型短拉伸绷带	Lohmann & Rauscher
Co-Plus	黏性绷带	Smith & Nephew
Tensoplus	黏性绷带	Smith & Nephew
Coban	黏性绷带	3M
Surepress	填充绷带	ConvaTec
Soffban	填充绷带	Smith & Nephew
K-soft	填充绷带	Urgo Limited
Softexe	填充绷带	Medlock Medical
Advasoft	填充绷带	Advancis Medical
Flexi-ban	填充绷带	Activa Healthcare
Cellona	填充绷带	Lohmann & Rauscher
Ultra-soft	填充绷带	Robinsons Healthcare
Ortho-band	填充绷带	Millpledge Healthcare
Formflex	填充绷带	Lantor（UK） Limited
Profore	多层压力系统	Smith & Nephew
Proguide	多层压力系统	Smith & Nephew
Ultra Four	多层压力系统	Robinsons Healthcare
System 4	多层压力系统	Medlock Medical
K-four	多层压力系统	Urgo Limited

2.4.5 当前的问题和新型绷带

在过去的几年中，对于绷带的性能，尤其是对用于治疗下肢静脉溃疡绷带的压力分布特性的关注日益增加。这是因为压力疗法是一个复杂的系统，它需要两层或多层绷带，并且每一层的性能都不同于其他层。被广泛接受的持续渐变的压力主要取决于不同层绷带的均匀压力分布，其中纺织纤维和绷带结构起主要作用。市售可用的填充绷带是非织造织物，主要用于分散短拉伸或压力绷带施加的压力并使之均匀分布在腿部周围，否则任何一个位置上的较高压力不仅会损害静脉系统，还会导致动脉疾病。因此，需要在下肢的所有位置平等且均匀地分布压力，这可以通过在压力绷带下方的腿部周围使用有效的填充层来实现。此外，填充绷带应具有吸收胫骨和腓骨区域产生的高压的能力。与腿部其他部位相比，填充物还有助于保护腿部脆弱的部位，使其不产生极高的压力。博尔顿大学(Bolton) 对各大医疗公司生产的十种最常用的市售填充绷带进行的研究显示，市售填充绷带的性能存在显著差异[73,74]，更为重要的是，这些市售绷带在踝关节和小腿区域的压力分布不均匀（如图 2.5)。

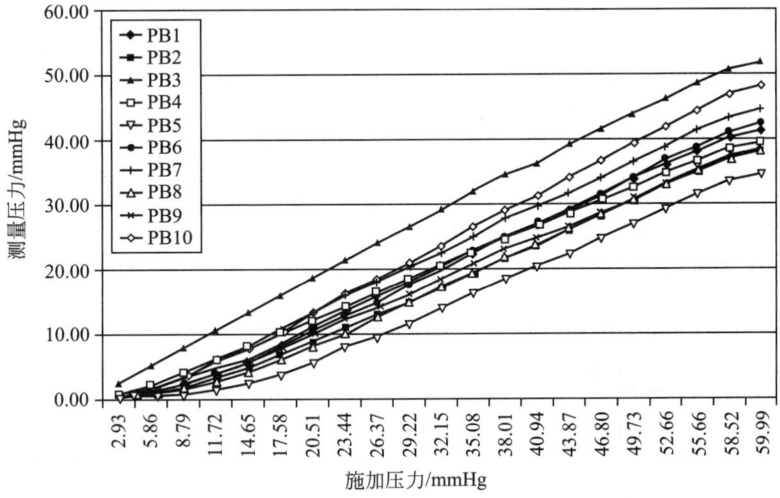

图 2.5 市售填充绷带的压力分布

非织造织物绷带的完整性也备受关注。当使用压力绷带施加压力时，非织造织物绷带的结构可能会塌陷，并且绷带不会对肢体产生缓冲作用。舒适性和缓冲效果被认为是填充绷带必不可少的性能，因为它们要在肢体上停留几天。

博尔顿大学设计和开发了 12 种填充物绷带，它们由单组分纤维、含有聚酯纤维的二元混纺纤维和三元混纺纤维、双组分纤维和天然纤维（如棉和黏胶纤维）组成（表 2.5)。所开发的绷带的主要特性是：

- 所有开发的填充绷带都具有适当的蓬松性。
- 所有绷带均不具有较低的抗张强度或断裂伸长率，它们是妨碍理想填充绷带的性能特点。
- 除了 100%中空黏胶纤维（NPB5 型）以外，绷带的抗撕裂强度都很高，这意味着绷带缠绕在腿上后，不容易用手撕开。但是，在绷带每隔一定的间隔上有穿孔，使绷带易于撕开。

- 不论纤维类型和结构如何，对含 Na^+ 和 Ca^{2+} 离子（人工血液）的溶液的吸收率都很高。
- 所有开发的绷带的吸收率也很高。
- 所有新型绷带的压力分布均高达 60mmHg（图 2.6）。

表 2.5 新型填充绷带

标识	产品	纤维类型	纤维纤度；长度/mm	混合比/%	结构
NPB1	单组分	聚酯	3.3；40	100	针刺法（两面）
NPB2	单组分	聚酯（脱色）	5.3；60	100	针刺法（两面）
NPB3	单组分	中空聚酯	3.3；50	100	针刺法（两面）
NPB4	单组分	黏胶纤维	3.3；40	100	针刺法（两面）
NPB5	单组分	中空黏胶纤维	3.3；40	100	针刺法（两面）
NPB6	单组分	莱赛尔纤维	3.3；38	100	针刺法（两面）
NPB7	二元混纺纤维	聚酯/黏胶纤维	3.3；40/3.3；40	75/25	针刺法（两面）
NPB8	二元混纺纤维	聚酯/黏胶纤维	3.3；40/3.3；40	50/50	针刺法（两面）
NPB9	二元混纺纤维	聚酯/黏胶纤维	3.3；40/3.3；40	25/75	针刺法（两面）
NPB10	二元混纺纤维	聚烯烃纤维/黏胶纤维	2.2；40/3.3；40	20/80	针刺法（两面）和热黏合
NPB11	三元混纺纤维	聚酯/黏胶纤维/棉布（脱色）	3.3；40/3.3；40/1.8；22	33/33/33	针刺法（两面）
NPB12	三元混纺纤维	聚酯/黏胶纤维/聚烯烃纤维	3.3；40/3.3；40/2.2；40	60/25/15	针刺法（两面）和热黏合

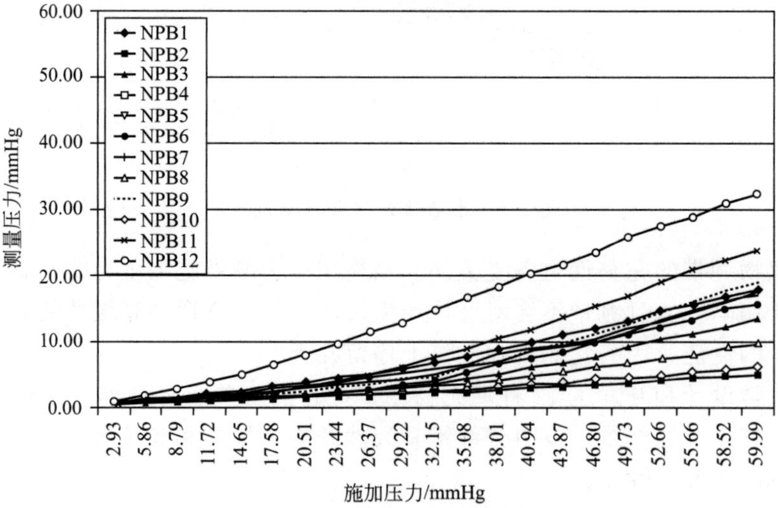

图 2.6 新型填充绷带的压力分布

在英国，多层压力系统被推荐用于治疗下肢静脉溃疡[75]。虽然多层压力绷带在治疗下肢静脉溃疡方面比单层绷带更有效[76]，但临床医生普遍认为多层绷带对于患者来说过于笨重，并且涉及的费用很高。各种各样的压力绷带可用于下肢溃疡的治疗，但是它们各自具有不同的结构和性质，这影响了绷带性能的改变。此外，当使用小腿肌肉泵时，长拉伸压力绷带有扩张的趋势，而且会使小腿肌肉泵的有益效果消失。公认的做法是，以50%的伸长率和50%的重叠率使用伸长率高达200%的弹性压力绷带，以在肢体上获得所需的压力。对护士来说，精确地将绷带拉伸至50%，并在脚踝到小腿部位使用时不失去拉伸力一直是一个问题，尽管绷带上有预期拉伸的指示（长方形变成正方形）。弹性压力绷带是根据其产生预定压力水平的能力进行分类的（表2.3），选择合适的压力绷带进行治疗一直是一个问题。非弹性短拉伸绷带（2型）系统已开始出现在英国市场上，其优点是可以在四肢完全伸展（伸展率高达90%）的情况下使用。当使用小腿肌肉泵时，短拉伸绷带不会扩张，肌肉的力量被引导回腿部，从而促进静脉回流。短拉伸绷带的局限性是腿部体积的微小增加将导致压力程度的大幅增加，这意味着绷带在不被需要时，直立位提供高压力，平卧位压力很少或没有。在步行和进行其他运动时，绷带下压力急剧上升，而在休息时，压力相对下降。因此，患者必须活动才能获得有效的压力，而运动是这种压力形成的重要组成部分。此外，当肢体肿胀缩小时，皮肤受压不完全，因为短拉伸绷带无弹性，并且已经被完全拉伸了。

为了解决上述问题，博尔顿大学已经设计和开发了一种新型的非织造织物可变拉伸压力绷带（NVCB）。NVCB的主要特点是[74]：

- 新型非织造织物技术用于开发可变压力绷带。应当提及的是，非织造织物压力绷带没有被列入《药品价目表》中。在英国，患者在家中可使用的伤口敷料和绷带的可用性由《药品价目表》规定。
- 新型绷带的性能和特性优于现有的市售多层压力绷带。这满足了从脚踝到肢体膝盖以下位置的理想可变压力的要求，以治疗下肢静脉溃疡。
- 可变拉伸非织造织物绷带也符合BS 7505规定的标准和公差[77]。

多层绷带系统的应用需要专业技术和知识。护士必须接受大量基于实践的培训，以获得多层压力系统所需的适用于绷带应用的技能。成功的绷带包扎依赖于采用良好的技术，既可以将绷带拉伸至正确的张力，又可以确保各层之间的适当重叠。另外，护士需要了解多层系统中每种绷带的不同性能，以及如何联用每种绷带以实现安全且足够的压力。多层绷带系统能够在长达一周的时间内保持足够的压力水平的性能，降低了频繁更换敷料的必要性，因此降低了治疗成本。但是，由于要求每一层都有特定的绷带，多层压缩系统的成本仍然相对较高。多层压力系统的耐受性通常良好，但某些患者的不依从性通常会导致治疗延长或无效。有些患者由于多层压力系统的笨重而不能穿鞋。这些患者经常拒绝接受治疗，因为留在家中的要求是完全不能接受的。晚上，患者感觉压力绷带太不舒服，常常为了睡觉而把它们取下来。由于多层压力系统的应用很复杂，大多数患者无法自行重新使用绷带。

2.4.6 三维压力绷带

最近，间隔技术已越来越多地用于生产技术纺织品行业的三维（3D）材料，如汽车、医疗、体育和工业市场。间隔技术灵活，用途广泛，具有成本效益，是生产医疗用3D材料的理想途径。可以肯定的是，间隔技术是制备新型压力绷带的理想技术，同时满足生产理想填充和压力绷带的先决条件。目前，人们对用于生产新型压力绷带的3D间隔织物感

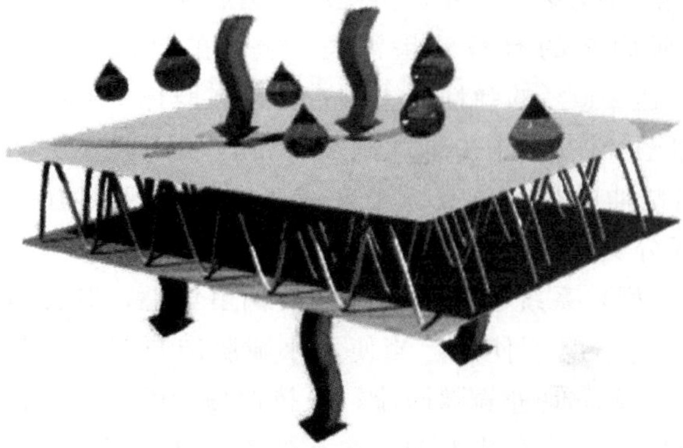

图 2.7　间隔织物结构的示意图

兴趣的主要原因有几个方面。在3D间隔织物中，使用经编或纬编方式将两个单独的织物层与一个或多个内部间隔纱结合在一起（如图2.7）。这两层织物可以由不同的纤维类型制成，例如聚酯、聚酰胺、聚丙烯、棉、黏胶纤维、莱赛尔纤维、羊毛等，并可以具有完全不同的结构[78]。也可以通过使用弹性纱线生产低模量间隔织物。弹性压力可以通过改变织物结构来实现。值得一提的是，3D结构可以更好地控制弹性，这些结构可以被设计成单向、双向和多向的。单向弹性是压力绷带的理想性能之一。间隔织物的3D性质使得其在皮肤的应用是理想的[79]，因为它们具有对人体非常理想的性能。3D织物柔软，具有良好的回弹性，可为身体提供缓冲效果，透气性好，具有控制热量和水分传递的能力[78]。对于下肢静脉溃疡的应用，这些特性以及改善的弹性和恢复能力结合可促进更快的愈合。必须指出的是，3D间隔织物也可以使用双面纬织机生产[78]。纬编间隔织物相对于经编织物的主要优点是成本效益高，因为纬编机不需要准备大量经轴和短纤维纱以及粗支毛纱。

正如2.4.5节所讨论的，由于目前可用的治疗下肢静脉溃疡的绷带存在问题，因此研究和开发一种满足理想压力系统所有要求的替代绷带方案至关重要。

三维单层绷带的开发

博尔顿大学设计并开发了一种用于治疗下肢静脉溃疡的新型单层绷带系统。这种3D编织间隔绷带是通过数学建模和拉普拉斯定律设计的。在这项研究计划中，特别设计的3D计算机模拟有限元（FE）模型已用于3D新型间隔织物的设计、开发和工程中。将FE计算机模型在织物加工方向上预测的拉伸性能与实验结果进行比较，以验证模型并获得合理的一致性。这些来自FE模型参数研究的结果被用于设计和开发新型3D单层纬编间隔绷带，用于治疗下肢静脉溃疡。结果表明，纬编间隔绷带间隔厚度在1.6～2.9mm之间，可以达到理想的压力（压迫）水平。

用人体模型腿部装置获得了市售双层压力绷带系统和新型单层3D纬编间隔绷带的压力曲线，清楚地显示了记录的压力/压迫是逐渐减小的（图2.8）[80]。记录的测量结果显示，平均绷带下压力在脚踝处由相对较高的68mmHg下降到33mmHg，但是在膝盖以下逐渐从29mmHg降低至11mmHg。新型3D间隔绷带似乎在37%拉伸时就取得了令人满意的可比结果，结果为由脚踝处的33～51mmHg降低至膝盖以下的13～16mmHg。因此，当与双层市售压力绷带系统相比时，单层新型3D编织间隔绷带具有理想的压力曲线。在上述压力测量之前，还对新型单层3D纬编间隔绷带进行了不同的拉伸测试，以确定所需的拉伸/伸长率，以实现从脚踝到膝盖以下的渐变压力。结果表明，37%的拉伸率符合理想的压力曲线。

为了测试已开发的3D间隔绷带的拉伸和恢复情况，采用了英国药典方法“拉伸绷带的拉伸测量”[81]。绷带在特定的试验台上以1kg/cm样品公称宽度的力进行测试。该新型

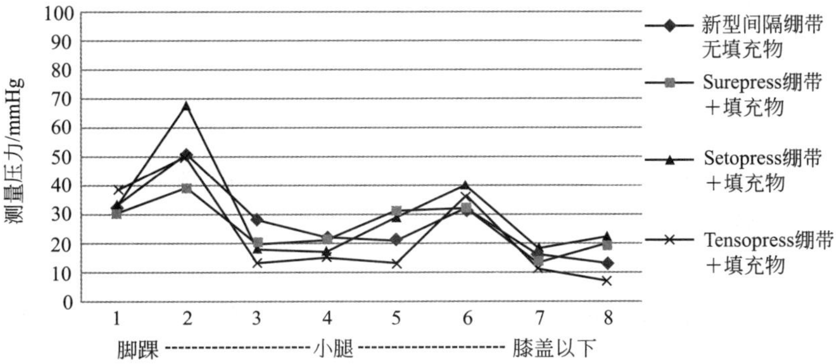

图 2.8 新型和市售绷带压力曲线

3D 间隔绷带在工业标准的范围内达到了 151%的拉伸率和 93%的回复率，因此显示出良好的拉伸和恢复特性。

通过压力绷带转移到腿上的压力程度至关重要。重要的是，腿上任何一点的过度压力都均匀地分布在所有位置上，特别是在脚踝和腿前部周围存在的脆弱骨骼突起处。在压力传递设备上进行的压力传递测量表明，与填充物绷带不同，市售间隔织物以及新型 3D 间隔织物都具有良好的压力分布特性。

试点用户研究

对七名健康的志愿者进行了一项试点用户研究，他们没有已知的血管并发症或任何其他已知的慢性疾病。这些试验招募了三名女性和四名男性志愿者，他们的年龄和体形各不相同。本试验是为了将新开发的单层 3D 纬编间隔绷带和标准的双层压力绷带系统之一进行直接的比较。通过将 Kikuhime 压力测量装置传感器有策略地放置在志愿者的下肢上进行绷带压力下测量。在使用之前，先对三个 Kikuhime 设备进行了内部校准。首先，一种市售针刺非织造织物填充绷带被应用于肢体，并覆盖在有策略地放置的 Kikuhime 传感器上。然后按照推荐的伸长率和重叠率（50%），使用选定的 3c 型压力绷带。两组绷带下压力数据均被记录下来；坐位，志愿者的脚平放在地板上，然后是站立位。用新型 3D 纬编间隔绷带重复此过程。然后，将 Kikuhime 传感器移至下肢内侧之后再次重复这一过程。这项试点研究的实施是为了对所开发的新型单层 3D 纬编间隔绷带和流行的双层压力绷带系统之间的压力曲线进行初步评估。

试点用户研究的结果显示，绷带下压力读数由踝关节处的 40～50mmHg，减少到膝盖以下的 11～18mmHg。因此，测试的新型单层 3D 编织间隔绷带和市售双层压力绷带系统的压力读数比脚踝处的建议值略高，但两者的结果即使不是几乎相同，也是非常相似的。

新型的单层压力系统简化并标准化了压力的应用，对患者更友好，减少了护理时间并显著降低了治疗成本，因为它取代了现有的多层绷带方案。

2.5 伤口敷料的结构

2.5.1 用于伤口护理的纤维和纱线

用于伤口护理的纺织纤维可分为以下几类。

- **可降解纤维**：例如棉、黏胶纤维、莱赛尔纤维、真丝、羊毛、竹纤维、藻酸盐、甲壳素和壳聚糖、胶原、明胶。
- **不可降解纤维**：例如聚乙烯、聚丙烯、聚酰胺、聚酯、聚四氟乙烯（PTFE）、弹性纤维。
- **可吸收纤维**：如聚乳酸（PLA）、聚乙醇酸（PGA）、聚二氧杂环己酮（PDS）。
- **特种医用纤维**：如活性炭纤维、肠线、阿兰糠酸酯（brananferulate）、高吸水性聚合物（SAP）。

用于伤口护理产品的纱线可分为短纤维纱线或连续长丝纱线。其他专用纱线，例如双层包覆弹性纱线，芯/护套和并列型双组分长丝纱线也用于某些特殊的伤口护理产品中。

2.5.2 用于伤口护理的织物结构

以下织物结构可单独或与其他织物结构联合用于伤口护理产品中，以形成复合材料，从而在一种复合材料中具有多种特性。通常将以下织物与薄膜、隔膜、涂层、泡沫、粉末等结合，以提高成品的性能。

纺织结构

纺织结构可用于各种医疗保健、医疗和外科用品。机织物通常用于纱布敷料、毛细管敷料、支撑和压力绷带、膏药、人造血管、组织工程支架以及各种手术室服装、病床床单和医护人员制服等。

就可以在织布机上加工的纱线和结构的类型而言，机织物的用途极为广泛，但在切成一定形状时会出现磨损的趋势，并且它们性能具有各向异性。当在斜向上延伸时，编织结构趋于剪式，这对于某些应用可能是有害的，例如用于压疮的床垫和用于增生性瘢痕治疗的服装。

经编和纬编针织物

经编和纬编针织物可用于多种保健和医疗产品，并且多年来在卫生和医疗产品中的使用稳步增长。与其他类型的织物相比，针织结构具有许多优势，例如在不透明性、拉伸和恢复性方面的灵活性，最重要的是，可以直接在针织机上直接生产出扁平的、圆形的和真正三维的并且通常是完整的产品。

经编和纬编针织物在产品的宽度和形状方面具有极强的通用性，通常用于制造固定绷带、支撑绷带和压力绷带、人造血管、支架、韧带和肌腱、外科织物、毯子、伤口敷料、长袜、弹性网状结构、压力服和间隔织物，在各种医疗保健和医疗产品应用广泛，以代替橡胶、泡沫、乳胶和其他层状结构。

非织造织物结构

非织造织物结构主要用于一次性产品的生产。事实上，大约70%的医疗产品是一次性的，这引起了人们对环境污染的担忧。尽管存在这些问题，非织造织物仍在医用纺织品市场上占主导地位，因为它们具有许多理想的特性，例如高吸收性、渗透性以及成本效益。

用于保健和医疗产品的非织造织物的主要类型是干法成网和聚合物成网织物。通常使用针刺法、水刺、热黏合、化学黏合、纺粘法、熔喷法以及最新的纳米网技术。尿布、女性卫生用品、尿失禁垫、伤口敷料、组织培养用支架、手术服（如手术衣、帽子、口罩、湿巾、渔网布、防护服和许多其他产品）都是由上述一种或多种非织造织物结构制造的。生产线上通常会结合一种以上的技术来生产具有混合或定制性能的产品。

医疗设备中使用的其他类型的结构是钩编，它与经编结构、刺绣和编织结构非常相似。在英国，钩编绉布型绷带在许多医院中已基本取代了纺织绉布绷带。像经编绷带一样，钩编绷带和敷料会以不同的不透明度（opacities）产生，并且结构不会磨损或分裂。

图 2.9 至图 2.12 分别显示了最简单的纺织、纬编、经编和开孔水刺非织造织物结构。

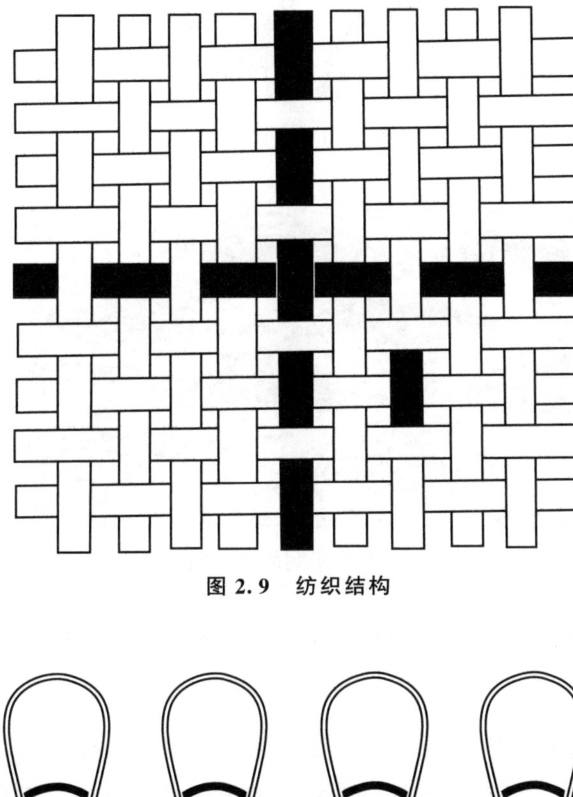

图 2.9　纺织结构

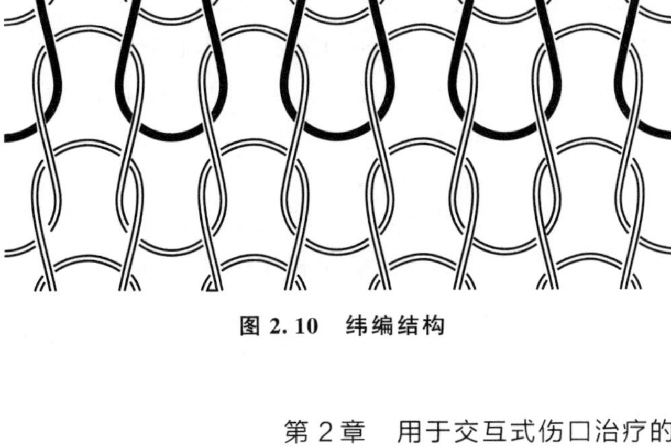

图 2.10　纬编结构

图 2.11　经编结构

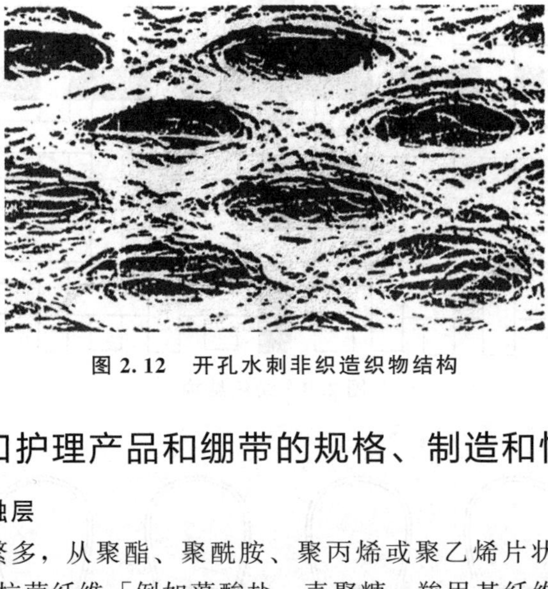

图 2.12　开孔水刺非织造织物结构

2.5.3　各种伤口护理产品和绷带的规格、制造和性能

非黏附性伤口接触层

使用的产品种类繁多，从聚酯、聚酰胺、聚丙烯或聚乙烯片状材料制成的精细穿孔网，到含有凝胶和/或抗菌纤维［例如藻酸盐、壳聚糖、羧甲基纤维素（CMC）等］的非织造织物敷料。一些经编和纬编产品也被使用。

这种绷带的其中一种类型描述如下：

生产机器/标准尺寸	Karl Mayer Raschel 机 RS4N；E20
纱线/穿线	220dtex 光亮黏胶长丝；全穿经；在两个导杆上使用
结构	前导杆：0-2/2-0
	后导杆：0-0/8-8
每个机架的送纱量	前导杆：每个机架 1922.7mm
	后导杆：每个机架 2094.7mm
每厘米完成进程	9.6
每厘米完成纵行线圈	8.3

成品布宽	97mm
成品面密度	150g/m^2

根据所用机器的宽度，在机器的整个宽度上可以生产若干绷带。

二级伤口敷料

二级敷料的主要目的是吸收、保留和扩散从伤口渗出的侧向渗出物、血液和传染性物质，以保持伤口干燥并帮助其愈合。各种各样的高吸收纤维，例如黏胶纤维、棉和高吸收性聚合物/纤维，经常用于针刺和/或水刺缠结的非织造织物结构中。通常还包括一个微纤维层，例如纺丝或熔喷网作为扩散层，以使流体在敷料上横向消散，进一步增强这些敷料的吸收性能。

固定绷带

固定绷带的主要目的是将伤口敷料固定在正确的位置，并避免外部感染源污染伤口。下面给出了一种典型的固定绷带的规格和制造细节：

生产机器/标准尺寸	Karl Mayer 经编机；E12
纱线/穿线	前导杆：78dtex 聚酰胺 66 扁丝；全穿经
	后导杆：20tex 黏胶人造丝短纤纱，打蜡；全穿经
结构	前导杆：0-1，1-0
	后导杆：0-0，3-3
每个机架的送纱量	前导杆：每个机架 4998mm
	后导杆：每个机架 2736mm
每厘米完成进程	＞2.4
每厘米完成纵行线圈	＞0.45
成品面密度	＞26g/m^2

织物松弛 24h 后测试的宽度：

绷带宽度	范围
2.5cm	1.9～2.5cm
5cm	4.7～5.3cm
7.5cm	6.9～7.7cm
10cm	9.4～10.2cm
15cm	14.5～15.5cm

支撑绷带

支撑绷带提供保留力并防止由肿胀或下垂而导致的组织块畸形或形变的产生。这些扁平的、管状的或成形的绷带，可以单独使用，也可以作为治疗下肢静脉溃疡的一系列绷带的一部分。

这里给出了一种纺织支撑绷带的规格和制造细节，Profore 2 号流动缠绕绷带，宽 10cm，长 3m，无菌：

织布机规格	Bonas 2/110 或者 2/175
综轴数量	2
舌针型号	7762G07
前簧片标准	每厘米 7.2 个凹痕
纱线规格	经轴 1 和 2；用 20tex 本色棉缠绕着的 2/78dtex 变形聚酰胺长丝，每米 125 圈

纬纱	36.9tex（1/16 Ne）原色棉纱
钩边线	1/44dtex/13 长丝聚酰胺纱线
织法	平纹
每条绷带经纱数	152
每厘米缺纬数	7.0±2
织物宽度	10cm
织物面密度	$80g/m^2$
切断长度	3.0m
拉伸长度	4.5m
绷带性能	BS 7505:1995
绷带类型	2 型
拉伸比 S/%，	=40
有效拉伸 E/%，	=20
微分延伸系数 F/%，	=1.5

压力绷带

压力绷带主要用于治疗静脉曲张、深静脉血栓和下肢静脉溃疡。根据脚踝处产生的绷带下压力，它们可以是 3a、3b、3c 或 3d 型。根据所需的治疗类型，这些压力可以在 14mmHg 到 60mmHg 之间变化。对于高压力绷带（3c 型），规格为：

生产机器	Comez 钩编机（Comez Crochet Machine Gauge）
纱线/穿线/结构	E20（每英寸[1] 20 针）
编织棒	（前导杆）聚酰胺变形长丝和纯莱卡纤维联用；全穿经；封闭式柱针（1-0，1-0）；一卷中心为黄色的聚酰胺纱线
垫纱棒	2 号棒：一卷黄色聚酰胺纱线； 1-1/0-0/(6-6/5-5)×7/6-6(0-0/1-1)×4/0-0 3 号棒：一卷黄色聚酰胺纱线； 0-0/16-16/(0-0/1-1)×7/0-0/16-16/(0-0/1-1)×4 4 号棒：棉线/黏胶短纤纱； 每个导杆 2 根经纱一进一出（半穿经）；0-0/5-5
绷带性能	BS7505：1995
拉伸比 S/%，	=85
有效拉伸 E/%，	=35～150
微分延伸系数 F/%，	=4

飞行袜

飞行袜主要用于长途飞行时，乘客长时间坐在一个空间狭窄的位置中。缺乏运动（主要是脚和脚踝的运动）会导致从脚到心脏的静脉回流减慢，因为血液必须对抗重力从下肢泵入心脏。这种静脉回流不足会导致血栓，称为深静脉血栓。

生产细节如下：

---

[1] 1 英寸（in）=0.0254 米。

生产机器型号	Pendolina Shark 或者 Sanjachimo Star
机器直径	4 英寸
机床标尺	E10.5（132 针）
纱线型号和线密度	聚酰胺（黑色）变形长丝 380 dtex Lycra（包芯纱）185 dtex Lycra（添加裸纱）44 dtex
Lycra 给纱	Lycra 包芯纱的无极变速正给纱，以实现从脚踝到袜子末端（膝盖以下）的可变加压
压力水平	脚踝：14～17mmHg 小腿：12～15mmHg 膝盖以下：10～13mmHg

2.6 结论

本章提供了有关伤口生理、各种敷料以及各种伤口处理的见解。成功的伤口处理需要仔细选择伤口敷料，这对医务人员至关重要，因为每种类型的伤口都需要适当的敷料。下肢静脉溃疡的治疗需要仔细的临床考虑，以便确定正确的护理方案。通常情况下，首先要做的是清除伤口，使感染最小化并刺激伤口愈合。伤口中细菌的存在会严重影响愈合并阻碍健康组织的形成。因此，合适的抗菌敷料能促进伤口愈合。伤口敷料在整个治疗阶段有几个重要的功能。在最初阶段，敷料需要去除和吸收渗出物，以提供湿润温暖的伤口环境从而促进愈合并防止细菌感染。一旦新的肉芽组织形成，就可以使用不同类型的敷料来简单地保护伤口区域免受损伤。生物工程和生物化学的进步使得各种伤口有了新的治疗方法。生物工程皮肤含有多种生长因子和蛋白质，有助于刺激和促进伤口愈合。从特定蛋白质中克隆出的生长因子现在是可用的，并且研究还在继续确定它们在加速伤口愈合方面的有效性。不断的研究和创新提供了证据，表明这些新技术可有效改善伤口处理。目前，创新主要来自拥有自己研发部门的大型纺织医疗器械公司。然而，许多新型的伤口敷料产品继续由中小型公司开发，尽管主要是通过与大学和其他相关研究机构合作进行。

本章列举了大量的文献和许多市售伤口敷料和绷带，对于读者来说，这是理解伤口的多学科领域以及基于纺织品的伤口敷料医疗设备的“捷径”。

2.7 参考文献

[1] Bennett G，Dealey C *et al*. (2004). The cost of treating pressure ulcers in the UK. *Age Ageing*，33，230.

[2] Roberts，S（2007）. *Working Together for Better Diabetes Care*. Publication No 281799，Department of Health (DoH)，London. May 2007.

[3] Morrell C J *et al*. (1998). Cost effectiveness of community leg ulcer clinics：randomized controlled trial. *BMJ*，316，1487.

[4] Falabella A F（1999）. Debridement and management of exudative wounds. *Dermatol Ther*，9，36-43.

[5] Maklebust J（1996）. Using wound care products to promote a healing environment. *Crit Care Nurs Clin North Am*，8（2），141-158.

[6] Tallon R W (1996). Wound care dressings. *Nurs Manage*, 27 (10), 68-70.

[7] Falabella A F, Carson P, Eaglstein W H *et al*. (1998). The safety and efficacy of a proteolytic ointment in the treatment of chronic ulcers of the lower extremity. *J Am Acad Dermatol*, 39 (5, pt 1), 737-740.

[8] Steed D L (2004). Debridement. *Am J Surg*, 187 (5, suppl. 1), 71S-74S.

[9] O'Brien M (2003). Methods of debridement and patient focused care. *J Community Nursing* 17 (11), 17-25.

[10] Wang J, Wang S, Zhao G, Wang, Z, Lineaweaver W C and Zhang F (2006). Treatment of infected wounds with maggot therapy after replantation. *J Reconstr Microsurg*, 22 (4), 277-279.

[11] Steenvoorde P, Budding T and Oskam J (2005). Determining pain levels in patients treated with maggot debridement therapy. *J Wound Care*, 14 (10), 485-488.

[12] Steenvoorde P, Jacobi C E and Oskam J (2005). Maggot debridement therapy freerange or contained? An in-vivo study. *Adv Skin Wound Care*, 18 (8), 430-435.

[13] Sherman R A (2003). Maggot therapy for treating diabetic foot ulcers unresponsive to conventional therapy. *Diabetes Care*, 26 (2), 446-451.

[14] Reschreiter H, Wong P and Kapila A (2004). An understimated tool in wound care? Biosurgery, the use of larval therapy. *Care Crit Ill*, 20 (6), 189-192.

[15] Anon (1991). Local applications to wounds-II: dressings for wounds and ulcers. *Drug Ther Bull*, 29 (25), 97-100.

[16] Bolton L L, Johnson C L and Rijswijk L V (1992). Occlusive dressings: therapeutic agents and effects on drug delivery. *Clin Dermatol*, 9 (4), 573-583.

[17] Rajendran S and Anand S C (2002). *Developments in Medical Textiles*, *Textile Progress*. The Textile Institute, Manchester, 32, 4.

[18] Foster L, Moore P and Clark S A (2000). A comparison of hydrofibre and alginate dressings on open acute surgical wounds. *J Wound Care* 9, 442-445.

[19] Lawrence I G, Lear J T and Burden A C (1997). Alginate dressings and the diabetic foot ulcer. *Pract Diabetes Int*, 14, 61.

[20] Suzuki Y, Tanihara M, Nishimura Y, Suzuki K, Yamawaki Y, *et al*. (1999). In vivo evaluation of a novel alginate dressing. *J Biomed Mater Res*, 48, 522.

[21] Donaghue V M, Chrzan J S, Rosenblum B I, Giurini J M, Habershaw G M and Veves A (1998). Evaluation of a calcium-alginate wound dressing in the management of diabetic foot ulcers. *J Prevent Heal*, 11, 114.

[22] Torres-de-Castro O G, Carlos A G, Torra-i-Bou (1997). Pure calcium-sodium alginate dressing. Multicenter evaluation of chronic cutaneous lesions. *Revista de Enfermeria*, 20, 23.

[23] McMullen D (1991). Clinical experience with a calcium alginate dressing. *Dermatol Nurs/Dermatol Nurs Assoc*, 3, 219.

[24] Berry D P, Bale S and Harding K G (1996). Dressings for treating cavity wounds. *J Wound Care*, 5, 10.

[25] Bettinger D, Gore D and Humphries Y (1995). Evaluation of calcium alginate for skin graft donor sites. *J Burn Care Rehabil*, 16, 59.

[26] Ingram M, Wright T A and Ingoldby C J (1998). A prospective randomized study of calcium alginate (Sorbsan) versus standard gauze packing following haemorrhoidectomy. *J R Coll Surg Edinburgh*, 43, 308.

[27] Davey R B, Sparnon A L and Byard R W (2000). Unusual donor site reactions to calcium alginate dressings. *J Int Soc Burn Injuries* 26, 393.

[28] Lin S S, Ueng S W, Lee S S, Chan E C, Chen K T, *et al*. (1999). In vitro elution of antibiotic from antibiotic-impregnated biodegradable calcium alginate wound dressing. *J Trauma*, 47, 136.

[29] Anon (1997). Lyocell-based fibre to replace alginate in wound dressing. *Med Textiles*, 4, 2.

[30] Anon (1989). Protective dressing designed for minor wounds. *Med Textiles*, 7, 7.

[31] Stone C A, Wright H, Devaraj V S, Clarke T and Powell R (2000). Healing at skin graft donor sites dressed with chitosan. *Br J Plast Surg*, 53, 601.

[32] Biagini G, Bertani A, Muzzarelli R, Damadei A, DiBenedetto G, *et al*. (1991). Wound management with N-carboxybutyl chitosan. *Biomaterials*, 12, 281.

[33] Muzzarelli R (1995). Methylpyrrolidinone chitosan, production process and uses thereof. US Patent 5 378 472.

[34] Williams C (1995). Mepitel. *Br J Nurs*, 4, 51.

[35] Thomas S (1994). Low adherence dressings. *J Wound Care* 3, 27-30.

[36] Thomas S. *Wound Management and Dressing*, Pharmaceutical Press, London 1990.

[37] Hollinworth H. Developing a nursing strategy to change woundcare practice, Poster presented at the 5th Clinical Nurse Specialism Conference, Kensington, London 2000.

[38] Hollinworth H. Overcoming Confusion; Selecting Dressings that Minimise Wound Pain and Tissue Trauma, Independent Survey leaflet, Ipswich 2000.

[39] Rajendran S and Anand S C (2002). Insight into the development of non-adherent, absorbent dressings. *J Wound Care*, 11, 191.

[40] Bowler P G, Davies B J and Jones S A (1999). Microbial involvement in chronic wound malodour. *J Wound Care*, 18, 216.

[41] Williams K and Elizabeth G (1999). Malodorous wounds: causes and treatment. *Nurs Resident Care*, 1, 276.

[42] Thomas S and McCubbin P (2003). An in vitro analysis of the antimicrobial properties of 10 silver-containing dressings. *J Wound Care*, 12, 420.

[43] Moore O A, Moore R A, Smith L A, Campbell F, Seers K and McQuay H J (2001). Systematic review of the use of honey as a wound dressing. *BMC Complement Alt Med*, 1, 2.

[44] Martson W A, Carlin R E, Passman M A *et al*. (1990). Healing rates and cost efficacy of outpatient compression treatment for leg ulcers associated with venous insufficiency. *J Vasc Surg*, 30 (3), 491-498.

[45] Sarkar P K and Ballentyne S (2000). Management of leg ulcers. *Postgrad Med J*, 76, 674-682.

[46] Margolis D J, Bilker W, Santanna J *et al*. (2002). Venous leg ulcer: Incidence and prevalence in the elderly. *J Am Acad Dermatol*, 46 (3), 381-386.

[47] Valencia I C, Falabella A, Kirsner R S *et al*. (2001). Chronic venous insufficiency and venous leg ulceration. *J Am Acad Dermatol*, 44 (3), 401-424.

[48] Moffatt C J, Franks P J, Doherty D C *et al*. (2004). Prevalence of leg ulceration in a London population. *QJM*, 97 (7), 431-437.

[49] Nicholaides A N (2000). Investigation of chronic venous insufficiency: a consensus statement (France, March 5-9, 1997). *Circulation*, 102 (20), E126-E163.

[50] Reichenburg J and Davis M (2005). Venous ulcers. *Semin Cutan Med Surg*, 24 (4), 216-226.

[51] Zimmet S E (1999). Venous leg ulcers: Modern evaluation and management. *Dermatol Surg*, 25 (3), 236-241.

[52] Franks P J, Moffatt C J, Connolly M *et al*. (1994). Community leg ulcer clinics: effect on quality of life. *Phlebology*, 9 (2), 83-86.

[53] Reichenburg J and Davis M (2005). Venous ulcers. *Semin Cutan Med Surg*, 24 (4), 216-226.

[54] Sibbald R G (1998). Venous leg ulcers. *Ostomy Wound Manage*, 44 (9), 52-64.

[55] Callam M J, Ruckley C V, Harper D R *et al*. (1985). Chronic ulceration of the leg: extent of the problem and provision of care. *BMJ* (*Clin Res Ed.*), 290 (6485), 1855-1856.

[56] McGuckin M, Stineman M, Goin J *et al*. (1996). Draft guideline: diagnosis and treatment of venous leg ulcers. *Ostomy Wound Manage*, 42 (4), 48-78.

[57] Mani R, Regan F *et al*. (1995). Duplex ultrasound scanning for diagnosing lower limb deep vein thrombosis. *Dermatol Surg*, 21 (4), 324-326.

[58] Vowden P and Vowden K (2001). Investigations in the management of lower limb ulceration. *Br J Nurs*, 4, (The Profore Suppl), 627.

[59] Cullum N (2002). Compression for venous leg ulcers. *Cochrane Review*, The Cochrane Library, Oxford.

[60] Simon D and McCollum C N (1996). Approaches to venous leg ulcer care within the community: compression,

pinch skin grafts and simple venous surgery. *Ostomy Wound Manage*, 42, 34.

[61] Veraat J C, Pronk G and Neuman H A (1992). Pressure differences of elastic compression stockings at the ankle region. *Dermatol Surg*, 23 (10), 935-939.

[62] Ramelet A A (2002). Compression therapy. *Dermatol Surg*, 28, 6.

[63] Partsch H (1991). Compression therapy of the legs: a review. *J Dermatol Surg Oncol*, 17 (10), 799-805.

[64] Hampton L (1997). Venous leg ulcers: short stretch bandages for compression therapy. *Br J Nurs*, 6 (17), 990-998.

[65] Anand S C and Rajendran S (2006). Effect of fibre type and structure in designing orthopaedic wadding for the treatment of venous leg ulcers, in *Medical Textiles and Biomaterials for Healthcare*, ed. by Anand S C, Kennedy J F, Miraftab M and Rajendran S., Woodhead Publishing, Cambridge, 243.

[66] Rajendran S and Anand S C (2003). Design and development of novel bandages for compression therapy. *Br J Nurs*, 11, 1300.

[67] Stemmer R (1969). Ambulatory-elasto-compressive treatment of the lower extremities particularly with elastic stockings. *Derm Kassenarzt*, 9, 1-8.

[68] Partsch B and Partsch H (2005). Calf compression pressure required to achieve venous closure from supine to standing positions. *J Vasc Surg*, 42 (4), 734-738.

[69] Simon D A, Freak L, Williams I M *et al*. (1994). Progression of arterial disease in patients with healed venous ulcers. *J Wound Care*, 3 (4), 179-180.

[70] Moffatt C J and Dickson D (1993). The Charing Cross high compression four-layer bandaging system. *J Wound Care*, 2 (2), 91-94.

[71] Nelzen O, Bergqvist D and Lindhagen A (1991). Leg ulcer etiology-a cross sectional population study. *J Vasc Surg*, 14 (4), 557-564.

[72] Buchbinder D, McCullough G M and Melick C F (1993). Patients evaluated for venous disease may have other pathological considerations contributing to symptomatology. *Am J Surg*, 166, 211-215.

[73] Rajendran S and Anand S C. Development of Novel Bandages for Compression Therapy, Wounds UK 2002, Harrogate, 19-20 November 2002.

[74] Rajendran S and Anand, S C. Evaluation of Novel Bandages for Compression Therapy, Wounds UK 2003, Harrogate, 11-12 November 2003.

[75] Cullum, N, Fletcher A, Semlyen A and Sheldon T A (1997). Compression therapy for venous leg ulcers, *Qual Health Care*, 6 (4), 226-231.

[76] Nelson E A, Prescott R J, Harper D R *et al*. (2007). A factorial, randomized trial of pentoxifylline or placebo, four-layer or single-layer compression, and knitted viscose or hydrocolloid dressings for venous ulcers. *J Vasc Surg* 45, 134-141.

[77] British Standards. Specification for the elastic properties of flat, non-adhesive, extensible fabric bandages. BS 7505. 1995.

[78] Anand S C (2003). Spacers—At the Technical Frontier. *Knit Int*, 10, 38-41.

[79] Anon (2002). Spacer Fabric Focus. *Knit Int*, 109, 20-22.

[80] Lee G, Rajendran S and Anand S C (2009). New single-layer compression bandage system for chronic venous leg ulcers. *Br J Nurs*, 18 (15, Tissue Viability Suppl), S4-S18.

[81] Anon (1993). *Extension Measurement on Stretch Bandages*. British Pharmacopeia, TSO, Norwich.

第 3 章

可重复使用的医用纺织品

H. M. Zins，Howard M. Zins
美国联合有限责任公司

摘要： 从历史背景开始，我们回顾可重复使用医疗纺织品的起源及其对无菌领域发展的贡献，本章详细介绍了 21 世纪使用的产品。我们还概述了外科手术包及其配件、防护服和尿失禁材料，以及其他医疗纺织产品。针对众多产品，我们概述了各种可重复使用物品的物理特性和性能特征。另外，我们还讨论了与环境、健康和安全问题相关的因素。本章为有经验的读者和新读者提供了可重复使用的医用纺织品的广泛报道。

关键词： 抗菌产品，褥疮，涂层织物，连续批次式洗衣机，含氟聚合物，医疗保健费用，尿失禁产品，层压织物，洗涤，生命周期评估，医疗废物焚烧，个人防护设备，床单材料，蒸汽灭菌，手术铺巾，手术配件，垫片。

3.1 引言

本章将提供详细信息，以便向读者介绍可重复使用的医用纺织品的关键方向。这将包括该学科涉及的历史背景，以及按照影响全球社会的环境、人类健康、法规和成本的许多因素来讨论现今医疗保健行业目前可用的产品。

3.2 可重复使用医用纺织品的作用：历史的视角

可重复使用的纺织品及其在医疗领域的应用，可以追溯到弗罗伦斯·南丁格尔（Florence Nightingale）的初期工作，她试图为患者和医院保持卫生清洁的环境。这种努力最终导致了一种概念的出现，即逐渐被人熟知的无菌区域，在外科手术过程中必须维持。在克里米亚战争期间，南丁格尔就开始奋斗，她坚信“卫生清洁学说的至关重要性，以及轻视或忽视它们的致命后果”（Bostridge，2008 年）。

早在 17 世纪，荷兰显微镜学家列文虎克（Anton van Leeuwenhoek）就对微生物进行了研究，试图推翻自然发生说。按此学说的这一概念，生物体可以突然从土壤或腐烂的植物或动物等无生命的物质中生长出来，并导致疾病（Grady 和 Tabak，2006 年）。

在 19 世纪末期，许多科学家的研究工作促成了传染病的微生物理论的建立。这是不同微生物（如细菌或病毒）可能导致特定疾病的前提。许多人为这一理论的建立做出了贡献。科赫（Robert Koch）和巴斯德（Louis Pasteur）的工作在这一发展中尤其引人注目（McGrath，1999 年）。

Joseph Lister（1827～1912 年）既是内科又是外科的医生，他按照微生物理论，尝试采取一些措施来减少术中与术后的死亡人数。Lister 在手术室里喷上了苯酚的细雾。他从理论上推测这种方法能杀死微生物，但不会伤害患者。Lister 还在使用前清洗了他的手术器械，并提出穿着干净的围裙和手术手套的做法。同样，也引入外科医生手术前必须洗手的做法。

Lister 提出的这些方法显著减少了术后死亡人数，这开启了抗菌手术时代（Grady 和 Tabak，2006 年）。该方法显然是手术中众多改进的开端，这促成了手术中的现代无菌领域。

今天，已经建立了成熟且严格的指导方针以确保手术过程确实保持无菌状态。这包括诸如手术包的配备和灭菌等程序。特定设计产品的使用也是该方法的关键要素，这包括手术服、手术包和铺巾，这些内容将在本章讨论（Hogan 等，2003 年）。

3.3 可重复使用医用纺织品的优点

可重复使用的纺织品具有许多优势，包括环境、公共卫生和物理特性以及性能优势，我们将在本节讨论。成本优势也是本研究的主要考虑因素，将在本章第 3.6 节详细讨论。

3.3.1 环境优势

废物产生一直是全球日益关注的问题。仅在美国，废物产生量就从 1980 年的 1.516 亿吨增加到 2006 年的 2.513 亿吨（美国人口普查局，2008 年）。

欧洲纺织服务协会生命周期评估研究

欧洲纺织服务协会（ETSA）资助了一项生命周期评估（LCA）研究。该计划于 2000 年完成，由丹麦的 Teknik Energy&Environment 负责。该研究考察了可重复使用和一次性手术服对环境的影响。该研究考虑了许多不同种类的环境影响。这些包括能源消耗、酸化（水和土壤）、营养化（排放到水环境中的养分）、全球变暖和使用后废物。

ETSA 生命周期评估是基于 ISO 标准的，并由独立的核心评审小组监督完成。其评估了许多不同的可重复使用和一次性使用的手术服。在整体比较中，发现可重复使用的产品对环境的负面影响最小（Schmidt，2000 年）。

明尼苏达大学

生命周期评估（LCA）研究由明尼苏达州技术援助计划（MnTAP）进行。LCA 比较了一家拥有 2000 张床位的医院——Fairview 医疗中心的一次性和可重复使用的手术服。LCA 发现可重复使用的产品减少了 254000 磅[1]/年的废物，这每年也节省了 360000 美元

---

[1] 1 磅＝453.59237 克。

的费用。

相对于一次性产品，使用可重复使用的手术服还可使二氧化碳排放量减少为原来的1/10。LCA还发现，与一次性产品相比，可重复使用手术服的致癌物排放量减少为原来的1/20。而在可重复使用和一次性材料之间没有发现预防感染性能的差异（Zimmer，2009年）。

美国国家环境保护局（EPA）/美国医院协会（AHA）协议

美国医院协会（AHA）和美国国家环境保护局（EPA）签署了一份名为“健康环境的医院”的协议（MOU）。该协议指出美国医院每年产生数百万吨废物。协议还指出，到2005年，废物总量将减少33%。2010年的目标是将废物量减少50%。他们正致力于确定符合协议条款的实质性策略。一种可行的途径可能是减少医院对一次性产品的依赖（Lord，1998年）。

“健康环境的医院”最近发展成为一个名为“实践绿色健康”（Practice Greenhealth）的计划。该计划声称是“全国领先的医疗保健机构成员和网络组织，致力于可持续环保的实践”。

3.3.2 公共卫生优势

20世纪50～60年代有一段短暂的时期，医学取得了显著的进步。本节将概述与这段时期的机遇和挑战相关的可重复使用的医用纺织品的发展。

机遇

心脏外科手术等给全球数百万冠状动脉患者带来了希望，而此前这些患者的康复前景注定是严峻的。卫生保健专家鼓励改变生活方式，如健康饮食和积极锻炼，以及不吸烟、不吸毒（Harding，2000年）。此外，先进抗生素的开发使人们意识到，传染病可以通过各种高效药物来攻克（Lesch，2007年）。在20世纪后期，随着全球人类免疫缺陷病毒［HIV，即艾滋病（AIDS）］的传播，这个短暂的乐观时代以不幸结束（Levy和Fischetti，2003年）。

挑战

在过去几十年中，HIV/AIDS已成为全球流行病。另外，乙肝、丙肝和复发结核病的等其他疾病也在世界范围内威胁着人类的健康。SARS、埃博拉病毒和许多其他病毒继续对世界健康构成持续威胁。此外，生物恐怖主义继续对文明世界构成潜在威胁。2001年发生在华盛顿特区的炭疽攻击事件揭示了美国（以及所有国家）是多么容易受到恐怖分子的攻击，恐怖分子可能会选择用致命的生物进行袭击（Levy和Fischetti，2003年）。

废物与人类健康之间的联系

许多研究表明，垃圾填埋场附近的居民很有可能罹患更严重或更频繁发生的疾病。一些研究发现，女性膀胱癌和白血病的发病率在统计学上有显著增加。其他评估也涉及神经系统以及肌肉骨骼系统的畸形（Vrijheide，2000年）。

加拿大魁北克省蒙特利尔市的一项研究发现，居住在固体废物填埋场附近的妇女所生的低出生体重儿和早产发生率都在增加（Goldberg等，1995年）。在同一个蒙特利尔站点，其他研究显示男性肝癌、胃癌、前列腺癌和肺癌的病例高于预期。在同一研究中发现，女性患胃癌和宫颈癌的概率更高（Goldberg等，1999年）。在威尔士（英国）进行的另一项研究表明，孕妇居住在垃圾填埋场附近可能与新生儿的先天性异常有关（Palmer等，2005 年）。

医疗废物焚烧炉

除了将废物运往垃圾填埋场进行倾倒，医院和其他医疗机构也使用医疗废物焚烧炉（MWIs）。美国环保署研究了 MWI，证实在其排放物中发现了高浓度的二噁英、呋喃、一氧化碳和重金属。美国环保署还披露，这些污染物严重影响着居住在 MWI 附近地区的人群健康（EPA，1995 年）。

根据 EPA 的调查结果，MWI 的最终规则于 1997 年发布。如表 3.1 所示，这些规则包括指南和排放标准，以及 EPA 根据该规则进行的成本估算。美国环保署预计，该指南和标准将使 MWI 的排放量减少 95%（EPA，1997 年）。

表 3.1　EPA 医疗废物焚化炉（MWI）最终规则

指南/成本	要求
指南和标准	
空气排放指南	现有 MWIs（建于 1996 年 6 月 20 日或之前）
空气排放标准	新 MWIs（1996 年 6 月 20 日后建成）
EPA 成本估算	
空气排放指南	每年 6000 万到 1.2 亿美元
空气排放标准	每年 1200 万到 2600 万美元

对医护人员的威胁

正如前面提到的，全球范围内传染病带来的日益严峻的挑战确实对全球总人口产生了负面影响。更具体地说，这个问题对我们社会的医护人员构成了直接威胁，他们肩负着治疗患者的责任。

据世界卫生组织（WHO）报告，在全球六个地区中，有大约 5900 万医护人员。根据其具体职责，这些人几乎都在某种程度上都受到传染病的威胁（WHO，2006 年）。

美国政府在职业健康和安全管理局（OSHA，1991 年）的职责（responsibility）下，引入了称为职业接触血源性病原体规则（OSHA）的指南。世界各国政府都颁布了类似的规定。这些法规主要涉及旨在预防通过病毒传播疾病给医护人员的程序。使用个人防护装备（PPE），如手术服和防护服，是 OSHA 所概述的准则之一。这些产品将在本章后面讨论。

对儿童的风险

纽约西奈山医学院的专家进行的一项研究评估了环境污染引起的内分泌干扰物对儿童健康的影响。内分泌干扰物（ED）可能改变大脑、垂体、性腺、甲状腺和内分泌系统其他组成部分的反馈回路（Landrigan 等，2003 年）。

对老年人的风险

《环境与健康展望》杂志上发表的另一篇报告《对老龄化的新理解》概述了日益增多的老龄人口也受到环境因素的威胁。该研究表明，接触有毒物质会增加老年人患常见疾病的风险，如骨质疏松症、高血压、肾功能损害、帕金森病和阿尔茨海默病（Hood，2003 年）。

废物和传染病对我们社会的影响

如上一节所示，全世界有很多人群都暴露于废物的有毒副产品和传染病中。可重复使用的医疗保健纺织品可以有效克服这些问题。重复使用 40～50 次或更多次循环的可重复使用材料就不必每天运往垃圾填埋场或医疗废物焚烧炉处理。此外，可重复使用的防护性产品为医护人员提供了阻水性，并且这些产品也可以重复使用。采用可重复使用的医疗纺织材料，大大降低了废物暴露于环境中的发生率。

3.3.3 物理性质和性能

可重复使用的纺织材料具有很多重要的性能参数。其中一些是通用的，广泛适用于许多产品。还有一些涉及特定应用的特殊参数。本节将讨论一些可重复使用的纺织材料的通用参数，并且也将描述某些具体产品的特殊物理特性。

回收能力

正如本章前面所述，可重复使用产品的可回收性具有许多环境和公共卫生方面的优势，这关系到我们全球社会的福祉。利用可重复使用的医用纺织品，一次性使用的材料所产生的数百万吨的医疗废物在很大程度上可以大大减少。当然，由于一次性产品的使用率降低，医疗废物焚烧和危险废物填埋也得以减少。此外，采用循环利用的方法，节省成本是一个主要优势，这一问题将在本章后面讨论。

纤维屑飞花的产生

空气中的悬浮微粒，特别是纤维屑飞花，将在外科手术过程后引发严重的并发症。例如，相比于其他材料，用木浆纤维制成的非织造织物，被公认会引起术后腹膜粘连相关肠梗阻等并发症。术后其他问题包括切口疝和伤口部位的慢性脓肿（Belkin，2000 年）。

研究人员对外科手术中使用的多种材料进行了评估，结果表明，一些非织造织物的耐磨性非常低。在相同的测试中，一些非织造织物纤维素层压材料产生的落絮重量可达机织外科材料的 600 倍以上（Belkin，2000 年）。上述内容表明，有必要选择在应用中只产生低水平纤维屑的手术材料。

舒适性

舒适感通常是基于穿戴者的感知。选择任何一种特定的服装类型和穿戴者，回答严谨制定的问卷可以得到有意义的结果，通常将两个或更多服装项目进行比较分析。然而这个过程很耗时，并不总是使用该方法。产品的生产者和用户都有机会去探索，并提供该领域的新信息。

个人防护服（PPE），例如阻水性的手术服，设计成用涂层和/或层压材料制成，以防止液体渗透。作为指导原则，测试湿气透过率可以提供透气性和舒适性的一些信息（ASTM，E96，2005 年）。虽然该测试没有公认的行业标准，但一些产品供应商认为使用这种测试方法测得的大于 $500g/(m^2 \cdot 24h)$ 的防护服能够保证穿戴者的舒适度。

3.4 可重复使用医用纺织品的类型

医院、长期护理机构等医疗单位每天都会使用数百种不同的纺织材料。一些产品将在下面的概要中描述。

3.4.1 手术包

如前所述，使用卫生清洁无菌纺织材料的概念起源于南丁格尔等人在19世纪的工作。利用当时的技术，100%纯棉布面料作为在手术中使用的第一批产品，保持着手术室清洁且无菌的环境。

手术室（O.R.）的新型外科材料是在20世纪开发的，从20世纪60年代开始，直到20世纪末，许多新的概念被提出。这些发展包括改良的流体阻隔性能。此外，这些材料还显示出较少的纤维屑、低可燃性、高耐磨性和高耐洗性（Rutala和Weber，2001年）。以下几节内容描述了可重复使用的外科手术产品所使用的一些基本材料，并且在许多情况下已开发出来。

片材

片材有平纹细布（市布）（140支）和高级密织棉布（180支）。机织床单布最初用于手术服、铺巾和手术包。这些片材最初是100%棉。在20世纪50年代末和60年代初期，50/50聚酯/棉花的产品得到开发并使用。

近年来，50/50聚酯/棉材料仍在继续使用，但正如下面讨论的那样，具有阻水性的更专业的产品成为主流。在第三世界的某些地区可能就是这种情况。该产品继续有效地协助维持无菌区。因此，在某些情况下，在一些使用片状产品的地方，因为它们是唯一可用的产品，这为患者提供了便利。

阻水性、聚酯/棉材料

基于一种密度极高的机织、合股纱线织物，采用含氟聚合物涂饰技术，这种50/50的聚酯/棉材料的出现早于OSHA对血源性病原体的规定。随着OSHA条例的颁布，这一方法已被用于外科医生的手术服、手术铺巾和手术包。这种产品组合已被证明既可以促进和维持无菌区，又符合血源性病原体（OSHA）规则的要求。采用AATCC 127静水压头试验方法，对织物进行了40～60cm的阻水性能试验。

防水、连续长丝聚酯

在《血源性病原体规则》颁布时，一种高支/密度、具有阻水性的多丝聚酯材料被用于外科手术包产品。基于细旦涤纶长丝，这些织物被织得比纺纱材料更紧密。通过添加含氟聚合物涂层，可以产生较强的阻水性，测得静水压力可达60～90cm。

防静电聚酯材料

像大多数手术室等需要防静电的情形，人们已开发出一种100%连续长丝聚酯材料，并已在全世界成功使用。这种织物的结构类似于100%聚酯纤维，但是将导电碳浸渍的聚酯纱线以一定间隔编织到织物中，从而得到99%聚酯纤维与1%导电碳纤维混合物。与100%聚酯产品一样，在防静电产品上也要使用持久的防水涂层。

可以证明，该技术的导电类型符合NFPA代码99（NFPA，2005年）中对应用于易燃麻醉剂的手术室的防静电要求。此外，现代手术室使用了大量的电子监控设备，因此防静电对于避免静电放电很重要，因为静电放电在某些情况下可能会干扰仪器的正常运行。

含氟聚合物再涂覆方法

如前几节所述，含氟聚合物涂层适用于聚酯/棉、100%聚酯和聚酯/导电纤维防水产品。在某些情况下，这些涂层在常规洗涤过程中会失去防水性能。根据需要，人们已经开发出了一种对这些原有涂层进行再涂覆的技术。

一些洗衣店选择在防水产品的每次处理过程中采用含氟聚合物再涂覆方法，以确保其保持防水性能。其他洗衣店根据需要应用这项技术。无论采用哪种方法，该方法都是为了确保织物保持良好的阻隔性能。

涂层和层压织物

许多产品的材料已经可以达到 140～160cm 范围或更高（静水压测试）(AATC，127）的防流体渗透性等级。参照过去规定的静压头测试通常或许只能达到 90～100cm 的水平。因此，在这些特定的测试中，对于这些防流体渗透材料，没有具体的阻水性（fluid resistance）精确等级。

ASTM F23 防护服委员会已经开发了两个单独的测试来证明流体防渗性。ASTM 测试方法 F1670-07，主要用于测定防护服材料的防模拟血液渗透性（ASTM F1670，2007 年)，ASTM 测试方法 F-1671-07 是使用 Phi-X 174 噬菌体穿透作为测试系统，主要用于考察防护服材料的防血源性病原体渗透性（ASTM F1671，2007 年）。以下是开发用于手术服和铺巾的防流体渗透材料的一些技术：

聚四氟乙烯（PTFE）微孔膜

该技术在两层经编聚酯纤维织物之间结合（层压）了一种防流体渗透的膜。PTFE 膜具有不透液的特性，在上述两层编织材料之间对膜还需要常规的支撑。

涂层织物

还发现许多涂层材料具有防流体渗透性。这些材料包括硅酮和聚氨酯。通常，涂层材料用于 100%聚酯经编织物结构。

接缝黏合

手术服的袖子需要黏合，以防止液体渗入。在这种情况下就需要使用热封胶带产品。就聚氨酯涂层产品而言，已经设计了一种方法，即超声波黏合法（ultrasonic bonding)，可以对接缝进行黏合而防止流体渗透（Zins，2006 年）。

3.4.2 法规限制

OSHA 血源性病原体标准涵盖了个人防护装备（PPE)，如手术服和防护服。除 OSHA 规定外，所有手术服、手术包和铺巾均已由美国食品和药物管理局（FDA）归类为医疗器械。因此，这些产品的制造商还必须遵守 FDA 医疗器械法规，该法规要求在销售新医疗器械之前完成向 FDA 提交的上市前申报［510（K）］(FDA，1977 年)。

ANSI/AAMI PB70—2003

该标准由医疗器械促进协会的保护阻隔委员会制定和引入（AAMI，2003 年)。该标准的标题是“阻水性能和用于医疗保健设施的防护服和铺巾的分类”。

ANSI/AAMI 文件的目的在标准叙述中定义如下：

“手术服、其他防护服、手术铺巾和铺巾配件是旨在控制感染并保护患者和医护人员的装置。该标准基于关键阻隔性能测试，通过测试将产品划分为不同的性能级别。了解这些不同等级的性能水平，将帮助我们对某些特定情况所需防护产品的类型做出明智和一致的选择。”

如表 3.2 所示，该标准中划分了四种流体阻隔性能等级，从流体阻隔性能的最低等级 1 级到流体阻隔性能的最高等级 4 级。

表 3.2　流体阻隔性能的 AAMI 标准（手术服和铺巾）

级别	要求
一级	必须显示测试结果（MSTR）≤4.5g；AATCC 42，2000
二级	MSTR≤1.0g；AATCC 42，2000 MSTR≥20cm；AATCC 127，1998
三级	MSTR≤1.0g；AATCC 42，2000 MSTR≥50cm；AATCC 127，1998
四级	必须通过 ASTM F1671，2003（血源性病原体、噬菌体） 必须通过 ASTM F1670，2003（合成血液）

本标准中所示的确定阻水性能的阻水性试验方法如下：

AATCC 42-冲击穿透深度（AATCC，42，2007）

AATCC 127-静水压力（AATCC，127，2008）

ASTM F1670,2007-抗合成血液渗透（如前所述）

ASTM F1671,2007-对模拟病毒的耐穿透性（如前所述）（AAMI，2003 年）。

3.4.3　防御性服装

防御性服装也称为防护服，在某些情况下称为隔离服装，代表 PPE。在许多方面，这些产品类似于手术服。一个主要的区别是防护服不用于手术室。

之前提到的血源性病原体规则（OSHA）适用于所有医护人员，包括各自职责范围内暴露于血源性病原体的急救护理（ER）工作人员和医护人员。医疗机构必须通过暴露测定（OSHA，1991 年）确定暴露等级。

可提供防护服和/或专业外套商品，由具有阻水性的 100%连续涤纶长丝织物制成。它们也可以用防静电的 99%连续涤纶长丝与 1%导电碳材料制备。在该应用中还使用 50/50 聚酯/棉材料的混合物（也是阻水性的）。这种技术与先前外科手术包产品所采用的阻水性技术类似。

3.4.4　职业服装

如前所述，在医院、诊所、长期护理机构以及医生和牙医办公室内，医疗工作者除了需要手术服和防护服（PPE）之外，还需要大量的职业服装。这些服装包括长款和短款实验服、擦洗服，各种围裙和暖身外套。此外，很多医院和其他医疗机构为食品服务部、家政部、工程部和药房等部门工作的许多保障人员提供裙子、衬衫和裤子。

面对大多数雇员在日常工作中遇到的重负荷任务，要求所有这些产品（包括之前提到的手术产品）仍能保证持久耐用。此外，这些产品必须经受住常规洗涤的严格考验，其细节将在本章后面讨论。

最初，在 20 世纪 50 年代之前，许多这些职业服装都是 100% 棉材料制成的。聚酯/棉混纺具有耐久熨压、去污和吸湿排汗等性能，是 20 世纪后半期及以后大多专业服装产品的主要材料。

3.4.5 病号服

病号服通常会发放给在医疗机构过夜进行手术、检查或观察的人。通常情况下，预约门诊患者（不过夜患者）在医疗保健部门接受手术或检查也会穿病号服。

面料/织物

50/50 涤纶/棉面料通常质量较轻［在 3.5～4.5oz❶/yd²❷ 范围内（130～170g/m²）］。在某些情况下，使用“富棉”的混纺面料，例如 55/45 棉/聚酯混合物。该混纺面料通常印在白色背景上。在某些情况下，纯色或中等色调用于这些产品。

特点和做法

对患者来说，这些病号服并不一定很舒服，其原因是它们对于患者个体来说，并不总是舒适。在某些情况下，可以发放睡衣，尤其是对于长期住院患者更是如此。然而，病号服的一个优点是，它们适合进行有效的身体检查以及测试和床边检查，例如药物注射和血液采样等一些常规治疗和措施。

可燃性要求

针对所有病号服（以及所有医疗服装）的可燃性标准已经颁布（CPSC，第 1610 部分）。此外，儿童睡衣也有单独的可燃性标准（CPSC，第 1615 和 1616 部分）。在美国(以及可能在其他地方)，针对病号服也可能存在着州/地方的可燃性规定。

3.4.6 床单和枕套

清洁卫生的床单和枕套代表着每个医院和其他医疗机构的基本需求，患者可能需要过夜或临时卧床护理。通常情况下，医疗机构使用的床单和枕套都是白色的，至少 30 年来都以 50/50 涤纶/棉的混纺面料为主。通常使用传统的平纹细布（T 140）床单，另外在一些情况下，也有使用更高支数（T 180）的高级密织棉布床单。

100%涤纶

最近的一项创新是开发了一种用于机构用途的 100%聚酯床单材料。基于连续长丝聚酯编织结构，报告表明产品柔软并具有棉质手感。据报道，这些产品还具有去污和吸湿排汗性能。另外，据报道，这些床单能够在连续加工条件下仍保持优良的尺寸稳定性。该床单长期使用后仍保持其白色的本色，并具有良好的防污性和抗撕裂性能(Davis，2008 年)。

关于 100% 涤纶床单和枕套的报告也表明，常规用折页机和熨烫机存在一些加工问题。然而，在熨斗上添加静电棒等设备改造以及其他的工艺改造，似乎缓解了这些问题(Davis，2008 年)。

针织床单

事实上，针织床单是在 100%聚酯编织产品之前的另一项产品，其具有作为医院和其他医疗机构的专用床单的优点。

最初推出的是 100%棉，最近的一项创新是 55/45 棉/聚酯混纺，它的干燥时间较短，

---

❶ 1oz=28.349523g。

❷ 1yd²=0.83612736m²。

可以节省能源。这些床单还在关键位置使用氨纶制造，以进一步促进其在医院病床的稳定性。

针织产品的另一个好处是这些床单通常不需要通过平整熨烫机进行加工，从而更加节能。据报道，这些床单在病床上使用时几乎很少起皱。

3.4.7 手术毛巾

大部分外科毛巾产品目前仍然采用的是100%纯棉毛巾和其他纯棉制品，并且也是大多数外科手术包的一部分。该材料具有高吸收性，并且是手术室中可靠的材料。据报道，100%聚酯床单和枕套的使用促进了手术毛巾产品的发展。然而，就目前而言，100%纯棉材料仍然是用于该用途的主要来源。

3.4.8 床上衬垫

在扩展护理机构（extended care facilities）以及医院中，患者护理仍然需要可重复使用的衬垫。失禁的状况导致对这些产品的持续需求，其可以阻止体液渗透到床垫上。在许多医院，患者，尤其是手术后的患者，经常会需要衬垫以避免体液渗漏的问题。在婴儿分娩和一些急诊室也有类似的需求。如下所述，衬垫也有助于对患者进行良好的护理，特别是对于长期病患者而言更是如此。

基本工艺

可重复使用的衬垫可以在尺寸和成分上各有不同，但是商业开发和使用中，衬垫主要包括以下三层：

患者直接接触的上层是由吸湿性表面制成，其能将体液从患者身上吸收并进入中间层。

产品的中间层是由高吸收性聚酯/人造丝单元组成，称为“吸水层（soaker）”。

衬垫的底层是由防流体渗透的涂层阻隔织物制成，其可防止液体浸透到床垫上（MIP，Inc.）。

衬垫的尺寸可以调节。标准宽度是34英寸，为医院病床和床垫的宽度。长度范围在36～45英寸之间（MIP，Inc.）。

预防褥疮

如前所述，可重复使用的衬垫用于吸收体液以防止它们浸透到床垫中。此外，衬垫还可以帮助医疗机构工作人员预防患者褥疮。

已证明使用可重复使用的衬垫可减轻卧床患者的褥疮（也称为压疮或压力性溃疡）。产品可通过促进增加体液吸收和提高患者舒适度发挥作用（ARTA，2005年）

有许多特定因素可导致褥疮。这些因素包括热、压力、摩擦、湿气和剪切。在进行长期护理时都必须考虑这些重要因素。经过培训的人员可以平衡选择和更换适当的失禁垫，以便控制上述5种风险因素，从而最大限度地减少皮肤破损。此外，可以使用适当选择的衬垫来辅助不能自主翻身患者的频繁转动，这种衬垫可以有效防止皮肤破损而造成褥疮。

成本因素

据估计，治疗一个褥疮的费用在5000～40000美元之间。因此，为患者护理选择恰当的垫子和适当护理是控制医疗费用上涨的重要事项（Paradee，2004年）。

3.5 制作流程

可重复使用的医疗保健纺织品需要经过一定处理，如分拣、洗涤、干燥及偶尔熨烫和灭菌的步骤。以下内容将为这些程序提供一些基本指导。

3.5.1 分拣

纺织品经使用后，应根据其污垢的级别进行分拣。轻度污染物品不应与严重污染的物品一起处理。污垢来源可能是血液或其他体液。在某些情况下，油污和/或食物污垢也可能造成严重污染。如果纺织品不按污垢水平进行分类，则可能发生诸如污垢再沉积的问题。根据污渍级别和类型，可以选择不同的洗涤配方。

颜色的区分也需要一个程序性准则。白色材料应与有颜色的分开处理。同样，浅色衣物也不应与深色衣服（深蓝色、深褐色或黑色）一起洗涤。如果没有遵守适当的颜色区分程序，可能会造成颜色从深色到白色或浅色产品的污染。

3.5.2 洗涤

常规洗涤过程取决于温度、时间、化学作用和机械作用等因素。

标准洗衣程序

一般的常规清洗配方包括以下几点：

时间	30～45min
温度	160～180℉（71～82℃）
机械作用	根据洗衣机的额定容量
化学作用	pH 值 11.0～11.5
	表面活性剂
	氯漂白剂

聚酯和高配比聚酯产品的洗涤

对于100%聚酯产品或含有高配比（50%及以上）聚酯的材料，具有聚酯碱性水解的可能性。因此，pH 应不高于 10.5。较低的 pH 值还将降低耐流体材料的阻水涂层降解的可能性。

另外，洗涤聚酯和/或高配比聚酯产品应用较低温度。应采用 140～160℉的温度范围。聚酯等聚合物可能会受到热降解，并且在某些情况下，使用较高温度会导致褶皱。

连续批量式洗衣机

近年来，连续批量式洗衣机（continuous batch washers，CBWs），也称为隧道式洗衣机，已被用于替代传统常规洗衣机。CBWs 具有内置的循环水系统，具有节能功能。该方法是高通量的，还显著提高了洗衣的自动化程度。

隧道式洗衣机的用水量明显较少。传统的洗衣机每洗一磅纺织品要使用 3.0 加仑[❶]以上的水（25L/kg）。相比之下，CBWs 洗涤每磅纺织品仅需要 0.5～0.7 加仑的水（4～6L/kg），大大节省了水和能源的成本。

---

❶ 1 加仑（美）$=3.785412dm^2$。

3.5.3 干燥过程

标准干燥程序

采用燃气滚筒式烘干机进行干燥是大多数医疗保健纺织品的方法。通常在干燥之前使用离心萃取器，其可以在洗涤过程之后去除多余的水分。大多数商用燃气滚筒烘干机能够达到高热量。烟囱温度（排气温度）可达160～180℉（71～82℃）或者更高。

含聚酯产品的干燥

许多纺织产品（如前所述）通常是100%聚酯，或是含高配比的聚酯，这些物品比纯棉花或高配比棉花混纺产品干燥得更快。因此，在较低温度下干燥是可行的，降低了能量消耗。在此基础上，可以使用150℉（66℃）的排气温度，并且应在该温度保持3～5min，或直到干燥器负载显示干燥。

冷却循环

通常最后会使用冷却循环，特别是用聚酯材料制成的服装，其应保持100℉（38℃）的温度足够长的时间，使材料在干燥状态下离开滚筒烘干机。作为指示，服装从烘干机中取出时摸起来不是热的，即证明冷却循环已经适当执行（Tinker，2008年）。

3.5.4 蒸汽灭菌

手术包可以用多种方法灭菌，蒸汽灭菌是实现无菌包装最常见的形式。如前所述，无菌包装是用于维持手术室中的无菌区的法则之一。

典型蒸汽灭菌条件

根据AORN指定的现行惯例，蒸汽灭菌技术主要分为两类：动态排气过程（真空过程）和重力位移过程。目前，推荐的真空灭菌温度和灭菌时间为270℉（132℃），持续4min。对于重力位移法，建议在250℉（121℃）的温度下，持续30min。AORN指南还指定了干燥时间和温度，以避免储存湿包的可能性（Spry，2008年）。

3.6 医疗费用

在撰写本章的同时，美国正在就医疗改革展开一场重大辩论。我们将试图不解释这个关键问题。然而，有一个问题显然是值得关注的，那就是持续增长的医疗费用（Iglehart，2009年）。导致医疗支出持续增长的因素包括人口老龄化、"婴儿潮一代"达到或接近退休年龄，以及发达国家公民对政府的普遍应有期望。其他问题包括浪费、欺诈和滥用（Iglehart，2009年）。

3.6.1 世界医疗保健费用

如表3.3所示，在将这些费用作为国内生产总值（GPD）的百分比进行研究时，可以比较许多国家的医疗保健支出。该比较表明，美国的GPD比例高于许多其他工业化国家。这一事实是推动华盛顿目前医疗改革争论的一个原因。然而，这些数据还披露，对于几乎所有国家而言，自21世纪以来，医疗保健支出一直呈现持续增长趋势（Health Expenditures，2010年）。很明显，控制日益增长的医疗费用是全球社会普遍需要做的事情。

表 3.3 一些工业化国家卫生总开支占国内生产总值（GPD）的比例 %

国家	年份			
	2000	2002	2004	2005
加拿大	8.8	9.6	9.8	9.8
法国	9.6	10.0	11.0	11.2
德国	10.3	10.6	10.6	10.7
日本	7.6	8.0	8.2	8.4
瑞典	8.2	9.0	9.2	9.2
瑞士	10.3	11.0	11.4	11.4
英国	7.2	7.6	8.0	8.2
美国	13.2	14.7	15.2	15.2

3.6.2 控制医疗保健费用的措施

政府和私营部门医疗保健的管理人，可能会思考自己能否通过改变现行的做法，从而减少医疗费用。如前所述，诸如浪费、欺诈和滥用等因素被认为是医疗成本上升的原因之一（Iglehart，2009 年）。另外，首席分析师估计，大约 70%～80%的外科手术包是用一次性材料制成的，这也是医疗成本高的因素之一。这意味着只有 20%～30%的手术室材料是可重复使用的。至少有十年的时间，关于其中的哪一种（可重复使用的或一次性的）对医疗保健机构来说成本较低，一直存在着争论。对该问题的综合分析如下：

温特黑文医院，佛罗里达州温特黑文

该机构的一项研究报道了手术室亚麻计划（O. R. linen program）的结果，即将一次性用品转换为可重复使用的产品，大大节省了成本，并且医生和工作人员对结果非常满意。按每个程序计算成本，可重复使用的产品的成本为 26.45 美元；相对于之前使用的一次性材料，价格为 37.21 美元。这一变化显示费用减少了近 30%（Branham，2006 年）。

仁慈医疗中心，加利福尼亚州萨克拉门托

这家位于加利福尼亚州的医疗机构每年可节省 6 万美元。这些结果是基于机构内的六个单位采用可重复使用的防流体渗透（fluidimpermeable）的手术服以及毛巾后的统计（ARTA，2005 年）。

美国外科医生报告

在一项关于可重复使用材料取代一次性用品的外科用纺织品的研究报告中，每年还节省了 12 万美元（Digiacomo 等，1992 年）。

克利夫兰诊所

克利夫兰诊所的一份报告称，通过使用可重复使用的手术服，每年可节省 28.7 万美元（Jordan，1990 年）。

英特蒙顿医疗保健系统，犹他州

该机构报道他们从一次性用品换成可重复使用的外科手术包，每年可节省 25 万美元（Hall，1994 年）。

3.6.3 成本分析明细

如表 3.4 所示，我们比较了可重复使用产品和一次性产品之间各种成本的组成，包括初始购买价格、清洗、包装制作和废物处理等费用。这种方式使我们在可重复使用产品和一次性产品之间可以进行比较。所列数字是根据与卫生保健部门各生产者和使用者的讨论而作出的估算。显然，根据所使用的产品，成本因素可能有所不同，但可以相信，所显示的相对成本/花费是比较客观的。如表所示，一次性手术产品的单次使用总成本为 4.90 美元，而通过采用可 50 次使用/清洗周期使用的可重复使用产品的单次使用总成本为 2.25 美元（ARTA，2005 年）。

表 3.4 可重复使用手术服和一次性手术服的成本比较（以美元计算）

产品类别	可重复使用手术服	一次性手术服
单次使用成本	1.20①	4.50
管理成本	0.15	0.15
洗涤	0.50	0
包装、灭菌	0.40	0
废物处理	0	0.25
单次使用总成本	2.25	4.90

① 基于 50 个处理和使用。

注：单件可重复使用的手术服的初始购买价约为 60.00 美元，单件一次性手术服的价格为 4.50 美元。

可重复使用的纺织品实现了额外的经济效益。一旦在超过 50 个周期，其阻水性能被改变，手术服和铺巾通常被拓展以用作其他用途。诸如手术服之类的产品可以由食品服务、家政服务或洗衣工人继续使用。这些情况对阻水性能的需求不高，并且工人可以根据需要将手术服达到一般覆盖的目的。同样的，不再具有阻水性的手术包和铺巾可以再循环用于诸如器械或机械罩之类的用途，或者根据需要，根据尺寸大小而用作防水油布。

多年来普遍认可的一种做法是在小切口或小孔上安装热密封片，这些小切口或小孔可能会由于长期使用而扩大。热封贴片和其应用设备可通过商业购买用于医疗机构。

3.6.4 浪费的隐性成本

美国环保署编制了一份包含许多环境费用项目的名册，其中很多项目被认为是“潜在隐藏项目”（见表 3.5）。大部分这些成本中通常不会被常规的会计系统纳入计算，并且可能无法计入与产品或流程相关的总费用中。这些潜在的“隐性成本”包括获得监管许可、最终土地整治要求和相关法律费用等成本。显然，产生浪费的产品组导致许多隐藏成本，并且比想象的要高得多（DeSimone 和 Popoff，2000 年）。

表 3.5 造成浪费的产品的隐性环境费用（部分清单）

· 申报	· 整治
· 监控	· 标识
· 检测	· 污染控制
· 记录保存	· 医疗监督
· 培训	· 废物管理

3.7 未来趋势

医疗保健部门是一个充满活力且不断增长的相互关联的全球活动群体。它们存在许多发展、行动和挑战，以下是当前考虑的一些关键方向。

3.7.1 舒适性研究

如前所述，舒适性评估代表了一个研究过程，可以为可重复使用的纺织品的性能特征增加认知和价值。改进舒适性和阻水性的产品，特别是 PPE，具有源源不断的需求。考虑到一些外科手术至少持续数小时，对更强透气性的高阻水性材料的需求提出了重大挑战和机遇。

3.7.2 改进性能的尿失禁材料

先前已经描述了用于解决患者失禁状况的衬垫技术。目前有一种可重复使用的衬垫正在开发中，它具有许多改良的特性（Shander 等，2009 年）。

新技术提高了为患者身体吸湿排汗的速度。此外，需要中间层具有更高吸收特性。并且此项新技术还提出了一种防潮层，该防潮层不仅是防流体渗透的，而且能够稳固衬垫的位置，防止在患者下面聚成一团。

据报道，上述所有特征结合性能特点，可使患者的长期护理更干燥、更舒适，以减少皮肤破损的情况（Shander 等，2009 年）。

3.7.3 抗菌技术

随着传染病的不断挑战，开发具有抗菌（A/M）性能的可重复使用的保健纺织品十分有必要。其中 A/M 技术如下：

N-卤氨基面整理剂（Williams 等，2006 年）；

生物活性材料（Edwards 等，2006 年）；

抗菌丙烯酸纤维（Lee 等，2006 年）；

铜浸渍抗菌纺织品（Borkow，2008 年）；

有机功能硅烷抗菌技术（Clarke 等，2006 年）。

之前的 A/M 产品清单代表了可用于研究的几种方法的广泛概述。上述分组不是对该问题的详尽概述，而是代表机构未来希望研究的许多方向，以用于将来可能的应用。

政府法规

应该指出的是，在美国，《联邦杀虫剂、杀真菌剂和灭鼠剂法》（EPA，FIFRA，2008 年）在 EPA 法规中广泛涵盖了 A/M 方法。类似的法规由世界各地的相关监管机构监督。因此，根据不同的产品类型，需要了解其对应的法规要求。

3.7.4 医疗保健洗衣认证委员会（HLAC 2010）

医疗保健洗衣认证委员会（HLAC）是一个相对较新的概念，其为可重复使用的医疗纺织行业提供了一个很有希望的新维度。HLAC 是近年来推出的一个非营利组织，旨在为医院、疗养院和其他医疗机构检查和认证处理医疗纺织品的洗衣店。

HLAC的责任是发布洗衣店处理医疗纺织品的严格标准，并提供自主检查和认证程序，以认可那些符合标准的洗衣店（Reino，2008年）。HLAC认证的洗衣店已经证明其是医疗机构可以与之合作的首选公司。HLAC认证表明，这些洗衣店的运营效率很高，而且这些员工都经过培训，能够高效地提供持续的卫生清洁医疗纺织品。

经过HLAC认证的洗衣店旨在帮助卫生保健机构应对预防血源性病原体、预防感染的挑战，以及促进高水平的患者护理和实现较好满意度的总体目标（HLAC，2010年）。

3.7.5 环境营销声明使用指南

作为对现行规则和指南的审查的一部分，美国联邦贸易委员会（FTC）已征求意见。具体而言，FTC正在审查环境营销声明的使用指南，也称为绿色指南（Clark，2007年）。虽然目前尚未制定规则和条例，但很可能将来会颁布一些法规。

就可重复使用和一次性材料的生产者提出的环保营销要求而言，整个行业都应对此潜在法规进行评估。美国联邦贸易委员会就此事提出了许多意见。一份答复（Zins，2008年）提到了布伦特兰联合国委员会及其可持续发展的定义。该定义强调"可持续发展是满足当前需求而不损害后代需求的"（Meadows，2007年）。在许多因素中，联邦贸易委员会敦促，布伦特兰委员会的定义应继续作为一个主要准则向前推进。

3.8 结论

本章追溯了无菌领域的起源，并讨论了纺织材料供应的需要，以满足人类目前在与疾病斗争中面临的挑战。此外，还讨论了法规要求、环境问题和控制医疗费用不断上升等其他关键因素。已经尝试说明可重复使用的医用纺织品如何克服所有这些问题，以及在21世纪实现可持续发展的必要性。

3.9 参考文献

American Association for Textile Chemists and Colorists，standard test method 42-2007，2007. Technical Manual，Water resistance：Impact penetration test. AATCC，Research Triangle Park（NC）.

American Association for Textile Chemists and Colorists，standard test method 127-2008，2008. Technical Manual，Water resistance：Hydrostatic pressure test. AATCC，Research Triangle Park（NC）.

American Reusable Textile Association（2005），Reusable textiles-Performance，cost，environment-The responsible solution. ARTA，Mission（KS）.

Association for the Advancement of Medical Instrumentation（2003），Liquid barrier performance and classification of protective apparel and drapes intended for use in healthcare facilities. American National Standard-ANSI/AAMI PB70：2003. AAMI，Arlington（VA）.

ASTM Standard E96/E96M-05，2005. Standard test method for water vapor transmission of materials. ASTM International，West Conshohocken（PA）.

ASTM standard F1670-07，2007. Standard test method for resistance of materials used in protective clothing to penetration by synthetic blood. ASTM International，West Conshohocken（PA）.

ASTM standard F1671-07，2007. Standard test method for resistance of materials used in protective clothing to penetration by blood-borne pathogens using phi-X174 bacteriophage penetration as a test system. ASTM International, West Conshohocken (PA).

Belkin N L (2000), The role of surgical gowns, drapes and masks in the generation of airborne particulates, *AORN J*, 72 (4), 678-680.

Borkow G (2008), Medical applications of copper impregnated antimicrobial textiles, Clemson University Medical Materials and Technology Conference, 26-27 March 2008, Greenville (SC).

Bostridge M (2008), *Florence Nightingale-The making of an icon*. Farrar, Strauss and Giroux, New York.

Branham J (2006), The journey to a reusable OR program at Winter Haven Hospital. The Insiders' Guide to Processing and Marketing Reusable Medical Textiles, Conference, 26-27 April 2006, Indianapolis, IN.

Clark D S (2007), Guide for the use of environmental marketing claims, Federal Trade Commission, 16 CFR Part 260, Federal Register, 72 (227), pp. 66091-66093.

Clarke D R, White W C and Monticellow R A (2006), An organofunctional silane microbe technology: A broad spectrum non-leaching antimicrobial for protection of medical goods and facilities, Clemson University Medical Textiles Conference, 21-22 March 2006, Greenville (SC).

Consumer Product Safety Commission (CPSC), Part 1610, Standard for the Flammability of Clothing Textiles, Commercial Standard (CS) 191-153.

Consumer Product Safety Commission (CPSC), 16 CFR, Standard for the Flammability of Children' s sleepwear, Parts 1615 and 1616.

Davis R (2008), Bed linen breakthrough-100% polyester, *Textile Rental*, 92 (3), 72-74.

DeSimone L D and Popoff F (2000), *Eco-efficiency: The business link to sustainable development*. The MIT Press, Cambridge (MA).

Digicomo J C, Odom J W, Ritota P C and Swan K G (1992), Cost containment in the operating room: Use of reusable vs. disposable clothing, *Am Surg*, 58 (10), 654-656.

Edwards J V and Goheen S C (2006), Performance of bioactive molecules on cotton and other textiles, *Res J Text Apparel*, 10 (4), 19-32.

EPA, CFR Part 60 (1995), Standards of performance for new stationary sources and emission guidelines for existing sources; Medical waste incinerators, proposed standards and guidelines, and notice of public hearings, 27 February 1995.

EPA, CFR Part 60 (1997), Standards of performance for new stationary sources and emission guidelines for existing sources: Hospital/medical/infectious waste incinerators: Final rule, 15 September 1997.

EPA (2008), Federal Insecticide, Fungicide and Rodenticide Act, as amended through P. L. 110-246, effective 22 May 2008. FDA, 21 CFR 807 (1977), Establishment, regulation and device listing for manufacturers of devices, premarket notifi cation: 510 (k), final rule, 23 August 1977.

Goldberg M S *et al*. (1995), Low birth weight and preterm births among infants born to women living near a municipal solid waste landfill site in Montreal, Quebec, *Environ Res*, 69 (1), 37-50.

Goldberg M S *et al*. (1999), Risks of developing cancer to living near a municipal solid waste landfill site in Montreal Canada, *Arch Environ Health*, 54 (4), 291-296.

Grady S M and Tabak J (2006), Biohazards: Humanity' s battle with infectious disease, Facts on File, Inc. , An Imprint of Info Base Publishers, New York.

Hall J (1994), Linen firms vie for OR business, *Hosp Purchas News*, 15 May, p. 1.

Harding A S (2000), Antibiotics and bypass surgery, in *Milestones in Health and Medicine*. Oryx Press, Phoenix (AZ), pp. 19, 48, 146, 232.

Hogan M A, Bowles D and White J E (2003), *Nursing Fundamentals: Reviews & Rationales*. Prentice Hall, Upper Saddle River (NJ).

Hood E (2003), Toward a new understanding of aging, *Environ Health Perspect*, 111 (14), A756-A759.

Hospital Laundry Accreditation Council. HLAC Fact Sheets. Available: www. hlacnet. org (accessed 28 February

2010).

Iglehart J K (2009), Finding money for healthcare reform-Rooting out waste, fraud and abuse, *N Engl J Med*, 361 (3), 229-231.

Jordan J (1990), Cleveland Clinic study projects huge savings following conversion to reusable surgical gowns, Laundry News, December, 1990, p. 10.

LandriganP, Garg A and Droler D B J (2003), Assessing the effects of endocrine disruptors in the National Children' s study, *Environ Health Perspect*, 111 (13), 1678-1682.

Lee J, Broughton R M, Liang J, Worley S D and Huang G S (2006), Antimicrobial acrylic fiber, *Res J Text Apparel*, 10 (4), 61-66.

Lesch J E (2007), *The First Miracle Drugs*. Oxford University Press, New York.

Levy E and Fischetti M (2003) *The New Killer Diseases*. Crown Publishers, New York, p. 55.

Lord J T (American Hospital Association), Sanders W H and Ulrich D A (U. S. Environmental Protection Agency) (1998), Memorandum of Understanding between the American Hospital Association and the U. S. Environmental Protection Agency, 24 June 1998.

McGrath K A (ed.) (1999), *World of Biology*. The Gale Group, Farmington Hills (MI), p. 332.

Meadows D (2007), ASTM standard breaks barriers to global sustainable development, ASTM International, Conshohocken (PA).

MIP Inc., Underpads, Available: www. mipinc. com (accessed 22 February 2010).

National Fire Protection Association (2005), NFPA 99: Standard for healthcare facilities, 2005 edition. NFPA, Quincy (MA), pp. 635-636.

OSHA, 29 CFR Part 1910. 1030, Occupational exposure to bloodborne pathogens; Final rule, 6 December 1991.

Palmer S R *et al.* (2005), Risk of congenital abnormalities after the opening of landfill sites, *Environ Health Perspect*, 13 (10), 1362-1365.

Paradee K (2004), Reusable incontinence products: A good start, Clemson University Medical Textile Conference, 24-25 March 2004, Greenville (SC).

Practice Greenhealth, Available: www. practicegreenhealth. org (accessed 23 June 2011).

Reino J (2008), Healthcare Laundry Accreditation Council, (HLAC), ARTA, The Insiders' Guide Ⅱ, Reusable Medical Textiles: The role of textiles and successful packroom operations Conference, 30 April to 1 May 2008 Durham (NC).

Rutala W A and Weber D J (2001), A review of single-use and reusable gowns and drapes in health care, *Infect Control Hosp Epidemiol*, 22 (4), 248-257.

Schmidt R (2000). *Simplified Life Cycle Assessment of Surgical Gowns*, (second draft), dk-Teknik Energy & Environment, Soeborg, Denmark.

Shander K, Stamas C and Larson J C (2009), 'Protecting what matters', White Paper (September), Encompass Group, LLC, McDonough, GA.

Spry C (2008), Understanding current steam sterilization recommendations and guidelines, *AORN J*, 88 (4), 537-550.

Tinker S J (2008), Surgical textiles-laundering: Balancing quality requirements and productivity needs, The Insiders' Guide Ⅱ, Reusable Medical Textiles and Successful Packroom Operations Conference. 30 April to 1 May 2008, Durham (NC).

U. S. Census Bureau, Statistical Abstract of the United States: 2009 (128th edition) Washington, DC 2008, p. 222.

Vrijhheide M (2000), Health effects of residence near waste landfill sites: A review of epidemiologic literature, *Environ Health Perspect*, 108 (S1), 101-112.

Williams J F, Suess J C, Cooper M M, Santiago J I, Chen T X, *et al.* (2006), Antimicrobial functionality of healthcare textiles: Current needs, options and characterizaion of N halamide based finishes, *Res J Text Apparel*, 10

(4), 1-12.

World Health Organization (WHO) (2006), The World Health Report: *Working Together For Health*, WHO, Geneva, Switzerland, pp. 1-5.

Zimmer C (2009), Fairview Medical Center, life cycle assessment: Disposable vs. reusable gowns, Presentation at the meeting of the American Reusable Textile Association board of directors, 29 October 2009, St. Paul, MN.

Zins H M (2006), Environment, cost and product issues related to reusable healthcare textiles, *Res J Text Apparel*, 10 (4), 73-80.

Zins H M (2008), Letter to Donald S. Clark, Concerning green guides regulatory review, 7 May 2008.

第 4 章

医用非织造材料和技术

J. R. Ajmeri，C. Joshi Ajmeri
印度 Sarvajanik 工程技术学院

摘要： 医用非织造材料（NMs）在满足用户要求和材料特性需求方面具有很多优势。由于它们优异的感染控制、无菌和高效性能，非织造材料保证了患者和医务人员的安全。更短的生产周期、更高的灵活性和多功能性以及更低的生产成本，是非织造材料在医学应用中普及的原因。在过去几年，干法成网法、熔喷法、纺粘法、水力缠结法、气流成网和梳理法、热黏合法、针刺法已成为重要的医疗用非织造材料的成形技术。本章将讨论医疗用非织造材料的关键问题、主要类型和技术、优势和局限性及整个产品系列包括伤口护理产品、医用纱布、填充物、手术服、手术帽、外科口罩、洞巾和敷料、衣服、尿失禁产品、女性卫生用品、尿布和湿巾等，医疗用非织造材料未来的创新推动点也将在本章讨论。

关键词： 非织造材料，纺粘非织造织物，熔喷非织造织物，水刺非织造织物，复合材料，一次性吸收产品，伤口护理产品，外科产品，失禁护理，女性卫生，尿布。

4.1 引言

非织造材料广泛用于医疗领域，在其他领域，也用于生物制剂的防护材料。在医疗领域的应用中非织造材料提供了众多优势以满足用户要求和材料特性的需求。例如，它们可以被设计为具有重要的安全防护性能，如预防感染和疾病。在现今的多重耐药细菌和病毒株蔓延的情况下，非织造材料可以有效地防止医疗或手术环境中的交叉污染和感染传播。这是因为它们只使用一次并在使用后会被焚烧，这避免了处理过程并将污染物的扩散降到最小。更短的生产周期、更高的灵活性和多功能性以及更低的生产成本，是非织造材料在医疗应用中普及的原因[1]。

在过去几年，干法成网法、熔喷法、纺粘法、水力缠结法、气流成网和梳理法、热黏合法、针刺法已成为医疗用非织造材料重要的成形技术。

在体外使用的大多数非织造产品是一次性的，一次性用品具有不需要灭菌或清洁再利用的优点。但也有一些可以在有限的一段时间内重复使用并提供一定的功能。在医疗应用中，有两个主要功能：第一，吸收从身体或感染区域渗出的液体；第二，通过施加压力来控制感染或出血区域[2]。

非织造材料也逐渐成为“智能”伤口护理产品设计的主要组成部分，其能够创造湿润的伤口愈合环境，具有可控的透气性、可吸水性和低皮肤附着力。

最近的非织造布领域的创新包括设计出新的三维（3D）生物组织工程支架，增强天然组织的可植入织物以及具有增强的粒子捕获特性的纳米纤维非织造过滤介质。鉴于欧洲新标准（EN 13795）的高要求，新的非织造材料也被开发出来，它们具有功能改进的表面处理剂，包括防水性、抗病毒性和细菌屏障性，可用于外科口罩、手术衣和洞巾等。

非织造布行业继续受到卫生产品和湿巾市场的推动，特别是在如美国、欧洲和日本等成熟市场。在发展中市场如印度、俄罗斯、中国或巴西等，认为此行业是一个有机会的市场，因为人口增长是当地市场发展的重要因素[3]。随着个人收入的增加，一次性用品如医疗和卫生用品消费肯定会增加。在未来，产品创新，特别是在不同材料的复合处理与不同技术相结合，将成为推动点。

本章将重点讨论医用非织造材料的关键问题、主要类型和技术、在医疗领域的优势和局限性，以及整个产品系列包括覆盖伤口护理产品、医用纱布、填料、手术服、手术帽、外科口罩、洞巾和敷料、衣服、尿失禁产品、女性卫生用品、尿布、湿巾等。

4.2 非织造布的关键问题

非织造材料的关键问题是：纤维组成，组装结构，来自纤维特性的网络性能，黏合类型（以化学或机械方式构成纤维网的完整性），整理（化学和/或机械处理完成纤维网的成形和黏合）；这些问题都可以对所得结构的吸水性造成影响。

4.2.1 纤维

实际上，每种天然和合成的纤维都已用于吸水性非织造结构中了。作为结构元素，纤维构成非织造布并对吸收特性有重要影响。发挥这种影响的主要纤维性能包括：聚合物类型、线密度（或旦）、纤维横截面形状、卷曲度、纤维表面处理和细微结构。聚合物类型，特别是亲水性或疏水性，会影响所得结构的固有吸水性能。与横截面积相关的纤维线密度（或旦）会影响空隙体积，毛细管尺寸和单位质量的毛细管总数。

4.2.2 纤维网络组装

纤维组装成网状物的方式对纤维网络特性具有深远的影响。纤维结构会对堆积、孔隙尺寸、毛细管尺寸、毛细管取向等产生影响；非织造结构的吸水性能对网络中纤维排布方式也很敏感。纤维网络形成也可以通过局部纤维的重排加强，赋予纤维集束，从而增强织物吸水能力。

4.2.3 纤维黏合

在非织造纤维网中需要一种黏合的方式以赋予网络机械完整性。黏合可以源于化学类、机械类或物理类的；在某些情况下，它是以上两类的组合。

许多非织造布是通过添加外源化学黏合剂而黏合的。后者的性质，特别是对纤维网化学品的施加方法对后期纤维网结构的吸水性有很大影响。这是因为大多数黏合剂材料是疏水性的，所以通常的净效应是吸水能力有所降低。在机械黏合中，纤维固有的特性通常不受影响；因此机械黏合对纤维的吸收性影响很小。但是，由于机械黏合，例如针刺法，导致纤维缠结可能产生两种效应：①缠结可能会限制结构膨胀的固有能力；②当受到外部压力影响时，织物可以变得更有弹性并且阻止塌陷。这些机械黏合的网络行为的变化可以对液体毛细吸收有显著影响。

4.2.4 纤维网络表面处理

在非织造工艺中，纤维一旦被组装成适当的结构，并通过选定的化学或物理方式黏合起来，纤维网通常就整理完成了。化学表面处理剂可以增强非织造材料结构的吸水性，通过改变纤维表面的润湿性能影响毛细吸收行为。

机械软化处理可能涉及纤维位移、纤维凸起并影响所得结构的吸水性。压花、压延和表面光滑处理和其他机械处理可用于改变纤维网性能和相关的吸水特性。纤维卷曲会影响纤维的充填系数和所得的织物体积，两者都可以影响非织造结构的吸水性[4]。

4.2.5 纤维表面处理

纤维表面处理是用来增强纤维在开松、混合并转化为纤维网的机械设备中的加工性能。因为表面处理剂是在纤维表面上的，后者通常是纤维上唯一遇到的液体部分，表面处理剂可严重影响润湿、液体毛细吸收性等其他性质，从而直接影响吸水性。进一步的形态特征，如表面粗糙度、芯核均一度等，可以在某种程度上影响吸水性能。除上述问题外，处理医疗废物的方法也是至关重要的，例如采用垃圾填埋而不是焚烧处理[5]。

4.2.6 性能要求

医用非织造布的主要设计特点是具有阻隔性、灭菌稳定性、空气和蒸汽渗透性或透气性和舒适性，以及强度高。高度专业化的医疗应用对非织造布的性能要求往往很复杂，需要优化许多不同的织物属性，例如：

拉伸性能：通常需要进行优化，由于身体运动而施加拉力到衣物上，在用作手术外衣时面料拉伸性能应该得到加强，而用在矫形绷带时，需要降低拉伸性能以方便撕扯。

织物透气性：影响舒适性，在伤口敷料应用时这一点是特别重要的，提高空气交换可防止过热，抑制细菌生长并有助于愈合。

面料的柔韧性：也会影响舒适性，并且在运用到伤口敷料、矫形绷带和覆盖身体的手术单时易于匹配肢体形状。

液体相互作用特性：如吸收性（或排斥性），毛细吸收和穿透性在许多最终用途中很重要。在伤口护理应用中，高吸水性以确保舒适性并且必须提供屏障防止细菌感染[6,7]。

吸收性消费品设计时使用最少的吸收剂保持特定的流体吸收量，并设计功能以满足结合吸收容量、吸收速率、舒适性和美观性的综合需求。这些正是尿布、卫生防护用品、衬垫和其他吸水性产品真正的设计要点。

最有效的产品需要提供以下这些功能：特殊而稳定的超吸收作用区域，固定该区域能够立即吸收渗出物，防止挤出液，减小吸收剂体积时减少液体渗出，包装、运输和消费者使用时保证产品完整性。

一次性吸收产品吸收芯的基本模型包括流体收集组件、分散层和保水组件。收集组件允许流体快速进入吸收结构。由于液体被捕获到了结构中这样可以减少渗液，并且会保持不在顶部长时间形成积水。如果流体积水，用户的任何移动都在身体和产品之间形成间隙并将造成潜在的泄漏。使用了超级吸水剂时，在没有与核心分离或成为一体的流体收集系统的情况下，吸收芯结构也不能以其理想的水平起作用。

这个吸收层问题已通过两种不同的方法解决。第一个是由宝洁公司（Procter&Gamble）商业化开发的，提供了目标区域较低密度的网络结构来实现此功能。第二种商业方法，由宝洁公司和金佰利（Kimberly-Clark）开发，在吸收芯顶部引入多层不同材料以达到收集功能。宝洁公司使用了自己开发的交联纤维素纤维来保持液体收集区在产品干湿状态下的高孔隙率。

吸收层的另一种变体通常称为“涌流层”，它通常由长卷曲纤维组成，这样可以提供有效的毛细吸收渠道，以实现为最终用户提供最大舒适度的目标，同时提高吸收能力，例如 DryWeb® 收集或涌流层就是通过空气黏合的非织造织物[8]。

第二功能组件是分散层。一种实现流体快速分散功能的方法即要么使结构更致密，提供小孔径从而增加毛细管压力，要么减少纤维本身孔隙孔径，或以上两者同时采用。为保水层提供最重要功能特性的材料大多数情况下是超级吸水剂。

医疗应用非织造材料的总体趋势是轻薄。轻薄可使整体舒适度提升，但也在保护性和质量方面存在一些问题。超级吸水性聚合物（SAP）颗粒通常为沙状，当它摩擦皮肤时并不舒服。此外，当接触到皮肤时它的湿态凝胶状也会产生不理想的触感。非常薄的吸收性产品并不总是保持对流体的亲密吸收，因此偶尔会产生泄漏问题。最近在市场上超吸收纤维（SAF）正在取代 SAP 颗粒，它可以减轻以上问题，例如沙状的皮肤摩擦触感或凝胶块状感。

手术室织物的设计和使用的主要问题是保护患者免受环境和医疗护理人员的污染，同时保证非侵入性操作设备的无菌性。

伤口护理管理是一项极其复杂的医疗操作，没有单一敷料可以满足所有可能性。成功的伤口敷料必须满足以下几个标准：

- 密封伤口并防止引入外部压力和能量损失；
- 去除多余的渗出物和有毒成分；
- 在伤口敷料界面保持高湿度；
- 提供隔热保温性能；
- 充当微生物隔离屏障；
- 不含微粒和有毒伤口污染物；
- 可拆卸，不会在换药时造成创伤[9]。

在卫生、医疗和擦拭用途中，非织造布的吸收性是最重要的性能[10]。

4.3 医用非织造布的主要类型及技术

在过去几年中，干法成网法、熔喷法、纺粘法、水力缠结法、气流成网法和梳理法、热黏合法、针刺法一直是医用非织造布成形很重要的技术[11,12]。其中纺粘（SB）仍然是这种最终用途的主要技术，几乎占医疗/外科市场消费面料的一半[13]。

4.3.1 水刺非织造布

机械黏合，作为一种整合纤维网中的纤维最古老的技术，通过缠结纤维赋予纤维网强度。两种最广泛使用的机械黏合方法是针刺和水刺。水刺非织造布是最有效的黏合工艺之一，因为它不会影响涉及的原材料的任何属性[14]。它采用高速射流用水冲击纤维网以混合纤维。水刺法市场上主要有两个技术供应商：德国的 Fleissner GmbH，是德国 Trutzschler GmbH & Co. KG 公司的子公司；在法国的立达（Rieter）Perfojet 公司，瑞士立达纺织系统的子公司。

水刺产品在全世界越来越受到关注[15]。医疗卫生领域对水刺缠结产品的需求日益增长，尤其是在亚洲，中国市场发挥着重要作用[16]。此产品具有高级织物（high fabric）的性能如松厚度、柔软度、悬垂性方面和拉伸强度[17,18]。

水刺法在一次性产品和手术室服装生产方面也越来越受欢迎。由水刺非织造布制成的产品包括湿巾、外科医生的手术衣、纱布、一次性防护服、膏药、海绵和绷带[19-21]。采用一次性热水可溶性 PVA 水刺织物的手术服、手术衣和手术洞巾也已开发出来[22]。

水刺技术的改进包括使用配备低压喷射的机器以节省能源，以及使用可混入木浆的机器以允许在纤维网的总幅宽上更均匀地传递能量。有了这些改进，擦拭巾就可以在世界各地广泛应用。25～50g/m^2 轻质非织造布渐渐成为了趋势 。这个趋势主要是由于生产线的不断演变。擦拭巾生产线的幅宽范围在 360～450cm 之间，擦拭巾或垫子等棉制品的幅宽范围在 180～260cm 之间。

水刺材料通常也不使用黏合剂或化学添加剂，其在高温下可进行灭菌[23]。采用水刺技术生产的擦拭巾是可以保证不起毛的，因为有人认为如果纤维是松散的将在喷射过程被冲走。宝洁公司已经有了将婴儿湿巾从气流成网转换为水刺法[24]。水刺布可用于女性卫生用品的顶层布，也可用作女性卫生用品的载体背面。这些面料广泛用于医疗的主要原因是它们相对较高的吸收能力。

现代化的设备可以生产高质量的非织造材料，其拥有多纤维数和低表面密度，可用于儿童尿布和女性卫生用品的顶部和分散层，也作为背部面的基础层[25]。耗水是水刺法的一个问题。Fleissner 估计平均每条擦拭布生产线的平均用水量为 100m^3/h，生产穿孔产品约 150m^3/h。没有反洗过程的话，整个回路中的水回收率处于 96%；有反洗过程的话，也只有 1%的水会流失。

4.3.2 纺粘非织造布

纺粘非织造布通常因其在低甚至非常低的基本质量下拥有良好的均匀性和机械性能而

受到赞赏，成为卫生用品的首选。今天纺粘非织造布通常是压光机压延的。然而，通过压延机黏合具有众所周知的缺点，例如缺乏蓬松性和柔软性，在熔化黏合时长丝的降解和黏合位点处的成膜及不渗透区域的形成导致的渗透性损失[26]。有时希望将纺粘纤维网与木浆层相结合起来以形成结实的吸水擦拭巾。内联机器配置涵盖两层和三层产品结构。在这种情况下，水刺缠结也是优选的黏合工艺以实现高机械性能以及蓬松性和柔软度。

4.3.3 纺粘和熔喷非织造布

自从纺粘（SB）和熔喷（MB）诞生以来，SB 和 MB 技术一直与一个特定的行业应用相关：卫生用品。由于市场稳定增长和婴儿护理、女性卫生、医药等一次性产品的进一步发展，SB 和 MB 面料的市场份额一直在增加。卫生用品将一直是 SB 和 MB 技术最重要的市场[27]。纺粘工艺是一种非织造制造技术，由此聚合物直接转化成无端长丝并随机堆积以形成非织造材料[28]。

SB 织物在尿布和尿失禁产品的覆盖层中的应用发展迅速[29]。这主要是因为 SB 织物的结构特征，其有助于保持使用者的皮肤干爽舒适。双组分 SB 用作内层透气织物具有光滑的表面，其柔软的触感可作为皮肤接触材料的理想选择。SB 织物易转换，被广泛用于卫生巾，并在卫生棉条中也有一定程度的应用。卫生产品市场上最畅销的尿片类产品是一种 $13g/m^2$ 的白色非织造布[30]。SB 技术赋予 CD 强度和可调节的透气性、抗流体渗透性、无绒毛结构、可消毒性和抗细菌渗透性，是一种符合市场标准要求且易于转换的经济高效的解决方案[31,32]。在卫生用品领域，由于织物单位面积质量小于 $20g/m^2$，SB 面料超越梳理性面料。近年来，SB 面料以越来越低的面密度销售，从 $17g/m^2$ 降至 $15g/m^2$，例如目前用于顶层织物的材料为 $13g/m^2$[33]。

伤口敷料的基础材料是 SB 非织造布主要应用领域之一，优选它的理由是其纺织性能和较高的耐磨性。它们可以赋予其高横向拉伸的属性，从而允许身体运动的自由。最近，水刺非织造布由于其柔软性和适应性的优点而在该领域中应用（拉伸力量最小部位）。

MB 非常重要的最终用途包括婴儿、成人和女性卫生和失禁产品[34,35]，以及一次性手术衣和手术洞巾市场和消毒包装部分[36]。

4.3.4 气流成网非织造布

据称，与其他传统非织造布相比，气流成网织物具有更高的吸收性和更快的液体转移（采集和分散）性能。气流成网产品的主要市场是吸收芯材料，可用于女性卫生、护理和失禁产品，以改善其性能并可用于制造更薄的产品[37-40]。

气流成网产品正被用于生产新型的婴儿尿布产品——游泳尿布。在游泳尿布中使用气流成网技术已经打开了训练裤的市场。在此基础上，气流成网技术的下一步应用是制备更小的尿布[41]。在卫生领域，气流成网法可控制材料的孔径。孔径尺寸越小，液体分布越好，重润性能和核心层适用性越好。较大的孔径赋予产品快速和高吸收性能，但液体分布较差，建议应用在收集层[42]。

4.3.5 热合非织造布

该过程涉及在纤维网上施加高温和压力，使用由加热的压纹金属辊和光滑面金属辊组成的压延辊生产非织造织物[43]。

热黏合非织造布和热风黏合非织造布用于生成尿布、卫生巾、内裤衬垫、乳垫、湿巾和手术服的顶层、底层、子层和收集分散层（ADL）。热黏合非织造织物广泛应用于制造一次性卫生产品。热黏合非织造织物面料由聚丙烯纤维（PP），人造丝和双组分 PE/PP 纤维制成。例如，在卫生和失禁产品中使用 10～30g/m^2 密度的 PP 覆盖物，其基于压延点黏合干法成网或 SB 成网，前者使用双组分纤维[44]。其他一次性用品包括通过空气黏合制备的短纤维擦拭巾，其密度在 25～150g/m^2 范围内，空气黏合的梳理擦拭巾面密度约为 100～250g/m^2。压延黏合用于将 SB、MB 和复合材料黏合到这些纤维网上，适用于众多医疗和卫生用途，包括手术服和手术洞巾[45,46]。

4.3.6 复合材料

具有吸引力的复合材料可以用气流成网/水刺法组合制成。例如，在水刺期间通过气流成网时输注棉浆粕使得生产出的织物具有与使用人造丝短纤维相当的吸收性，但成本更低。棉浆粕和纤维的典型混合比例为 50/50。一个好的应用案例就是婴儿用抹布采用气流成网棉浆粕与水刺线的融合。气流成网和水刺的复合材料降低了使用每千克原料的能源消耗，减少材料损失，可通过使用优化的过滤系统减少水消耗量以及实现生产线的可靠性和最低维护要求，这是水刺法结合气流成网法生产的决定性因素[47,48]。

现今主流的组合结构是：纺粘-熔喷-纺粘（SMS）或纺粘-熔喷-熔喷-纺粘（SMMS），纺粘-纺粘-熔喷-熔喷-纺粘（SSMMS），面密度范围为 10～25g/m^2，包含 1～5g/m^2 MB 的微纤维。在制备熔喷网时通过使用双组分 PP/PE 纤维，可以显著提高纤维的生产和性能。SMS 结构通常被认为是一种机械屏障，因为 MB 是一种微孔结构同时透气性好[49]。定量为 10～70g/m^2 的 SMS 产品具有最高保护水平，同时其柔软性和舒适性也得到了明显改善[50,51]。

SB 面料或与 SB 结合的超轻质 MB 面料，适用于尿布和卫生用品的覆盖物。商业化的 SB 生产线生产的 PP/PE 双组分材料可用于尿布顶片，值得注意的是，PP SB 面料细旦化趋势仍在继续，用于尿布的单丝线密度在 1.0～1.2den❶ 范围内。SB 层在机器和横向上均提供了高拉伸强度，而 MB 微纤维在其中极大地改善了视觉上的均匀性和液体阻隔性。顶片经过适当的亲水处理可结合高液体穿透性和尺寸小于 100μm 的 SAP 的有效保水性。将气流成网非织造工艺添加到 SB 技术中可以实现更复杂的产品：收集层与顶片整合；整合尿布核心与收集层或创建单层或 SB＋双组分技术[52]。

现在可以使用其他生产线处理 SB、SS、SSS、SMS 和 SMMS 等复合加工，PP 和其他合成聚合物的结构在成形速度上超过 500m/min，长丝单纤密度在 0.7～10den 范围内。从 SMS 到 SSMMMSS，这一系列产品都可以制造和应用于生产卫生用品如婴儿尿布，医疗产品如保护性口罩，一般用途产品如阻挡层。

棉芯非织造布（CCNs）

棉芯非织造布（CCNs）是热黏合层压板，由棉芯和外层 MB PP 和/或 SB PP 网组成。外层 MB 和 SB 的设计是用于有效地将液体从表面上输送到高吸收性的棉芯中。干燥

---

❶ 1den＝1g/9000m＝0.111111tex。

的表面和吸收芯使CCN非常适合用于尿布组成部分（收集层、芯、背衬）、女性卫生巾、婴儿湿巾、手术装备（手术衣、手术洞巾）、海绵和绷带。

弹性棉芯非织造织物

弹性非织造织物需在一个方向上具有伸长性，可以提供所需的舒适性和贴合性，可用于廉价的一次性尿布、防护服、口罩、绷带的松紧带及腰带[53]。

4.3.7 化学黏合非织造布

许多失禁产品是通过化学方法结合的。这些产品往往是基于梳理或气流成网的纤维网，需要高吸收率、高容量和一些柔性。超软级的苯乙烯-丁二烯或自交联丁基丙烯酸酯的使用可满足以上要求。

印花黏合的织物手感更柔软，而且更柔韧，这是由无黏结区域中游离纤维带来的。它们可用于手感好的纺织品，例如一次性的防护服、覆盖物和抹布[54,55]。

4.4 医用非织造材料在医学应用中的优势和局限性

4.4.1 优势

在满足用户要求和材料性能方面，医用非织造材料拥有众多优势。非织造布的两个特点使它们特别适用于作为吸收结构：一是吸收量高并能在单位质量内保存大量液体，二是从原材料转化到最终产品的成本低。在医疗和护理领域使用非织造布的优点：防止干湿接触、空气颗粒传播，完全符合欧盟标准EN 13795，可一次性使用（100%确定），可为手术室或特定操作设计定制，穿着舒适性最佳，质量轻且结实耐用，液体吸收性最佳，可进行空气、体热和湿气交换，阻隔性能优异，均一性、透气性、耐磨性和无绒毛、排斥性优异，可进行边缘自我黏附、无菌折叠，对等离子体、辐射或蒸汽灭菌稳定性可控。

除了具有皮肤的舒适性和相容性好的特点，医用非织造材料其他特殊性能还包括敷布表面无黏附性并有高吸收性。因为其特殊的纤维结构，血液和分泌物可被吸收到吸收垫上，这有助于使其成为干燥和渗液伤口的理想护理方法[56]。

因为消毒是外科敷料的主要问题，非织造布成了首选。非织造布可以是光滑的，并且在大多数情况下不起毛。这就可以保证碎片残留在伤口处的可能性更小。非织造布通过乳胶或热压延而变得更柔软和吸水性更强[57]。非织造布可以量身定制所有必需特性，如优异的阻隔性能、均匀性或透气性。

例如，用于伤口敷料的背衬和伤口垫的非织造织物的特性是该材料提供的特殊优势：它们易于加工，可透气，不黏附伤口，吸收性强，具有高比表面积并没有杂质，以及有易于调整的表面机制，可以用作优秀的敷料材料[58]。

SM SMS具有出色的阻隔性能并同时拥有良好的透气性以保持个人舒适性。这是液体阻隔性与足够的湿气穿透性之间的平衡所致。例如，病毒屏障手术衣可以防止纳米级范围内的病毒进入，因此使用了保护膜。在病毒屏障手术衣使用过程中透湿性是非常重要的；即水蒸气通过的速率。因此，通常它是一个三层结构：SMS、薄膜，然后再有一层SMS。薄膜是无孔的但有很高的亲水性，因此薄膜是透气的，水蒸气可以任意通过。

这类复合结构除了对许多液体（包括血液、其他体液、酒精、水等）提供有效的阻隔性能外，也具有优异的耐磨性和无绒毛特性[59]。由于其在感染控制、无菌性和效率方面的优越表现，这类复合结构保证了患者和医务人员的安全。

4.4.2 局限性

非织造布以其可丢弃性而闻名。非织造布行业以“一次性使用”一词而不是“可丢弃”产品的名号推销自己。资金是最大的问题，因为许多医院在洗衣设施上投入了大量资金，而洗衣设施并不允许使用一次性用品。

主要局限性包括：不可重复使用、阻力较小、悬垂性差，无法制成新的悬垂系统。传统的一次性用品，如卫生和医疗产品由于更受严格的环境法律制约而陷入了困境。不久将没有用来处理用过的一次性用品的垃圾填埋场。因此，一次性产品的大制造商正在努力寻找可生物降解的替代产品。责任心必须成为经济、社会和环境活动的关键问题。现代的擦拭巾不仅需要达到功能要求，也需要有可冲洗性，并尽可能快地降解。该行业正面临挑战；每个生产阶段，从纤维到整理阶段，必须对新的生产技术进行大量的再投资。这对于非常有前景的非织造布行业而言，这只是该领域的另一个挑战[60]。

4.5 非织造布在医学上的应用

非织造材料在医疗和外科方面非常重要，其在这些方面的应用范围和程度也反映了它的功能多样化。应用于医疗的非织造产品乍一看可能非常简单或复杂。然而，实际上，即使是最简单的抹布也需要深入研究以符合纺织品严格的性能规范[61]。

医用非织造织物包括洞巾和手术衣、无菌包、拭子（手术室使用和病房使用）和敷料。其中，手术服、洞巾和包布几乎占了三分之二。在产品分类上，外科非织造织物产品市场是规模最大、增长最快的细分市场[62]。由非织造材料制成的手术洞巾占据了整个手术洞巾市场 95%的份额。由非织造材料制成的手术衣已经占据了大约 90%的手术衣市场[63]。表 4.1 显示了非织造布在非植入医用纺织物中的应用[64-77]。

表 4.1 非织造布在非植入医用纺织物中的应用

产品应用	产品应用
伤口护理 • 吸水垫 • 伤口接触层 • 基材 绷带 • 简单的无弹性/弹性 • 轻型支撑 • 骨科 膏药 纱布	敷料 医疗 • 透皮给药 • 护罩 • 程序包 • 热敷袋 • 造口袋衬垫 • 培养箱床垫 • 固定胶带

4.5.1 伤口护理产品

非织造材料已广泛用作饰面，以及各种伤口敷料和手术垫的整个吸收垫[78]。多年来，水刺非织造材料广泛用于敷料、手术海绵、手术垫和类似的重要理疗产品中，越来越受到人们的关注。一种被广泛使用的水刺网织物，由70%的人造丝和30%的聚酯组成，定重约为70g/m^2。这种织物折叠成4层海绵，可以取代早期的16层编织纱布海绵，并具有相同的吸水性，且较少掉毛和有较柔软的手感。一种可吸水型热黏合非织造纤维网也已作为外科手术用海绵。

由亲水性、疏水性纤维混纺制成的针刺面料已用于敷料产品中起吸水作用。由甲壳素纤维制成的非织造织物可用作人造皮肤治疗烧伤的伤口[79,80]。由去端肽胶原丝制成的非织造织物也可用作烧伤伤口敷料。对于术后敷料，其有复杂的非织造结构，例如在吸收基底上的穿孔薄膜，聚合物/非织造布焊接层压和金属化非织造织物。

一种由再生胶原制成的非织造织物已被商业化用于伤口覆盖。为了制造藻酸盐非织造敷料，藻酸盐纤维被分离、梳理和分层，从而形成连续的非织造织物。在某些情况下，这种织物通过针刺来加强织物。纤维的缠结通过针刺将增加干湿织物的强度，因此，在使用和移除过程中，保持敷料整体性的概率增加。织物的纤维结构赋予纤维柔软度和舒适性。一个典型的10×10藻酸盐敷料含有10万个独立的纤维，每个纤维直径约15μm，如果将纤维端对端放置可延伸5公里。通过材料的高比表面积和织物的虹吸作用可增强对伤口流体的吸收作用。非织造布是体积非常大的低密度织物；典型的藻酸盐敷料含有大约90%的游离空隙。然而在凝胶化过程中，随着细丝膨胀至其原始直径的许多倍时，这些空隙会消失。纤维间空隙的填充增强了伤口液体的吸收。Sorbsan和Sorbalgon就是纤维相互之间不锁绕敷料的例子。Algisite M是重度针刺织物的一个例子。海藻酸盐敷料可吸收自身质量20倍的测试液。它们的吸收速度相比水胶体敷料更快，并能够配合二次敷料使用进一步提高吸收能力。与水胶体敷料相比较的研究表明，藻酸盐敷料在流体处理、凝胶阻塞、疼痛控制和愈合特性方面具有优越性[81-85]。

其他一些例子：Vilmed®非织造布伤口垫是热黏合的，Vilmed®用作伤口敷料背衬和石膏非织造织物条；Vilmed®胶带基片由湿式非织造布制成，多年来已成功应用于医用敷料行业并每天在临床中应用，例如用于固定敷料或管子；Vilmed®矫形铸造垫料，该垫料由不使用黏合剂的合成纤维制成。优异的拉伸性能可防止包扎时出现勒痕，透气性确保敷料下面有舒适的微环境。这些优良的特性为刚性敷料、支撑绷带、压缩绷带或夹板的衬垫提供了优势[86]。

4.5.2 医用纱布

采用水刺技术可生产具有成本竞争力的低密度的纱布产品，其中空结构是通过水刺选择的丝线网形成的，即纤维网采用了丝线网的结构。而且，只需要4层而不是6～16层制备非织造布纱布，同时也降低了成本[87]。商业上，水刺纱布料由70%人造黏胶丝和30%聚酯组成，可提供高吸收性和低绒毛性能。

4.5.3 敷料

敷料是一种高吸水性材料，用非织造织物覆盖以防止伤口粘连或纤维损失。非织造织物骨科缓冲垫用在石膏和压缩绷带下面，用于填充和提供舒适性。缓冲垫可以由聚氨酯泡沫、聚酯或 PP 纤维制成并含有天然或其他合成纤维。由黏胶纤维制成的非织造绷带采用轻针刺以保持蓬松度和柔软性[88]。同时也作为衬垫，非织造骨科缓冲垫必须柔软并且悬垂性好。绷带要保证能够被撕掉且绷带相互间可黏附。表面的黏合必须足够坚固以允许织物可由湿手指处理而不会形成绒毛。市场上可提供的交叉铺置的非织造织物黏合织物定重约为 $70g/m^2$，并由 6～12dtex 的填充纤维制成。它们是纤维黏合的材料或与丙烯酸树脂喷涂黏合。一个缓冲绷带材料的开发过程包括完全工程化的针刺结构，相比现有材料具有优越的缓冲性能。

表 4.2 描述了非织造材料在医疗保健/卫生医用纺织品领域的应用[89-94]，尽管一次性产品的使用引起了环境问题，但医院正越来越多地使用非织造材料。

表 4.2 非织造材料在医疗保健/卫生医用纺织品领域的应用

产品应用	产品应用
手术服 • 手术衣 • 手术帽 • 口罩 手术遮盖物 • 手术洞巾 • 手术铺巾 服装 • 防护服 个人护理/卫生 • 婴儿尿布 • 女性卫生巾	• 训练裤 • 化妆品去除垫 • 护理垫 • 鼻带 • 牙板黏合剂 • 一次性内衣 尿失禁尿布/尿片 • 遮盖面 • 吸水层 • 外层 服装/湿巾

4.5.4 手术服

一次性非织造织物手术服已被用来防止污染物颗粒释放进入空气，其对患者而言是可能的污染源。对符合必要标准可重复使用的手术服的需求，使可用于洁净室环境的织物技术得以应用。一次性非织造织物医用洞巾和手术服正在成为医疗保健专业人士的首选，因为他们认为一次性非织造织物优于可重复使用的材料。他们相信一次性非织造织物能够保护自己免受感染[95,96]。手术服由非织造织物和聚乙烯薄膜组成，单位面积的质量范围为 $30～45g/m^2$。

手术洞巾和手术服的一般要求包括液体排斥性和细菌阻隔性[97,98]、美观（包括顺应性、触感柔软性、舒适性）、强度、纤维束缚性能（起毛倾向和耐磨性）、阻燃性、静电安全性和毒性。对于手术洞巾，硬度是非常关键的，因为阻隔性可能受到患者舒适度要求或设备的影响。对于手术服，舒适度和硬度可能会影响排汗和运动。强度要求包括拉伸、撕裂、爆裂和抗穿刺性。不能出现掉毛，因为来自手术服或洞巾的颗粒可能会使伤口愈合过程复杂化。

非织造织物洞巾和手术衣在阻隔性能方面有四个等级的要求。以下是手术服使用的材料类型的例子。

1 级：SB 聚丙烯和水刺 PET/木纸浆——非常轻的材料，用于几乎不接触血液或体液的地方。

2 级：中等重量 SMS 和水刺 PET/木纸浆——由三层或多层构成，可提供舒适/透气的屏障。用于接触少量血液和体液的地方[99]。

3 级：重量级 SMS——由三层（或更多 SSMMMSS——七层）组成，提供更舒适/透气的屏障。用于接触中量血液和体液。

4 级：聚乙烯涂层——由 SMS 聚丙烯或水刺 PET/木纸浆材料制成，涂有聚乙烯。聚丙烯轻盈舒适，并对液体具有很强的屏障作用。用于接触大量血液和体液。

等离子体处理可以提供对血液和水的良好屏障，甚至可以提供对抗微生物的屏障，这使其成为更好的外科手术衣的表面处理方法[100]。抗生素和含氟化合物处理织物的方法可用于功能性手术服[101]。

4.5.5 手术帽

手术帽必须戴着舒适，即材料必须柔软，柔韧，透气，吸水，几乎不起毛，也可消毒，尽管帽子通常不消毒。非织造手术帽由纤维素纤维制成采用平行铺设或纺粘法工艺，面密度范围为 17～20g/m^2。

4.5.6 手术口罩

手术口罩所要求的特性需要更明确的界定。佩戴者期待有舒适性，即良好的贴合性，高透气性，柔软性，质量轻，与皮肤相容，同时能提供最好的过滤性能[102]。

一次性手术口罩有望避免 98% 的细菌接触到使用者，并且必须是防水的，因此使用了 SMS 结构。它包括一个非常细的中间层，其由超细玻璃纤维或合成微纤维覆盖在两侧，由丙烯酸黏合平行铺设或湿法铺设非织造布。纤维的直径在 1～10μm 之间，中间层的面密度定量在 10～100g/m^2 之间，这取决于纤维的制造方法、纤维网的结构、纤维网的横截面形状及其电荷。聚丙烯、聚苯乙烯、聚碳酸酯和其他聚合物纤维是超细玻璃纤维合适的替代品。表面过滤层由玻璃、聚酯、聚丙烯或聚碳酸酯的直径为 4μm 和 8μm 的微纤维组成。MB 织物可用于手术面罩过滤面。

4.5.7 洞巾和铺巾

在手术室，手术的成功是一系列因素的结合，为手术洞巾选择合适的材料就是其中之一。织物屏障和强度是手术洞巾的关键要求，但其他属性如悬垂性和是否掉毛也必须考虑进去以保护患者，同时不干扰手术过程[103]。水刺和纺粘成型复合材料都用于手术洞巾和铺巾。非织造布用作薄膜一面或两面的背衬材料时细菌是完全无法透过的，同时对身体的汗液和伤口分泌物均具有高吸收性。典型的隔离衣由单层 SB 基本罩或三层 SMS 织物组成，以增加阻隔性、柔软性和舒适性。

4.5.8 床单

一次性非织造布在医院中用作床单，以阻断感染传播的途径。除了急诊室和隔离病房，它们通常用于手术室，用作失禁床单，但很少用于床上用品[104]。

4.5.9 服装

服装产品，包括护理人员和患者佩戴的物品，除了舒适性和耐用性之外没有其他具体要求。在隔离病房和重症监护病房，穿着一次性防护服，以尽量减少交叉感染。可提供各种类型的非织造织物的各种设计作为男性和女性工作人员的头套。这些物品是由复合织物制成，由聚酯或聚丙烯纺粘增强组成纤维网。SMS 和湿法成网是主要的非织造类型，其使用在灭菌包装、实验室外套、夹克和工作服中。

4.5.10 失禁产品

一次性失禁产品会吸收并保护尿液和粪便不会发生渗漏，使用者的皮肤需保持干爽健康。用于失禁患者的产品有尿布和尿片两种形式，后者可用作床上用品。一次性尿布是一个复合制品，由内覆盖层（覆盖层）、吸收层和外层组成[105]。

覆盖层是一种通用材料，用于描述卫生产品结构中的几种非织造材料，面密度为 18～85g/m^2，其包括顶片、阻挡腿部袖口、背片、弹性片、紧固带及其连接部，ADL 和气流成网纸浆吸收芯材料[106]。它或者是用亲水整理剂处理的纵向聚酯纤维网，或是用来容纳和隐藏底层的纺粘聚丙烯非织造布材。实例包括覆盖尿布、卫生巾和成人失禁产品的吸收芯的面层材料[107,108]。采用亲水性聚丙烯纤维梳理后制成的热黏合非织造织物在面密度范围为 16～30g/m^2 时，能够保证流体快速通过，同时保持与皮肤表面的接触，保证其干爽舒适[109-112]。

婴儿尿布中用作顶片的非织造材料是 100% SB 或热黏合的聚丙烯[113]。由于其成本效益和其他独特的技术特性，梳理产品已被 SB 取代。聚合物和纤维成形技术的最新发展改善了纤维网柔软度并且可以降低质量[114]。目前的失禁垫有 SAP，这有助于减少侧漏，因此增加了干燥和舒适度。舒适度提升，灵活应用，储存和运输的成本降低，最终将使其朝着更薄的产品方向发展[115]。

4.5.11 布和纸巾

在这个便捷的时代，湿擦拭是非常重要的需求。在个人护理竞争市场，纸巾几乎可用于任何场合[116]。纸巾最明显的要求之一是快速吸收。

有三种基本的非织造技术正在帮助刺激纸巾类产品的增长。这些是气流成网、水刺和较小程度的 SB MB 层压面料。纸巾可由卫生纸或由聚丙烯水刺非织造织物制成，并混掺黏胶/人造丝，面密度范围在 30～70g/m^2 内，可浸抗菌表面处理剂[117]。

4.5.12 女性卫生巾

在女性卫生巾中，顶片织物比婴儿尿布上使用的覆盖物更轻薄。在制造吸收芯如 Oasis SAF®[118] 时，厂家越来越多地使用预制的气流成网浆粕织物来取代目前的气流成网木浆纤维芯。气流成网纸浆织物可以直接在转化生产线上使用，省去了庞大、嘈杂、多尘的纸浆板研磨操作[119]。

4.5.13 护垫

护垫是泌尿系统疾病患者护理的重要组成部分。底垫设计为超大尺寸，30in×36in，以保护大部分床面积，减少床上用品的更换和清洗费用。轻质干燥形式的人造丝顶片多年来一直是行业标准。SB 非织造织物顶片由聚合物制成，允许流体快速通过核心，从而确保舒适性，底面采用防滑和防水层固定方法从而防止护垫在床单上移动，并且不让任何液体溢出。还使用通过湿法工艺生产的轻质织物。在这种情况下，非织造织物通常由制成木浆和不同比例的短切聚酯纤维混合制成。胶乳印黏合通常用于这些结构[120]。

4.5.14 卫生棉条

现代卫生棉条（超过 90%）主要由纤维素吸收材料组成，是人造丝或棉花，或者是这些纤维的混合物，世界范围内，这种情况已持续了几十年。在非欧洲国家，一些其他吸收材料也引入到卫生棉条中，但一段时间后这些材料就消失了，而以纤维素为原料的卫生棉条却一直在市场上销售。

在大多数情况下，吸收芯被一层薄而光滑的非织造布或穿孔薄膜覆盖，有助于减少纤维的损失，并使棉条易于插入和移除。取出棉条所需的拉绳通常由棉或其他纤维制成，并且可以着色[121]。一种轻梳理双组分非织造布可被用作软覆盖物[122]。

4.5.15 组织工程

组织工程融合了细胞生物学、工程学、材料科学和外科学，利用活细胞、基质或支架制造新的有功能的组织。可吸收的纺粘法非织造布越来越多地被用于 3D 组织工程的基质，例如软骨细胞、内分泌细胞和补片覆盖受伤组织的较大区域。非织造布具有高孔隙率，允许细胞在体外和体内渗透和生长。为了构建一个舒适多孔的 3D 支架结构，具有软骨宏观结构特征的非织造材料，由长径比>1000∶1 的纤维或基于可吸收或不可再吸收的连续的合成和天然聚合物长丝制成。纤维或长丝组装成网状结构，其几何形状的特征是由填充密度、孔径分布和纤维组分的 x、y 和 z 取向决定的[123-125]。由石墨和聚四氟乙烯制成的非织造纤维垫可用于整形外科植入物以促进周围组织生长。

4.6 未来趋势

气流成网非织造织物生产商以及最终用品制造商在卫生产品市场面临的巨大挑战，是让消费者认识到更薄的非织造织物材料在吸水产品中的优点。这一目标在女性卫生产品里已经实现了，现在女性已经相信更薄的衬垫是可以吸收她们的月经流量的。目前，成人失禁产品和婴儿尿布市场挑战仍然存在，生产商需要证明更薄的气流成网核心实际上可以处理这类尿流量的。让各个国家的消费者正确理解一次性非织造布在医疗领域的应用很可能影响非织造布市场。在对非织造产品的医疗应用意识不强的国家，非织造产品将会经历低迷的市场发展，从而限制整体市场的增长。随着个人收入增加，一次性用品的消费，如医疗和卫生用品，肯定也会上升。一次性外用的女性卫生用品是现代生活方式的重要组成部分，在可预见的未来仍将如此。

由于医疗专业人员和医疗顾问的意识日益提高，以及许多欧洲市场拥有尚未开发的潜力，一次性产品正变得越来越普遍。患者、工作人员和护理人员的安全是这些非织造织物产品发展的首要因素。世界卫生组织（WHO）、欧洲疾病预防和控制中心（ECDC）、欧洲手术室护士协会（EORNA）和地方卫生当局在处理预防感染时会更强调严格的卫生操作流程。

创新和技术将使行业继续发现生产高性能产品的可持续性，以满足消费者的需求和越来越高的期望。随着纤维技术人员制造纤维状前体纤维网技能的提高，包括具有特定取向和纤维构型的复合材料，专门设计用于增强和控制吸收特性的工程纤维结构会逐渐成为可能。双组分可分裂或原纤化纤维、纳米技术和纤维改性技术在近年来的开发中也发挥了重要作用，以上技术许多会涉及到过滤和屏障技术。非纤维在用于过滤病毒和细菌的医疗纺织品中正变得非常流行。

4.7 其他信息资源

- EDANA，157AvenueEugènePlasky，B-1030 Brussels，Belgium
- Oerlikon Neumag，Zweigniederlassing der Oerlikon Textile GmbH&Co. KG Christianstraße168-170，D-24536Neumünster，德国。电话：+49 4321 305 0XX；传真：+49 4321 305 212
- Fleissner GmbH 2010，63329 Egelsbach，Germany
- Svetlogorsk PA Khimvolokno，Zavodskaya 5，247434，Svetlogorsk，Gomel reg，白俄罗斯共和国；电话：+375 2342 94865，传真：+375 2342 70270
- 特种纤维和材料有限公司，邮箱 111，101 Lockhurst Lane，考文垂 CV6 5RS，英国。电话：+44 (0) 2476 708200；传真：+44 (0) 2476 682737；电子邮件：enquiries@sfm-limited. com www. sfm-limited. com

4.8 参考文献

[1] Sayed U，Pratap M R and Rane Y N (2002). The use of textile fibres in the medical sector，*Asian Text J*，June，67-75.

[2] Kocak D，Akalin M，Usta I and Merdan N (2006). New approach to produce absorbent pads for new ends uses，in *Medical Textiles and Biomaterials for Healthcare*，ed. by Anand S C，Kennedy J F，Miraftab M and Rajendran S. Woodhead Publishing Ltd，Cambridge，pp. 320-326.

[3] Anon (2008). More than a partner for nonwovens development，*CustomerMagazine of Rieter Nonwovens Systems* No. 5，April，3.

[4] Gupta B S and Smith D K (2002). Nonwovens in absorbent materials，in *Absorbent Technology*，ed. by Chatterjee P K and Gupta B S. Elsevier Science，pp. 350-37.

[5] Anand S C (2006). Healthcare & hygiene products：An overview，in *Medical Textiles and Biomaterials for Healthcare*，ed. by Anand S C，KennedyJ F，MiraftabM and Rajendran S. Woodhead Publishing Ltd，Cambridge，pp. 75-79.

[6] Prescott BA，AnandS C，Richards A F and Halfpenny J R (2001) Cotton-blend nonwoven fabrics for medical use，*Text Asia*，January，45-48.

[7] Karthik T (2004). Barrier fabrics of spunbond speciality fibres formedical applications，*Synth fibres*，July-September，7-9.

[8] http：//www. libeltex. com.

[9] Hongu T，Phillips G O andTakigami M (2005). *Fibers in Medical Healthcare*，*New Millennium Fibers*，Woodhead Publishing Ltd，Cambridge，pp. 247-268.

[10] http：//www. lenzing. com/fe/media/LB-0842005042. pdf.

[11] http: //www. ciba. com/ind-pla-tex-app-hygiene __ medical.

[12] www. rieter. com.

[13] Rupp J, NonwovensFocus: Human-centeredApplications, http: //www. textileworld. com/Articles/2010/March/Issue.

[14] Anon (2006). ISOjetTM offering higher value, *The Customer Magazine of Rieter Nonwovens Systems*, No. 2. October, 3.

[15] Rupp J, SpunlacedOrHydroentangledNonwovens, www. textileworldasia. com/Articles/2008/October _ 2008.

[16] Wubbe E, Innovationsboostsspunlace, http: //www. nonwovens-industry. com/articles/2003/03.

[17] Rajendran S (2006). Infection control and barrier materials: An overview, in *MedicalTextiles and Biomaterials for Healthcare*, ed. by Anand S C, Kennedy J F, Miraftab M and Rajendran S. Woodhead Publishing Ltd, Cambridge, pp. 131-135.

[18] Rupp J, RecentDevelopments InSpunlacing, http: //www. textileworldasia. com/Articles/2010/May/April _ May _ June _ issue.

[19] Glawion E (2006). MB and SB systems for PET, *Man-Made Fiber Year Book* 2006, pp. 99-101.

[20] Non-woven machinery technical specifications-China Textile Machinery (Group) Co. , Ltd.

[21] Starr J R (2000). Nonwovens in hygiene and medical applications, *Nonwovens Industrial Textiles*, 3, 8-9.

[22] Anand S C and Brunnschweiler D (2007). Mechanical bonding, in *Handbook of Nonwovens*, ed. by Russell S J. Woodhead Publishing Ltd, Cambridge, pp. 201-297.

[23] Kamath M G, Atul D and Raghavendra R H, Spunlacwe (hydroentanglement), www. engr. utk. edu/mse/Textiles/Spunlace. htm.

[24] Anon (2006). Global Market Trends for Nonwovens, *Man-Made Fiber Year Book*, p. 108.

[25] http: //www. sohim. by.

[26] Anon (2006). SPUNjet®-ARietersolution for spunlaid nonwovens, *The Customer Magazine of Rieter Nonwovens Systems*, No. 2. October, 8.

[27] Geus H G (2008). Future of SB and MB technologies, *Chem Fiber Int*, 3, 133.

[28] www. reicofil. com.

[29] www. toray. com.

[30] Anon (2006). Fitesa successful with spunbond fabrics, *The Customer Magazine of Rieter Nonwovens Systems*, No. 2. October, 10-11.

[31] Bhat G S (2007). Polymer-laid web formation, *Handbook of Nonwovens*, ed. By Russell S J. Woodhead Publishing Ltd, Cambridge, pp. 143-200.

[32] Maggio I R and Guichon O (2001). A new spunbond technology for new products, *Nonwovens Industrial Textiles*, 3, 68-69.

[33] Anon (2008). In search of lower basis weight fabrics in spunbond, *The Customer Magazine of Rieter Nonwovens Systems*, No. 5, April, 8-9.

[34] Rupp J, Spunbond and Meltblown Nonwovens, Nonwovens/Technical Textiles, www. textileworld. com/Articles/2008.

[35] Expert Committee on Technical Textiles, Proceedings of a seminar on 'Technical textiles an emerging business opportunity', 25 February 2004, organized by the Manmade Weaving Industry Welfare & Relief Trust jointly with the Surat Art Silk Cloth Manufacturers Association, Surat, Gujarat, India, pp. 64-83.

[36] Madhavamoorthi P and Shetty G S (2005). *Manufacturing Technology forNonwovens*, Mahajan Publishers Pvt. Ltd, India, pp. 109-223.

[37] Brydon A G (2007). Dry-laid web formation, *Handbook of Nonwovens*, ed. by Russell S J. Woodhead Publishing Ltd, Cambridge, pp. 16-111.

[38] www. neumag. oerlikontextile. com.

[39] Bitz K (2001). Muchado about airlaids, http: //www. nonwovens-industry. com/articles/2001/10.

[40] Kadam S C, Nonwoven fabrics: raw materials, production processes/technologies, product applications, in

Proceedings of a National Seminar on ‘Nonwoven fabrics: raw materials, production technologies and applications’, organised by the Institution of Engineers (India), on 27-28 September 2005, Surat, India, pp. 40-59.

[41] Knowlson R (2001). Airlaid products investments in the future, http://www.nonwovens-industry.com/articles/2001/10/.

[42] www.rexcell.se.

[43] www.plastics-technology.com.

[44] Purdy A T (1983). Thermal Bonded fabrics, in *Developments in Non-Woven Fabrics*, The Textile Institute, 67-76.

[45] Pourmohammadi A (2007). Thermal bonding, in *Handbook of Nonwovens*, ed. ByRussell S J. Woodhead Publishing Ltd, Cambridge, pp. 298-329.

[46] Karve M, Technical textiles: an emerging business opportunity, in Proceedings of a National Seminar on ‘Nonwoven fabrics: raw materials, production technologies and applications’, organised by the Institution of Engineers (India), on 27-28 September 2005, Surat, India, pp. 25-39.

[47] Watzl A (2006). Spunlace/airlaid combination for cost saving in medical and hygiene nonwovens, Indian Text J, April, 69-72.

[48] Watzl A and Eisenacher J (2000). Spunlace process for cotton pads and otherproducts, *Nonwovens Ind Text*, 3, 16-18.

[49] Muhammad Kamran Iqbal, The applications of nonwovens in technical textiles, www.ptj.com.pk/Web-2009/12-09.

[50] www.avgol.com.

[51] www.ahlstrom.com.

[52] Anon (2000). Refenhäuser technologies for SB and MB nonwovens, *Chem Fibers Int*, 50, 169-171.

[53] Anon (2002). Cotton core nonwovens, *Asian Text J*, June, 23-24.

[54] Smith P A (2000). Technical fabric structures-Nonwovens fabrics, in *Handbook of Technical Textiles*, ed. by Horrocks A R and Anand S C. Woodhead Publishing Ltd, Cambridge, pp. 130-151.

[55] Chapman R A (2007). Chemical bonding, in *Handbook of Nonwovens*, ed. By Russell S J. Woodhead Publishing Ltd, Cambridge, pp. 330-367.

[56] Sakthivel S, Prakash S and Karthikeyan L (2010). Progressive nonwovens offer price-friendly option, ATA J Asia Text Apparel, Apr 2010 Issue, available: www.adsaleata.com.

[57] S. Adanur S (1995). Medical textiles, in Wellington Sears Handbook of Industrial Textiles, Technomic Publishing Company, Inc., USA, pp. 329-355.

[58] Ching Wen Lou *et al.* (2008). Properties evaluation of tencel/cotton nonwoven fabric coated with chitosan for wound dressing, Text Res J, 78 (3), 248-253, doi: 10.1177/004517507089747.

[59] http://www.mogulsb.com.

[60] Rupp J, Nonwovens: Challenges and trends, http://www.textileworld.com/Articles/2009/December/NW.

[61] Bealer Rodie J (2009). Innovations in the growing nonwoven medical textiles sectorincludenew products aimed at infection prevention, available: www.textileworld.com/Articles/2009/July/NWTT.

[62] Anon (2008). Study charts disposable medical applications, *Nonwoven Tech Text*, January-March 65.

[63] Anon, The evolving roles of nonwovens in technical textiles, http://goliath.ecnext.com/coms2/gi_0199-7723246.

[64] Sayed U, Pratap M R and Rane Y N (2002). The use of textile fibers in the medical sector, *Asian Text J*, June, 67-75.

[65] Miraftab M, Smart G, Kennedy J F, Knill C J, Mistry J and Groocock M R, Novel chitosan-alginate fibers for advanced wound dressings, in *Medical Textiles and Biomaterials for Healthcare*, ed. by Anand S C, Kennedy J F, Miraftab M And Rajendran S, Woodhead Publishing Ltd, Cambridge, pp. 37-49.

[66] Ajmeri C J and Ajmeri J R (2006). Application of nonwovens in healthcare and hygiene sector, in *Medical Textiles and Biomaterials for Healthcare*, ed. By Anand S C, Kennedy J F, Miraftab M and Rajendran S, Woodhead Publishing Ltd, Cambridge, pp. 80-89.

[67] http: //www. johnrstarr. com.

[68] Madhavamoorthi P and Shetty G S (2005). Fibers used for nonwovens, *Nonwoven*, India, Mahajan Publishers Pvt. Ltd, India, pp. 14-82.

[69] Lshanmugasundaram O L (2008). Applications of nonwovens in medical field, *Indian Text J*, September, pp. 99-104.

[70] Edward Menezes E (2008). Nonwovens, *Nonwoven Tech Text*, January-March, 33-38.

[71] Shishoo R (2001). Future developments in fibres, yarns and fabrics for technical applications, *Nonwovens Ind Text*, 3, 24-29.

[72] Singh S, Nonwoven fabrics: a business opportunity, in Proceedings of a National Seminar on 'Nonwoven fabrics: raw materials, production technologies and applications', organised by the Institution of Engineers, on 27-28 September 2005, Surat, India, pp. 1-12.

[73] Naik D V and Shah K C, An introduction to nonwoven fabric world, in Proceedings of a National Seminar on 'Nonwoven fabrics: raw materials, production technologies and applications', organized by the Institution of Engineers (India) on 27-28 September 2005, Surat, India, pp. 60-66.

[74] Bhat S and Mahale G (2000). Textiles in health & medical applications, *Man-made text India*, April, 185-189.

[75] Wilson A (2010). The formation of dry, wet, spunlaid and other types of nonwovens, in *Applications of Nonwovens in Technical Textiles*, ed. by Chapman RA. Woodhead Publishing Ltd, Cambridge, pp. 3-17.

[76] Bhat G and Parikh D V (2010), Biodegradable materials for nonwovens, in *Applications of Nonwovens in Technical Textiles*, ed. by Chapman R A. Woodhead Publishing Ltd, Cambridge, pp. 46-62.

[77] Ajmeri J R and Ajmeri C J (2010). Nonwoven personal hygiene materials and products, in *Applications of Nonwovens in Technical Textiles*, ed. by Chapman R A. Woodhead Publishing Ltd, Cambridge, pp. 85-102.

[78] Arun N (2002). Medical textiles: a unique agenda in medical network, *Synth fibres*, April-June, 14-16.

[79] Anandjiwala R D (2006). Role of advanced textile materials in healthcare, in *Medical Textiles and Biomaterials for Healthcare*, ed. by Anand S C, Kennedy J F, Miraftab M and Rajendran S. Woodhead Publishing Ltd, Cambridge, pp. 90-98.

[80] Ikada Y (1989). Bioabsorbable fibers for medical use, in *High Technology Fibers*, *Part B*, ed. by Lewin M and Preston J. Marcel Dekker, Inc. , New York, pp. 253-302.

[81] www. specialityfibres. com.

[82] Mathur M and Hira M A (2005). Speciality fibresIII: alginate fibre, *Man-made Text India*, August, 294-299.

[83] Sathivel J *et al*. (2006). Health and comfort fibres, Man-made text India, June, 217-221.

[84] Vijayaraaghavan N N and Gopalakrishnan D (2005). Alginate fibres, *Synth fibres*, October-December, 4-8.

[85] Niekraszewicz B and Niekraszewicz A (2009). The structure of alginate, chitin and chitosan fibres, in *Handbook of Textile Fibre Structure*, ed. by Eichhorn S J, Hearle J W S, Jaffe M and Kikutani T. Woodhead Publishing Ltd, Cambridge, pp. 266-306.

[86] http: //www. nonwovens-group. com.

[87] www. spuntech. com.

[88] Basu S K et al. Medical textiles: fibres, technology and products, in Proceedings of a National Seminar on 'Medical textiles: Production technologies and applications' organised by the Instituion of Engineers (India), October 2007, Surat, pp. 55-66.

[89] Arun N (2001). Technical textiles: Materials and methods of manufacture, Indian Text J, March, 15-24.

[90] Ajmeri J R and Ajmeri C J (2002). Special textiles for industry applications, Text Magazine, October, 70-72.

[91] Anand S C (2006). Implantable devices: an overview, in Medical Textiles and Biomaterials for Healthcare, ed. by Anand S C, Kennedy J F, Miraftab M and S Rajendran S. Woodhead Publishing Ltd, Cambridge, pp. 329-334.

[92] Rigby A J and Anand S C (2000). Medical Textiles, in *Handbook of Technical Textiles*, ed. by Horrocks A R and Anand S C. Woodhead Publishing Ltd, Cambridge, pp. 407-424.

[93] Teli M D, Functional textiles & apparels, in Proceedings of 9th International & 63rd All India Textile Conference 2008, 'Advantage India-Textiles & Apparels', organised by The Textile Association (India), 5-6 January 2008, A' bad, India, pp. 120-136.

[94] Jaipuria S, Medical textiles: Futures is nonwoven, in Proceedings of a National Seminar on 'Medical textiles: Production technologies and applications' organized by The Textile Association (India), October 2007, A' bad, India, pp. 14-24.

[95] http://www.inda.org/enduses/hlthbro/DrapesandGowns.html.

[96] Leaonas K K (2005). Microorganism protection, in Textiles for Protection, ed. by Scott R A, Woodhead Publishing Limited, Cambridge, 441-464.

[97] Huang W and Leonas K K (2000). Evaluating a one-bath process for imparting antimicrobial activity 7 repellency to nonwoven surgical gown fabrics, *Text Res J*, 70 (9), 774-782.

[98] Collier B J (2010). Nonwovens in specialist and consumer apparel, in Applications of Nonwovens in Technical Textiles, ed. by Chapman R A. Woodhead Publishing Limited, Cambridge, pp. 120-135.

[99] Fisher G (2006). Development trends in medical textiles, ATA J Asia Text Apparel, February. Available: www.adsaleata.com.

[100] Virk R K and Ramswamy G N (2004). Plasma and antimicrobial treatment of nonwoven fabrics for surgical gowns, *Text Res J*, 74 (12), 1073-1079.

[101] Jeong-Sook Cho and Gilsoo choo (1997). Effect of a dual function finish containing an antibiotic & a fluorochemical on the antimicrobial properties & blood repellency of surgical gown materials, *Text Res J*, 67 (12), 875-880.

[102] Ghosh S (2000). Medical Textiles, *Indian Text J*, March, 10-14.

[103] Rakshit A K and Hira M A (2000). Developments in healthcare textiles, *Man-made text India*, January, 21-25.

[104] Fahrbach E *et al*. (1985) Properties and end uses of nonwoven bonded fabrics, in *Non-woven Bonded Fabrics*, ed. by Lünenschloss J and Albrecht W. Ellis HorwoodLtd Chichester, pp. 393-463.

[105] Kung Hwa Hong, Soo Chang Kim and Tae Jin Kang (2005). Effect of abrasion and absorbed water on the handle of nonwovens for disposable diapers, *Text Res J*, 75 (7), 544-550. doi: 10.1177/0040517505053856.

[106] www.nsc.fr.

[107] www.edana.org.

[108] Malik A (2001). Polymers and fibres in disposable medical products, *Asian Text J*, January, 36-40.

[109] www.curabody.com.

[110] http://www.sandler.de.

[111] http://www.albisnw.com.

[112] www.bbanonwovens.se.

[113] www.fiberweb.com.

[114] http://www.generalnonwovens.com.

[115] Chatterjee P K (2002). Products and technology perspective, in *Absorbent Technology*, ed. by Chatterjee P K and Gupta B S, Elsevier Science, London, pp. 448-475.

[116] Bennett S, Kelly D, Kaziska A, Chandler M and Eaton C, Wipes: they are not just for babies anymore, www.nonwovens-industry.com/wipes/2010/04.

[117] www.fibervisions-a-s.

[118] www.techabsorbents.com.

[119] http://www.nonwoven.co.uk/reports/NTC%202002%20contents.html.

[120] http://www.premierenterprises.in/hygiene-products.html.

[121] http：//www. ahpma. co. uk.

[122] Katzer K (2002). Polyethylene polymers for hygiene market, *Asian Text J* , June, 30-34.

[123] Minns R J, Russell S, Young S, Bibb R and Moliter P (2006). Repair of articular cartilage defects using 3-dimensional tissue engineering textile architectures, in *Medical Textiles and Biomaterials for Healthcare* , ed. By Anand S C, Kennedy J F, Miraftab M and Rajendran S. Woodhead Publishing Ltd, Cambridge, pp. 335-341.

[124] Gellynck K, Verdonk P, Almqvist F, Van Nimmen E, De Bakker D *et al*. (2006). A spider silk supportive matrix used for cartilage regeneration, in *Medical Textiles and Biomaterials for Healthcare* , ed. by Anand S C, Kennedy J F, Miraftab M, and Rajendran S. Woodhead Publishing Ltd, Cambridge, pp. 350-354.

[125] Edwards S L, Russell S J, Ingham E, Mathews J B and Mitchell W, Nonwoven scaffolds of improved design for the tissue engineering of the anterior cruciate ligament, in *Medical Textiles and Biomaterials for Healthcare* , ed by Anand S C, Kennedy J F, Miraftab M and Rajendran S. Woodhead Publishing Ltd, Cambridge, pp. 355-365.

第 5 章

植入物和再生医学用纺织品

M. Doser，H. Planck
德国邓肯多夫国家纺织和纤维研究所

摘要：本章着重概述了作为植入物和再生医学用的纺织品。详细介绍了基于纺织结构的最相关的医疗器械，例如疝修补网、植入用人造血管、软骨再生、神经再生和肝脏再生等。本章也讨论了不同结构和材料的优点，并阐述了当前医疗器械发展的趋势与监管要求。

关键词：纺织植入物，再生医学，人造血管，疝修补网。

5.1 引言

自从人类学会制造工具以来，纤维和纺织品已经被用于医疗用途，并主要在伤口护理中应用，如缝合线和伤口敷料。然而，纺织结构被用作永久性植入物的情况并不多见。近年来，再生医学为许多传统疗法带来了革命性的变化，而纺织品已经在再生医学这一新领域得到关注，成为一种令人感兴趣的材料。目前，人们对植入用纺织品的关注度不够，这是很不合理的，因为从许多方面来看，纺织品显然比金属等更适合用作植入物。人体中充满着纤维（主要是结缔组织内的胶原蛋白，肌肉、肌腱和神经也具有纤维性），细胞承载着这些结构，而刚性的金属块通常很难融入到这些组织中。

本章将更深入地探讨用于植入物以及再生医学这一新兴领域的纤维结构。在再生医学中，纺织品主要用作细胞载体材料，有时也用作组织再生过程中的导入材料。并且介绍了在获得适宜的纤维以及对其改性以满足医疗用途方面所涉及的问题。另外我们也介绍了一般的监管要求：与使用纺织品的其他技术领域（例如纤维增强材料）相比，这些要求是完全不同的。

5.2 用作植入物的纺织品

5.2.1 优势、应用领域与材料

与金属和陶瓷等常用于接骨术和牙科学的材料相比，除了伤口护理材料（伤口敷料、缝合线，详见第 2 章）之外，植入用途的医疗纺织器械数量很少，而且其应用也经常被忽视，仅主要用于疝气和血管修复。表 5.1 作出了总结。

表 5.1 植入式纺织品医疗器械的主要应用

应用	植入物
腹壁、疝	网格、贴片
血管	管状假体（机织、针织、非织造织物）、支架、支架涂层
硬脑膜	贴片（非织造织物）
心脏	贴片、咬合器、瓣膜缝合环
接骨术	纤维增强器械、固定绳
肌腱/韧带	加固（装置）
气管、食管	人造血管

纺织品的主要优势是其机械性能、柔韧性、弹性，以及可选择的器械设计和结构（如孔隙率）其可以在很大范围内进行调整，特别是在更换或加固软组织方面。这些特性可以通过调整不同的参数来实现：具有不同直径（从大约 1nm 到大于 100μm）和形状（圆形、三叶形、星形）的纤维；具有某些特定的降解特征或具有不可降解性的纤维；它们的强度可以根据要求进行调整；并且即使是非弹性聚合物，如采用纹理化等特殊处理后，也可以具有一定的弹性。纺织品的黏合（力）进一步影响了重要的医学参数：纺织结构可以具有像网眼或编织物一样的大开孔，或者可以像纸状非织造织物一样非常致密。在需要纺织品具有高弹性时，针织结构可能是首选，而机织织物通常几乎没有弹性。即使是具有高强度和刚度的纤维增强材料也已被开发用于接骨术，但只有少数材料进入市场。然而，聚合物材料已经用于低承重区域，例如颅骨上部［如由可再吸收的聚-L,D-乳酸（PLDLA）制成的螺钉和钢板］或作为脊髓中的融合器［聚醚醚酮（PEEK）］。因此，纤维增强器械的广泛使用只是时间问题：因为它们更轻，而且与金属器械相比，它们的弹性模量更适合于骨骼。研究表明，低模量的聚合物器械可以刺激骨细胞并促进骨愈合。由于性质和结构的巨大可调性，在未来，纺织植入物的使用一定会更加普及。

20 世纪中期，合成高分子材料的发展和生产总量促进了纺织品作为植入物的使用。长期以来，外科医生与医疗器械公司使用的聚合物和器械通常是很容易从其他消费品和技术应用中获得的，如用于服装的聚酯（聚对苯二甲酸乙二醇酯，PET）和尼龙（聚酰胺，PA），或用于科技领域的聚丙烯（PP）。最新的进展是寻求对可吸收聚合物进行修饰，或者合成新的聚合物，使其性能适应医学应用或具有更好的生物相容性。这些调整包括细胞黏附性（或非黏附性）、降解行为、功能性和整体生物相容性。

5.2.2 疝修补网：应用、产品、发展趋势

疝修补网（hernia meshes）是世界上最常用的纺织植入物；每年有100多万例接受疝修补网植入手术的病例。疝气经常发生，主要以穿透腹壁的器官和组织的形式出现，但这些突起也可能发生在身体的其他部位。这不仅会造成疼痛，而且会导致肠道等穿透性器官存在受伤的风险。这样的机械应力至少会引发炎症。缺口的修补非常重要，也是最常见的外科手术之一：美国每年有100多万例手术，德国每年有25万多例。

过去，缺口通常是通过缝合来进行闭合的，这仍然是一种常见的治疗方法。用修补网"无张力修复"是一种相对较新的治疗方法，能够缩短恢复时间。20世纪50年代，第一个疝修补网得到使用。这些网片是由聚对苯二甲酸乙二醇酯（PET）复丝（如Mersilene®，Ethicon公司）制成，但在20世纪60年代，聚丙烯（PP）单丝成为网片材料；这些仍然是目前最常用的材料。有研究表明，PET的强度会随着时间推移而降低[>10年（Riepe等，1997年）]，但疝修补网的强度可能不需要维持这么长时间，因此PET网片仍然是可用的。

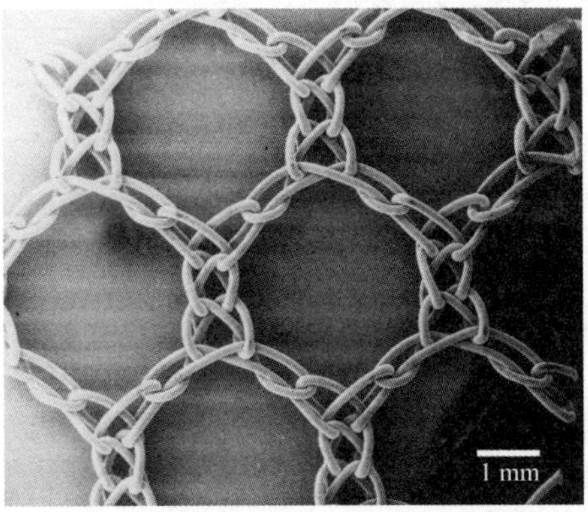

图5.1 疝修补网片的典型经编结构

大部分疝修补网是经编的，使其具有一定弹性，也可以被切割到所需的尺寸（图5.1）。作多孔膜材料的膨化聚四氟乙烯（e-PTFE）或者聚偏二氟乙烯（PVDF，DynaMesh®）也被用于网片材料/贴片（patch），因为它们能够减少疝修补术中腹壁粘连这一潜在的并发症，然而这些材料弹性较低，也无法固定到需要修补的组织上，这便会导致较高的复发率。

发展趋势

虽然疝修补网是一种成熟且广泛使用的医疗器械，但植入后会出现一些问题：最主要的是炎症和慢性疼痛后瘢痕组织的形成（Bay-Nielsen等，2001年）。因此，为克服这些障碍，随之开发了新材料和新装置。除了不可吸收的修补网外，一些可降解或部分可降解的产品也进入了市场，例如聚乙醇酸网（DEXON网®，Covidien）或含有50% PGA和50% PP的网片（Vypro II，Ethicon）。可吸收网格被认为可以减少副作用，如疼痛或瘘管形成。

人们认为造成疼痛的一个主要原因是使用夹子进行固定，因而开发了自固定式网。典型的例子是由法国SOFRADIM公司开发的ParietexProGrip™网，它是一种低质量（40g/m^2）单丝聚丙烯（PP）针织物，其中包含可吸收的聚乳酸（PLA）微钩（Chastan，2006年；Hollinsky等，2009年）。也有人假设，长丝间距>1mm的高孔隙率可以减少炎症反应（Mühl等，2007年）。DynaMesh pp-light®（FEG纺织技术）和Optilene® Mesh Elastic（B. Braun）属于这种类型的网片，其孔隙在0.1～3.6mm之间。

最近的一个应用是利用小的纺织网条带以治疗女性尿失禁。通过微创手术将无张力阴道胶带（TVT）植入物固定在尿道下方。据报道，治愈率超过80%（Nilsson等，2008年）。进一步，强生等公司的TVT-secure产品缩小了网片尺寸，且优化了操作步骤。

另一方面，典型疝网的发展趋势尚不清楚。自固定是一个明显的趋势，而对其他性能的要求则各有不同：可吸收特性、最佳孔径和纤维直径、防粘连需求、标准或微创手术步骤等。这些问题仍在研究中。采用化学气相沉积法（TiMesh®，医用钛烤瓷）对网片进行钛涂层处理表面改性是一种新的表面改性方法。因此，将钛材料的良好生物相容性与纺织结构的机械特性优势相结合，可减少异物反应和炎症引起的副作用。另一个受到较少关注的有趣方面是典型的腹壁弹性的恢复。

5.2.3 人造血管：应用、产品、发展趋势

人造血管是第二最重要的植入用纺织器械。这些装置主要被插入现有的动脉中。血管壁的退行性病变通常会导致动脉粥样硬化，造成血管增厚、弹性降低，最终导致血管狭窄甚至闭塞。最常见的病例是冠状动脉狭窄，因为它们的旁路原生动脉血管（主要是腿部静脉）仍然是首选。众所周知，小直径人造冠状动脉（直径＜6mm）是无效的：机体的异物反应会在很短的时间内造成人造血管的阻塞。目前，已经开发了一些策略来克服这一问题，如特定的纺织结构（Moghe 等，2008 年），血管涂层具有强疏水表面或抑制凝血物质，但它们在冠状动脉区域不是非常有效。另外，疏水性 PTFE 的人造血管也可在外周血管置换中使用，如股动脉旁路术（如 Goretex® 人造血管或 B. Braun 的 VascuGraft® PTFE）。

纺织人造血管通常用于直径大于 6mm 的血管替换。最常见的是用于腹主动脉瘤（abdominal aortic aneurysm，简称 AAA），它是一种主动脉凸起，靠近两条髂动脉分叉处，通向腿部。主动脉的其他部分也会受到影响，如主动脉弓。AAA 是由血管壁舒张力变弱引起的，常见于老年人（＞60 岁）。这种疾病通常没有症状，但可能引起主动脉破裂，发生大量内出血而在几分钟内死亡（Upchurch 等，2006 年）。据估计，全世界有 450 万人患有腹主动脉瘤；在美国，每年大约有 15000 人死于 AAA 破裂。动脉瘤易于超声检测；根据动脉瘤的大小，可以考虑用人造血管进行修复。

发展史

1952 年，美国首先提出使用纺织人造血管的概念，这种方法的适用性在动物实验中得到了证实。随后，Voorhees 的团队成功地用缝合成管状结构的纺织物置换了 17 例腹主动脉瘤（Blakemore 和 Voorhees，1954 年）。他们使用的是一种以 PVC 纤维为基材（聚氯乙烯）的布料 Vinyon，但 PVC 不适合长期植入，因为增加纤维柔韧性的增塑剂是有毒的，并会从材料中渗出。之后使用的聚酰胺（如尼龙）也不合适，因为这类聚合物会随着时间降解并导致泄漏。现在最常用的材料是聚对苯二甲酸乙二醇酯（PET），这要感谢著名的心脏外科医生 Michael DeBakey，他首先尝试了这种材料的应用（DeBakey 等，1958 年）。PET 具有良好的血液相容性和生物相容性，因此目前仍在使用。在这种情况下，与上述疝网相比，经年累月的轻微肌力下降就不那么重要了，但仍是一个主要问题。

因此，与上述疝修补网相比，经久使用强度轻微降低影响不大，但如果伴随整个人造血管的扩张，便仍是一个主要问题（Diéval 等，2008 年）。最早使用的 PET 纤维是杜邦公司的标准材质，商标是 Dacron®，现在不管这些材料是不是杜邦公司的，很多外科医生仍然称这些人造动脉（arterial prosthesis）为涤纶假体（dacron prosthesis），由于人造血管经植入后会在患者体内停留终身，原材料和加工材料的采购过程存在诸多不确定因素，

而大多数国家的法律只追究最终设备制造商的责任，对于使用人造血管，研发人员和制造商会担心承担法律责任。

生产工艺

人造血管是多丝纱线（multifilament yarns，多股纱线，复丝纱）经编或机织而成；常规的纬编（weft knitting）具有解体的风险，已不再使用。人造血管经编织、成型并缝合于导管上。目前，以窄织机为基础的专用机器可以生产管状纺织品；提花织机甚至允许直接制造分叉假体。编织人造血管密度大、孔隙率低、弹性低，但断裂强度大；因此，它们主要用于主动脉弓等高压区域或凝血系统紊乱的患者。重要的是，编织管的两端固定，以避免在吻合口（该处为假体缝合到原生血管的地方）的纺织结构解聚。通过使用变形纱线（texturised yarns），可以获得具有更高孔隙率的更柔韧的编织假体。但大多数人造血管是经编制作的。这种织物结构更稳定且不易解体。与纬编织物相比，其柔韧性略低，但远高于机织织物。这些性质非常适合人造血管的性能，因为径向弹性血管壁支持着血液运输的心脏通过，即 Windkessel 效应。管状结构也可以直接在双针拉舍尔机床上生产，甚至可以生产分叉结构。该技术还可以生产双丝绒，进一步提高材料的生物相容性，因为其能够通过成纤维细胞从周围组织穿透而促进人造血管与新生内膜内壁的固定性（Guidoin 等，1983 年）。此外，在编织血管中，可以集成一个黑色的纱带作为导丝，防止血管植入时发生扭曲变形。在下一步，任何涂饰，如用于纺丝，必须用溶剂萃取法除去。缩小经编结构的孔隙率可以采用高收缩纱沸水处理来实现。人造血管的径向稳定性最后通过在加热条件下将其打褶在一根波浪杆上固定，从而最终成型（图 5.2）。

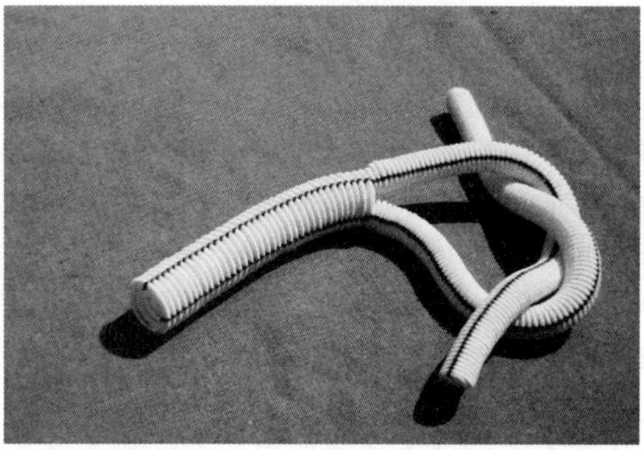

图 5.2 典型经编 PET 分叉人造血管

如果纺织物结构中的气孔不被暂时封闭，那么它们将会造成出血的隐患。气孔通常是将人造血管浸泡在血液中，发生凝结而封闭的。另外，如今大多数假体表面都涂有一种凝胶，通常为明胶。在这两种情况下，随着时间的推移，封闭气孔的材料会被机体降解，而被血液中沉积的蛋白质所替代，形成新生内膜或假内膜。这种褶皱结构会引起血流扰动而进一步促进沉积。遗憾的是，人造血管不是由内皮细胞再生的：血管的天然内层，即血管内膜可以避免血栓的形成和硬化。只有离吻合口大约 1cm 的地方能够重新植入内皮细胞。

发展趋势

在过去的 50 年中，人造血管展示了良好的依从性，但手术过程存在一些使手术失败和患者死亡的风险，这主要与动脉瘤的长度、原生血管和血管瘤内的肾动脉病变有关（综述在 Tallarita 等，2011 年）。因此，替代产品仍在开发中，其中最有前途和最先进的是支架型人造血管，它是在 20 世纪 90 年代中后期开发的。典型的支架是由钢或镍钛诺（一种钛和镍的形状记忆合金）制成的金属管状网格或编织物，通常被扩张成闭合的冠状动脉以保持其畅通。支架的未闭合结构经涂层处理后，即称为支架型人造血管。在腹主动脉瘤中的支架型人造血管可以避免开腹。支架型人造血管可以通过导管经股动脉经皮微创技术导入，这一过程称为血管内动脉瘤修复（EVAR；Greenhalgh 和 Powell，2008 年）。胸主动脉瘤也可以移植血管支架，但是要从胸腔的侧面进入。支架的两个分支通常是分别从两条腿引入，并在动脉内合并。作为一种人造动脉，支架可以避免动脉瘤破裂的风险。涂层替代了动脉壁。它可以是高分子膜、薄膜或纺织品。例如，戈尔公司使用了 ePTFE，这种材料已经用于制造小直径人造血管；最近还开发了另一种肝素激活的假体（具有 PROPATEN 生物活性表面的 GORE® VIABAHN® 内假体）。C. R. Bard（Flair™）也使用 PTFE 作为支架型人造血管，而 Medtronic（Valiant™）、Cook（Zenith®）、Lombard Medical（Aorfix®）、Jotec（E®-vita）等公司则使用 PET 纺织结构作为支架的涂层。如果动脉瘤中包含肾动脉这样的主要侧血管，那么 EVAR 是不适用的。

另一种使人造血管更具血液相容性的案例是在人造血管的内表面植入内皮细胞，以重建血管的天然内层（Seifalian 等，2002 年；Buttemeyer 等，2003 年）。这些细胞可以防止凝血和血栓的形成，但似乎很难将它们长时间地固定在人造血管表面。一种新方法避免了预先置入人造血管，但试图从血流中捕获内皮细胞（Avci-Adali 等，2008 年）。新的研究也试图抑制细菌的生长，因为术中感染仍然是一个普遍的问题，这会导致植入物上的生物膜持续存在。Maquet（Intergard Silver®）和 B. Braun（Silver Graft®）已将人造血管引入市场，它们采用表面镀银处理以降低细菌存活率。当再生医学开始显示出潜力时（5.3 节），人们在实验室反应器中进行了有趣的实验以培养完整的血管（L'Heureux 等，1993 年），但这些再生长的血管仅在少数临床研究中让患者使用。

其他血液接触型设备

与 AAA 型人造血管相比，其他纺织材料用于血液接触性植入的应用就不那么重要了：非织造织物贴片通常用于一种动脉内膜切除术的操作中，以防止因斑块堵塞颈动脉而导致的中风，但这种操作也非常危险。用于人造血管的经编 PET 也可用于机械心脏瓣膜，有时也用于 ePTFE。它覆盖了瓣膜的环形边框，需要通过将纺织结构缝合到周围组织以固定瓣膜。全球范围内一些团队正在开发一种完全基于纺织结构的心脏瓣膜，用于经皮植入（Heim 等，2010 年）或组织工程（见 5.3.6 节）。此外，还有一些尝试用可吸收编织纤维代替金属支架。市场上的第一个可吸收支架（自 2007 年以来）是由日本京都医疗计划公司制造的 Igaki-Tamai® 支架。它是由缓慢降解的聚乳酸（PLLA）制成的，以便在支架降解之前将其整合到血管壁中。这避免了支架降解碎片引起的栓塞。在外围的多孔翘曲网也被用来加固移植的血管（如 ProVena®，B. Braun）。

5.2.4 其他

植入式纺织物还有很多其他用途，但不像疝网或人造血管那样重要。非织造织物在不同器官中用作代替物：例如，它们取代了硬脑膜，硬脑膜是包裹大脑的最外层膜。在神经外科手术中，硬膜替代物被用来避免脑脊液的泄漏，并促进手术后的愈合。来自病理学或动物来源的天然硬脑膜仍在使用（Durepair®、Medtronic®或 Lyoplant®、B. Braun），但在极少数情况下可能会引起感染，因此目前首选合成材料，如 B. Braun 的 Neuro-Patch®，由纯化的聚酯型聚氨酯制成。非织造织物也可用作脱脂棉在脆弱组织中来支持的医用缝合线，并且可以是不可吸收的（如 PTFE）或可吸收的（如聚酰亚胺 910）。

支架不仅用于稳定血管，而且还用于大多数管状器官，使它们在受伤或手术后保持张开状态。在所有这些治疗中，均使用聚合物可吸收和非可吸收编织单丝。典型的应用是喉部和气管支架，如 Polyflex® 食道和气道支架（Boston Scientific 公司）、胆道和肠内支架。作者的实验室已成功地开发了这些应用的可吸收支架（Wolters 等，2010 年；图 5.3）。

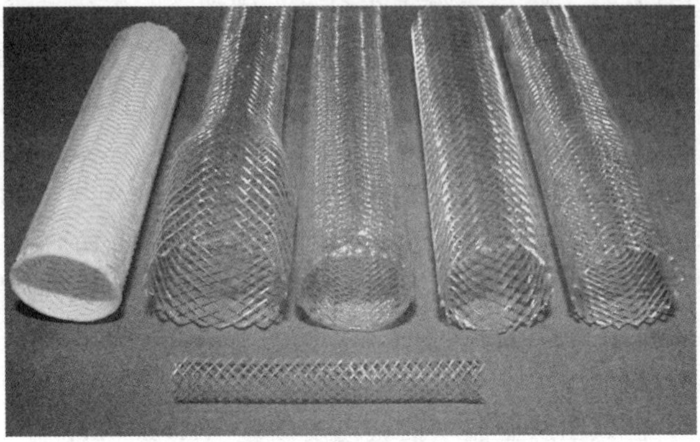

图 5.3 应用于胆道和肠内的可吸收支架

最后，在接骨和肌腱修复这一重要领域，可吸收的编织带或窄机织物，如聚二噁烷酮（PDO）制成的织物，有时可用于固定骨头的某一特定位置，或在愈合过程中加固肌腱或韧带。

5.2.5 规章制度

以纺织品为基础的植入物是一种医疗设备，其使用受到全球监管：在将这些设备推向市场之前，它们必须得到多个机构的批准，包括 FDA 和欧洲的一个公告机构（a notified body）。各国的规定略有不同，也可能取决于预期用途，而这些用途必须精准定义与说明。至少，该设备的安全性和功能性需要被确证，但临床研究不需要像药物那样需要大量样本。然而，为了获得认证，需要把一个完整的文档提交给监管机构，包括预期的应用领域、历史的发展、风险分析、质量管理记录、设备的规格和如何跟踪和保证、体内外试验结果、临床数据，以及与现有相似设备的对比。必要的质量管理应符合 ISO 13485，该标准将通用的 ISO 9000 质量管理标准分配给医疗器械制造商（ISO 13485，2003 年）。当前的版本描述了质量管理的过程与不同的职责。一个重要的过程是新设备的开发。因此，建议在产品开发之初就考虑该标准，以便将批准医疗设备所需的一切都记录在案。

具有药物输送或细胞植入等作用的功能化医疗设备可能会被单独考虑。在这些情况下，如果将该设备视为一种组合产品或药物，获得认证将困难得多。

5.3 再生医学用纺织品

5.3.1 再生医学概述

再生医学是医学科学中最有前途的研究领域：虽然目前受损组织或器官的功能可以利用人工设备恢复，但对这些组织修复的未来预期是其可以诱导和/或引导机体本身的再生过程来恢复或建立组织的正常功能。麻省理工学院提出了利用可吸收纤维作为载体，在体外培养细胞并将其重新移植入体内的最初想法（Vacanti 等，1988 年；Mikos 等，1993 年；Langer 和 Vacanti，1993 年），被称为“组织工程”。尽管在过去的 20 年里，全世界都在共同努力将这项技术应用到几乎每一个器官或组织中，但到目前为止，结果是令人失望的。活体组织的复杂调控已经被很好地阐释，因此一个主要的问题仍然是工程组织与体内现有环境的整合和连接。因此，该方法在“再生医学”术语下得到了延伸。如今的大多数治疗方法都试图引导身体内部的再生，而不是在实验室里建立整个组织。这种方法并不一定需要细胞：根据要再生的组织，生物材料、细胞和/或信号分子（介质）可能被用于不同的组合。因此，很难确定哪种治疗方法可以称为再生医学。在最近的一份出版物中，据统计，在 1988～2010 年期间，仅接受 FDA 或 EMA 批准的细胞疗法治疗的患者即达 32.3 万（Mason 和 Manzotti，2010 年）。考虑到所有可以在再生医学术语下总结的治疗方法，这个数字将扩大到数百万。

5.3.2 材料、结构、细胞和介质

材料和结构

当科学家开始设计用于移植的三维组织时，他们使用的非织造织物是由可吸收缝合线制成，主要是聚乙二醇酸（PGA）和聚乳酸 910（PLGA，一种 90%聚乙二醇酸和 10%乳酸的共聚物）。该缝合材料是可行的，并被批准用于医疗应用。纤维具有必要的强度，并且降解得很快。这是很重要的，因为细胞将在短时间内产生自己的细胞基质，而载体材料应在新基质形成时降解。

同时，使用的材料也很广泛。理想的降解时间可以根据组织/功能进行调整：在软骨修复中，短时间的降解可能更合适，而在骨中，生物材料应该持续 6 个月以上，在肝脏支持系统中，则不必降解。同样有趣的是，材料的宏观与微观结构。整个器械的孔隙率可能是至关重要的：在软骨中，孔隙中的单个细胞可以产生基质，而在生物人工肝中，细胞必须具有彼此紧密结合并形成集群的能力，这就需要很高的孔隙度。细胞可以被包裹在较大的孔隙中，也可以被黏附在膜、纤维或珠子等材料的表面。多种技术可以用来在组织工程的支架中形成孔隙（Mikos 和 Temenoff，2000 年）。另一方面，细胞主要识别的范围是不超过 1μm 的微小结构。此外，表面的物理化学性质也是存在影响的。大多数用于纤维生产的合成聚合物具有一定的疏水性，而细胞更喜欢亲水表面，因为它们不能直接与这些材料结合，而是首先在材料表面沉积基质蛋白，如胶原蛋白。这些蛋白质可能被材料的强疏水表面改性或变性。为了克服这些问题，人们采用了不同的策略，例如，用亲水组分涂层处理，甚至共价结合基质的信号分子。应该注意的是，组织是非常动态的。亲水表面允许基质和细胞的可逆附着，从而利于正常组织的形成。因此，越来越多的天然材料被考虑用于组织工程，如基于蛋白（胶原蛋白、纤维蛋白）或基于碳水化合物（海藻酸盐、壳聚糖等）的凝胶。选择主要取决于待使用的组织/器官。因此，每一种应用都必须设计一种非常具体的材料。近年来，为了满足再生组织的需要，开发了许多特别的聚合物。表 5.2 概述了组织工程中使用的结构、应用领域以及使用的聚合物种类。

表 5.2 再生医学中使用的生物材料结构

结构、加工	应用	聚合物
凝胶（水凝胶）	基质模拟、凝胶、药物输送、止血剂、敷料、植入物	胶原蛋白、明胶、海藻酸盐、透明质酸、纤维蛋白、琼脂糖、硅胶、PEG、PVA、pHEMA
微球、珠子	高细胞密度悬浮液（纺锤体培养）、低温保存	聚苯乙烯、玻璃、右旋糖酐、胶原蛋白
箔、膜、泡沫	细胞载体、组织分离（骨、皮肤）、伤口护理	PS、PP、PMMA、PSU、PUR、PTFE、PLA、HA、透明质酸、硅酮
毛细管膜	透析、血浆分离、免疫隔离	纤维素、PSU、硅胶、PAN、PLA
非织造织物	止血剂、细胞载体、敷料	PUR、PES、纤维蛋白、PLA 等可吸收聚合物
其他纺织品（编织品、梭织品、针织品）	血管和韧带假体、疝气	PET、PTFE、PGA、PLA、PP 等

细胞

在组织工程中，可以实现从患者体内分离出特定的细胞，在实验室进行增殖，植入支架，然后带回受伤的组织。虽然有些细胞可以在培养中增殖（如皮肤成纤维细胞和角化细胞），但大多数细胞是高度分化的，无法在体外繁殖（如源于肝脏的肝细胞，软骨的软骨细胞）。在这些情况下，开发了不同的策略：一些细胞可以在去分化后增殖（如在软骨中），异种细胞可能被使用（如在肝脏或胰腺中），或直到最近才考虑使用干细胞。有可能获得自体干细胞，让它们增殖，然后分化成所需的细胞类型，但并不是所有的分化过程都被充分了解。就像血管中描述的那样，也有可能通过信号分子吸引这些细胞（Avci-Adali，2008 年）。然而，再生医学的许多方法并不使用分离的细胞，而是试图用特定的材料和信号分子刺激和控制体内的再生过程。

信号分子

越来越多的分子被证实可以辅助细胞之间的信息交换；这些信号分子通常被称为介质或细胞因子。生长因子刺激增殖（如表皮生长因子 EGF；神经生长因子 NGF；成纤维细胞生长因子 FGF；以及胰岛素样生长因子 IGF）。这些因子也负责分化成高度特异性的细胞。例如，FGF 和 IGF 以及 TGF-超家族（转化生长因子）参与干细胞向软骨细胞分化。再生的一个关键因素是血管生成，因为新形成的组织必须与血流相连。FGF 和 VEGF（血管内皮生长因子）是刺激血管生长的重要因子。甚至有些气体也有信号功能，如一氧化氮和一氧化碳。再生医学的一大挑战是在设备中包含这些信号分子，并在正确的时间将其传递到预定的位置。

5.3.3 软骨：闭合的三维缺损

软骨是由胶原蛋白组成的组织，主要由Ⅱ型胶原蛋白和黏多糖（GAGs）组成，它是无血管相连且无神经的。营养和氧气只能通过像关节滑膜这样的周围液体扩散而来。软骨主要由水（约 70%）和产生这种基质的少量软骨细胞组成。三种类型的软骨的区别在于：弹性软骨（额外的弹性蛋白，如耳朵的一部分耳郭），透明软骨（主要是覆盖在骨头和在喉、气管、支气管上的关节软骨）和纤维软骨（也包含纤维组织，主要见于椎间盘环）。

在损伤或退化的情况下，软骨的再生能力非常低。从治疗的角度来看，最有趣的领域是关节，主要是膝盖：据估计，有2700万美国人受到了骨关节炎引起的软骨退化的影响。如果关节出现故障，通常会用人造设备替换：仅在美国，2015年就可能有200万个膝盖和髋骨被替换。

如今，软骨细胞很容易从活检中分离出来并在实验室中增殖。这一阶段细胞去分化为成纤维细胞，产生主要由Ⅰ型胶原组成的不同基质，这不适合较大的关节缺损。因此，将这些细胞重新分化为软骨细胞，并在细胞移植后尽可能长时间地保持这种状态，这是组织工程领域的一大挑战。为了实现这一目标，以及使细胞种植在三维的缺损中而得以再生，过去已经开发了不同的基质材料。组织工程学的最初想法之一就是使用可吸收的非织造织物材料来实现这个目的（Langer和Vacanti，1993年）。材料的降解特性必须与软骨细胞形成新基质的行为相匹配。由于细胞形成基质的速度非常快，许多实验室使用聚乙醇酸（PGA），其可在几周内降解。作者实验室利用熔融纺丝制备出孔隙率约97%、厚度2.5mm的PGA纤维非织造织物圆盘，将其与猪软骨细胞植入多孔板中，在细胞培养条件下培养10周。由图5.4显示，在这些非织造织物支架中，细胞保持其圆形，这是分化软骨细胞的典型特征。这些支架的研究结果是矛盾的：一些实验室在获得典型的软骨样基质时出现了问题，进而改用凝胶基质，但这些材料的稳定性和电阻较低。另一方面，市场上也有基于非织造织物的产品，它们声称已经在许多患者身上取得了成功的案例（例如BioTissue的BioSeed®-C）。未来，这两种基质也许可以联合使用。

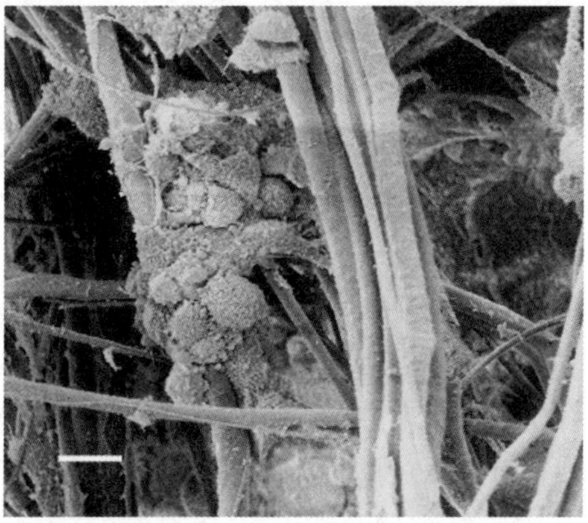

图5.4 PGA支架软骨细胞

5.3.4 神经：引导组织再生

周围神经在损伤后不能再生出更大的间隙。与其他组织相比，被切断的神经不能重新连接；例如，控制手指的神经必须从切口重新生长到目标肌肉。瘢痕组织的形成和引导结构的缺失阻碍了轴突的生长。因此，自体神经移植通常用于这种供体部位成功率和发病率有限的情况。神经导管（如Integra公司的胶原蛋白管NeuraGen®；Polyganics的己内酯-DL-丙交酯嵌段共聚物Neurolac®；Arthrex的PVA凝胶Hydrosheath™；Synovis MCA的一种编织PGA管NeuroTube™）可供选择。最近对发表的大约300名患者的数据进行了综述（Schlosshauer等，2007年），总结了非可吸收设备常常由于晚期压迫症状而失效，而可吸收设备的效果更好。合成聚合物的酸性降解产物可能会刺激新形成的神经，而胶原蛋白的降解则不易调节。为了避免这些问题，我们课题组合成了基于三亚甲基碳酸酯和ε-己内酯的嵌段共聚物。通过相转化技术，用这些聚合物制备了直径为1mm的中空纤维膜（神经导管）。这些管状可吸收神经导管，植入Schwann细胞，能够在体内再生更大的2cm间隙的神经（Sinis等，2005年）。

实际上，Schwann细胞（SCs）重组形成纵向Büngner带，其作用是引导轴突重新生长。笔者课题组用带有纵向微槽的长丝（filaments）来模拟这些条带，这些长丝是用星形

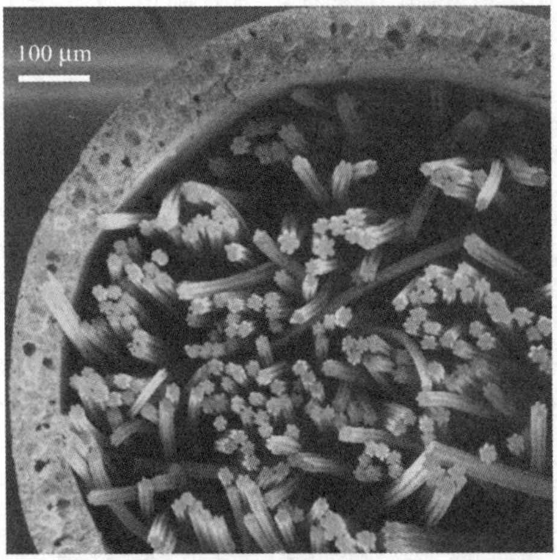

图 5.5　具有集成纤维和微槽的管状神经导管

喷嘴熔融纺丝产生的。这些长丝被整合到上述神经管中（图 5.5）；它们表现出良好的生物相容性和 Schwann 细胞的定向附着性（Ribeiro-Resende 等，2009 年）。蚕丝纤维也取得了良好的效果。因此，分离的长丝似乎是一种很好的引导组织再生的材料。甚至植入干细胞的 PGA 非织造织物也被用于脊髓的再生（Vacanti 等，2001 年）。

5.3.5　肝脏：代谢活性生物杂交器官

对于急性肝功能衰竭的患者来说，最好的治疗方法是肝移植，但是由于供体器官的短缺，大多数患者不能在合理的时间内接受移植。因此，第一批在纤维支架中移植到动物体内的细胞是肝细胞也就不足为奇了（Vacanti 等，1988 年）。如今，人们普遍认为，生物人工肝支持系统（BALs）对这些患者来说就足够了：它们能够暂时为患者的血液进行解毒，直到肝脏再生或移植器官发挥正常功能。过去有一些概念被提出：在洛杉矶接受 Demetriou 治疗的患者最多，疗效有限（Demetriou 等，2004 年）。他们将肝细胞接种在珠子的表面，以便更好地储存（冷冻保存），随后把这些珠子放进一个 BAL 里。接着，患者的血浆泵经活性炭柱和氧合器，最后经过 BAL 使血浆和细胞被中空纤维膜分离。一个主要的障碍是细胞的来源：人肝细胞在体外不增殖。为了安全起见，Demetriou 最初使用了在一个特殊农场培育的动物来源的猪细胞避免动物疾病的传播。但是猪的代谢活动与人类肝脏活动不同，不可能完全避免猪肝细胞引起的免疫排斥反应。因此，目前的研究集中在使用成人干细胞。我们实验室开发的 BAL 中，基于聚氨酯纤维制成的熔喷非织造织物（Linti 等，2002 年），通过干细胞和肝细胞共培养技术进行干细胞分化肝细胞方面具有可期的结果。事实上，可吸收的非织造织物似乎可以提供一个良好的干细胞微环境使细胞进行分化（Li 等，2010 年）。

5.3.6　其他

几乎所有的器官或组织都有进行再生疗法的可能。从经济上讲，到目前为止，对受伤/骨折的治疗是最重要的外科手术，但在这个领域几乎没有使用纺织结构。这是由骨骼所承受的高负荷造成的：因此，大多数用于骨合成的材料都是金属，有时是陶瓷。尽管如此，在某些领域纺织设备是适用的：纤维增强设备和大骨缺损再生。例如，由 Icotec 公司生产的骨科植入物是由碳纤维加固的 PEEK 在一种称为复合流动模塑（CFM）的工艺中生产，最近才得到引入使用。纤维材料用于大骨缺损的再生仍处于开发阶段。与通常使用的泡沫塑料和陶瓷相比，纺织结构可能允许更大的孔隙，从而使血管向内生长，但可能缺乏必要的强度。

纺织结构，主要是非织造织物，几乎适合充当任何类型细胞的支架，但其孔隙率、刚性和降解特性必须根据不同器官进行调整。除了那些已经描述过的，在这些组织中，血管再生可能是与纺织结构关系最密切的。如前所述，有潜力在实验室反应器中培养完整的血管的实验（L'Heureux 等，1993 年）：这项技术已经得到改进，只使用培养的成纤维细胞薄片即可形成小直径的血管。美国细胞移植组织工程（Cytograft Tissue Engineering）公司正试图将这项技术推向市场，第一批患者已经成功地得到治疗。电纺技术生产的非织造织物产生了有趣的实验结果（参见第 4 章）：这个过程形成了纳米级的极细纤维，不仅适合纤维组织（Mauck 等，2009 年），也可能适合接种内皮细胞，从而形成促使细胞自然生长的经典弹性膜。材料经表面修饰后，甚至可使细胞附着在原本疏水的表面上，并模拟天然基质，如 RGD 肽——基质蛋白纤连蛋白中能被细胞识别而附着的三种氨基酸（精氨酸、甘氨酸和天冬氨酸）组成的序列。

5.3.7 法规要求

再生疗法的法规比植入物的法规要复杂得多。以审批程序划分，它可能是医疗设备（如支持皮肤再生的伤口敷料）、药物（如骨形态发生蛋白）、细胞治疗（如移植到膝关节的软骨细胞）或复合产品。国家机构在为这种较新的疗法制定规则制度时存在一些问题：直到 2007 年，基于基因、活细胞或组织的疗法才在欧洲被归类为高级治疗药物（ATMPs）。这些产品将以药品进行报批，并得到欧洲药品管理局（EMA）的批准。这将导致其在生产方和使用地点（如诊所）都有严格的规定。在美国，对这类产品的规定也不同：他们设立相关部门——生物制品评估和研究中心（CBER），负责管理人类细胞、组织和基于细胞/组织的制品（HCT/P），甚至基因疗法。支架中的细胞被归类为复合产品，也可归类为生物制品或医疗器械。

5.3.8 再生医学的发展趋势

最初，当“再生”的想法作为“组织工程”被实现时，研究的主导思想是细胞必须在实验室中分离和处理，然后像可移植器官一样“移植”到体内。总结 20 多年的经验，似乎更好的方法是刺激和诱导患者体内细胞的再生。这听起来比处理细胞和控制它们分化要容易，但实际上，这要复杂得多，因为人们对活组织中的信号、分子和再生过程还知之甚少。因此，今天的再生医学不仅仅是在支架上移植细胞。信号分子、生物材料和细胞将被单独或多种组合使用。我们需要了解某个特定时间点需要什么信号，以及如何在这个时刻准确地发送信号；我们必须开发新的生物材料，理想情况是，当新组织形成时，可以被宿主组织降解，而其降解产物可以被利用或至少被细胞代谢。我们还必须更充分地了解干细胞的分化过程和参与这一过程所涉及的信号，以便这些细胞能够被吸引到组织中进行再生，这一过程被称为归巢。未来的另一个挑战是不同器官或组织之间的相互作用，如骨—软骨或骨-肌腱，这是必须解决的（Yang 和 Temenoff，2009 年）。所有这些知识都不能为我们提供一个解决问题的通用方案：未来，每个组织或器官仍然需要特有的再生疗法，并且仍将有一些领域中细胞将在实验室中进行处理，比如用 BAL 桥接肝功能衰竭。

5.4 再生医学植入物和材料测试

新设备和疗法在体内外都要进行翔实的测试，以证明其功能和安全性，这是任何规章制度都包含的。纺织品植入物这样的医疗设备的体外测试包括大量的化学、机械和生物测试。对于大多数测试，已经有制定好的标准。考虑到测试一类产品的更普遍方面的水平标准与规定单个产品的详细测试方案和要求的垂直标准是不同的。水平标准系列（horizontal standard series）ISO 10993《医疗器械的生物评价》概述了纺织植入物等医疗器械的所有相关体外试验方法。第一部分概述了哪些测试可能适合于哪些设备。其他部分涉及血液相容性、细胞毒性、刺激和敏化效应、基因毒性、降解产物、灭菌、毒物动力学和化学特性。含有活细胞的组织工程产品的标准正在制定中（ISO 13022，含有活细胞的医疗产品应用风险管理和加工实践要求）。

对于某一个特定的器械，存在大量的垂直标准，如 ISO 25539 是关于“心血管植入物-血管内装置”；ISO 7198 是关于“心血管植入物-管状人造血管”；ISO 22442 是关于“使用动物组织及其衍生物医疗仪器”。对于组织工程医疗产品，美国测试和材料学会（ASTM）制定了 20 多个标准，例如 F2451-05 用于修复或再生关节软骨的可植入设备体内评估的标准指南。最后，临床研究的标准也已建立，如 ISO 14155《人体医疗器械临床研究》。

5.5 其他信息来源

进一步的信息可以从许多途径获得。目前的产品在贸易博览会上展出（其中最大的是杜塞尔多夫的“medica”。但许多公司在外科主要会议上都有展览。在大多数国家，外科学会或外科学院将举行年会，讨论当前的发展和问题。对本章中讨论的对象进行更详尽的未来展望可在生物材料学会［详见国际联盟的社会生物材料科学与工程（IUSBSE）网站］、组织工程和再生医学国际学会（TERMIS）的欧洲、美国和亚洲的章节中找到。这两个团体每年在每一个大洲组织会议，有时还组织世界大会，以便对目前的发展有一个良好的概述。新颖的文章和评论可以在许多国际期刊上检索，如植入物领域的《材料科学杂志——医学材料》或《生物医学材料研究》，再生医学领域的《组织工程》以及涉及这两门学科的《生物材料》。

5.6 参考文献

Avci-Adali M *et al*. (2008). ‘New strategies for in vivo tissue engineering by mimicry of homing factors for self-endothelialisation of blood contacting materials’, *Biomaterials*, 29 (29), 3936-3945.

Bay-Nielsen M *et al*. (2001). ‘Danish Hernia Database. Pain and functional impairment 1 year after inguinal herniorrhaphy: A nationwide questionnaire study’, *Ann Surg*, 233, 1-7.

Blakemore A H, Voorhees A B Jr (1954). ‘The use of tubes constructed from vinyon N cloth in bridging arterial defects; experimental and clinical’, *Ann Surg*, 140 (3), 324-334.

Büttemeyer R *et al*. (2003). ‘In a pig model ePTFE grafts will sustain for 6 weeks a confluent endothelial cell layer formed in vitro under shear stress conditions’, *Eur J VascEndovascSurg*, 26 (26), 156-160.

Chastan P (2006). ‘Tension free open inguinal hernia repair using an innovative self gripping semi-resorbable mesh’, *J Min Access Surg*, 3, 139-143.

DeBakey M E *et al*. (1958). ‘Clinical application of a new flexible knitted Dacron arterial substitute’, *Am Surg*, 24 (12), 862-869.

Demetriou A A *et al*. (2004). ‘Prospective, randomized, multicenter, controlled trial of a bioartificial liver in treating acute liver failure', *Ann Surg*, 239 (5), 660-667, discussion 667-670.

Diéval F, Mathieu D, Durand B (2008). 'Influence of textile structure on longitudinal ruptures' localisation of the vascular prostheses', *Textile Res J*, 78 (5), 427-438.

Greenhalgh R M, Powell J T (2008). 'Endovascular repair of abdominal aortic aneurysm', *N Engl J Med*, 358 (5), 494-501.

Guidoin R *et al.* (1983). 'Polyester prostheses as substitutes in the thoracic aorta of dogs. I. Evaluation of Commercial prostheses', *J Biomed Mater Res*, 17, 1049-1077.

Heim F, Durand B, Chakfe N (2010). 'Textile for heart valve prostheses: fabric long-term durability testing', *J Biomed Mater Res B: ApplBiomater*, 92 (1), 68-77.

Hollinsky C *et al.* (2009). 'Comparison of a new self-gripping mesh with other fixation methods for laparoscopic hernia repair in a rat model', *J Am CollSurg*, 6, 1107-1114.

ISO 13485 (2003). 'Medical devices-Quality management systems-Requirements for regulatory purposes', 2nd edition (www. iso. org).

L'Heureux N, Germain L, Labbé R, Auger F A (1993). 'In vitro construction of a human blood vessel from cultured vascular cells: a morphologic study', *J Vasc Surg*, 17 (3), 499-509.

Langer R, Vacanti J P (1993). 'Tissue engineering', *Science*, 260 (5110), 920-926.

Li J *et al.* (2010). '3D PLGA scaffolds improve differentiation and function of bone marrow mesenchymal stem cell-derived hepatocytes', *Stem Cells Dev*, 19 (9), 1427-1436.

Linti C *et al.* (2002). 'Cultivation of porcine hepatocytes in polyurethane nonwovens as part of a biohybrid liver support system', *Int J Artif Organs*, 25 (10), 994-1000.

Mason C, Manzotti E (2010). 'Regenerative medicine cell therapies: numbers of units manufactured and patients treated between 1988 and 2010', *Regen Med*, 5 (3), 307-313.

Mauck R L *et al.* (2009). 'Engineering on the straight and narrow: the mechanics of nanofibrous assemblies for fiber-reinforced tissue regeneration', *Tissue Eng Part B Rev*, 15 (2), 171-193.

Mikos A G *et al.* (1993). 'Preparation of poly (glycolicacid) bonded fiber structures for cell attachment and transplantation', *J Biomed Mater Res*, 27, 183-189.

Mikos A G, Temenoff J S (2000). 'Formation of highly porous biodegradable scaffolds for tissue engineering', *Elec J Biotechnol*, 3 (2), 1-6, Available: http: //www. ejb. org/content/vol3/issue2/full/5.

Moghe A K, Gupta B S (2008). 'Small-diameter blood vessels by weaving: Prototyping and modelling', *J Text Inst*, 99 (5), 467-477.

Mühl T *et al.* (2008). 'New objective measurement to characterize the porosity of textile implants', *J Biomed Mater Res B: Appl. Biomater*, 3, 1-8.

Nilsson C G *et al.* (2008). 'Eleven years prospective follow-up of the tension-free vaginal tape procedure for treatment of stress urinary incontinence', *Int Urogynecol J*, 19, 1043-1047.

Ribeiro-Resende VT *et al.* (2009). 'Strategies for inducing the formation of bands of Büngner in peripheral nerve regeneration', *Biomaterials*, 30 (29), 5251-5259.

Riepe G *et al.* (1997). 'Long-term in vivo alterations of polyester vascular grafts in humans', *Eur J Vasc Endovasc Surg*, 13, 540-548.

Schlosshauer B *et al.* (2007). 'Synthetic nerve guide implants in humans: a comprehensive survey', *Neurosurgery*, 59 (4), 740-747, discussion 747-748.

Seifalian A M *et al.* (2002). 'Improving the clinical patency of prosthetic vascular and coronary bypass grafts: the role of seeding and tissue engineering', *Artif Organs*, 26 (4), 307-320.

Sinis N *et al.* (2005). 'Nerve regeneration across a 2-cm gap in the rat median nerve using a resorbable nerve conduit filled with Schwann cells', *J Neurosurg*, 103, 1067-1076.

Tallarita T, Sobreira M L, Oderich G S (2011). 'Results of open pararenal abdominal aortic aneurysm repair: tabular review of the literature', *Ann Vasc Surg*, 25 (1), 143-149.

Upchurch G R, Schaub T A (2006). 'Abdominal aortic aneurysm', *Am Fam Physician*, 73 (7), 1198-1204.

Vacanti J P *et al*. (1988). 'Selective cell transplantation using bioabsorbable artificial polymers as matrices', *J Pediatr Surg*, 23 (1), 3-9.

Vacanti M P *et al*. (2001). 'Tissue-engineered spinal cord', *Transpl Proc*, 33, 592-598.

Wolters H H *et al*. (2010). 'A new technique for ureteral defect lesion reconstruction using an autologous vein graft and a biodegradable endoluminal stent', *J Urol*, 184 (3), 1197-1203.

Yang P J, Temenoff J S (2009). 'Engineering orthopedic tissue interfaces', *Tissue Eng*, 15 (2), 127-141.

第6章

具有美容效果的纺织品

R. Mathis，A. Mehling
德国巴斯夫个人护理和营养有限公司

摘要： 纺织品是人类与周围世界的重要界面。化妆品与纺织品的融合，即美容纺织品，为化妆品提供了一个独特的平台。在纺织品中引入可感知的化妆品性能是极具挑战的。本章概述了封装有效成分并将其应用于纺织品的技术。本章列举了一些化妆品功能实例以及评价它们性能的方法。简要介绍了形成监管框架的一些准则和法律。美容纺织品能够传递可感知和可量化的效果，这将增加其未来的吸引力。

关键词： 功效声明，控释，美容纺织品，包封。

6.1 引言

服装具有多种功能，从最初用于抵抗环境的影响，到现在成为风格和时尚的中心。服装和时尚都是描绘和判断个体个性、爱好、宗教和职业的一种手段。纺织品在充当我们的“第二层皮肤”方面起着关键作用，纺织品的主要功能仍然是帮助我们抵御环境影响，例如紫外线辐射或寒冷。纺织品的种类和功能是不断发展进化的，当今，现代装饰可以为纺织功能增添新的元素。化妆品和纺织品的结合为化妆品在穿着过程中发挥作用提供了一个独特的平台（比如保湿剂，或者刺激感官的活性成分如冷却剂）。美容纺织品日益增长的便利性和功能性，使我们转变为真正的“主动”参与者，增强了我们的幸福感。“美容纺织品”这个名字已被用来表示具有化妆品性质的纺织品，但这种类型的纺织品还可以具有其他的作用或功能，如医疗性能、驱蚊、减少异味、抗菌或紫外线防护。

虽然大多数人都熟悉将浸渍纺织品作为一次性擦拭物的概念，但将我们的日常服装装载上化妆品的想法相对较新。开发美容纺织品也面临各种技术挑战，因为化妆品成分需要均匀分布，并以无形的方式融入纺织物中，这样就可以进行有效的皮肤护理，同时尽可能减少在清洗过程中的损失。微胶囊化是这种靶向控释的主要技术。

本章重点从技术、功能、方法来证明美容纺织品的功效，同时也介绍了相关规定。本章首先概述了封装有效成分应用于纺织品的技术。然后是一些化妆品功能的例子，例如保湿或生理冷却以及有效性的论证。接下来，我们将围绕美容纺织品的监管框架简要介绍一些指导原则和法律方面的例子，并在本章末尾作一简短的展望。

6.2 敷抹和释放技术

开发和生产有效的美容纺织品，在消费者穿着一定时间内能够提供有价值的功效，并不是一件容易的事情。一方面，当穿着美容纺织品时，需要大量的化妆品成分能够转移到皮肤上，但另一方面，在纺织品清洗时，应尽可能减少损失。为了解决这个棘手的问题，人们采取了不同的方法，从历史上看，人们关注的焦点通常是洗涤过程中的保留问题，而很少关注美容纺织品如何转移到皮肤上的问题。以下是一些解决方案的建议：

• 将化妆品成分共挤出成纤维的研究。这在芦荟和维生素 E 在聚酰胺纱线的产生中已经实现了[1]。

• 同时在织物上使用能够乳化的化妆品成分和聚合物黏合剂，利用纤维本身和聚合物膜作为包埋体系。这种技术有时被称为“复合表面处理”。这种方法在专利 WO2006015718 (a1) 中进行了描述[2]。

• 将包封好的化妆品成分黏合在纤维/织物表面。包封技术的例子包括络合、吸收进微粒以及最重要的纳米胶囊化或微胶囊化。

表 6.1 对这些方法进行了比较和评估。在下一节中，我们将重点讨论微胶囊化，因为它是目前最常用的方法。实际上，“美容纺织品”一词在纺织品里通常是微胶囊的同义词。

表 6.1 典型敷抹和释放技术的比较

	适用范围	装载能力	耐洗性	转移到皮肤上
共挤出	仅限于极强的成分	从低到中	出色	可忽略
复合反应	广泛但不适用于水溶性或非常敏感或易挥发的成分	非常高	好，取决于纤维和黏合剂类型	大致良好
络合（环糊精）	对少量成分非常特殊	中到高	中等，恰当	有限的
微胶囊化	非常广泛，但主要限于水不溶性成分	高	好，取决于黏合剂类型	非常好

6.2.1 包封技术

相当多的化妆品成分是热敏性的，容易氧化或挥发。通过“微包装”或者微胶囊包封以及络合能使敏感化妆品成分免受损害，如在干燥/加热过程中以及服装储存过程中由于氧化或聚合而导致的降解。同时能够防止挥发性成分，如香水和精油的蒸发，从而提高它们的持久性和稳定性。

微胶囊

微胶囊技术是目前最常用于将化妆品成分“微包装”到纺织品上的技术。由于单纤维纺织纱线由直径大约 5μm 的微纤维到直径大约为 30μm 的粗羊毛组成（图 6.1），因此适用于美容纺织品的微胶囊的平均直径通常大约为 1～10μm。微胶囊可以在尺寸、机械稳定性和透气性方面进行改进，以定制释放曲线，从而达到预期的功能。然而，在使用前基于贮存时的稳定性要求，通常美容纺织品不希望通过扩散释放。由于良好的多功能性和成本效益，脲醛微胶囊已成为目前最常用的美容纺织品技术。首先在阴离子聚合物和机械均化的帮助下乳化疏水的化妆品成分液体混合物。然后，该聚合物与活性尿素或三聚氰胺甲醛预聚物交联。游离甲醛还原技术完善了这一过程，这是因为大多数残留的游离甲醛在纺织品处理结束时的干燥/固化步骤中被去除，因此这项技术符合 Oeko-Tex 标准 100®、2 级（<75mg/kg）甚至 1 级（检测不出；通常理解为小于 20mg/kg）也可以达到[3]。第 2 级包括紧贴皮肤的纺织品，而第 1 级包括婴儿用纺织品。

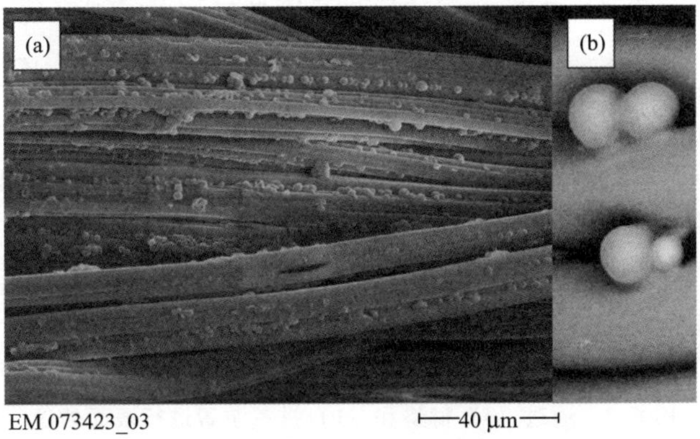

图 6.1 微胶囊

(a) 锦纶针织物微胶囊；(b) 微胶囊和可见黏合剂

还有很多其他的包封技术也被使用，特别是化妆品周围的固体外壳的缩聚（例如聚脲、聚氨酯、聚酯或聚酰胺）和复合凝聚。缩聚成壳的微胶囊非常适合于美容纺织品，但每种成分都需要特定的开发且必须注意残留物问题。复合凝聚法具有允许使用天然聚合物的优点，并且几乎没有在造壳化学反应中涉及微胶囊内容物的风险，且这些微胶囊机械稳定性往往低于尿素或美拉明-甲醛基胶囊。

与环糊精的络合反应

另一种可能的方法是基于环糊精，它是由 6～8 个葡萄糖单元组成的桶形分子，通过酶解法从淀粉中提取。它们有能力与多种分子［其中包括与化妆品相关的分子如薄荷醇、咖啡因或生育酚（维生素 E）］形成保护性复合物。这些复合物可以在黏合剂的帮助下附着在织物上。据报道，易反应的聚氨酯特别适合此功效，并已经发表了将其转移到基于胶原皮肤模型的初步试验[4]。

6.2.2 黏合技术

尽管对微胶囊的共价接枝，特别是接枝到天然纤维上的技术已经做了介绍[5]，但是最广泛应用的固定方法是使用一种特别适合化妆品和纺织系统的黏合剂，这种黏合剂具有良好的皮肤相容性。常用的黏合剂类型有交联硅酮、聚丙烯酸酯、聚醋酸乙烯酯和聚氨酯。一定量的黏合剂，通常为 0.25%～4.0%（每单位质量织物中的干物质），可以有效地将微胶囊、络合物或所负载颗粒黏结在纤维上，将其在洗涤过程中的损失最小化。封装的化妆品成分本身的释放率也可以通过改变黏合剂的用量和类型来调整。大量的黏合剂完全覆盖在微胶囊（“冰屋”形）上，可以更好地防止穿着过程中的破损，还可以延缓化妆品成分在皮肤上的释放。黏合剂和可能的其他添加剂的另一个作用是赋予服装更经典重要的性能，例如抗污性、舒适的手感或湿度管理功能。

6.2.3 整理/敷贴技术

在纺织表面处理行业中，主要使用两种非常常见的敷用方法：①填充过程，②排气过程。在填充过程中，织物首先穿过整理液［图 6.2（a）］。该槽包含微胶囊的水性分散体以及诸如软化剂或润湿剂助剂的黏合剂。从精洗槽中挤出之后，织物被一对恒定压力的橡胶辊挤压，以达到规定的吸湿水平。然后通过热定型烤箱干燥和黏合剂黏结。

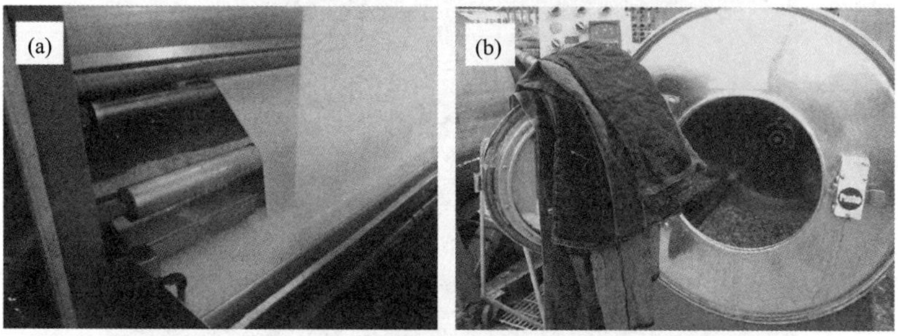

图 6.2 通过（a）衬垫和（b）排气装置进行表面处理

织物在 105～140℃温度下的烤箱中停留 1～2min。固化温度较低的黏合剂显然更好。填充过程被称为强处理过程，因为假设在烘箱中没有挥发物的情况下，织物上的（化妆品）光洁度直接由浴液浓度和提取水平决定。

排气过程采用了不同的原理。将织物或服装放入一个封闭的容器（通常是染色设备）中，并加入初始量的水［图 6.2（b）］。然后以规定的时间、速度、温度和 pH 值将微胶囊分散液、黏合剂、助剂和可能用于 pH 调节的酸/碱放入容器中，使微胶囊和黏合剂最终在织物上尽可能均匀完整的分散。这通常是一个消耗和控制沉淀相结合的过程，这是家用洗衣机软化剂工作方式的一个复杂版本。

通过填充方式对微胶囊敷贴使得黏合剂与微胶囊的比率具有高度的可变性。排气敷用法是袜子和服装（如牛仔裤）的标准整理工艺，它要复杂得多，需要非常精确地控制温度和 pH 值，受限于其排气性能，很少使用黏合剂。

其他的后期工艺在美容纺织品生产中作用不是很大，但它们也是潜在的选择，如喷涂、印花和涂层。喷雾对于微胶囊应用于牛仔裤特定的部位是一个很好的选择。印刷和涂层工艺允许在织物的一侧优先使用微胶囊。若微胶囊没有太深地嵌入到所涉及的交联聚合物中，这有助于将化妆品成分转移到皮肤上。

6.2.4 质量控制

即使在对其进行美容功能处理之前，美容纺织品应该是高质量的纺织品。这就要求，最重要的是，这些纺织品应在拥有卓越质量管理体系的工厂生产，最好是可以独立审计的工厂。必须确保其可追溯性，详细标准的操作程序，包括清洁（避免交叉污染）和包装程序，并且在所有情况下和任何时候都必须明确遵守这些程序和承诺。能够符合 Oeko-

Tex® 100 和 Oeko-Tex® 1000 标准是最好的[3]。

用于美容纺织品的化妆品微胶囊（和任何其他含有化妆品成分的产品）应在符合化妆品质量管理规范（cGMP；ISO 22716）的设备中生产[6]。假如一个明确的针对化妆品表面处理的敷用程序已经准备好，需要采取进一步的步骤来确定表面处理是否均匀、适量（初始装载），以及是否具有所需的持久性或耐洗性。

初始装载

考虑到化妆品所代表的基质的复杂性和化妆品配方本身的复杂性，验证化妆品表面处理的水平并非易事。例如，一种旨在减脂的配方往往由许多单一成分组成：润肤剂、抗氧化剂维生素、乳化剂、特定的减脂活性成分以及精油。因此，选择主导物质来作为织物表面化妆品定量跟踪剂是必不可少的。维生素 E、醋酸盐、咖啡因、角鲨烷、甘油三酯和精油中的关键分子等成分是很好的示踪剂，这些示踪剂能够精确可靠的定量。在任何情况下，都需要对具有明确功能的活性成分进行量化，以符合法律要求。

量化方法见 CEN/TR 15917：2009[7]。第一步通常是用溶剂萃取一小块织物样品。遗憾的是，目前还没有一种通用的方法可以用于任何类型的纺织品上的任何微胶囊的任何成分。每次都需要一个特定的验证试验。必须确保萃取是定量的且成分没有降解。已证明用丙酮、乙腈或其混合物等溶剂在中等温度下萃取，这种方法适用于大多数情况。如果需要，可以加入超声处理。萃取精油有时需要无氧溶剂，以避免其过氧化。采用气相色谱/质谱联用（GC/MS）或高效液相色谱法（HPLC）对提取物中的示踪剂进行定量是相对简单的。

在量化美容纺织品的初始化妆品装载量时，最关键的问题之一是抽样。纺织面料显然远没有达到理想的均一性。当对数吨或数千件服装进行表面处理时，通常只对几克织物进行抽样提取。这导致了提取结果的一些偏差。因此，为了获得实际化妆品负载情况的可靠依据，并能够定义相关的实际规格，精心设计的抽样策略是必不可少的。

耐洗性

耐洗性，在 CEN/TR15917：2009 中被更为普遍地称为“耐护理”，是指经过多次循环洗涤后留在纺织品上的化妆品量[7]。根据标准化程序，用 ISO 标准化洗涤剂对适当取样的纺织品进行清洗。然后，以与初始装载相同的方式确定织物上化妆品成分的残留量。洗涤程序的选择和滚筒干燥应折射消费者对美容纺织品的护理建议。经过十次洗涤循环后，化妆品成分的残留量通常在 20%～60%之间（图 6.3），尽管由于其物理性质，挥发性成分的持久性往往低于非挥发性成分。

必须指出的是，测定洗涤持久性对表面处理过程的质量控制是非常必要的。黏合剂交联对涂饰的持久性作用得以验证。化妆品表面的耐洗性与其对穿戴者几天内在皮肤上产生的效果之间几乎没有关联性。一方面，在一到两次洗涤后，假如所有初始附着的化妆品基本上都被洗掉了，那么在纺织物穿了几天之后，几乎不会有任何效果。另一方面，非常强的耐洗性通常很好地说明化妆品很少转移到皮肤上：织物中的化妆品成分只有在穿着织物时足量转移到皮肤上才能发挥作用。一般来说，确保化妆品大量转移到皮肤上，从而在几天内对皮肤具有明确的效果是比较可取的；而不是最大限度地提高耐洗性，这往往意味着在较长的时间内化妆品成分转移量是很少且无效的。其次，最好可以依赖一些可再次装载的方案来提高和维持效果。

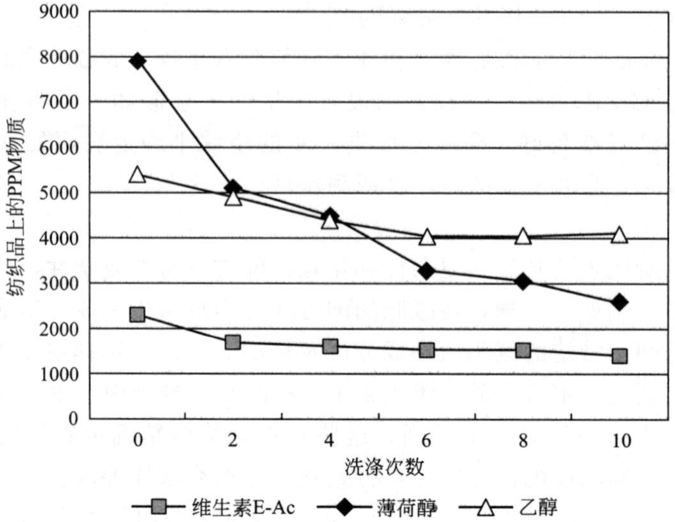

图 6.3　清洗永久性曲线示例，描述了纺织品在洗涤过程中特定示踪剂分子的含量

6.3　美容纺织品的功能和性能测试

美容纺织品是由纺织物和包封的护肤成分组成的一种独特组合物。因此，不仅美容纺织品的开发人员需要纺织技术领域的高度专业知识，而且还需要了解皮肤和化妆品如何传递其效果。此外，还需要对已知的效果验证。在下面的章节中，我们将简要对相关的方面和可能的主要鉴定方法作一概述。

6.3.1　皮肤

皮肤被认为是人体表面积最大的器官。皮肤的表面积约为 1.8m^2，约占我们体重的15%。皮肤可分为三个主要部分：表皮、真皮和皮下组织（包含脂肪组织和肌肉），皮下组织并不总是被认为是皮肤的一部分。

经典化妆品所针对的是表皮。组成表皮的细胞增殖、向上游走，从而改变它们的形状和功能，这一过程称为分化，直到它们形成皮肤的最外层，即角质层。因此，水含量从大约 70%（基层）大大降低到 15%（角质层）。在分化过程中，细胞依次被大量蛋白质（主要是角蛋白）填充，而细胞间空隙则被脂质填充。

角质层的末端分化细胞常被称为角质细胞。它们是致密的富含蛋白质的死细胞，被典型的角质层的层状脂质层所包围。由于具有细胞外基质的角质细胞给人的印象是具有壁状结构，角质层通常是借助于砖（角质细胞）和砂浆（细胞外脂质）模型来描述的。随着表皮和角质层不断更新，角质细胞不断脱落。表皮和角质层的形成是一个动态的过程，其周期约为 30 天[8,9]。由于角质层的独特组成和结构，它成为皮肤的主要屏障以应对环境影响，防止人体脱水。

6.3.2　化妆品：定义和功能

根据欧洲化妆品指令（76/768/EEC）第 1 条：“化妆品”是指任何拟与人体各外在部

位（表皮、毛发系统、指甲、嘴唇和外生殖器）及牙齿和口腔黏膜接触的物质或制剂，主要目的是对这些部位的清洁，香化，改变外观，纠正体味，保护以及使其保持在良好的状态[10]。同时，大多数国家和地区关于化妆品都有自己的规定和定义[11-13]。

典型的化妆品功能包括增强皮肤湿度，使皮肤紧致或富有弹性，防护紫外线，使皮肤变白或变黑，瘦脸，调节皮脂，抗皱，除臭和/或止汗，香薰和保持口腔卫生（牙膏、漱口水等）。如果有兴趣，可以在欧盟委员会的化妆品成分网站上查找关于化妆品的简短功能词汇表[14]。

6.3.3 美容纺织品相关方面

化妆品功能定义了化妆品达到有效性能所需的数量。皮肤护理效果，如保湿和减脂，需要大量的化妆品转移到皮肤上，以达到可感知的效果，而香水只需要释放非常小的量就可以达到效果。典型的化妆品保湿霜的功效通常在临床试验中通过在每平方厘米皮肤上涂抹 0.5～2mg 的霜来验证。一种有效的乳霜应该在 $0.5mg/cm^2$ 下表现良好。如果乳霜中保湿成分的浓度为 20%（80%为水），则相当于每天 $0.1mg/cm^2$ 的剂量。为了达到这个剂量，平均覆盖 $1m^2$ 皮肤的连裤袜应该含有 1000mg 的化妆品成分。因此，质量约为 25g 的连裤袜必须携带 1g，即 4%的保湿成分，才能在一天内提供有效剂量。根据我们的经验，4%的保湿成分接近化妆品在纺织品上的装载上限。因此，通过该模型计算表明，对于连裤袜来说，保湿效果的预期只有一到两天。在较重的纺织品上，如果用手洗或进行温和的洗涤，则化妆品效果（如保湿）可能会持续 5～10 天。香水可能会有更持久的效果，这取决于微胶囊、织物等的结构。在初次清洗过程中，防止水溶性活性物质被完全洗掉也相对困难。这给配方、微胶囊等带来了一定的挑战，通常只能使用亲脂成分。可以借助一些产品再次装载化妆品于纺织品中，例如含有所需化妆品配方的喷雾，可以延长美容纺织品的功效（图 6.4）。

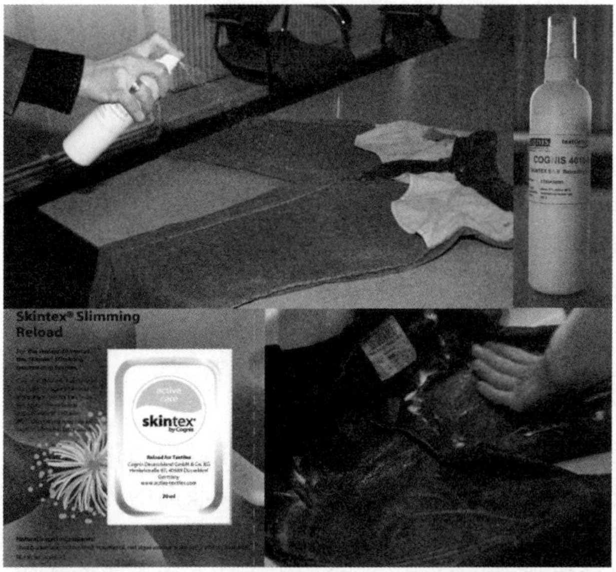

图 6.4 重新换料应用示例：喷雾重新换料、包裹重新换料或泡沫重新换料

另一个需要考虑的方面是美容纺织品的设计。为了最大限度地提高有效性，织物的组成和结构、服装设计和化妆品设计都需要共同作用以达到最佳效果。如果是设计一条带有一定程度的渐进式非医疗压缩功能的弹性紧身裤，那么具有减肥效果的美容品最有可能发挥良好的效果。这种设计允许纺织品与问题区域的皮肤紧密接触，从而可能产生按摩效果，并允许将足够数量的化妆品从织物转移到皮肤上。

6.3.4 功效声明

根据欧洲化妆品协会（Colipa）的《化妆品功效评估指南》(2001)，化妆品声明是关于产品的内容、特点、效果、性质或功效的任何公开信息[15]。欧盟和许多国家都有自己的法规来管理功效声明的方式以及产生的影响。各国提供指导文件规范如何对可接受的声明进行公开[16,17]。必须注意不要越过医疗、医疗建议和化妆品声明之间的界限。此外，声明不应具有欺骗性也不能误导消费者。在《化妆品指令》中，第 7 条要求提供化妆品所声称的功效证明，如果根据功效或产品的性质证明是合理的，则该证明应随时提供给主管当局。在这种情况下，还应提及除化妆品指令以外的其他国家和国际立法，如广告法、纺织品管理条例等。

化妆品声明过多，应该用科学合理的方法来证实这些声明。典型的化妆品声明是关于传达保湿效果、减少皱纹、使皮肤感觉更光滑、增加头发的密度或光泽等主题的不同。在决定如何证实主张时，重要的是考虑以下几点：①主张的内容；②产品在何处以及如何起作用；③更改了哪些参数；④哪些方法适合检测这些更改；⑤目标群体是什么。虽然有公认的方法，但没有任何具有法律约束力的标准可用于美容试验。例如，Colipa（2008 年）和化妆品、盥洗及香料协会已发表了综合指南（CTPA）(2008 年)[18,19]，描述了主张鉴定所涉及的原则和程序。主张一般分为两类：主观主张和客观主张。主观主张，例如“我的皮肤看起来更好”，不能用仪器方法测量。这些类型的声明通常通过问卷调查等方法得到证实。客观要求的数据，例如“皮肤保湿”，可以来源于仪器测量（例如，测量皮肤表面水分的角质测量法、测量皮肤弹性的切口测量法、测量皮肤表面脂质的皮脂测量法等)，也可以通过感官评估、问卷调查或由训练有素的专业评估人员进行临床评估。一般来说，验证声明的主要标准是对志愿者身体进行良好的测试。使用体外方法或其他非人体试验获得的数据可用于生成附加信息。已发布的数据可以为声明提供进一步的支持。在这方面，应当指出，在对人进行测试时，志愿者的安全至关重要。因此，测试产品的毒理学评价是必要的，并且应该遵守良好的临床实践的基本原则，例如在测试之前志愿者必须给出知情同意，可以在他们希望的任何时候终止研究，测试结果应有据可查，等等。

6.3.5 性能测试

纺织品要成为美容纺织品，就必须能够释放载于其中的化妆品成分，并使它们转移到穿着者的皮肤上。此外，转移的数量必须足以确保化妆品的有效性。在下面的章节中，本公司主要的研究，即含有化妆品“保湿”功能的美容纺织品将作为示范性方法来证明化妆品成分从美容纺织品转移到皮肤上，并通过客观方法证实声明和功能。我们也将简要讨论通过主观消费者来鉴定关于“冷却”和“外观胖/瘦”功能声明的案例。

向皮肤转移的研究

与典型的直接将产品涂抹在皮肤上的护肤品不同，美容纺织品背后的原理是在穿着过程中将护肤配方品从纺织品逐渐转移到皮肤上。可载入纺织品上的护肤配方的量在一定程度上取决于材料和敷用过程。纺织品必须能够释放出足够量的化妆品，以获得美容效果。如前所述，如果透明裤袜（20 den）中含有质量分数为 4%的化妆品，则大多数化妆品必须在一到两天内转移到皮肤上以达到功效。

在最初的研究中，对从纺织品到皮肤的转移进行了研究。使用 20 名志愿者，穿着经过角鲨烷和维生素 E 醋酸酯微胶囊处理的棉套模型进行了转移实验。5 小时和 8 小时后，用乙醇作为溶剂，从每个时间点的 10 名志愿者的皮肤表面提取转移的物质。结果表明，化妆品成分从纺织品转移到皮肤（图 6.5）。

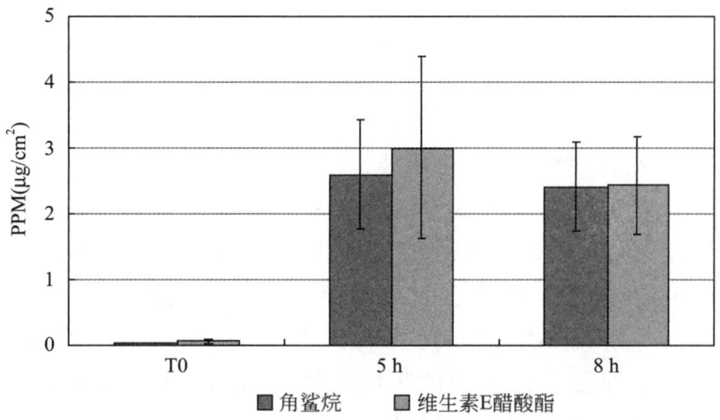

图 6.5 化妆品从美容纺织品转移到皮肤上的结果

所描述的结果是每个时间点从 10 名志愿者皮肤上提取的平均量。

结果表明穿着 5h、8h 后向皮肤转移明显（$p<0.05$）

为了能够初步估计美容纺织品中有多少化妆品在穿着过程中转移到皮肤上或在清洗过程中丢失，使用袜子（棉/聚酰胺/弹性纤维：80/17/3）进行了穿着和清洗试验。共有 30 名皮肤干燥的志愿者被要求穿上用润肤霜处理过的，用不含酒精的温和洗涤剂清洗的袜子，并要求每天至少穿 8h。在研究过程中，三名志愿者的袜子样本在穿着一天后（第 1 天：穿着）进行示踪物质分析。同样袜子的样本在洗涤后（第 1 天：穿着和洗涤）再次进行分析。第二天穿着的其余袜子也洗了。接下来的三名志愿者的袜子在洗涤前后（第 2 天：穿着和洗涤）进行分析。结果表明，在这些条件下，在测试配方中从袜子转移到皮肤或洗掉的化妆品剂量大约相等（图 6.6）。

通过客观测量进行有效性测试

角质层中有足够的水分对皮肤表面的外观和性质起着至关重要的作用。充足的水合皮肤会显得光滑、柔软，并且比粗糙的干性皮肤更有弹性。保湿剂有两种主要类型：湿润剂和润肤剂。湿润剂有助于保持皮肤的水分吸收和结合；润肤剂产生一定程度的闭塞性，从而减缓水分从皮肤蒸发。皮肤表面的水分通常使用角质测量法进行评估。角质测量法的基本原理是测量表皮电容，它随角质层的水化状态而变化。皮肤水合作用取决于各种因素，例如因热或运动而出汗、一天中的不同时间、身体不同部位等。因此，在标准化条件下和

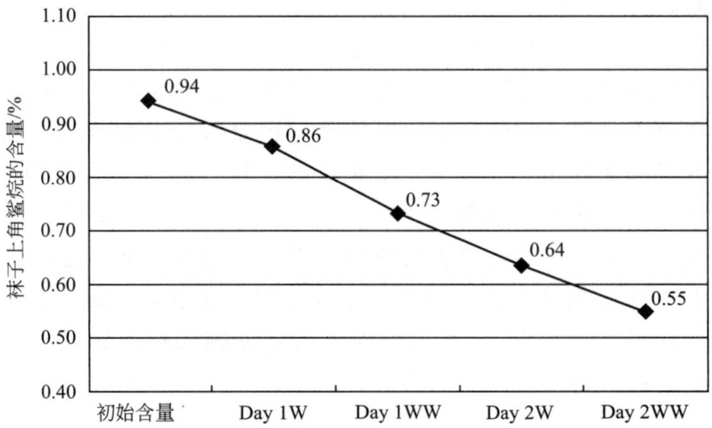

图 6.6　清洗和穿着试验结果

志愿者穿袜子并随后清洗（Day1W 表示穿着 1 天；Day 1WW 表示穿着 1 天并随后清洗，后以此类推）。在每个时间点，测量三名志愿者袜子中发现的示踪物质角鲨烷的数量

在气候控制的房间中进行这些实验非常重要。

为了确定穿着美容纺织品是否能给皮肤带来有益的美容效果，在这种情况下，改善皮肤水合作用（保湿），在一个独立的测试机构对 20 名皮肤干燥到非常干燥的女性志愿者进行了一项研究。志愿者被要求一只脚穿一只未经处理的袜子，另一只脚穿一只经过保湿处理的袜子（Skintex® Monoi），每天 8h，持续 12 天。在最初使用袜子之前，在胫骨和踝关节的特定部位，每个测试区域测量 10 次，通过测角法测量皮肤表面区域的平均水合量。第 1 天、2 天、3 天、4 天、5 天、8 天和 12 天，在 21℃和±5%的相对湿度下，30min 不穿袜子的适应时间后进行进一步的测量。要求受试者每天用手洗袜子。除第 5 天和第 10 天外，在治疗侧观察到皮肤水分显著增加。结果如图 6.7 所示。最大的增加是在穿着一天后观察到的，并且在研究期间逐渐减少，这与观察期间袜子中化妆品的逐渐消耗相一致。

美容纺织品也可以为医用纺织品增加有益的性能。经常使用医用压缩袜会导致皮肤干燥和瘙痒。Jünger 等人提出了一项有趣的研究[20]。将 20 名穿着经过保湿处理的压缩长筒袜（Skintex® Monoi Med）与 22 名穿着未经处理长筒袜的志愿者的皮肤进行了比较。试验过程中，志愿者被要求在一周内每天穿 8h 长筒袜。

研究的第 1 天和第 7 天评估了皮肤的水化、粗糙度和屏障功能。使用测角仪（测角仪®）评估皮肤水合作用，通过人体皮肤技术（FOITS，药膏®）的快速光学活体地形测量评估粗糙度，通过测定经皮失水量（特瓦米®）评估皮肤屏障功能。通过志愿者评估发痒程度。研究结果显示，穿紧身袜的副作用，即瘙痒，通过对织物进行保湿处理，可以减少由表皮失水、皮肤干燥和粗糙度增加所证实的屏障功能受损。虽然这项研究没有涉及，但它确实允许这样一种假设，即美容纺织品可以调节皮肤，从而增强患者的幸福感，又可以增加依从性和感知生活质量。

通过主观测量进行功效测试

功效声明也可以通过消费者使用测试来证实。这些类型的测试提供了有关消费者接受度和感知性能的信息。尤其是家庭使用测试可以产生有价值的信息，因为它们是在消费者

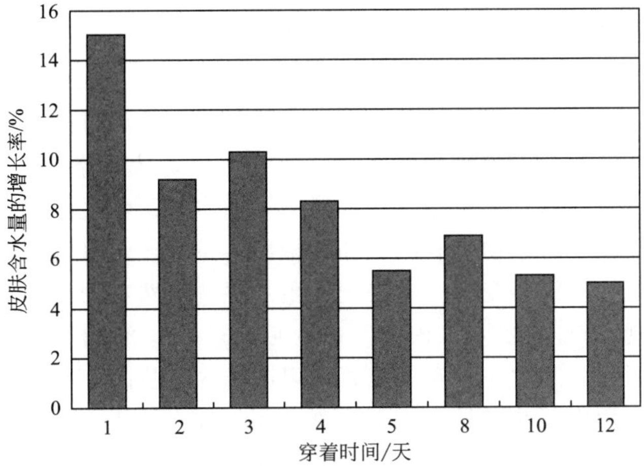

图 6.7 清洗和穿着效率测试，以评估皮肤水合作用

受试者（$n=20$）在 12 天内穿着经过治疗和未经治疗的袜子进行左/右对比。结果显示在校正基线值后，治疗侧和未治疗侧之间的比例差异。除第 5 天和第 10 天外，与未处理侧相比，进行保湿处理的袜子在所有时间内都显著增加了皮肤表面的水分（$p<0.05$；Wilcoxon 等级测试）。为了提高清晰度，省略了误差条

的实际家庭环境中进行的。感知、偏好和接受度不会像客观测量那样容易被评估。因此，与此类信息相关的参数通常通过问卷调查和/或访谈进行评估。

为了确定运动中穿着 Skintex® Supercool 处理过的 T 恤衫时的主观“凉爽”感觉，我们进行了研究。在传递冷却效果的胶囊化成分中有薄荷醇及其衍生物。这类物质不会产生物理降温，而是通过生理反应发挥作用，在物理降温中，外界温度的降低会产生降温的感觉。这是通过刺激皮肤中的特定受体来实现的。因此，客观的测量是不可行的。研究表明，63%的穿着者在 T 恤衫洗了 6 次之后仍然感觉到冷却效果。大多数志愿者在刚开始出汗时也感受到了最初的降温效果。通过应用这类研究，可以获得通过客观测量不可能获得的有价值的信息[21]。

对经过“减肥/抗脂肪团”处理（Skintex® Slimming）的牛仔裤进行了家用测试，要评估的示例性参数是：消费者穿着牛仔裤产生的皮肤水分、皮肤感觉和脂肪团外观的变化。其目的是获得感性效果的信息、愿意重新换料并接受美容纺织品。每位参与者参观了测试中心，得到了两条他们认为合适尺寸的经过处理的牛仔裤（97%棉；3%弹性纤维），并接受了如何使用换料的指导。要求他们每周至少五天，每天八小时地穿六周牛仔裤。参与者被要求在洗衣机中用洗涤剂清洗牛仔裤，然后风干牛仔裤。在洗完牛仔裤后，一半的参与者收到了一个包裹重新换料；另一半参与者收到了一个喷雾重新换料（同样也见图 6.4）。本测试共招募了 160 名参与者，并在穿着 4 周和 6 周后完成问卷调查。

通过问卷调查获得的信息显示，在穿着 4 周后，78%的参与者觉得牛仔裤很适合穿；6 周后，74%的参与者觉得牛仔裤很适合穿；93%的受试者认为通过美容纺织品使用化妆品比使用传统的美容霜更容易，4 周后，69%的人感觉到大腿状态和外观有轻微到强烈的改善，6 周后，74%的人感觉到大腿状态和外观有轻微到强烈的改善。结果显示，应用喷雾换料比填充包裹重新换料更受欢迎。

6.4 安全评估和其他监管方面

本节将重点介绍欧洲化妆品立法，这是许多纺织品制造商可能不熟悉的领域。化妆品指令 76/768/EEC 规定了欧盟化妆品的法律框架[10]。《化妆品指令》于 1976 年首次由成员国通过。自 1976 年以来，《化妆品指令》经历了七次修正，反映了化妆品的新趋势和挑战；最后一次修订反映了对动物福利的关注，提出了条例规定以逐步取消用于化妆品的动物研究。这项指令现在已经转变为一项法规，更加强调消费者安全、索赔支持、动物福利和美容警戒。本法规（EC 1223/2009）于 2009 年通过，于 2013 年全面生效[22]。

就美容纺织品而言，问题在于它们是否可以归类为化妆品。所谓“打擦边球”的手册就化妆品指令是否适用于某些产品（如美容纺织品）提供了指导[23]。根据该手册，这种纺织品既不是物质也不是制剂。然而，纺织品可能是将物质或制剂输送到人体皮肤的“载体”。这种物质或制剂，如果用于与人体的各个外在部分接触，从而起到保护作用或令身体某些外在部位保持良好状态，则属于化妆品指令的适用范围。

换言之，美容纺织品中的化妆品部分需要遵守化妆品指令。它还指出，其他立法、条例或指令也可同时适用，即与常规纺织品有关的任何立法都必须考虑在内。

美容纺织品含有化妆品成分，这些成分需要与通过常规方法使用的化妆品一样安全，例如身体乳液。需要合格的专业人员来确保化妆品成分的毒理学数据和美容纺织品表面处理需要的纺织辅料是可用的，并且毒理学曲线是令人满意的。消费者安全科学委员会（SCCS；早期称为 SCCNFP 或 SCCP）讨论了与消费品（面向消费者的非食品产品）安全有关的各种问题，特别是化妆品产品和其中的成分对消费者健康影响等方面的安全问题。并通常以意见、声明、指导文件等形式发布。基于此，化妆品安全评估指导文件也是由 SCCP 发布，并每隔几年更新一次[24]。

为了更好地界定适用于美容纺织品的各个方面，并开始制定美容纺织品的标准，例如如何确定洗涤持久性，CEN/TC 248 第 25 号工作组起草了一份技术报告（CEN/TR 15917），该报告已提交正式表决，并于 2009 年获得通过[7]。它包括关于标签、确定清洗持久性、进行索赔证明的研究和安全评估等方面的指导章节。

许多其他法规也适用于纺织品本身，例如《纺织品名称指令》（96/74/EC）要求对纺织品的纤维成分进行标记，其中一些可在 CEN 技术报告中找到。

6.5 未来趋势

20 世纪 90 年代初，声称具有美容效果的纺织品首次在日本推出，随后在 20 世纪 90 年代末，法国推出了 Dim's 保湿减肥连裤袜，德国 Kunert 推出它的“第一款可穿戴面霜”连裤袜。与此同时，许多主要的纺织品小品牌和零售商推出了美容纺织品，但这些通常只在市场上停留几个季节。缺乏显著和可持续的商业成功的原因有两个：第一，这些美容纺织品的宣传承诺太多，以至于超过了它们实际所能提供的功效。很少有厂商基于当前性能测试的结果达到其承诺的性能。其次，由于这是一项新技术，许多消费者对纺织品中嵌入化妆品概念持怀疑态度。

到目前为止，大多数已经面世的真正的美容产品，由于市场营销沟通不足，在消费者心中的信誉度面临挑战。不足为奇的是，最好的商业成功是通过销售渠道实现的，如电话购物或策略，允许对概念和产品的详细信息介绍得更具体。美容纺织品将从其市场中脱颖而出，这要归功于品牌卓越的产品质量、遵守 CEN 技术报告“美容品”中规定的规则以及经过深思熟虑的营销活动。传统化妆品品牌的逐步介入，将进一步增强美容纺织品理念的可信度。很有可能，有了美容纺织品和重新加载系统，能充分利用在人体表面自动皮肤护理的便捷性，将产生可持续的美容纺织业务。医用压缩纺织品上的保湿功能和裤袜、内衣和服装上的抗脂肪团/减肥功能是为纺织品结构和化妆品表面处理之间的良好协同作用而设计的，它们的增长可能会最强劲，因为它们满足了许多消费者明确而持久的需求。随着技术的进一步成熟，具有真正的头发生长延缓作用或自黑效果的美容纺织品可能出现，进而建立连接医疗功能的桥梁。

6.6 参考文献

[1] Information for these types of fi bres can be found at company websites, e. g. www. ovarelaloevera. com.

[2] Mathis R, Sladek H, Fuelleborn M, Emini S (2008). Finished Fibers and Textile Construction. Patent application WO2006015718 (A1).

[3] Oeko-Tex® Standards. Available: www. oeko-tex. com.

[4] Zyschka R, Brückmann R, Kammerer B, Schreiber H (2004). Wellness-Finish with Vitamin E. *Textilveredelung*, 7/8: 10-13.

[5] Y. Frere, L. Danicher, S. Berger. Capsules with a modifi ed surface for grafting onto fibres. US patent No. 2009325438 (A1); French patent application: 02 05988 filed on May 5, 2002 entitled ‘Fibres textiles greffées par des capsules composites’ in the name of the CNRS and naming as inventors Y. Frere, L. Danicher and S. Berger.

[6] ISO. *Cosmetics-Guideline on Good Manufacturing Practices* (GMP; ISO 22716). Available: www. iso. org or www. ikw. org.

[7] CEN: CEN/TR 15917: 2009. Cosmetotextiles. Available: www. cen. eu.

[8] Downing DT, Stewart ME (2000). Epidermal composition. In Dry Skin and Moisturizers: Chemistry and Function. Loden and Maibach (eds.). CRC Press, London, pp. 13-26.

[9] Haake A, Scott GA, Holbrook KA (2001). Structure and function of the skin: Overview of the epidermis and dermis. In The Biology of the Skin. Freinkel RK, Woodley DT (eds.). New York: The Parthenon Publishing Group, pp. 19-46.

[10] European Union (1976). Council Directive 76/768/EEC of 27 July 1976 on the approximation of the laws of the Member States relating to cosmetic products (EU Cosmetics Directive) Available: eur-lex. europa. eu/LexUriServ/LexUriServ. do? uri=CONSLEG: 1976L0768: 20080424: en: PDF).

[11] Australia: NICNAS Cosmetic guidelines, 2007. Available: www. nicnas. gov. au/Current _ Issues/Cosmetics. asp.

[12] CANADA cosmetic regulations. Available: http: //www. hc-sc. gc. ca/cps-spc/person/cosmet/index-eng. php.

[13] FDA Cosmetics. Available: www. fda. gov/Cosmetics/GuidanceComplianceRegulatoryInformation/default. htm.

[14] EU CosIng List of functions. Available: (http: //ec. europa. eu/enterprise/cosmetics/cosing/index. cfm? fuseaction=ref _ data. functions).

[15] Colipa. Guidelines for the evaluation of the efficacy of cosmetic products, 2nd edition (2001). Available: www. colipa. eu.

[16] ASEAN Cosmetic claim guideline, Appendix Ⅲ, 2007. Available: www. bfad. gov. ph/oldsite/ACCSQ%20COSMETIC/converted%20files/Appendix%20Ⅲ _ ASEAN%20Cosmetic%20Claim%20Guideline. pdf.

[17] CANADA (2006). Guidelines for Cosmetic advertising and labeling claims (ISBN0-662-49001-0). Available: www. hc-sc. gc. ca/cps-spc/alt _ formats/hecs-sesc/pdf/pubs/indust/cosmet/guidelines-ld-eng. pdf.

[18] Colipa. Guidelines for the evaluation of the efficacy of cosmetic products, 2008. Available: www. colipa. eu.

[19] CTPA guide to Cosmetic Claims (2008). Available: www. ctpa. org. uk.

[20] Jünger M, Riebe H, Haase H, Ladwig A (2006). Compression stocking for transdermal skin care (RCZ) 48 Jahrestagung der Deutschen Gesellschaft für Phlebologie. Available: www. medizin. uni-greifswald. de/haut/fileadmin/user _ upload/lehre/2009 _ Wundkurs/Venotrain _ micro _ balance. pdf.

[21] Mathis, R, Mehling A (2007). A cool approach to well-being with textiles. *Specialty Chemicals Magazine*, 27-28 November.

[22] European Union (2009). The Regulation (EC) No 1223/2009 of the European Parliament and of the Council of 30 November 2009 on Cosmetic Products. Available: http: //eurlex. europa. eu/LexUriServ/LexUriServ. do? uri = OJ: L: 2009: 342: 0059: 0209: EN: PDF).

[23] European Union (2007). Manual on the scope of application of the Cosmetics Directive 76/768/EEC (Art. 1 (1) Cosmetics Directive) Version 4.0 (June 2007) (Borderline Manual) Available: http: //ec. europa. eu/enterprise/cosmetics/doc/manual _ borderlines _ version40. pdf).

[24] SCCP. Notes of guidance. Available: (http: //ec. europa. eu/health/ph _ risk/committees/04 _ sccp/docs/sccp _ o _ 03j. pdf).

第 7 章

释药纺织品

U. S. Toti，S. G. Kumbar，C. T. Laurencin，
R. Mathew，D. Balasubramaniam
美国康涅狄格大学卫生中心

摘要： 由于药物溶解度差会在体内快速被清除，传统的药物递送剂型和全身给药途径常常不能达到药物治疗有效浓度。控制给药策略克服传统剂型的一系列缺点，提供了切实可行和有效的方案，包括有效治疗浓度下延长药物释放时间、特定部位给药和改善患者依从性。尽管微米/纳米聚合物颗粒和经皮给药系统已经显示出很大的前景，但它们通常需要多步程序，导致生产困难以及依赖于聚合物的不同特性。基础的药物生物活性绷带具有良好的成本效益，已广泛用于伤口护理。近年来，药用纺织品已成为具有潜力作为局部和全身药物输送系统的替代方案。本章将概述药物控释纺织品的制备、表征及其在治疗各种疾病中的潜在应用。

关键词： 抗菌屏障，生物活性纺织品，药物输送，非织造织物药物洗脱织物，生物活性支架，伤口敷料。

7.1 引言

传统的口服和静脉路径是非常普遍的给药方式，其需要反复给药以保持治疗药物浓度。在很多情况下，全身给药具有吸收不充分或降解不完全的缺点（Goldburg 和 Gomez-Orellana，2003 年），生物利用度较差。在药物消除率高的情况下，体内药物浓度上升和下降过快。当药物浓度过高甚至超过药物毒性浓度时会产生不良反应；当药物浓度过低，又不能达到药物有效治疗浓度。此外，传统的剂型在抗肿瘤治疗以及蛋白质类特效药物方面由于缺乏靶位点特异性，也是一个重要问题（Torchiin 和 Lukyanov，2003 年）。

与传统给药方式有关的上述问题可以通过控制/药物持续传递等手段得以有效解决（Ranade 和 Hollinger，2004 年；Park，1998 年）。当下控制药物释放的策略包括：乳剂（Davis，2004 年；Constantinides，1995 年）、肠包衣（Watts and Illum，1997 年；

Maestrelli 等，2008 年)，基于扩散、侵蚀和溶解体系的基质（Pappas，1997 年）以及药物前体（Järvinen 和 Savolainen，2008 年；Stella 和 NTI-Addae，2007 年；Greco 和 Vincent，2008 年)，此外，还有胶束体系（Francis 等，2004 年；Duncan，2003 年)。肠包衣通常用于保护药物免受胃里高酸性 pH 环境的影响。在这种方法中，固体药物剂型将涂上 pH 敏感物质，在肠道 pH 环境下溶解释放药物。在以基质为基础的药物控释系统中，药物将被包裹在不溶或可溶的基质中，达到药物释放受控和延长释放的手段。基于这些基质的药物，其释放特性极大程度上取决于包封材料的特性、包封模式、药物包封的浓度以及基质结构等各种参数，从而灵活控制药物释放速度达到治疗效果。例如，在交联的亲水性基质中，药物通过扩散的方式释放，释放速率可以通过改变聚合物的密度来控制。表面侵蚀在疏水基质中运用广泛，其通过基质的逐层腐蚀而释放出包封的药物。以水凝胶为基础的微米/纳米基质可用于释放亲水性和疏水性药物（Kabanov 和 Vinogradov，2009 年)。缓释片、应激性水凝胶和微米/纳米颗粒是以基质为基础的系统的常见例子，分别用于口服、局部和全身/静脉给药。但是，均匀纳米颗粒生产复杂，因而不可能像其他以基质为基础的系统那样经济。

前药是药物与亲水小分子或聚合物共价结合的一类药物传递系统。这类系统的设计是为了提高肠内和肠外给药的水溶性药物的溶解度。然而，受到生理环境的影响，这类系统无法保护药物不被降解。胶束系统由两亲性聚合物组成，具有自组装形成纳米颗粒体系，可以将疏水药物包封在亲脂核内。聚合物胶束通过扩散和侵蚀释放包封药物。也有研究者尝试通过共价结合药物自组装两亲性聚合物（Jun 等，2008 年)。一般来说，胶束给药系统缺乏较高的载药能力。脂质体虽然对水溶性和不溶性药物具有高载药量，但稳定性差。也有不少研究用各种功能基团和引导分子来改良上述输送体系的表面特性，以达到位点特异性（Saad 等，2008 年；Ding 等，2006 年；Low 和 Antony，2004 年)。

通过皮肤给药（经皮给药）可以有效地解决全身给药的缺点。这种方式对治疗疼痛、晕厥、心血管疾病、皮肤癌、女性性功能障碍、真菌/细菌感染和各种激素功能障碍方面非常有效和具备吸引力（Prausnitz 等，2004 年)。涂于皮肤上的载药膜材料可通过皮肤渗透将药物安全地递送至特定部位，避免全身给药。然而，皮肤的最外层——角质层起着屏障的作用，限制了药物的选择和用量。正在继续努力提高药物的渗透性，并将其应用于各种疾病，扩宽备选药物种类（Benson，2005 年)。

因此，理想的给药系统应是生物相容性的、惰性的、力学性能好的、对患者舒适的、具有高载药量、安全的（无意外释放)，并且具有操作简单、脱靶量最小、制造经济和易于消毒的特点。然而，没有一种单一的药物输送系统或方法可以满足所有的需要。为了寻找这样一种理想的药物输送系统，纺织品提供了有希望的替代办法，即使不能克服所有缺点，也有可能克服大多数缺点。本章将讨论基于纺织品的药物输送系统的制造、特性及其在治疗各种疾病中的潜在应用。

7.2 释药纺织品的分类

以纺织品为基础的药物输送系统大致可分为两大类，即释药机织物和释药非机织物。根据纤维的种类和性质，这些织物可以是可降解的，也可以是不可降解的。在所有这些形式中，单个纤维可能在纤维结构中含有生物活性剂或药物，或药物可能以共价键结合于织物表面。近年来，静电纺丝非织造布在药物输送等生物医学领域得到了广泛的应用。以单丝或其编织带形式载药的长纤维也被开发出来，并被用作伤口闭合的缝合线。

7.2.1 释药机织物

这种系统要求使用可以包裹药物或生物活性剂的纤维织物生产。另外，机织物也可以在适当的物理或化学改性剂存在的情况下，用生物活性剂或药物共同作用于生物活性基团。一般来说，机织物上的药物会被物理吸附、涂层、包裹或共价键结合在织物上。医用机织物除了具有药物洗脱性能外，还具有精确的几何形状、孔隙结构和强度，适用于多种生物医学应用。载药机织品广泛用作生物活性绷带、人工皮肤移植替代物、组织修复和再生支架、芳香疗法和其他局部应用等领域（Perelshtein 等，2008 年；Wollina 等，2003 年）。

7.2.2 释药非织造织物

将细小的纤维结合为片状或网状类似的结构，然后与包覆药物的纤维或长丝经机械、热和化学方法缠结后，就可以制造出释药非织造织物。非机织织物可以满足特定的要求，广泛用于细菌屏障、无菌包装、伤口敷料、帽子、手术服、口罩和手术单（Whyte 等，2005 年；Ohima 等，1987 年；Williamson 等，2004 年；Blom 等，2000 年）。

7.2.3 释药电纺非织造织物：纳米纤维

药物释放型纳米非织造织物是由聚合物溶液或熔体通过静电纺丝工艺制备的。所述聚合物药物溶液通过一个小孔口，此处施加一个高电压，通常为 5～30kV，以便从小孔孔口产生聚合物射流。在喷射过程中，它会在击中接地目标之间产生一系列剧烈的弯曲和拉伸运动，从而产生载药无纺织物。通过控制静电纺丝参数，可以调整纤维直径，使纤维在特定的方向上对齐，如电压、聚合物溶液流速、喷丝头和收集器之间的工作距离以及靶材结构，以达到预期的力学性能和药物释放模式（Kumbar 等，2006 年，2007 年 a）。

7.3 制备与表征

目前已采用多种载药方法制备释药纺织品，如涂层法、包封法、中空纤维法、离子交换法、包合物法和直接共轭法等。下面几节将详细讨论这些方法。

7.3.1 涂层法

涂层法是一种最简单的方法，通过药物直接在溶液中浸泡或通过微米、纳米级颗粒包裹（Ma 等，2009 年）。然而，载药效率将在很大程度上取决于纤维材料的性质以及生物活性剂/药物。例如，具有较高亲和力的药物很容易在聚合物表面形成较薄的药物层。在许多情况下，药物涂层织物在体内植入后立即释放药物。这种固有的缺点使它不那么受欢迎，可能不适合长时间释放药物。为规避这一问题，Ma 及其同事在棉织物上涂上了由药物微胶囊和黏合剂组成的膏体配方（Ma 等，2009 年）。这种方法可以有效地减少药物的初始释放量，药物的释放完全取决于药物微/纳米胶囊的性质。在这样的配方中，一个更大的挑战是保持药物装载胶囊附着在织物表面。Dubas 及其同事将涂层药物溶液浸涂在多层纤维上，其中尼龙纤维最初涂有药物溶液，其上沉积有一层蚕丝纤维（Dubas 等，2006 年）。将该过程依次重复，以达到长时间控释药物的目的。此外，科学家还尝试通过超声波（Perelshtein 等，2008 年）和离子束（Klueh 等，2000 年）照射，在银纳米颗粒表面涂覆一层，以创造抗菌表面。暴露于辐射能量后在纤维表面产生的自由基与纳米银形成共价稳定键，从而产生抗菌表面。

7.3.2 包封法

通过将织物浸泡在药物溶液中，可以在纤维结构中获得更高的载药量。药物通过扩散过程经溶胀而进入纤维结构（Hou 等，2006 年）。这种包封工艺只适用于药物溶液中溶胀的织物。载药量及其释放完全受药物溶解度和纤维溶胀指数的控制。

在纤维制备过程中，药物包封是最有效的方法之一（Nelson，2002 年）。该方法利用均相聚合物-药物溶液以合适的方法制备纤维。因此，药物和聚合物都必须溶解在同一个溶剂中。这种方法无需额外努力就可以达到所需药物载量，且药物均匀分散在整个纤维结构。在选择的溶解聚合物的溶剂体系中，如果药物的溶解性较差，可以通过分散细药物颗粒，然后搅拌或将系统暴露于超声波中来创建药物-聚合物悬浮液。因此，制备均相的药物-聚合物溶液或悬浮液都是用微流体装置进行挤出（Hwang 等，2008 年；Marimuthu 和 Kim，2010 年），拉伸和湿纺（Yu 等，2009 年），以及静电纺丝（Kumbar 等，2006 年；Xie 和 Wang，2006 年），都可以生产载药纤维。几种聚合物载药体系由聚乙烯、聚氨酯和聚醋酸乙烯酯共聚物等不可降解聚合物以及包括聚乳酸，聚乙醇酸，聚原酸酯和聚磷腈在内的可生物降解的聚合物制成。

在微流体挤出过程中，如图 7.1 所示，通过模芯入口注入有机溶剂中的均相聚合物-药物溶液，通过外部入口以相同的流速的输液泵同时注入药物-聚合物溶液的反溶剂。从芯部出来的载药纤维与反溶剂接触后会发生硬化，获得挤出的多孔纤维。这一过程是一种简易的溶胶-凝胶方法，如图 7.1 所示。

在湿法纺丝包封方法中，将含有纺丝溶液的生物活性剂从喷丝板中挤出，使其成为非常细的液流。在凝固浴中，这些液流凝固并转变为纤维，然后进行预拉伸和热拉伸，以产生负载生物活性分子的纤维。过程如图 7.2 所示。

上述药物包封方法，即湿法纺丝和微流体挤出技术，利用抗溶剂硬化载药纤维。在这种情况下，药物的包封效率可能会降低，这取决于反溶剂的性质、生物活性分子和接触时间，从而导致药物部分溶解到反溶剂中。

静电纺丝是一种简单且精细的方法，用于生产药物负载的非织造织物，由纳米纤维或微纤维组成，在各种生物医学中应用，包括组织工程（Kumbar 等，2006 年，2007 年 b）。静电纺丝是由施加在均相药物-聚合物溶液或悬浮液上的静电作用力驱动的，一种典型的静电纺丝过程如图 7.3 所示，其中电压作用于从注射器或毛细微管中垂下来的聚合物熔体或熔体的液滴。当施加的电压超过反向作用的液体力，如表面张力和黏度，一束细聚合物射流从孔喷出。在低黏度溶液中，聚合物射流可能会分解成电喷雾的液滴（Kumbar 等，2007 年 b）。在高黏度溶液中，聚合物射流经过一系列弯曲、缠绕、螺旋和环形运动，在达到靶极之前会产生超细的纤维。静电纺丝过程受各种系统参数和加工变量的控制，它们可以

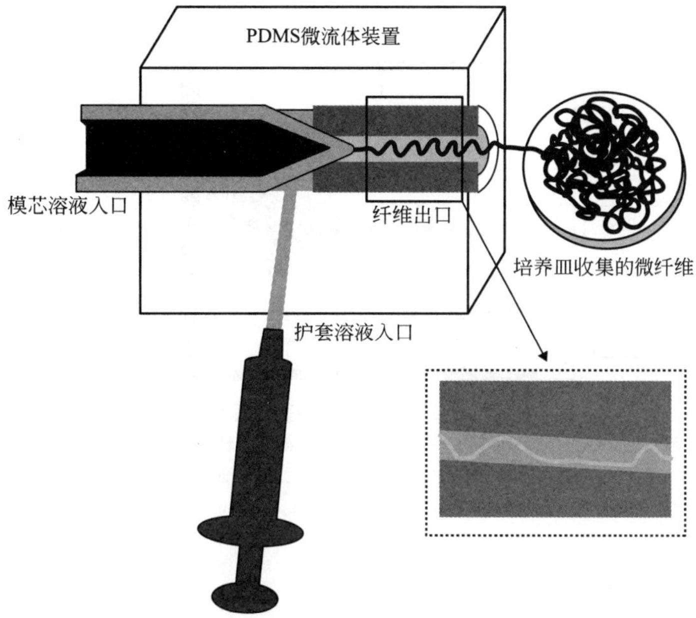

图 7.1　用于喷出微纤维的微流控装置示意图

微流控装置芯部的入口含有药物-聚合物溶液等有机溶剂，护套中含有溶液的抗溶剂。药物-聚合物溶液与抗溶剂接触后沉淀，产生载药纤维。将毛细管出口光纤的光学显微图作为插入件进行了研究

（转载获© Nature Publishers 2010 许可，图摘自 Marimuthu and Kim，2010 年）

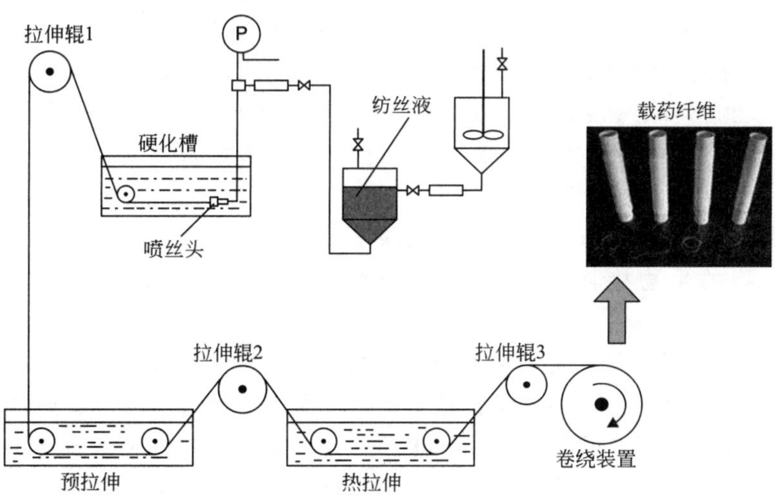

图 7.2　湿法纺丝载药纤维生产工艺

来自喷头的含有聚合物-药物悬浮液的纺丝液通过硬化、预拉伸和热拉伸浴产生载药连续纤维

（转载获© Elsevier 2009 许可，图片摘自 Yu 等，2009 年）

调控纤维的发展，以便从各种各样的材料中制备不同尺寸和形状的纤维（Jayaraman 等，2004 年；Francot 和 Chronakis，2003 年；Theron 等，2004 年）。可以改变系统参数从而控制纳米纤维的形态和直径，还包括聚合物性能。静电纺丝是一种温和、高效和高度灵活的工艺，可以直接将疏水和亲水性药物/蛋白质结合到纤维的本体相中（Chew 等，2005 年；Kumbar 等，2006 年；Xie 和 Wang，2006 年；Verreck 等，2003 年 a；Pornsoone 等，2007 年）。

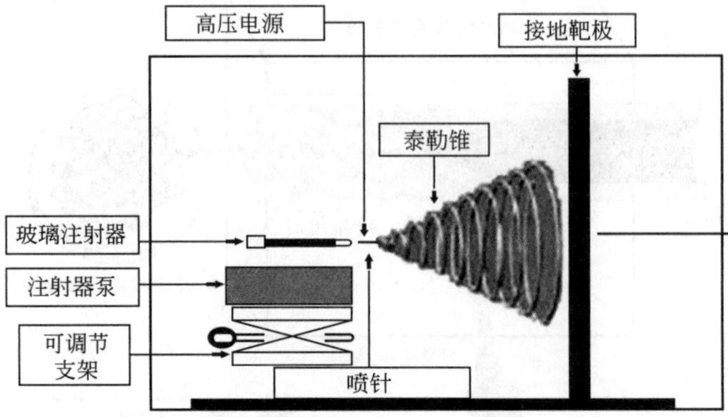

图 7.3 静电纺丝过程示意图

高压电源正极端施加到钝端针尖，均相药物-聚合物溶液从该针尖流出。在适当的外加电压下，聚合物射流从针尖喷出，并在击中接地靶极之前变细（转载获© American Scientific Publishers 2006 许可，图片摘自 Kumbar et al.，2006 年）

7.3.3 生物接枝法

在这种方法中，生物活性分子或药物将通过化学（共价键）或物理手段耦合到纺织品表面，以实现药物的控制释放以及特定位点的药物释放（Yoo 等，2009 年；Kim 等，2007 年）。为了达到共价键结合，要求织物表面需要有现成的官能团。此外，还可以使用多种技术在织物表面创建官能团，包括等离子体处理、湿化学方法、接枝和共纺丝。这些方法的示意图如图 7.4 所示。每个过程的程序细节可以在其他地方找到（Yoo 等，2009 年）。

利用等离子体对织物表面进行处理会产生各种官能团，这取决于用于制造等离子体的气体（Zhu 等，2005 年；Park 等，2007 年）。利用表面具有活性官能团的织物与多种细胞外基质成分结合，如明胶、胶原、层粘连蛋白和纤维连接蛋白（He 等，2005 年，2006 年；Baek 等，2008 年；Koh 等，2008 年）。在致密的织物网格或非织造织物中，由于等离子体不能深入到织物的内部，共轭作用仅限于表面。通过表面部分水解作用可以有效地实现致密的织物的生物接枝（Croll 等，2004 年；Sun 和 Onneby，2006 年；Zhu 等，2002 年）。

接枝共聚是生物活性分子与织物表面结合的另一种具有吸引力的技术。生物活性分子通过辐射或化学物质产生的自由基被接枝到织物表面。通过辐射诱导甲基丙烯酸酯接枝聚合，然后用亚硫酸钠开环，将磺酸基引入聚乙烯非织造织物中（Kim 和 Saito，1999 年）。这些磺酸基被用来与银离子结合，以制备抗菌织物。Yao 及其同事用氩等离子体处理聚氨酯（PU）纳米纤维织物，引入氧化物和过氧化物基团（Yao 等，2008 年）。这些织物采用 4-乙烯基吡啶浸渍涂层，并通过紫外辐射引发聚合反应得到聚氨酯接枝的聚（4-乙烯基吡啶）。通过引入吡啶季铵盐和溴化己基，制备了抗菌功能的聚氨酯纳米纤维表面。Chen 及其同事使用类似的共轭方法，将聚（*N*-异丙基酰胺）接枝到非织造聚乙烯织物表面，得到了能对温度变化做出反应的智能织物。这些智能织物被广泛应用于各种生物医学应用中，外部温度的变化会导致纺织品产生反应并释放生物活性物质（Chen 等，2002 年）。此外，类似的方法也被用来在织物的纤维上引入各种官能团，这些官能团被用来与细胞外基质组分或药物结合，以改进它们的生物学性能（Ma 等，2005 年）。

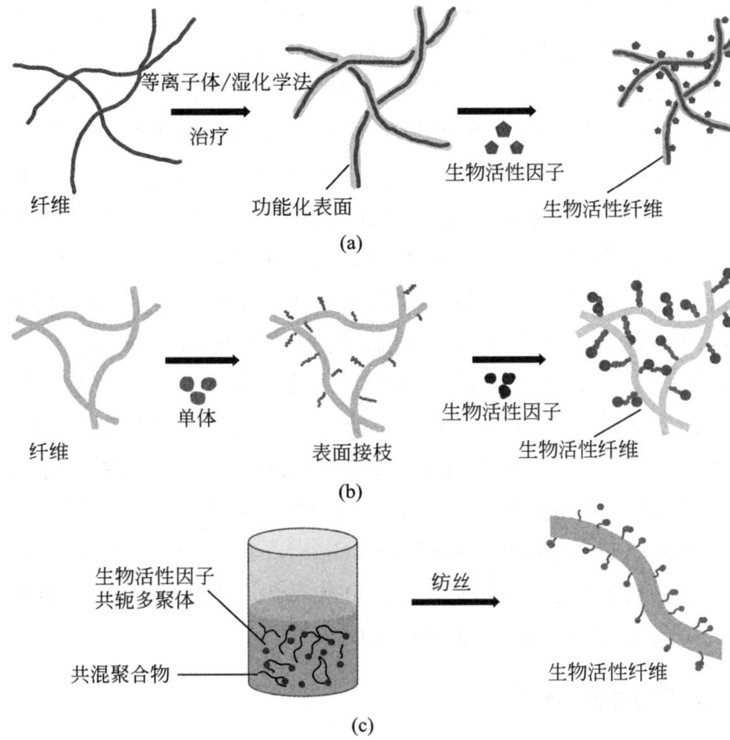

图 7.4 实现生物活性织物表面的各种生物偶联工艺示意图

(a) 等离子体/湿法化学处理；(b) 表面接枝共聚；(c) 共纺丝。每种方法的选择取决于织物的性质、生物活性分子和织物厚度（转载获© Elsevier 2009 授权，图改编自 Yoo 等，2009 年）

共纺是另一种通过共纺丝在纤维表面引入官能团的方法，不同聚合物的结构中含有不同的功能，如图 7.4 所示。为了获得可重复使用的结果，在共纺丝前获得均匀的聚合物共混溶液是重要的。

7.3.4 包合物

包合物利用了在较大分子腔中附着小分子的原理。环糊精是在纺织品和其他药物制剂中生产包合物最常用的较大分子（Davis 和 Brewster，2004 年）。环糊精具有独特的疏水内部和亲水表面，是制备疏水络合药物的理想选择。通过上述生物共轭法将环糊精固定在纤维的表面。用环糊精-环丙沙星包合物包涵体包覆法制备了抗生素固定化聚酰胺纤维（Ghoul 等，2008 年）。将疏水环糊精组分直接附着在纳米纤维上，同时将亲水性基团暴露在表面以产生药物复合物（Buschmann 等，2001 年）。采用接枝技术将环糊精引入聚酰胺和聚氨酯织物上，制备药物包合物（Nichifor 等，2009 年）。还试图在织物表面引入环糊精衍生物，以生成包合物（Buschmann 等，2001 年）。其他一些较大分子，如富勒烯、氮杂环醚及其衍生物，也被尝试制造包合物（Breteler 等，2002 年）。

7.3.5 离子配合物

利用纤维表面存在的电荷，或者能产生电中性离子复合物的药物，都可使药物结合在织物表面。在这些复合物中，药物洗脱受织物表面优先交换反离子能力的影响（Jaskari

等，2001 年）。在这些系统中，药物分子充当可移动的反离子，并在生理系统中以交换离子形式释放。离子交换聚合物或浸渍有离子交换基团的聚合物是此类应用程序的普遍选择。由这种聚合物制成的织物在离子药物或生物活性分子溶液中孵育以产生离子络合。Liao 及其同事（Liao 等，2005 年）利用壳聚糖-海藻酸盐共混物制备带电荷表面的纤维球，并成功地产生药物络合。将地塞米松、胎牛血清蛋白、生长因子（PDGF-bb）、亲和素等多种生物活性分子与壳聚糖或海藻酸盐溶液混合制成载药织物。PDGF-bb、抗生物素蛋白等带正电荷的分子更容易与壳聚糖等带大量正电荷的聚合物溶液结合。以海藻酸盐溶液为底物，制备药物壳聚糖溶液，制备载药多离子复合纤维。相反，将带正电荷的药物分子与可电离的负离子混合，就会形成藻酸盐-药物的聚集物，而这些聚集物无法形成纤维结构。带负电荷的分子（胎牛血清蛋白和 FITC-胎牛血清蛋白）优先与海藻酸盐混合并在壳聚糖溶液中拉伸以制成载药纤维。Yao 等人利用离子络合原理，以呋塞米为负载剂，制备了以聚（乙烯-g-苯乙烯-三甲基氯化铵）阴离子交换织物为载体的胃黏膜黏附传递系统（Yao 等，2008 年 b）。采用类似的方法，Kim 和 Saito 将银离子附着在非织造织物上，利用表面的磺酸功能来制造抗菌织物（Kim 和 Saito，1999 年）。离子络合是一种非常简单和方便的方法，只在具有电荷功能的织物上负载带电的生物活性分子和药物。药物的释放可以通过调节表面离子交换基团的类型和浓度来改变。

7.3.6 载药纺织品的表征

生物活性医用纺织品的表征包括：它们的形态、力学性能、降解、载药效率和释放性能，在其开发过程中使用了多种分析技术以及体外和体内模型。

使用包括光学显微镜、扫描电子显微镜（SEM）和原子力显微镜（AFM）在内的微观技术表征织物表面形态。织物表面图像提供了有用的信息，包括纺织品的性质、纤维直径、形变和降解（Brewster 等，2004 年；He 等，2008 年）。形态学的研究也可以用来研究细胞的活力和扩散。利用扫描电镜分析（SEM），Kumbar 等人直观地展示了依赖纤维直径的细胞行为（Kumbar 等，2008 年）。

采用热重分析（TGA）和差示扫描量热法（DSC）测定包封药物的物理形态（Brewster 等，2004 年；He 等，2008 年）。包封药物的物理形态是决定药物释放动力学的重要因素。例如，高度结晶的药物比非晶态药物需要更长的时间释放胶囊药物。

为了确定最终应用的适宜性，迫切需要对药物纺织品进行测试。在涉及重复拉伸和释放的应用中，需要良好的力学稳定性以维持原始形状和尺寸。生物活性医用纺织品应具有足够的力学性能，以支持再生医学应用中器官或组织的修复和再生（Kumbaretal 等，2008 年）。

织物降解行为和模式为药物释放行为和体内性能提供了有价值的信息。降解研究通常在生理温度下的模拟体液（SBF）中进行。为了模拟体内条件，还可以在 SBF 中添加酶。将已知质量的织物放置在降解介质中孵育，在不同的时间间隔内观察形态、力学强度和分子量的变化，以确定体外降解的程度（Cui 等，2006 年）。

可以通过使用溶剂提取药物，然后通过定量来确定药物装载效率。生物活性物质的体外释放可在 37℃的 SBF 中进行，如磷酸盐缓冲盐水（PBS），通过合适的分析方法可对释放的药物进行定量。简而言之，将已知质量的药用纺织品在恒定搅拌下悬浮在诸如 PBS 的溶解介质中。定期取出已知量的溶解介质，并使用高效液相色谱（HPLC）、凝胶渗透色谱（GPC）、量热法和质谱法等分析技术对药物含量进行分析。选择合适的定量分析技术取决于多种因素，包括药物性质、分子量、稳定性、方便性和准确度。经皮应用的药物纺织品使用 Franz 型扩散细胞（Kreilgaard 等，2000 年；Romonchuk 和 Bunge，2010 年）研究药物的体外释放行为。另外，在体外药物释放的研究中，也广泛使用了叶片式圆盘组装（Mittal 等，2009 年）和旋转圆筒式扩散细胞（Verreck 等，2003 年 b）。

通过合适的体外细胞培养条件或体内动物模型，可以确定医用生物活性织物的最终性能。通过使用各种技术（包括组织学）在不同时间间隔评估样品，确定生物活性织物的功效。

7.4 释药纺织品的应用

纺织品具有比表面积大、投药工艺简单等特点，在控释药物的应用中得到了广泛的应用。以医用为基础的纺织产品已经被设计出来，主要用于伤口护理、跨皮肤给药（经皮给药）、抗真菌/微生物屏障、抗癌药物和眼科药物载体。以下部分将讨论几个不同用途的医用纺织品示例。

7.4.1 释药纺织品在伤口护理中的应用

控制水蒸气输送和氧气的渗透性，是促进创面愈合的基本要求。除这些特性外，理想的伤口敷料也应具备优良的抗微生物渗透性能。对于慢性伤口，必须用抗生素治疗，以消除可能的感染。机织和非织造纺织品都具有很小的孔径，允许控制液体运输和抵抗感染微生物的渗透。近年来，医用可降解和不可降解的电纺非织造织物被开发成为医用敷料（Katti 等，2004 年；Kenawy 等，2002 年；Kim 等，2003 年、2004 年；Zong 等，2004 年；Ghoul 等，2008 年；Wang 等，2009 年；Williamson 等，2004 年；Wollina 等，2003 年）。Kenawy 等人用不可降解聚合物聚乙烯-醋酸乙烯酯（PEVA），可生物降解聚合物聚乳酸（PLA），聚乙烯-醋酸乙烯酯（PEVA）与聚乳酸（PLA），将二者以 50∶50 混合比组成的共混物为原料，制备了用于释放盐酸四环素的电纺丝织物（Kenaw，2002 年）。与电纺聚乳酸相比，电纺 PEVA 具有更快的释放动力学。暴发释放后，会有一个缓慢的释放。共混织物中四环素的释放速率介于 PEVA 和 PLA 之间，说明通过改变聚合物基质来控制释放速率是可行的。在大鼠模型中，PLAGA 及其聚乙二醇基共聚物的抗菌非织造织物可以保持包封的 Mefoxin® 的活性，并在体外成功抑制金黄色葡萄球菌的生长，促进大鼠体内创面愈合（Kim 等，2004 年；Zong 等，2004 年）。环糊精装饰聚酰胺抗菌织物可保留包封的环丙沙星的活性，对金黄色葡萄球菌、表皮葡萄球菌和大肠杆菌均有一定的抑制作用（Ghoul 等，2008 年）。以柠檬酸为交联剂，将环糊精接枝到聚酰胺（PA）纤维上。环丙沙星环糊精配合物附着在聚酰胺织物表面，与纯药物相比，由于比表面积增加，抗菌活性也有所提高。

抗菌羊毛织物是通过戊二醛反应将溶菌酶共价固定来制备的（Wang 等，2009 年）。动态培养条件，如摇瓶试验，对纯羊毛织物的抑菌率较高，如图 7.5 所示。共价溶菌酶的附着是持久的，即使在五次洗涤后仍能保持 43％的溶菌酶活性。这种抗菌纺织品在制造能够避免感染的外用医疗产品方面具有很大的吸引力。

装载卵清蛋白的聚己内酯非织造织物在 2 天内释放 60％的蛋白质，而装载卵清蛋白纳米颗粒的织物可以维持长达 14 天的释放（Williamson 等，2004 年）。这项研究表明，材料有可提供多样化因素的能力，如加快或减慢释放速率从而影响特定的伤口愈合阶段。

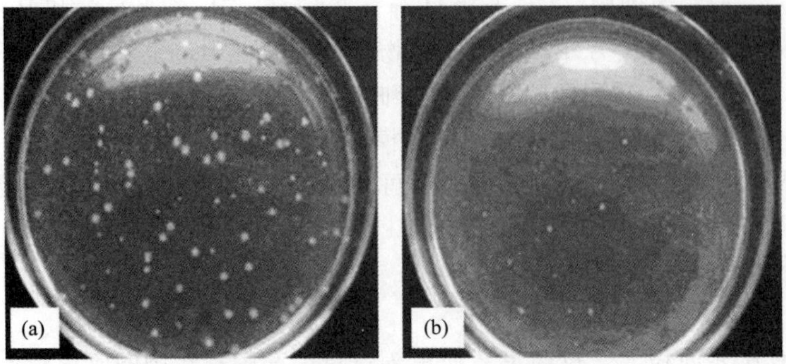

图 7.5　羊毛织物的抗菌效果检测

（a）未经处理的羊毛织物；（b）溶菌酶固定的羊毛织物。溶菌酶固定羊毛织物对金黄色葡萄球菌的抑菌率高达 81%（转载获© Springer 2009 许可，图片摘自 Wang 等，2009）

7.4.2　释药纺织品在局部/经皮给药中的应用

透皮/局部给药途径是有吸引力的，因为它们将所需的药物剂量和非特定部位的毒性降到最低。已经开发了几种机织和非织造织物来提供治疗各种疾病的生物活性药物。伊曲康唑药物织物被开发用于治疗真菌感染（Brewster 等，2004 年；Verreck 等，2003 年 a，b），聚氨酯（SPU）样品中伊曲康唑的释放量与载药量和纤维直径有关。聚氨酯中伊曲康唑的扩散遵循 Fick 动力学，在较低的载药情况下未发生药物的初始暴发释放（Verreck 等，2003 年 a，b）。还通过静电纺丝开发了水溶性聚合物羟丙基甲基纤维素（HPMC）中的伊曲康唑制剂（Verreck 等，2003 年 a，b）。通过改变药物/聚合物的配比、纤维直径等不同的参数，可以影响水不溶性药物在水环境中的释放特性。

采用静电纺丝法制备了含四环素、盐酸氯霉素和两性霉素 B 的 PLA 和 PCL 抗生素非织造布（Buschie-Diller 等，2007 年）。与 PLA 织物相比，PCL 织物由于基体结晶度的提高，抗生素的释放速度快，且几乎完全释放。这些基质对革兰氏阳性菌和革兰氏阴性菌均有抑制作用。

抗细菌纺织品治疗儿童特应性湿疹（Gauger 等，2003 年）和特应性皮炎（Ricci 等，2006 年）的临床研究已有报道。Gauger 等研究了银涂层纺织品对 15 例因金黄色葡萄球菌定植而诊断为全身性或局限性特应性湿疹的患者肘部屈曲的治疗效果。作为对照组，一只手臂采用无银涂层织物覆盖了七天，结果有银涂层组在各时间点的局部特应性皮炎（SCORAD）评分均低于未镀银组，局部 SCORAD 在第 7 天和第 14 天出现明显降低。药物透皮纺织品制剂将是一种吸引人的、方便给儿童提供各种药物的方法。

在另一项临床研究中，使用烷氧基硅烷季铵盐涂层丝织物治疗小儿特应性皮炎（Ricci 等，2006 年）。每个患者都接受含有涂层和不含有涂层的丝织品治疗 7 天。并在初始时、治疗 1h、治疗 7 天后用标准培养拭子和琼脂平板对细菌制剂进行定量，并进行微生物检查。在这两个覆盖区域，与初始治疗时相比，7 天后都观察到“局部 SCORAD 评分”明显下降，表明涂层丝绸织物没有优于非涂层织物的优势。

负载布洛芬的 PAN/PCL 非织造织物在释放 15%初始药物后，可以在 16 天内以几乎恒定的速率释放包裹的药物（Yu 等，2008 年）。布洛芬累积释放曲线表明该方式适用于释放止痛药。这种透皮贴剂对于有效治疗疼痛是非常理想的材料。

聚乙烯醇（PVA）电纺织物，含有四种非甾体抗炎药物：水杨酸钠（可溶于水）、双氯芬酸钠（少量溶于水）、萘普生和吲哚美辛（均不溶于水），均被用于炎症治疗（Taepaiboon 等，2006 年）。使用猪皮在 Franz 扩散池中进行非甾体抗炎药（NSAIDs）的释放，当使用电纺 PVA 纳米纤维时，药物释放 1440min。作者还证明了通过交联反应改变 NSAID 释放速率的能力，其中交联与释放速率成反比（Taepaiboon 等，2007 年 a）。

负载美洛昔康的聚乙烯醇电纺织物与聚乙烯醇纤维膜相比，由于表面积高，释放出的药物量可增加三倍（Ngawilunpat 等，2009 年）。醋酸纤维素（CA）非织造织物能成功地控制维生素的释放，而在纤维膜中会导致维生素的爆发性释放（Taepaiboon 等，2007 年 b）。此外，电纺没食子酸包封的 PLLA 基质也被开发为抗菌表面，以避免感染（Chuysinuan 等，2009 年）。

Nichifor 和他的同事通过 β-环糊精接枝包合物开发了曲克芦丁（Trox）接枝的聚酰胺（PA）织物，可用于治疗静脉功能不全、痔疮和毛细血管脆性（Nichifor 等，2009 年）。体外释放显示，该药物具有快速的物理释放作用，与化学结合（15%）相比，Trox 在 24 小时内的结合率为 90%。在 Wistar 成年雄性大鼠身上进行的体内试验研究也显示了与体外观察类似的结果。化学结合的 Trox 在所有部位都表现出更高的荧光强度，并且在给药后 24～48h 达到最大值。

7.4.3 释药纺织品在再生医学中的应用

机织和非织造织物都被广泛研究作为临时组织替代品（支架），以修复和再生组织。具体来说，电纺非织造织物作为仿生支架被用于修复多个软组织（Kumbar 等，2008 年）。电纺非织造织物与天然细胞外基质（ECM）结构相似，具有超细连续纤维、高表面体积比、孔隙率大、孔径分布多变等特点。细胞的黏附、增殖、迁移、分化和细胞形态等多种细胞活动受细胞所在的细胞外基质影响，这一点已得到很好的证明。而非织造织物基质呈现出相互关联的高度多孔结构，以促进细胞迁移和营养物质以及代谢废物的运输，以便形成新的组织（Kumbar 等，2007 年 a，b）。具有提供生物功能活性的物质包括抗生素、生长因子和其他几种化疗药物在内的非织造织物，具有促进组织生成的能力。类细胞外基质环境与生长因子相结合可以为祖细胞在支架上的附着和分化提供理想的环境，促使其分化为需要的组织。Greisler 等（1996 年）发现联合成纤维细胞生长因子（FGF）的涤纶涂层和聚（二氧环己酮）人造血管可以促进血管内皮化。为了促进血管内皮化和减少血栓形成，Bide 等（2001 年）将表面固定血管内皮生长因子（VEGF）和抗凝血剂水蛭素用于针织聚酯纤维移植。

与单独使用钛织物组和缺损对照组相比，涂覆有羟基磷灰石（HA）的 FGF-2 生长因子钛（Ti）非织造织物可以提高兔颅盖缺损的骨愈合速度（Ichinohe 等，2008 年）。FGF-2 涂层钛支架诱导骨形成明显增高，伴有成骨细胞、血细胞、纤维组织和骨髓样结构。结合的 FGF-2 可以显著提高骨骼的形成，这是由于更长的持续时间可以保留和控制因子的洗脱。

通过结合骨形态发生蛋白（BMP-2）和神经生长因子等生长因子（NGF）到纳米纤

维上，努力促进成骨（Nie 等，2008 年；Li 等，2006 年）和神经再生（Yan 等，2009 年）。抗生素洗脱非织造布广泛用于避免感染、克服术后粘连、促进伤口愈合等方面（Bolgen 等，2007 年）。关于生物活性因子洗脱纳米纤维基质用于多种生物医学应用的文献很多，可以在其他地方阅读（Kumbar 等，2006 年）。

7.4.4 释药纺织品在各种药物传送中的应用

在体外培养中，抗癌药物盐酸阿霉素（Dox）的非织造织物配方对胶质瘤细胞（C6 细胞系）有效（Xu 等，2005 年）。这些纳米纤维制剂释放 1,3-双(2-氯乙基)-1-亚硝基脲（BCNU）达 72h，并在体外抑制 93%的 C6 细胞生长（Xu 等，2006 年）。

一种提高疏水药物水溶性的方法是制备其纳米制剂。疏水化疗药物如紫杉醇和利福平的非织造布制剂可以提高药物的水溶性（Zeng 等，2003 年、2005 年；Xie 和 Wang，2006 年）。这些纳米纤维制剂可以按照高度期望的零级释放模式以恒定速率释放疏水性药物。同样的纳米纤维制剂可以迅速释放包封的亲水性药物。为了达到预期的释放模式，需要根据药物的性质来选择合适的聚合物体系、粒径和载药浓度。聚(*N*-异丙基丙烯酰胺)-共聚苯乙烯（PNIPAM-*co*-PS）温敏非织造织物可使抗癌药物柔红霉素的释放控制在较低的临界溶液温度（LCST）。与单纯柔红霉素药物相比，这些制剂对耐药白血病 K562 细胞生长有显著抑制作用（Song 等，2008 年）。

为了提高药物的溶解度和生物利用度，制备了几种非织造织物制剂（Brewster 等，2004 年；Yao 等，2008 年 a，b，2009 年）。含有非织造织物制剂的离子交换基团被开发成胃黏附传递系统，以提高难溶性药物的药物生物利用度（Yao 等，2008 年 a，b）。含有眼科药物的非织造织物制剂可以长时间保持药物浓度，从而提高隐形眼镜的疗效（Tauber 等，2009 年）。含有感冒药物的非织造织物制剂能有效地延长药物作用时间（Weinworth 等，2007 年）。

7.5 结论

近年来，药物洗脱织物的设计和优化已成为各种生物医学应用研究的重点。纺织品制剂能明显提高难溶药物的水溶性，并已被用于全身和局部给药。需要在合适的动物模型中对药物洗脱纺织品进行更多的测试来调整临床效果。织造和非织造纺织物给药系统所具有的独特性能，包括高比表面积、载药量、制造方便性和表面修饰选择性，这使它们成为目前药物释放装置有吸引力的替代品。电纺非织造织物，作为纺织物和可降解非织造织物的复合体，具有递药能力，作为组织工程应用的支架材料，引起了人们的广泛关注。

7.6 未来趋势

无论是织造织物还是非织造织物，都呈现出与天然 ECM 相似的形态，包括连续纤维、高比表面积和孔隙率。这些显著的表面特性使得它们成为包括药物递送在内的多种生物医学应用的有吸引力的选择。大多数文献报道主要集中在优化设计参数，用以封装或共价附加药物到织物表面。进一步的药物洗脱纺织特性往往受限于体外药物释放和细胞应答。然而，药物纺织品的最终性能必须在合适的动物模型中进行测试。药物洗脱纺织品往往存在药物包封效率差的问题，由于药物表面积高，大部分药物会在几个小时内释放出来。今后的工作需要集中在提高药物的包封效率和延长药物释放时间上，以满足临床需要。虽然已经提出了核壳结构设计、共价键药物结合和聚合物药物结合等替代方法，但它们往往需要复杂的合成过程和表面功能的高可利用性来辅助共价键结合。迫切需要开发出简单的程序和规程来制造用于商业可变性的药物洗脱纺织品。由静电纺丝制成的无纺药物洗脱纺织品利用几种氟化和有毒的有机溶剂溶解聚合物。这些有毒的溶剂可能会影响几种生物聚合物和蛋白质的结构构象并导致非理想的细胞应答。因此，一般来说，用水性溶剂或低毒性溶剂取代有毒有机溶剂是至关重要的，同时需要避免在载药过程中使用高温。未来的药物传递系统可以利用纳米级可植入的传感器，以便调节这些纺织物的生物活性物质的释放。例如，药物输送纺织物可以使用葡萄糖传感器来监测血糖水平，也可以通过酶或其他物理手段释放包封的胰岛素来治疗糖尿病等慢性疾病。生理响应性聚合物可用于设计“智能”化学治疗剂洗脱纺织品，以局部治疗癌症组织。药物释放可基于肿瘤的微环境进行设计。

由于 ECM 结构的相似性，纺织品在组织工程应用中可影响细胞附着、增殖和分化。然而，这些织物可以模仿自然组织的力学性能，而且是必须达到的。目前正努力通过几种聚合物的组合、纤维直径和纤维取向来改进电纺纳米纤维的力学性能，使其与天然组织相匹配。必须努力提高生长因子和蛋白质的包封率和生物活性以便实现更好的组织再生。此外，还需要作出更多的努力以提高医药纺织物生产、包装、运输、处理的效率。这些努力可进一步提高医用纺织品的使用效果，并且可以促进针对各种生物医学应用的商业可行技术的发展。

7.7 致谢

这项工作得到 NIHRO1EB004051、AR052536 和 NSFEFRI-0736002 的支持。Laurencin 博士是美国国家科学基金会的研究员总统奖的获得者。

7.8 其他信息资源

Ignatious F，Sun L，Lee C P and Baldoni J（2010）. Electrospun nanofibers in oral drug delivery，*Pharm Res*，27，576-588.

Kumbar S G，Nair L S，Bhattacharya S and Laurencin C T（2006）. Polymeric nanofibers as novel carriers for the delivery of therapeutic molecules，*J Nanosci Nanotechnol*，6，2607-2691.

Nierstrasz V A（2007）. Textile-based drug release systems，in Smart Textiles for Medicine and Healthcare：Materials，Systems and Applications，Langenhove L V（ed.），Woodhead Textiles Series No. 63，Woodhead Publishing，Cambridge，UK.

Sill T J，von Recum H A（2008），Electrospinning：applications in drug delivery and tissue engineering，*Biomaterials*，29，1989-2006.

Wollinaa U，Heide M，Müller-Litz W，Obenauf D and Ash J（2003）. Functional textiles in prevention of chronic wounds，wound healing and tissue engineering，in Elsner P，Hatch K，Wigger-Alberti W（eds），*Textiles and the Skin. Current Problems in Dermatology*，Karger，Basel，31，pp. 82-97.

Yoo H S, Kim T G and Park T G (2009). Surface-functionalized electrospun nanofibers for tissue engineering and drug delivery, *Adv Drug Delivery Rev* 61, 1033-1042.

7.9 参考文献

Baek H S, Park Y H, Ki C S, Park J C and Rah D K (2008). Enhanced chondrogenic responses of articular chondrocytes onto porous silk fibroin scaffolds treated with microwave-induced argon plasma, *Surf Coat Technol*, 202, 5794-5797.

Benson H A E (2005). Transdermal drug delivery: penetration enhancement techniques, *Curr Drug Delivery*, 2, 23-33.

Bide M J, Phaneuf M D, LoGerfo F V, Quist W C and Szycher M (2001). Arterial grafts as biomedical textiles. In: *Bioactive Fibres And Polymers*, Edwards J V and Vigo T L (eds.), American Chemical Society, pp. 125-154.

Blom A, Estela C, Bowker K, MacGowan A and Hardy J R (2000). The passage of bacteria through surgical drapes, *Ann R Coll Surg Engl*, 82, 405-407.

Bolgen N, Vargel I, Korkusuz P, Menceloglu Y Z and Piskin E (2007). In vivo performance of antibiotic embedded electrospun PCL membranes for prevention of abdominal adhesions, *J Biomed Mater Res B: Appl Biomater*, 81 (2), 530-543.

Brewster M E, Verreck G, Chun I, Rosenblatt J, Mensch J, et al. (2004). The use of polymer-based electrospun nanofibers containing amorphous drug dispersions for the delivery of poorly water-soluble pharmaceuticals, *Pharmazie*, 59, 387-391.

Buschle-Diller G, Cooper J, Xie Z, Wu Y, Waldrup J, *et al.* (2007). Release of antibiotics from electrospun bicomponent fibers, *Cellulose* 14, 553-562.

Buschmann H-J, Knittel D and Schollmeyer E (2001). New textile applications of cyclodextrins. *J Incl Phenom Macrocyclic Chem*, 40, 169-172.

Chen K S, Tsai J C and Chou C W (2002). Effects of additives on the photo-induced grafting polymerization of N-isopropylacrylamide gel onto PET film and PP nonwoven fabric surface, *Mater Sci Eng C*, 20, 203-208.

Chew S Y, Wen J, Yim E K and Leong K W (2005). Sustained release of proteins from electrospun biodegradable fibers, *Biomacromolecules*, 6, 2017-2024.

Chuysinuan P, Chimnoi N, Techasakul S and Supaphol P (2009). Gallic acid-loaded electrospun poly (L-lactic acid) fiber mats and their release characteristic, *Macromol. Chem. Phys*, 210, 814-822.

Constantinides P P (1995). Lipid microemulsions for improving drug dissolution and oral absorption: physical and biopharmaceutical aspects, *Pharm Res*, 12, 1561-1572.

Croll T I, O' Connor A J, Stevens G W and Cooper-White J J (2004). Controllable surface modification of poly (lactic-co-glycolic acid) (PLGA) by hydrolysis or aminolysis I: Physical, chemical, and theoretical aspects, *Biomacromolecules*, 5, 463-473.

Cui W, Li X, Zhu X, Yu G, Zhou S, et al. (2006). Investigation of drug release and matrix degradation of electrospun poly (DL-lactide) fibers with paracetanol inoculation, *Biomacromolecules*, 7, 1623-1629.

Davis M E and Brewster M E (2004). Cyclodextrin-based pharmaceutics: past, present and future, *Nat Rev Drug Discovery*, 3, 1023-1035.

Davis S S (2004). Coming of age of lipid-based drug delivery systems, *Adv Drug Delivery Rev*, 56, 1241-1242.

Ding B S, Dziubla T, Shuvaev V V, Muro S and Muzykantov V R (2006). Advanced drug delivery systems that target the vascular endothelium, *Mol Intervent*, 6 (2), 98-112.

Dubas S T, Kumlangdudsana P and Potiyaraj P (2006). Layer-by-layer deposition of antimicrobial silver nanoparticles on textile fibers, *Colloids Surf A*: 289, 105-109.

Duncan R (2003). The dawning era of polymer therapeutics, *Nat Rev Drug Discovery*, 2 (5), 347-360.

Francis M F, Cristea M and Winnik F M (2004). Polymeric micelles for oral drug delivery: Why and how, *Pure Appl Chem*, 76 (7-8), 1321-1335.

Frenot A and Chronakis I S (2003). Polymer nanofi bers assembled by electrospinning, *Curr Opin Colloid Interface Sci*, 8, 64-75.

Gauger A, Mempel M, Schekatz A, Schafer T, Ring, *et al*. (2003). Silver-coated textiles reduce *Staphylococcus aureus* colonization in patients with atopic eczema, *Dermatology*, 207, 15-21.

Ghoul Y E, Blanchemain N, Laurent C, Campagne C, Achari E L, *et al*. (2008). Chemical, biological and microbiological evaluation of cyclodextrin finished polyamide inguinal meshes, *Acta Biomater*, 4, 1392-1400.

Goldberg M and Gomez-Orellana I (2003). Challenges for the oral delivery of macromolecules, *Nat Rev Drug Discovery*, 2, 289-295.

Greco F and Vicent M J (2008). Polymer-drug conjugates: current status and future trends, *Front Biosci*, 13, 2744-2756.

Greisler H P, Gosselin C, Ren D, Kang S S and Du K, (1996). Bioactive polymers and tissue engineered blood vessels, *Biomaterials*, 17, 329-336.

He C L, Huang Z M and Han X J (2008). Fabrication of drug-loaded electrospun aligned fibrous threads for suture applications, *J Biomed Mater Res A*, 89A, 80-95.

He W, Ma Z W, Yong T, Teo W E and Ramakrishna S (2005). Fabrication of collagencoated biodegradable polymer nanofiber mesh and its potential for endothelial cells growth, *Biomaterials*, 26, 7606-7615.

He W, Yong T, Ma Z W, Inai R, Teo W E, *et al*. (2006). Biodegradable polymer nanofiber mesh to maintain functions of endothelial cells, *Tissue Eng*, 12, 2457-2466.

Hou Q, Maria C, Walsh R F, John J A B, Howdle S M, *et al*. (2006). Incorporation of proteins within alginate fibre-based scaffolds using a post-fabrication entrapment method, *J Pharm Pharmacol*, 58 (7), 895-902.

Hwang C M, Khademhosseini A, Park Y, Sun K and Lee S H (2008). Microfluidic chipbased fabrication of PLGA microfi ber scaffolds for tissue engineering, *Langmuir*, 24 (13), 6845-6851.

Ichinohe N, Kuboki Y and Tabata Y (2008). Bone regeneration using titanium nonwoven fabrics combined with FGF-2 release from gelatin hydrogel microspheres in rabbit skull defects, *Tissue Eng A*, 14 (10), 1663-1671.

Järvinen T and Savolainen J (2008). Prodrugs: design and clinical applications, *Nat Rev Drug Discovery*, 7, 255-270.

Jaskari T, Vuorio M, Kontturi K, Manzanares J A and Hirvonen J (2001). Ion exchange fibers an drugs: an equilibrium study, *J Controlled Release*, 70, 219-229.

Jayaraman K, Kotaki M, Zhang Y, Mo X and Ramakrishna S (2004). Recent advances in polymer nanofibers, *J Nanosci Nanotechnol*, 4, 52-65.

Jun Y J, Min J H, Jida E, Yoo J H, Kim J H, *et al*. (2008). A micellar prodrug of paclitaxel conjugated to cyclotriphosphazene, *Bioorg Med Chem Lett*, 18, 6410-6413.

Kabanov A V and Vinogradov S V (2009). Nanogels as pharmaceutical carriers: finite networks of infi nite capabilities, *Angew Chem Int Ed Engl*, 48 (30), 5418-5429.

Katti D S, Robinson K W, Ko F K and Laurencin C T (2004). Bioresorbable nanofiberbased systems for wound healing and drug delivery: Optimization of fabrication parameters, *J Biomed Mater Res B*, 70, 286-296.

Kenawy E R, Bowlin G L, Mansfi eld K, Layman J, Simpson D G, *et al*. (2002). Release of tetracycline hydrochloride from electrospun poly (ethylene-co-vinylacetate), poly (lacticacid), and a blend, *J Controlled Release*, 81, 57-64.

Kim K, Chang C, Zong X, Fang D, Hsiao B S, *et al*. (2003). Incorporation of an antibiotic drug in electrospun poly (lactide-co-glycolid) non-woven nanofiber scaffold, *Polym Prepri*, 44, 98.

Kim K, Luu Y K, Chang C, Fang D, Hsiao B S, *et al*. (2004). Incorporation and controlled release of a hydrophilic antibiotic using poly (lactide-co-glycolide) -based electrospun nanofibrous scaffolds, *J Controlled Release*, 98, 47-56.

Kim M and Saito K (1999). Preparation of silver-ion-loaded nonwoven fabric by radiationinduced graft polymerization, *React Funct Polym*, 40, 275-279.

Kim T G, Lee D S and Park T G (2007). Controlled protein release from electrospun biodegradable fiber mesh composed of poly (epsilon-caprolactone) and poly (ethylene oxide), *Int J Pharm*, 338, 276-283.

Klueh U, Wagner V, Kelly S, Johnson A and Bryers J D (2000). Efficacy of silver-coated fabric to prevent bacterial colonization and subsequent device-based infection, *J Biomed Mater Res* (*Appl Biomater*), 53, 621-631.

Koh H S, Yong T, Chan C K and Ramakrishna S (2008). Enhancement of neurite outgrowth using nano-structured scaffolds coupled with laminin, *Biomaterials*, 29, 3574-3582.

Kreilgaard M, Pedersen E J and Jaroszewski J W (2000). NMR characterisation and transdermal drug delivery potential of microemulsion systems, *J Controlled Release*, 69, 421-433.

Kumbar S G, Bhattacharyya S, Swaminathan S and Laurencin C T (2007a). A preliminary report on a novel electrospray technique for nanoparticle based biomedical implants coating: Precision electrospraying, *J Biomed Mater Res Part B*, 81 (1), 91-103.

Kumbar S G, Kofron M D, Nair L S and Laurencin C T (2007b). Cell behavior toward nanostructured surfaces, in *Biomedical Nanostructure*, Gonsalves K E, Halberstadt C R, Laurencin C T and Nair L S (eds.), John Wiley and Sons, pp. 261-295.

Kumbar S G, Nair L S, Bhattacharya S, and Laurencin C T (2006). Polymeric nanofibers as novel carriers for the delivery of therapeutic molecules, *J Nanosci Nanotechnol*, 6, 2607-2691.

Kumbar S G, Nukavarapu S, James R, Nair L S and Laurencin C T (2008). Electrospun poly (lactic acid-co-glycolic acid) scaffolds for skin tissue engineering, *Biomaterials*, 29 (30), 4100-4107.

Li C, Vepari C and Jin H J (2006). Electrospun silk-BMP-2 scaffolds for bone tissue engineering, *Biomaterials*, 27, 3115-3124.

Liao C I, Wan A C A, Yim E K F and Leong K W (2005). Controlled release from fibers of polyelectrolyte complexes, *J Controlled Release*, 104, 347-358.

Low P S and Antony A C (2004). Folate receptor-targeted drugs for cancer and inflammatory diseases, *Adv Drug Delivery Rev*, 56 (8), 1055-1058.

Ma Z H, Yu D G, White C J B, Hua L N, Zai X F and Li M Z (2009). Microencapsulation of tamoxifen: Application to cotton fabric, *Colloids Surf B*: 69, 85-90.

Ma Z W, Kotaki M, Yong T, He W and Ramakrishna S (2005). Surface engineering of electrospun polyethylene terephthalate (PET) nanofibers towards development of a new material for blood vessel engineering, *Biomaterials*, 26, 2527-2536.

Maestrelli F, Cirri C, Corti G, Mennini N and Mura P (2008). Development of entericcoated calcium pectinate microspheres intended for colonic drug delivery, *Eur J Pharm Biopharm*, 69, 508-518.

Marimuthu M and Kim S (2010). Spontaneous extrusion of porous amphiphilic triblock copolymeric microfi bers under microfl uidic conditions, *Polym J*, 42, 100-102.

Mittal A, Sar U V S and Ali A (2009). Formulation and evaluation of monolithic matrix polymer films for transdermal delivery of nitrendipine, *Acta Pharm*, 59, 383-393.

Nelson G (2002). Application of microencapsulation in textiles, *Int J Pharm*, 242 (1-2), 55-62.

Ngawhirunpat T, Opanasopit P, Rojanarata T and Akkaramongkolporn P (2009). Development of meloxicam-loaded electrospun polyvinyl alcohol mats as a transdermal therapeutic agent, *Pharm Dev Technol*, 14, 73-82.

Nichifor M, Constantin M, Mocanu G, Fundueanu G, Branisteanu D, *et al*. (2009). New multifunctional textile biomaterials for the treatment of leg venous insufficiency, *J Mater Sci*: *Mater Med*, 20, 975-982.

Nie H, Soh B W, Fu Y C and Wang C H (2008). Three-dimensional fibrous PLGA/Hap composite scaffold for BMP-2 delivery, *Biotechnol Bioeng*, 99, 223-234.

Ohshima Y, Nishino K, Yonekura Y, Kishimoto S and Wakabayashi S (1987). Clinical application of chitin non-woven fabric as wound dressing, *Eur J Plastic Surg*, 10, 66-69.

Park H, Lee K Y, Lee S J, Park K E and Park W H (2007). Plasma-treated poly (lacticcoglycolic acid) nanofibers for tissue engineering, *Micromol Res*, 15, 238-243.

Park K (1998). Controlled Drug Delivery: Challenges and Strategies, American Chemical Society.

Peppas L B (1997). Polymers in controlled drug delivery, *Med Plastics Biomater*, 34. Available: http://www.devicelink.com/mpb/archive/97/11/003.html.

Perelshtein I, Applerot G, Perkas N, Guibert G, Mikhailov S, *et al*. (2008). A sonochemical coating of silver nanoparticles on textile fabrics (nylon, polyester and cotton) and their anti-bacterial activity, *Nanotechnology*, 19, 245705-245711.

Pornsopone V, Supaphol P, Rangkupan R, and Tantayanon S (2007). Electrospun methacrylate-based copolymer/indomethacin fibers and their release characteristics of indomethacin, *J Polym Res*, 14, 53-59.

Prausnitz M R, Mitragotri S and Langer R (2004). Current status and future potential of transdermal drug delivery, *Nat Rev Drug Discovery*, 3 (2), 115-124.

Ranade V V and Hollinger M A (2004). Drug Delivery Systems, 2nd edition, CRC Press, London.

Ricci G, Patrizi A, Mandrioli P, *et al*. (2006). Evaluation of the antibacterial activity of a special silk textile in the treatment of atopic dermalitis, *Dermatology*, 213, 224-227.

Romonchuk W J and Bunge A L (2010). Mechanism of enhanced dermal permeation of 4-cyanophenol and methyl paraben from saturated aqueous solutions containing both solutes, *Skin Pharmacol Physiol*, 23, 152-163.

Saad M, Garbuzenko O B, Ber E, Chandna P, Khandare J J, *et al*. (2008). Receptor targeted polymers, dendrimers, liposomes: Which nanocarrier is the most efficient for tumorspecific treatment and imaging? *J Controlled Release*, 130 (2), 107-114.

Song M, Guo D, Pan C, Jiang H, Chen C, et al. (2008). The application of poly (N-isopropylacrylamide) -co-polystyrene nanofibers as an additive agent to facilitate the cellular uptake of an anticancer drug, *Nanotechnology*, 19, 165102.

Stella V J and Nti-Addae K W (2007). Prodrug strategies to overcome poor water solubility, *Adv Drug Delivery Rev*, 59 (7), 677-694.

Sun H and Onneby S (2006). Facile polyester surface functionalization via hydrolysis and cell-recognizing peptide attachment, *Polym Int*, 55, 1336-1340.

Taepaiboon P, Rungsardthong U and Supaphol P (2006). Drug-loaded electrospun mats of poly (vinyl alcohol) fibres and their release characteristics of four model drugs, *Nanotechnology*, 17, 2317-2329.

Taepaiboon P, Rungsardthong U and Supaphol P (2007a). Vitamin-loaded electrospun cellulose acetate nanofi ber mats as transdermal and dermal therapeutic agents of vitamin A acid and vitamin E, *Eur J Pharm Biopharm*, 67, 387-397.

Taepaiboon P, Rungsardthong U and Supaphol P (2007b). Effect of cross-linking on properties and release characteristics of sodium salicylate-loaded electrospun poly (vinylalcohol) fibre mats, *Nanotechnology*, 18, 175102.

Tauber S, Fuerst R, Davis K, Bowman L, Wnek G, et al. (2009). Drug delivery system and methods of use, U. S. Patent Application 20090269392. ten Breteler M R, Nierstrasz V A and Warmoeskerken M M C G (2002). Textile slowrelease systems with medical applications, *AUTEX Res J*, 2, 175-189.

Theron S A, Zussman E, and Yarin A L (2004). Experimental investigation of the governing parameters in the electrospinning of polymer solutions, *Polymer*, 45, 2017-2030.

Torchilin V P and Lukyanov A N (2003). Peptide and protein drug delivery to and into tumors: challenges and solutions, *Drug Discovery Today*, 8, 259-266.

Verreck G, Chun I, Rosenblatt J, Peetersa J, Dijcka A V, et al. (2003a). Incorporation of drugs in an amorphous state into electrospun nanofibers composed of a water-insoluble, nonbiodegradable polymer, *J Controlled Release*, 92, 349-360.

Verreck G, Chun I, Peeters J, Rosenblatt J and Brewster M E (2003b). Preparation and characterization of nanofibers containing amorphous drug dispersions generated by electrostatic spinning, *Pharm Res*, 20, 810-817.

Wang Q, Fan X, Hu Y, Yuan J, Cui L and Wang P (2009). Antibacterial functionalization of wool fabric via immobilizing lysozymes, *Bioprocess Biosyst Eng*, 32, 633-639.

Watts P J, and Illum L (1997). Colonic drug delivery, *Drug Dev. Ind. Pharm.*, 23, 893-913.

Wienforth F, Landrock A, Schindler C, Siegert J and Kirch W (2007). Smart textiles: A new drug delivery system for symptomatic treatment of a common cold, *J Clin Pharmacol*, 47, 653-659.

Williamson M R, Chang H I and Coombes A G A (2004). Gravity spun polycaprolactone fibres: controlling release of a hydrophilic macromolecule (ovalbumin) and a lipophilic drug (progesterone), *Biomaterials*, 25, 5053-5060.

Wollinaa U, Heide M, Müller-Litz W, Obenauf D and Ash J (2003). Functional textiles in prevention of chronic wounds, wound healing and tissue engineering, in *Textiles and the Skin. Current Problems in Dermatology*, Elsner P, Hatch K and Wigger-Alberti W (eds.), Karger: Basel, 31, pp. 82-97.

Whyte W, Hodgson R, Bailey P V and Graham J (2005). The reduction of bacteria in the operation room through the use of non-woven clothing, *Br J Surg*, 65, 469-474.

Xie J W and Wang C H (2006). Electrospun micro-and nanofibers for sustained delivery of paclitaxel to treat C6 glioma in vitro, *Pharm Res*, 23, 1817-1826.

Xu X, Chen X, Xu X, Lu T, Wang X, et al. (2006). BCNU-loaded PEGPLLA ultrafine fibers and their in vitro antitumor activity against glioma C6 cells, *J Control Release*, 114, 307-316.

Xu X, Yang L, Xu X, Wang X, Chen X, et al. (2005). Ultrafi ne medicated fibers electrospun from W/O emulsions, *J Controlled Release*, 108, 33-42.

Yan S, Xiaoqiang L, Lianjiang T, Chen H and Mo Xiumei (2009). Poly (L-lactide-co-3-caprolactone) electrospun nanofibers for encapsulating and sustained releasing proteins, *Polymer*, 50, 4212-4219.

Yao C, Li X S, Neoh K G, Shi Z L and Kang E T (2008a). Surface modification and antibacterial activity of electrospun polyurethane fi brous membranes with quaternary ammonium moieties, *J Membr Sci*, 320, 259-267.

Yao H, Wang S, Sun Y, Liu H and Li S (2009). In vivo assessment of novel furosemide gastro-mucoadhesive delivery system based on a kind of anion ion-exchange fi ber, *Drug Dev Ind Pharm*, 35, 548-554.

Yao H, Xu L, Han F, Che X, Dong Y, et al. (2008b). A novel ribofl avin gastro-mucoadhesive delivery system based on ion-exchange fiber, *Int J Pharm*, 364, 21-26.

Yoo H S, Kim T G and Park T G (2009). Surface-functionalized electrospun nanofibers for tissue engineering and drug delivery, *Adv Drug Delivery Rev*, 61, 1033-1042.

Yu D G, Shen X X, Zhang X F, Zhu L M, Branford W C, *et al.* (2009). Applications of polarization microscope in determining the physical status of API in the wet-spinning drug-loaded fibers, in *Symposium on Photonics and Optoelectronics*, 14-16 August 2009, Wuhan, China. IEEE, New York.

Yu D G, Shen X X, Zheng Y, Ma Z H, Zhu L M, *et al.* (2008). Applications of polarization microscope in determining the physical status of API in the wet-spinning drug-loaded fibers, in *ICBBE. The 2nd International Conference*, *Bioinformatics Biomed Eng*, 1375-1378. IEEE, New York.

Zeng J, Yang L, Liang Q, Zhang X, Guan H, *et al.* (2005). Influence of the drug compatibility with polymer solution on the release kinetics of electrospun fiber formulation, *J Controlled Release*, 105, 43-51.

Zeng J, Xu X, Chen H, Liang Q, Bian X, *et al.* (2003). Biodegradable electrospun fibers for drug delivery, *J Controlled Release*, 92, 227-231.

Zhu X, Chian K S, Chan-Park M B and Lee S T (2005). Effect of argon-plasma treatment on proliferation of human-skin-derived fibroblast on chitosan membrane in vitro, *J Biomed Mater Res Part A*, 73A, 264-274.

Zhu Y B, Gao C Y, Liu X Y and Shen J C (2002). Surface modification of polycaprolactone membrane via aminolysis and biomacromolecule immobilization for promoting cytocompatibility of human endothelial cells, *Biomacromolecules* 3, 1312-1319.

Zong X, Li S, Chen S, Garlick B, Kim K S, *et al.* (2004). Prevention of postsurgeryinduced abdominal adhesions by electrospun bioabsorbable nanofi brous poly (lactideco-glycolide) -based membranes, *Ann Surg*, 910, 240.

第 8 章

医用纺织品和热舒适性

G. Song，H. W. Cao，R. M. Cloud
加拿大阿尔伯特大学；美国加州州立大学北岭分校；美国贝勒大学

摘要：对医护人员和患者说来，实现医院服装的舒适性和功能性都至关重要。医院环境要求和个体人员活动千差万别，对维持医院服装的热舒适性和必要的防护性能提出了挑战。本章介绍了热舒适性的基本原理，讨论了医院环境和医护人员可能接触到的典型危害，从纺织材料和医用服装的性能方面综述了影响舒适性和防护性能的因素，总结了舒适性评价的方法和现行标准。

关键词：舒适性，医用纺织品，防护性能，手术服。

8.1 热舒适性的基础

人类的舒适感被描述为一种远离痛苦的中性状态和自由（Hatch，1993 年）；它也被定义为“人与环境之间达到的生理、心理以及身体和谐的愉悦状态”（Slater，1985 年）。当人们感觉穿着的服装舒适时，他们在生理上和心理上都会感到舒适。心理舒适取决于一个人的喜好；它是一种由穿着的衣服带来的放松和自信的状态。它通常意味着在特定的环境条件下，需要特定的服装、织物、颜色和设计特征。生理舒适是指人体维持生命的能力，它包括热舒适、感官舒适和身体运动舒适（Hatch，1993 年）。当人体与环境之间建立热平衡时，即达到热舒适，此时人体产热与散热之间的适当关系产生了最佳的身体热感觉。热平衡建立的过程包括通过人体-服装-环境系统的热量和水分的交换。在 ISO 7730“热环境人体工程学——使用 PMV 和 PPD 指数和局部热舒适标准计算方法，对热舒适进行分析测定和解释”中，热舒适被定义为“对热环境表示满意的心理状态。”为了使人的体核温度保持在 37℃，必须达到热量平衡。

人体与环境热交换的能量守恒方程可以简单地描述为：

$$S=M-W-E-R-C-K \qquad [8.1]$$

式中，S 是人体储热量；M 是人体代谢热；W 是人体总外部功；E 是蒸发热流；R 是辐射热流；K 是传导热流；C 是通过服装的交换热。在这个方程中，辐射热流指的是人体与周围冷或热物体之间的热量交换，例如与火炉或冷金属表面之间的热交换。传导热流则指的是人体与周围物体通过直接接触而产生的热量交换。当人体处于热舒适状态时，储热率 S 为零（$S=0$）。如果 S 为正，体温就会升高。身体对热量积累的反应表现为血管扩张和出汗。血液流量的增加使更多的热量从皮肤流失。如果 S 为负，热量就会从体内散去，导致体温下降。随着热量的流失，身体的反应之一是通过收缩血管，减少血液流动和降低通过皮肤的散失热量。身体对热量损失的另一种反应是颤抖，这是通过肌肉刺激产生体内热量。

代谢热 M，是体内细胞在身体活动时通过生物化学过程和体力活动中的能量消耗产生的热量。它是人体热平衡的重要内在调节因子。新陈代谢产生的热量取决于人体所执行的工作和肌肉活动，可从睡觉时的 45W/m^2 增加到运动时的 445W/m^2（Parsons，1993年）。另一个内在调节因素，蒸发热流 E，则主要来自汗水。出汗或者汗液的蒸发是人体调节热量平衡的重要途径。汗液以液体的形式分泌，蒸发时形成蒸发热流 E，将热量从体内散发出去。汗液分泌的多少是机体对体温的调节反应。当体温升高时，汗液分泌增加，产生更多的蒸发冷却流。实际上，水分从体内的散失是连续的。当身体处于休息状态时，表现为无感觉的流汗，而当身体处于高强度活动时，则表现为有感觉的流汗或出汗。对于寒冷天气中穿着的服装，一个重要的功能是保持身体出汗率在舒适的范围内，尤其是维持服装的微气候，控制水分从皮肤的转移以及保持身体整体的热量平衡。

这个连续的过程需要身体和周围环境之间的热量交换，服装通常是调节热量交换的媒介。身体的热量散失到环境可以通过传导、对流和辐射三种方式实现。人体与服装之间的空气间隙或微气候是决定人体热量和水分传递的一个至关重要的因素（Song，2007年）。

Fanger（1970年）指出，人体热舒适是人体、服装和环境达到热交换平衡的状态，六个影响热舒适的基本因素分别是：人体活动产生的代谢热，人体所穿的衣服，以及空气温度、辐射热、湿度和空气流这四个环境变量。这六个参数决定了方程式［8.1］中提到的人体热平衡，可影响人体对热环境的响应。Fanger认为，有三个条件是实现热舒适的关键：人体必须处于热平衡状态；出汗率必须在舒适范围内；平均皮肤温度也必须在舒适的范围内。

服装在热舒适中的主要作用是维持人体与环境之间的热平衡。这种作用通过提供隔热或减缓从身体到寒冷环境的热量流动来实现。服装与人体及环境的相互作用是复杂的、动态的，很难量化。服装提供的隔热组成包括服装材料本身、皮肤与服装之间或服装层之间的空气层或空隙；以及附着于服装外表面的已存在静止（边界）空气层。在织物或多层材料中，穿过这些材料的热传递方式主要是传导和辐射。纺织材料对隔热的主要贡献是滞留在材料结构中的静空气。

影响服装热舒适性的主要性能包括干热阻、蒸发阻、透气性和水分管理。衣服的热交换可以通过传导、对流、辐射、蒸发和冷凝来实现。这些性质通常在静态条件（暖体假人的站立姿势）下测量，但是在实际的穿着情况下，身体运动和环境气流可以减少静止的空气层，从而减少热阻，并可能产生烟囱或泵送效应，从而增加对流热量的损失。因此，服装整体的隔热效果发生了巨大变化。

影响人体对热环境反应的主要环境变量是气温、平均辐射温度、湿度和空气运动（风速）。由于热质传递的变化，这些环境变量发生改变会影响人体与环境之间的热平衡。气温越高，从身体向环境传递的热量就越少。当环境温度高于皮肤温度时，身体会从环境中获得热量。环境的相对湿度影响水分从皮肤向环境的传递。通常情况下，皮肤的湿度高于环境，所以水分可以通过蒸发从皮肤转移到环境中。高湿度或衣服蒸发阻力差会干扰水分的传递，并可能导致不适。增加的气流通过对流和蒸发传热促进了人体向环境的热传递。随着风速增大，静止（边界层）空气层厚度可显著减小。

如式 8.1 所述，当代谢产热无法消散时，会产生热应激，并导致体内蓄热（$S>0$）。对于防护服而言，服装系统会阻碍人体热量损失，因此尤其需要考虑热应激。热应激会导致热应变，使身体出现危险反应，如体核温度升高和/或心率加快。大量出汗可能伴随这些症状，但不能抵消热量的储存。随着储热的继续，人体生理功能受损，并最终可能导致热疾病、中暑或死亡。

在寒冷环境中，当身体发生负蓄热（$S<0$）时，就会产生冷应激。在这种情况下，过多的身体热量被散发到环境中，体核温度和皮肤温度有可能下降。这种效应最容易发生在身体表面积较大的部位，如手、脚、鼻子、耳朵和脸颊。人体体温下降可能会导致冻伤、体温过低甚至死亡。

8.2 医院环境中的医护人员和患者

当穿戴者在特定的环境中穿着服装时，便赋予了其实用性和意义。Fourt 和 Hollies（1970 年）提出一种概念，将服装纳入三个要素的系统：人、服装和环境。服装、人和环境三者之中任何一方面的变化都可能影响各要素之间的相互作用。Branson 和 Sweeney（1991 年）将服装系统的概念应用于服装舒适性模型的开发。该模型表明，服装舒适性受人-服装-环境三位一体的生理和心理社会属性的影响。个体根据这些属性之间的相互关系形成舒适判断。

服装在生产和销售时，最初是处于静止状态。而当它在预定的环境中被穿上时，它在与人体的互动中变为动态。Fourt 和 Hollies（1970 年）意识到了服装在改变人类和环境之间的平衡中所起的作用。人体热舒适是一种表示对周围环境满意的心理状态（ASHRAE Standard 55，1992 年）。医院手术室是一种特殊的环境，医护人员和患者之间可能发生交叉感染。显然，防护服是必要的，但设计时应确保卫生专业人员能够舒适、高效地工作（Mora 等，2001 年）。手术室中使用合适的医疗服在平衡医护人员的保护与他们在手术环境中对舒适性和功能性的需求之间起着中介作用（Cao 和 Cloud，2010 年）。

在医院环境中实现热舒适意味着让各种人员（外科医生、麻醉师、护士、技术人员和患者）达到生理、心理和身体上的舒适。与其他环境一样，医院环境中的热舒适与身体代谢、一般活动水平、外部温度以及织物/服装对湿度、水分或空气的隔离/渗透性能等高度相关（Behera 和 Arora，2009 年）。当医护人员的热舒适问题得不到解决时，他们的工作质量可能会受到影响。Pilcher 等人（2002 年）发现，当工人暴露在高于 21℃ 的温度下时，他们的心理生理表现下降了 5.95%。

8.2.1 医院环境

随着人类免疫缺陷病毒（HIV）、乙型肝炎病毒和丙型肝炎病毒在医疗行业的流行，迫切需要保护医护人员免受接触体液的职业危害。美国疾病预防控制中心（CDC）监测报告（1989 年）的数据显示，2400 多名医护人员职业性暴露于已知的 HIV 感染者的体液中，其中至少有 35 例发生血清转化。McKinney 和 Young（1990 年）建立了一个数学模型来计算外科医生在平均 30 年的外科手术生涯中被 HIV 感染的累积风险。他们估计，在 HIV 感染率为 0.1%的外科患者中，外科医生感染职业传播 HIV 的风险为 10%。1996 年，49 名医护人员在职业暴露后，血清成为 HIV 阳性，其中 22 人（45%）最终发展成艾滋病（CDC 报告，1996 年）。

Campbell（1996 年）指出，几十年来，医疗工作者除了感染 HIV 外，肝炎病毒也是其感染和致死的重要因素。Datta 等人（2003 年）发现，丙型肝炎病毒（HCV）主要是通过急救人员大量或多次直接经皮接触血液传播的。与 HCV 相比，乙型肝炎病毒（HBV）的传染性大约是 HCV 的 10 倍。医院医护人员的乙型肝炎病毒感染的发生率和患病率明显高于普通人群，而且感染与职业性血液暴露程度密切相关。Levy 等人（1977 年）进行的一项调查显示，在一家综合医院的 2000 名员工中，HBV 病例在三年内急剧增加。这一数据支持了一个前提，即许多医院员工因与患者接触而感染乙肝病毒，尤其是那些工作时皮肤和衣服上经常沾血的人。2005 年在波兰工作期间感染 HBV 和 HCV 的医护人员占 314 例，占新的职业病病例的 42.6%（Wilczynska 等，2006 年）。

Lymer 等人（1997 年）认为，实际发生的血液暴露事件比报道的要多得多。Pissiotis 等人（1997 年）指出，无论医护人员的知识有多丰富，他们在血液暴露的情况下往往会采取危险的行动。众所周知，外科医生和第一助理是被手术服上有大量血液污染的主要工作人员，因此处于最高风险状态。Wong 等人（1998 年）发现，穿着合适的防护服并意识到危险可以显著改变对医护人员的防护程度。Quebbeman 等人（1991 年）指出，手术衣的穿破划痕与所穿的时间有关。医护人员平均要穿 6～8h 的外科手术服（Suprun 等，2003 年），因此他们需要既不会让他们感到太冷也不会太热的医疗防护服，以保持高质量的医疗服务。

8.2.2 手术室的温度设置

服装的静止状态和活动状态都需要舒适性。正如加拿大职业健康与安全中心（CCOHS 2010 年）所述，当室内几乎没有空气流动，并且相对湿度可以保持在 50%左右时，环境温度可能是保持室内热舒适的最关键因素。对于手术室，普通指南推荐的温度范围应在 20～24℃（68～76℉），相对湿度（RH）范围应在 50%～60%内（ASHRAE，2005 年）。

以往的研究证实了手术室存在热区，并报道了热区与手术室人员之间的热差异。Woods 等人（1986 年）将手术室分为三个区域。1 区被标记为“微环境”，在这里，外科医生在手术灯光下给患者做手术。2 区被标记为“无菌区”，包括在 1 区外面的手术器械和设备的区域。助理护士在 1 区和 2 区之间来回走动。3 区被标记为“小环境”，这是最不干净的地方，因为这里有护士、技术人员和麻醉师。由于 1 区和 2 区风速较高，湍流强度较低，外科医生和护士的对流热损失较大。1、2 和 3 区之间的气温变化高达 1.5℃（34.7℉）。Mora 等人（2001 年）表明，2 区和 3 区空气温度、辐射温度和工作温度（考虑到空气流的影响）基本相同。在 1 区，由于手术灯的热辐射，平均辐射温度比工作温度高约 3℃（37.4℉）。1 区工作温度与房间其他部分相差约 5.4℃（41.7℉）。除了 ASHRAE（2005 年）提出的室内环境因素（空气温度、辐射温度、风速和湿度）外，个人因素（代谢率和服装隔热性）对医护人员的热舒适也有很大的影响。

由于医护人员和患者在手术室的活动不同，他们对温度的偏好也不同。大多数外科医生在做手术时是站立的，有时是弯腰的，但工作模式是动态的；而麻醉医师工作时更多是静止状态（Sudoł-Szopińska 和 Tarnowski，2007 年）。因此没有一种温度可以满足在手术室工作的所有人。

Wyon 等人（1968 年）报道外科医生的最高舒适指标温度为 18℃（64℉），工作人员的最高舒适指标温度为 20.5℃（68.9℉）（在 50% RH 与平均风速为 0.127m/s 条件下的空气实际温度和平均辐射温度，结合起来定义出指示温度）。Olesen 和 Bovenzi（1985 年）建议麻醉师的等效温度（手术温度加上气流的影响）为 23℃～24.5℃（73℉～76℉），护士为 22℃～24.5℃（72℉～76℉），外科医生为 19℃（66℉）。患者最佳稳态条件为 21.5℃～22℃（70.7℉～71.6℉）的空气温度和 30%～70%的相对湿度，风速小于 0.1 m/s，平均辐射温度接近空气温度（Smith 和 Rae，1975 年）。Mora 等人（2001 年）指出，外科医生感受到的手术温度约高于其他工作人员 2℃～3℃（25.6℉～37.4℉）。因此，不可能为所有人提供一个可接受的热舒适的环境。一些工作人员可能需要调整他们的服装以适应外科医生所需的条件，或者需要调整外科医生的服装来解决这个问题。因此，为外科医生提供最合适的条件，让他们在不违背他人需求的情况下舒适地工作，是最佳解决方案（Mora 等，2001 年）。

8.2.3 医护人员和患者

通过代谢和身体运动产生的热量与适当着装散热之间的平衡，医护人员可以保持热舒适。与舒适性有任何轻微的偏差都可能带来压力，进而影响他们的工作质量和安全。外科医生和护士的代谢率因他们的职责而异。外科医生在手术成功的过程中承担着主要责任。因此，在手术室里，外科医生或护士尽可能减小他们的活动水平，以释放更少的热量，或防止热量的产生。Konarska 等人（2007 年）指出，志愿者在执行工作任务时的身体运动和姿势也会影响人体与手术室之间的热交换。

Wyon 等人（1968 年）发现手术灯的辐射是影响环境温度的一个因素，外科医生暴露在来自光束和热灯罩的辐射温度之下。外科医生皮肤温度的升高清楚地显示了手术灯辐射的加热效应（Mora 等，2001 年）。手术助手、手术护士和麻醉师虽然也暴露在手术室灯的辐射下，但辐射对他们的热舒适影响较小，因为他们比外科医生离灯更远（Wyon 等，1968 年）。与 2 区和 3 区的手术人员相比，外科医生（1 区）的活动水平更高，从而增强了这种效果。

Wyon 等人（1968 年）观察到：50%的外科医生在 18.3℃（65℉）的环境温度下会明显出汗，而 50%的麻醉师在 25℃（77℉）温度下出汗，50%的其他工作人员在 27.8℃（82℉）温度下出汗。外科医生、护士和麻醉师在不同的压力水平下工作。不同的压力水平导致了他们不同的热感（Mora 等，2001 年）。Mazzacane 等人（2006 年）发现“第一”护士在 75%的时间感到舒适，“第一”外科医生只有 25%的时间感到舒适，而第二外科医生则有 67%的时间感到舒适。研究人员评估认为，这些舒适度的差异归因于医护人员对手术灯的不同反应，以及他们对手术结果所负的不同责任。

热舒适随着手术类型的不同而发生变化，这是由于工作人员所需的活动水平和类型不同，所需的设备和灯光的类型和数量不同，患者数量和功能也不同（Melhado 等，2006 年）。考虑到手术室潜在条件（温度、热源）以及工作人员及其活动水平的差异之间相互作用的复杂性，研究人员一致认为，防护性医疗服装的变化是解决热舒适性问题的最佳方式（Wyon 等，1968 年；Melhado 等，2006 年）。医用服装对改善热舒适性的作用可以对医务人员的工作表现产生显著的积极影响，在每天穿着该服装工作不少于六个小时的情况下更是如此（Suprun 等，2003 年）。

8.3 医用纺织品的热舒适性：手术服

医用纺织品包括不可植入的材料（伤口敷料、绷带、膏药等）、可植入的材料（手术缝合线、血管移植物、人工韧带、人工关节等）、体外装置（人工肾、肝和肺）以及保健和卫生用品（床上用品、服装、手术服、布、湿巾等）（Horrocks 和 Anand，2000 年；Rajendran 和 Anand，2003 年）。在手术室，医护人员根据工作职责穿着不同的衣服。AORN 手册（2003 年）推荐标准，描述了医用服装的选择标准，并指出：在改进医务人员对手术室温度的反应方面，手术服起着至关重要的作用，并有助于维持医护人员的恒温环境。外科医生通常在承受压力下执行高要求的工作，因此在手术期间提高他们的热舒适应该优先于所有其他医护人员（Wyon 等，1968 年），可以增加护士和麻醉师的衣服隔热层，以与外科医生的需求保持一致（Mora 等，2001 年）。讨论手术服的舒适性也是至关重要的，因为已经证明热舒适性与手术的准确性和安全性高度相关（Behera 和 Arora，2009 年）。服装的热舒适性直接受到所用材料的类型和这些材料性能的影响，包括导热性、水蒸气渗透性、透气性和防水性（Behera 和 Arora，2009 年）。例如，外科医生和助手必须穿不发汗的纸质工装裤，而骨科和神经外科医生则穿塑料工装裤；如果在需要使用 X 射线的其他手术中，他们则可以穿铅工装裤和/或盾状含铅衣领。对穿着这种手术服装的第二外科医生的研究表明，手术期间皮肤温度从 32℃（89.6℉）显著上升到 34℃（93.2℉）。

8.3.1 热量和湿气的传递

众所周知，通过干式传递（传导、对流和辐射）和湿式传递（皮肤水分的蒸发），热量可以从身体传递出去。这些传热形式也适用于手术室。当医护人员接触手术室中比他们皮肤温度更低的任何物体时，就会发生传导热损失。例如，当他们触摸金属仪器、设备、床上用品、患者或手术台/床时，热量将从医护人员传递到相应的物体。当医护人员遇到来自空气处理系统的空气运动或在手术过程中他们身体移动产生空气运动时，就会发生对流热损失。除了从手术服的外表面排出热量的空气运动外，进入手术服下摆的空气将上升，如果服装的这种通风方式允许热空气排出（又名烟囱效应），则进入服装下摆的空气会上升并带走热量。医护人员通过他们身体的辐射热损失对热环境有贡献，但他们也从手术室中的灯光和所有其他物体的辐射中获得热量。

蒸发热损失是一种有效的热平衡机制，我们的身体通过出汗自然加以利用。然而，所有的这些散热机制都会受到穿着的影响。一些热量可以通过手术服面料的缝隙、身体和手术服面料之间的界面以及裸露的皮肤从医护人员身上蒸发掉。手术人员的身体上覆盖着外科服装，因此服装材料的耐热性对热舒适性很重要。

手术服的热阻受材料特性（纤维、纱线、织物、饰面）以及服装结构和分层的影响。影响服装系统耐热性的一个关键因素是空气被截留在系统中的程度。空气传导热量的速度比纤维慢（Fourt 和 Hollie，1970 年）；因此，与封闭空气较多的织物或分层相比，捕获空气较少的手术服织物或分层允许更多的热量从身体散失。手术服材料的热阻也取决于纤维的回潮率，因为水是良好的导热材料（Behera 和 Arora，2009 年）。回潮率高的纤维可以促进更多的热损失。

8.3.2 透湿性和透气性

水蒸气使热量从体内散失。如果织物的透气性允许水分从身体中转移出去，则该织物被称为具有高透湿率。否则，阻塞的湿气以汗水的形式凝结在皮肤上，这可能会由潮湿或黏稠的感觉而引起不适。Wong 等人（2004 年）得出结论，低透气性的手术服使空气和水分不能轻易地离开身体，因此穿戴者会感到热不适和热应激。阻碍医护人员使用防护性医疗服装的不利特性之一是低透气性（Suprun 等，2003 年）。Lee 和 Obendorf（2006 年）指出，静电纺丝聚丙烯纤维网的透气性随着纤网厚度的增加而降低。织物的透气性与对流热流有关，而透湿性与扩散有关。然而，许多具有较高透气性的非织造织物允许增加湿气和热量的传递。理想的织物应具有高透气性和透湿性，而不会影响液体阻隔性能。

8.3.3 医用纺织品材料及影响热舒适性的因素

纤维/纱线/织物及其与热舒适性的关系

用于医疗保健纺织品的天然纤维包括棉、蚕丝和再生纤维素纤维（黏胶人造丝）（Fisher，2006 年）。最近，合成纤维的使用，如聚酯、聚酰胺、聚四氟乙烯（PTFE）和聚丙烯，促进了医疗和外科用纺织品在防护性和舒适性方面的进步和创新（Rigby 等，1994 年）。

具体而言，以下参数将会影响纤维的干热阻：短纤维与长丝，圆形截面与三角形截面，细纤维与粗纤维，卷曲纤维与直纤维，结晶纤维与无定形纤维。纱线结构，如变形丝与普通纱线、合股纱与单纱、高捻纱与低捻纱、也是需要考虑的因素。Aibibu 等人（2003 年）指出，织物中孔隙的大小、几何形状和数量取决于纱线和织物结构，纤维的圆形截面可以提供更高的密度，而三角形截面和粗长丝会产生宽的孔隙空间；织造类型、织物密度、长丝数量和纱线间距都是影响孔隙大小的重要参数。较大的孔尺寸增加了湿气的传递，从而提高了材料的热舒适性。织物结构中的其他因素也会影响手术服材料的热舒适性。例如，厚织物与薄织物、重织物与轻织物、较高的织物密度对较低的织物密度、洗衣方法和次数、影响织物结构的加工技术，这些都是影响纺织品的孔隙率和透气性及其随后的水蒸气渗透的因素。Hatch 等（1990 年）研究了人体对织物的舒适性感知反应，并指出热生理舒适性参数更多地与织物结构相关，而不是与纤维含量相关。

用于手术服的织物和热舒适性

手术服可以由一次性使用或可重复使用的材料制成。每种方法都有优点和缺点，这取决于织物结构和材料的性能特征（Rutala 和 Weber，2001 年）。可重复使用的机织手术服传统上是由棉布和经过防水处理的紧密织物制成。现在大多数手术服都是由聚酯或聚酯与棉混纺制成（Laufman 等，2000 年）。全棉平纹细布是一种松散的机织物，每英寸 140 根纱线，是柔软且具有吸水性的织物（Rutala 和 Weber，2001 年）。这种织物曾是医用纺织品的流行面料，透气性好，但由于抗液体渗透能力低，现已退出市场。后来使用的涤棉混纺织物具有良好的热舒适性，但其液体渗透保护性也存在挑战，即使采用每英寸 180 根纱线的密度也是如此。Abreu 等（2003 年）发现棉和传统棉-涤纶织物满足舒适性要求，但不满足抗微生物渗透的要求。T280 阻隔性聚酯阔幅平布，是一种经过防水化学处理的机织织物，可以用来提供更多的保护，防止液体和微生物穿透，但热舒适性可能是一个问题。

由于纤维的疏水性或亲水性、纱线或织物的蓬松性或刚度以及织物密度的不同，相对紧密机织的聚酯长丝织物与紧密机织的棉阔幅平布相比较，可能更容易使医护人员感到不舒适。此外，衣物的清洗和整理也会影响可重复使用的手术服材料的热舒适性。Leonas（1998 年）发现，洗涤后测试的机织物的孔隙率有所增加，同时提出更开放的结构可以提高手术服的舒适性。Cho 等（1997 年）发现，通过微气候较低温度和湿度测量，双功能整理的手术服（由棉阔幅平布和非织造织物制成）与未经处理的手术服相比较，允许更多的热量从受试者的皮肤上散发。

一次性材料通常由非织造织物（俗称非织造织物）制成，其定义为由定向或随机取向的纤维或长丝制成的薄片、网或者棉絮，但不包括纸和纸制品，也不包括通过机织、针织、簇绒或缝合的织物，不需要先转化为纱线。非织造织物纤维通过摩擦或内聚力和/或黏附力相互结合（AORN，2003 年）。根据 Rutala 和 Weber（2001 年）对手术服材料的研究，用于外科手术服和手术被单的三种最常用的非织造织物分别为水刺非织造织物、纺粘-熔喷-纺粘非织造织物（SMS）和湿法非织造织物。水刺非织造织物是一种水合缠结材料，通常由木浆和聚酯纤维制成。SMS 织物是指由三层热黏合或黏结层组成的织物（纺粘层提供强度，熔喷层为屏障）。将木浆或聚酯与木浆纤维的混合物悬浮在水中，使其生成均匀的分散体，然后通过细的滤网将水排出，将纤维从淤浆中分离出来，就可以制得湿法非织造织物。

在 Stanley（1994 年）的一项研究中，非织造织物手术服织物被评价为比可重复使用的织物让人感觉更凉爽，因为它们的质量更轻。Fisher（2006 年）发现，具有 SMS 结构的非织造织物具有与微纤维制成的服装相同的舒适性。然而，由于低透气性和透湿率，传统非织造织物的舒适性水平受到了挑战（Lee 和 Obendorf，2007 年 a，b）。

通常在可重复使用和一次性使用的产品中添加涂层、增强剂、层压板或塑料膜等形式的附加材料，以提高其在阻隔、吸水和防滑方面的性能。Rutala 和 Weber（2001 年）对强化方法进行了如下分类：强化织物（用于增强基材的第二层织物）；经过防水处理的不透水织物；两层之间有高阻膜的分层织物；以及用防液体渗透保护膜增强的织物。这些方法提高了手术服材料的保护性能，但它们是否考虑到穿戴者的热舒适性是值得怀疑的。膜和涂层往往会损害穿着舒适性（Aibibu 等，2003 年）。Pissiotis 等人（1997 年）对四种类型的非加强和加强非织造织物手术服进行了舒适性评价。外科医生穿着增强的手术服时感觉不太舒服，因为在手术服被另一层布料或塑料覆盖的区域，热量传递较少，出汗更多。

用于外科手术服和提高热舒适性的新技术

在不降低防护性能的前提下，为了提高手术服材料的舒适性，人们研究了静电纺丝技术等新方法，以将其应用于必须提供液体防护的防护服中。Lee 和 Obendorf（2007 年 a，b）比较了不同分层织物系统（包括微孔材料、非织造织物和静电纺纳米纤维网）的透气性和透湿率。他们发现，传统的微孔织物和叠层织物都具有非常低的透气性，但微孔材料比非织造织物具有更好的透湿率。静电纺纳米纤维网表现出介于微孔材料和非织造织物之间的中等水平的舒适性。Lee 和 Obendorf（2007 年 a，b）的另一项研究，侧重于研究静电纺纳米纤维网密度的变化是否会是热舒适性的一个影响因素。研究人员将聚氨酯纳米纤维电纺制成一种交联的膜状结构，这种结构可以覆盖非织造织物的大孔，并在分层系统中形成较小的孔。这种薄层显著改变了材料的透气性，高密度层的透气性由于厚度的变化而下降（Lee 和 Obendorf，2006 年），但仍高于目前大多数增强材料。作者的结论是，由于孔径的变化，利用不同的电纺纳米纤维层组合可以创造出更具保护性和舒适性的材料。

在不降低舒适性的情况下，如何提高手术服的保护性能，研究人员继续进行了研究。一种方法是通过微孔聚合物［基于 PTFE（Teflon）或基于聚氨酯］涂层来改善固体聚合物膜织物的低透湿性，以提供比机织织物的纱间空隙更小的表面孔隙（Behera 和 Arora，2009 年）。这种涂层旨在确保即使是最小的水滴也会被排斥，而空气和水蒸气仍然可以轻松通过，并为穿着者提供舒适（Behera 和 Arora，2009 年）。

另一种基于聚合物的表面处理，是一种不含任何微孔的整体涂层，应用于手术服中以提高热舒适性。在这种织物中，水蒸气的传输是通过分子扩散过程完成的，其中薄膜的一侧吸收湿气，在另一侧释放湿气（Behera 和 Arora，2009 年）。无论是微孔涂层还是整体涂层都比多层织物具有更高的透气性（Behera 和 Arora，2009 年）。微孔技术和整体技术的元素被结合在双组分屏障中，它们可以叠加在一起，以最大限度地提高手术服材料的舒适性（Behera 和 Arora，2009 年）。

另一种提高医疗纺织品舒适性的创新方法为 Smart Gresses®，其在单片薄膜中采用了超细纤维复合材料，通过增加身体的水分传输率来对温度的升高做出反应。当衣服下面的湿度上升时，材料的湿气转移速率可以呈指数级增加（Behera 和 Arora，2009 年）。Acturel® 品牌就是这样一种织物，它号称是一种透气、不透水的屏障材料，可随时间调整以适应体温。Acturel® 织物由三层组成：聚酯非织造织物作为内层，Hytrel® 作为透气膜夹层或中间层，纺粘聚丙烯作为外层（Anonymous，2010 年）。另一项研究表明，聚酯和聚酰胺超细纤维的复合物将同时满足防水和水分转移的需求（Suprun 等，2003 年）。

8.3.4 服装系统（手术服）及其热舒适性

除了材料本身外，服装尺寸、合身程度、结构和层数也会影响热量滞留/储存。May-Plumlee 和 Pittman（2002 年）发现，可重复使用的手术服比一次性手术服更合身，因为易于调整领口和对躯干的贴合度。他们调查了穿着者和购买者对手术服的满意度，结果发现由于尺寸（太大）问题，外科医生和护士对手术服感到不舒服。尺寸问题也与医护人员可能暴露在患者血液和体液中的安全问题有关。Brandt（1993 年）也从调查数据中得出结论，手术服是否合身和尺码的变化会影响其舒适性。

Ellis（2005 年）讨论了结构设计要点（如领口、袖子和袖口）对整体合身度以及随后对手术服舒适性的影响。可调节的合身性可以通过使用闭合功能来实现，例如在领口或腰部和罗纹编织袖口中使用扣子、钩环或领结。May-Plumlee 和 Pittman（2002 年）指出关于袖子设计，无论是套袖风格的还是嵌入的衣袖，以及袖子长度和宽度的变化，都会导致肩部和胸部上部区域的布料过多，从而影响传热。（衣服和外科医生身体之间的空气间隙取决于衣服的大小和合身程度。由于空气是很好的隔热材料，增大或减小空气间隙都会影响外科医生身体与外部环境之间的对流热交换。）Konarska 等人（2007 年）进行了一项研究，使用暖体假人和志愿者比较三种医用服装系统的隔热性能。他们发现，衣服的合身度会影响隔热，这是由于身体和衣服之间或衣物层之间的边界空气层造成的。

金佰利公司（Kimberly-Clark）设计了背板从两侧向上倾斜的手术服，通过通风改善热量释放（May-Plumlee 和 Pittman，2002 年）。Malik 等人（2006 年）评估了关节成形术中使用的三种手术服装系统的舒适性，发现一次性手术服内的温度随着手术时间的延长而升高，而 Charnley 系统内的温度则由外部温度决定。

很多关于医用服装热舒适性的研究都涉及客观因素；然而，主观影响也将反映在穿着者的热舒适性评估中。Wyon 等人（1968 年）承认不适的评估同时受到身体和精神状态的影响。为了做到准确而明智地进行手术，外科医生在手术室里承受着很高的精神压力，这也会导致他们体内产热增加。Sudoł-Szopińska 和 Tarnowski（2007 年）解释说，对于多处受伤的患者进行手术以及涉及移植、死亡、需团队合作的手术，医护人员的压力可能会增加；当他们超负荷工作时，也会如此。在这些情况下，心理不适会加剧热负荷，从而加剧对热舒适性物理性质方面的要求。Wyon 等人（1968 年）指出：手术室的“气氛”（紧张或放松）、搬运和术后送出的频度以及手术室的噪声水平也是影响医护人员热舒适的其他主观因素。

8.4 医用纺织品的热性能评估和测试

实现热舒适性的关键是人体与周围环境之间获得热量和湿度的平衡。服装作为我们的近邻环境，既是热量和湿气输运的屏障，又是热量和水分的运输者。热量和湿气传递的物理现象取决于人体的生理状态、穿着的纺织品和服装的性能以及环境条件。可以分别研究这三个因素的影响，但是对热舒适性的整体研究也很重要。

服装舒适性的评估或预测，可以通过客观和主观的方法进行（Umbach，1983 年）。这些方法包括不同等级的测试和评估，从评估纺织材料的物理性能到使用出汗暖体假人或人体试验来确定服装的热性能。客观方法主要集中表征纺织材料或服装的热湿传递（或液体传递）的特性。

8.4.1 基础的纺织品性能

研究人员已经开发了几种方法或标准来测量热阻和水蒸湿气的阻力。考虑到不同的环境因素，开发了 ASTM C 518“利用热流计装置的稳态热传输性能的标准试验方法”、ASTM D 1518“纺织品材料的热传递系数的标准试验方法”和 ASTM F 1868“使用出汗的热板测定服装材料的热阻和蒸发阻力的标准试验方法”来测量织物或复合材料的热阻或隔热性。ASTM C 518 设计仅用于测量材料的隔热性能，而不考虑边界空气层阻力（类似的方法在 ISO 5085-1 和 ISO 5085-2 中），但在 ASTM D 1518 和 ASTM F 1868 中，考虑了边界空气层阻力；一个是静止空气条件，一个是运动空气条件（模拟 1m/s 风速）。先前的研究表明总热阻随着风速的增加而减小（Ding 等，2010 年）。在 0～5m/s 风速范围内有较大的增加。对于寒冷天气使用的防护服来说，风速对服装隔热和热舒适性的影响称为风寒效应。在外科套房中，热环境通常是不平衡的。外科手术室保持在正压力下，由向下流动的空气形成无菌帘（Ho 等，2009 年）。外科手术室中通风和气流模式的主要目的是达到热舒适性和污染物去除效果（Mora 等，2001 年）。

小杯法被用于测量织物的水蒸气透过率（ASTM E 96 和 ASTM E 96 程序 BW）。杯子可以倒置在防水材料上，使其不包括空气层。小杯法测量的空气层水蒸气阻力可能高于织物本身。出汗防护热板方法（ISO 11092）是基于对皮肤模拟的模型。该模型由热板（皮肤）、织物（样品）和可控的环境条件（风、温度、相对湿度）组成。织物/复合材料的蒸发阻力是通过测量提供给热板的能量来确定的，该能量可以将皮肤温度保持在 35℃。织物的稳态和瞬态水蒸气渗透行为可以通过 ASTM F2298 中描述的动态透湿池（DMPC）进行测量。该方法被开发出来用于测试织物、薄膜和层叠织物的水蒸气输运性能。在测试方法中提供了两个选项：扩散测试和组合对流/扩散测试。将出汗热板法与 DMPC 进行了比较，发现两者之间存在良好的相关性（Gibson 等，1997 年）。此外，出汗防护热板法也表现出与小杯法的相关性，但不适用于亲水性材料（Gibson，1993 年）。McCullough 等人比较了测量水蒸气透过率的不同方法，并与 ISO 11092 中描述的出汗防护热板法进行了相关性比较。

纺织材料的液体传输是热舒适性的另一个重要特征。织物的毛细吸水效应可以用垂直条法和落差试验来测试。另一种测试系统是重力吸收测试系统或者 GATS。该系统采用了一种特殊的测试单元来评估织物的吸收和蒸发行为。测试数据提供了织物的吸收能力和速率，以及水分蒸发的百分比（Barker，2002 年）。

8.4.2 暖体假人模型

暖体假人用于舒适性研究已经有很多年了。暖体假人模型测试的主要优点是可以逼真地模拟人体、衣服和周围环境之间的热量和水分传递相互作用。使用暖体假人可以测量服装的隔热性能和蒸发阻力。可以评估服装尺寸（空气层）、合体度和组件对服装整体舒适性的影响。假人评估系统最重要的贡献是它在开发模型中的应用，以预测与特定环境条件和人体代谢产热的不同水平相关的舒适性和热应力。应该注意的是，暖体假人测试只测量衣服的热性能，并不反映任何生理效应。关于运动假人有最新发展，可以更逼真的测试运动中人体的服装隔热和蒸发阻力。身体的运动产生一种泵送效应，它促进对流热损失并降低衣服的隔热值（Havenith 和 Nilsson，2004 年；Bouskill 等，2002 年）。

8.4.3 人体试验

人体试验方法也用于功能性和防护性服装的舒适性评估，如手术服、化学防护服、消防员服装系统或运动服。这些方法被用来评估特定服装对人体的生理影响。当参与者进行一系列模拟活动时，穿着试验收集了他们对测试衣服或纺织品材料的反应。在可控条件下，使用步入式恒温恒湿试验室创建所需的环境温度和相对湿度。该方案包括在不同的气候条件下身体活动和休息交替进行的时间。该活动方案的一个重要部分是为促进出汗而设计的锻炼时间。在人体试验期间可以收集客观和主观评估参数。客观评估包括体核温度、耗热率、皮肤温度、身体质量损失以及在微气候（人体与衣服之间的空气间隙）中的相对湿度。可以遵循几种已开发的方法来测量这些参数。例如，ISO 9886（2004 年）“人体工程学——通过生理测量评估热应变”介绍了几种可用于监测人体核心温度的方法。可以使用定制的问卷获得主观评估，以在试验之前、试验期间和试验后对热舒适的感觉或反应进行评级。该评估在 ISO 10551（1995 年）中进行了描述。描述条款被定义为与服装应用最相关的织物属性代表。在人体试验中，环境条件的适当选择、方案设计、人体受试者的选择和准备是至关重要的。

8.5 未来趋势

实现手术服高性能的关键是提供良好的屏障和舒适性。由于环境的独特性以及外科医生、护士和麻醉师的不同期望，与手术室热舒适相关的研究非常复杂（Wyon 等，1968 年）。Melhado 等（2006 年）表示对医护人员在不同手术期间的热舒适进行评估是非常必要的。有人建议使用一种新技术，即在手术服中嵌入的相转变微囊（Mondal，2008 年）。相变材料与人体周围的微气候相互作用，可以响应外科医生由身体活动、精神压力和手术室内的任何变化而引起的皮肤温度的变化。Behera 和 Arora（2009 年）报道了几种新的手术服产品，包括之前讨论过的智能手术服。对此领域做进一步工作是值得的。另外，分层技术将可能会开发出具有各种指定功能的不相同的多层，而不是可能完成所有舒适性功能的某种单层。我们考察手术人员在不同舒适区的各种需求以及服装设计对此的影响，还需要更多的工作。Lee 和 Obedorf（2006 年）提出，使用电纺技术可以根据需要将不同厚度的非织造织物网/层叠织物直接喷射到三维服装上，以改善其性能，而不会受服装形状的限制。其他推荐的解决方案包括：使用反射服遮盖外科医生的头部和上半身，以解决手术灯的热辐射，以及汗湿衣服的蒸发制冷（Mora 等，2001 年）。十分明确，尽管已经做了许多出色的工作，但仍需要继续改进医用服装的热舒适性。

8.6 其他信息资源

Song G（Ed.）(2010). *Improving Comfort in Clothing*. Woodhead Publishing，Cambridge，UK，ISBN 1 84569 539 9.

Van Langenhove L（Ed.）（2007）. *Smart Textiles for Medicine and Healthcare：Materials，Systems and Applications*. Woodhead Publishing，Cambridge，UK，ISBN-13：978-1-84569-027-4.

8.7 参考文献

Abreu M J，Silva M E，Schacher L and Adolphe D（2003）. Designing surgical clothing anddrapes according to the new technical standards. *Int J Clothing Sci Technol*，15（1），69-74.

Aibibu D，Lehmann B and Offermann P（2003）. Image analysis for testing and evaluationof the barrier effect of surgical gowns. *J Textile Apparel Technol Manage*，3（2），1-7.

Anonymous. DuPont. The miracles of science™. Available：http：//www2. dupont. com/DuPont _ Home/en US/

index. html. [Accessed 18 January 2010].

Anonymous (2003). Recommended practice for selection and use of surgical gowns anddrapes. *AORN*, 1, 206-210.

ASHRAE (2003). ASHRAE Handbook: *Applications*. American Society of Heating, Refrigerating and Air-conditioning Engineers. Inc., Atlanta, GA.

ASHRAE (2005). ASHRAE Handbook: *Fundamentals*, *Thermal Comfort*. AmericanSociety of Heating, Refrigerating and Air-conditioning Engineers Inc, Atlanta, GA.

Barker R L (2002). From fabric hand to thermal comfort: the evolving role of objectivemeasurement in explaining human comfort response to textiles. *Int J Clothing SciTechnol*, 4, 181-200.

Behera B K and Arora H (2009). Surgical gowns: A critical review. *J Ind Textile*, 38 (3), 205-231.

Bouskill L M, Havenith G, Kuklane K, Parsons K C, Withey W R (2002). Relationshipbetween clothing ventilation and thermal insulation. *AIHAJ*, 63 (3), 262-268.

Brandt B (1993). Surgical gowns: a survey of wearer and purchaser satisfaction withprotection. Nonwovens Industry, 1 September. Available: http: //www. thefreelibrary. com/Surgical+gowns: +a+survey+of+wearer+and+purchaser+satisfaction+with+... -a014428963

Branson D H and Sweeney M M (1991). Conceptualization and measurement of clothingcomfort: Toward a metatheory. In *Critical Linkages in Textiles and Clothing*: *Theory*, *Methods and Practice*, Kaiser S and Damhorst M L (eds.). ITAA Publishers, Monument, CO. pp. 94-105.

Campbell S L (1996). Creative approaches to PPE development. *OH and S Canada*, 12, 82-90

Canadian Center for Occupational Health and Safety (CCOHS) (2010). Available: http: //www. ccohs. ca/oshanswers/phys _ agents/thermal _ comfort. html

Cao W and Cloud R (2010). Improving comfort in clothing, in *Improving Comfort inMedical Textile Applications*. Woodhead Publishing Ltd, Cambridge, UK, Chap 17.

Cho J, Tanabe S and Cho G (1997). Thermal comfort properties of cotton and nonwovensurgical gowns with dual functional finish. *J Physiol Anthropol*, 16 (3), 87-95.

Datta S D, Armstrong G L, Roome A J and Alter M J (2003). Blood exposures and hepatitisC virus infections among emergency responders. *Arch Intern Med*, 163, 2605-2610.

Ding D, Tang T, Song G and McDonald A (2010). Characterizing the performance of asingle-layer fabric system through a heat and mass transfer model. Part 1: Heat andmass transfer model. *Textile Res J*, 0040517510388547, first published on 22 November2010.

Ding D, Tang T, Song G and McDonald A (2010). Characterizing the performance of asingle-layer fabric system through a heat and mass transfer model. Part 2: Thermal andevaporative resistances. *Textile Res J*, 0040517510395994, first published on 1 March2011.

Ellis K (2005). Evaluating and purchasing surgical apparel and sharps. Available: http: //www. infectioncontroltoday. com

Fanger P O (1970). *Thermal Comfort*, Danish Technical Press, Copenhagen.

Fisher G (2006). Development trends in medical textiles. *J Asia Textile Apparel*, Available: http: //www. adsaleata. com/Publicity/ePub/lang-eng/article-40/asid-76/Article. aspx

Fourt L E and Hollies N R S (1970). Clothing and Comfort. Marcel Dekker Inc., New York.

Gibson P W (1993). Factors influencing steady-state heat and water-vapor transfermeasurements for clothing materials, *Textile Res J*, 63, 749-764.

Gibson P W, Kendrick C E, Rivin D and Charmchi M (1997). An automated dynamic watervapor permeation test method. In *Performance of Protective Clothing*, 6th volume, StullJ O and Schwope A D (eds.). ASTM STP 1273, ASTM, West Conshohocken, PA, pp. 93-107.

Hatch K L (1993 年). *Textile Science*, West Publishing Company, New York.

Hatch K L, *et al.* (1990). In vivo cutaneous and perceived comfort response to fabric. 1. Thermophysiological comfort determinations for 3 experimental knit fabrics. *TextileRes J*, 60 (7), 405-412.

Havenith G and Nilsson H O (2004). Correction of clothing insulation for movement andwind effects, a meta-analysis. *Eur J Appl Physiol*, 92 (6), 636-640.

Ho S H, Rosario L and Rahman M M (2009). Three-dimensional analysis for hospitaloperating room thermal comfort and contaminant removal. *Appl Therm Eng*, 29 (10), 2080-2092.

Horrocks A R and Anand S C (2000). *Handbook of Technical Textiles*. Woodhead PublishingLtd, Cambridge, UK.

Konarska M, Soltynski K, Sudol-Szopinska I and Chojnacks A (2007). Comparativeevaluation of clothing thermal insulation measured on a thermal manikin and onvolunteers. *Fibers Textile East Eur*, 15 (2), 73-79.

Laufman H, Belkin N L and Meyer K K (2000). A critical review of a century' s progress insurgical apparel: How far have we come? *J Am Coll Surg*, 191, 554-568.

Lee S and Obendorf S K (2006). Developing protective textile materials as barriersto liquid penetration using melt-electrospinning. *J Appl Polymer Sci*, 102 (4), 3430-3437.

Lee S and Obendorf, S K (2007a). Transport properties of layered fabric systems based onelectrospun nanofibers. *Fiber Polym*, 8 (5), 501-506.

Lee S and Obendorf S K (2007b). Use of electrospun nanofiber web for protective textilematerials as barriers to liquid penetration. *Textile Res J*, 77 (9), 696-702.

Leonas K K (1998). Effect of laundering on the barrier properties of reusable surgical gownfabrics. *Am J Infect Control*, 26, 495-501.

Levy B S, Harris J C, Smith J L, Washburn J W, Mature J, *et al*. (1977). Hepatitis B in wardand clinical laboratory employees of a general hospital. *Am J Epidemiol*, 106, 330-335.

Lymer U, Schutz A and Isaksson B (1997). A descriptive study of blood exposure incidentsamong healthcare workers in a university hospital in Sweden. *J Hosp Infect*, 35, 223-235.

Malik M, Handford E, Staniford E, Gambhir A and Kay P (2006). Comfort assessmentof personal protection systems during total joint arthroplasty, using a novel multi-dimensional evaluation tool. *Ann R Coll Surg Engl*, 88, 465-469.

May-Plumlee T and Pittman A (2002). Surgical gown requirements capture: A designanalysis case study. *J Textile Apparel Technol Manage*, 2 (2), 1-10.

Mazzacane S, Giaconia C, Costanzo S, *et al*. (2006). On the assessment of the environmentalcomfort in operating theatres. Available: http: //www. aiha. org/aihce06/handouts/c2mazzacanel. pdf

McCullough E A, Kwon M and Shim H (2003). A comparison of standard methodsfor measuring water vapour permeability of fabrics. *Measure Sci Technol*, 14 (8), 1402-1408.

McKinney W P, Young M J (1990). The cumulative probability of occupationally-acquired HIV infection: The risk of repeated exposures during a surgical career. *Infect ControlHosp Epidemiol*, 11, 243-347.

Melhado M, Hensen J L M and Loomans M (2006). Literature review of staff thermalcomfort and patient 'thermal risks' in operating rooms, Proceedings of the 8th International Healthy Buildings Conference, 4-8 June, Lisbon, ISIAQ, pp. 11-14.

Mondal S (2008). Phase change materials for smart textiles-An overview. *Appl ThermEng*, 28, 1536-1550.

Mora R, English M J M and Athienitis AK (2001). Assessment of thermal comfort duringsurgical operations. *ASHRAE Transactions*, 107 (1), 52-62.

Olesen B W and Bovenzi M (1985). *Assessment of the Indoor Environment in a Hospital*, in Clima 2000, Copenhagen, pp. 195-200. Available at http: //hero/epa/gov/index. cfm? action=search. view&reference _ id=22999

Parsons K C (1993). *Human Thermal Environments*. 2nd edition, Taylor and Francis, London.

Pilcher J J, Nadler E and Busch C (2002). Effects of hot and cold temperature exposure onperformance: a meta-analytic review. *Ergonomics*, 45, 682-698.

Pissiotis C A, Komborozos V, Papoutsi C and Skrekas G (1997). Factors that influence theeffectiveness of surgical gowns in the operating theatre. *Eur J Surg*, 163, 597-604.

Quebbeman E J, Telford G L, Hubbard S, Wadsworth K, Hardman B, *et al.* (1991). Risk ofblood contamination and injury to operating room personnel. *Ann Surg*, 11, 614-620.

Rajendran S and Anand S. C (2003). *Development in Medical Textile*. The Textile Institute, Manchester, UK.

Rigby A J, Anand S C and Miraftab M (1994). Medical textiles. *Knitting Int*, 101, 39-42.

Rutala W A and Weber D (2001). A review of single-use and reusable gowns and drapes inhealth care. *Infect Control Hosp Epidemiol*, 4, 248-257.

Slater K (1985). *Human Comfort*. Thomas Springfield, USA.

Smith R M and Rae A (1975). Thermal comfort of patients in hospital ward areas. *AnnOccup Hyg* 17 (3-4), 303-313.

Song G (2007). Clothing air gap layers and thermal protective performance in single layergarment. *J Ind Textile*, 36 (3), 193-205.

Stanley L (1994). OSHA ruling still causing shifts in surgical gown marketplace. *HealthInd Today*, November.

Sudoł-Szopińska I and Tarnowski W (2007). Thermal comfort in the operating suite. *New Med*, 10 (2), 40-46.

Suprun N, Vlasenko V and Ostrovetchkhaya Y (2003). Some aspects of medical clothingmanufacturing. *Int J Clothing Sci Technol*, 15 (3/4), 224-230.

Wilczynska U, Szeszenia-Dabrowska N and Szymczak W (2006). Occupational diseases inPoland, 2005. *Medycyna Pracy*, 57, 225-234.

Wong D A, Alexander J A and Kay L (1998). Risk of blood contamination of health careworkers in spine surgery: a study of 324 cases. *Spine*, 23, 1261-1266.

Wong T K S, *et al.* (2004). Effective personal protective clothing for health care workersattending patients with severe acute respiratory syndrome. *Am J Infect Control*, 32 (2), 90-96.

Woods J E, Braymen D T, Rasmussen R W, Reynolds G L and Montag G M (1986). Ventilation requirements in hospital operating rooms-part I: Control of airborneparticles. American Society of Heating, Refrigerating and Air-conditioning EngineersInc., (ASHRAE) *Transactions* 92 (2A), 396-426.

Wyon D P, Lidwell O M and Williams R E O (1968). Thermal comfort during surgicaloperations. *J Hygiene*, 66 (2), 229-248.

第 2 篇

纺织品和皮肤

第 9 章

医用纺织品在皮肤上的接触感

V. T. Bartels
德国巴特尔斯科学咨询有限公司

摘要：各式各样的医用纺织品在使用时直接与皮肤接触，这些纺织品的结构和性质不仅直接影响对皮肤的刺激作用，也影响到佩戴者的舒适性。对于医用纺织品，其舒适感，如光滑性和柔软感，产生于稍显毛茸的表面，与皮肤接触那一面是一种三维结构，并且略带刚性。不适感如发痒，是由不可弯曲纤维突出的末端和刚硬的织物结构引起的，如紧密织物或不良涂覆/层叠织物。具有光滑内表面的纺织品可在汗湿的皮肤上产生强烈的黏附感。使用与不同感觉相关联的测试仪器，可以测量医用纺织品的皮肤接触性质。然而，在许多情况下，由于缺乏必要的医疗或防护要求，具有良好皮肤接触性能的纺织品结构也不能用作医用纺织品。

关键词：皮肤接触，接触感觉，皮肤舒适感，柔软，光滑，发痒，黏附，皮肤刺激，医用纺织品。

9.1 引言

与皮肤直接接触的医用纺织品必须对皮肤安全无害。这不仅包括不存在有害物质，而且还包括与皮肤适当的机械接触性质（Pan 等，2005 年）。本章论述了“皮肤感知”性质及其引起的感觉机制，并研究了如何相应地改进纺织品。现在已经可以用实验室仪器来测定其中的一些性质（Mecheels，1982 年，1998 年；Bartels 和 Umbach，2002 年）。

9.1.1 本章概述

本章第 1 节是皮肤感知性质的简介。首先来看一看具有皮肤感知性质的纺织品应用的多样性，然后再来考察这些性质对使用者的健康和舒适度的重要性，以及他们对纺织品的接受度。9.1 节最后对皮肤感觉舒适度和织物手感进行了比较。

在本章 9.2 节中，我们研究了包括纺织品和皮肤之间接触的不同场景，并讨论了使用者的感觉。这些包括柔软度、光滑/粗糙、刺痒、刚性、黏附感、水分的影响、初始温度感和皮肤发红/红斑。

本章 9.3 节包含了指导原则，并就如何改善纺织品的皮肤感知性质提出了建议。9.4 节将这些知识转化到医学应用中。所举的例子包括对护士服装、手术室防护服、失禁产品、绷带、床单和皮肤受损患者（伤口、特应性湿疹）服饰的不同要求。

本章最后讨论了用于皮肤接触医用纺织品的未来潜在趋势，并以概述表的形式得出结论，最后提供了一些进一步信息和建议来源的详细信息。

9.1.2 接触皮肤的医用纺织品的应用

原则上，所有与人体皮肤直接接触的纺织品都应按照“皮肤-纺织品界面”进行优化（Mecheels，1982 年，1998 年；Bartels 和 Umbach，2002 年；Pan 等，2005 年）。这一点在医用纺织品领域尤其重要，在下述各种用途中医用纺织品都是必需的：

- 职业服装：护士、医生、清洁人员、厨房员工和看护人员的服装。
- 防护服：手术室防护服、用于药房和实验室的细菌和体液防护服、手套以及口罩。
- 失禁和卫生用品：尿布、成人失禁和女性卫生用品。
- 绷带：用于治疗韧带和肌肉损伤、淋巴液的引流或伤口护理。
- 床单：病床和检查区域的床单。
- 其他纺织品：穿着在皮肤上、具有医用功能、如针对特应性湿疹患者的衣服、生物功能性纺织品、智能服装和药物释放纺织品。

在 9.4 节中也详细讨论了其中的几个例子。

9.1.3 皮肤力学接触的重要性

纺织品对皮肤的力学接触性质及其对穿着者影响的重要性经常被低估。“皮肤感官舒适性”一词的含义远不止佩戴者的幸福感：

- 预防机械性皮肤过敏。皮肤接触性质差的纺织品可能会引起皮肤发红（红斑），浸渍或刺痛等皮肤过敏。
- 穿着舒适方面。在一些医用纺织品的应用中，不同的产品对穿着者的皮肤感官舒适度差异很大。一个很好的例子是医务人员的职业着装。与纯棉服装相比，廉价劣质的涤棉混纺服装经常被穿着者拒绝，主要是因为它们与皮肤接触时会产生不舒适的感觉。虽然市场上有优质的混纺织物，但这些廉价且不良的结构严重阻碍了医院工作人员对任何混纺织物的接受度。
- 用户接受度。医务人员的职业服装示例表明纺织品的皮肤感官舒适度对于用户接受程度的重要性，这一点可以通过 9.1.2 节中给出的示例进一步证明。在一些情况下，必须购买新的纺织品，因为患者或工作人员不接受以前购买的廉价结构的与皮肤接触性能差的纺织品。

这些主题在本书的第 10 章（Wollina）和第 11 章（Weckmann）中有更详细的介绍。第 10 章讨论力学皮肤刺激，而第 11 章讨论过敏症。强烈建议进一步阅读这些章节。

9.1.4 区别于织物手感

“皮肤感官舒适”和“织物手感”经常被混淆或同义使用。但是，它们具有不同的含义，这些含义在下面进行了解释和定义：

- 这里的皮肤感官舒适性定义为纺织品的皮肤接触性质和接触感，其在皮肤上穿戴较长时间（小时），通常覆盖身体的大部分区域。
- 织物手感是织物接触的另一个重要因素。它定义为用手触摸纺织品时短时间（秒）反馈得到的感觉。面料手感对于购买者决策至关重要。如在商店中，人们不会购买织物手感很差的纺织品。

皮肤感官舒适度和织物手感都是非常重要的皮肤接触参数，但在性质上有很大不同。织物手感是通过手简单触摸纺织品几秒时产生的感觉，然而皮肤感官舒适性描述的是身穿纺织品长时间所产生的感觉。

这种差异对于测试方面也很重要。众所周知的 Kawabata 评估系统旨在测量织物手感（Kawabata，1998 年；N C State University，2010 年）。因此，尽管该装置所进行的某些测试与感官舒适性测试非常相似，但它并不能用于皮肤感官舒适度的测定。

9.2 皮肤接触感

某种程度上讲，人类具有皮肤触感是非常令人惊讶的。皮肤的外层——角质层——由死亡的角质细胞组成（Wollina 等，2006 年；第 10 章）。然而有趣的是，我们仍然拥有如此强烈的触觉。原因是触觉由位于皮肤深层组织的传感器所记录下来。

但是，通常我们不会记录纺织品皮肤接触的感受。与舒适性的许多其他方面一样，良好的纺织品/皮肤感官舒适性更多地以非感知为特征。一般来说，直到出现问题，我们才会意识到纺织品-皮肤界面的重要性。毛刺也许是最广为人知的问题（Garnsworthy 等，1968 年）。

在我们能立即感受到的为数不多的正面皮肤接触感觉中，最重要的两种感觉便是柔软和亲肤感。我们甚至有时会积极地寻求这些感觉。另一个重要的皮肤触感是织物接触皮肤时所感受到的织物的温度，特别是织物的温暖或凉爽感。

在以下的小节中，我们将更详细地讨论几种皮肤接触的感觉。除了一些关于特应性湿疹和伤口方面，这里主要考虑的是健康的皮肤。而这些方面在本书的第 2 章（Rajendran 和 Anand）和第 12 章（Hipler 和 Wiegand）中得到了更准确的论述。

9.2.1 柔软性

柔软性是最理想以及最显著的皮肤接触特性之一。然而，这不是一种可以明确定义的参数。有必要区分整个织物的柔软性和表面的柔软性。

织物的柔软性指的是材料在所有方向上的弯曲特性。因此柔软性便是刚性的对立面，如 9.2.4 节所述。机织物和非织造织物通常都没有针织物柔软，而且针织物通常更有弹性。因此，按照这种标准，机织物和非织造织物应尽可能做得具有柔韧性，以使其舒适；然而，适得其反，有些针织织物被认为过于柔软，而不适合那些觉得这种面料松软的穿着者。最后，织物应具有理想的柔韧性，从而达到适当的柔软度。

突显在表面上的纤维和纱线决定了表面的柔软度。这取决于：

- 纺织品织物表面上的纤维和纱线数量。
- 纤维末端的长度。
- 纤维端部的弯曲特性。

根据以上参数，可以认为织物表面柔软度与粗糙度相对立（9.2.3节）。

为了感觉到柔软，织物表面应多毛，以及突出的纤维末端易弯曲。而羊毛就是一个很好的例子。这种绒毛可提供完美的织物表面从而让穿着者获得柔软的感觉。

在服装中，弯曲性能以及材料的表面特性这两方面不仅对纺织品本身的柔软性很重要，而且还依赖于装饰、刺绣、接缝和拉链等。有了这些附加品后，不仅弯曲性和表面性质很重要，它们的位置也变得很重要。例如，拉链等硬质材料不能放置在易于弯曲的衣服区域。

9.2.2 光滑/粗糙

在与皮肤直接接触中，不仅能感觉到纺织品表面柔软或刺痒，而且还可能会感觉到光滑或粗糙。有趣的是，光滑的纺织品表面不一定比粗糙的纺织品表面更舒适。光滑或粗糙的感觉是纺织品表面的“形态”问题，我们可以通过皮肤来感受这一点。依靠身体部位，这种感觉或多或少变得准确；例如指尖比背部更敏感。

摩擦是感觉纺织品光滑或粗糙的另一种方法（Pan等，2005年）。如果纺织品和皮肤直接接触，则会发生滑动或是粘连等影响。通常情况下，如果纺织品略微粘在皮肤上，则更舒适，但如果穿着者需要在衣服中进行更大的运动或者衣服需要穿在身上，则优选光滑的纺织品。在后一种情况下，纺织品具有符合人体工程学的优点，可以更容易地滑动。因此，在该应用中，纺织品的人体工程学特性与皮肤感觉要求之间就存在冲突。

9.2.3 刺痒

刺痒感与织物表面的纤维和纱线紧密相连。如9.2.1节所述，刺痒与表面柔软度相反，取决于纤维突出末端的数量、长度和刚度（Naylor和Phillips，1997年）。如果感觉纺织品刺痒，则可能是因为纤维末端太硬，例如在毛刺中（Garnsworthy等，1968年；Li，1998年；Gehui等，2003年）。刺痒感的另一个来源取决于衣服的切割设计，例如直接接触皮肤（如下巴）或接缝处的错位拉链被压入皮肤或与皮肤摩擦。

9.2.4 刚性

对织物刚性的感觉与柔软性敏感度相反（见9.2.1节）。刚性强烈依赖于织物在不同方向上的弯曲性质（例如纬线/经线或内侧/外侧方向）。硬质纺织品显示出强的抗弯曲能力，而柔软或均匀柔软的纺织品对弯曲力的抵抗力小。

9.2.5 黏附感

纺织品对于皮肤的黏附感通常是皮肤汗湿时所引起的感觉，这样一种紧贴感是非常不舒服的，除其他原因外，还因为它向大脑发出信号：我们正在出汗。纺织品可以滑过皮肤或是粘在皮肤上。有趣的是，滑动的纺织品比粘在皮肤上的纺织品更容易被粘牢（Mecheels，1982 年）。因此，织物和汗湿皮肤之间的摩擦力应该很高。

皮肤必须先被汗水浸湿，然后我们才会觉得纺织品粘人。因此，对于我们出汗时穿着的纺织品，如在高温或活动增加期间穿着的职业服装或运动服，黏附感尤为重要。

9.2.6 水分的影响

除了黏附感之外，水分通常会对皮肤的感官舒适度产生负面影响。皮肤可以被汗水弄湿，也可以被尿液或唾液等体液润湿。水分对皮肤有几个负面影响：

- 浸渍的发生可能导致对皮肤磨损的抵抗力降低。
- 打破皮肤 pH 值通常为 5.5 的状态。
- 在潮湿的环境下，细菌可以生长得更快，从而增加感染的风险。

因此，应该避免皮肤潮湿，但是，当这种情况发生，汗液或尿液等液体从皮肤上被吸走，并被纺织品吸收。理想情况下，这种液体被释放到环境中（或通过微气候转到衣服下一层），或至少远离皮肤。

相反，保持皮肤干燥的一个重要方法是传递水蒸气。这种透气性必须足够有效，以便出汗的汗液不会凝结在皮肤或纺织品上，而是扩散到环境中。

9.2.7 初始温度感

第一次触摸纺织品时，接触区域会产生温度感。对于一件纺织品会有温暖或凉爽的感觉。当皮肤首次接触织物时，织物和皮肤之间的热通量最高（Bartels，2006 年）。初始温度感不仅可以在用手触摸织物时产生，而且身体的其他部位与织物接触时也会发生（即使热敏感性存在差异）（Nadel 等，1973 年）。例如，当我们每次移动头部时，枕头会使面部产生一种初始温度感。图 9.1 给出了一个典型的热通量曲线随时间变化的情况。

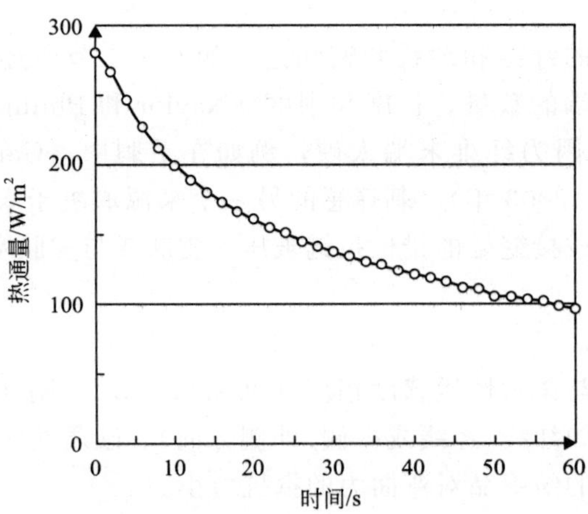

图 9.1 头部对枕头的初始温度感

配备有热通量传感器的模拟头部与枕头接触后的热通量-时间变化曲线。热通量越高，头部初始感觉越冷。在实验开始前，枕头的表面温度为 20℃，头部温度为 35℃（数据取自 Bartels，2006 年）

凉爽或温暖的温度感是否更舒适，取决于人的体温调节状态，其本身受环境气候条件、工作负荷和衣服的影响。例如，如果一个人在冬季感觉很冷时，温暖的初始温度感觉是首选；如果在夏季感觉很热时，凉爽的初始温度感觉是首选。

9.2.8 皮肤发红/红斑

如果纺织品很硬或粗糙，可能会导致皮肤发红（红斑），通常伴有瘙痒。再者，羊毛刺是最著名的例子（Garnsworthy 等，1968 年）。如果出现红斑，则说明纺织品的皮肤接触性差，这是一个明显的警告信号。在绷带或医务人员的职业服装等医疗应用中，纺织品长时间穿在皮肤上，这增加了红斑发生的概率。Wollina 在本书第 10 章对机械诱发的皮肤刺激进行了全面综述。

9.3 织物性质对皮肤接触感的影响

9.3.1 毛羽

纺织品的表面毛羽是影响其皮肤接触性能的一个重要因素（Mecheels，1982 年，1998 年）。这种毛羽取决于从纺织品中伸出的纤维和纱线的数量和长度。毛羽对皮肤接触感有很大影响，例如感觉织物是否柔软、粗糙或紧绷。

纺织品的毛羽可以从完全没有毛羽的材料（例如由长丝制成的织物）到具有长而坚硬的纤维末端的织物（例如粗羊毛）。在两者之间存在最佳毛羽，其定义为具有纤维末端的材料，其柔软且易于弯曲。棉织物一般满足这一要求。

纤维末端的数量、刚度和长度如何影响纺织品的皮肤接触性能，这是值得讨论的问题：

- 纤维数量　假如不存在散纤维，则纺织品整个直接贴在皮肤的大面积区域，参见图 9.2。因此，这种类型的纺织品经常感觉紧贴和湿冷。另一方面，从大块纺织品中出现的长且非常硬的纤维（如刷子），会感到刺痒。最舒适的织物则有一些纤维从主体中伸出，起到皮肤和织物之间的缓冲作用。纤维突出末端的数量必须足够大，以便它们可以在织物和皮肤之间形成空间；纤维太少会在压力下坍塌；但是纤维也不能太多或太长，否则开始时会感到织物刺痒。
- 纤维硬度　纤维硬度是产生刺痒感的一个非常重要的因素（Garnsworthy 等，1968 年；Li，1998 年；Gehui 等，2003 年）。通过观察羊毛得知直径较大的粗纤维相对较硬，从而会导致羊毛刺痛。而更细、更薄更柔软的纤维制成的羊毛质量更好，且不会导致刺痛。这个原理在其他纤维材料中也是一样的。
- 纤维长度　从纺织品本体突出的纤维和纱线的长度也可能影响其柔软感或刺痒感。如果某根纤维比较长，它可以比相同类型及纤度的较短纤维更容易弯曲（Schreiber，2008 年，2009 年）。因此，与长纤维相比，短纤维能更频繁地穿透皮肤并引起皮肤刺激。纤维长度可以在纺织品的使用期间发生变化。例如，在用作医务人员职业服装的聚酯-棉混纺织物中，其表面上的纱线和纤维在其使用寿命期间变短，最终使它们具有锋利的断裂末端（Höfer，2008 年）。因此，随着时间推移，衣服会越来越痒，甚至会引起皮肤刺激。

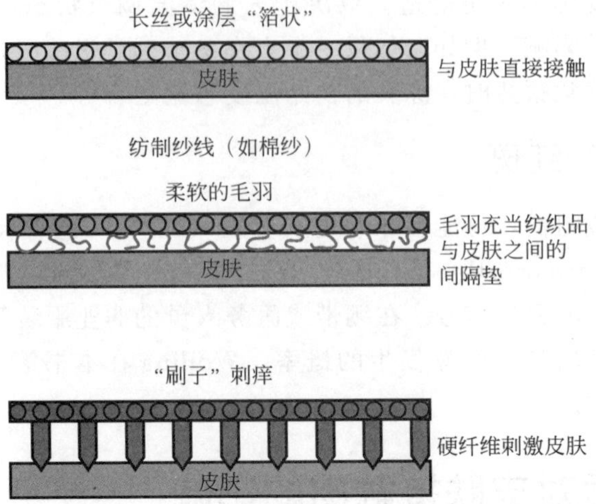

图 9.2　皮肤接触性质与从纺织品本体表面突出的纤维末端的关系

最上图：表面光滑的丝或涂层织物；中间图：柔软的纺丝纱线；
最下图：坚硬、粗糙的纤维末端可刺入皮肤

影响织物最终毛羽的一个结构参数是所用纱线的类型。如前所述，长丝完全没有毛羽，而短纤维纱线中有许多毛羽，其中一些最终从织物原料中露出（见图 9.2）。在这两个极端之间，我们发现了有纹理的纱线（Stahlecker，2003 年）。

毛羽可以在实验室中测量。其中一种方法是利用激光束，以一定角度瞄准纺织品表面（Issa 等，2006；Broega 等，2006 年）。通过研究织物的背散射光并提供有关纺织品毛羽的信息。

另一种方法是使用微透镜观察纺织品的轮廓。这种方法最早是在 20 世纪 80 年代使用的，当时使用了摄影胶片相机（Mecheels，1982 年）；今天可以使用数码相机技术（Bartels，1999 年；见图 9.3）。从图像中可以分析出所有的纤维，这些纤维来自织物，并且位于景深区域。分析结果如图 9.4 所示，揭示了纤维的分布、数量以及纤维与织物本体的距离。

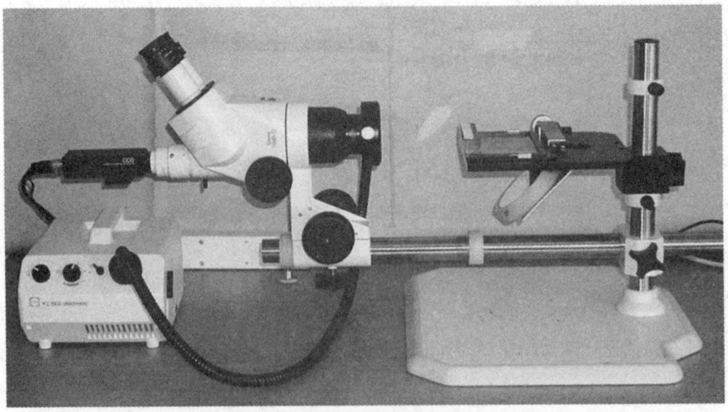

图 9.3　测试纺织品毛羽的装置

将织物样条放置在带有数码相机的水平安装显微镜装置前，
用来拍摄其轮廓图（Bartels，1999 年）

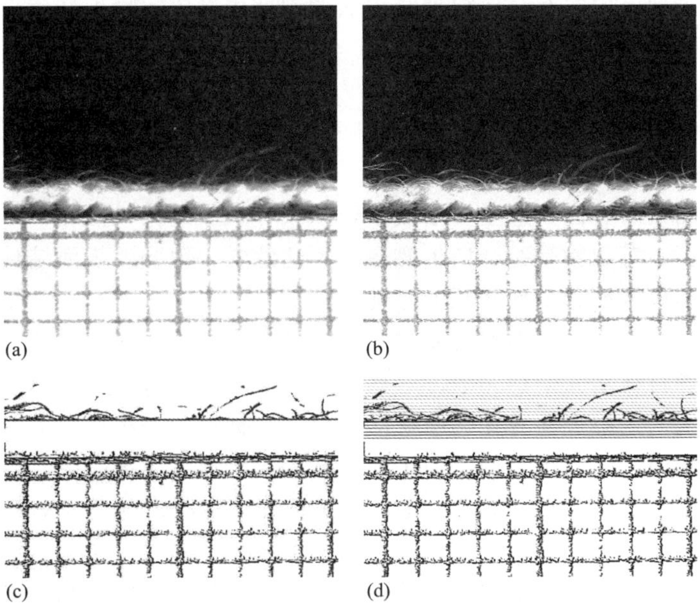

图 9.4 通过图像分析以获得从纺织物基体纤维突现末端的长度和数量

(a) 数码相机的原始照片；(b) 通过锐度校正增强对比度；(c) 数字化的突现纤维；(d) 将水平线放入数字化图像中。从水平线与突现纤维之间的相交点数，可以获得离纺织物基体不同距离的纤维突现末端的数量（Bartels，1999 年）

该方法也可用于评估纤维刚度。在纺织品样条上面放置一块薄的玻片（Bartels，1999 年），容易拍摄到织物轮廓图，包括所有的发散纤维，整个织物均处于压力下。样品和玻片的尺寸保持相同，这意味着所达到的压力取决于玻片的质量。无压力和有压力的样品之间的差异越大，毛羽越软。然而，硬刷在有压力或没有压力的情况下，测量结果没有差别。这种表征毛羽硬度的方法可以认为是整体行为，因为纤维集合的共同作用才能抵消压力。

另一种测试纤维刚度的方法是研究单纤维（Schreiber，2008 年，2009 年）。测量单个纤维所施加的这种微小弯曲力是极其困难的。借助带纤维的一根垂直金属丝的挠曲，该作者攻克了这个难题。使用精密天平可以检测最终产生的张力变化。此外，当使用该方法时制备样品是费力的，因为必须将单根纤维精确地放置在样品架中，才能获得纤维本身定义明确的弯曲性能。

到目前为止所讨论的表征毛羽的方法都是定量的，但也必须提到一个定性程序；例如，使用显微镜或电子显微镜检查（Abu-Rous 等，2006 年）。得到的纺织品表面图像有助于形象化，从而更好地了解情况。例如，人们可以看到断裂的纤维，这对于评估织物的刺痒很重要（Höfer，2008 年）。

纺织品的毛羽与其他重要参数之间偶尔会发生冲突，特别是在医疗应用中。例如，毛茸茸的表面能让人感觉舒适，但是：

- 它可能起球和掉毛；
- 由于更高的摩擦力，穿上衣服需要更长的时间；
- 在裤子中，光滑的表面更便于移动。

因此，对于每种应用，有必要根据纺织品的预期用途决定哪种性质更重要，并在选择最佳纺织品结构时相应地优先考虑。

9.3.2 皮肤接触的表面结构

另一个皮肤接触性质是织物的表面结构，它对织物的舒适度有很大的影响。每一种织物都有一个三维图案的表面，这主要取决于机织或针织的结构，但在一定程度上也取决于纱线或整理的类型。对织物是否会产生黏腻等不适感觉，织物的表面结构至关重要，应避免这些不良感觉，以便达到令人满意的舒适性。

纺织品的三维表面结构有很大的差异。直接贴于皮肤上的涂层或膜（Fung，2002 年）是一个极端，这种材料是完全均匀的。一些微纤维织物只是有更多的结构，非常光滑。另一个极端是具有大的三维表面变化的纺织品，例如，披风，毛绒或羊毛。利用蜂窝或点状图案也可以获得相当大的三维结构。为了使皮肤感官舒适，纺织品应具有相当大的三维表面结构；这种图案使皮肤接触面积最小化，使织物感觉不那么湿冷或黏着，并且在皮肤上更舒适。

在服装中，不仅是纺织品本身与皮肤接触，还有标签、接缝、刺绣等。这些附加材料也必须是对皮肤友好的，否则会产生不适，尽管这种不适仅存在于在这个小区域内，但整个衣物可能会被穿着者拒绝。

现在，纺织品表面可以在所有三维空间上进行定量表征。有一种示范性的装置能够进行这种测试，它在样品表面上投射一组不同的条纹图案（GFMesstechnik，2010 年）。通过分析反向散射光，可以计算织物表面的三维坐标。

虽然结构化表面比光滑表面让人感觉更舒适，但制造商经常不在产品中使用它们。通常他们根本不了解皮肤接触性质，并且价格也是一个强大的促成因素，因为具有结构化表面的纺织品往往更昂贵。

9.3.3 刚性

如前所述，刚性是由纺织品的弯曲性能决定的。然而，这种简单的理论在实践中变得更加困难，因为有必要澄清弯曲发生的方向。织物的“自然主方向”是经线和纬线的方向。但在这些垂直替代方案之间，也可以选择其他任何角度。此外，我们可以在其外侧（远离皮肤）或其内侧（靠近皮肤）弯曲纺织品。

Mecheels（1982 年）开发了一种测量纺织纤维弯曲性质的简便方法，从而测量纺织品的刚性。测试装置是固定在具有角度刻度计的木板上的水平销针。该装置的结构得到进一步发展，现在通常使用激光束技术（Bartels 和 Umbach，2005 年；见图 9.5），但测量原理保持不变；将一定尺寸的纺织品样品条的中间放在水平销针上。样品的边缘不在销针上，由于重力而向下弯曲。弯曲角是通过角度刻度计来测量的，是对织物刚性的直接测量。

这种刚性测量技术的巨大优势在于它便宜、快速、可靠，最后同样重要的是它与人类舒适性的感受相关。而缺点是由于受重力影响，刚性结果取决于样品的尺寸和质量。

Machova 等（2006 年）提出了克服这种限制的装置。再次研究样条，但是，这种情况下它被固定于垂直位置，短边竖立。该条纹不是垂直弯曲而是水平弯曲，这意味着样品

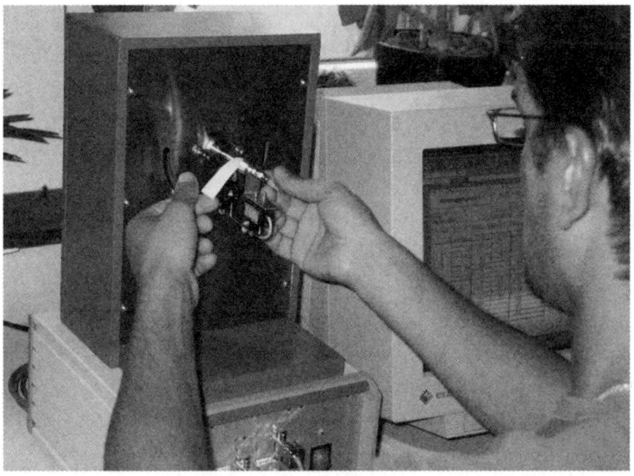

图 9.5　织物刚性的测量

将织物样条放置在水平销针上。随后，通过激光束来检测织物条的位置。织物条的弯曲角度可被认为是此织物的刚性程度，弯曲角度越大，织物越硬

不会由于重力而弯曲，而是仅由于施加的机械力而弯曲。因此，结果与纺织品的质量无关，但取决于样品的大小。

有时根据 BS 5058（1973 年）使用所谓的“Cusick 悬垂测试仪”来评估织物刚性。通过数字分析技术改进了原始结构（Kenkare and May-Plumlee，2005 年）。然而，这种设备的设计使得“当（结果）结构令人满意时，织物被认为具有良好的悬垂质量”（Bhalerao，2010 年）。因此，Avril 和 Filmer（2000 年）讨论了使用 Cusick 悬垂测试仪测试柔软性或刚性的几个限制。

纺织品的刚性取决于几个结构参数，如针织或机织、密度、整理、涂层/叠层等。通常的原则是：密度越大的织物其刚度也越大；因为在密度大的纺织品中，更多的纱线需要被弯曲，并且弯曲的纱线可能滑动的空间也更小。结果，纺织品更致密，弯曲变得更加困难。

织物采用的针织或机织类型十分重要，也可以标志刚性。例如，斜纹织物通常不如平纹织物刚性大。然而，即使是不同的斜纹织物，例如 2/1、2/2 或 3/1，其刚性也会不同。此外，涂层或层叠织物（Fung，2002 年；Hall，2004 年）通常比没有涂层或层叠的相同织物刚性更大。

整理也会对刚性产生显著影响。例如易护理整理会导致纤维之间的交联，从而产生更大的弯曲力。基于环糊精（Buschmann 等，1998 年，2001 年）的生物功能性整理剂也使纤维交联，因此也可以使材料变得更加刚性，特别是如果整理剂过量。

通常发现非织造织物具有高弯曲角度，特别是如果它们根据上述 Mecheels（1982 年）方法进行测试。在某种程度上，这种结果是由许多非织造材料质量轻引起的，这使得它们具有低的重力。然而，必须指出的是，许多非织造织物不适合直接接触皮肤。虽然尿布制造商证明这是可以控制的，他们的顶级床单可与皮肤直接接触，且是皮肤友好的。

智能服装将在未来彻底改变医疗纺织品领域。但不应忘记，许多这些新结构必须与皮肤直接接触。特别是刚性会成为一个问题，因为智能服装可能包括金属线或塑料盒等硬质

部件（Bartels，2004 年）。

能够降低纺织品刚度的结构可能与医疗需求相冲突：致密或涂层织物相对较为刚性，但能提供更好地防止体液和/或细菌渗透的保护（Fung，2002 年）。因此，通常只能将织物的刚性降低到一定程度范围之内，满足所需防护的水平即可。

9.3.4 汗液管理

如 9.2.6 节所述，感受到的皮肤接触感强烈依赖于皮肤上的水分。水含量应该低；否则纺织品会感到紧绷或潮湿，从而可能产生皮肤刺激。因此，皮肤感官知觉的一个重要方面是纺织品能够保持皮肤干燥。这种能力在以下部分将被称为“汗液管理”。

汗液和水可以表现为水蒸气或皮肤上的液体水分，这两种水聚集态都显示出非常不同的性质，这意味着它们的运输过程也有显著差异（Simile，2004 年），但在这两种情况下，水从皮肤运输得越快越好。

人类时时刻刻都在产生水蒸气，至少 30g/h，因为皮肤是水蒸气分子的微透膜。除了这种“无意识的出汗”，人类还会产生一种“有意识的出汗”来调节体温，这种调节速度可以达到 1kg/h。在感觉出汗时，皮肤内的汗腺会分泌汗液。在汗腺和皮肤表面之间的薄通道中，水分蒸发，从而达到预期的降温效果。在这种温和的排汗情况下，汗水仍然作为水蒸气出现在皮肤上。如果一个人大量出汗或者如果衣服不能足够快地运送水蒸气，则会在皮肤上出现液体汗液。水蒸气也会凝结在衣服内部。

因此，保持皮肤干燥的纺织品的第一个必要条件是能够适当地输送水蒸气，这种性质通常被称为“透气性”，但更准确地说是水蒸气渗透性或耐水蒸气性。这不仅对皮肤的感觉舒适性至关重要，而且对热生理舒适性也至关重要（Ruckman，2005 年）。物理上，水汽输运是空间约束下的扩散过程；这些约束由纺织品的孔隙率和厚度决定。

对于涂层或层叠织物，透气性是决定性质量标准之一，因为它在这组材料中有很大的变化（Träubel，1999 年；Fung，2002 年；Holmes，2004 年；Ruckman，2005 年）。良好的透气性不仅需要水蒸气渗透膜，良好的涂层或层叠加工过程也是必不可少的（Fung，2002 年；Hall，2004 年 b）。事实上，对于实践中获得的透气性，适当的质量管理甚至比使用某种类型的膜或涂层更重要（Bartels，2010 年）。

如果皮肤上出现汗液，纺织品必须在几分钟内将其吸收以保持舒适。汗水要么储存，要么更好地通过纺织品输运到环境中。在织物中，液态水在纤维和纱线之间的毛细管中输运，或者吸附在纤维上并沿纤维迁移（Mecheels，1998 年）。

对于汗液的运输和吸收，纺织品应该是亲水的，即它应该具有水可润湿的表面。这可以用图 9.6 所示的装置测试。如果已经不存在于纺织品中，则可以使用整理剂实现亲水性，并通过适当的洗涤程序再生。

然而，亲水整理可能损害服装的保护功能，特别是在需要排斥含水液体的情况下更是如此。因此，亲水整理会对体液或污渍的保护产生负面影响。此外，亲水纺织品可能需要更多的时间来干燥，并在滚筒式烘干机中消耗更多的能量。再一次，我们必须检查：在必要的保护和技术需求限制下，有多少舒适度（亲水性整理）是可以实现的。

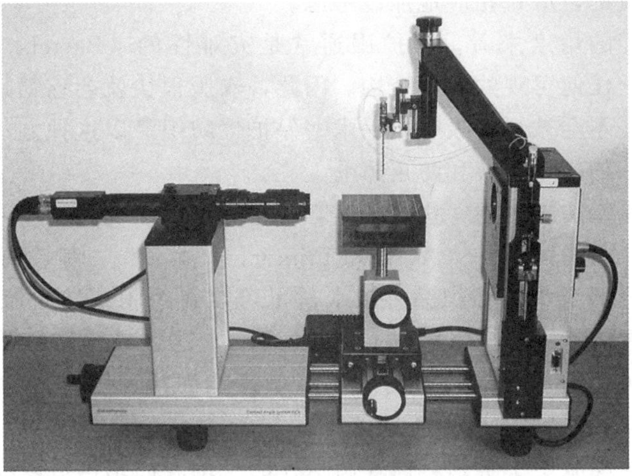

图 9.6　织物对汗液吸附速度的测试系统

通过空心针孔将水滴滴在织物上。通过摄像机和微距镜头观察水滴，
得到重要参数，如接触角或水滴完全浸透所需的时间

9.4　应用实例

9.4.1　护士的职业服装

对于皮肤接触特性具有重要意义的医学应用，这里首先来讨论护士的职业服装。这种服装过去常常是用棉制成的。后来，使用聚酯-棉混纺织物，其在价格和洗衣成本方面具有优势。随着从纯棉到聚酯/棉（65%/35%）或聚酯/棉（50%/50%）的变化，受到了穿着者不断的投诉。其中一些投诉是由于心理影响，因为棉花被认为是天然产品，而聚酯是合成的，许多投诉是由于混纺织物在皮肤接触性质领域的缺点引起的。穿着者觉得他们穿着新衣服时更容易出汗，而且感到紧绷和扎人。

这些皮肤感官缺点是低价混纺服装的典型缺点。棉通常具有良好甚至非常好的皮肤接触感。然而，必须相应地构造织物，以实现相当的皮肤接触性质。如果遵循一些结构指南，Umbach（1988 年）声称混纺织物可以提供与纯棉相同的良好接触性质。然而，由于价格原因，这些指导原则经常被忽略，因此穿着者仍抱怨不适。Walz 在本书的第 21 章中描述了现代护士的职业服装的外观。

9.4.2　手术室防护服

外科医生和护士在手术室工作时要穿防护服。长袍是最常穿的，但全身覆盖的工作服也被使用。除了这些“主要”服装外，手术室防护服还包括手术室中使用的其他服饰制品，如口罩或手套。

通常，手术室防护服的设计是为了提高防护效果（Offermann 等，2000 年），而不是为了达到良好的皮肤接触性质。对于身体的大部分来说，这是可以接受的，因为护士的职业服装和一些内衣是穿在长袍下面的，直接的皮肤接触只存在于手臂下部。然而，下臂是决定整体舒适感的关键，应该相应地加以考虑。

从皮肤接触性能的角度来看，防护服通常是灾难性的（Bartels，1999 年）。材料疏水，极其光滑，缺乏任何可观的表面结构。因此，衣服很快就会感觉紧贴皮肤或湿冷，并且汗水留在皮肤上还不会被材料吸收。手术室保护性纺织品以这种方式制造，以优化其保护性或医学性质，例如排斥体液和防止掉毛。

尽管如此，手术室防护服的一些皮肤感官优化是可以实现的。一种方法是纺织品的表面通常做疏水处理，以增强保护（Avril 和 Filmer，2000 年）。制造商现在已经在设法完成仅在外部疏水，内部亲水的纺织品。亲水衬里可以在手术室防护服的疏水外壳下面使用，就像现代防风雨防护服一样（Bartels，2006 年）。这些技术结合了两方面优势，既可做到外部保护，又可使内部达到较好的皮肤接触性能和汗液吸收能力。唯一的缺点是价格贵。

我们从功能性运动服中了解到，像蜂窝这样的三维表面结构可以改善皮肤感官舒适度（Bartels，2003 年）。这些结构通常由长丝制成，并且可以调节到具有良好脱毛性能的手术室保护层叠织物的内部。

9.4.3 失禁产品

失禁纺织品的皮肤接触性质甚至比其他医疗应用更重要：

- 失禁产品通常每天 24 小时穿着。因此，失禁纺织品会长时间刺激皮肤。
- 失禁纺织品和它们接触的皮肤必须应对大量的水分。
- 相对而言，尿液中的水分侵蚀性更强，因为尿液中除了水还含有其他几种物质。
- 如果还存在粪便，则机械磨损会更加严重。

因此，对于尿失禁产品的制造商来说，找到解决这些皮肤接触问题的技术方案是很重要的。因为大多数失禁产品都是一次性的，所以使用的纺织品都是非纺织物，对于非织造织物也必须遵循类似的原则。在尿失禁产品的正面皮肤侧，这种“表层”不仅将皮肤与高吸水层分开，而且必须亲肤（Bartels，2007 年）。就非织造布而言，它必须是一种软材料（维顺，2003 年）。这是通过一个相当开放的结构来实现的，这种结构没有过多的缠结，而且有助于引导尿液进入高吸水层。长柔软（低纤度）长纤维的末端从纺织品主体上伸出，形成柔软的表面。

值得一提的是亲水整理（Hengstberger，2003 年；Kang，2006 年）。这不仅对良好的皮肤接触很重要，而且对尿液快速进入高吸水层也很重要。“原料”聚丙烯材料不能控制水分，因为聚丙烯具有疏水表面并防水。因此，需要一个有效的亲水性整理。它必须足够耐用，以便在尿失禁产品的典型使用期限内保持纤维表面，使用期限至少是一整晚或白天几个小时，有时甚至是使用几次（Avril 和 Filmer，2000 年）。

9.4.4 绷带

医用纺织品在皮肤接触方面的另一项应用是绷带，因为绷带可用于治疗韧带和肌肉的疾病或损伤，使这些损伤得到稳定。因此，绷带对身体施加高压。绷带的皮肤纺织界面的特点是比大多数其他应用的压力要高得多。此外，由于绷带与皮肤接触非常紧密，所有的水分都必须通过这种材料输送。

有趣的是，纺织品表面亲肤设计的一般规则保持不变。从人体测试对象的佩戴者试验以及实验室测试方法中获取结果，事实证明，织物的毛羽对于主观感觉的皮肤感觉舒适性起着决定性作用（Bartels，2000 年，2004 年）。特别是那些过于光滑而没有纤维突现端的结构被测试对象评定为比毛羽结构更差（参见图 9.7）。

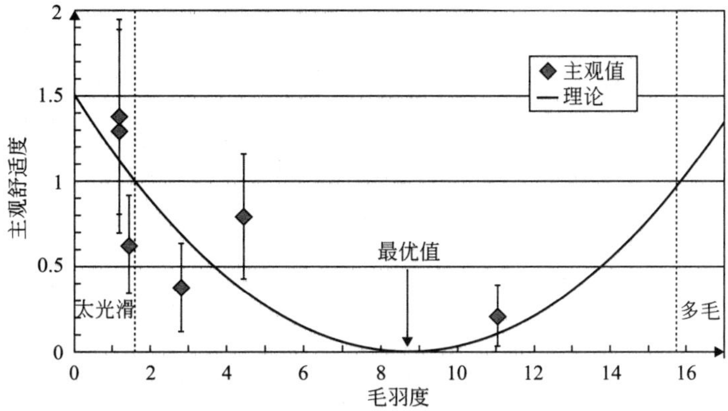

图 9.7　主观舒适度与毛羽度的函数关系

毛羽度通过图 9.4 所示的过程得到，由 *X* 轴表示，*Y* 轴表示主观舒适度。每个菱形以及误差线代表了佩戴不同绷带的受试者的主观舒适度。这些数据拟合出了一条抛物线函数（“理论”）。主观舒适度值在 1 以下可认定为轻微不适，这是可以接受的。而主观舒适度值大于 1 是不能接受的。根据这条曲线，毛羽度的最优值为 8.7 左右，而数值小于 1.6 或大于 15.8 分别表示太光滑或多毛（数据取自 Bartels，2000 年）

除了纺织品外，绷带是由类似于氯丁橡胶那样的泡沫制成的。这种材料没有水蒸气渗透性，这导致湿气积累在绷带的下面，并导致 9.2.6 节已经提到的皮肤接触的全部负面的性质。由于绷带整天都缠着，皮肤会湿润好几个小时，这是建立皮肤刺激的“最佳”条件。因此，制造商对氯丁橡胶泡沫进行穿孔，并使用棉衬里，这两者都有助于略微减少潮湿情况。然而必须说明的是，用针织或三维经编织物等纺织品制成的绷带（Schlotterer，2003 年；Heide 和 Möhring，2003 年）与氯丁橡胶相比，对于皮肤的健康而言，显然是更好的替代品（Bartels 和 Umbach，2000 年，2002 年；Bartels，2003 年，2004 年）。

9.4.5　床上用品和被单

皮肤接触特性不仅对于服装有意义，对于床上用品和用于患者-设备界面的医用覆盖物也有意义，例如在检查台、检查椅、X 线片或 X 线断层扫描都算这类“设备”。原则上，上述关于服装的指导方针同样也适用于所有这些类型。但是为了进一步研究第一次接触皮肤时的温度感觉，也值得讨论这些应用。

在夏季，大多数人更喜欢光滑、紧密机织的床单，因为这些材料在初次触摸时会感觉凉爽（Bartels，2006 年）。一些制造商甚至使用相变材料（PCM），由于熔化 PCM 所需的潜热，增加了这种效果（Bartels，2006 年）。另一方面，在冬季，大量毛茸茸的床上用品有更多可能被选中，因为这种材质首次触摸时让人感觉更温暖。这些结构原理可用于医院的床单以及医疗覆盖物。

第一次接触的温度感觉依赖于材料的导热系数（对于 PCM 则是依赖于相变潜热）。光滑的织物比毛羽较多的织物含有更少的空气。由于空气是一种有效的绝缘体，光滑的织物感觉凉爽，而毛茸茸的纺织品感觉温暖。然而应该指出的是，羽绒被或枕头的总体隔热性能相对保持不变，因为它们很厚，所以它们对隔热性能的贡献远远大于床单。

9.4.6 受损皮肤

如果纺织品与已受损或患病的皮肤接触，就会出现新的问题。皮肤受伤就是一个例子。在本书的第二章，Rajendran 和 Anand 对这种重要的医用纺织品的应用进行了广泛的讨论。伤口需要特殊的治疗，这与无伤皮肤的要求大不相同。例如，伤口必须只有一点儿湿润，以确保愈合过程成功。另一个方面是控制从伤口取下石膏或绷带所需要的力量，从而不至引起再次受伤。对于健康皮肤，这些都不是需要考虑的因素。

与受损皮肤直接接触的纺织品的另一个应用实例，是特应性湿疹患者的衣服或床单（Diepgen 等，1995 年；Wollina，2005 年；Ricci 等，2006 年；Diepgen 和 Schuster，2006 年）。在本书第 12 章中，Hipler 和 Wiegand 叙述了对这种服装进行的广泛研究。并叙述了成功实践的方法，其基础是按照莱赛尔工艺过程生产的再生纤维素的人造纤维。基于藻类的特殊处理（Zikeli，2006 年）和基于银的抗菌整理剂（Lansdown，2006 年），可以显著改善特应性湿疹。Diepgen 和 Schuster（2006 年）报道了在特应性湿疹或银屑病患者的衣服和床单上使用类似的再生（莱赛尔型）纤维的其他积极结果。作为银的替代品，壳聚糖也可以达到抗菌效果（Knittel 和 Schollmeyer，2006 年）。特应性湿疹患者首选的服装表面结构通常是光滑的长丝结构（Harnisch 和 Hipler，2008 年），有时带有镀银的涂层（Haug 等，2006 年；Gauger，2006 年）。

9.5 未来趋势

重要的是医用纺织品的功能性越来越强。智能服装就是一个例子，它包括电子学部件或微型技术部件。然而，这些部件可能是硬的、刚性的或不渗透水蒸气的（Bartels，2004 年）。那些直接戴在皮肤上的组件必须对皮肤友好，否则会危及用户的接受度。

实现功能性和皮肤友好性的一种方法是使用纺织品集成组件，例如传感器、电线或按钮（Lussey，2006 年）。这种先进技术的例子是 Linti 和 Horter（2009 年）开发的一种防止婴儿猝死的婴儿床。这些纺织品集成部件的皮肤接触特性与“普通”织物的皮肤接触特性更为相似。

未来的另一个趋势是医用纺织品将变得更加专业化。针对越来越多的疾病或伤害，新的纺织品正在开发中。对于直接穿在皮肤上的材料，应考虑其接触性能。

生物功能医用纺织品的应用数量仍在增长，但必须仔细选择配料和配方。调查显示，不同的成分和配方导致纺织品皮肤接触性能的显著差异（Bartels，2006 年）。一些饰面保持皮肤感官舒适，但其他整理使舒适度显著恶化。

以这种方式，还必须考虑药物释放或化妆品纺织品（参见 Mathis 和 Mehling 的第 6 章，以及 Toti 等人的第 7 章）。这些应用在医疗领域以及消费品领域的应用数量将在未来显著增加。对于这些纺织品来说，定制产品的趋势非常突出。

对于目前提出的大多数未来趋势，纺织品整理具有重大影响（Hall，2004 年）。整理将变得更加功能化、专业化、生物功能化，并能释放药物或化妆品。作为主要化学整理剂的替代品（Gottwald，2004 年），许多作者认为等离子体处理是获得定制的纺织品表面的一个新工具（Vesa，2000 年）。

最后，但并非最不重要的是，价格始终是医学中的一个重要因素。若买家单单只是寻找最低价格的纺织品，永远不会购买针对良好皮肤接触性能而优化的纺织品。但是，这可能是一个危险的策略：这里有几个实例，购买了廉价服装，长期运作则会付出更大的代价。去买质量差的廉价的护士职业服装，随后导致了很大的不适，结果受到用户投诉。在一些情况下，价廉的服装必然会由略贵但更舒适的服装代替。但是，未来节省成本的需求将继续保持强劲。

9.6 结论

所有用于与皮肤直接接触的医用纺织品都必须具有亲肤的力学性能。在本章中，我们描述了不同的皮肤接触感，检查了它们与纺织品特性的关系，并确定了哪种织物结构舒适。有关详细概述，主要调查结果见表 9.1。利用该知识，可以显著改善不同医疗纺织品的皮肤接触性质，其中涉及皮肤健康性、舒适性和用户接受性。

表 9.1 主要结果总结

皮肤接触感	不适感	相关纺织品性能	有利建议
纺织品整体柔软	刚性	弯曲角度或弯曲力	• 机织物和非织造织物：弯曲力小 • 纱线更少 • 开放式结构 • 稍微缠结 • 斜纹而不是平纹 • 未涂层或层叠 • 正确应用整理 • 针织面料：弯曲力小但不柔顺
纺织品表面柔软	刺痒	• 毛羽 • 纤维和纱线的数量 • 光纤长度 • 纤维末端的弯曲特性	• 表面易弯曲的毛羽 • 纤维末端具有小纤度 • 短纤纱
光滑	粗糙	• 表面形貌 • 皮肤和纺织品之间的摩擦	• 高摩擦力，无滑动 • 可观的三维结构面
紧身		汗湿皮肤和纺织品之间的摩擦	汗湿皮肤和纺织品之间的高摩擦力
湿气		• 吸湿速度 • 水蒸气渗透性	• 快速吸收水分 • 吸水处理 • 水蒸气渗透性高 • 适当的涂层或层压过程
初始温度		第一次触摸时纺织品和皮肤之间的热通量	• 如果需要冷却：高热流 密织 少毛羽 • 如果需要加热：低热流 稀松式结构 多毛羽
皮肤发红		红斑	• 刚性小 • 粗糙度低

9.7 其他信息资源

尽管它们很重要，但很少对纺织品的皮肤接触性加以研究，因此进一步信息的来源相对较少。那些确实存在的内容包含在本章末尾的参考文献列表中，并将为读者提供有关该主题的其他资料。

在本书中，为了进一步了解医用纺织品在不同应用中的皮肤接触特性，推荐阅读以下章节：

- 第 2 章 Rajendran 和 Anand 关于伤口护理；
- 第 6 章 Mathis 和 Mehling 介绍了具有美容效果的纺织品；
- Toti 等人的第 7 章：关于释放药物的纺织品；
- 第 10 章由 Wollina 关于皮肤的机械刺激；
- Weckmann 第 11 章关于纺织品引起的过敏症；
- 第 12 章，Hipler 和 Wiegand 介绍了用于特应性湿疹患者的纺织品；
- 第 14 章由 Wiesemann 和 Adam 介绍失禁和卫生用品；
- 第 21 章 Walz 介绍了关于护士的职业服装。

这些章节包括皮肤接触中医用纺织品的几个有趣方面。最后，推荐由 Hipler 和 Elsner（2006 年）编写的《生物功能纺织品与皮肤》一书。它包括其他几个医学方面，特别是在特应性湿疹领域。

9.8 致谢

作者感谢海恩斯坦研究所允许使用图 9.3，图 9.4，图 9.5 和图 9.6 中的照片。

9.9 参考文献

Abu-Rous M，Ingolic E and Schuster K C（2006）.‘Visualisation of the nano-structure of Tencel® （Lyocell） and other cellulosics as an approach to explaining functional and wellness properties in textiles’，*Lenzinger Berichte*，85，31-37.

Avril D and Filmer K （2000）.‘Increased understanding and improvement in the manufacture and testing of spunbond and spunbond composites resulting in enhanced fabric properties’，International Conference on Fibrous Products in Medical and Health Care，Tampere，June 12-14.

Bartels V T （1999a）.‘Quantitative Erfassung der taktilen Eigenschaften von Textilien in Abhängigkeit von den Konstruktionsmerkmalen der Oberflächenfasern’，Technical report No. AiF 11089，Bekleidungsphysiologisches Institut Hohenstein，Bönnigheim，M-arch.

Bartels V T （1999b）.‘Erforschung der bekleidungsphysiologischen Anforderungsprofile an Textilien für Krankenhaus-Schutzbekleidung’，Technical report No. AiF 11090，Bekl-eidungsphysiologisches Institut Hohenstein，Bönnigheim，March.

Bartels V T （2000）.‘Grundsatzuntersuchung zur physiologischen Funktion von medizini schen Bandagen und Erstellung eines Anforderungsprofils an die dazu verwendeten Textilien’，Technical report No. AiF 11283，Bekleidungsphysiologisches Institut Hohen-stein，Bönnigheim，March.

Bartels V T (2003a). ‘Erforschung der textilen Konstruktionsparameter für innovative Kleidungssysteme für den Bereich Sport und Arbeitsschutz mit verbesserter physiologischer Funktion’, Technical report No. AiF 12846, Bekleidungsphysiologisches Institut Hohenstein, Bönnigheim, June.

Bartels V T (2003b). ‘Funktionelle Maschenwaren für den Einsatz in medizinischen Bandagen’, in Loy W (ed.), *Taschenbuch für die Textilindustrie 2003*, Schiele und Schön, Berlin, pp. 227-234.

Bartels V T (2003c). ‘Hydrophil ausgerüstete Futter-Moisture Management von Wetterschutztextilien’, *Textilveredlung*, 38 (9/10), 8-14.

Bartels V T (2004a). ‘Smart Bandages for Orthopedic Support’, Medical Textiles 2004, Pittsburgh, 26-27 October.

Bartels V T (2004b). ‘The Physiological Function of Intelligent Technical Textiles for Protective Clothing’, CINTE Techtextil China Symposium, Shanghai, 31 August-2 September.

Bartels V T (2006a). ‘Bekleidungsphysiologische Optimierung von Futterstoffen zur Verbesserung des flüssigen Schweißtransports in wasserdichter Funktionskleidung’, Technical report No. AiF 13614 N, ekleidungsphysiologisches Institut Hohenstein, Bönnigheim, March.

Bartels V T (2006b). ‘Thermophysiologische und hautsensorische Grundsatzuntersuchung von Kissen’, Technical report No. AiF 14099 N, Bekleidungsphysiologisches Institut Hohenstein, Bönnigheim, October.

Bartels V T (2006c). ‘Physiological comfort of biofunctional textiles’, in Biofunctional Textiles and the Skin’, Hipler U C and Elsner P (eds.). Volume 33 of Burg G (ed.), *Current Problems in Dermatology*, Karger, Basel, pp. 51-66.

Bartels V T (2006d). ‘Skin sensorial properties of functional lining materials’, *Melliand English*, 87 (7-8), E127-E128.

Bartels V T (2007). ‘Absorbercomposits zur physiologischen Verbesserung von thermor-egulatorisch belastender Schutzkleidung’, Technical report No. AiF 14310 N, Bekleidu-ngsphysiologisches Institut Hohenstein, Bönnigheim, April.

Bartels V T (2010). ‘Buyers’ requirements for breathable laminates and coatings’, *TechTextile Int*, 19 (3), 33-34.

Bartels V T and Umbach K-H (2000). ‘Medical bandages made of textiles have advantages over neoprene’, *Melliand English*, 81 (10), E214-E216.

Bartels V T and Umbach K-H (2002a). ‘Hautkontakt der hautsensorische Tragekomfort von Sportkleidung auf dem Prüfstand’, *Kettenwirk-Praxis*, 36 (2), 12-15.

Bartels V T and Umbach K-H (2002b). ‘Test and evaluation methods for the sensorial comfort of textiles’, Euroforum ‘Toucher du Textile’, Paris, 4-5 December.

Bartels V T and Umbach K-H (2002c). ‘Physiological demands on materials for bandages’, 6th Dresden Textile Conference, 19-20 June.

Bartels V T and Umbach K-H (2005). ‘New test apparatus to assess the stiffness of clothing textiles’, *Melliand English*, 86 (11-12), E195-E196.

Bhalerao S V (2010). ‘Fabric drape and its measurement’, *Indian Textile J*, Available: http://www. indiantextilejournal. com/articles/FAdetails. asp? id=481, accessed 4 Nov. 2010.

British Standard (1973). ‘Method for the assessment of drape of fabrics’, BS 5058.

Broega A C, Silva C, Ben Said S, Adolphe D, Schacher M E and Schacher L (2006). ‘Computational methods in the evaluation of high quality fabric comfort for clothing’, International Fiber Conference, Seoul, 30 May-6 June, pp. 471-472.

Buschmann H-J, Denter U, Knittel D and Schollmeyer E (1998). ‘The use of cyclodextri-ns in textile processes-an overview’, *J Textile Inst*, 89 (Part 1) (3), 554-561.

Buschmann H-J, Knittel D and Schollmeyer E (2001). ‘New textile applications of cyclodextrins’, *J Inclusion Phenomena Macrocyclic Chem*, 40, 169-172.

Diepgen T L, Salzer B, Tepe A and Hornstein O P (1995). 'Hautreizungen durch Textilien unter standardisierten Schwitzbedingungen bei Patienten mit atopischem Ekzem', *Melliand Textilberichte*, 76 (12), 1116-1121.

Diepgen T L and Schuster K C (2006). 'Dermatological examinations on the skin compatability of textiles made from Tencel® fibres', *Lenzinger Berichte*, 85, 61-67.

FiberVisions a/s (2003). 'FiberVisions Spezialfasern: Vorteile für hygienisch-sanitäre und medizinische Vliesstoffprodukte', in Loy W (ed.), Taschenbuch für die Textilindustr-ie 2003, Schiele und Schön, Berlin, pp. 115-123.

Fung W (2002). Coated and Laminated Textiles, *Woodhead Publications*, Cambridge.

Garnsworthy R K, Gully R L, Kandiah R P, Kenins P, Mayfield R J and Westerman R A (1968). 'Understanding the causes of prickle and itch from the skin contact of fabrics', Technical report No. G64, CSIRO Textile and Fibre Technology, February.

Gauger A (2006). 'Silver-coated textiles in the therapy of atopic eczema', In Biofunctional Textiles and the Skin, Hipler U C and Elsner P (eds.), Volume 33 of Burg G (ed.), *Current Problems in Dermatology*, Karger, Basel, pp. 152-164.

Gehui W, Postle R and Weiyuan Z (2003). 'The prickle of worsted woven wool fabrics', *Textile Asia*, 34 (3), 25-28.

GFMesstechnik (2010). Available: http://www.gfmesstechnik.de/index.php?lang=en [accessed 9 November 2010].

Gottwald P (2006). 'Ausrüstung von Technischen Textilien', In Technische Textilien, Knecht P (ed.), Deutscher Fachverlag, *Frankfurt*, pp. 67-81.

Hall M E (2004a). 'Finishing of technical textiles', In *Handbook of Technical Textiles*, Horrocks A R and Anand S C (eds.), Woodhead Publications, Cambridge, pp. 152-172.

Hall M E (2004b). 'Coating of technical textiles', In *Handbook of Technical Textiles*, Horrocks A R and Anand S C (eds.), Woodhead Publications, Cambridge, pp. 173-186.

Harnisch M and Hipler U C (2008). 'Kleidung für Menschen mit Neurodermitis oder Psoriasis', Technical report No. AiF 14712 BG, Bekleidungsphysiologisches Institut Hohenstein, Bönnigheim.

Haug S, Roll A, Schmid-Grendelmeier P, Johansen P, Wüthrich B, et al. (2006). 'Coated textiles in the treatment of atopic dermatitis' In *Biofunctional Textiles and the Skin*, Hipler U C and Elsner P (eds.) Volume 33 of Burg G (ed.) '*Current Problems in Dermatology*', Karger, Basel, pp. 144-151.

Heide M and Möhring U (2003). 'Fertigung und Eigenschaften von Abstandsgewirken für medizingische Verwendungsz-wecke', in *Taschenbuch für die Textilindustrie 2003*, Loy W (ed.), Schiele und Schön, Berlin, pp. 251-262.

Hengstberger M K (2003). 'Finish for high absorption nonwovens', 42nd International Man-Made Fibres Congress, Dornbirn, 17-19 September.

Hipler U C and Elsner P (eds.) (2006). 'Biofunctional Textiles and the Skin', Volume 33 of Burg G (ed.), '*Current Problems in Dermatology*', Karger, Basel.

Höfer D (2008). 'Untersuchung zur Beseitigung mechanisch ausgelöster Hautirritationen durch textile Gewebe', Technical report no. AiF 14655 N, Bekleidungsphysiologisches Institut Hohenstein, Bönnigheim.

Holmes D A (2004). 'Waterproof breathable fabrics', In *Handbook of Technical Textiles*, Horrocks A R and Anand S C (eds.), Woodhead Publications, Cambridge, pp. 282-315.

Issa M, Strazdiene E, Gutauskas M, Valatkiene L, Schacher L and Adolphe D (2006). 'Fabric weave type: Dependencies between sensory analysis and instrumental evaluation', International Fiber Conference, Seoul, 30 May-6 June, pp. 239-240.

Kang I S (2006). 'Effect of hydrophilic and hydrophobic finishes on surface characteristics of polyester fabric', International Fiber Conference, Seoul, 30 May-6 June, pp. 737-738.

Kawabata S (1998). 'My Research Life', *Textile Asia*, 29 (9), 53-54.

Kenkare N and May-Plumlee T. ' Fabric drape measurement: A modified method using digital image processing', *J Textile Apparel, Technol Manage*, 4 (3), 1-8.

Knittel D and Schollmeyer E (2006). ' Chitosans for permanent antimicrobial finish on textiles', *Lenzinger Berichte*, 85, 124-130.

Lansdown A B G (2006). 'Silver in health care: Antimicrobial effects and safety in use', In *Biofunctional Textiles and the Skin*, Hipler U C and Elsner P (eds.), Volume 33 of Burg G (ed.) *'Current Problems in Dermatology'*, Karger, Basel, pp. 17-34.

Li Y (1998). 'Wool sensory properties and product development', *Textile Asia*, 29 (5), 35-39.

Linti C and Horter H (2009). *'Baby Body-Textilien retten Leben'*, Institut für Textil-und Verfahrenstechnik, Denkendorf.

Lussey D (2006). ' Softswitch technology riding a second wave', *Tech Textiles Int*, December 2008, p. 42,.

Machova K, Klug P, Waldmann M, Hoffmann G and Cherif C (2006). ' Determining of the bending strength of knitted spacer fabrics', *Melliand English*, 87 (6), E93.

Mecheels J (1982). ' Zur Komfort-Wirkung von Textilien auf der Haut', Hohensteiner Forschungsbericht, Bekleidungsphysiologisches Institut Hohenstein, Bönnigheim, April.

Mecheels J (1998). 'Körper-Klima-Kleidung-Wie funktioniert unsere Kleidung?', Schiele und Schön, Berlin.

Nadel E R, Mitchell J W and Stolwijk J A J (1973). 'Differential thermal sensitivity in the human skin', *Pflügers Archiv*, 340, 71-76.

Naylor G R S and Phillips D G (1997). 'Fabric-evoked prickle in worsted spun single jersey fabrics, *Textile Res J* 67 (6), 413-416.

NC State University (2010). 'Fabric hand lab', Availab le: http: //www. tx. ncsu. edu/tpacc/comfort/fabric _ hand _ lab. html [accessed 8 November 2010].

Offermann P, Aibibu D and Mägel M (2000). 'Evaluation and testing of optical test methods for the geometric analysis of the pore spaces of operating room and hospital textiles', International Conference on Fibrous Products in Medical and Health Care, Tampere, June 12-14.

Pan N, Zhong W, Maibach H and Williams K (2005). 'Fabric and skin: Contact, friction and interactions', Technical report, NTC-project S05-CD04.

Rajendran S and Anand S C (2011). 'Hi-tech textiles for interactive wound therapies', Chapter 3 of this volume.

Ricci G, Patrizi A, Bellini F and Medri M (2006). 'Use of textiles in atopic dermatitis', In *Biofunctional Textiles and the Skin*, Hipler U C and Elsner P (eds.), Volume 33 of Burg G (ed.) *'Current Problems in Dermatology'*, Karger, Basel, pp. 127-143.

Ruckman J E (2005). 'Water resistance and water vapour transport', In *Textiles in Sport*, Shishoo R (ed.). Woodhead Publications, Cambridge, pp. 287-305.

Schlotterer H (2003). ' Fertigungstechniken der Flachstrickmaschine im medizinischen und sanitär-medizinischen Sektor', In *Taschenbuch für die Textilindustrie 2003*, Loy W (ed.). Schiele und Schön, Berlin, pp. 212-226.

Schreiber H (2008). ' Untersuchung zur Beseitigung mechanisch ausgelöster Hautirritationen durch textile Gewebe', Technical report no. AiF 14655 N, Institut für Textil-und Verfahrenstechnik, Denkendorf.

Schreiber H (2009). ' Textilien als Ursache mechanischer Hautirritationen', Denkendorfer Innovationstag, 5 March.

Simile C (2004). ' Critical evaluation of wicking in performance fabrics', Master' s thesis, Georgia Institute of Technology.

Stahlecker S (2003). ' Unterschiedliche Garnstrukturen dank neuester Textiltechnologien', In Taschenbuch für die Textilindustrie 2003, Loy W (ed.). Schiele und Schön, Berlin, pp. 143-148.

Träubel H (1999). *New Materials Permeable to Water Vapor*, Springer, erlin.

Umbach K-H (1988). ' Workwear from blended fabrics with good wear comfort', *Melliand English*, 69, E343-E347.

Vesa P（2000）. ‘Improving polyester fabric sorption by low-temperature/low-pressure plasma treatment’, International Conference on Fibrous Products in Medical and Health Care, Tampere, June 12-14.

Wollina U（2005）. ‘Spezielle Anforderungen der sensitiven und der Ekzemhaut an Textilien’, Welche Kleidung kann Menschen mit Neurodermitis und empfindlicher Haut helfen? Technische Akademie Hohenstein, Bönnigheim, 3 November.

Wollina U, Abdel-Naser M B and Verma S（2006）. ‘Skin physiology and textiles-consideration of basic interaction’, In *Biofunctional Textiles and the Skin*, Hipler U C and Elsner P（eds.）, Volume 33 of Burg G（ed.）‘*Current Problems in Dermatology*’, Karger, Basel, pp. 1-16.

Zikeli S（2006）. ‘Production process of a new cellulosic fiber with antimicrobial properties’, In *Biofunctional Textiles and the Skin*, Hipler U C and Elsner P（eds.）, Volume 33 of Burg G（ed.）‘*Current Problems in Dermatology*’, Karger, Basel, pp. 110-126.

第 10 章

纺织品引起的机械性皮肤刺激

U. Wollina
德国 Dresden-Friedrichstadt 学术教学医院

摘要： 本章讨论了皮肤在与纺织品（特别是服装和床上用品）的相互作用中，皮肤质量与功能的作用，描述了皮肤对机械应力的典型反应。简要介绍了近年发展起来的技术，用于检测织物和纺织品可能产生和诱发机械性皮肤刺激的因素。最后一部分将讨论临床中与织物和纺织品的机械刺激有关的皮肤病。

关键词： 织物，纺织品，纱线，人体皮肤，屏障功能，皮肤腺体，神经功能，摩擦性黑色素增多症，褥疮，慢性静脉阻塞，过敏性皮炎。

10.1 引言

在诸多环境因素之中，纺织品是最接近人体皮肤的，因此，纺织品和织物经常被称为“第二层皮肤”。不同质料的纺织品和织物通过各种各样的方式与我们的皮肤接触，其中湿度、温度、风、过敏原、污染物、其他化学品、辐射以及所患有的皮肤疾病都是影响其与皮肤相互作用的重要因素（Wollina 等，2006 年）。

10.2 皮肤

皮肤是人体最重要的屏障，其表面积 1.8m^2，质量为 10kg。表皮是最外层的皮肤，不同部位的厚度不同，手掌和脚掌的皮肤最厚。基底层由过渡性放大细胞和分化基底细胞组成，脊髓层由越来越扁平的分化细胞组成，增殖活性低于基底层。脊髓层最上部明显的细胞内颗粒（角膜透明质颗粒和 Odland 小体）称为颗粒层，在这一层的顶部是由角质细胞、无核细胞、脂膜和蛋白质组成的角质层（stratum corneum，SC），是人类适应地球生存的必要条件（Cartlidge，2000 年）。

角质层可以比喻为由砖块和灰浆组成，砖块代表角质细胞，灰浆代表由鞘脂、胆固醇和游离脂肪酸组成的细胞间脂质。尽管角质层没有细胞核，它仍保持代谢活性（Elias 和 Feingold，2001 年；Proksch 等，2008 年；Schmuth 等，2008 年）。

表皮去角质蛋白酶和蛋白酶抑制剂控制角膜细胞的更新和表皮的增殖。屏障功能紊乱和屏障内稳态的破坏与表皮丝氨酸蛋白酶表达模式的变化有关，在不同的身体部位也发现了丝氨酸蛋白酶活性的变化。角膜细胞周围是渗透的主要途径，因此，角膜细胞越大，渗透途径越长。角膜细胞的大小取决于身体的部位，也与渗透性直接相关。表皮水分流失（transepidermal water loss，TEWL）是皮肤内部输运到外部大气中水分含量的一种量度。最近研究表明，TEWL 可反映不同部位角膜细胞的大小，身体不同部位角膜细胞的大小可通过简单的几何方程计算，即角膜细胞的大小与 TEWL 倒数关系。数据中显示了不同部位的细胞大小和细胞层之间的线性趋势，与这些部位的酶活性变化有关，说明较高的蛋白酶活性会导致角膜细胞较小和较少的细胞层（Hadgraft 和 Lane，2009 年）。

按照体外力学研究方法，可以量化细胞间分层能量、人类离体角质层在皮肤表面垂直方向上的力学行为，探索了温度和水合作用的效应，以及氯仿-甲醇去除细胞间脂质处理的效果。研究发现，角质层内细胞脱粘的脱层能量对组织含水量和试验温度敏感。未处理的角质层的分层能经测定在 $1 \sim 8J/m^2$ 的范围，大小取决于试验温度。完全水合物样品能量随温度的升高而降低，而在室内湿度下水合物样品测得更为恒定的值为 $2 \sim 4J/m^2$。萃取脂质样品具有较高的分层能量，约为 $12J/m^2$，随着试验温度的升高，分层能量降低到约 $4J/m^2$。峰值分离应力随温度和水化程度的升高而降低，但萃取脂质样品的峰值应力高于未经处理的对照组。分层表面显示细胞间没有细胞撕裂或断裂的迹象。角质层的高度各向异性力学行为与角质层内在结构有关（Wu 等，2006 年）。

皮肤屏障功能受到温度、皮肤水合作用、皮肤部位、年龄和皮肤疾病的影响。随着湿度的增大，水溶性小分子物质的渗透性增大。皮肤褶皱、纺织品和手套可能会造成吸留，能显著提高渗透性。干燥的皮肤会导致皮肤皲裂和脱皮，从而形成开裂，这将严重影响屏障功能（Taljebini 等，1996 年；Hildebrandt 等，1998 年）。

表皮屏障的损伤也会改变人体皮肤的力学性能。在 16 名健康志愿者中，采用一种常用于测量皮肤力学的吸盘装置对前臂腹侧的皮肤施加压力，通过 TEWL 和皮肤电容测试评估屏障功能的完整性。在 400mbar[1] 和 600mbar 抽吸后，表皮失水（$p<0.01$）显著增加，同时电容显著降低（$p<0.05$），表明皮肤屏障的机械完整性受到破坏。剥离后，皮肤膨胀性（$p<0.05$）和滞后性（$p<0.01$）显著增加，这与皮肤屏障的作用和皮肤的整体力学性能有关。研究表明，机械应力对皮肤的渗透性有显著影响，当屏障受到破坏时，皮肤的力学性能也会发生变化，反之亦然。这些研究结果表明，皮肤屏障的力学强度可能在摩擦性皮炎和其他受机械应力影响的皮肤疾病的发展中起作用（Pedersen 和 Jemec，2006 年）。

虽然表皮是与纺织品直接紧密接触的器官，但皮下组织层，即真皮和真皮下脂肪组织对皮肤的生物力学行为也很重要。采用实验和建模相结合的方法，对上层皮肤层（此处定

[1] $1bar = 10^5 Pa$。

义为表皮和乳头状真皮）的体内力学行为进行了表征。这项研究基于这样一个假设：不同长度尺度的实验代表了不同皮肤层的力学行为，将孔径为 1mm、2mm 和 6mm 的抽吸测量结果与超声和光学相干断层扫描相结合，用来研究皮肤层的形变。采用代表上层皮肤和网状真皮的双层有限元模型，对小位移的情况进行了模拟实验。通过对实验结果和数值结果的比较，确定了模型的材料参数。对其中一个对象，完成了整个参数的估计程序，得出上层皮肤的刚度为 C（10，μL）＝0.11 kPa，网状真皮的刚度为 C（10，rd）＝0.16MPa。材料参数这种让人意想不到极大的刚度比，对于大多数个体用户的有限元软件会导致收敛问题（Hendriks 等，2006 年）。

10.3 皮肤刺激

皮肤刺激或接触性刺激皮炎是一种由接触化学物质或机械因素造成的非特异性损伤。尽管任何皮肤部位都可能受到影响，但手是职业生活中最常见的受影响部位（Bauer 等，2001 年）。

10.4 皮肤对机械力的反应

皮肤对机械力有一种特别抵抗，依赖于机械应力的本性和持续时间，皮肤的响应是变化多端的。机械因素影响表皮结构（角质层和表皮的厚度）、真皮层的一致性、局部血液供应、色素沉着和神经支配，皮肤反应的类型取决于施加外力的频率、强度和方向。

10.4.1 色素沉着过多

衣服、皮带、吊带或假肢的长期摩擦或压力可能导致皮肤增厚，其中黑色素生成的增加和色素失控会引起明显的色素沉着。这种变化在超重个体中的同源区域更为常见。一个典型的例子是：超重女性肩膀上因胸罩肩带的压力而形成的深色弥漫区域。皮肤色素过多的另一个原因是局部皮肤淀粉样变性的生成（Trattner 和 David，2000 年）。

10.4.2 水疱

每个人在进行剧烈体力劳动时，如第一次划船、在花园里锄草或远足，都可能会起水疱。水疱不仅带来不适，对士兵或运动员来说可能会致残。表皮-真皮交界处结构异常的患者，如大疱性表皮松解症患者，在施加较小的力时，就会出现水疱。一些轻度大疱性表皮松解症的患者，在军事训练初期进行大量的体力活动（行军）时，会被确诊为大疱性表皮松解症。

10.4.3 角化过度改变

棘皮病和角化过度的反应性变化导致表皮增厚，从而更好地抵抗机械力。增厚的角质层通常呈黄色，基于位置和诱发因素的不同，角化过度改变分成许多类型。

任何反复的摩擦力都会引起老茧。同样的，急性起疱产生的老茧是对组织的一种保护。压力的性质和微小的结构变化决定了老茧的位置和形态。我们只需要看一个有竞争力的赛艇运动员的手，就可以看到手掌、手指部位对称的老茧，老茧为所承受巨大机械应力提供了所需的保护。当鞋子穿着不合适时，脚趾、脚后跟或跖骨头部上方也会产生老茧。脚趾尖部的老茧可能是周围神经病变的线索（Abouaesha 等，2001 年）。有时老茧是职业标记。在过去，人们经常提到挤奶女工的老茧通常出现在大拇指的背面，这是挤奶导致的。另一个有趣的命名是“瑜伽征”——过度角化病，长期以交叉双腿的姿势坐着，从而使脚踝外关节上产生灰色斑块。在这种病变的组织病理学中，既有棘皮病，也有明显的角化过度（Verma 和 Wollina，2008 年）。周围神经病变主要是由于自主神经系统潜在疾病引起的感觉神经病变，是产生老茧的另一个原因（Wollina 等，2004 年）。

鸡眼（clavi，英文同义词：corns，soft corns）通常是在压力或尖锐物体的作用下形成的。鸡眼在女人身上更常见，因穿着较紧的鞋子是诱发鸡眼的因素。区分鸡眼和老茧的关键是观察其中心是否有核或眼。典型的鸡眼呈黄色圆形，直径为 5～8mm，对压力敏感，通常中心核或眼是最敏感的区域，周围可能有红斑，有时会出现瘘管。继发性感染易发生在患糖尿病等疾病的患者身上。软型鸡眼的边缘通常不锋利，表面呈白色浸软状；它们通常出现在第四和第五个脚趾之间，当脚趾被挤压得太紧时就会出现，如芭蕾舞演员。软型鸡眼通常反映了一个潜在的骨刺，所以应通过 X 射线进一步诊断。尽管颗粒层较明显，表皮角化过度，呈棘齿状，不含凹空细胞，通过切片观察，鸡眼中心有核或眼，而老茧没有。真皮内常有水肿、坏死和纤维化，可延伸至下关节囊。鸡眼可以像老茧一样清创。过度角化的外层一旦清除，有时人们可以更准确地评估下层的病因。鞋垫（特别是环形的鸡眼垫）可以缓解压力，但会在底部产生压力加重鸡眼。足病医生或骨科医生可准确评估潜在的骨缺损是否需要矫正，从而治疗鸡眼和老茧。如果指间出现瘘管，通常需要手术。手术疤痕会产生新的老茧。理想的解决方案是购买不会产生压力的鞋子，从而使其慢慢恢复。其次，足病医生可以提供最好的指导，并推荐适当的插入物和鞋垫。

10.4.4 黑踵病

在正常角化过度区域施加尖锐机械压力可能导致角质层出血。篮球运动员可能是最容易发生的，尤其在赛季开始时；但是，涉及突然停步和开跑相关的任何活动，都可能导致此类损伤。跳舞的人和下山的人的脚趾或脚底也会有类似的损伤。任何对手或脚的机械挤压损伤都可能产生类似变化，通常可以看到线形或点状深褐色斑点，代表角质层出血，甲下出血相当于指甲出血（Crissey 和 Peachey，1961 年）。

10.4.5 褥疮

褥疮（也称压疮）是由于长期的压力导致皮肤甚至软组织缺血坏死的结果。最常见的就是那些卧床不起、无法活动的患者坐骨结节上的褥疮。虽然每个人都意识到瘫痪患者转身和移动的重要性，但受伤患者，尤其是打石膏的患者更易产生褥疮。儿童可能几天内会在石膏下出现溃疡。一般情况状态较差的患者和周围血管疾病患者更容易发生褥疮。脚踝是这类人的另一个敏感部位，持续的压力会导致厌氧代谢状态，并积聚有毒产物，毛细血管通透性增加和血管扩张导致水肿和炎症浸润，当表层组织充血而深层组织进一步缺氧时，会出现一种反常的盗血效应。因此，浅表损伤之前的深度坏死通常是一个临床警告，失禁和感染是加重因素（Reddy 等，2008 年；Wollina，2009 年）。

瘫痪患者并没有注意的压力相关的深层组织损伤（deep tissue injury，DTI）是一种严重的压力性溃疡，从肌肉组织中开始，覆盖在骨骼突出部位（如坐骨结节），并通过脂肪和皮肤向外发展。本文应用耦合磁共振成像有限元方法（MRI-FE）对 6 名健康和 6 名截瘫患者坐骨结节下的臀肌和脂肪组织的应变和应力峰值进行了比较。截瘫患者的臀大肌峰值主压、主张力、等效应力和剪切应变力分别是健康受试者的 1.2 倍、3.1 倍、1.4 倍和 1.4 倍（$p<0.02$）。截瘫患者从坐姿转为仰卧姿势时，臀压和剪应力峰值降低了 70%，这表明建议这些患者在长时间坐姿后躺下是有效的。结论支持这样一种假设：截瘫患者的内部组织负荷明显较高，并且体位变化显著影响这些负荷。分析方法有助于量化各种干预措施以减轻压力性溃疡和 DTI 易感部位的皮下组织负荷的有效性，如垫子、床垫、姿势和姿势变化建议等（Linder-Ganz 等，2008 年）。

褥疮开始通常是无痛的，有持续发青的水肿病变在骨突起处。它们往往被忽视，直到压力产生坏死水疱或界限明显的干性病变。随着皮肤的完整性逐渐被破坏，伤口不再干燥，但通常会导致深层结构，如脂肪、筋膜、肌腱、肌肉，甚至骨骼都受到感染和破坏。如果患者有完整的感觉，病变是痛苦的。褥疮的长期持续存在是淀粉样变的相关因素之一。褥疮可分为五个阶段（见表 10.1；Thomas，2001 年）。

表 10.1　褥疮的分类

等级	深度	等级	深度
Ⅰ	表皮，真皮	Ⅳ	静脉肌腱、骨、关节
Ⅱ	皮下脂肪	Ⅴ	根基、深层、瘘管
Ⅲ	筋膜、肌肉		

注：资料源自 Thomas（2001 年）

10.5　刺激性机械因素的测量

在组织结构和功能的生理变化以及确定治疗效果的研究中，定量测量皮肤生物力学特性具有重要意义。随着这些方法应用于新的问题，可能影响最终生物力学性能的组织特征是研究设计中的重点考量。对于某些应用，诸如真皮厚度和真皮下组织成分等变量，以及年龄和/或阳光照射可能影响皮肤生物力学。在一项比较试验中，测试了 30 名健康女性的皮肤厚度、组织组成和年龄对肩部、大腿和小腿皮肤生物力学特性的影响。通过生物力学组织表征系统和皮肤弹性仪（SEM-575）这两种装置确定组织取样尺寸的影响。用 20MHz 超声（真皮扫描）测量皮肤厚度，并根据拟人体数据推断组织成分。皮肤厚度与肩部的硬度、能量吸收和 $U(\mathrm{r})/U(\mathrm{f})$ 显著相关。体重指数（BMI）与肩膀的硬度（负相关）、能量吸收（正相关）和皮肤厚度（负相关）显著相关。观察到各体位之间存在显著差异。在所有参数上，小腿与大腿和肩膀显著不同（$p<0.05$，单因素方差分析）。与大腿和肩部相比，小腿松弛度、松弛率、弹性变形、能量吸收、弹性、弹性百分比、$U(\mathrm{r})$、$U(\mathrm{f})$ 和 $U(\mathrm{r})$ /$U(\mathrm{f})$ 显著降低，硬度显著提高。除 $U(\mathrm{r})$ /$U(\mathrm{f})$、弹性百分比、松弛百分比和刚度外，所有参数的大腿和肩膀位置都显著不同。优势侧和非优势侧差异显著。与左

侧相比，优势侧（90%受试者的右侧）的硬度增加，能量吸收（组织柔软度、顺应性）降低。除肩部僵硬外，所有生物力学指标均与年龄呈显著负相关（$p \leqslant 0.02$）。在大腿和小腿部位，弹性百分比 $U(\mathrm{r})$ 和 $U(\mathrm{r})$ /$U(\mathrm{f})$ 与年龄呈显著负相关。年龄和皮肤厚度在这一人群中无相关性，皮肤厚度和年龄影响肩膀部位的能量吸收，通过年龄和体重指数可以预测小腿部位的生物弹性。通过皮肤厚度和体重指数可以预测大腿部位的生物活性，观察到生物力学性质的显著区域变化和主要副作用，年龄对生物力学性能有显著影响，某些特性随皮肤厚度和组织成分而变化。两种仪器的参数相关性很好，发现具有较小孔径的切割仪对年龄关系更为敏感（Smalls 等，2006 年）。

在另一项研究中，评估了一种称为压痕试验的测定人体皮肤力学性能的新方法（Pailler-Mattei，2004 年），测量的原理是在个体前臂的皮肤组织上施加体内压应力。这些测量结果表明，法向接触力随压痕深度的增加而增加，对这些结果的解释通常需要长期而乏味的现象学研究，作者提出了一种新的确定控制皮肤组织反应的力学参数的方法。这种方法有三个方面：实验、数值和比较。它是将实验结果与数值有限元模型相结合，以确定所需的参数。该过程采用一种扩展卡尔曼滤波器方案。本研究的第一个结果对应于全球系统的简化数值模拟。假设表皮是一个具有各向同性线性弹性力学行为的半无限层。这一分析将在进一步的工作中扩展到更现实的模型（Delalleau 等，2006 年）。

近年来，摩擦系数已被用作皮肤生理学领域细菌营养物质进展的决策指标，由于健康时代的需要，摩擦系数在皮肤护理市场上的重要性日益增加。此外，摩擦系数的使用在人体体质分类中具有很大的鉴别能力，在替代医学中得到了广泛的应用。在最近的一项研究中，设计了一种利用多轴称重传感器和半圆形探针反复测量手部皮肤摩擦系数的系统，使用该系统测量摩擦系数的相对重复性误差低于 4%，该系数与探针的曲率无关（Song 等，2008 年）。

面部皮肤通过表面肌肉筋膜系统直接与肌肉相连，利用数字图像散斑相关（digital image speckle correlation，DISC）技术可以在活体内探测皮肤的力学性能，该技术可以测量自然面部变形后皮肤固有的毛孔结构位移。采集一系列图像，用圆盘进行分析，得到位移矢量图，从中可以得到面部变形的空间分辨信息。根据年龄、面部位置和皮肤处理，研究了位移的功能形式。结果表明，面部皮肤的位移与肌肉运动方向一致，反映了所受力的大小。通过圆盘向量场分析，我们发现随着皮肤老化，力的分布变得更加集中，具有明显的空间不对称性。对口周区数据的分析表明，皮肤弹性随年龄呈指数下降，衰减常数约为 32 年。在眶周区域也有类似的结果，但振幅较高。最后，椎间盘向量场分析也表明，最大应力的位置与现有面部皱纹的位置相关，椎间盘法作为一种非接触技术，是诊断面部皮肤状况和肌肉活动的潜在临床研究工具。这些因素可用于监测衰老、皱纹形成和治疗效果（Staloff 等，2008 年）。

精确测定皮肤的力学性能仍然是一个未解决的问题。在进行体内试验时，对于一片被测的皮肤不如在材料试验中那样可以明确定义。此外，身体区域和身体姿势暗示着皮肤的初始压力。因此，精确的力学分析需要精确测量皮肤的自然张力。基于拉伸试验仪，提出了一种牵引与压缩相结合的新方法。测试的皮肤样本已经被明确定义，并通过跟随标签不受周围的影响，装置的尺寸和形状已通过有限元模型优化，用不同载荷下预拉伸的弹性体对该方法进行了试验。结果表明，该方法能很好地恢复初始张力，然后在体内对不同手臂位置的前臂进行测试。结果表明，尽管手臂不同位置的皮肤表现出非常不同的牵引行为，初始张力只能在皮肤张力最高的情况下明确测定（Jacquet 等，2008 年）。

为了研究人体皮肤的物理特性，研制了一种测量生物摩擦与皮肤之间的最大黏附力的生物摩擦学测试仪。由于毛细血管现象，皮肤表面的脂质膜导致皮肤粘连。测量皮肤和生物摩擦学仪之间的拉脱力可以评估脂膜（lipidic film，LV）的液/汽表面张力（30 岁志愿者体内脂膜的液体/蒸气表面张力约为 6.3mJ/m^2）。通过压头/皮肤拉脱力随蒸馏水注入皮肤表面后时间的变化，观察了皮肤对蒸馏水的吸附/解吸动力学（吸附指的是无差别的吸附和吸收过程）。这允许实时跟踪液体涂抹到皮肤表面后皮肤物理化学性质的变化。最后，通过探针与皮肤之间的毛细血管黏附力，解释了蒸馏水涂在皮肤表面后皮肤摩擦系数增加这一现象（Pailler-Mattei 等，2009 年）。

对于织物条带与前胳膊内侧之间的摩擦，建立了一种解析数学模型，并进行实验验证。该模型将圆柱臂的一般假设推广到任何凸棱镜上，并根据阿蒙顿定律对压力和张力进行预测。织物样条的任一端与臂表面部分接触，样条垂直于臂的轴线，上面的作用力与静摩擦系数（μ）之间的关系也包括在预测之中。摩擦系数是由圆形和椭圆形横截面的手臂模型（由氯丁橡胶覆盖的巴黎石膏制成）和非织造布之间的实验测定的。从模型预测，根据实验结果计算得出的 μ 值均在±8%以内，并且与所用的自重、几何结构或接触弧的系统变化很小。在适当选择坐标的情况下，该模型预测的织物条两端力的关系可简化为圆臂通用模型的预测关系。这有助于解释将圆柱模型应用于真实手臂的实验数据而获得 μ 的精确值（Cottenden 等，2008 年）。

对于女性志愿者（18～44 岁）正常（干燥）和湿润的前臂，采用该方法测量三种不同的非织造材料的静摩擦系数。该方法操作简单、重复性好：三组重复测量的变异系数（标准差以平均值的百分比表示）通常（80%的时间）小于 10%。用几何上更简单的装置，水平拉伸有一定质量的织物样品，使其穿过前臂掌侧面皮肤的准平面，已被证明在实验上更加困难，且重复性较差。然而，两种方法得出的静摩擦系数值之间的相关性很好：正常（干燥）皮肤的 $R=0.81$，湿润皮肤的 $R=0.91$。对于三种非织造布，对正常（干燥）和湿润皮肤的静摩擦系数的测量值分别在 0.3～0.5 和 0.9～1.3 范围内变化。与阿蒙顿定律相符合，在整个实验范围（0.1～8.2kPa）内，摩擦系数并不随法向应力而变化（Cottenden 等，2008 年）。

"膝后"法（behind-the-knee，BTK 试验）以腘窝为试验点，评估了基质和产品的固有化学刺激性和潜在机械刺激性。这种方法消除了临床测试系统使用中的一些困难，同时仍然提供可靠的结果。在临床试验使用中，为志愿者小组成员提供了替代正常产品使用的半月板产品。在 BTK 测试中，每天使用弹性运动带将样本应用于腘窝。在这两项研究中，刺激反应都是视觉评分。BTK 试验中的刺激水平始终高于标准贴片试验，说明机械刺激对材料和产品的整体刺激潜力的贡献。对相同试验材料的重复试验表明，BTK 试验结果是可重复的。BTK 试验和在用临床试验的对比表明，BTK 试验产生的结果质量与正在使用临床试验相似。通过将多个平行面板与一种常见的试验材料一起使用，可以同时比较几种材料的刺激性特性。该测试方法已被证明是可靠的，并适用于测试各种各样的材料，包括月经垫、上片、中间垫、内裤衬垫、卫生棉条和洗剂涂层的产品。与临床使用中不同，BTK 测试允许在同一个人身上同时直接比较两种产品，并且很容易适应调查方案。

它受更少的混杂因素影响、更容易实施、周转时间更短，并且比使用中的临床测试成本更低。重要的是，与标准贴片试验不同，BTK试验评估的是材料固有的化学刺激和摩擦引起的机械刺激。尽管BTK试验是使用半月板产品开发的，但该试验系统为评估任何可能起机械刺激作用的材料（包括纺织品）提供了一种有价值的替代实验方法（Farage，2006年）。

10.6 纺织品产生机械性刺激的影响因素

人体皮肤长期暴露在织物（服装、床上用品等纺织品）的摩擦力和剪切力下。在健康的正常皮肤中，由汗液和皮脂腺活动产生的光滑表面涂层可减少摩擦。由于这些皮肤腺体的解剖分布差异较大，皮肤表面涂层的保护作用在全身部位并不均匀。角质层的脂质和水分含量同样也会影响摩擦力和剪切力的耐受性。

纺织品由各种成分组成，包括具有不同的直径、表面结构、形态、表面涂层和柔性的纤维。纤维通常用于生产纱线，如纺制纱线、平滑纱线和变形长丝，这些纱线可以加捻在一起形成加捻纱。织物分为机织物、针织物、非织造布和毡织物。织物需要最终的表面处理、染色和涂层（Sewerev，2003年）。洗涤会使纺织品接触到洗涤剂，而洗涤剂通常被认为是由纺织品引起的刺激性皮炎的原因。然而，科学调查表明，几乎没有证据表明洗涤会对健康造成危害（Rodriguez等，1994年；Matthies，2003年）。

纺织品，特别是服装，以动态模式与皮肤功能相互作用。在皮肤/衣服系统形成的微环境中，该环境内的水分和热传递与皮肤反应有关，并且在纺织品的皮肤刺激过程中起着关键作用。当液体从皮肤向织物上的输运高于液体从深层向表皮的输运时，将导致皮肤干燥，最终导致皮肤粗糙。对于羊毛不耐症或毛囊性角化等非特定皮肤反应，织物表面粗糙度这样一些力学性能是其主因（图10.1）（Wollina等，2006年）。

图10.1 特应性毛囊性角化病（见彩图）
在冬季，当湿度降低，衣服摩擦变得明显时引起的一种典型的皮肤过敏症

织物针织结构和密度的变化对织物的力学性能和手感有巨大影响，对于作为外套的纬编针织物已经进行过评估。密度越高，织物的拉伸、弯曲和剪切性能越高。随着针织密度的增加，压缩值略有降低。表面特性（如柔软度和平滑度）随密度增加而增加。与织物密度增加时的柔软度相比，平滑度降低（Choi，2000年）。内衣对皮肤接受度的要求可能更高。

缝纫、线头以及不同材料的衣物都可能会对皮肤的力学效应有影响，特别是摩擦力和剪切力（图10.2，图10.3）。随着织物所含纤维类型和湿度的不同，二者都决定织物-皮肤之间的摩擦，对光滑和多毛的皮肤的行为有所不同（Kenins，1994年）。

摩擦可分为静摩擦力和动摩擦力。静摩擦力是指脱离黏着状态所需的力。动态摩擦力是维持相对运动所需的力。天然纱线毛羽往往具有更高的摩擦系数（Coefficients of friction，COF）（Jeddi等，2003年；Zurek等，1985年；Wilson，1963年）。

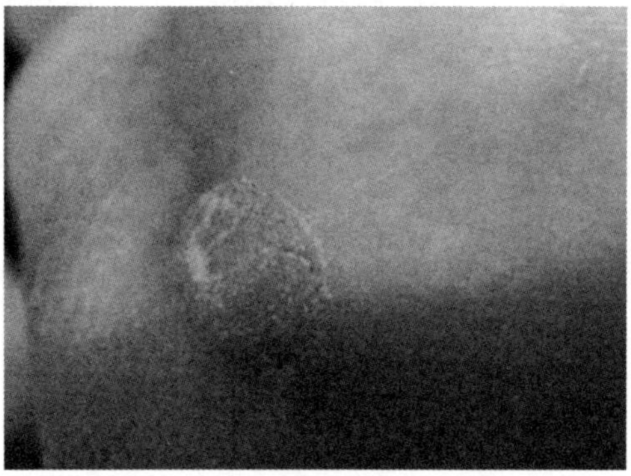

图 10.2 足底愈伤组织（见彩图）

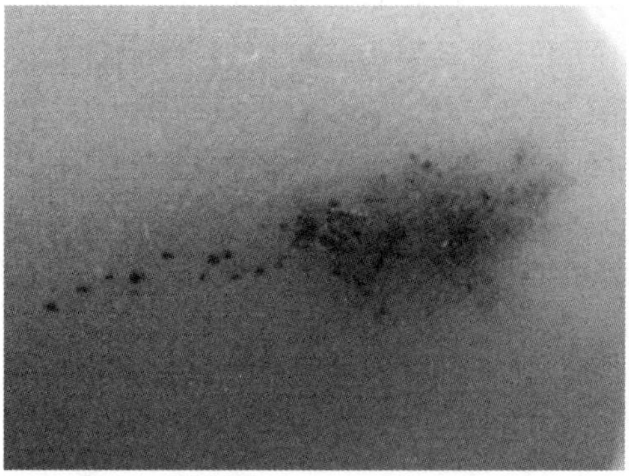

图 10.3 黑踵病，由袜子和鞋子的剪切力导致的角质层出血（见彩图）

现对 8 名男性进行了皮肤摩擦力对织物质感和舒适感的影响评估。他们暴露在各种环境条件下：中性（舒适）、热-干，热-湿、最终恢复到中性。在每种环境条件下持续 20min，六种不同的织物被缓慢地拉过受试者的前臂。摩擦力与皮肤湿润度有关。随着力和皮肤湿润度的增加，所有受试者都认为织物更有织构感（更粗糙）而不太舒适（Gwosdow，1986 年）。

10.6.1 毛巾

在亚洲，由粗糙尼龙毛巾或刷子长时间摩擦引起的黄斑淀粉样变性很常见，黄斑淀粉样变性和地衣淀粉样变性偶尔一起发生，称为双相淀粉样变性。我们可以在上背部和肩部找到最独特的对称丘疹病变。病变由直径约 0.5mm 的微亮、黑褐色的均匀丘疹组成，呈部分线形、环形或波纹状排列（Wong 和 Lin，1988 年；Yoshida 等，2009 年）。只有少量来自欧洲的报道（Siragusa 等，2001 年）。臀部也有类似的摩擦性皮肤病，常见于印度及其邻国穿着纱丽的妇女（图 10.4）（Wollina 等，2006 年）。

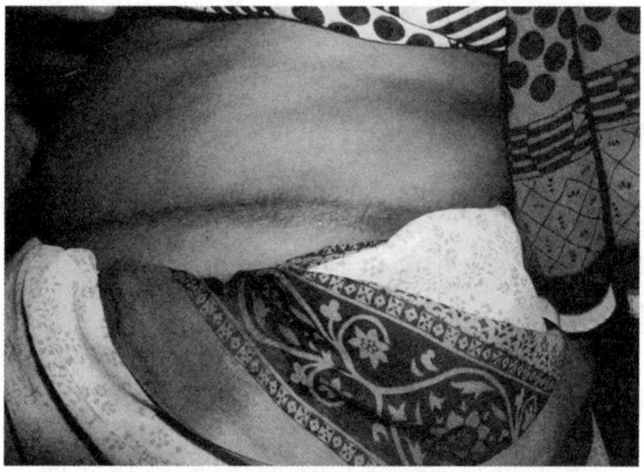

图 10.4 传统服装引起的髋关节摩擦性黑色素过多症（见彩图）

10.6.2 袜子

袜子是一种特殊的纺织品，能与脚和鞋子相互作用。因此，袜子在预防糖尿病患者和其他神经感觉功能受损者的水疱、压疮和感染方面发挥着关键作用（Heide 等，2006 年）。

在最近的一项研究中，建立了一个模拟脚-袜子-鞋底接触的三维有限元模型，研究了不同摩擦特性组合的袜子对足底与鞋垫接触的生物力学效应。通过有限元计算，研究了步态站立阶段足底的动态压力和剪应力。模拟了三种情况：①对鞋垫有高摩擦系数（0.54）的一只赤脚；②穿两种袜子，一种对皮肤摩擦系数高（0.54），一种对鞋垫摩擦系数低

(0.04)；③其摩擦特性分配相反。人们发现，穿一只对鞋垫摩擦小的袜子，使足底和鞋子之间的相对滑动更大，可以显著降低剪切力：后足从 3.1N 降至 0.88N，前足从 10.61N 降至 1.61N。当穿着对脚皮肤摩擦小、对鞋垫摩擦大的袜子时，后足的剪切力可进一步减小到 0.43N，前足的剪切力可进一步减小到 1.18N。研究发现，穿对足底摩擦力较低的袜子与穿对鞋垫摩擦力较低的袜子相比，足底摩擦力较低的袜子能更有效地降低足底对皮肤的剪切力。穿袜子，尤其是那些对脚部皮肤摩擦小的袜子，可能会降低发生足底剪切相关水疱和溃疡的风险（Dai 等，2006 年）。

10.6.3 弹力袜和长袜

弹力袜和长袜（compression stockings and bandages）的出现对于慢性静脉功能不全患者保守治疗，是标志性进步。主要目标是在白天不减少磨损时间的情况下获得良好的工作压力。这些装置获得的压力在各种临床研究中进行了测量。压力水平较高的加压长袜对下肢施加较高的皮肤压力。前侧面的压力远高于内侧和外侧的压力。横截面皮肤压力的分布模式与腿部横截面的解剖轮廓相似（Liu 等，2005 年）。

弹力袜和长袜会使干燥的皮肤恶化，这会增加这些织物在皮肤表面的剪切力。在前瞻性、随机的探索性试验中，对 42 例慢性静脉功能不全患者（根据 Widmer 的Ⅰ期和Ⅱ期，）进行了综合性皮肤护理系统的加压袜评估。患者被随机分为弹性加压长袜（VenoTrain® micro；Bauerfeind）或综合皮肤护理系统的同一长袜（VenoTrain® micro balance）。通过角膜测量法、TEWL 法和皮肤表面粗糙度（皮肤病）的非接触光学评估，测试使用前和使用 7 天后的皮肤质量。所有参数均支持微平衡型长筒袜。因此，加强皮肤护理进行压迫疗法将提高患者的依从性和舒适性（Jünger，2008 年）。

另一种选择是在穿弹力长袜之前使用保湿剂。必须考虑局部皮肤护理产品（如保湿霜）的相互作用，以确保医用弹力袜和长袜的耐久性（Wollina 等，2003 年；Van Gest 等，2003 年）。

10.6.4 床上用品

纺织品在压力性溃疡的形成和预防中的作用需要更多的研究。事实仍然是，纺织品，如衣服和床上用品，对压力、剪切/摩擦和皮肤水合作用等导致皮肤溃疡的因素有相当大的影响。

患者不动被认为是造成皮肤损伤和褥疮的一个重要因素。患者不动有助于延长皮肤和织物之间的相互作用，并可能增加皮肤损伤或褥疮的机会（Zhong 等，2008 年）。

我们进行了一项以评估皮肤-织物界面处的接触现象的研究，并开发了一种专门用于评估皮肤-织物相互作用摩擦学的织物摩擦分析仪（textile friction analyser，TFA），用于预防褥疮研究。记录仰卧者与泡沫床垫之间的盆腔和股骨区域的界面压力分布，用热失重分析法研究了各种天然和合成纱线的织物，模拟皮肤-织物界面的高界面压力和卧床不起者的临床情况，对样本施加 7.7kPa 的垂直载荷，织物在往复运动中与经验证的皮肤模拟材料摩擦，以测定静态和动态皮肤水分和摩擦系数（friction coefficients，COFs）。最大接触压力范围为 5.2～7.7kPa（39～58mmHg），超过所有研究的床上用品位置的毛细管闭合压力（32mmHg）。对于两种 COFs，最低值和最高值的样本之间的系数为 2.5。我们的结果与人体皮肤测量中发现的 COFs 相似。结果表明，该方法能检测出摩擦系数 0.01 的差异（Gerhardt 等，2008 年）。

在自然皮肤条件下和不同水化状态下，用测力板测量前臂内侧与医院内用织物之间的摩擦力。11 名男性和 11 名女性使用规定的正常载荷和摩擦动作将前臂与力板上的纺织品摩擦。用角膜测量法和抽吸室法分别评价皮肤的水化作用和黏弹性。在每一个个体中，皮肤水分与 COF 摩擦系数呈高度正相关。水分和弹性以及弹性和摩擦之间没有相关性。女性和男性的皮肤黏弹性相当。女性皮肤的摩擦表现出明显的高湿敏性。当皮肤水分在非常干燥和正常湿润的皮肤之间变化时，COF 通常增加 43%（女性）和 26%（男性）。皮肤和完全湿润的织物之间的 COF 比在干织物表面摩擦的天然皮肤的 COF 高出两倍以上。增加皮肤水合作用似乎会导致人体皮肤的机械性能和/或表面形貌的性别特异性变化，从而导致皮肤软化，增加实际接触面积和附着力（Gerhardt 等，2008 年；Derler 等，2007 年）。

10.6.5 特应性和敏感性皮肤用纺织品

过敏性皮肤炎症（atopic dermatitis，AD）是一种慢性复发性炎症性皮肤病，通常在出生的第一年发病，这是敏感皮肤（sensitive skin，SS）最严重的表现形式。综合治疗，消除触发因素和改善皮肤屏障是治疗过敏性皮炎/敏感性皮肤的最好方法（Elias 等，2008 年）。

穿着的服装每天都与皮肤直接接触，因此，在皮肤受损的特应性人群中，仔细选择合适的面料至关重要。羊毛纤维常用于人体服饰，但与皮肤直接接触时会有刺激性。羊毛纤维常被证明对特应性/敏感性皮肤患者的皮肤有刺激性。棉花是特应性/敏感性皮肤患者最常用的纺织品，由于其天然丰度和良好的耐折性、热传导性、易染性和吸湿性等固有特性，棉花作为服装材料具有广泛的可接受性。另一方面，棉花含有会膨胀和收缩的短纤维，引起的摩擦运动可能会刺激特应性/敏感性皮肤（Mason，2008 年）。真丝织物有助于保持体温，减少过度出汗和水分流失，水分过度流失会致更恶性的干燥病。然而，通常用于服装的丝绸织物在儿童过敏性皮炎的护理和穿着中并不特别有用，因为它减少了蒸发作用，并可能在与皮肤直接接触时引起不适。现在市场上可买到的一种新型的丝织物，由具有蒸发作用和轻微弹性的丝织物制成，丝织物的丝胶蛋白已被去除，可用于儿童过敏性皮炎的护肤（Ricci 等，2006 年）。

在一项临床研究中，已经评估了患有过敏性皮炎的患者和正常皮肤的受试者对 100% 棉和莱赛尔纤维素纤维的织物用于服装和床上用品的偏好。30 名受试者被随机选择使用 1 周棉质或莱赛尔纤维素纤维的衬衫、睡衣和床上用品。使用一周后换洗，受试者又穿了一周另一种布料。总的来说，莱赛尔纤维素纤维因其柔软性、温度控制、湿度控制和抗皱性而受到明显的青睐（Love 和 Nedorost，2009 年）。

另一方面，只要织物表面光滑，织物的耐受性就不太依赖于所用的纤维（Wollina 等，2006 年）（图 10.5）。木棉纤维的床上用品可以改善过敏性皮炎/敏感性皮肤患者的睡眠（Wollina 等，1999 年）。这更多是由于木棉纤维的热调节效应和水分平衡。然而，这种间接作用也是一种机械作用，可以降低特应性皮肤上的刺痛感。

在模拟真实皮肤与织物接触的条件下，通过前臂干湿试验评估了柔软织物对皮肤的影响。根据皮肤病学评估和他们自己的认知，15 名皮肤敏感的志愿者参加了一项双盲 12 天

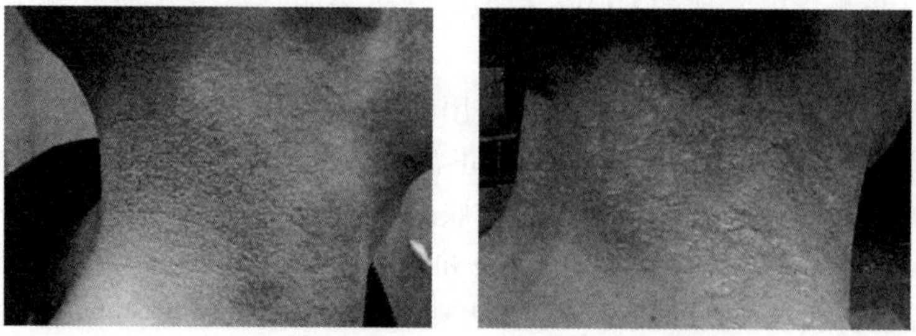

(a) (b)

图 10.5 织物粗糙度对特应性皮肤的影响（见彩图）

（a）由衣物导致的“脏脖子”外观；（b）在炎热气候下由聚酯基衣物导致的颈部苔藓性皮炎

（每天 3 次）前臂湿润和干燥试验，使用粉末清洁剂清洗的棉织物，和用液体织物调节剂柔软化或不柔软化的棉织物。为了模拟皮肤损伤的情况，在研究开始前，在前臂的贴片下使用稀释的十二烷基硫酸钠溶液。通过视觉分级（红色、干燥和光滑）、无创皮肤剥离和色度 C^* 测量（平方测量法）以及仪器测量评估皮肤效果（电容、表皮水分损失和比色法）。未柔软化和柔软化的织物对于对照组或先前受到刺激的皮肤均无有害影响。此外，还观察到柔软的织物对先前受到刺激的皮肤有温和的有益效果，研究结果表明，柔软化后的织物可能会降低对皮肤的摩擦效应（Piérard 等，1994 年）。

20 名皮肤敏感的志愿者参加了一项单盲 12 天（每天 3 次）的前臂湿润和干燥试验。棉织物经过机洗，并在最后的漂洗中加入或不加入液体织物调节剂。为了模拟皮肤损伤的情况，在研究开始前，在每个志愿者的前臂上涂抹一种封闭的十二烷基硫酸钠稀释溶液。通过视觉分级（发红、干燥、光滑）、风速测量和体内仪器测量（电容、表皮水分流失和比色法）评估皮肤效果。过敏性皮肤与织物的摩擦通常导致角质层结构的离散到中等程度的改变。无论是对于对照皮肤还是预刺激皮肤，所有测量参数都表明柔软化后的织物对皮肤的侵蚀性不如未柔软化的织物。在预先刺激皮肤的情况下，用柔软的织物摩擦皮肤比用不柔软的织物摩擦皮肤的恢复速度要快得多。总之，柔软的织物有助于缓解特应性皮肤病患者的皮肤状况（Hermanns 等，2001 年）。

10.7 参考文献

Abouaesha F, van Schie C H, Armstron D G and Boulton A J (2001). Plantar tissue thickness predicts high peak plantar pressure in the diabetic foot. *J Am Podiatr Med Assoc*, 94, 39-42.

Bauer A, Kelterer D, Stadeler M, Schneider W, Kleesz P, *et al*. (2001). The prevention of occupational hand dermatitis in bakers, confectioners and employees in the catering trades. Preliminary results of a skin prevention program. *Contact Dermatitis*, 44, 85-88.

Cartlidge P (2000). The epidermal barrier. *Semin Neonatol*, 5, 273-280.

Choi M S (2000). Effect of changes in knit structure and density on the mechanical and hand properties of weft-knitted fabrics for outerwear. *Text Res J*, 70, 1033-1045.

Cottenden A M, Cottenden D J, Karavokiros S and Wong W K (2008a). Development and experimental validation of a mathematical model for friction between fabrics and a volar forearm phantom. *Proc Inst Mech Eng* [H], 222, 1097-1106.

Cottenden A M, Wong W K, Cottenden D J and Farbrot A (2008b). Development and validation of a new method for measuring friction between skin and nonwoven materials. *Proc Inst Mech Eng* [H], 222, 791-803.

Crissey J T and Peachey J C (1961). Calcaneal petechiae. *Arch Dermatol*, 83, 501.

Dai X Q, Li Y, Zhang M and Cheung J T (2006). Effect of sock on biomechanical responses of foot during walking. *Clin Biomech* (Bristol, Avon), 21, 314-321.

Day R D, Reyzelman A M and Harkless L B (1996). Evaluation and management of the interdigital corn: a literature review. *Clin Podiatr Med Surg*, 13, 201-206.

Delalleau A, Josse G, Lagarde J M, Zahouani H and Bergheau J M (2006). Characterization of the mechanical properties of skin by inverse analysis combined with the indentation test. *J Biomech*, 39, 1603-1610.

Derler S, Schrade U, Gerhardt L C (2007). Tribology of human skin and mechanical skin equivalents in contact with textiles. *Wear*, 262, 1112-1116.

Elias P M and Feingold K R (2001). Coordinate regulation of epidermal differentiation and barrier homeostais. *Skin Pharmacol Appl Skin Physiol*, 2001, 14 (Suppl 1), 28-34.

Elias P M, Hatano Y and Williams M L (2008). Basis for the barrier abnormality in atopic dermatitis: outside-inside-outside pathogenic mechanisms. *J Allergy* Clin Immunol, 121, 1337-1343.

Farage M A (2006). The behind-the-knee test: an efficient model for evaluating mechanical and chemical irritation. *Skin Res Technol*, 12, 73-82.

Gerhardt L C, Mattle N, Schrade G U, Spencer N D and Derler S (2008a). Study of skin-fabric interactions of relevance to decubitus: friction and contact-pressure measurements. *Skin Res Technol*, 14, 77-88.

Gerhardt L C, Strässle V, Lenz A, Spencer N D and Derler S (2008b). Influence of epidermal hydration on the friction of human skin against textiles. *J R Soc Interface*, 5, 1317-1328.

Gwosdow A R (1986). Skin friction and fabric sensations in neutral and warm environments. *Text Res J*, 56, 574-580.

Hadgraft J and Lane M E (2009). Transepidermal water loss and skin site: a hypothesis. *Int J Pharm*, 373, 1-3.

Heide M, Möhring U, Hänsel R, Stoll M, Wollina U and Heinig B (2006). Antimicrobialfi nished textile three-dimensional structures. *Curr Probl Dermatol*, 33, 179-199.

Hendriks F M, Brokken D, Oomens C W, Bader D L and Baaijens F P (2006). The relative contributions of different skin layers to the mechanical behavior of human skin in vivo using suction experiments. *Med Eng Phys*, 28, 259-266.

Hermanns J F, Goffin V, Arrese J E, Rodriguez C and Piérard G E (2001). Beneficial effects of softened fabrics on atopic skin. *Dermatology*, 202, 167-170.

Hildebrandt D, Ziegler K and Wollina U (1998). Electrical impedance and transepidermal water loss of healthy human skin under different conditions. *Skin Res Technol*, 4, 130-134.

Jacquet E, Josse G, Khatyr F and Garcin C (2008). A new experimental method for measuring skin's natural tension. *Skin Res Technol*, 14, 1-7.

Jeddi A A A, Shams S, Nosraty H and Sarsharzadeh A (2003). Relation between fabric structure and friction, Part I: woven fabrics. *J Text Inst*, 94, 223-234.

Jünger M (2005). Einfl uss von Kompressionsstrümpfen auf die Barrierefunktion der Haut bei Patienten mit chronischer venöser Insuffi zienz, integrierter klinischer und statistischer Auswertungsbericht, Universitäts-Hautklinik Greifswald, 08/2005. Available: www. bauerfeind. com

Kenins P (1994). Influence of fiber type and moisture on measured fabric-to-skin friction. *Text Res J*, 64; 722-728.

Linder-Ganz E, Shabshin N, Itzchak Y, Yizhar Z, Siev-Ner I and Gefen A (2008). Strains and stresses in sub-dermal tissues of the buttocks are greater in paraplegics than in healthy during sitting. *J Biomech*, 41, 567-580.

Liu R, Kwok Y L, Li Y, Lao T T, Zhang X and Dai X Q (2005). Objective evaluation of skin pressure distribution of graduated elastic compression stockings. *Dermatol Surg*, 31, 615-624.

Love W E and Nedorost S T (2009). Fabric preferences of atopic dermatitis patients. *Dermatitis*, 20, 29-33.

Masson R (2008). Fabrics for atopic dermatitis. *J Fam Health Care*, 18, 63-65.

Matthies W (2003). Irritant dermatitis to detergents in textiles. *Curr Probl Dermatol*, 31, 123-138.

Pailler-Mattei C (2004). Caractérisation mécanique et tribologique de la peau humaine in vivo. Ph. D. Thesis, ECL-no. 2004-31.

Pailler-Mattei C, Nicoli S, Pirot F, Vargiolu R and Zahouani H (2009). A new approach to describe the skin surface physical properties in vivo. *Colloids Surf B Biointerfaces*, 68, 200-206.

Pedersen L and Jemec G B (2006). Mechanical properties and barrier function of healthy human skin. *Acta Derm Venereol*, 86, 308-311.

Piérard G E, Arrese J E, Rodríguez C and Daskaleros P A (1994). Effects of softened and unsoftened fabrics on sensitive skin. *Contact Dermatitis*, 30, 286-291.

Proksch E, Brandner J M and Jensen J M (2008). The skin: an indispensable barrier. *Exp Dermatol*, 17, 1063-1072.

Reddy M, Gill S S, Kalkar S R, Wu W, Anderson P J and Rochon P A (2008). Treatment of pressure ulcers: a systematic review. *JAMA*, 300, 2647-2662.

Ricci G, Patrizi A, Bellini F and Medri M (2006). Use of textiles in atopic dermatitis: care of atopic dermatitis. *Curr Probl Dermatol*, 33, 127-143.

Rodriguez C, Calvin G, Lally C and LaChapelle J M (1994). Skin effects associated with wearing fabrics washed with commercial laundry detergents. *J Toxicol Cutan Ocular Toxicol*, 13, 39-45.

Schmuth M, Jiang Y J, Dubrac S, Elias P M and Feingold K R (2008). Thematic review series: skin lipids. Peroxisome proliferator-activated receptors and liver X receptors in epidermal biology. *J Lipid Res*, 49, 499-509.

Siragusa M, Ferri R, Cavallari V and Schepis C (2001). Friction melanosis, friction amyloidosis, macular amyloidosis, towel melanosis: many names for the same clinical entity. *Eur J Dermatol*, 11, 545-548.

Smalls L K, Randall Wickett R and Visscher M O (2006). Effect of dermal thickness, tissue composition, and body site on skin biomechanical properties. *Skin Res Technol*, 12, 43-49.

Song H W, Park Y K, Lee S J, Woo S Y, Kim S H and Kim D R (2008). The development of the friction coeffi cient inspection equipment for skin using a load cell. *Conf Proc IEEE Eng Med Biol Soc*, 2008, 1545-1548.

Staloff I A, Guan E, Katz S, Rafailovitch M, Sokolov A and Sokolov S (2008). An in vivo study of the mechanical properties of facial skin and influence of aging using digital image speckle correlation. *Skin Res Technol*, 14, 127-134.

Swerev M (2003). What dermatologists should know about textiles. *Curr Probl Dermatol*, 31, 1-23.

Taljebini M, Warren R, Mao-Oiang M, Lane E, Elias P M and Feingold K R (1996). Cutaneous permeability barrier repair following various types of insults: kinetics and effects of occlusion. *Skin Pharmacol*, 9, 111-119.

Thomas D R (2001). Prevention and treatment of pressure ulcers: what works? What doesn't? *Cleve Clin J Med*, 68, 704-797.

Trattner A and David M (2000). Textile contact dermatitis presenting as lichen amyloidosus. *Contact Dermatitis*, 42, 107-108.

Van Gest A J, Franken C P M and Neumann H A M (2003). Medical elastic compression stockings in the treatment of venous insuffi ciency. *Curr Probl Dermatol*, 31, 98-107.

Verma S B and Wollina U (2008). Callosities of cross legged sitting: 'Yoga sign' -an under recognized cultural cutaneous presentation. *Int J Dermatol*, 47, 1212-1214.

Wilson D (1963). A study of fabric-on-fabric dynamic friction. *J Text Inst*, 54, T143-T155.

Wollina U (2009). Disorders caused by physical and chemical damage. In Burgdorf WHC, Plewig G, Wolff H H and Landthaler M, Braun-Falco' s, Dermatology, 3rd Edition. Springer, Heidelberg, New York, pp. 598-616.

Wollina U, Wilmer A and Karamfilov T (1999). Einsatzmöglichkeiten von Kawoll. *Melliand Textilberichte-Int Textile Rep*, 80, 197.

Wollina U, Heide M, Müller-Litz W, Obenauf D and Ash J (2003). Functional textiles in prevention of chronic wounds, wound healing and tissue engineering. *Curr Probl Dermatol*, 31; 82-97.

Wollina U, Krönert C and Heinig B (2004). Bilateral callosities, plantar ulcers and peripheral neuropathy in a 15-

year old nondiabetic boy-think of neuroborreliosis. *J Eur Acad Dermatol Venereol*, 19, 259-260.

Wollina U, Abdel-Naser M B and Verma S (2006). Skin physiology and textiles-consideration of basic interactions. *Curr Probl Dermatol*, 33, 1-16.

Wong C K and Lin C S (1988). Friction amyloidosis. Int J Dermatol, 27, 302-307.

Wu K S, van Osdol W W and Dauskardt R H (2006). Mechanical properties of human stratum corneum: effects of temperature, hydration, and chemical treatment. *Biomaterials*, 27, 785-795.

Yoshida A, Takahashi K, Tagami H and Akasaka T (2009). Lichen amyloidosis induced on the upper back by long-term friction with a nylon towel. *J Dermatol*, 36, 56-59.

Zhong W, Ahmad A, Xing M M, Yamada P and Hamel C (2008). Impact of textiles on formation and prevention of skin lesions and bedsores. *Cutan Ocul Toxicol*, 27, 21-28.

Zurek W, Jankowiak D and Frydrych I (1985). Surface frictional resistance of fabrics woven from fi lament yarns. *Text Res J*, 55, 113-121.

第 11 章

纺织品过敏

R. Weckmann
德国韦克曼博士纺织咨询公司

摘要： 本章总结了人们对“纺织品过敏”这一主题的认识，旨在避免使用此类纺织品，尤其是在医用纺织品领域。由于所有已知的由纺织品引起的过敏均属于下述的类型Ⅵ，因此必须对它们进行鉴定，并避免使用引起过敏的纺织品。已经知道，许多用于纺织品生产的特定物质和物质组已知会引起过敏。其中大多数是“可靠的生态或消费者安全标签”的标准或政府明令禁止的。因此，在生产医用纺织品中要避免使用这些物质。

关键词： 过敏类型，纺织品过敏，镍过敏，致敏分散染料，甲醛过敏，丝胶过敏，乳胶过敏，医用纺织品。

11.1 引言

本章涵盖了“纺织品过敏”这一主题的不同方面。首先，分析了医学领域中发生的不同类型的过敏。简单来说，只有接触性过敏才被认为具有临床意义。从医学角度讨论了纺织品中不同的致敏物质，主要是染料。关于纺织品中潜在过敏原的知识可以对这些物质进行适当的分析。还评估了纺织品过敏的风险。纺织品中的过敏性物质众所周知，因此可以在纺织品生产中最小化使用或完全消除这些物质；无过敏性物质的纺织品可以通过生态标签或消费者安全标签加以识别。在此之后，对医用纺织品进行了概述。

未来，由纺织品引起的过敏病例数量预计将进一步减少。其中一个主要原因是纺织品消费者、纺织品生产商和纺织品经销商的生态意识增强。在本章的最后，给出了更多信息的来源，其中大部分是互联网信息，以确保信息是最新的。

11.2 过敏类型

在医学上，存在各种类型的过敏。过敏的分类取决于过敏原进入人体的方式：

- 吸入过敏是由吸入过敏原引起的，如室内灰尘或花粉。
- 食物过敏可因食用致敏食物而发生，例如坚果、草莓、牛奶、鸡蛋和大豆等。
- 接触过敏是由于皮肤接触过敏原，如镍、分散染料或化妆品中的成分。
- 药物过敏可发生在药物摄入后，如众所周知的青霉素过敏的例子。
- 虫咬过敏可由蜜蜂、黄蜂或大黄蜂的叮咬引起。

一个医学上更科学的过敏类型区分是基于过敏原的免疫反应：

- Ⅰ型：立即型过敏。最常见的过敏，约 80%～90%的病例属于Ⅰ型，典型的代表是花粉过敏、家尘过敏、食物过敏或膜翅目昆虫毒液过敏。
- Ⅱ型：细胞毒性反应。Ⅱ型过敏很少发生。这种过敏类型的例子是自身免疫性疾病或红细胞在不匹配的血型输血后的破坏。
- Ⅲ型：免疫复合物形成。这类过敏的代表是所谓的鸽子繁殖者的肺或农民的肺。
- Ⅳ型：细胞免疫反应。这是一种迟发型过敏，如镍过敏、分散染料过敏和其他接触性过敏。

Ⅰ型、Ⅱ型和Ⅲ型过敏是由体液免疫反应（即分泌抗体）介导的。Ⅳ型过敏是通过 T 细胞介导的。Ⅳ型过敏主要引发皮肤症状。所有已知的由纺织品引起的过敏都属于Ⅳ型。

11.3 纺织品引起的主要过敏类型

经常有人说，纺织品是导致过敏的罪魁祸首。在某些情况下，媒体夸大事实；在其他情况下，消费者错误地将皮肤的非过敏反应归因于对纺织品的过敏。但真相何在呢？

非过敏性皮肤刺激是由机械刺激引起的，比如标签刮伤颈部或衣领衬里的摩擦等。缝合处理不当也能引起皮肤刺激。浅色衣服可能导致出汗过多。因此，湿润的皮肤对机械攻击更敏感，刺激也可能发生。此外，汗液和纺织粉尘的混合物是一种侵入性介质，会刺激人体皮肤。这个问题主要出现在纺织工人中。最后，“扎刺”羊毛，也就是直径 30μm 及以上的羊毛纤维，会引起皮肤刺激。那些已经易患特应性皮肤病的人受此影响最大。

当考虑到以下因素时，由纺织品引起的过敏是罕见的：人类从出生到死亡的长期接触纺织品；数十亿纺织品的生产和使用；以及花粉、食物（如草莓）和青霉素之类的药物引起的其他过敏的频率。由于人与衣服的紧密接触，纺织品就像第二皮肤。因此，可以理解，所有由纺织品引起的过敏都属于接触性过敏。在德国医院发现的所有接触性过敏病例中，只有 1%～2%是由纺织品引起的，其他通常是由染料引起的。

过敏不是由纺织纤维引起的，不管这些纤维是天然的还是合成的，而是由纺织生产过程中使用的物质引起的。已知有许多确定的物质和物质组会引起过敏。具体来说，这些物质是甲醛、金属镍、铬和钴以及有机染料。

在纺织工业中，甲醛主要以甲醛树脂的形式存在，甲醛树脂作为特殊的整理剂，用于生产尺寸稳定、易于保养或抗皱的纺织品。在一定条件下，如高温下，甲醛基树脂能释放甲醛。甲醛释放量取决于所讨论的温度。市场上有许多纺织品只释放很少量（即低于 75mg/kg）或根本不释放甲醛。

当穿着衣服时，衣服释放出的甲醛对皮肤的影响比实验室条件下发现的要小。出现这项观察结果的一个原因是，并不是所有释放的甲醛都会被皮肤吸收，有的会消失在空气中。一些医学研究表明，30mg/kg 及以上的游离甲醛足以引起过敏反应。其他的观点认为，对预先过敏的人来说，甲醛含量少得多就足以引起过敏。

德国对纺织品中的甲醛没有严格的法律规定。只有含量为 0.15%＝1500mg/kg 及以上的产品才必须相应地进行标识[1]，这对于纺织品来说是一个不切实际的高含量。

一些金属如镍、铬和钴被称为过敏原。特别是，镍在许多情况下会引起接触性皮炎，可能被认为是最突出的接触过敏原。在这方面，所谓的“牛仔裤纽扣过敏”已经臭名昭著。在纺织品中，镍可以在拉链、纽扣和铆钉等金属配件中找到，有时也可以在印刷纺织品中找到。在这种情况下，过敏来源是镀镍印刷辊的磨损。这种镍污染很容易从纺织品上洗掉。

镍通常存在于其他日常商品中，如服装珠宝，尤其是廉价的耳钉和眼镜架中。与含镍食物如可可、巧克力或坚果发生交叉反应是可能的。

在欧盟，包括纺织品在内的金属商品对镍的释放量有严格的限制。经欧盟委员会指令 2004/96/EC 修订的指令 94/27/EC，将镍的释放量限制在两年内每周小于 $0.5\mu g/cm^2$。

除了镍，铬和钴也可以在特定的纺织染料中发现。金属会与染料和纺织纤维紧密结合。这意味着如果染色工艺正确，这些金属不会引起过敏。

许多分散染料都是过敏性的。分散染料是一类特殊的染料，用于给合成纤维聚酯、聚酰胺和醋酸纤维染色。它们大多数是偶氮或蒽醌化合物，由于它们的亲脂性，它们不溶于水，而是分散在染液中。它们与类似亲脂性的合成纤维材料有亲和力，并在染色过程中迁移到纤维材料中。当穿着纺织品时，没有太多的固定染料可以到达皮肤并被吸收。但这种情况发生在任何致敏分散染料上时，就会发生接触性皮炎。过去由两次由分散染料引起的过敏几乎达到了流行病的程度：在 20 世纪 70 年代，所谓的“长筒袜颜色过敏”很常见；而在 90 年代，这种过敏被“打底裤过敏”所取代。这两种现象都是由致敏分散染料染色引起的。

根据 Oeko Tex® 标准 100[2]，以下染料称为过敏性染料：分散蓝色 1、3、7、26、35、102、106 和 124；分散棕色 1；分散橙色 1、3、37 和 76；分散红色 1、11 和 17；分散黄色 1、3、9、39 和 49。前政府德国联邦消费者健康保护和兽用药物研究协会（BgVV）工作组“纺织品”于 1993 年判定 8 种分散染料为过敏性染料。它们是分散蓝色 1、35、106 和 124；分散橙色 3 和 37＝76；分散红色 1；分散黄色 3。自那时起，德国政府机构如联邦风险评估研究所 BFR（Bundenstitute Fuer Risikobewertung）建议不要使用这八种分散染料。

在德国或整个欧盟，法律都不禁止使用致敏分散染料。然而，在德国，法律第 30 条德国食品和饲料法规（LFGB）在一般条款中禁止在商品中使用有害物质。

在极少数情况下，消费者会经历丝绸制品引起的接触性皮炎。其原因是蚕丝丝胶蛋白的残留，丝胶蛋白是一种天然的蛋白质，用于将蚕丝纤维黏合在蚕茧中。这是在丝绸脱胶过程中，由丝绸脱胶操作不当而导致的。

乳胶过敏是一种特殊的接触过敏。准确地说，乳胶过敏是一种 Ⅰ 型过敏，即皮肤细胞与天然乳胶制品（如橡胶手套或弹性纺织橡胶线）接触而引起的过敏。

11.4 减少或避免纺织品过敏的方法

如前一节所述，纺织品中引起过敏的物质已是众所周知的。因此，在纺织品生产中完全有可能避免使用它们中的大多数，或至少通过使用现代的、新开发的纺织品助剂来减少它们引起过敏的可能性。以分散染料染色合成纤维为例，只要不使用这些类型的染料就可以完全避免过敏，因为已知这些染料会引起过敏。同样，在镍过敏的情况下，完全避免也是可能的，不要使用释放镍的金属配件作为按钮或拉链。

使用甲醛树脂整理的织物有可能引起过敏，因为所使用的树脂会释放少量的甲醛。通过化学工业开发出释放更少甲醛的树脂的不致敏效果显著。

有一个问题必须解决：如何找到这种优化的非过敏性纺织品？该解决方案可以在具有可靠生态或消费者安全标签的纺织品中找到。首先，必须提及 Oeko Tex® 标准 100 标签（图 11.1）。这个标签是 1992 年由瑞士苏黎世的国际纺织品生态学研究和测试协会（Oeko-Tex®）推出的。Oeko-Tex® 标准 100 标签颁发了超过 80000 张证书，其无疑是市场的领导者。仅在 2009 年，就颁发了超过 10000 张证书。该商标在全球范围内被接受，是全球最常见的纺织品生态标志。它代表“对纺织品的信心”。

图 11.1 Oeko-Tex® 标准 100 标签

从一开始，Oeko-Tex® 标准 100 就禁止使用过敏性分散染料，并严格限制甲醛的使用，这比 1972 年日本著名的 112 号法律更严格。铬（Ⅵ）也被禁止用于纺织品，并实施了一项旨在减少镍、铬等敏感重金属释放的法规。

表 11.1 概述了 Oeko-Tex® 标准 100 所要求的标准和限制。确定了四个产品类别，每个类别都有不同的限制：婴儿、直接皮肤接触、没有直接皮肤接触的纺织品和装饰材料。关于表 11.1 和表 11.2，很明显，在 Oeko-Tex® 标准 100 中，为了完全避免或尽量减少纺织品引起的过敏，实施了以下限制：

- 禁止使用致敏分散染料；
- 严格限制金属配件中镍的释放；
- 严格限制甲醛树脂释放甲醛。

表 11.1 适用于 Oeko-Tex® 标准 100 认证的标准

组成/属性	产品类别			
	Ⅰ婴儿	Ⅱ直接皮肤接触	Ⅲ没有直接皮肤接触	Ⅳ装饰材料
pH 值	4.0～7.5	4.0～7.5	4.0～9.0	4.0～9.0
甲醛/(mg/kg)				
112 法规	未检测到	75	300	300

续表

组成/属性	产品类别			
	Ⅰ婴儿	Ⅱ直接皮肤接触	Ⅲ没有直接皮肤接触	Ⅳ装饰材料
可提取重金属/(mg/kg)				
Sb（锑）	30.0	30.0	30.0	
As（砷）	0.2	1.0	1.0	1.0
Pb（铅）	0.2	1.0	1.0	1.0
Cd（镉）	0.1	0.1	0.1	0.1
Cr（铬）	1.0	2.0	2.0	2.0
Cr（Ⅵ）	能测出之限值以下			
Co（钴）	1.0	4.0	4.0	4.0
Cu（铜）	25.0	50.0	50.0	50.0
Ni（镍）	1.0	4.0	4.0	4.0
Hg（汞）	0.02	0.02	0.02	0.02
消化样品中重金属含量/(mg/kg)				
Pb（铅）	45.0	90.0	90.0	90.0
Cd（镉）	50.0	100.0	100.0	100.0
农药/(mg/kg)				
总额（包括 PCP/TeCP）	0.5	1.0	1.0	1.0
氯代酚类/(mg/kg)				
五氯苯酚（PCP）	0.05	0.5	0.5	0.5
四氯苯酚（TeCP，总额）	0.05	0.5	0.5	0.5
邻苯二甲酸盐（质量分数）				
各种邻苯二甲酸酯（DINP、DNOP、DEHP、DIDP、BBP、(DBP、DIBP）总量	0.1			
各种邻苯二甲酸酯（DEHP、BBP、DBP、DIBP）总量		0.1	0.1	0.1
有机锡化合物/(mg/kg)				
三丁基锡（TBT）	0.5	1.0	1.0	1.0
三苯基锡（TPhT）	0.5	1.0	1.0	1.0
二丁基锡（DBT）	1.0	2.0	2.0	2.0
二辛基锡（DOT）	1.0	2.0	2.0	2.0
其他化学残留物				
邻苯苯酚（OPP）/(mg/kg)	50.0	100.0	100.0	100.0
芳胺/(mg/kg)	无			
全氟辛烷磺酸盐（PFOS）/(μg/m²)	1.0	1.0	1.0	1.0
全氟辛酸（PFOA）/(mg/kg)	1.0	0.25	0.25	1.0

续表

组成/属性	产品类别			
	Ⅰ婴儿	Ⅱ直接皮肤接触	Ⅲ没有直接皮肤接触	Ⅳ装饰材料
染料				
可分解芳胺	不能使用			
致癌物	不能使用			
过敏原	不能使用			
其他	不能使用			
氯化苯和甲苯/(mg/kg)				
总额	1.0	1.0	1.0	1.0
多环芳烃（PAH）/(mg/kg)				
苯并［a］芘	1.0	1.0	1.0	1.0
Suml 10	10.0	10.0	10.0	10.0
生物活性产品				
	无			
阻燃剂				
普通	无			
多溴联苯（PBB）、磷酸三(2,3-二溴丙基)酯（TRIS）、三-(1-氮杂环丙基)氧化膦（TEPA）、五溴二苯醚（pentaBDE）、八溴二苯醚（octaBDE）	不能使用			
色牢度（染色）				
水	3	3	3	3
酸性汗液	03-Apr	03-Apr	03-Apr	03-Apr
碱性汗液	03-Apr	03-Apr	03-Apr	03-Apr
干摩擦	4	4	4	4
唾液和汗液	快			
挥发物排放量/(mg/m^3)				
甲醛（50-00-0）	0.1	0.1	0.1	0.1
甲苯（108-88-3）	0.1	0.1	0.1	0.1
苯乙烯（100-42-5）	0.005	0.005	0.005	0.005
乙烯基环己烯（100-40-3）	0.002	0.002	0.002	0.002
4-苯基环己烯（4994-16-5）	0.03	0.03	0.03	0.03
丁二烯（106-99-0）	0.002	0.002	0.002	0.002
氯乙烯（75-01-4）	0.002	0.002	0.002	0.002
芳香烃	0.3	0.3	0.3	0.3
有机挥发物	0.5	0.5	0.5	0.5

续表

组成/属性	产品类别			
	Ⅰ婴儿	Ⅱ直接皮肤接触	Ⅲ没有直接皮肤接触	Ⅳ装饰材料
气味的测定				
一般的	无气味			
瑞士标准协会（SNV）195 651（修改）	3	3	3	3
禁用纤维				
石棉	不能使用			

表 11.2 根据 Oeko Tex® 分类过敏性的染料

C. I. 通用名称	C. I. 结构数	CAS 号
C. I. 分散蓝 1	C. I. 64 500	2475-45-8
C. I. 分散蓝 3	C. I. 61 505	2475-46-9
C. I. 分散蓝 7	C. I. 61 500	3179-90-6
C. I. 分散蓝 26	C. I. 63 305	
C. I. 分散蓝 35		12222-75-2
C. I. 分散蓝 102		12222-97-8
C. I. 分散蓝 106		12223-01-7
C. I. 分散蓝 124		61951-51-7
C. I. 分散棕色 1		23355-64-8
C. I. 分散橙 1	C. I. 11 080	2581-69-3
C. I. 分散橙 3	C. I. 11 005	730-40-5
C. I. 分散橙 37	C. I. 11 132	
C. I. 分散橙 76	C. I. 11 132	
C. I. 分散红 1	C. I. 11 110	2872-52-8
C. I. 分散红 11	C. I. 62 015	2872-48-2
C. I. 分散红 17	C. I. 11 210	3179-89-3
C. I. 分散黄 1	C. I. 10 345	119-15-3
C. I. 分散黄 3	C. I. 11 855	2832-40-8
C. I. 分散黄 9	C. I. 10 375	6373-73-5
C. I. 分散黄 39		
C. I. 分散黄 49		

Oeko-Tex® 标准 100 的一个重要规则是：织物的所有成分，包括衬里、缝纫线、印花、拉链等，必须满足表 11.1 和表 11.2 中列出的标准。这意味着即使是纺织品中的小成分也不允许含有有害物质，包括过敏性物质。因此，Oeko-Tex® 标准 100 认证纺织品可确保对消费者提供高水平的保护，防止因纺织品引起的过敏反应。

除了 Oeko-Tex® 标准 100 标签外，还存在其他生态或消费者安全标签，这一基本原则也适用。应该提到的一个标签是由德国丹肯多夫促进皮肤耐受纺织品协会设计的“医学测试/毒素测试”标签。双阶段效应相关皮肤耐受试验（细胞毒性试验和角质形成细胞试验）与极限导向毒素试验相结合，为纺织品的标签提供了依据。毒素测试大致符合 Oeko-Tex® 标准 100。细胞毒性试验检查这种纺织品是否会损害细胞。角质形成细胞测试纺织品的皮肤刺激潜能。迄今为止，它是已知的最严格的皮肤耐受性测试之一，是基于医疗产品资格测试的方法开发的。

第三个公认的标签“防毒”由德国科隆莱茵技术监督协会（TÜV Rheinland，Cologne，Germany）授予。它也主要基于 Oeko-Tex® 标准 100 的标准。但是，根据防毒标准，禁用的分散染料较少。然而，这些标准确保带有防毒标签的纺织品不会对人体造成接触过敏。这三种消费者安全标签的优点是，由独立的测试实验室进行测试，并且认证适用于所有种类的纺织品，包括由合成纤维制成的纺织品。

除了上面提到的主要标签外，一些其他的环保标签也从邮购公司或纺织品零售商那里出现了，或多或少是基于与 Oeko-Tex® 标准 100 相同的标准。生态标签，也存在专门为纺织品的天然纤维。这些标签不仅考虑毒素，而且特别考虑到生态增长和社会方面。从国际角度来看，最著名的是“全球有机纺织品标准”（GOTS）[3] 和“国际天然纺织品协会天然纺织品认证”（Naturtextil IVN Zertifiziert Best）[4] 标签。

11.5 致敏物质测试

怀疑由纺织品引起的过敏必须进行调查。首先有必要根据过敏反应的部位和外观，明确纺织品是否可能是过敏的根本原因。任何单纯由机械皮肤刺激引起的影响，如抓挠标签，都必须排除。如果纺织品似乎已证实引起过敏，则必须进行测试以确定过敏物质。

由于纺织品引起的过敏属于Ⅳ型，属于延迟型过敏，因此选择表皮测试。表皮测试，也称为贴片测试，是一种常见的医学测试，用来发现某种特定物质是否会引起皮肤过敏反应。可疑的物质应通过患者的病史来确定，或就纺织品而言，应通过了解生产中使用的化学品来确定。测试过程如下：用可疑物质制备贴片并固定在患者背部。使封闭的贴片在那里停留 48h。去除贴片 24h、48h 和 72h 后，评估和检查皮肤测试区域是否有红斑或水肿迹象。

11.5.1 镍

所谓的“牛仔裤纽扣过敏”很容易识别。这种类型的过敏是皮肤直接接触含有镍的按钮或铆钉后出现在皮肤上的那些典型的圆形红色区域的点。可进行相应的镍补片测试。其他有害物质更难识别。

11.5.2 分散染料

为综合测试目的，必须考虑进一步淘汰标准：不允许分散染料出现在非有色纺织品、100％棉或黏胶制成的有色或印花纺织品中。然而，由棉和黏胶与合成纤维混合制成的有色织物可以含有分散染料。原因之一是只有合成纤维，如聚酯，聚酰胺（如尼龙）或醋酸盐可以用分散染料染色。要小心丝袜和打底裤：这类纺织品通常用分散染料染色。对于最重要的致敏分散染料的表皮测试，可以使用贴片。此外，还应对可疑纺织品进行贴片试验。由于所述物质的可用性较低，用纺织品进行的贴片试验可能不会显示任何阳性反应。在这种情况下，在刮掉皮肤角质层后，可以在加重的情况下重复外皮测试。另一种可能性是根据德国标准化学会（DIN）54231：2005-11《纺织品-分散染料的检测》，在特殊的化学分析条件下，在一个特殊的化学实验室中测试可疑纺织品的致敏分散染料。

11.5.3 甲醛

目前用于纺织品生产的甲醛树脂中甲醛的浓度较低，因此甲醛引起的纺织品过敏已相当罕见。然而，对甲醛敏感的人即使接触到浓度最低的甲醛也会发生过敏反应。含有甲醛的纺织品可以贴上“不含铁”“抗收缩”“易护理”和“无皱”等标签。

在皮肤科诊所，对甲醛进行表皮测试是很常见的。有适合甲醛测试的贴片。可疑纺织品可在化学实验室进行甲醛含量的可靠检测。试验可根据国际标准化组织（ISO）14184-1：20 98《纺织品甲醛的测定，第1部分：游离和水解甲醛（水萃取法）》或美国纺织化学师与印染师协会（AATCC）112—1998进行。后者提供了比例较高的结果，因为甲醛的提取是在稍高的温度下进行的（49℃而不是40℃）。除此之外，这两种测试都遵循相同的分析原理：提取的甲醛通过乙酰丙酮试剂转化为黄色化合物，并用光谱法测定其浓度。

检测的趋势是在现有有害物质检测的基础上，对纺织品中的过敏原进行有效检测。德国博恩尼海姆霍恩斯坦研究院（Hohenstein Institute，Boennigheim，Germany）卫生与生物技术研究所（IHB）已经开发了一种利用免疫细胞进行细胞培养试验的方法[5]。

11.6 医用纺织品应用

无有害物质的纺织品，例如无致敏化学品的纺织品，已受到高度重视；这对医用纺织品来说更为重要。在这种情况下，纺织品与已经因疾病而虚弱的人接触。在绷带材料的情况下，甚至没有一个完整的皮肤屏障。

纺织品在医学领域的应用是多种多样的，从膏药、职业服装到医院病房的室内装饰都有纺织品的应用。膏药、创面敷料、弹性绷带和各种各样的手术袜都是通过直接与人接触来使用的。医生、护士、护理助理和其他人从头到脚都穿着职业装。在医院的一些地方，员工必须穿防护服，如擦洗布或口罩。

手术室使用各种类型的医用窗帘。医院病房中纺织品的主要用途是在医院病床上用作床垫、床单、枕头和毯子。最后，某些织物，例如窗帘，也用于医院房间的内部装饰。从纯棉到聚氨酯涂层聚酯，纺织品的成分和生产与其用途一样多种多样。因此，引入有害物质（如过敏性物质）的可能性也是可变的。面对各种不同的“医用纺织品”，采购代理商需要的是不含有害物质的纺织品，尤其是不含过敏物质的纺织品。最好为买家提供带有可靠生态或消费者安全标签的纺织品。

两个医用纺织品的例子将被更详细地考虑：擦净布、医用帘、支撑袜和血栓栓塞袜。擦净布和医用帘是手术室使用的防护纺织品。这两种纺织品都具有保护功能，而且都非常接近人类皮肤。这种织物通常是由棉/聚酯混纺的平纹织物制成的。两件物品的颜色相同，主要是绿色或蓝色。从过敏方面来说，问题在于聚酯部分的着色。因此，不能用引起过敏的分散染料进行染色。

支撑袜和血栓栓塞袜属于同一产品类别。它们共同的任务是防止血栓形成。为此，长袜必须对腿施加压力。因此，这些长袜与人类皮肤有着非常密切的接触。使用的纺织材料必须不伤害穿着者。

使用弹性线可以在纺织品中获得必要的压力。在生产支撑袜的早期，弹力线是由天然乳胶制成的。由于没有其他可用的材料，人们面临着潜在的乳胶过敏的风险。后来使用了人造橡胶制成的弹性线。然而，由于添加了2-巯基苯并噻唑（MBT）或硫脲类化合物，这种物质也会对健康造成损害。如今，无问题的弹性材料，如氨纶（Spandex）或莱卡(Lycra®)，被用作生产支撑袜和血栓栓塞袜。

将含有潜在过敏原的纺织品不断加以更换，使其含有害材料较少，得证明纺织业对消费者的社会责任，这就是一个很好的实例。支撑长筒袜和血栓栓塞长筒袜的区别主要在于时尚性：支撑长筒袜采用非过敏性染料，色彩时尚。

11.7 其他信息资源

“纺织品引起的过敏”这个主题是多种多样的，可以从医学、化学或纺织等不同的角度来探讨。一般来说，建议使用互联网作为初步信息，因为作为一种公认的综合和最新知识来源，这种媒体越来越重要。

在医学领域，应使用过敏、接触过敏、纺织品过敏、服装过敏、纺织染料过敏性接触性皮炎等关键词作为搜索词。推荐一本书是 Etain Cronin 的《接触性皮炎》[6]。在标题为“服装和纺织品”的章节中，提出了几项临床案例研究（主要是在1950年至1975年之间），以及进一步的基础和科学参考的综合列表。

为了从纺织品的角度更深入地探讨“过敏和纺织品”这一主题，德国联邦风险评估研究所（BFR）[7] 的网站可以被推荐为最新信息的来源。自1992年以来，有一个研究纺织生产中过敏物质的工作组。在美国，可能会考虑美国环境保护署（EPA）[8] 或美国服装和鞋类协会（AAFA）[9] 的网站。

还有一些机构的网站也在使用，这些机构授予纺织品环保标签（如 Oeko-Tex® Standard 100）[10] 或消费者安全标签［如防毒（Toxproof）］[11]。在他们的标准列表中，人们可以找到那些导致纺织品过敏的物质，而这些物质目前是被禁止的。国际上运行的检测机构，如瀚莎测试技术（Hansecontrol）[12]、瑞士通用公证行（SGS）[13]、必维国际检验集团（Bureau Veritas）[14] 或德国生态研究所（eco-Institut）[15]，也在其网站上提供纺织品中致敏物质的信息。

11.8 参考文献

[1] BGBL. I 1998，33.

[2] Oeko-Tex，Online publication：Limit values and fastness. Available：http：//www. oekotex. com/OekoTex100 _ PUBLIC/content1. asp? area=hauptmenue&site=grenzwerte&cls=01 [Accessed 29 January 2010].

[3] www. global-standard. org

[4] www. naturtextil. com

[5] Hohenstein Institute, Online publication (in German): Neues wirkungsbezogenes Prüfverfahren zur Bestimmung von Kontaktallergenen. Available: http: //www. hohenstein. de/SITES/presse. asp [Accessed March 2009].

[6] Cronin, Etain, Contact Dermatitis. Churchill Livingstone, London, 1980, ISBN 0 443 02014 0.

[7] Homepage German Federal Institute for Risk Assessment (BfR), Available: http: //www. bfr. bund. de [Accessed 25 May 2010].

[8] Homepage http: //www. epa. gov

[9] Homepage http: //www. apparelandfootwear. org

[10] Homepage http: //www. oeko-tex. com

[11] Homepage http: //www. tuv. com

[12] Homepage http: //www. hansecontrol. de

[13] Homepage http: //www. sgs. com

[14] Homepage http: //www. bureauveritas. com

[15] Homepage http: //www. eco-institut. de

第 12 章

纤维素基的生物功能纺织品及其在特应性湿疹的预防和治疗中的应用

U-C. Hipler，C. Wiegand
德国耶拿·弗里德里希·席勒大学

摘要： 功能性纺织品的医学应用越来越重要，在炎症性皮肤病，如特应性皮炎、银屑病，或糖尿病患者以及老年皮肤病中，它们发挥着关键作用。寻常型银屑病和特应性皮炎的特征是，在疾病的不同阶段表现出不同的临床和组织学特征。已经证明，抗菌治疗是治疗特应性皮炎的重要手段。本章介绍特应性皮炎的一些特征，以及两种纤维素基（莱赛尔纤维）纺织品和海藻纤维对皮炎患者的作用。莱赛尔纤维作为具有生物功能特性的非织造物加以应用，而海藻纤维有结合和吸收物质（例如银等抗菌剂）的能力，本章对此加以着重介绍。

关键词： 特应性皮炎，生物功能纺织品，莱赛尔纤维，海藻纤维纺织品，抗菌治疗。

12.1 引言

特应性皮炎（AD）通常也被称为特应性湿疹，或称为特应性湿疹皮炎综合征，是一种慢性炎症性皮肤病，影响着工业化国家中的大量儿童和成人[1]。受特应性皮炎影响的儿童中，47％发生在出生后的前 6 个月，60％发生在 1 岁以内，近 90％发生在 5 岁之前[2]。在 2 岁之前出现症状的儿童中，约 20％的儿童出现持续性特应性皮炎，38％的儿童到 7 岁有间歇性症状出现[3]。特应性皮炎影响的主要是婴儿和儿童，而在患有 AD 的成人中，16.8％是在青春期后发病[4]。特应性皮炎的临床表现随年龄而异（图 12.1）。婴儿通常会在脸颊、前额或头皮上出现红斑丘疹和水疱，这些部位通常瘙痒难忍。儿童期，通常发生在 2 岁到青春期，出现更多的苔藓化丘疹，丘疹代表更为慢性的疾病，涉及部位包括手、脚、手腕、脚踝、腋窝和膝盖凹陷。成人期的特应性皮炎始于青春期，并经常持续到成年。主要受影响的区域包括弯曲褶皱、面部、颈部、上臂和背部以及手、脚、手指和脚趾的背部。发疹的特点是皮肤干燥、红斑丘疹和斑块，以及从慢性皮损病变形成大的苔藓斑块[1,5]。

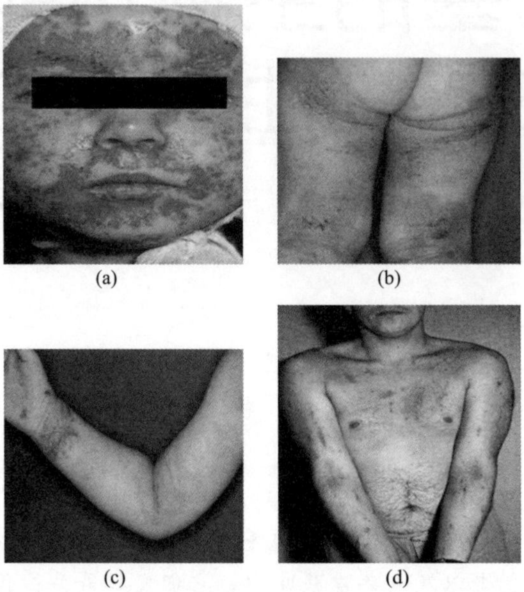

图 12.1　特应性皮炎与年龄相关的临床特征变化

(a) 婴儿期；(b)、(c) 儿童期；(d) 成人期

特应性皮炎是一种由多种因素相互作用引起的复杂疾病[5]。许多候选基因已被确定可能会促发该病的发生[6]。然而，仅仅是遗传效应不能解释所有的特应性皮炎病例。例如，对移民人口的研究结果表明，生活在伦敦的牙买加儿童患特应性皮炎的可能性是生活在牙买加当地的牙买加儿童的两倍。此外，小家庭和更高社会阶层的人患特应性皮炎的风险增加，并且该病在一些国家的患病率正在上升[5]。这些资料表明，环境因素在调节疾病发展中起着至关重要的作用[7]。在某些情况下，如室内尘螨和食物等过敏原可能很重要，但非过敏因素如粗糙的衣服、暴露于破坏皮肤屏障功能的刺激物、金黄色葡萄球菌感染或马拉色菌的定植也可能很重要。

12.2　微生物感染在特应性皮炎中的作用

特应性皮炎患者对皮肤细菌、真菌和病毒的易感性增加[8,9]。特应性皮炎的皮肤与正常的皮肤上的微生物有显著差异。在超过 90％的特应性皮炎患者中发现有金黄色葡萄球菌的定植，而该菌在健康人群中的定植率低于 10％[10]。特应性皮炎患者金黄色葡萄球菌的携带率为炎性病变部位＞ 90％，未病变皮肤为 76％[11]。此外，金黄色葡萄球菌的数量与湿疹的严重程度有关[11,12]，因此需要经常使用局部和全身性抗菌药物来控制皮肤状态[13]。近年来，越来越多的证据表明马拉色菌属中的酵母菌可能参与了特应性皮炎的病理生理学过程。一些研究也表明白色念珠菌可能具有致病作用[12,14]。这些酵母菌（图12.2）被认为是正常皮肤菌群的一部分，然而，它们可能引发几种皮肤和全身性疾病。马拉色菌与花斑癣、脂溢性皮炎、头皮屑、毛囊炎和特应性皮炎有关。特应性皮炎患者，特别是那些头部和颈部（身体中马拉色菌大量定植的部位）皮炎患者，通常通过细胞和体液免疫反应增加对酵母菌的敏感性[15]。

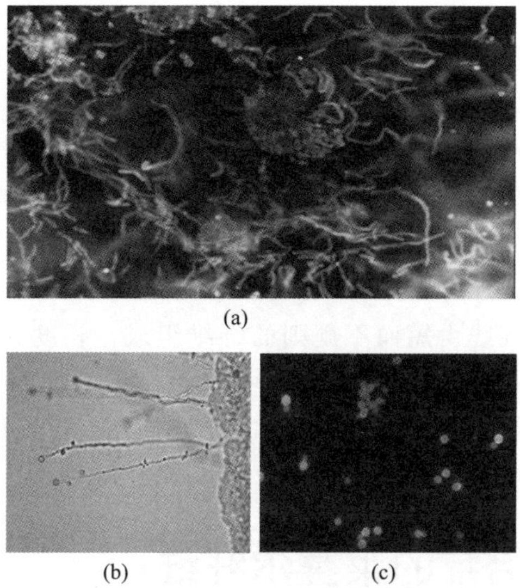

图 12.2 (a) 马拉色菌属粘在勃仑可风荧光增白剂上；(b) 念珠菌属粘在勃仑可风荧光增白剂上；(c) 念珠菌属在米饭培养基上生长

到目前为止，特应性皮炎患者的皮肤对微生物感染和定植易感性的免疫机制尚不清楚[16]。最近有证据表明，先天免疫机制受损有助于特应性皮炎患者皮肤感染。表皮的先天免疫系统是抵御微生物入侵的第一道防线，皮肤受损后微生物侵入表皮。抗菌肽是这个防御系统的一部分[9]。与银屑病皮损患者相比，特应性皮炎患者皮损中的诱导抗菌肽、人源抗菌肽 LL-37 以及人源 β-防御素（HBD)-2 和 HBD-3 表达水平明显较低[17,18]。这些物质的减少会显著削弱防御系统，导致病菌的定植和感染率增加[19]。特应性皮炎患者的先天性皮肤防御系统由于其汗液中缺乏由抗生素衍生的抗菌肽而进一步受损，这与感染有关[16]。皮肤肽（dermacidin）是一种与其他抗菌肽非同源的多肽，在皮肤真皮层的汗腺中它呈特异性和组成性的表达，可分泌到汗液中并转移到表皮表面。在健康人群中，出汗后个体皮肤表面的活细菌细胞显著减少，但在特应性皮炎患者中未观察到此情况[16]。

12.3 皮肤的屏障功能和对刺激物的敏感性增加

特应性皮炎的进一步特征是皮肤干燥和皮肤水分流失的增加[20]。神经酰胺是角质膜胞外空间的主要保水分子。据报道，特应性皮炎患者皮损和非皮损皮肤的角质层中的神经酰胺含量降低[1,21]。特应性皮炎患者皮肤的酸碱度也发生了变化，这被认为会损害皮肤中的脂质代谢[22]。此外，角质层变色酶（SCCE）表达的变化可能导致特应性皮炎患者皮肤屏障的破坏[23]。而这将有助于刺激物、过敏原和微生物的渗透，这些物质随后会引发炎症反应，进而导致特应性皮炎的皮肤高反应性特征。根据疾病严重程度进行治疗，包括添加多种治疗药物，如局部皮质类固醇、局部钙调神经磷酸酶抑制剂、口服抗组胺药（推荐用于镇静作用）、局部多塞平（止痒）、抗生素、紫外线和免疫抑制剂[1,5]。特应性皮炎的基本治疗还应包括最佳的皮肤护理，通过定期使用润肤剂和皮肤保湿剂来解决皮肤屏障缺陷[1]。

特应性皮炎患者的非特定刺激物还包括接触物，例如由阻塞或刺激性合成材料或羊毛制成的衣服。皮肤与羊毛的直接接触导致特应性皮炎患者出现典型的瘙痒，这种瘙痒很可能是由羊毛纤维多刺的特性引起的[24,25]。此外，纤维的表面结构和直径对患者忍受羊毛或合成纤维的耐受程度有显著影响[24,26]。观察发现纤维直径和刺激程度之间有直接关系。机械介导的皮肤刺激会随着纤维粗糙度的增加而增加，这是由纤维渗透到皮肤中的程度增加所引起的[27,28]。发现棉织品具有良好的皮肤耐受性[27]。因此，特应性皮炎患者经常被建议穿棉质衣服。然而，棉线由短而不规则的纤维组成，长度为 1～3cm，会产生微小的短毛[29]。最近的研究表明，棉纤维被弄湿后可能会刺激并划伤皮肤，导致特应性皮炎患者的湿疹病变恶化[13]。因此，人们需要制造低纤维直径、高质量的新型织物，以降低刺激性，使其更适合特应性皮炎患者。

12.4 用于抗菌治疗的莱赛尔纤维

纤维素材料仍然是最常用的纤维[30]。与合成聚合物纤维相比，它们具有完全生物相容性和可降解的优点。此外，纤维素由绿色植物产生，因此来自可再生的自然资源[31]。人们对服装面料的需求在 20 世纪稳步增长，而且很可能继续增长。然而，提高棉纤维产量的可能性是有限的。因此，“纤维素”特别是黏胶（人造丝）的产量有进一步增加的可能性[31]。然而，黏胶/莫代尔纤维的生产是基于采用二硫化碳（CS_2）使纤维素衍生变性[32]。该工艺不仅使用 CS_2，而且还使用相当多的溶解和纺丝浴化学品，因此，这一生产过程对环境具有挑战性[33]。因此，研究人员正在寻找替代方法来生产纤维素纤维。其中最有希望开发出有竞争力的新型纤维素纤维技术的是莱赛尔工艺[33]。

莱赛尔工艺（图 12.3）是一种环境友好、经济可行、产量增加和高度灵活的纤维素纤维生产替代工艺。与黏胶工艺相比，该工艺不需要诸如碱化或黄化等衍生步骤来溶解纤维素。相反，在较高的加工温度下（约 100℃）使用 *N*-甲基吗啉-*N*-氧化物一水合物（NMMO）的熔体作为溶剂。纺丝溶液在结合干/湿纺线步骤（气隙）中进行处理，以形成纤维和定型纤维素制品[34,35]。在该纺丝过程中，生产该纺丝溶液所需的溶剂被轻易地冲洗掉，几乎完全回收，即使在工业规模上回收率也达到 99.3%。因此，用很少的化学品处理，并且理想情况下 NMMO 和水被完全回收利用，这是重要的经济和生态因素。因此，与棉织物和黏胶相比，莱赛尔工艺造成的环境负担显著较低（参见参考文献［31］）。这主要是由于纤维素溶剂 NMMO 的低毒性及其生物降解性[36]。该工艺在纤维素原料方面的灵活性是另一个主要优势。假设，纸品级纸浆、未漂白化学纸浆、棉花、粘胶纤维甚至废纸都可以作为生产莱赛尔纤维的原料（参见参考文献［31］）。

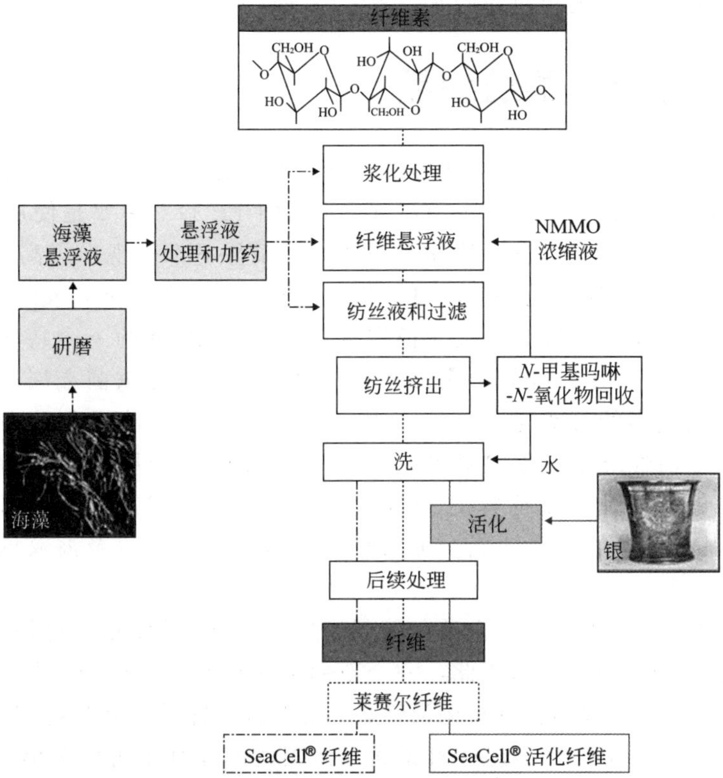

图 12.3 莱赛尔工艺（莱赛尔纤维）提供了在再生前将纤维素与第二种聚合物混合的可能性，例如海藻中的藻酸盐（海藻纤维）。此外，纤维素和海藻的混合纤维显示出对金属离子具有很高的吸收能力，因此能够在活化步骤中将抗菌金属（如银）掺入完全形成的纤维的核心

"莱赛尔"（Lyocell）是一个通用的属名，通常用于表示工业过程中生产的纤维以及NMMO/纤维素混合物。制造商在他们的产品中使用不同的商品名称：如 Tencel（Lenzing AG，奥地利），Alceru（TITK Rudolst，德国），和 Newcell（Akzo Nobel，荷兰）。在 20 世纪 90 年代，建立了从 NMMO 溶液生产纤维素纤维的工业规模生产设施（参见参考文献［31］）。因此，将莱赛尔视为功能性纺织纤维系列中一个成熟且重要的新成员，当然是合理的。基于莱赛尔技术，其他纤维素产品，如薄膜、珠粒、膜和长丝，目前都正在开发，或已经进行商品生产（综述参见参考文献［31］）。

莱赛尔纤维由再生纤维素（纤维素Ⅱ）组成，它们的特征是：高结晶度、长的微晶、高取向度和取向良好的非晶区[31,37]，结果使其具有非常高的干和湿拉伸强度、高湿模量和高打结强度[31,38]。莱赛尔纤维的一个典型特征是它们容易发生原纤维化（起球）[31,37]。这种内在特性，以及其他特性，可能受到工艺过程和纺丝参数的影响，尤其是整理条件的影响，甚至可以用于实现特殊的光学效果和耐磨特性（参见参考文献［31］）。因此，莱赛尔纤维可以很好地用于异质复合纱线、特种织物和具有特定性能的非织造织物[31,38]，为生物功能纺织品的生产提供了一种有前景的基础纤维。可以将纤维素在再生前与第二聚合物组分进行共混潜力，这是溶剂型工艺的另一个优点。例如，用感湿导电纤维的纤维素和炭黑的共混纤维[39] 可供导电纤维和湿度敏感纤维；纤维素和陶瓷材料可供特殊陶瓷器件[40]；纤维素和吸水聚合物可供超吸水材料[41]；而纤维素与海藻可以促进健康[42]。

12.5 海藻纤维抗菌纺织品

在纤维素溶液纺丝前的一个工艺步骤中，添加细磨的海藻粉末或其悬浮液，可以制造出海藻纤维（SeaCell GmbH Rudolst，Germany）（图 12.3）。主要是使用褐藻和/或红藻作为添加剂[42,43]。所得到的海藻纤维在干燥和潮湿条件下都表现出极高的拉伸强度，但其收缩率可以忽略不计。基于纺织品的良好物理性能，由海藻纤维制成的织物除了具有较高的穿着舒适性外，还具有较高的尺寸稳定性[43]。海藻纤维的一个特殊性能是其结合和吸收物质的能力[44]。在纤维的活化过程中，银、锌、铜等杀菌金属可通过金属的吸附作用，吸附于已成形的纤维素纤维上。与通常使用的将活性成分掺入到纺丝溶液中的方法不同，海藻活性纤维的制造提供了在活化步骤中将物质永久地掺入到完全成型的纤维的核心中的可能性。用稀释的金属盐溶液进行浸渍试验表明，海藻纤维对金属和/或金属离子具有优异的吸附性能。可以假定金属与纤维素以及海藻的游离羰基、羧基和羟基结合[45,46]。

新型纺织品的开发有助于防止金黄色葡萄球菌和酵母菌的定植，这是一条治疗和维持特应性皮炎有前景的途径[13]。基于此，一个新的想法是使用含银纤维的纺织品。将含银纤维制品穿在身上，银可以增强其抗菌活性，并已被证明能显著减少特应性皮炎患者皮肤上金黄色葡萄球菌的定植[47,48]。基于纤维素和海藻的海藻纤维可作为活性银化合物的功能载体（图 12.3）。银（Ag^+）在适宜浓度使用时，可有效对抗多种微生物，如酵母、霉菌和细菌，包括 MRSA 和 VRE[49-51]。银离子具有很高的活性，它们可以与无机化合物、有机酸、蛋白质、DNA 和 RNA 反应。Ag^+ 通过多种机制杀死微生物，比如抑制细胞呼吸、干扰 DNA 复制和改变细胞膜通透性等[49]。在伤口护理要求较高的领域，银涂层敷料已被证明比乳膏型银敷料可以更有效地杀死更广泛的细菌，同时比硝酸银溶液的刺激性更小，耐受性更好[52]。在海藻酸盐纤维中加入银，可以提高对金黄色葡萄球菌、铜绿假单胞菌、肺炎克雷伯氏菌、大肠杆菌和白色念珠菌的抗菌活性[53]。与其他银产品相比，释放的银很快被皮肤表面或伤口渗出液中的氯化物和蛋白质灭活[54]，海藻活性纤维（图 12.4）提供了可控且持续的银释放。由于银离子从海藻活性纤维中的浸出率虽非常低但却充足，因此抗菌活性并不随时间的变化而改变，如 60 次洗涤循环后的纤维[44]。纤维素纤维良好的穿着舒适性不会因为银的加入而受影响[44]。此外，这种纤维还含有钙、镁和钠这些矿物质，这些矿物质在皮肤稳态中发挥着关键作用[55]。

含有少量银的床上用品和纺织品在治疗特应性皮炎时显示出积极的作用[44,56]。据报道，镀银纺织品在织物中使用后，甚至在停止使用之前，都能显著减少金黄色葡萄球菌的定植[57]。金黄色葡萄球菌的减少与湿疹严重程度的降低是一致的，这支持了临床结果，即抗菌治疗是有效治疗特应性皮炎患者病变的关键[47,56]。体外实验令人印象深刻的是证明了海藻活性纤维的抗真菌和细菌的作用[44]。白色念珠菌感染是引起皮肤瘙痒的常见原因，尤其是在皮肤皱褶处。这些真菌感染与温暖、潮湿和闭塞性的环境有关，例如腋下、乳房下以及生殖器和肛门区域[44]。可以证明，海藻活性纤维对来自念珠菌科的不同真菌具有良好的抗真菌活性（图 12.5）。此外，金黄色葡萄球菌感染是使特应性皮炎病情加

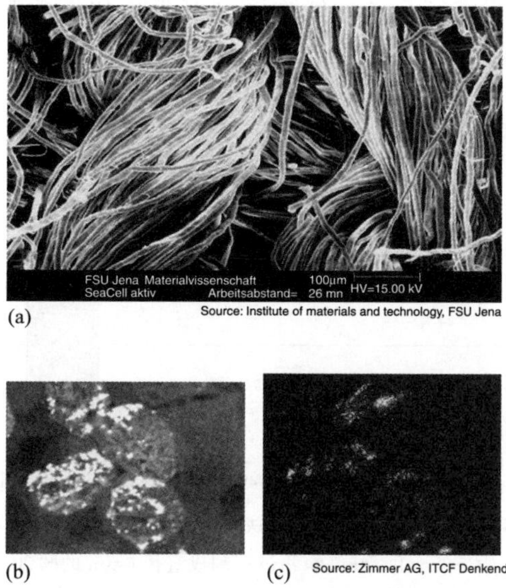

图 12.4 (a) 海藻活性纤维的扫描电子显微镜 (SEM) 照片；(b) 海藻活性纤维的低温断裂评估；(c) 通过能量色散 X 射线 (EDX) 分析来区分断裂面处银的分布

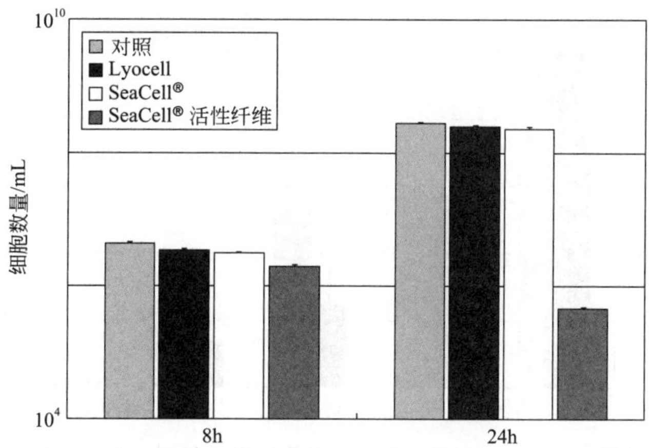

图 12.5 不同织物与白色念珠菌 (DSM1125) 共孵育 8h 和 24h 的抗真菌活性 (用纽鲍尔细胞计数室进行计数)

重的因子[10-12]。这种细菌也会导致其他严重的皮肤感染，多重耐药菌株的广泛传播不仅仅是皮肤学的一个主要问题[58-60]。海藻活性纤维表现出良好的抗菌活性（图 12.6），其作用效果有剂量依赖性，100%活性银负载的纤维活性最高。此外，体外研究表明，纤维素材料具有显著的抗氧化性能。自由基如超氧阴离子或过氧亚硝酸盐被认为在特应性皮炎等疾病中作为炎症和组织损伤的介质发挥重要作用[61,62]。纤维素织物可以抑制活性氧和 RNS 的形成（图 12.7）。棉织物和莱赛尔纤维对活性氧的清除率相似，分别为 43%和 47%，而在 RNS 试验中莱赛尔纤维表现更好，对自由基形成的抑制率为 76%，而棉花对自由基形成的抑制率仅为 43%。添加剂提高了莱赛尔纤维的抗氧化性能。因此，海藻对活性氧的抑制为 75%，对 RNS 形成的抑制率为 87%。海藻活性纤维显示出对 ROS 有

99%的抑制率，对RNS几乎有完全清除能力。这些抗氧化性能被认为至少在一定程度上有助于生物功能纺织品的作用。

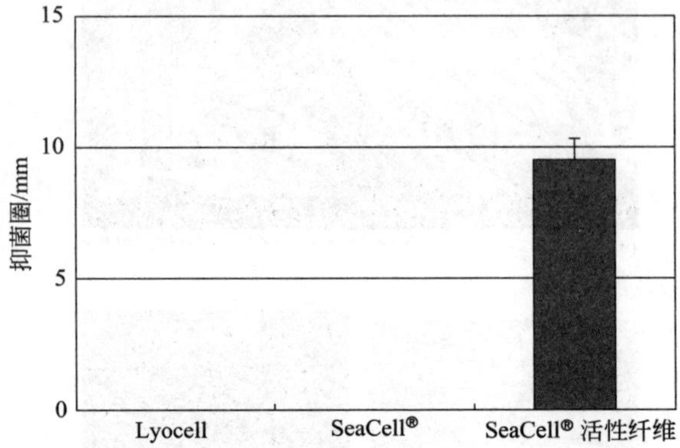

图 12.6 不同织物对金黄色葡萄球菌（ATCC 22923）的抗菌活性

该菌的接种浓度为10^5CFU/mL。纤维织物被切割成直径6mm的圆盘。然后将这些圆盘放置在Mueller-Hinton琼脂（MHA）培养皿的中心，该培养皿已接种金黄色葡萄球菌，然后在37℃下培养24h。随后测量抑菌圈的大小

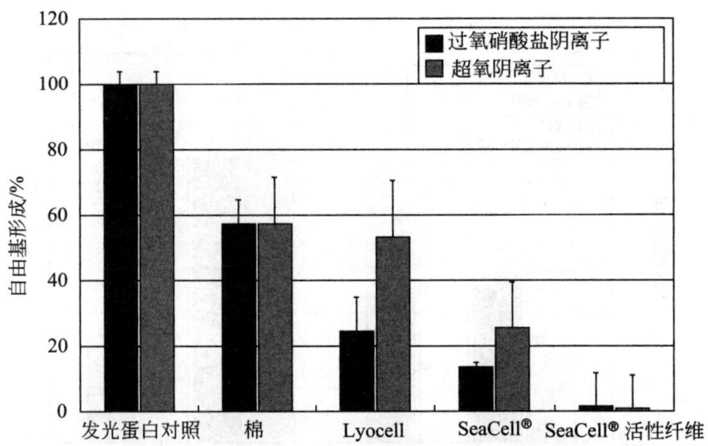

图 12.7 使用从英国 Knight Scientific Limited 公司购买的针对过氧亚硝酸盐和超氧阴离子的化学发光 ABEL 抗氧化剂测试试剂盒，测试织物清除 ROS 和 RNS 的能力

两种试剂盒都使用了发光蛋白，这是从软体动物中分离出的一种发光蛋白，在氧化剂存在的情况下会发光。这些测试是基于一个独立的细胞系统和必要的溶液以产生自由基，进而激活发光蛋白。测量是在96孔板上进行的，用 Lumistar Galaxy（BMG Labtech，德国）测量所发荧光

12.6 未来趋势和总结

新的纺织技术已经发展起来，其目标是赋予织物更多的功能。皮肤是身体和环境之间的界面。每种皮肤类型都有一个特定的皮肤生理学，并且或多或少适应于保护自己免受多种胁迫因子的影响[44]。纺织品是与人体皮肤接触时间最长的织物[44]。它们在皮肤细菌和真菌感染（如特应性皮炎和多汗症）以及糖尿病患者和老年皮肤病中起关键作用[44,48]。因此，它们为治疗应用提供了新的有趣的可能性，并作为逐渐变得越来越重要的治疗选

择。随着人们对“智能”“生物功能”纺织品需求的不断增加，服装纺织品新纤维的开发将朝着对人体有益的方向进行。纺织品经过改进可以防紫外线辐射[63]，它们可能集成了诊断医疗状况的传感器[64-66]，或可能配备载体分子使其释放治疗性化合物[67,68]。开发具有抗菌和抗氧化能力的纺织品是治疗特应性皮炎的一条有前景的途径，因为它可能成为类固醇治疗的一种公认的替代疗法[29]。到目前为止，他们的成功使这些纺织品在 2009 年被纳入特应性皮炎（Neurodermitis S2-Leitlinie）的治疗标准[29,56]。

12.7 参考文献

[1] Akdis CA，Akdis M，Bieber T，Bindslev-Jensen C，*et al*.（2006）. Diagnosis and treatment of atopic dermatitis in children and adults：European Academy of Allergy，Asthma and Clinical Immunology/American Academy of Allergy，Asthma and Immunology/PRACTALL Consensus Report. *Allergy*，61，969-987.

[2] Kay J，Gawkrodger DJ，Mortimer MJ and Jaron AG（1994）. The prevalence of childhood atopic aczemy in a general population. *J Am Acad Dermatol*，30，35-39.

[3] Illi S，von Mutius E，Lau S，Nickel R，Gruber C，et al.（2004）. The natural course of atopic dermatitis from birth to age 7 years and the association with asthma. *J Allergy Clin Immunol*，113，925-931.

[4] Ozkaya E（2005）. Adult-onset atopic dermatitis. *J Am Acad Dermatol*，52，579-582.

[5] Hywel CW（2005）. Atopic Dermatitis. *N Engl J Med*，352，2314-2324.

[6] Cookson WO and Moffat MF（2002）. The genetics of atopic dermatitis. *Curr OpinAllergy Clin Immunol*，2，383-387.

[7] Williams HC（1995）. Atopic eczema-why we should look to the environment. *BMJ*，311，1241-1242.

[8] Melnik B（2006）. Disturbances of antimicrobial lipids in atopic dermatitis. *Journal der Deutschen Dermatologischen Gesellschaft*，2，114-123.

[9] Baker BS（2006）. The role of microorgamisms in atopic dermatitis. *Clin Exp Dermatol*，144，1-9.

[10] Leyden JJ，Marples RR and Kligman AM（1974）. Staphylococcu saureus in the lesions of atopic dermatitis. *Br J Dermatol*，90，525-530.

[11] Aly R，Maibach HI and Shinefield HR（1977）. Microbial flora of atopic dermatitis. *Arch Dermatol*，113，780-782.

[12] Roll A，Cozzio A，Fischer B and Schmid-Grendelmeier P（2004）. Microbial colonization and atopic dermatitis. *Curr Opin Allergy Clin Immuunol*，4，373-378.

[13] Stinco G，Piccirillo F and Valent F（2008）. A randomized double-blind study to investigate the clinical efficacy of adding a non-migrating antimicrobial to a special silk fabric in the treatment of atopic dermatitis. *Dermatology*，217，191-195.

[14] Savolainen J，Lammintausta K，Kalimo K and Vlander M（1993）. *Candida albicans* and atopic dermatitis. *Clin Exp Allergy*，23，332-339.

[15] Brehler RB and Luger TA（2001）. Atopic dermatitis：the role of Pityrosporum ovale. *J Eur Acad Dermatol Venereol*，15，5-6.

[16] Rieg S，Steffen H，Seeber S，Humeny A，Kalbacher H，*et al*.（2005）. Deficiency of dermicidin-derived antimicrobial peptides in sweat of patients with atopic dermatitis correlates with an impaired innate defense of human skin in vivo. *J Immunol*，174，8003-8010.

[17] Ong PY，Ohtake T，Brandt C，Strickland I，Boguniewicz M，*et al*.（2002）. Endogenous antimicrobial peptides and skin infections in atopic dermatitis. *N Engl J Med*，347，1151-1160.

[18] Nomura I，Goleva E，Howell MD，Hamid QA，Ong PY，*et al*.（2003）. Cytokine milieu of atopic dermatitis，as compared to psoriasis，skin prevents induction of innate immune response genes. *J Immunol*，171，3262-3269.

[19] Hinz T, Staudacher A and Bieber T (2006). Neues in der Pathophysiologie der atopischen Dermatitis. *Hautarzt*, 57, 567-575.

[20] Sator PG, Schmidt JB and Honigsmann H (2003). Comparison of epidermal hydration and skin surface lipids in healthy individuals and in patients with atopic dermatitis. *J Am Acad Dermatol*, 48, 352-358.

[21] Arikawa J, Ishibashi M, Kawashima M, Takagi Y and Ichikawa G (2002). Decreased levels of sphingosine, a natural antimicrobial agent, may be associated with vulnerability of the stratum corneum from patients with atopic dermatitis to colonization by Staphylococcus aureus. *J Invest Dermatol*, 119, 433-439.

[22] Rippke F, Schreiner V, Doering T and Maibach HI (2004). Stratum corneum pH in atopic dermatitis: impact on skin barrier function and colonization with Staphylocoocus aureus. *Am J Clin Dermatol*, 5, 217-223.

[23] Vasilopoulos Y, Cork MJ, Murphy R, Williams HC, Robinson DA, *et al*. (2004). Genetic association between an AACC insertion in the 3' UTR of the stratum corneum chymotryptic enzyme gene and atopic dermatitis. *J Invest Dermatol*, 123, 62-66.

[24] Bendsoe N, Bjornberg A and Asnes H (1987). Itching from wool fibers in atopic dermatitis. *Contact Dermatitis*, 17, 21-22.

[25] Hatch KL and Maibach HI (1985). Textile fiber dermatitis. *Contact Dermatitis*, 12, 1-11.

[26] Diepgen TL, Stabler A and Hornstein OP (1990). Textile intolerance in atopic eczema a controlled clinical study. *Z Hautkr*, 65, 907-910.

[27] Fischer S, Ring J and Abeck D (2003). Atopisches Ekzem. *Hautarzt*, 54, 914-924.

[28] Garnsworthy RK, Gully RL, Kenins P, Mayfield RJ and Westerman RA (1988). Identification of the physical stimulus and the neural basis of fabric-evoked prickle. *J Neurophysiol*, 59, 1083-1097.

[29] Senti G, Stainmann LS, Fischer B, Kurmann R, Storni T, *et al*. (2006). Antimicrobial silk clothing in the treatment of atopic dermatitis proves comparable to topical corticosteroid treatment. *Dermatology*, 213, 228-233.

[30] Stana-Kleinschek K, Ribitsch V, Kreze T and Fras L (2002). Determination of the adsorption character of cellulose fibers using surface tension and surface charge. *Mat Res Innovat*, 6, 13-18.

[31] Rosenau T, Potthast A, Sixta H and Kosma P (2001). The chemistry of side reactions and byproduct formation in the system NMMO/cellulose (Lyocell process). *Prog Polym Sci*, 26, 1763-1837.

[32] Kreze T, Jeler S and Strnad S (2002). Correlation between structure characteristics and adsorption properties of regenerated cellulose fibers. *Mat Res Innovat*, 5, 277-283.

[33] Adorjan I, Potthast A, Rosenau T, Sixta H and Kosma P (2005). Discoloration of cellulose solutions in N-methylmorpholine-N-oxide (Lyocell). Part 1: Studies on model compounds and pulps. *Cellulose*, 12, 51-57.

[34] Zikeli S and Ecker F (2000). Method for spinning a spinning solution and spinning head. Patent WO 01/81663. 2000.

[35] Zikeli S and Ecker F (2000). Verfahren und Vorrichtung zur Herstellung von endlosformkoruern. Patent DE10037923. 2000.

[36] Meister G and Wechsler M (1998). Biodegradation of N-methylmorpholine-N-oxide. *Biodegradation*, 9, 91-102.

[37] Lenz J, Schurz J and Wrentschur E (1992). Comparative characterization of solvent spun cellulose and high wet modulus viscose fibres by their long periods. *Acta Polymer*, 43, 307-312.

[38] EiblM, EichingerDandLotzC (1997). Lyocell-The cellulose fibre chameleon. *Lenz Ber*, 76, 89-91.

[39] Vorbach D and Taeger E (1998). Eigenschaften von kohlegefullten Cellulosefasern. *Techn Text*, 41, 67-70.

[40] Vorbach D, Schulze T and Taeger E (1998). Keramische Hohlmembranen, Filamente und Strukturstoffe auf Basis des ALCERU-Verfahrens. *Techn Text*, 41, 188-193.

[41] Dorhn W, Buttner R and Knobelsdorf C (2002). Superabsorb-a new high absorption Lyocell fiber. *Chem Fibres Int*, 52, 52-55.

[42] Zikeli S (2001). Lyocell fibers with health-promoting effect through incorporation of seaweed. *Chem Fibers Int*, 51, 272-276.

[43] Hipler UC, Elsner P and Fluhr JW (2006). A new silver-loaded cellulosic fiber with antifungal and antibacterial

properties. In: Biofunctional Textiles and the Skin. Burg G (ed.). *Curr Probl Dermatol*, Karger, Basel, 33, 165-178.

[44] Hipler UC, Elsner P and Fluhr JW (2006). Antifungal and antibacterial properties of a silver-loaded cellulosic fiber. *J Biomed Mater Res Part B: Appl Biomater*, 77B, 156-163.

[45] Zhou D, Zhang L, Zhou J and Guo S (2004). Cellulose/chitin beads for adsorption of heavy metals in aqueous solutions. *Water Res*, 38, 2643-2650.

[46] Leusch A, Holan ZR and Volesky B (1995). Biosorption of heavy metals by chemically-reinforced biomass of marine algae. *J Chem Technol Biotechnol*, 62, 279-288.

[47] Gauger A, Mempel M, Schekatz, Schafer T, Ring J and Abeck D (2003). Silver-coated textiles reduce Staphyloccous aureus-colonization in patients with atopic eczema. *Dermatology*, 207, 15-21.

[48] Fluhr JW, Kowatzki D, Bauer A, Elsner P and Hipler UC (2005). Silberaktivierte Cellulosefasern mit bakterizider und fungizider Wirkung in vitro und in vivo bei Patienten mit atopischer Dermatitis. 5th World Textile Conference AUTEX 2005. 27-29 June 2005 in Portoroz, Slovenia.

[49] Warriner R and Burrell R (2005). Infection and the chronic wound: a focus on silver. *Adv Skin Wound Care*, 18 (Suppl 1), 2-12.

[50] Percival SL, Bowler PG and Russel D (2005). Bacterial resistance to silver in wound care. *J Hosp Infect*, 60, 1-7.

[51] Burrell RE (2003). A scientific perspective on the use of topical silver preparations. *Ostomy Wound Management*, 49 (5A Suppl), 19-24.

[52] Ip M, Lui SL, Poon VKM, Lung I and Burd A (2006). Antimicrobial activities of silver dressings: an in vitro comparison. *J Med Microbiol*, 55, 59-63.

[53] Wiegand C, Heinze T and Hipler UC (2009). Comparative in vitro study on cytotoxicity, antimicrobial activity and binding capacity for pathophysiological factors in chronic wounds of alginate and silver-containing alginate. *Wound Rep Reg*, 17 (4), 511-521.

[54] Lansdown AB (2002). Silver I: Its antibacterial properties and mechanism of action. *J Wound Care*, 11, 125-130.

[55] Mundy GR and Guise TA (1999). Hormonal control of calcium homeostasis. *Clin Chem*, 45, 1347-1352.

[56] Werfel T, Aberer W, Augustin M, Biedermann T, Folster-Holst R, *et al.* (2009). Neurodermitis S2-Leitlinie. *JDDG*, (Suppl 1), S1-S46.

[57] Gauger A, Fischer S, Mempel M, Schaefer T, Foelster-Holst R, *et al.*, (2006). Efficacy and functionality of silver-coated textiles in patients with atopic eczema. *J Eur Acad Dermatol Venereol*, 18, 534-541.

[58] Iyer S and Jones DH (2004). Community-acquired methicillin-resistant *Staphylococcus aureus* skin infection: A retrospective analysis of clinical presentation and treatment of a local outbreak. *J Am Acad Dermatol*, 50, 854-858.

[59] Dissemond J, Korber A, Lehnen M and Grabbe S (2005). Methicillin-resistant Staphylococcus aureus (MRSA) in chronic wounds: Therapeutic options and perspectives. *JDDG*, 3, 256-262.

[60] Salgado CD, Farr BM and Calfee DP (2003). Community-aquired methicillin-resistant Staphylococcus aureus: a meta-analysis of prevalence and risk factors. *Clin Infect Dis*, 36, 131-139.

[61] Briganti S and Picardo M (2003). Antioxidant activity, lipid peroxidation and skin diseases. What's new. *JEADV*, 17, 663-669.

[62] Sezer E, Ozugurlu F, Ozyurt H, Sahin S and Etikan I (2007). Lipid peroxidation and antioxidant status in lichen planus. *Clin Exp Dermatol*, 32, 430-434.

[63] Hoffmann K (2002). Defined UV protection by apparel textiles. *Arch Dermatol*, 137, 1089-1094.

[64] Lymberis A and Olsson S (2003). Intelligent biomedical clothing for personal health and disease management: state of the art and future vision. *Telemed J E Health*, 9, 379-386.

[65] Troster G, Kirstein T and Lukowicz P (2005). *Stud Health Technol Inform*, 117, 63-71.

[66] Axisa F, Schmitt PM, Gehin C, Delhomme G, McAdams E and Dittmar A (2005). Flexible technologies and smart clothing for citizen medicine, home healthcare, and disease prevention. *IEEE Trans Info Technol Biomed*, 9, 325-336.

[67] El Ghoul Y, Blanchemain N, Laurent T, Campagne C, El Achari A, *et al*. (2008). Chemical, biological and microbiological evaluation of cyclodextrin finished polyamide inguinal meshes. *Acta Biomat*, 4, 1392-1400.

[68] Zilberman M and Kraitzer A (2008). Paclitaxel-eluting composite fibers: drug release and tensile mechanical properties. *J Biomed Mater Res A*, 84, 313-323.

第3篇

卫生用纺织品

第 13 章

医用纺织品在预防感染和控制中的作用

R. James
英国诺丁汉大学

摘要： 本章讨论了艰难梭菌（*Clostridium difficile*）和耐甲氧西林金黄色葡萄球菌（MRSA）在医疗相关感染（HAIs）中的重要性。本章回顾了 HAIs 的意义和用于减少感染问题的预防和控制原则。接着，本章讨论纺织品在预防感染方面的作用，并讨论了未来的挑战，如新出现的对全世界卫生保健系统构成威胁的感染。

关键词： 艰难梭菌，医疗相关感染（HAIs），感染防治，耐甲氧西林金黄色葡萄球菌（MRSA），超级细菌。

原作者注： 本章由第 6 章“微生物、感染和纺织品的作用”（R. James 著）改编而成，该章内容发表在《用于卫生和感染控制的纺织品》（Textiles for Hygiene and Infection Control，B. J. McCarthy 主编，Woodhead 出版公司，2011 年出版，ISBN：978-1-84569-636-8）一书中。

13.1 引言

感染是由能够侵入人体的致病微生物引起的，然后在人体内复制并造成组织损伤。人体的皮肤和黏膜表面构成人体微生物“正常菌群”的附着地（在这种情况下，微生物不会引起组织损害）。据估计，人体由约 10^{13} 个细胞构成，而定居在我们的皮肤、口腔和咽喉、肠和泌尿生殖道中的约 10^{14} 个微生物，它们相互共存，形成一个复杂的生态系统。这些微生物可以为人类宿主提供益处，例如产生抑制病原体生长的抗菌产物，或通过剥夺病原体在体内的生态位。人类对微生物感染有许多额外的防御措施，其主要目的是防止其进入皮肤和黏膜下通常无菌的深层组织。这些措施可以分为始终被激活的自身防御（固有免疫）和被入侵的微生物激活的诱导防御（适应性免疫）。在本章中，我们将探讨感染在医院中的传播方式，医院中感染预防和控制的原则以及纺织品在减少感染中的作用。

13.1.1 严重感染的历史案例

鼠疫是一种由鼠疫耶尔森氏菌引起的传染病，若不经治疗其病死率很高。自六世纪以来，鼠疫已经发生过 3 次大流行，其中第一次是以罗马皇帝的名字命名的“查士丁尼瘟疫”（Plague of Justinian）。它始于公元 532 年左右的非洲，在公元 541 年传播到 Constantinople，随后扩散到意大利、法国和德国。Caesarea 的 Procopius 在保存至今的记录中详细描述了君士坦丁堡的鼠疫暴发情况（Zietz 和 Dunkelberg，2004 年）。

当时，对瘟疫等流行病的医学解释是由希波克拉底和加伦提出的，其依据是沼泽地或鼠疫受害者的恶臭气体污染空气的理论。我们现在知道鼠疫以几种不同的方式出现在人类身上，其中以腺鼠疫和原发性肺鼠疫最为重要（WHO，2002 年）。淋巴结肿大是鼠疫耶尔森菌（*Yersinia pestis*）通过跳蚤叮咬或皮肤病损与感染物质直接接触而转移的结果。原发性肺鼠疫是死亡率最高的一种形式，并在人与人之间传播。这是通过直接吸入含有病原体的飞沫而发生的，这些飞沫通过咳嗽传播，并且需要与感染的患者密切接触（Perry 和 Fetherston，1997 年）。

第二次瘟疫大流行开始于 1332 年左右，并迅速蔓延至世界各地，称为黑死病。据估计，这次瘟疫大流行导致 1500 万～2350 万欧洲人丧生，占整个欧洲人口的 25%～33%。根据 1384 年马赛实行的 40 天旅行限制，许多城市采取了隔离措施。第二次瘟疫大流行零星地持续到 18 世纪初，并定期暴发大规模疫情。1665 年，英国最有名的瘟疫始于伦敦，那年的“伦敦法案”记录了 97306 例死亡，其中有 68596 例是由鼠疫引起，占该市人口的 15%～20%。有趣的是，像 Bristol 这样迅速采取行动阻止任何人进入的伦敦城镇，只有少数病例。

1674 年，Antoni van Leeuwenhoek 开发了更高倍率的显微镜，并首次观察到细菌。一百多年后，Louis Pasteur 证明了啤酒污染是由空气中的微生物引起的，同年 Robert Koch 确定了芽孢杆菌是炭疽的病原体。鼠疫的病原体是在第三次大流行期间被确认。第三次大流行起源于 1855 年左右的中国内地，于 1894 年传播到中国香港，并从那里传播到各个大洲。法国派出细菌学家 Alexandre Yersin 到中国香港，于 1894 年成功确认病原生物［经过几次名称更改后，在 1970 年被称为鼠疫耶尔森菌（*Yersinia pestis*）］。一些研究人员质疑鼠疫耶尔森菌是否真的是黑死病的病原体。利用聚合酶链反应方法从法国蒙彼利埃（Montpellier）同一坟墓中出土的三个黑死病受害者骨骼提取的牙齿牙髓中扩增出鼠疫耶尔森菌（*Yersinia pestis*）DNA，这个问题已得到明确解决（Raoult 等，2000 年）。

在随后的几年中，这一发现和许多其他病原微生物的迅速发现，为医学细菌学的新科学和对感染本质的加深理解奠定了坚实的基础。

13.1.2 人类的反击：抗生素

在 17 世纪，人们知道天然产物可以有效地减少某些原生动物疾病的症状。金鸡纳树（cinchona）的树皮含有奎宁，对疟疾有效，而从吐根（ipecacuanha）中获得的吐根碱（emetine）对阿米巴痢疾有效。尽管自 16 世纪以来，汞已被用于治疗梅毒，但是对于细菌感染的治疗却很少。所以才有对男性的警告"与维纳斯共度一夜，与汞相伴一生"。同样，印度大麻油已经在多个世纪以来用于治疗麻风病。当 Pasteur、Koch 和 Yersin 确定了该传染病的病原体后，Paul Ehrlich 等人便开始寻找特定抗菌药物。

Ehrlich 意识到，由于可以通过用染料染色将引起疟疾或非洲昏睡病的原生动物与受感染患者的宿主组织区分开，因此可能存在对寄生虫具有高亲和力的化合物，这可能是选择性毒性的基础。他从研究亚甲基蓝和台盼红（trypan red）开始，但没有取得任何成功，后来他把注意力转向了砷化物。因为在利物浦热带医学院的研究表明，氨基苯胂酸钠（atoxyl）是一种砷剂，可以保护老鼠免受锥虫感染。Ehrlich 和他的化学家搭档 Bertheim 开始尝试合成毒性较小的砷衍生物，并于 1909 年证明他们的 606 号化合物治愈了感染梅毒螺旋体的兔子。该化合物以 Salvarsan 的商品名销售，是第一种有效的抗菌剂，具有可接受的毒性水平，但活性范围有限。1912 年，Ehrlich 发现了一种更易溶的衍生物，即 Neosalvarsan。

德国染料工业开始对抗菌化合物产生兴趣。拜耳公司开发了一种台盼蓝（trypan blue）衍生物，并于 1924 年上市用于治疗寄生虫病。这一成功激发了对抗菌药物的研究，从而导致 Gerhard Domagk 于 1932 年在拜耳公司发现了第一种广谱抗菌剂——磺胺类药物，并因此获得了 1939 年的诺贝尔奖，成为 1940 年好莱坞电影《埃利希博士的魔术子弹》的主题。这一发现来自于对偶氮磺胺（prontosil rubrum）的研究，该化合物中的磺酰胺基团与红色染料相连，有助于与细菌细胞结合。不幸的是，偶氮磺胺中的活性成分是磺胺，该化合物已经在公共领域使用，因此拜耳无法为其申请专利并获得其营销的专有权。

结果，许多其他公司开始生产和销售磺胺。美国田纳西州的 S. E. Massengill 公司通过将磺酰胺溶解在二甘醇中开发出一种液体形式。当时，在美国没有对新药进行毒性测试的要求，如果进行了毒性试验，就会发现二甘醇是一种毒物（Wax，1995 年）。1937 年，100 多人在服用"磺胺万能药"后死亡，这导致了《联邦食品、药品和化妆品法案》的颁布，该法案仍然是美国食品和药物管理局对这些产品进行监管的基础，无疑将美国从 20 世纪 60 年代初的沙利度胺悲剧中拯救出来（Ballentine，1981 年）。从医学的角度看，更值得一提的是，磺胺的专利地位推动了对可以申请专利的衍生物的深入研究，其中 May 和 Baker 693 是最有效和最广谱的。后来发现，这种药物在第二次世界大战期间挽救了患上肺炎的 Winston Churchill 的生命。

1928 年弗莱明（Alexander Fleming）爵士在伦敦发现青霉素，这是医学上最重要的事件之一。Fleming 于 1901 年在圣玛丽医院医学院开始他的医学研究。1906 年，他在圣玛丽医院的疫苗接种部门获得了一个职位。在那里，由 Almroth Wright 领导的研究小组致力于开发预防细菌感染的疫苗。在接下来的八年中，Fleming 开始接触细菌学和疫苗制备，并参与了 Salvarsan 的临床试验，之后 Wright 和他的研究小组被派往法国研究一战期间受伤士兵伤口感染的治疗方法。战争结束后，Fleming 回到圣玛丽教堂时，由于细菌感染导致士兵的高死亡率激起了他的研究兴趣。他发现鼻黏膜和泪液中含有溶菌酶（一种对某些链球菌和葡萄球菌的致病菌株有效的抗菌剂），这无疑为他在 1928 年偶然发现青霉素做好了准备。

许多研究人员试图复制那个夏天的事件：当他度假回来时，Fleming 观察到，他放在实验室工作台上的，接种了致病性葡萄球菌菌株后的琼脂板，被抑制细菌菌落生长的青霉菌污染（Bentley，2005年；Hare，1982年）。进一步的实验迅速确定了霉菌生长的最佳温度，以及如何获得含有抗生素的“霉汁”提取物，他称之为青霉素。十年后，牛津大学的Howard Florey和Ernst Chain的工作将解决获得足够数量的新药的问题，从而使1940年感染致死剂量链球菌的小鼠成功地测试了这种新药的抗菌性能。牛津大学扩大了生产规模，以获得更大数量的青霉素用于患者的临床试验。尽管令人惊讶的是，正如Chain所希望的那样，此时已作出决定不对该新药申请专利。因为医学研究理事会（Medical Research Council）认为“药物专利不道德，并且与英国医学研究的传统背道而驰”（Bentley，2009年）。Florey前往美国寻求帮助，以增加青霉素的利用率。很快发酵技术得到了改进。在鼓励皮奥里亚市民提供发霉的食物进行分析之后，从哈密瓜中分离出高产菌株，进一步提高了青霉素的产量（Scoutaris，1996年）。日本在对珍珠港发动进攻后，导致美国投入了大量金钱和人力资源，以进一步增加青霉素产量，以便能够在战场上救治伤员，使他们能够在战伤中幸存下来，并再次战斗，从而获得军事优势。

在英国，Florey在1942年捐赠了足够的青霉素，以使Fleming能够挽救患有脑膜炎家人的性命。最终，Fleming说服了英国政府，在制药公司的帮助下扩大了该国的青霉素生产。1945年，Fleming、Florey和Chain因发现青霉素被共同授予诺贝尔奖。另外，牛津大学的生物化学家Norman Heatley为解决从粗提物中提纯青霉素的问题做出了杰出贡献，也应得到认可。

青霉素分子的结构在1945年得到解决，发现存在一个不寻常的四元β-内酰胺环，该环后来被命名为抗生素家族，包括青霉素、β-内酰胺。青霉素合成中的一个关键组成部分的鉴定可以通过化学合成加以改进，从而在1960年产生了大量的“半合成青霉素”。牛津大学在头孢菌素C中发现了相同的β-内酰胺环结构，这是Brotzu于1945年在意大利首次发现的一种抗生素（Hamilton-Miller，2000年），这次获得了英国专利，随后开发了半合成头孢菌素衍生物获得了数百万英镑的许可收入。β-内酰胺抗生素仍然是我们抵抗细菌感染的最重要武器之一，这证明了发现青霉素的重要性。

在第二次世界大战期间，磺胺的发现和青霉素的广泛临床应用，是“抗生素发现黄金时代”开端的标志，并持续发展直到1960年代。罗格斯大学（Rutgers University）的Selman Waksman对土壤中的微生物抑制病原细菌的能力进行了广泛的研究，从而在1943年发现了链霉素。这是第一种对结核分枝杆菌有活性的抗生素，结核分枝杆菌的致病因子影响着世界人口的三分之一。此外，利福平也被发现是由土壤微生物产生的。在这一时期，发现了许多今天仍在使用的主要抗生素。

13.1.3 细菌的反击：抗生素耐药机制

Fleming在他早期的实验室实验中发现，可以分离出用青霉素处理过的细菌抗药性菌落。在诺贝尔奖演讲中，他提出非常有预见性的警告：在治疗链球菌感染时可能存在剂量不足的潜在风险，以及如何导致它们“抵抗青霉素”（Fleming，1945年）。然而，大量的能够有效治疗细菌性病原体引起感染的抗生素的快速发现，似乎使人产生了一种错误的自满情绪：以至于在1967年，美国外科医生William H. Stewart告诉一群白宫卫生部官员“现在是时候合上有关传染病的书，并将所有国家的注意力（和美元）转移到他所谓的健康新领域：慢性病”。现在很明显，Fleming 和 Stewart 都没有意识到细菌性病原体对抗生素产生抗药性的独创性和多样性。在许多方面，正在生长的细菌细胞暴露于抗生素是 Charles Darwin“自然生存的优胜劣汰”理论的一个极端例子，因为只有以某种方式产生抗药性的细菌才能存活繁殖，从而将其抗药性传给后代。

有四种主要的抗生素耐药机制：①抗生素失活；②抗生素作用的细菌改变或抗生素作用的细菌过量；③抗生素浓聚减少；④抗生素敏感逃逸。对一类抗生素（例如 β-内酰胺类）的抗药性可能来自这四种机制中的一种以上（表 13.1）。

表 13.1 抗生素耐药机制

抗生素失活	靶标改变	浓度减少	靶标逃逸
氨基糖苷类	β-内酰胺类	氨基糖苷类	甲氧苄啶
β-内酰胺类 氯霉素	氯霉素 喹诺酮类 利福平 链霉素	β-内酰胺类 氯霉素 喹诺酮类 四环素类	磺胺类

临床分离菌株有两种类型的抗生素耐药：内源性耐药，这是细菌物种的固有属性，可使其对抗生素具有抗药性；获得性耐药，可能是由于获得了编码细胞的基因突变例如减少抗生素结合的抗生素靶标，或通过获得编码抗药性基因的质粒。可以预测，内源性耐药是迄今为止最容易克服的，但是获得性耐药对许多抗生素治疗构成的严重威胁持续存在。

质粒是染色体外的遗传元件，其独立于细菌环状基因组复制，并且可以通过细菌结合过程从一个细胞转移到另一个细胞。质粒经常携带几种不同的抗生素抗性基因，这些基因在质粒转移过程中整体转移，结果获得质粒的受体细菌细胞将同时对几种抗生素产生抗性。显然，将这些抗性编码质粒或 R 质粒转移至细菌病原体将大大减少可用于治疗感染患者的可用治疗选择。

质粒和/或细菌基因组之间的抗生素抗性基因的动员由“转座子”介导，“转座子”是可移动的 DNA 序列，通常被称为“跳跃基因”，可以在复制过程中从一个 DNA 分子转座到另一个 DNA 分子，从而导致两个 DNA 分子中都存在转座子。由于转座子的中央区域通常带有抗生素抗性基因，因此，很容易理解新开发的抗性基因如何在不同的 R 质粒之间快速传播，并由此被动员到多种细菌病原体中。由此产生了“抗菌耐药基因组”的概念，该概念实际上是由整个微生物世界及其 R 质粒和转座子组成的。在任何微生物中产生的耐药性基因都可以被任何受到抗生素治疗的强大筛选压力的细菌性病原体所激活。令人惊奇的是，某些抗生素耐药性机制是可诱导的，并且仅在抗生素存在的情况下才在宿主细菌中开启，其效果是，它们仅在需要时才产生抗性基因产物，从而为细胞节省能量。

13.2 超级细菌和医疗相关感染

随着人们意识到，医院里既有“患者”，有可能使他们更易受感染的潜在医疗环境，也有可能导致严重感染并通常携带抗生素耐药基因的“合适细菌”，很容易理解为什么英国面临由“超级细菌”引起的医疗相关感染（HAIs）的严重问题。该术语首次出现在1985年的英国报纸上，是关于农业上使用抗生素导致抗生素耐药致病细菌进化的报道。从1997年起，这个词开始在大幅报纸和政客们报道耐甲氧西林金黄色葡萄球菌（MRSA）时广泛使用。“超级细菌”一词的使用意味着，有一些普通的细菌，虽然能够引起感染，但并不构成威胁；然而还有一些超级细菌，如艰难梭状芽孢杆菌（*C. difficile*）和耐甲氧西林金黄色葡萄球菌，它们在医院等医疗机构中无处不在，极具威胁性并难以控制（Washer和Joffe，2006年；Nerlich，2009年）。今天，HAI的公认定义是：入院超过48h后发生感染；或出院后10天内发生感染（手术伤口感染应在30天内）；或在门诊手术后72小时内发生感染。

在引入抗生素之前，感染金黄色葡萄球菌（*S. Aureus*）的个体的死亡率为80%。在引入青霉素两年后的1942年，医院的患者中发现了第一个耐青霉素的金黄色葡萄球菌。在1959年引入甲氧西林以对抗耐青霉素的金黄色葡萄球菌后，英国于1961年首次报道了MRSA菌株（Barber，1961年）。该菌株迅速传播并引起暴发性感染，尤其是在儿童中，并造成少量死亡（Stewart和Holt，1963年）。随后在许多国家中分离出了MRSA菌株，20世纪70年代在澳大利亚东部发现了首次严重暴发。20世纪90年代初，英国MRSA菌血症（bacteraemias）的数量急剧增加。

MRSA菌株是从带有*mecA*基因的甲氧西林敏感的金黄色葡萄球菌（MSSA）菌株中获得的，该基因编码修饰的青霉素结合蛋白，使所有的β-内酰胺抗生素都具有抗性。在所有MRSA菌株中，都发现*mecA*基因是金黄色葡萄球菌盒染色体（SCCmec）元件的一部分，该元件在同一特定位点插入金黄色葡萄球菌基因组。SCCmec元件可以根据其遗传组成分为八种类型（SCCmec Ⅰ型至SCCmec Ⅷ型）。这表明来自MSSA的MRSA菌株已经独立进化了许多次。除β-内酰胺类外，其他几种SCCmec类型还带有针对其他种类抗生素的抗性基因。这对减少临床医生可选择的治疗方案具有重要意义，并解释了治疗被诊断为耐甲氧西林金黄色葡萄球菌感染的患者使用万古霉素的原因。美国鉴定出对高浓度万古霉素具有抗性的9种MRSA分离株，同时发现杀死多种MRSA分离株所需的万古霉素浓度普遍增加，该抗生素的持续有效性令人担忧。

金黄色葡萄球菌定植在人体的许多部位而不会引起感染。大约30%的人随时都携带金黄色葡萄球菌，主要是在鼻子里。大概有20%的人体内一直被金黄色葡萄球菌定植，而只有三分之一的人只是短暂携带。因此，有很大一部分人从未被金黄色葡萄球菌定植，但是其原因尚不完全清楚（Wertheim等，2005年）。取决于患者年龄和先前接触医疗机构的程度，MRSA定植率明显低于1%～10%，但有些人总是被定植。

在2%～3%的健康成年人胃肠道中发现艰难梭菌，不伴有任何临床症状。艰难梭菌与金黄色葡萄球菌不同，它既可以是有生命力的、正在生长的细菌细胞，也可以是休眠的、耐热的孢子。后者是从一个患者到另一个患者的重要传播途径。抗生素疗法，特别是对医院老年患者的抗生素疗法，可通过去除一些竞争性微生物使艰难梭菌在胃肠道中增殖并引起感染，感染范围从轻度腹泻到危及生命的假膜性结肠炎。患有艰难梭菌感染（CDI）的患者可以使用甲硝唑或万古霉素进行治疗。在相当多的接受治疗的患者中，CDI经常复发，并有很高的死亡率。

13.2.1 HAI问题的规模

表13.2列出了英格兰报告的MRSA菌血症的数量，还有涉及MRSA感染或将MRSA感染列为死亡原因的死亡证明书数量。在1990～2004年期间，英格兰的CDI病例数量急剧增加。2007年报告了近50000例病例，其中20%是在以前被认为不属于高风险的年轻人群。表13.3列出了2004～2008年英格兰的CDI病例数以及涉及艰难梭菌或将艰难梭菌列为死亡原因的死亡证明书数量。

表13.2　英国MRSA菌血症病例和死亡人数

年份	菌血症	死亡原因	
		涉及MRSA感染	死因为MRSA感染
2001	7291	731	258
2002	7426	794	246
2003	7700	968	322
2004	7233	1069	334
2005	7096	1536	432
2006	6383	1556	580
2007	4451	1517	439
2008	2935	1137	200

表13.3　英国艰难梭菌感染和死亡人数

年份	艰难梭菌感染数	死亡原因	
		涉及艰难梭菌感染	死因为艰难梭菌感染
2004	44314	2238	1229
2005	51767	3757	2063
2006	55681	6480	3490
2007	49785	8324	4056
2008	37134	5931	2502

CDI病例增加的一个重要因素是出现了更具毒性的艰难梭菌027，它产生更多的毒素，有更严重的并发症、更高的复发风险和死亡率。2003～2005年的英国Stoke Mandeville（Caldwell，2006年）和2005～2006年的Maidstone和Tunbridge Wells NHS Trust的两次大暴发都涉及该毒株，导致大量死亡。英国广播公司（BBC）的《全景电视》（Panorama TV）节目对后一次疫情进行了调查，我很高兴能参与其中。

英国国家审计署估计，HAIs在英国NHS的年度成本为10亿英镑（Bourn，2000年）。在美国，每年有170万人出现HAI，导致10万人死亡（Klevens等，2007年），每年对医疗体系造成的损失在28.4亿～450亿美元之间（以2007年计算）（Scott，2009年）。假设美国有20%的HAI可以预防，那么每年的预防收益在5.7亿～68亿美元之间。而如果我们假设70%的HAIs可以预防，那么每年的预防收益在250亿～315亿美元之间。

13.3 医院预防感染的原则与方案

维也纳的 Ignaz Semmelweis 首先证明，感染可以传播给医院内的易感患者。Semmelweis 进行了详细的调查，以找出他所在两家医院的妇产科诊所因产褥热而使死亡率显著不同的原因。两家机构的主要区别在于，第一家医院（死亡率非常高）用于医学生的培训，而后者（死亡率低）用于助产士的培训。1847 年，一名同事被一名学生的尸检手术刀割伤后死亡，Semmelweis 对他的朋友进行了尸体解剖，发现其病理学与死于产褥热的母亲相似。他提出，医学院的学生将手上的“尸体颗粒”从尸检室带到他们在第一家医院检查的母亲身上。这就解释了为什么第二家医院的死亡率要低得多，因为助产士没有参与尸检。结果，Semmelweis 提出了用氯化钙洗手的策略，从而大大降低了第一家医院的死亡率。但是，由于他无法解释自己的发现，他的工作受到医学界嘲笑，言下之意：医生是产褥热和随后母亲死亡的原因。这也许是他在 1865 年最终被送进精神病院，并于 14 天后死于败血症的原因。大约 20 年后，当 Louis Pasteur 提出了疾病的微生物理论时，Semmelweis 被证明是正确的。

感染预防和控制是一门学科，现在使用流行病学原理和统计分析，以防止感染在患者间传播。预防感染的关键概念包括感染链中的三个环节：①潜在的感染源；②传染途径；③宿主因素（即患者）的作用。其目的是利用这一信息，通过锁定感染链中的任何一个或所有环节来打破感染传播链。

13.3.1 感染源

可能的感染源是携带传染性生物体的患者，例如鼻腔中的 MRSA 或胃肠道中的艰难梭菌；或已经被感染的患者。同时还存在潜在的环境污染源，例如医院病房的表面、门把手或患者使用的公共区域的被体液污染的厕所；但是，几乎没有证据可以对医院环境作为感染源的相对重要性做出判断（Dancer，2008 年）。尽管有可能通过对医院环境进行采样来恢复诸如 MRSA 之类的病原细菌，但是要更确切地证明这些生物体就是与该环境接触的患者的感染源，有一定难度。

13.3.2 传染途径

病原体从感染源转移到宿主的传播途径可以通过空气、接触或经皮传播。空气传播包括通过飞沫传播的感染，诸如流感和结核病之类的感染。接触性传播既包括从直接感染源传入到易感宿主（如耐甲氧西林金黄色葡萄球菌），也包括与体液（如艰难梭菌）、内窥镜或食物等设备的接触。经皮传播可通过昆虫媒介（疟疾），血管内操作（MRSA），或由于锐器受伤（乙型肝炎，艾滋病毒）发生。

13.3.3 宿主因素

宿主是感染链中的第三个环节。住院患者可能患有严重的基础疾病，从而降低了其抗感染的正常防御能力，例如，如果患者正在接受免疫抑制药物的治疗，这可以避免移植后器官排斥。类似 MRSA 的病原体可以通过皮肤破口（如手术部位）进入宿主；通过医疗设备，例如静脉内导管；或通过肺部也可以进入宿主。艰难梭菌是通过宿主与包含菌体或孢子的粪便接触并随后通过胃肠道进入而获得的。重症监护患者或有反复入院史或长期住院史的患者，HAI 发生率较高。

13.3.4 打破感染链

感染链上的每个环节都是脆弱的。通过一些措施，如高标准的清洁工作（Dancer，2008 年）、清洁和消毒所有手术设备、控制患者的食物标准，可以将感染源降到最低。2009 年 4 月在英格兰一所医院对所有接受择期手术的患者进行 MRSA 筛查，这有可能在入院时识别 MRSA 携带者，并有机会进行去定植化治疗。如果成功，该策略将有望大大减少英国医院 MRSA 感染的潜在来源。通过以下途径可以阻止感染的传播：为医护人员和患者提供合适的防护服（包括医用纺织品）；遵守洗手要求，尤其是医护人员的洗手要求；对 MRSA 携带者、艰难梭菌感染患者和 MRSA 感染患者进行隔离。提高宿主对感染抵抗力的措施包括：良好的营养，免疫接种，尽量减少使用侵入式医疗仪器，适当使用抗生素，以及对医护人员和患者的教育。艰难梭菌的感染链如图 13.1 所示。

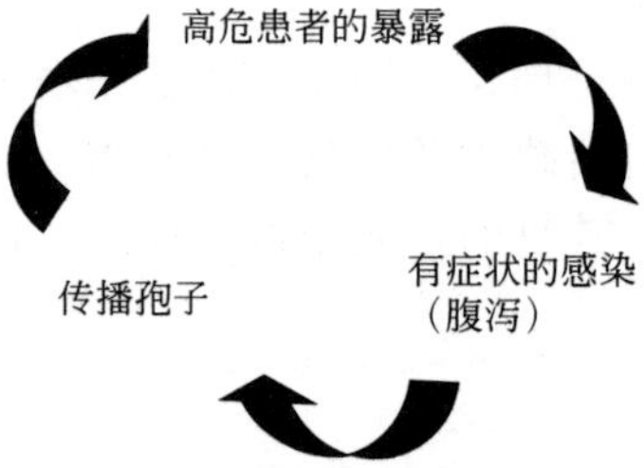

图 13.1 艰难梭菌的感染链

在医院病房内，高危患者在接触了被排泄物污染过的门把手等物品表面后，会接触到艰难梭菌的孢子。因症状性感染而导致腹泻的患者会使更多的含有艰难梭菌孢子的排泄物再次污染病房。预防感染需要打破这一链条，例如通过隔离感染患者和加强病房清洁来阻断传播

在减少 HAI 发生率的巨大政策压力下，英格兰的许多医院从 2004 年开始对感染控制措施进行了大量改进。自 2005～2006 年以来，已报告的 CDI 和 MRSA 菌血症的数量已大大减少，但是很难确定每个单独的感染控制措施对该减少效果做出了怎样的贡献。建立随机的临床试验来获得该信息将是非常昂贵和费时的。

13.4 纺织品在预防感染和控制中的作用

纺织品在预防和控制感染中的传统用途，包括床上用品、床帷、窗帘、敷料和制服等领域，这些将在本书其他章节中重点介绍。现在，纳米技术在医用纺织品中的应用引起了人们极大的兴趣，目前纳米技术的公认定义是“利用科学知识在纳米尺度（1～100nm）控制和利用物质，在纳米尺度可能产生相关的性质和现象。”

13.4.1 抗菌伤口敷料

银纳米颗粒因其公认的抗菌活性而被广泛用于抗菌伤口敷料中（Tian 等，2007 年）。伤口敷料是由双层涂银的高密度聚乙烯网与人造丝吸附性聚酯芯制成的，该芯可提供保持

有效抗菌活性的纳米晶银。纳米晶银敷料已在有烧伤、溃疡和有其他无法愈合的伤口患者中进行了临床测试，并且在促进伤口护理方面非常成功。此外，将电纺聚氨酯纳米纤维膜和丝素蛋白纳米纤维结合在一起的伤口敷料也被开发出来。这些电纺材料的特点是孔径分布范围广，孔隙率高，表面积与体积比高，这对于从伤口渗出的液体，避免伤口干燥并防止外源微生物感染很重要。

13.4.2 抗粘连伤口敷料纺织品

使用纺织品伤口敷料（例如膏药或绷带）覆盖伤口，可以保护伤口直到愈合；然而，传统的伤口敷料通常黏附在未愈合的伤口上，在移除时造成新的伤害，从而妨碍了伤口愈合。通过使用长链烷基三烷氧基硅烷改性的二氧化硅纳米溶胶涂覆普通的粘胶绷带，可以获得对愈合伤口具有抗黏性的创新伤口敷料。这些创新伤口敷料的另一个价值体现在它们对伤口渗出液的良好吸收特性，这将有助于伤口愈合，尤其是对慢性伤口卧床不起的患者。

13.5 未来挑战

数据表明，英国医院花了大约15年的时间才开始解决由CDI和MRSA感染引起的问题。应当牢记，尽管报告的MRSA菌血症数量的季度平均值已从2003～2004年的1925种下降到2010年1月～3月的482种，但同一时间段由其他细菌，如大肠杆菌和肺炎克雷伯菌引起的菌血症却有所增加。这意味着针对MRSA感染的成功控制措施对其他病原体的效果较差，这引起了人们的明显担忧，因为医疗系统面临着鲍曼不动杆菌（*Acinetobacter baumannii*）和超广谱β-内酰胺酶（ESBLs）等一系列新兴感染的威胁。此外，CDI和MRSA的感染也越来越多地发生在与医院有限接触的社区患者中。

13.5.1 医院中的新兴感染：鲍曼不动杆菌

鲍曼不动杆菌（*A. baumannii*）是一种机会性致病菌，通常对健康个体无害，但可导致严重感染，例如呼吸机相关性肺炎、伤口感染和重症医院的菌血症。在伊拉克受伤的大量士兵遣返到英国或美国后，发现了由鲍曼不动杆菌引起的伤口感染（Davis等，2005年）。鲍曼不动杆菌对干燥剂和消毒剂有抵抗力，很难将其从医院环境中消除。鲍曼不动杆菌在医院的蔓延通常是由病菌携带患者引入后传播给其他患者触发的（Dijkshoorn等，2007年）。有证据表明，鲍曼不动杆菌流行株在医院之间扩散，可能是患者转移所致。医院中的流行病通常通过对病房进行清洁和消毒来终结，这意味着环境是鲍曼不动杆菌感染的重要来源。细菌可以在空气中通过飞沫或皮肤鳞片的形式在短距离内传播，但最常见的传播途径似乎是通过医护人员的手在人与人之间传播。

因为许多广泛使用的抗生素有固有耐药性，以及对其他种类抗生素获得的耐药性，鲍曼不动杆菌感染的治疗可能会变得复杂，从而产生多重耐药（MDR）菌株。对碳青霉烯类抗生素［如亚胺培南（Imipenem）］的耐药性尤其显著，因为这类抗生素已广泛用于治疗多重耐鲍曼不动杆菌感染。最近对黏菌素和替加环素（Tigecycline）获得性耐药的报道表明，鲍曼不动杆菌菌株现在已经发展为对目前所有可用的抗生素均可产生耐药性。幸运的是，虽然鲍曼不动杆菌能够很好地适应环境并将其传播给易感患者，同时能够抵抗我们用来控制它的抗生素和杀菌剂，但这些菌株仍然只是条件致病菌（Perez 等，2008 年）。

13.5.2 医院中的新兴感染：ESBLs

已出现导致内酰胺类抗生素普遍出现耐药性的现象，这是因为内酰胺酶能裂解内酰胺环并使抗生素失活。针对这一现象，目前已成功地开发出了第二代和第三代抗生素，即β-内酰胺抗生素。1983 年德国描述了由肺炎克雷伯菌（*Klebsiella pneumonia*）产生的第一种β-内酰胺酶，该酶能够灭活这种“超广谱β-内酰胺类抗生素”，随后很快被其他人使用。在 1989 年这些酶被描述为超广谱β-内酰胺酶（ESBLs）(Philippon 等，1989 年)，20 世纪 90 年代在许多国家，超广谱β-内酰胺酶被越来越多地分离出来。在德国和阿根廷的患者中首次发现了一个新的 ESBLs 家族，即 CTX-M 酶，现在已成为全世界最流行的 ESBLs（Canton 和 Coque，2006 年）。现在已经鉴定出大量的 CTX-M β-内酰胺酶，其中常见的胃肠道微生物大肠埃希氏菌被鉴定为最常见的生产菌株。细菌如肺炎克雷伯菌和大肠埃希氏菌（*Escherichia coli*）可引起尿路感染、肺炎、菌血症和脑膜炎（Schwaber 和 Carmeli，2008 年）。

基于氨基酸序列的同源性，克鲁维菌属（*Kluyvera*）的内酰胺酶基因被认为是这些 CTX-M 酶的潜在来源。这些基因已迁移到可以在不同细菌物种之间轻松转移的质粒上，这也就解释了 ESBL 快速传播的原因。如今，在社区以及医院环境感染中，发现越来越多能产生 CTX-M 的分离株。一些研究表明，正是这些社区菌株成为医院 CTX-M 感染大量增加的根源。

产生 ESBLs 的分离株通常表现出对其他种类的抗生素以及β-内酰胺类的抗性，这是由于这些分离株获得了其他抗生素抗性基因。这就减少受 CTX-M 感染的医院患者的治疗选择，由 CTX-M 分离出卡巴培南抗生素类药（碳青霉烯类），被称之为“最后手段的抗生素”。最近出现的细菌会产生碳青霉烯酶（可以使碳青霉烯类失活的β-内酰胺酶），这意味着尚无可靠的抗生素能够用于治疗这些感染，这对全世界的医疗系统都具有潜在的破坏性后果（Schwaber 和 Carmeli，2008 年）。

13.5.3 社区感染：CA-MRSA

自从 1961 年分离出第一批 MRSA 菌株以来，各种与医院相关 MRSA（HA-MRSA）克隆已在世界范围内传播，并且是大多数医院获得性感染的主要方式（Deurenberg 和 Stobberingh，2008 年）。社区相关 MRSA（CA-MRSA）感染的第一份报告是在 1993 年，是居住在澳大利亚西部偏远地区且未与医院有接触的原住民患者，同时引起皮肤和软组织感染。从那时起，许多 CA-MRSA 克隆在全球范围内蔓延，并在很大程度上导致了 MRSA 感染的增加，即使在丹麦和挪威等以前曾成功地防止 HA-MRSA 感染大量增加的国家中，也是如此。美国疾病预防控制中心将 CA-MRSA 定义为在门诊环境中分离或在入院 48 小时内从患者中分离出的 MRSA 菌株。大多数 CA-MRSA 菌株也可以通过杀白细胞毒素（PVL）的产生来区分，该毒素可能与其致病性有关。英国卫生防护局报告，英国的金黄色葡萄球菌的杀白细胞毒素阳性菌株的数量显著增加，但与其他许多国家相比，CA-MRSA 或 CA-MSSA 的发生率仍然较低。

CA-MRSA 在其盛行的地区对疑似葡萄球菌感染的治疗产生了巨大影响，因为大多数 β-内酰胺抗生素可能无效（Chambers 和 Deleo，2009 年）。CA-MRSA 菌株对其他种类抗生素的获得抗性将进一步减少这些感染的治疗选择。尤其是在美国和中国台湾的医院，CA-MRSA 菌株已开始取代 HA-MRSA 菌株。有证据表明，通过人与人之间的接触，CA-MRSA 菌株更具毒性，更易传播。改进的感染控制政策导致了英国医院患者中 MRSA 菌群的显著减少，但该策略也可能受到威胁，因为 CA-MRSA 感染的预期增加以及已经观察到更广泛的感染类型。在极端情况下，CA-MRSA 会导致坏死性肺炎，在不到 72h 的时间内死亡率＞50％。

13.6 预防感染的方法

CA-MRSA、CDI 和 ESBLs 在社区患者中的发病率不断增加，这表明我们将不得不改变对感染问题的认识。虽然医院更容易获得诊断设施和提供治疗的专业建议，但严重感染不再集中在医院。这将对 21 世纪有效提供卫生保健产生重大影响。我们将不得不开发改进的诊断测试，这些测试应在护理点附近使用，而不仅仅是在医院的微生物实验室中使用，这样我们才能获得有关致病菌的更快速信息以帮助治疗。我们还需要新的抗生素，以提供更多的治疗选择，尤其是针对由鲍曼不动杆菌、ESBLs 和 MRSA 等 MDR 生物体引起的感染。不幸的是，自 20 世纪 80 年代以来，发现新抗生素的步伐急剧下降。原因很复杂，与大多数其他类型的治疗剂相比，开发新抗生素很困难（因此成本更高）。开发需终生每天服用的慢性病药物，而不是在患者感染后仅服用 7 天的抗生素，其利润将更高。抗生素和抗癌药是唯一因为目标部位对自身活性产生抗药性而过时的药物。一些有趣的想法，开始促进新型抗生素的发展及出现（Vagsholm 和 Hojgard，2010 年），但是在我们生活的这个互联网世界里，如果能由世界卫生组织（WHO）等机构进行协调，而不是让单个国家或制药公司来协调，将会更有意义。

为了防止获得感染并加以预防，社区中必须进行更多感染控制的检测，并对公众进行更好的教育。这将为创新产品（例如用于社区的医用纺织品）打开市场。敷料可以检测到独自生活在家中的老年人的伤口感染，然后向社区感染控制小组发送无线信号，这可能在未来十年变成最普遍的一个例子。这将允许进行快速的医疗诊断测试，以识别病原体和检测任何抗生素耐药性特性，使得在单次家访期间就可以开始对感染进行治疗。

13.7 其他信息来源

Brown K（2004），*Penicillin Man：Alexander Fleming and the antibiotic revolution*，Stroud：Sutton Publishing Limited.

Friedman M and Friedland G W（1998），*Medicine's 10 greatest discoveries*，Yale：Yale University Press，37-64 and 168-191.

Lax E（2004），*The mould in Dr Florey's coat*，London：Little，Brown.

Mann J（1999），*The Elusive Magic Bullet*，Oxford：Oxford University Press，1-76.

Walsh C（2003），*Antibiotics：Actions，origins，resistance*，Washington，DC：ASM Press.

13.8 参考文献

Ballentine C (1981). Sulphanilamide Disaster, U. S. Food and Drug Administration. Available: http://www.fda.gov/AboutFDA/WhatWeDo/history/ProductRegulation/Sulfanilamide [Accessed 16 June 2010].

Barber M (1961). Methicillin-resistant staphylococci, *J Clin Pathol*, 14, 385-393.

Bentley R (2005). The development of penicillin: Genesis of a famous antibiotic, *Perspect Biol Med*, 48, 444-452.

Bentley R (2009). Different roads to discovery; Prontosil (hence sulfa drugs) and penicillin (hence beta-lactams), *J Ind Microbiol Biotechnol*, 36, 775-786.

Bourn (2000). Available at: www.nao.org.uk/publications/9900/hospital_acquired_infection.aspx

Caldwell S (2006). HSE investigation into outbreaks of *Clostridium difficile* at Stoke Mandeville Hospital, Buckinghamshire Hospitals NHS Trust. Health & Safety Executive, UK. Available: http://www.hse.gov.uk/healthservices/hospitalinfect/stokemandeville.htm [Accessed 1 6 June 2010].

Canton R and Coque TM (2006). The CTX-M beta-lactamase pandemic, *Curr Opin Microbiol*, 9, 466-475.

Chambers H F and Deleo FR (2009). Waves of resistance: *Staphylococcus aureus* in the antibiotic era, *Nat Rev Microbiol*, 7, 629-641.

Dancer SJ (2008). Importance of the environment in meticillin-resistant *Staphylococcus aureus* acquisition: the case for hospital cleaning, *Lancet Infect Dis*, 8, 101-113.

Davis KA, Moran KA, McAllister CK and Gray PJ (2005). Multidrug-resistant Acinetobacter extremity infections in soldiers, *Emerg Infect Dis*, 11, 1218-1224.

Deurenberg RH and Stobberingh EE (2008). The evolution of Staphylococcus aureus, *Infect Genet Evol*, 8, 747-763.

Dijkshoorn L, Nemec A and Seifert H (2007). An increasing threat in hospitals: multidrugresistant Acinetobacter baumannii, *Nat Rev Microbiol*, 5, 939-951.

Fleming A (1945) Available at: http://nobelprize.org/nobel_prizes/medicine/laureates/1945/fleming-lecture.pdf

Hamilton-Miller JM (2000). Sir Edward Abraham's contribution to the development of the cephalosporins: a reassessment, *Int J Antimicrob Agents*, 15, 179-184.

Hare R (1982). New light on the history of penicillin, *Med Hist*, 26, 1-24.

Klevens RM, Edwards JR, Richards CL, Horan TC, Gaynes RP, *et al*. (2007). Estimating healthcare-associated infections and deaths in U. S. hospitals, 2002, *Public Health Rep*, 122, 160-166.

Nerlich B (2009). 'The post-antibiotic apocalypse' and the 'war on superbugs': catastrophe discourse in microbiology, its rhetorical form and political function, *Public Underst Sci*, 18, 574-588; discussion 588-590.

Perez F, Endimiani A and Bonomo RA (2008). Why are we afraid of Acinetobacter baumannii? *Expert Rev Anti Infect Ther*, 6, 269-271.

Perry RD and Fetherston JD (1997). *Yersinia pestis*-etiologic agent of plague, *Clin Microbiol Rev*, 10, 35-66.

Philippon A, Labia R and Jacoby G (1989). Extended-spectrum beta-lactamases, *Antimicrob Agents Chemother*, 33, 1131-1136.

Raoult D, Aboudharam G, Crubezy E, Larrouy G, Ludes B and Drancourt M (2000). Molecular identification by "suicide PCR" of *Yersinia pestis* as the agent of medieval black death, *Proc Natl Acad Sci U. S. A.*, 97, 12800-12803.

Schwaber MJ and Carmeli Y (2008). Carbapenem-resistant Enterobacteriaceae: a potential threat, *JAMA*, 300, 2911-2913.

Scott (2009). Available at: www.cdc.gov/ncidod/dhqp/pdf/Scott_CostPaper.pdf

Scoutaris M (1996). 'Moldy Mary' and the Illinois Fruit and Vegetable Company, *Pharm Hist*, 38, 175-177.

Stewart GT and Holt RJ (1963). Evolution of natural resistance to the newer penicillins, *Br Med J*, 1, 308-311.

Tian et al. (2007). Topical delivery of silver nanoparticles promotes wound healing, *Chem Med Chem*, 2, 129-136.

Vagsholm I. and Hojgard S (2010). Antimicrobial sensitivity-A natural resource to be protected by a Pigouvian tax? *Prev Vet Med*, 96, 9-18.

Washer P and Joffe H (2006). The 'hospital superbug': social representations of MRSA, *Soc Sci Med*, 63, 2141-2152.

Wax PM (1995). Elixirs, diluents, and the passage of the 1938 Federal Food, Drug and Cosmetic Act, *Ann Intern Med*, 122, 456-461.

Wertheim HF, Melles DC, Vos MC, van Leeuwen W, van Belkum A, *et al*. (2005). The role of nasal carriage in *Staphylococcus aureus* infections, *Lancet Infect Dis*, 5, 751-762.

WHO (2002). www. who. int/topics/plague/en/

Zietz BP and Dunkelberg H (2004). The history of the plague and the research on the causative agent *Yersinia pestis*, *Int J Hyg Environ Health*, 207, 165-178.

第 14 章

用于个人保健和卫生的吸收性产品

F. Wiesemann，R. Adam
德国宝洁服务有限公司

摘要：婴儿与成人失禁产品以及女性卫生用品，是全世界数百万人日常生活的重要组成部分。这些产品的消费者需求、临床表现和皮肤护理要求与技术，在不同类别的产品上是相似的；因此，本章将介绍一系列用于个人保健和卫生的吸收性产品。并将探索患者和消费者的需求、卫生影响、测试方法以及创新技术在产品中的应用。最后，我们将讨论该领域的新趋势，并为有兴趣获取更多信息的读者提供可能有用的资源。

关键词：成人失禁产品，超吸收性婴儿尿布，女性卫生用品，皮肤健康，可持续性。

14.1 引言

婴儿与成人失禁产品以及女性卫生用品，是全世界数百万人日常生活的重要组成部分。这些产品的应用涵盖医疗领域（如早产儿、遗尿症儿童或失禁成人尿布等）和普通消费者使用（如婴儿尿布或女性卫生用品等），但是消费者需求、临床表现和皮肤护理与使用的技术在所有产品类别中都是相似的。由于这些相似之处，本章将涵盖用于个人保健和卫生的各种吸收性产品，并将探讨患者和消费者关于吸收性产品的关键需求，使用的卫生意义，纺织品的性能以及产品开发过程中使用的临床测试方法。我们将以一系列专为婴儿设计的产品（从早产儿产品到幼儿如厕训练用品）为例说明技术的应用。最后，我们将讨论该领域的一些新趋势，并为有兴趣获取更多信息的读者提供可能有用的资源。

14.2 不同类型的用于个人保健和卫生的吸收性产品

用于个人健康和卫生的最常用的吸收产品是婴儿尿布、成人失禁产品和女性卫生用品。

当今市场上的吸收性产品由一系列材料和部件组成，这些材料和部件经过调整和优化，以适应特定应用。但是，所有产品都有一些共同的元素。它们都含有一个吸收芯层，该吸收芯层由纤维素或聚合物纤维、超吸水聚合物或者绒毛和超吸水聚合物的混合物组成。现代产品，尤其是更先进的产品，利用一个或多个集液层或导流层，可有助于快速有效地将液体输送到吸收芯层，同时保持皮肤干燥。这些集液层最典型的是由合成短纤维热黏合的非织造结构，或黏合于化学或机械改性的纤维素纤维组成的结构中。在靠近皮肤的一层（通常被称为表面层，由聚合物或天然纤维制成）与聚乙烯薄膜或薄膜/非织造复合材料（“纺织品表面层”）的底层之间，再嵌入这种可吸收的结构。底层可以由微孔材料制成，以允许蒸汽穿透或“透气性”。最重要的是，可透气的底层通过允许水蒸气向外散发，从而降低了尿布表面的相对湿度。一次性卫生用品的典型组件如图 14.1 所示。

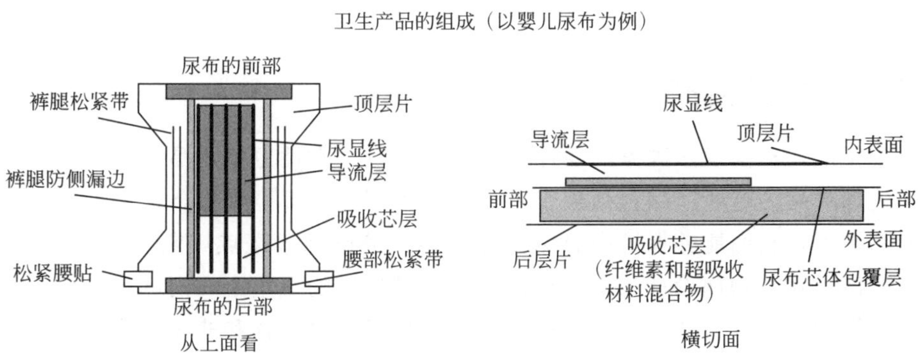

图 14.1 尿布的组成

14.2.1 婴儿尿布

第一批现代的一次性婴儿尿布于 20 世纪 40 年代推出，并于 20 世纪 60 年代开始量产。虽然这些首次使用的一次性尿布主要在外出时使用，但一次性尿布的需求在 20 世纪 60 年代和 80 年代迅速扩大，因为它们在日常使用中变得更加方便。自 20 世纪 90 年代以来，源源不断的技术创新提高了尿布产品的可购性、功能性和舒适度，因此，在包括西欧国家在内的大多数发达国家，一次性尿布比可重复使用的布尿布更常用，并且在新兴国家变得越来越受欢迎。值得注意的是，与可重复使用的布尿布相比，现代一次性尿布更利于皮肤健康（EDANA，2008 年），而且不会增加对整体环境的影响（EDANA，2007 年）。吸收性婴儿尿布产品现在包括适合年幼婴儿的尿布和适合幼儿的尿布裤，其中纸尿裤占西欧市场的 95%以上（EDANA，2004 年；EDANA，2007 年；EDANA，2008 年）。

14.2.2 成人失禁产品

由于衰老、损伤、疾病或其他损害维持行为所需的神经或肌肉控制的因素，成人可能失去控制尿液（膀胱失禁）或粪便（粪便失禁）的能力。导致尿失禁的常见因素是妊娠和分娩（可能影响骨盆底结构的强度），以及前列腺手术（可能会损害控制排尿所必需的神经）。在处理排泄物的生理方面以及与丧失尊严有关的社会和情感方面，失禁的成年人需要进行斗争，他们担心因气味、渗漏或失禁被周围人见到而受到歧视。对于其他方面健康和活跃的患者，可以抛弃分离的产品允许他们持续正常活动，不会尴尬。对于行动不便或卧床不起的患者，使用一种可保护皮肤免受排泄物影响的吸收性产品尤其重要，因为这些患者皮肤破裂和患褥疮的风险很高［EDANA，2009 年，生活质量手册（Quality of Life Brochure）］。

成人失禁产品有多种形式，针对特定用户的最佳产品取决于多种因素，包括性别、失禁的类型和程度以及生活方式。现在所有可穿戴的一次性产品都由绒毛和超吸收聚合物制成，因此即便是小而薄的产品也可吸收大量液体并将液体锁在里面，使皮肤保持干燥。这些产品包括可穿戴的一体化产品（用于严重粪便或尿失禁的胶带产品）和护垫（作为插入物穿戴于特殊裤子或普通内衣中，用于轻度、中度或严重性尿失禁）和男性用尿袋（穿着失禁裤或紧身内裤，用于轻度尿失禁）。

14.2.3 女性卫生产品

近几十年来，对于发达国家的女性，一次性吸收性女性卫生用品在很大程度上取代了旧式经期处理产品。这些产品包括用于月经期间使用的内部卫生棉条、全尺寸卫生巾或毛巾以及内裤护罩，它们能够保护内衣免受轻微的月经侧漏、斑点或阴道分泌物等的影响，使其保持清洁。就其物理设计和基本组件而言，最先进的卫生巾和内裤护罩使用了许多与婴儿尿布相同的技术，包括可使皮肤保持干燥的超吸收聚合物和非织造表层。所有这些产品的要求是能够吸收和保留液体、保持原位、防止异味并且穿着舒适。在西欧，所售的女性卫生用品，卫生巾约占 45%，而内衣保护罩约占 37%，卫生棉约占 18%（EDANA，2004 年数据）。

14.3 吸收性卫生产品关键问题

14.3.1 消费者需求

具体的消费者需求因用户和产品类型而异，但有一些消费者对吸水性卫生产品的需求是跨类别的。婴儿尿布、成人失禁产品和女性卫生用品，其使用者都需要一款产品既能通过吸收和保留液体来保持清洁，又能保护皮肤避免因暴露于过度潮湿和消化酶而造成的损伤，还能不泄漏，并且舒适、方便、独立。消费者还希望使用对环境不利影响最小的产品。技术的进步使得开发的产品在许多方面都非常接近于理想产品，并继续努力更好地了解和满足使用一次性吸收性卫生产品的消费者的需求。

婴儿尿布

消费者对婴儿尿布的需求特别多样化，因为需要着重考虑婴儿和护理人员的需求，而这些需求可能不同。例如，对于婴儿来说，尿布内表层的干燥度和柔软性直接影响穿着过程中的舒适性；而对于母亲，则可能更注重尿布的吸收性和防漏性。尿布必须适应一天中不断变化的需求（例如，在游戏期间有活动，而在睡眠期间则活动较少），以及随着婴儿生长和发育适应不同需求。随着时间推移，婴儿的体形、能力和活动水平不断增长，饮食也会发生变化（从流质食物到更多固体食物）；这些发展中的每一个都与尿布所需的性能变化相关。贯穿于所有开发阶段的共同需求则包括高吸收性、防漏性、干燥和皮疹保护。一次性尿片自从 20 世纪 40 年代问世以来，经历了一系列产品创新，因而最好的一次性尿片现在不仅能很好地收纳尿液和粪便，还能很好地保护皮肤（Odio 和 Friedlander，2000 年；Adam，2008 年）。改进这些产品的进一步措施包括改善产品在穿着时的感觉，使其更容易更换，以适应孩子处理变化与培养独立的能力。

成人失禁

成人失禁在男性和女性身上均会发生，其范围涵盖了从轻度漏尿到完全不可控的大小便失禁。大多数成人尿失禁是女性，其中大多数是轻度尿失禁。消费者研究表明，因为专为月经设计的内裤衬垫或卫生巾比较舒适而独立，所以许多女性使用它们来控制少量的尿液渗漏。对于渗漏严重的妇女，则可使用全尺寸卫生巾或专为女性大小便设计的卫生巾，以获得更大的吸水性。消费者在这方面的关键需求包括保护/吸收的需求（即干燥、气味控制、不漏液、不聚拢）、舒适/独立（不笨重、可接受的使用感、无噪声）、安全和可控感（没有社交限制）、无须担心膀胱无力。尿失禁产品的关键要求是能够快速获取和储存尿液（量多、黏度低、排出的压力比经期液体大）和舒适的穿着感（因为平均穿着时间在 6～10h 之间）。

女性卫生

女性月经期间使用的一次性吸收性产品是数百万女性生活的重要组成部分。女性平均每年大约有 13 次月经周期，持续 37 年，总计有 6 年以上的时间。月经量随着年龄、孩子的数量、激素或宫内节育器的使用而变化，通常在每个经期的第二和第三天流量最大。产品包括卫生棉条、内裤衬垫和护垫。研究已经确定了这类消费者的一些需求，包括感觉干净和干燥的需求、被保护和可控的需求，以及舒适和方便的需求。关键产品性能要求包括能够在各种使用条件和活动下处理各种经期流量的能力，需要对皮肤友好和舒适，易于使用和处理。最先进的月经保护垫利用独特的顶层将液体导入吸收芯，使其保持干净、干爽的感觉。超吸收性聚合物的核心体可以迅速吸收水分，并将其锁住，最大限度地减少泄漏并控制气味。气味控制可以通过不同的途径来实现，包括通过吸收液体并将其转化为凝胶来减缓气味的产生，使用沸石、环糊精等气味吸收材料，或者使用绿茶提取物等化学或天然成分来抑制细菌生长。底层可能是完全不透水的，或者像大多数现在使用的底层一样，是半透的（即“可透气的”），允许水蒸气而不是液态水通过。这种属性有助于使用者保持舒适（Schaefer 等，2002 年）。研究仍在不断进行，以改善女性卫生产品的功能性和消费者的使用体验感。

14.3.2 吸收性卫生产品的皮肤保护性能

皮肤保护对吸收性卫生产品而言是一个特别重要的问题，因为皮肤上的尿液、粪便或月经会导致刺激性皮炎的发生。这一过程已经有大量的研究专门调查尿布皮炎，但许多基本原理也适用于其他吸收性卫生产品（Runeman，2008 年）。

湿度、pH 值变化、机械摩擦、化学作用、皮肤微生物等多种因素影响着尿布皮炎的发生。Berg（1988 年）提出了尿布皮炎发展的模型。在该模型中，尿布区域的健康皮肤受湿气、机械力和增加的 pH（通过来自粪便微生物的脲酶的作用从尿液中产生氨）的影响，会受到损害。与干燥皮肤相比，湿润的皮肤更容易受到摩擦损伤。由此造成皮肤受损，其屏障功能也会受损，从而更容易渗透刺激物的，微生物（如白色念珠菌和金黄色葡萄球菌）也更容易增殖。该模型明确了控制尿片区域皮肤湿润度和 pH 值对保持尿片区域皮肤健康的重要性。

为了更好地满足护理人员和婴儿对排泄物的吸收和控制的要求，婴儿尿布一直也在不断发展。在 20 世纪初期，大多数西方国家的消费者都使用棉布尿布固定在防水裤上（Adam，2008 年）。到 20 世纪中期，出现了矩形纸尿裤、底层纸尿裤和绒毛纸芯的纸尿裤。随后，通过采用吸收性更强的材料、腿松紧带（改善贴合性和防止泄漏，更加紧固）等，这些尿布的性能得到进一步的改善。婴儿尿布技术的进步，极大地促进了健康肌肤在纸尿裤领域的发展。用于尿布芯的超吸收性聚合物的引入提高了液体收集和整体吸收的速度，使尿液远离皮肤并将其锁定，并使皮肤保持干燥。

在婴儿身上，发挥这种益处尤为重要，因为他们的皮肤经常暴露在有排泄物的地方，并受到消化酶（再）激活和湿润皮肤摩擦系数增大的影响，因此特别容易出现尿布疹（Adam，2008 年）。数据显示，在尿布中采用交联聚丙烯酸钠聚合物（高吸水剂）之后的期间内，中度到重度尿布皮炎的发生率下降了 50%，从而说明了超吸收性尿布在保护婴儿皮肤方面的好处（Odio 和 Friedlander，2000 年）。从第一代技术到第三代技术，随着超吸收剂的改进，尿布皮炎的发病率进一步下降，如图 14.2 所示。

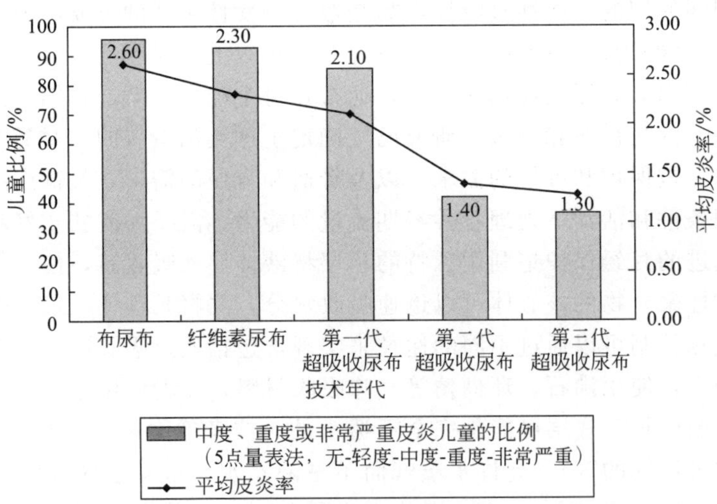

图 14.2　尿布皮炎发病率与不同尿布技术的关系图

另一项促进皮肤健康的创新是开发了乳液浸渍的内表层，它将一种以凡士林油为基础的油膏转移到皮肤上。正常的角质层可以防止有毒物质和微生物的渗透。破损的角质层会增加水分流失（经皮失水）和刺激渗透。其次，像白色念珠菌这样的微生物可以寄生在受损的皮肤区域，造成进一步的损害，导致严重的皮疹。应用屏障保护剂（如一些尿布表层的凡士林油软膏），可以在角质层有受损风险时保护正常皮肤，或者能够用于尝试改善已经受损的角质层中的屏障功能，并防止受潮（Atherton，2004 年）。这种软膏层为皮肤提供了屏障，并通过提供无堵塞的疏水屏障，保护皮肤免受过度水合作用和刺激物的影响。研究表明，含有软膏的尿布能提高皮肤的保护功能（Odio 等，2000a，b；Tate 等，2007 年）。皮肤上的软膏也使清洁更容易，因此皮肤上留下的刺激性污染物更少。在一项双盲随机试验中，父母认为特别容易患尿布皮炎的儿童中，使用含凡士林软膏的尿布与对照产品相比，皮炎的严重程度有统计学意义的持续降低（Odio 和 Friedlander，2000 年）。

改善皮肤健康的进一步进展是使用蒸汽渗透（“透气”）膜，而不是使用不可渗透的薄膜作为尿布外套。这些外套允许水蒸气和空气流通，同时将液体尿保留在尿布内。已经证明，在更闭塞的和较高相对湿度环境下，具有这些微孔覆盖物的尿布可以降低相对湿度和皮肤的水合作用（Grove 等，1998 年）。与非透气性尿布相比，透气性尿布的使用降低了白色念珠菌感染的发生率和尿布皮炎的患病率（Akin 等，2001 年）。这项技术也已应用于女性卫生用品；研究表明，与非透气的内衬相比，可透气的内衬可以降低温度、湿度、pH 值和外阴皮肤上微生物的数量（Schaefer 等，2002；Runeman 等，2003；Runeman 等，2004 年）。

使用吸收性尿失禁产品的成人可能会患皮炎，其原因与使用尿布的婴儿相同，但有一些不同的因素。具体来说，老年人的皮肤更脆弱、更容易受伤、愈合能力比婴儿皮肤差。此外，成人尿失禁并不总是伴随着粪便失禁，所以由尿液和粪便混合产生的影响对许多成年人来说不是问题。护理中的老年人的皮肤可能受到尿失禁和褥疮或湿气的伤害，因此有时很难确定病变的主要原因。

住院患者的皮肤问题发生率与护理质量、患者活动能力、所用失禁产品的质量，以及患者的医疗、生理和精神状况有关（EDANA，2008 年）。一般来说，密闭和潮湿会导致尿失禁成人的皮肤问题，就像婴儿一样，所以具有超吸收性和“透气性”的产品可能最能保护皮肤健康的。

女性用的外部卫生产品已经在世界许多地方的不同条件下进行了广泛测试，并且发现它们没有对皮肤产生不良影响（EDANA，2008 年）。对于超吸水的护垫可能会导致皮肤干燥，并由此产生低湿度皮炎的担忧尚未被证实。卫生巾的使用仅限于月经期前后几天，这样的间歇使用可能会比每天和连续使用的产品（如婴儿尿布和成人失禁产品），对皮肤影响更小。使用保护性内裤衬垫期间不会导致任何皮肤问题，因为使用带有酸性芯的透气性内裤护垫的皮肤状况（如温度、pH 和微生物群落）与不使用时的皮肤状况非常相似（EDANA，2008 年）。

14.3.3 卫生的影响

通过储存体液和排泄物并允许以适当的方式处理，一次性超吸收性卫生产品可以促进清洁。每克粪便含有多达 10^{10} 个细菌（Frank 等，1998；Hoogkamp-Korstanje 等，1979 年），而婴幼儿粪便菌群估计有 20 个种属、100 种细菌（Benno 等，1984 年）。一些流行病学研究表明，婴儿尿布对环境中的微生物污染有重要影响，尤其是在日托场所（Campbell 等，1988 年；Van 等，1991 年 a；Van 等，1991 年 b）。腹泻在婴儿和儿童中很常见，保持适当的卫生，包括安全处理粪便，对预防腹泻的传播很重要（WHO，Huttly等，1987年）。除了能够保护皮肤外，一次性超吸收性尿布产品还能更好地控制排泄物、减少病原微生物的环境传播。这种益处对集体环境可能具有特殊价值：一个受聘的专家组指出，减少日托环境中的粪便污染是使用超吸收性和防漏尿布的一个优点（EDANA，2008年）。此外，一项在日托环境中进行的随机试验表明，当孩子们没有穿外衣时，与穿着双层尿布和塑料尿布相比，在穿着一次性超吸收性尿布的房间里被粪便大肠菌群污染的物品要少得多（Van等，1991年b）。日托中心发生腹泻疾病的风险显然与手和玩具等物品的污染有关（Laborde等，1993年），因此在这种情况下，预防这种污染是控制疾病传播的重要步骤。

还应注意的是，当污染的一次性尿布丢弃在垃圾中时，通常使用尿布带紧紧包裹，在焚烧或填埋处安全处置前，对粪便提供了额外的密封。相比之下，可重复使用的布尿布必须保留和清洗，这就使粪便微生物有机会污染手、表面或环境的其他方面。

成人失禁产品的卫生问题与婴儿尿布相似。在机构环境中，以最低的代价和不再次污染环境为前提，封闭和处理尿液和粪便的能力是至关重要的。使用现代的一次性吸水性失禁产品，可以减少清洁和护理失禁老人或虚弱患者所需的时间，减少洗涤脏衣服和被褥所需的成本和时间，以及减少污染物在机构内传播疾病的风险。对于活跃的成年人来说，使用现代的、超吸收性尿失禁产品可以在户外继续正常的生活，而不必担心在公共场合遭遇尿失禁和尴尬。

对于垃圾填埋场中的肠道病毒和细菌的存活和移动的研究表明，渗滤液中的微生物数量随着时间的推移而减少（Pahren，1987年）。粪便污染物和肠道病毒的指示性生物群被垃圾填埋场中的渗滤液广泛灭活，病毒也无法从垃圾填埋场中逃逸（Sobsey，1978年；Sobsey等，1975年）。在适当的固体废物堆填区弃置婴儿尿布、成人失禁产品或女性卫生用品，并没有对废物收集人员或公众构成任何疾病风险。相比之下，最近在中国的研究表明，在皮肤和家庭表面的微生物污染方面，使用一次性尿布比使用布尿布具有明显的优势（Adam和Odio，2009年）。

14.4 吸收性卫生产品的检测

14.4.1 技术性能测试

随着一次性卫生用品变得越来越复杂，其材料也越来越复杂，研究人员开发了多种在产品研发过程中使用的测试方法。这些方法确保新产品能够提供消费者期望的功能性能和穿戴体验。这些测试包括测量原材料和产品的化学性能、物理性能和吸收性能。有些测试相对简单，如测量原材料的性能或流体采集的速度；而另一些测试，如在使用过程中确定合适性，可能比较复杂。这类测试的一个难点是开发实验室测试方法，模拟实际产品使用的多样性和复杂性，并允许不同物理参数（流量水平、负载、活动、产品形状和在不同活动期间的适合度等）之间的相关性。对一次性卫生用品最重要的产品改进（如超吸收性材料、液体导流顶层）是通过深入了解材料的物理特性及其在使用条件下与液体的相互作用而实现的，这些特性通常是从消费者使用后返回的产品获得。详细和详尽的实验室测试使开发最优原型产品以进行人体临床测试成为可能。

用于测试吸收性卫生产品的实验室方法包括测试与皮肤干燥性（再润湿或人体模型方法）、透气性（水蒸气透过率测试）、渗漏性（吸收时间、径流和人体模型方法）和产品适配性（移动人体模型和拉伸测量）等相关的性质。已经开发了各种吸收测试以检查与吸收系统的流体处理相关的不同参数（保留、再润湿、释放液百分比）(Hardy，2009 年)。目前，总吸收能力测试（离心保留测试，Rothwell 测试）是用于质量保证的测试，但不适用于不同产品的比较，因为现代产品的容量变化很大，而性能没有差异。对于女性的轻度失禁垫，甚至建议完全取消 Rothwell 试验（Cottenden 等，2006 年）。如果将洗液涂在吸收性卫生产品的顶层上，还将使用测量洗液转移的方法，以及测量皮肤上的游离洗涤液量。流体收集的速度在成人失禁产品中也是至关重要的，还有泄漏问题，以及在模拟实际使用条件下的适用性。在这一类别中，材料中和尿液气味的能力也很重要。

在许多情况下，材料的实验室测试可以使用体液的替代物，例如模拟尿液（例如 0.9%盐水溶液）或模拟月经液体。这些材料的设计与天然材料相似，但避免了获取和处理生物材料的问题。

作为示例，我们在此描述两种最常用的用于表征吸收性卫生产品的方法原理，即“吸收时间”和“再润湿”。

吸收时间（图 14.3)，即吸收一定量流体所需的时间，与泄漏概率密切相关。图 14.4 显示了用于该测量的典型设备图：测试产品（这里是尿布），将底片侧面放置在聚氨酯泡沫基底上，并用盖板覆盖，如图所示。将重物放在盖板上，模拟婴儿躺在尿布上的情景。由于泡沫基底，压力在尿布上均匀分布。盖板具有孔，将该孔放置在尿布吸收尿液的区域。一个包含连接到计算机的电极应用管被安装在孔上。将一定量的合成尿液泵入应用管中，并在电极的帮助下测量时间，直到管的所有液体被尿布吸收。重复三到四次以模拟婴儿的重复排尿。结果记录为吸收速率，即单位时间的体积（mL/s)。

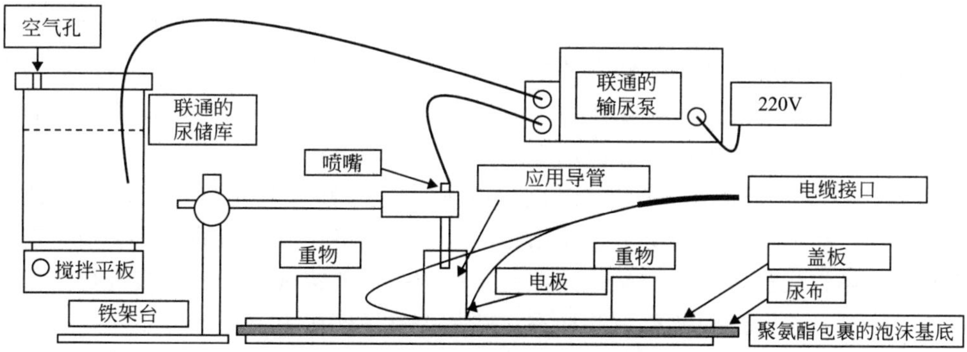

图 14.3　测量尿布吸收时间的装置示意图

再润湿（图 14.4）方法用于评估已被吸收但在压力下再次被挤出的液体量，例如，当穿着者坐下时，低湿度对于保持穿着者的皮肤干燥很重要。图 14.4 显示了再润湿方法的示意图：尿布装有一定量的液体。等待一段时间（通常为 5～10min）后，将吸收性材料铺在该区域的顶片上，在实际使用中，尿液通常会在此处被吸收。吸收材料事先称重。通常滤纸被用作吸收材料，但因为胶原蛋白的吸收性能更接近人类皮肤，所以现代方法中使用胶原蛋白代替滤纸，然后在材料上施加一个重物，模拟佩戴者坐下时的情景。去除重物后，通过再次称量材料并计算差值来确定吸收剂材料吸收的液体量。结果以质量统计，单位为克或毫克。

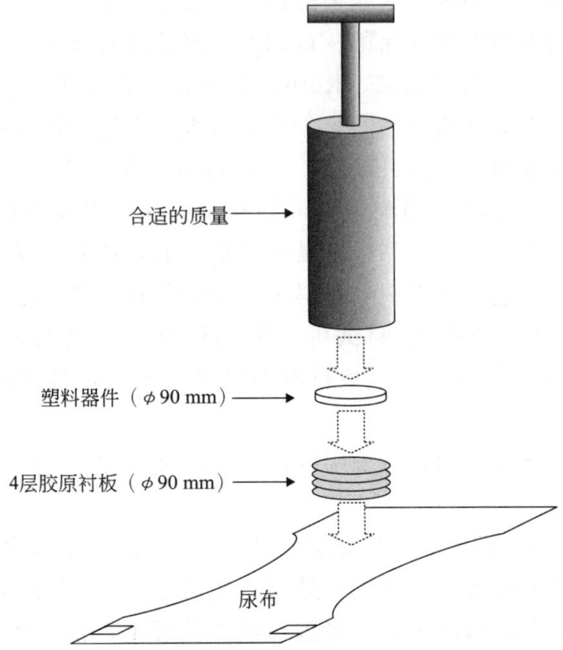

图 14.4 “再润湿”测量的示意图

14.4.2 吸收性卫生用品的消费者测试

因为吸收性产品通常由消费者而非专业人士使用，所以消费者测试是吸收性产品领域的一种重要方法。如前所述，消费者不仅期望良好的技术性能，例如良好的泄漏保护而且还要有良好的穿着舒适性和贴合性等特性，这些特性在实验室中无法充分测试，因为有许多不同的影响因素。因此，只有在使用中的测试才能充分比较不同的产品或为产品改进提供指导。根据研究的目的不同，会使用不同的消费者测试技术：

- 在 10～30 名产品用户中进行的小型基础测试可用于确定特定的产品属性，如提供合适尺寸的产品。在这些情况下，使用相同的小组成员比较不同的产品类型。在一个典型的研究中，小组成员将穿戴产品，并在使用后和一定的穿戴时间后直接进行测量。穿戴后，将检查产品是否有滑脱迹象，并检查皮肤是否有任何压力痕迹。
- 产品使用后的一对一访谈或专题小组讨论用于评估穿戴者对产品的看法；如果是婴儿尿布，则评估护理人员对产品的看法。受访的消费者数量可能有所不同，但通常至少为 20～30 人。
- 研究日记用于评估在实际使用条件下的经验。通常记录 100 个或更多用户，他们在每次使用产品后完成日记记录。研究通常持续一到两周，女性卫生产品通常在整个月经期间进行。日记被改编成研究主题，例如，日记中典型问题有：产品是否泄漏、泄漏在哪里以及使用了多长时间。小组成员也可能被要求退回使用过的产品以进行实验室评估，以便对使用过的产品的技术测量结果与日记中记录的使用过程中的性能进行比较。

- 消费者认知测试可用于确定消费者对产品的感知。它们通常针对 100 名或更多的消费者，给这些消费者提供足够可以使用一到两周的产品。消费者被要求在产品使用后填写调查问卷，询问他们对产品的看法（例如，“您如何评价产品质量?”）。在感知测试中，根据研究目标，可以将不同的产品放置在相同的消费者组（配对比较测试）或不同的消费者组（并行测试）中。

14.4.3 临床特性和检测

虽然设计良好的实验室测试方法对开发过程至关重要，但任何新的吸收性卫生产品的最终测试都是在典型消费者实际使用的临床测试中进行的。了解消费者使用和体验产品的方式，以及产品在这些条件下的功能，这些对于优化产品设计至关重要。

历史上，尿布使用的研究是在标准化的使用条件下进行的，以专家皮肤分级作为主要终点。之后，随着新兴的生物物理测试方法的出现，开始使用生理终点，如采用电容来评估皮肤水合作用，使用特定平板玻璃电极测量皮肤 pH 值，以及测量通过角质层或来自角质层的水蒸发（TEWL 或 SSWL：皮表失水）。蒸发不仅用于测量角质层屏障的状态，还用于确定尿布吸收芯保持皮肤干燥、吸收液体和防止残留尿液进入皮肤的能力。

最近，其他用于研究婴儿角质层的水动力学方法也有被描述，这些方法是利用体内拉曼光谱分析婴儿角质层中的水和天然保湿因子（Nikolovski 等，2008 年）。

14.5 应用实例：从早产儿到如厕训练的适应尿布产品

虽然婴儿尿布在人的一生中使用的时间相对较短，但这段时间涵盖的成长范围较广，从早产婴儿到正在接受厕所训练的蹒跚学步的幼儿。因此，不同阶段的婴儿尿布是展示不同技术在吸收性卫生产品中应用的绝佳例子。图 14.5 说明了在尿布使用期间可以定义的五个不同的发展阶段，每个阶段都有不同水平的身能和智能。

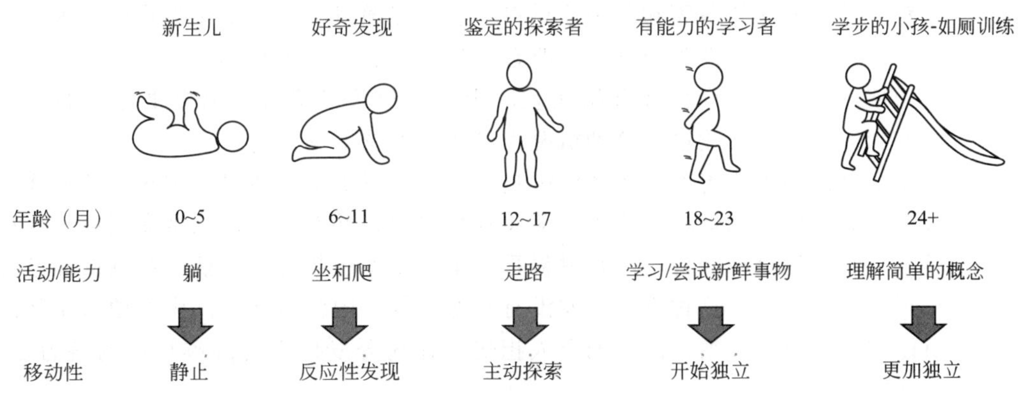

图 14.5　婴儿的不同开发阶段

为了进一步说明这些阶段对产品要求的影响，现将其中三个阶段的产品差异说明如下：

- 新生儿期：在出生后的前三到五个月，父母特别关注保护新生儿的皮肤，使新生儿从母亲的子宫顺利舒适地过渡到新世界。这一阶段的婴儿通过听觉和感觉来体验世界，而视觉尚未发展完善。因此，使用尿布时，触觉特性是特别重要的。此阶段的婴儿排泄物通常是液体或软便，因此防止排便泄漏是一种特殊的性能需求。因而，新生儿的尿布通常由特别柔软的材料制成，并且它们普遍具有特定的技术，以允许软便的吸收性和良好的侧漏保护。在任何阶段，吸收尿液以防止皮肤干燥和防止漏尿都是很重要的一个特性。

- 在“执着的探索者”阶段，婴儿已经能够走路，而且非常灵活，所以这种灵活性不被尿布限制是很重要的。因此，这一阶段的婴儿尿布不仅具有良好的吸收性，而且要有弹性元素，如松紧侧边，以适应婴儿身体的运动，并且在两腿之间做得特别细薄，以达到舒适贴合的效果。

- 一旦婴儿进入“有能力的学习者”阶段，他们就会开始变得更独立，并且更有自我意识。因此，他们试图自己做一些父母之前为他们做过的事情，比如试图自己穿衣服或自己脱掉/穿上尿布。但对于成年人来说，即使在没有帮助的情况下穿上传统的胶粘尿布也是非常困难的；因此，穿像裤子一样可以拉起来的尿布是这个阶段婴儿的正确选择。

这些例子说明，需要运用不同的技术来开发满足不同情况下用户不同需求的产品。

14.6 未来趋势

对于所有吸收性卫生产品，满足穿着舒适性需要具有更好的柔软性、更好的透气性、更薄、更灵活，以便提高皮肤保护性，这种趋势有望继续发展下去。此外，提高产品可持续性的趋势日益明显，特别是通过提高产品的环境兼容性和减少产品整个生命周期对环境的整体影响。

14.6.1 技术趋势

一个关键的技术趋势是用于吸收性卫生产品的吸收材料，特别是对超吸收性聚合物的持续改进。对这些吸收剂化学性质的改进使得它们可以在吸收芯体内具有更高的浓度，因此可以减少纤维素纤维的量，从而产生非常薄且柔韧但超吸收性的产品。

另一个趋势是引入新的薄膜和非织造材料，这可能通过新的纤维化学物质实现，以可承受的成本提供更高的柔软性和透气性，改善失禁产品和女性护垫的穿着舒适性。

在护肤领域，一些制造商已经开始在表层中添加化妆品成分，以提供更好的皮肤护理。随着配方和成分的不断改进，这种情况很可能会继续下去。

最后，技术也被用于改善产品的环境影响。新材料以更低的质量提供相同的性能，并通过最大限度地减少生产和运输的能源，从而减少浪费，并对整个产品生命周期产生积极影响。用可再生资源的材料代替石油基材料是一个重要发展趋势。虽然一些制造商已开始使用可生物降解的材料，但这种方法并非没有其他问题，因为这些产品中粪便微生物的含量很高，所以堆肥尿布和失禁产品依旧令人担忧。在充分发挥生物降解材料的潜力之前，需要解决这些问题。

14.6.2 可持续发展

在对环境和社会责任极度关切的这个世界中，所有制造商都需要了解其产品对环境的影响。生命周期评价（LCAs）是评估产品从原材料生产到最终处理的全过程对环境影响，LCAs 已被用于对所有类别的吸收性卫生产品进行评估。在所有类别中，近几十年来的产品改进不仅带来了更好的性能并改善了皮肤健康，而且还减少了产品本身和包装二者的质量，与20世纪80年代的典型一次性产品相比，显著减少了对环境的影响（EDANA可持续报告，2007年）。使用LCA方法生成吸收性卫生用品随时间变化的环境性能的整体图（EDANA，2007年）表明，卫生用品对环境的影响方面已有了很大的改进。比如尿布：

- 在过去17年的时间里，尿布的平均质量显著减少了近40%，即从1987年的65g到1995年的56g，再到2005年的41g。
- 包装质量从1987年的每千件8.0kg减少到2005年的每千件4.7kg，减少了41%。
- 从1987～2005年，在一个孩子需要使用尿布期间，使用的尿布对环境的影响总体上减少了32%。
- 在1987～2005年间，纸尿裤对全球变暖和夏季雾霾的影响分别减少了37%和43%。尿失禁产品及其包装也有类似的积极趋势。LCA的研究由德国海德堡能源与环境研究所（Institut für Energie-und Umweltforschung，Heidelberg，IFEU）进行，并根据ISO 14040系列标准进行了独立的同行评审。

许多消费者担心可重复使用的布尿布和一次性尿布对环境的相对影响。在世界各地的许多LCA研究中，已经评估了可重复使用尿布和一次性尿布的影响。得出的总体结论是，这两种尿布都不环保。在2005年和2008年，英国环境署评估了三种尿布类型：一次性，家用洗涤布尿布和家用的商业洗涤布尿布。这项LCA研究评估了平均每个孩子在出生后2.5年里穿尿布对环境的潜在影响。评估的环境影响指标包括：资源枯竭、气候变化、臭氧损耗、人体毒性、酸化、淡水水生动物毒性、陆地毒性、烟雾和富营养化。结果表明，三种类型的尿布对环境影响没有显著性差异，所研究的类型中没有一种是对环境有利的。然而，不同类型的尿布对环境的影响是不同的。对环境影响程度与清洁布尿布所需的能量、水和清洁剂，以及一次性尿布的原料生产有关。与之前行业协会的LCA研究（EDANA，2007年）一致，英国的研究表明，通过减少产品质量和改善制造材料可以减少一次性尿布的潜在环境影响，同时通过减少洗涤和干燥所需的能量可以将可重复使用的尿布对环境的影响降到最低。在2008年的更新中，LCA研究也证实了一次性尿布的进展，例如：由于制造业的变化，自2005年首次研究以来，全球变暖潜能值减少了12%，材料使用量减少了13.5%。就全球变暖趋势而言，英国环境署报道称，一次性尿布的二氧化碳含量当量为550kg，而布尿布的这个数字更高，二氧化碳含量当量为570kg。

虽然原料生产是一次性尿布潜在环境影响的主要驱动因素，但使用过的纸尿裤废弃物也涉及了公共利益。英国的研究还发现，三种类型的尿布产生的废物对英国整体城市固体废物的影响并没有实质性增加。对于全球变暖和不可再生资源的消耗而言，一个孩子穿2.5年尿布与开车行驶2100～3500km相比较，其影响是差不多的（EDANA，2007年）。

在欧盟，吸收性卫生用品产生的废物占固体废物总量的不到0.5%（EDANA，2007年）。使用过的卫生用品通常被弃置于卫生填埋场，或用焚烧产生的热来产生蒸汽或电力。在一些地区，使用过的产品以堆肥的形式控制，通过机械-生物预处理或厌氧消化来回收能源或有机物质，并减少焚烧或填埋的残渣。制造商仍继续努力寻找减少与产品生命周期相关的环境负担的方法。这一目标可以通过更有效地利用自然资源，减少能源浪费、降低能源使用和二氧化碳排放来实现。

14.7 进一步信息和建议的来源

有关该领域的最新信息，请参见 EDANA 即欧盟的国际非食用纺织品及相关行业协会网站，EDANA 的吸收性卫生用品制造商委员会（HAPCO）、INDA、美国非织造织物行业协会以及一些国家类似的小型协会网站。

14.8 致谢

感谢 Lisa Bosch 对本章节的协助准备，Mattias Schmidt 博士的审查工作，以及 Annie Weisbrod 博士和 Ioannis Hatzopoulos 博士对环境可持续和生命周期评价的观点。

14.9 参考文献

Adam R（2008）. Skin care of the diaper area，*Pediatr Dermatol*，25，427-433.

Adam R and Odio M（2009）. Beneficial effects of diapers and wipes for the care of sensitive infant skin. Poster at the 11th World Congress of Pediatric Dermatology，Bangkok，Thailand.

Akin F，Spraker M，Aly R，Leyden J，Raynor W and Landin W（2001）. Effects of breathable disposable diapers：Reduced prevalence of *Candida* and common diaper dermatitis，*Pediatr Dermatol*，18，282-290.

Atherton D J（2004）. A review of the pathophysiology，prevention and treatment of irritant diaper dermatitis，*Curr Med Res Opin*，20，645-649.

Benno Y，Sawada K and Misuoka T（1984）. The intestinal microflora of infants：composition of fecal flora in breast-fed and bottle-fed infants，*Microbiol Immunol*，28，975-986.

Berg RW（1988）. Etiology and pathophysiology of diaper dermatitis，*Adv Dermtol*，3，75-98.

Campbell R L，Bartlett A V，Sarbaugh F C，Pickering L K（1988）. Effects of diaper types on diaper dermatitis associated with diarrhea and antibiotic use in children in day-care centers，*Pediatr Dermatol* 5（2），83-87.

Cottenden *et al*.（2006）. A critical investigation of ISO 11948-2 and ISO 11948-1 for predicting the leakage performance of small disposable incontinence pads for lightly incontinent women，Med Eng Phys，28，42-48.

EDANA（2004）. WE market shares，2004. Available at：www. edana. org.

EDANA（2007）. Sustainability Report 2007-2008：Absorbent hygiene products，EDANA，Brussels.

EDANA（2008）. Summary report of sustainability panel discussion：The skin health and hygiene benefits of absorbent hygiene products and wipes，EDANA，Brussels.

EDANA（2009）. Quality of Life and absorbent Hygiene Products. The social dimension of sustainability. EDANA

Frank A H，Harmsen H H，Raangs G C，Jansen G J，Schut F and Welling W H（1998）. Variations of bacterial populations in human feces measured by fluorescent in situ hybridization with group-spectific 16S rRNA-targeted oligonucleotide probes，*Appl Environ Microbiol*，64，3346-3354.

Grove G L，Lemmen J T，Garafalo M and Akin F J（1998）. Assessment of skin hydration caused by diapers and incontinence articles，*Curr Probl Dermatol*，26，183-195.

Hardy P（2009）. Baby diaper absorbent cores：new tests for effective core design. Nonvovens Industry. Available：www. Nonwovens _ industry. com.

Hoogkamp-Korstanje J A，Lindner J G，Marcelis J H，den Daas-Slagt H，de Vos N M（1979）. Composition and ecology of the human intestinal flora，*Antoine van Leeuwenhoek*，45（1），35-40.

Huttly S R，Blum D，Kirkwood B R，Emeh R N，Feachem R G（1987）. The epidemiology of acute diarrhoea in a rural community in Imo state, Nigeria, *Trans R Soc Trop Med Hyg*, 81 (5), 865-870.

Laborde D J, Weigle K A, Weber D J and Kotch J B (1993). Effect of fecal contamination on diarrheal illness rates in day-care centers, *Am J Epidemiol*, 138, 243-255.

Nikolovski J, Stamatas G N, Kollias N and Wiegand B C (2008). Barrier function and waterholding and transport properties of infant stratum corneum are different from adult and continue to develop through the first year of life, *J Invest Dermatol*, online publication, doi: 10.1038/sj.jid5701239.

Odio M and Friedlander S F (2000). Diaper dermatitis and advances in diaper technology, *Curr Opin Pediatr*, 12, 342-346.

Odio M R, O'Connor R J, Sarbaugh F and Baldwin S (2000 a). Continuous topical administration of a petrolatum formulation by a novel disposable diaper. 1. Effect on skin surface microtopography, *Dermatology*, 200, 232-237.

Odio M R, O'Connor R J, Sarbaugh F and Baldwin S (2000 b). Continuous topical administration of a petrolatum formulation by a novel disposable diaper. 2. Effect on skin condition, *Dermatology*, 200, 238-243.

Pahren H R (1987). Microorganisms in municipal solid waste and public health implications, *CRC Crit Rev Environ Control*, 17, 187-228.

Runeman B (2008). Skin interaction with absorbent hygiene products, *Clin Dermatol*, 26, 45-51.

Runeman B, Rybo G, Larkö O *et al.* (2003). The vulva skin microclimate: influence of panty liners on temperature, humidity, and pH, *Acta Derm Venerol*, 83, 88-92.

Runeman B, Rybo G, Forsgren-Brusk U, *et al.* (2004). The vulvar skin microenvironment: influence of different panty liners on temperature, pH and microflora, *Acta Derm Venerol*, 84, 277-284.

Schaefer P, Bewick-Sonntag C, Capri M G and Berardesca E (2002). Physiological changes in skin barrier function in relation to occlusion level, exposure time and climatic conditions, *Skin Pharmacol Appl Skin Physiol*, 15, 7-19.

Sobsey M D (1978). Field survey of enteric viruses in solid waste landfill leachates, *Am J Public Health*, 68, 858-864.

Sobsey M D *et al.* (1975). Studies on the survival and fate of enteroviruses in an experimental model of a municipal solid waste landfill and leachate, *App Microbiol*, 30, 565-574.

Tate M, Grove G, Joch R, Laabs J *et al.* (2007). Dye esclusion as a means to measure wetness protection of human skin, *Skin Res Technol*, 13, 293-298.

Van R, Morrow A L, Reves R R and Pickering L K (1991 a). Environmental contamination in child day-care center, *Am J Epidemiol*, 133, 460-470.

Van R, Wun C C, Morrow A L and Pickering L K (1991 b). The effect of diaper type and overclothing on fecal contamination in day-care centers, *JAMA*, 265, 1840-1844.

第15章

生物功能性纺织品

S. Liu，G. Sun
加拿大曼尼托巴大学；美国加州大学戴维斯分校

摘要：本章将对具有生物传感、抗菌和生物催化功能等不同类型的生物功能性纺织品进行综述，并概述生物功能效应和安全性的评估。还介绍了几种成功商业化的生物功能性纺织品，如驱蚊服、抗菌创面护理敷料和化妆品纺织品等。最后，本章介绍了生物功能性纺织品的物理和化学制造技术。

关键词：抗菌活性，驱虫功能，生物催化性能，生物传感纺织品，化妆品纺织品。

15.1 引言

从历史上看，“生物功能性纺织品”一词通常是指抗微生物纺织品。随着新兴需求的产生和新技术的发展，这一科学领域不断扩大。人们也赋予了纺织材料多种多样的生物活性功能，包括促进细胞黏附/生长、生物检测和美容功效。此外，这些纺织品的应用也变得更加广泛，不仅包括服装和创面护理敷料，还包括生物传感器、催化剂载体、缝合线和组织工程支架。许多生物纺织品在各自的应用中都取得了巨大的成功，促进了人类健康的提升和生活质量的改善。本章将讨论生物功能性纺织品的类型、制造方法、生物功能效应和安全性的评估、应用实例以及未来的发展趋势。

15.2 生物功能性纺织品的类型

生物功能性纺织品的实例从最简单的创面护理敷料、服装到最复杂的组织工程支架和生物传感器。在这里，我们根据纺织品的最终用途将不同类型的生物功能性纺织品分为两类讨论：服装产品和非服装产品的用途。

15.2.1 服装产品

抗菌功能

服装产品中使用的抗菌纺织品主要用于抑制恶臭，并保护佩戴者免受生物制剂或液体的污染。抗菌活性可分为以下几类：最弱到最强，如图 15.1 所示（Tanner，2009 年）。随着时间推移，减缓和阻止微生物生长（生物静态）或杀死一定比例的微生物（生物杀灭）的纺织品处于抗菌能力的低端，可以用于控制气味。在已注册的消毒剂和防腐配方中，已经广泛使用季铵化合物。季铵化合物的阳性端基可吸引表面带负电荷的细菌；随后，它的长烷基链可以穿透细胞膜，从而杀死细菌。在溶液消毒中，烷基链最佳尺寸对应的碳原子数在 12～18 之间。因为这些化合物具有稳定的细菌杀灭特性，所以科学家试图将它们应用于纺织品基质上（Yasuda 等，1985 年；Ma 和 Sun，2005 年；Martin 等，2006 年；Lin 等，2003 年）。季铵化合物不会因其与微生物的相互作用而被消耗，因此其活性可以在织物的使用期间一直持续，并通过洗涤被重新激活。清洗可以除去覆盖在生物活性部位的细菌或其他微生物碎片。然而，用季铵化合物处理的纺织品基材，通常需要几个小时到一天的时间，才能显示出那些具有挑战性微生物的实质性减少。所以，它比较适合应用于服装织物和地毯纤维的气味控制。

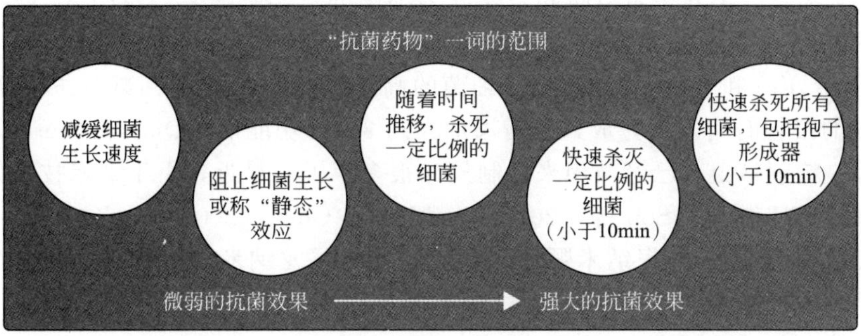

图 15.1　什么是"抗菌"（Tanner，2009 年）

（本图使用得到抗菌测试实验室 Benjamin Tanner 博士的许可）

壳聚糖是一种线性多糖，由随机分布的 β-(1-4)-接枝的 D-葡糖胺（脱乙酰基单元）和 N-乙酰基-D-葡糖胺（乙酰化单元）组成。研究发现，壳聚糖可以对包括真菌、细菌甚至病毒在内的微生物起到积极的杀灭作用（Rabea 等，2003 年）。现已提出了壳聚糖抗菌作用的不同机理。几项研究表明，壳聚糖改变了细胞通透性，导致蛋白质和细胞内组分渗漏（Sudarshan 等，1992 年；Leuba 和 Stossel，1985 年）。也有人认为壳聚糖能够穿透真菌细胞核，阻碍 RNA 和蛋白质的合成（Hadwiger 等，1985 年）。壳聚糖的抗菌活性与多种因素有关。壳聚糖在杀灭真菌和藻类方面比细菌更有效（Savard 等，2002 年）。能有效杀灭真菌活性的最短壳聚糖低聚物含有七个残基（Kendra 和 Hadwiger，1984 年）。在壳聚糖分子量对壳聚糖抗菌活性的影响研究中，发现壳聚糖的分子量应在 10000～100000 之间才能起到抑菌作用（Chen，1998 年）。当然，脱乙酰度、溶液浓度和培养基 pH 都会影响壳聚糖的抗菌活性。有人尝试将这种壳聚糖低聚物嵌入纺织品中（Shin 等，1999 年；Seong 等，1999 年）。使用壳聚糖作为纺织品抗菌剂的优点包括：它不会引起人体过敏，可以促进伤口愈合，并且是可生物降解的（Knittel 和 Schollmeyer，2000 年）。然而，数小时到数天之后，壳聚糖抵抗微生物的能力显著降低。

除了直接杀死产生气味的细菌外，纺织品整理剂还可以通过另外两种机制对抗体味：去除形成气味的前体分子和用香精掩盖气味。通过第一种机制已成功合成解决气味问题的反应性环糊精（Schmidt 等，2003 年）。环糊精（CDs）是一种环状分子，具有 0.5～0.85nm 的疏水空穴。它们可以储存汗液中的有机分子，使其发生微生物分解，从而防止臭味形成。另一方面，环糊精也可以储存并在随后的洗衣过程中去除恶臭分解产物。与此同时，抗菌剂可以包埋到附着在织物上的环糊精空腔中，使织物具有抗菌性能。

上述所有抗菌化合物均适用于防臭纺织品。如今，抗菌后整理纺织品的驱动力已经超越了单纯的防臭性能。解决医院感染、紧急救援人员和军事人员的化学/生物保护以及创面敷料等问题，是开发更高效且持久耐用的抗菌纺织品的新兴理由。纺织品易受各种微生物污染，而被污染的医用纺织品如制服和床上用品可能是交叉感染的重要来源。在所研究的 1561 例医院发病案例中，21%归因于受污染的表面，包括纺织品（Gastmeier 等，2006 年）。据报道，某些微生物可以在纺织品上存活长达 90 天（Wendt 等，1998 年）。因为预防相对于治疗而言，会起到事半功倍的效果，所以使用可以对抗微生物的医疗服装产品，以减少医院交叉感染的机会，这绝对是有益的。

氨基化合物是一类几乎可以瞬间杀死许多细菌的化学物质。通过引入 *N*-氨基化合物可赋予纺织品杀死微生物的功能（Sun 和 Sun，2001 年；Liu 和 Sun，2006 年；Liu 和 Sun，2008 年；Liu 和 Sun，2009 年）。细菌的高效消除（大肠杆菌减少 6 个数量级）通常在 15min 的接触时间内被完成，只需添加大约 3%的功能剂（Qian 和 Sun，2004 年）。

无机盐，特别是银，已经被用来控制气味很多年了。最近，由于纳米技术的发展，人们对该领域的兴趣激增（Son 等，2004 年；Yan 和 Chen，2003 年；Kim 等，2007 年）。例如，平均粒径为 8nm 的银纳米颗粒成功地固定在尼龙纳米纤维垫上，并能在接触后两小时内诱导大肠杆菌减少 5 个数量级（Dong 等，2008 年）。

驱虫功能

在过去，人们在衣柜里放樟脑球，以保证昆虫远离羊毛和丝绸等蛋白质纤维制成的衣服。随着森林慢跑、钓鱼、野营等户外活动越来越受欢迎，人们对驱蚊服的需求也越来越大。蚊子那讨厌的嗡鸣声和发痒的叮咬，让人厌烦。同时，它们也有助于某些病毒的传播。已经证实，西尼罗河病毒通过蚊子可以从鸟类传播到人类身上。在夏天，人们广泛使用驱蚊喷雾剂来对抗蚊子。为了持续有效，大多数驱蚊药需要每隔 30～60min 重新涂抹于皮肤上。纺织品研究人员已经开发出了一种蚊虫喷雾剂的替代品：驱蚊衣。除虫菊酯是从菊属植物中提取的，通过填充和排气方法应用于尼龙和棉花中（Gopalakrishnan，2007 年）。驱蚊衣可以经历五到十次洗涤。β-CD 共价固定在棉花上，作为杀虫剂高效氯氰菊酯和氯菊酯的超分子宿主（Abdel-Mohdy 等，2008 年）。与对照组相比，接枝 β-CD 且含有杀虫剂的棉织物表现出更好、更持久的驱蚊性。即使在洗涤后，用氯氰菊酯和氯菊酯处理的 β-CD 接枝的棉织物的驱蚊作用分别可保留 82%和 100%，而对照组分别为 63%和 61%。

美容功能

长期以来，人们一直期望服装可以提供更多的功能，而不只是美观和基本的防风雨保护功能。最近，提出了一个新的术语——美容纺织品。它指的是那些具有美容功效的用来递送生物活性剂的纺织品。常用的美容纺织剂（CTA）包括薰衣草油（Sohn 等，2007 年）、维生素 C（Cheng 等，2009 年）、芦荟（Cheng 等，2010 年）和其他护肤物质。微胶囊技术已经用于包埋和控制递送这些制剂。这一技术的工作原理是在摩擦、保湿或身体发热的情况下，将包封的生物活性剂释放并转移到皮肤上。主要的挑战在于提高包埋生物功能剂的耐洗性。

15.2.2 非服装产品

抗菌功能

抗菌纺织品的非服装产品主要是创面护理敷料。灭活细菌从而避免感染，是慢性和烧伤创面治疗成功的关键。创面护理敷料的抗菌改性与服装的抗菌改性有很大不同。首先，具有抗菌活性的创面敷料应在伤口愈合环境中发挥作用，以便在保持其抗菌效力的同时使细胞毒性最小化。尽管 *N*-三聚氰胺化合物在杀灭感染性微生物方面非常有效，但是由于细胞毒性问题，它们可能不适合用于创面护理敷料。与服装抗菌整理剂相比，创面护理敷料的另一个主要区别在于不会被洗涤所困扰，因此在洗涤过程中抗菌整理剂的耐用性不再是问题。这为抗菌剂的多样化选择打开了大门。创面护理敷料中填充浸出性杀菌剂，如银纳米粒子和抗生素硫酸庆大霉素，在体外和体内试验中均表现出令人满意的杀菌活性（Kuroyanagi 等，1994 年）。也有关于非浸出抗菌剂如聚合季铵物质的应用报道（Liesenfeld 等，2007 年）。

生物传感纺织品

生物传感器在临床诊断、生物战剂监测和病原微生物检测等方面有着广泛的应用。生物传感器一般由生物识别分子和传感器组成，被设计用来选择性地检测细菌和其他生物物种。灵敏度是传感器快速准确检测的关键。近年来，由于纳米尺寸的纤维可以提供较大的比表面积用于生物识别分子的固定化，成为了这一领域的研究热点。Li 等（2007 年）采用一步静电纺丝技术实现了生物素纤维的表面分离。作者展望可将其应用于医院传染性微生物的检测或预防食品包装中的食品传染性疾病，如大肠杆菌 O157。Wang 等（2008 年）将生物素共价结合到纳米纤维的表面上以检测溶液中的链霉亲和素。这类传感器可归类为催化生物传感器。结合生物素在四次重复利用后，仍可保留其原始活性的 40%。另一份报道中，球状蛋白质牛血清白蛋白（BSA）直接被电纺成纳米纤维，用异硫氰酸荧光素（FITC）标记后，可用于监测活细胞的胞内 pH 值（Kowalczyk 等，2008 年）。目前尚未实现生物传感纤维的实际应用，但纳米纤维垫用作生物传感器和生物检测器的潜力巨大。

生物催化纺织品

将酶固定在固体基质上，可以更容易地将产物从反应混合物中纯化出来，同时也可以有效地回收催化酶。当基材具有巨大的表面积时，催化活性也显著增加。

脂肪酶是一种简单、水解活性高、特异性广的酶，常被选作固定化研究的模型酶。使用溶胶-凝胶法可以将脂肪酶包埋在平均直径为 500μm 的醋酸纤维素凝胶纤维上（Ikeda 和 Kurokawam，2002 年）。在丙醇催化布洛芬酯化反应中，固定化脂肪酶比原生脂肪酶表现出更好的对映选择性。此外，即使重复使用 15 次（每次使用反应 20h），固定化脂肪酶也显示出与初次使用相类似的活性和对映选择性。然而，在固定化之后，脂肪酶的活性会降低至其原始活性的 10%～20%，并且每克纤维装载脂肪酶的量仅为 25mg。纤维包埋酶的可接触性对其活性至关重要，因此应纺制纳米纤维用于酶固定化。静电纺丝是制备纳米纤维的唯一重要方法，而且纺丝过程中的高压电对酶的活性影响不大。Wang 和 Hsieh（2008 年）将脂肪酶包埋在聚乙烯醇纤维垫上，发现固定化脂肪酶的贮存时间相较原生脂肪酶有所提高。聚乙烯醇纳米纤维上酶的负载量可以达到 50%。固定化脂肪酶与原生脂肪酶的催化活性相似，且具有较好的贮存稳定性。当在 20℃和 65%相对湿度的条件下储存时，固定化脂肪酶的半衰期比天然脂肪酶长 8 倍。当两种酶储存在一个更高的温度下时，它们的差异性更大。然而，聚乙烯在乙醇溶液中交联制备水不溶性的聚乙烯醇纤维毡，可能会导致包埋脂肪酶的生物活性显著降低。

物理吸附是将酶固定在纤维上的另一种常用方法。甲基丙烯酸缩水甘油酯（GMA）接枝聚乙烯中空纤维，经过二乙胺进一步改性后，发现每克改性纤维可吸附 0.49g 牛血清白蛋白（BSA）（Tsuneda 等，1995 年）。脂肪酶在每克聚丙烯酸接枝的纤维素纳米纤维上的吸附量可以达到 1.28g（Chen 和 Hsieh 等，2005 年）。然而，由于固定化脂肪酶的构象自由度和可接触性降低，其活性仅为天然脂肪酶的 2%～9%。

纺织品作为药物/蛋白质/营养物质递送的载体

对于作为组织支架和创面护理敷料用于生物医学应用的纺织品来说，药物/营养素/蛋白质的递送通常是必需的功能。许多营养素、药物和蛋白质，包括上皮生长因子（EGF）、血小板衍生生长因子（PDGF）、成纤维细胞生长因子（FGF）、维生素 A、维生素 C 和维生素 E、锌和铜矿物质已被添加到纺织品中用于控制递送。静电纺丝技术具有许多优点，比如它可应用于多种功能化或非功能化药物的合成，且可同时用于多种药物的制备。因此，静电纺丝技术被广泛应用于纳米纤维中。另外，一种及以上的聚合物可以同时在同一射流中进行静电纺丝。更重要的是，许多研究已经证实，在静电纺丝过程中，酶甚至 DNA 在高电压下不会变性（Wang 和 Hsieh，2008 年；Luu 等，2003 年）。

将药物化合物包封进纳米纤维的最简单方法，即将药物或蛋白质与聚合物在常见溶剂中混合，然后电纺成具有生物功能的纳米纤维。通过一浴法静电纺丝技术，可以将多种药物包封到纳米纤维中。四种非甾体抗炎药与醋酸纤维素的丙酮/DMAc 溶液混合，并静电纺丝成平均直径为 231nm 的光滑纳米纤维（Tungprapa 等，2007 年）。药物的负载率高达 20%（按质量计），而且纳米纤维表面未发现药物晶体。与此相反，醋酸纤维素的薄膜材料表面有许多药物晶体，这也是引发药物爆发性释放的原因。同样，核磁共振氢谱也证实了这一点。所有包封药物在电沉积前后的化学性质没有变化。和载药薄膜相比，载药纳米纤维垫的释药速度更快，药物最大释放量更多。当难以找到一种合适的聚合物基质和药物的共混溶剂时，可以使用乳液静电纺丝法（Xu 等，2008 年）。除了药物乳剂的静电纺丝外，同轴卷绕装置是另一种有效途径，可以得到用于控释包埋生物活性剂的核壳结构的纳米纤维。许多研究报道，纳米纤维包封的生物活性剂的释放饱和度远低于 100%，表明固态扩散不是释放的主要机制。Srikar 提出，包封的生物活性剂从电纺纳米纤维的纳米孔表面解吸是其释放阶段的限速点（Srikar 等，2008 年）。一般而言，解吸焓值（E）的大小决定了释放过程的持续时间，而最终的释放水平与纳米孔隙因子 α 有关。

除药物/蛋白质外，一些天然聚合物也可以提供其他生物功能，比如生物降解性、生物相容性和伤口愈合活性。许多生物活性天然材料都可以直接纺成纤维，用作创面敷料或组织工程支架。二丁酰基壳多糖（DBC）——一种天然多糖的酯衍生物甲壳质，与聚（1-己内酯）共混并湿纺成具有良好力学强度的纤维（Schoukens 和 Kiekens，2009 年）。由 DBC 制成的纤维被用作烧伤创面敷料，可以输运丁酸酯，是上皮细胞的主要能量来源，并有助于烧伤创面的愈合。一项涉及 10 例烧伤患者的初步临床试验表明，DBC 敷料可促进烧伤愈合。甲壳质的衍生化具有两个功能：①增加甲壳质在溶剂中的溶解度，从而使纤维固定化；②提供了一种固定化丁酸盐的途径，从而使其在创面部位递送。据报道，即使不释放任何生物活性剂，可生物降解的纤维支架也可促进正常皮肤的生长，因为皮肤细胞可进行自我修复。Zhang 等（2005 年）开创了排列纳米纤维的工作，以诱导平滑肌细胞（SMCs）生长。体外试验表明，相比聚合物薄膜，SMCs 在角化纳米纤维支架上可以更好地黏附和增殖。

15.3 生物功能学效应与安全性的评估

抗菌性能是纺织品最重要的生物功能之一。广泛被采用的测试方案主要有两种：琼脂扩散测试［如 AATCC 测试方法 147（AATCC，2010 年）］和悬浮测试（挑战试验），如 AATCC 测试方法 100（AATCC，2010 年）、ASTM E2149-10（ASTM International，2010 年）和 JIS L 1902（JIS，2008 年）。

AATCC 测试方法 147 是一种定性方法，可提供有抗菌活性（试样周围的明显生长抑制区）和无抗菌活性（无抑制区）的快速区分。以上其他方法均为定量测试方法。根据 ASTM E2149 的要求，织物应浸入大量非营养液体中并在预先设定的时间内摇动。这可能不太现实，因为这种情况在现实生活中很少发生。JIS L 1902 与 AATCC 测试方法 100 非常相似。将稀释的微生物悬浮液置于测试样品上。然后在接触期后计算织物上的微生物浓度。JIS L 1902 和 AATCC 测试方法 100 之间的主要区别包括：在 JIS L1902 中使用的是一种营养含量低得多的微生物接种剂，并且在 JIS L1902 中需要进行三次重复，而 AATCC 测试方法 100 只需进行一次简单的重复试验。更值得一提的是，接种在干燥织物上的微生物的减少量可能不如根据 JIS L 1902 和 AATCC 测试方法 100 测试得到的结果那么多。因为织物在测试期间是保持湿润的，而且通常在液体存在下，抗菌剂可以更好地起作用。AATCC 147-2004 和 AATCC 100-2004 将克雷伯肺炎菌（ATCC No. 4325）和金黄色葡萄球菌（ATCC No. 6538）两种细菌指定为测试生物体。最近发表的一篇文章强调了纺织品面临的挑战是减少在腋窝皮肤上常见细菌物种的气味，例如棒状杆菌属 CDC G5840 和 *C. mucifaciens* sp. DMMZ 2278（McQueen 等，2010 年）。研究发现，脚臭相关的细菌地衣芽孢杆菌对四分之三的商用化抗菌织物具有抗药性。

与人体皮肤密切接触的生物功能纺织品，应进行细胞毒性、溶血性、致敏性和仿制品的生物安全性试验。体外细胞毒性试验、体外溶血试验和体外致敏试验可按 ISO 10993-5：1999（ISO，1999 年）、ISO 10993-4：2002（ISO，2002 年）和 ISO 10993-10：2002（ISO，2002 年）进行。膜刺激物通常采用活体滴眼试验（Draize 等，1944 年）进行检测。在过去的 20 年中，随着减少、改进和替代动物实验的趋势，鸡胚胎模型已被开发用于测试胚胎毒性，作为 Draize 测试的替代方案（Luepke，1985 年；Luepke 和 Kemper，1985 年）。鸡卵子试验（HET）和绒毛尿囊膜试验（HET-CAM test）是两种众所周知的鸡胚胎模型。据报道，HET-CAM 评估和基于 Draize 眼部试验的报告数据之间具有良好的相关性（Luepke，1985 年）。

除了生物功能和生物安全性试验外，生物功能性纺织品的生理舒适性测试也引起了人们的兴趣。Bartels 使用皮肤模型和皮肤感觉测试仪试验了生物功能性纺织品的热生理和皮肤感觉接触舒适度（Bartels，2006 年）。

15.4 生物功能性纺织品的应用

前几节讨论了生物功能性纺织品的一些应用。本节将重点介绍市售的生物功能性纺织品。

15.4.1 驱蚊 (MR)服装

如前所述，蚊子不仅会让人发痒，而且它们还会把疾病传染给人们。当生物学家和化学家试图控制蚊子的繁殖、并开发新的安全有效的驱蚊剂时，纺织研究人员正在努力将这些新的驱蚊剂加入纺织品中，以实现安全和持久的个人防护。但是，MR 纺织品受到美国环境保护署（EPA）的监管，因此这一市场具有很高的门槛。MR 纺织品必须达到非常严格的标准，这就意味着较长的申请过程和大量的前期投资。到目前为止，昆虫盾有限责任公司（Insect Shield LLC）是唯一一家获得 EPA 注册的美国公司。从 1997 年开始，该公司的研究人员开始研究 MR 服装，直到 2003 年才拿到了环境保护局（EPA）的注册权。如今，昆虫盾的防虫服装已经可以从各种户外品牌获得，如 ExOfficio、Tilley、L. L. Bean、Orvis 和 Ariat。

根据昆虫盾的说法，无味无形的驱虫保护作用可以持续 70 次清洗。MR 服装中的活性成分是氯菊酯，一种除虫菊酯，对蚊子有神经毒素作用，而对哺乳动物具有低毒性，同时人体皮肤对其吸收较差。MR 产品可以利用昆虫盾正在申请的专利工艺黏合在纺织品上。这些产品可以像其他服装一样进行漂白和熨烫处理，但是不能干洗。

15.4.2 抗菌创面护理敷料

英国最大的医疗器械公司施乐辉（Smith & Nephew）已经进入市场超过 150 年。它是高级创面处理的第二大机构，其创面护理敷料产品 Acticoat（纳米晶银敷料）已被研究人员广泛用于体内外比较研究（Wright 等，1998 年；Thomas 和 McCubbin，2003 年；Dowsett，2003 年）。在一项对四种敷料的体外研究测试中（Thomas 和 McCubbin，2003 年），Acticoat 对金黄色葡萄球菌、大肠杆菌和白色念珠菌三种微生物表现出最快速的抗菌作用。敷料快速起效的解释为银离子从敷料中平衡驱动释放的结果。这与制备 Acticoat 的方法密切相关。Acticoat 是通过使用物理气相沉积技术制成的。在填充有氩气（作为阳极）的真空室中，当电流通过时产生氩离子。然后银原子被氩离子碰击出来，以纳米晶体的形式涂覆基板，每个纳米晶体的宽度为 15nm。应用敷料期间，这些银纳米晶体就成为丰富的银离子来源。

临床评估也为 Acticoat 敷料在慢性创面中的有效使用提供了证据。例如，对 29 例患者的各种慢性不愈合创面（包括足部溃疡、静脉淤滞性溃疡、压迫性溃疡和其他伤创面）进行评估，评估了 Acticoat 敷料的有效性（Sibbald 等，2001 年）。所有患者的渗出液都有所下降，部分患者疼痛明显减轻。本研究表明，受试者使用 Acticoat 敷料可以改善其不良反应。

15.4.3 美容纺织品

纺织品一直被称为“第二皮肤”。最近，一种能够提供美容效果的新型功能性纺织品引起了人们的极大兴趣，并且创造了一个新的术语“美容纺织品”。美容纺织品的作用机理是，通过自然的身体运动产生的接触将皮肤保湿物质等化妆品从衣服上扩散到皮肤上。接触引起摩擦、压力、温度变化或壳聚物的生物降解可促进核心内容物的释放，从而逐渐更新皮肤。

几家公司正在推销其美容纺织品的相关产品。一家总部位于德国克尼斯的纺织公司，为纺织业提供了用于制造美容纺织品的化学方法。他们将许多生物活性成分包括薄荷脑、维生素 E、西番莲果油、缬草、琥珀树树脂油和薰衣草包封在基于壳聚糖的微胶囊中，并冠以 Skintex® 商标出售。该微胶囊可采用传统的真空干燥工艺涂覆在任何纺织品基材上。据称，只要遵循护理说明，其生物功能性在经历几次清洗后仍有保留。Skintex® 的成品纺织品可提供各种生物功能。例如，薄荷醇、橙子、生姜或迷迭香等生物活性成分可以包埋到浴袍中，作为活化芳香疗法的香味来源。

一家总部位于印度的美国工业公司，正在销售用于纺织品后整理的 Americos 微胶囊。该微胶囊与芦荟或维生素 E 结合用于保湿效果，并且可通过浸轧-烘干-尽染的工艺过程应用于纺织品。

15.5 生物功能性纺织品的制备

采用物理和化学方法赋予织物生物功能。聚合物表面改性和纤维制备技术的进步为将生物活性剂甚至细胞包封到纺织材料中开辟了新的可能性。下面将介绍这些进展在生物功能性纺织品制造中的应用。

15.5.1 在形成纤维之前加入生物功能添加剂

总的来说，这种改性方法的优势包括：所得生物功能剂非常耐用，并且是一浴法或一步法。缺点是该方法的灵活性低，仅适用于制造纤维。

比如，通过熔体纺丝法将 *N*-卤胺前体掺入聚丙烯（PP）纤维中（Badrossamay 和 Sun，2009 年）。反应方案如图 15.2 所示。为了使更多的活性剂暴露于纤维表面，采用新的熔融纺丝法制备了聚丙烯微米尺寸的纤维（Wang 等，2007 年）。接枝 *N*-氨基前体的聚丙烯与醋酸丁酸纤维素（CAB）共混后，熔融挤出成无规则海岛状复合纤维。用丙酮除去 CAB 后，即获得直径范围为几百纳米至几微米的聚丙烯纤维。氯化后，改性的纳米或亚微米级的聚丙烯纤维对大肠杆菌显示出强效的抗菌活性。例如，2,4-二氨基-6-二烯丙基氨基-1,3,5-三嗪（NDAM）接枝的聚丙烯微纤维可以在接触一小时内使 $10^5 \sim 10^6$ CFU/mL 的大肠杆菌 100%减少。熔体纺丝法利用两种热力学不混溶的聚合物之间的相分离来制造微米和/或纳米级的纤维，并且不需要复杂设计的特殊喷丝头（Wang 等，2007 年）。与静电纺丝或海岛纺丝等纳米纤维制造方法相比，熔体纺丝法具有生产率高、挤出装置简单、快速等优点。静电纺丝是制备生物活性纳米纤维的常用方法。许多生物活性剂（包括细菌和 DNA）已被添加到聚合物溶液中，然后被静电纺丝成为功能化的纳米纤维。有报道，功能剂可能富集到形成的纳米纤维表面上（Sun 等，2007 年）。研究证明，用于静电纺丝的电场能够促进两个可极化的生物有机肽片段［$(Ser\text{-}Glu\text{-}Glu)_3$ $(SEE)_3$］和 Ac-$(Ser\text{-}Glu\text{-}Glu)_3$ Lys 的表面分离。具体来讲，PEO 首先与 $(SEE)_3$ 偶联以形成 PEO-肽结

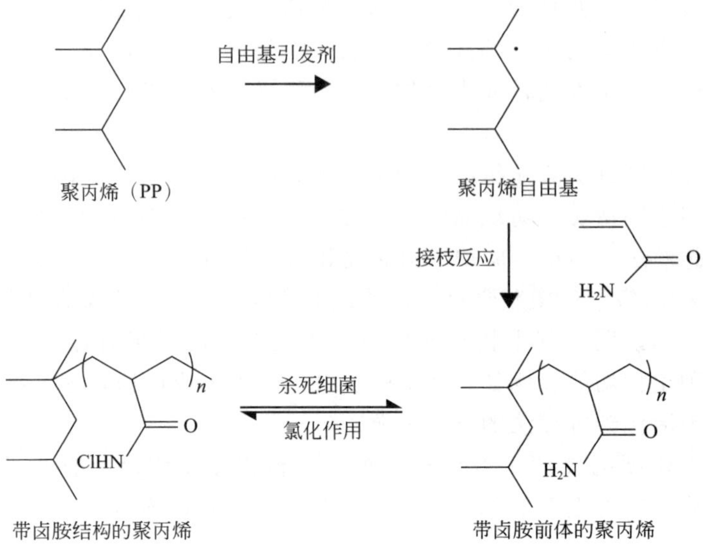

图 15.2　无环三聚氰胺基团接枝到聚丙烯上

合物。然后，将 PEO-肽结合物加入 PEO 水溶液中并静电纺丝成纳米纤维。PEO 链的长度经过了合理的设计，既可以在静电纺丝过程中使共轭物易于扩散，又可以与 PEO 基体共结晶，从而使共轭物牢固地锚定在纳米纤维表面。在这些报道中，与传统静电纺丝装置中存在的会聚型等值场线不同，熔体纺丝法采用的是由平面阴极（针头后面）和收集样品的阳极之间产生的平行型等值场线。

15.5.2　涂层（物理化学后整理）

纺织工业中采用的传统涂布方法包括浸轧-烘干-固化、刮刀涂布和真空干燥等方法。这些方法具有普遍适用性，并且已被广泛用来赋予几乎所有纺织品基材生物功能性。将聚醋酸乙烯酯-甲基丙烯酰胺共聚物和聚醋酸乙烯酯-丙烯酰胺共聚物经缩聚后，通过真空干燥法涂覆在聚对苯二甲酸乙二醇酯（PET）薄膜和 PET 织物上。氯化处理后，改性 PET 薄膜和 PET 织物均可在接触 1～5min 内，使大肠杆菌和金黄色葡萄球菌数量减少 6 个数量级（Ren 等，2010 年）。同样，两个 *N*-卤胺硅氧烷前体、5,5-二甲基-3-(30-三乙氧基甲硅烷基丙基)乙内酰脲和 3-(30-三乙氧基甲硅烷基丙基)-7,7,9,9-四甲基-1,3,8-三氮杂螺[4.5]-癸烷-2,4-二酮，通过真空干燥法涂覆到 PET 织物上。在经过氯漂白剂活化后，用金黄色葡萄球菌和大肠杆菌挑战涂层 PET 织物的抗菌活性。在接触的 5min 和 30min 内，金黄色葡萄球菌和大肠杆菌数量分别减少了 6.8 个数量级和 6.97 个数量级。

采用浸轧-烘干-固化（pad-dry-cure）法将平均粒径为 38nm 的 ZnO 纳米颗粒浸渍到棉织物上（Vigneshwaran 等，2006 年）。在接触 24h 后，金黄色葡萄球菌（革兰氏阳性）和克雷伯肺炎菌（革兰氏阴性）的有效灭活率均达到 90%以上。另一项研究中，用 ZnO 粉末、合适的黏合剂和分散剂配制填充溶液（El-Naggar 等，2003 年）。棉和棉/PET 织物均通过上述 ZnO 制剂浸轧，并在 160℃下固化或暴露于钴-60 γ 射线辐照。在 γ 射线辐射或热处理之后，ZnO 制剂在织物上形成薄的涂层。土埋测试结果表明，ZnO 涂层织物的微生物抗性得到了极大改善。

最近，声化学方法成功应用于金属氧化物涂覆棉织物（Perelshtein 等，2010 年）。超声辐射将 MgO 和 Al_2O_3 纳米颗粒沉积在棉织物的表面上。简言之，将棉绷带浸入装有 MgO/Al_2O_3 纳米颗粒乙醇/乙二醇分散液的超声烧瓶中，然后用高强度超声波喇叭辐照两个小时。约有 1%的纳米氧化物沉积在棉织物表面，所得的 MgO 纳米颗粒涂层棉织物表现出强大的抗菌活性（在接触 1 小时内，大肠埃希氏菌和金黄色葡萄球菌的数量均减少 90%以上）。更重要的是，声化学过程具有扩大到更大维度的潜力。

逐层（layer-by-layer，LBL）组装是一种简单、通用且廉价的涂覆方法。通过该涂覆方法，具有相反电荷的聚电解质被顺序吸附到宏观平面或非平面（例如胶体核-壳颗粒）表面上。与其他可用的组装方法相比，LBL 组装更简单、更通用，并且可以在纳米尺度上实现更精确的厚度控制。LBL 静电方法已成功用于将酶蛋白组装到纤维表面上（Xing 等，2007 年）。为了获得均匀的纳米涂层，将聚（二甲基二烯丙基氯化铵）（PDDA）/聚（苯乙烯磺酸钠）（PSS）/PDDA 三个前体聚电解质层沉积在棉纤维上。随后，将漆酶和 PDDA 交替沉积在最外面的酶层中。最终发现，酶的活性随着酶分层呈线性增加。

在应用 LBL 或利用静电相互作用的其他涂覆方法时，基底材料需要携带电荷以实现组装。Lu 和 Hsieh（2010 年）将活性染料 CB（带负电荷）共价键合到纤维素纳米纤维上，然后进行脂肪酶/CB 双层的 LBL 组装。Dong 等（2008 年）通过调节涂层溶液的 pH 值，在电纺尼龙纳米纤维表面沉积银纳米颗粒，从而使得尼龙纳米纤维与柠檬酸/纳米颗粒络合物的羧基之间的两个氢键形成无向缔合。涂有 Ag 纳米颗粒的尼龙 6 纳米纤维垫可以在接触两个小时内完全杀死大肠杆菌。

近年来，常用于陶瓷、金属等无机材料加工的技术已成功应用于纺织品的表面处理。溶胶-凝胶过程是其中之一。该方法是一种湿化学技术，长期以来一直用于制造玻璃和陶瓷材料。在此过程中，金属醇盐或金属氯化物分散溶液（溶胶）经历水解和缩聚反应形成胶体。最终，溶胶变成含有液相的无机网状物（凝胶）。随后干燥的过程中将溶剂从凝胶中除去，产生微孔金属氧化物基质。该多孔基质允许将非物质的生物活性化合物、生物分子甚至整个活细胞均匀掺入金属氧化物基质中（Livage 等，2001 年；Bottcher 等，2004 年）。

化学气相沉积（CVD）是一种用于生产高纯度、高性能涂层固体材料的化学方法。该方法通常用于半导体薄膜的生产工业中。在典型的 CVD 工艺中，基底材料（例如晶片）暴露于一种或多种挥发性前体，这些前体可在基材表面上反应和/或分解产生所需的沉积物。该方法的高温特性限制了其在热不稳定性纺织品基材中的应用。Lewis 创造性地设计了一种基于热丝 CVD 的新型气相沉积方法，称为初始 CVD（iCVD）（Lewis 等，2001 年）。使用该方法可以沉积生成含氟聚合物的超疏水聚己内酯纤维（Ma 等，2005 年）。尽管目前尚未有使用这种方法对纺织品进行生物功能化的报道，但它在赋予纺织品新生物功能性方面具有巨大潜力。

15.5.3 通过形成互穿网络进行表面改性

近年来，合成接枝表面互穿网络（IPN）聚合物已成为提高热塑性半结晶聚合物（如聚对苯二甲酸乙二酯 PET）性能的一种可行的替代技术（Liu 等，2010 年；Rudenja 等，2010 年；Zhao 等，2010 年）。表面互穿网络聚合物通常用于制备建筑材料、隔音材料、阻尼材料等新型复合材料。Liu 课题组通过形成互穿网络（IPN）成功地将聚丙烯酰胺（PAM）、聚甲基丙烯酰胺（PMAM）等聚酰胺固定在 PET 上，其过程如图 15.3 所示（Liu 等，2010 年）。丙烯酰胺（AM）（或甲基丙烯酰胺 MAM）、二乙烯基交联剂 N,N'-亚甲基双丙烯酰胺（MBA）和光引发剂二苯甲酮（BP）在共混溶剂中的溶胀促进了它们向 PET 基体的扩散，从而扩展了 PET 的结构，使得单体更易于渗透，优选在 PET 的非晶态相位上。然后，扩散后的单体与交联剂在紫外线照射下进行共聚，将两种聚合物的链连锁成一种新型的杂化结构。因此，固定化后的聚丙烯酰胺（PAM）对蒸馏水和甲醇的索氏提取具有持久性，并且可以转化为无环 N-卤胺化合物。无环 N-卤胺化合物已被证明是一种有效的杀菌剂（Liu 和 Sun，2006 年；Liu 和 Sun，2008 年；Liu 和 Sun，2009 年；Ren 等，2010 年）。一个新的术语——热塑性半互穿网络被用来描述上述互穿网络。之所以如此命名，是因为基质热塑性 PET 是物理交联的，而固定化功能聚合物与物理连锁的基质聚合物是化学交联的。热塑性互穿网络仅涉及物理交联（结晶区域用作交联点）；而半互穿网络中，一种线性或支链聚合物与另一种化学交联的网状聚合物混合。以上两种定义都不符合这种情况，因此将“热塑性”和“半互穿”两个描述组合起来，以反映该结构的合成与其他两个 IPN 之间的相似性。这项新技术的优点是对基体无损伤，固定化密度高，反应条件温和及由抗机械磨损提高而带来的改性界面的化学稳定性。该方法不归入涂布方法，因为实际上功能性聚合物渗透到纺织基材中，并且存在于相当厚的互穿界面中，而不是涂层表面。

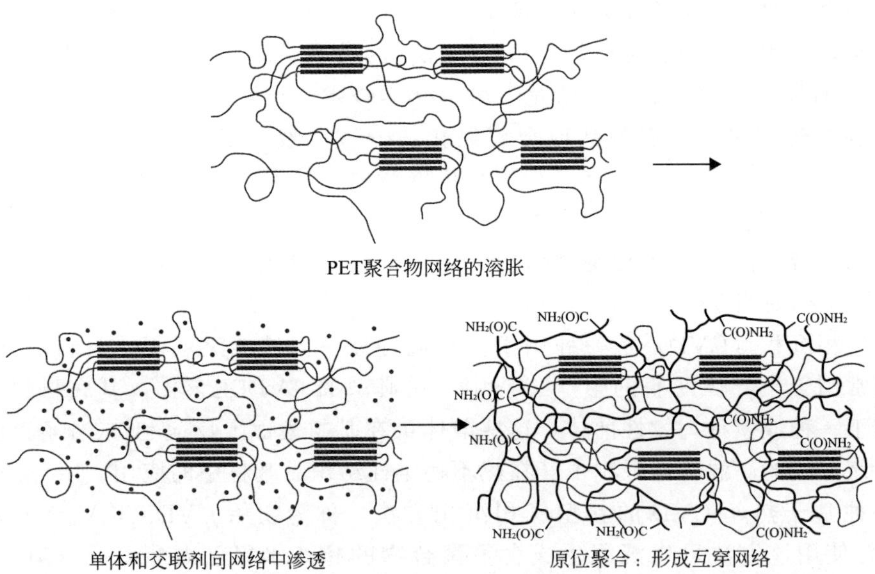

图 15.3　热塑性半互穿网络的形成（Wiley VCH Verlag GmbH&Co. KGaA 版权所有，经许可使用）

黑点代表单体酰胺（AM）或甲基丙烯酰胺（MAM）和交联剂 N,N'-亚甲基双丙烯酰胺（MBA）；黑线表示交联聚（丙烯酰胺）或聚（甲基丙烯酰胺）

15.5.4　化学方法

一般而言，化学和物理化学涂层的方法具有互补优势。就清洗和磨损的舒适度和耐久性而言，化学方法优于同类方法。生物功能性纺织品的化学合成方法包括接枝聚合、共价键合和离子交换或螯合。在某些天然和再生纤维中，比如棉、羊毛和黏胶纤维中，共价键的形成受到限制。同时，由于接枝反应的多样性，只有高反应性的试剂，比如醛、卤代烷基化合物、环氧化物、酰氯等可用于共价修饰。

环糊精（CD）是由五个及以上 α-D-吡喃葡萄糖苷单元通过 1,4-糖苷键连接在一起的环状低聚糖。它们具有不同空腔体积的环形结构，并且可以将各种客体分子、药物或其他生物活性剂加入它们的疏水腔中以形成包合物。一旦固定在纤维基质上，CD 就可以作为各种生物活性剂的“插座”，以实现生物功能化的控制递送。在紫外线照射下由芳基叠氮化物转化而来的芳基胺，具有高反应性，可以进行嵌入 C—H 键和 N—H 键的反应、双键加成和去质子化反应。在一项研究中，部分接枝芳基叠氮的 β-CD 可通过紫外线辐照下引发的嵌入反应固定在二乙酸酯纤维素纤维上（Park 等，2009 年）。固定化的 β-CD 可以与模型化合物香豆素 6 形成包合物，这一点已被荧光显微照片证明。作者预测固定了 β-CD 的纤维素纤维的生物医学应用，例如药物的封装。2,4,6-三氯-1,3,5-三嗪长期以来被用作染料共价连接到纤维素纤维上的桥梁。能够与纤维素共价结合的 β-CD 的衍生物——单氯三嗪基 β-CD 已经成功合成并固定在纤维素织物上（Abdel-halim 等，2010 年；Wang 和 Cai，2008 年；Hebeish 等，2008 年）。抗菌药物（Abdel-halim 等，2010 年；Wang 和 Cai，2008 年）或驱虫剂（Hebeish 等，2008 年）被装载入 CD 固定化棉织物中，以实现持久耐用的生物功能。

近年来，科学文献表明，人们对纺织品的接枝聚合越来越感兴趣。这也是一种允许对其物理和/或化学结构进行改性的方法。接枝聚合纺织品为天然/再生纤维和合成纤维提供了生物相容性、抗污染和抗菌活性等新功能。原则上，有两种方法可用于制备接枝基质聚合物：现有聚合物链与基底聚合物的直接偶联反应（底物接枝）和单体与表面的接枝聚合（单体接枝）。底物接枝技术在纺织品改性中的应用实例之一，是制备阴离子聚合和羧基封端的聚苯乙烯的酰氯，用于端羧基聚合物链对碱纤维素的酯化反应（Avny 和 Schwenker，1967 年）。该方法的优点是可以精确控制所接枝的聚苯乙烯链的长度。然而，扩散问题使之需要很长的反应时间（24h）。同时更重要的是，这些官能团必须已经存在于目标基底中。因此，接下来的讨论将集中在单体接枝技术（下文简称为接枝聚合）。

化学引发法和辐射法（如紫外线、伽马射线、等离子体）均已被用来引发接枝聚合反应。对于化学引发的情况，普遍接受的机理可用下列化学反应式［15.1］到［15.4］表示：

$$I_2 \longrightarrow 2I^{\cdot} \qquad [15.1]$$

$$2I^{\cdot} + Tex—H \longrightarrow Tex^{\cdot} + I—H \qquad [15.2]$$

$$Tex^{\cdot} + M \longrightarrow Tex—M \qquad [15.3]$$

$$I^{\cdot} + M \longrightarrow I—M \qquad [15.4]$$

其中 $I^{\cdot}$ 为一级自由基，Tex—H 是纺织聚合物主链，M 是功能单体。与式［15.4］相比，式［15.2］和式［15.3］的相对反应速率对于接枝反应的成功至关重要。因此，需要谨慎选择最初的反应体系。接枝改性应选择能分解生成自由基的引发剂，其吸氢倾向高于加入双键的引发剂。

对于纤维素及其衍生物的接枝反应，Ce^{IV} 盐引发反应可能是研究最广泛的反应之一（Nevell 和 Zeronian，1985 年；Leza 等，1991 年；McDowall 等，1984 年）。首先，使铈离子与脱水葡萄糖单元形成络合物，然后在络合物内进行电子转移。随后，吡喃葡萄糖环的 C3—C4 键断裂并形成纤维素自由基。根据 McDowall 等（1982 年）报道，丙烯酸在人造丝单丝上的接枝率相当高，超过 92%（接枝产量约为 40%）。然而，将 Ce^{IV} 离子固定在人造丝单丝上并降低其在接枝溶液中的浓度，需要使用有机溶剂甲苯。接枝反应中必需使用有毒有机溶剂，这是一个严重的缺点。

将大分子引发剂预埋在热塑性聚合物上也可以提高接枝效率。Bergbreiter 开发了一种将端基功能化的乙烯低聚物物理包埋到主体聚乙烯膜中的方法（Bergbreiter 等，1993 年）。为了提高接枝率，还对聚酯和聚乙烯进行了预处理。聚对苯二甲酸乙二醇酯（PET）在空气或臭氧中通过热预处理活化，在聚合物主链中形成过氧化氢类的大分子单体（Korshak 等，1962 年）。大分子单体过氧化氢在单体存在下的热分解将引发接枝聚合。用二苯甲酮在紫外线照射下生成和屏蔽聚乙烯薄膜中的大分子自由基（Yamamoto 等，2002 年）。在单体存在下，在紫外线照射下再生成大分子阵列，引发接枝反应。Liu 等（2010 年）采用了一种有趣的方法来提高接枝聚合效率，用酸性染料蒽醌-2-磺酸钠对聚酰胺-6,6 织物上色，该染料也可以用作光引发剂。在离子键固定光引发剂之后，在织物上进行了丙烯酸的光引发接枝聚合反应。在 UVA 照射后，Norrish Ⅱ型光引发剂蒽醌-2-磺酸钠被激活，并从空间结构上接近的聚酰胺-6,6 链中优先提取氢，在聚合物基质上产生大分子自由基。因此，聚丙烯酸能在尽可能少地形成聚丙烯酸均聚物的情况下，接枝到聚酰胺-6,6 织物上。该技术可用于赋予纺织品基质抗微生物功能和其他生物功能。

15.6 未来趋势

生物功能性纺织品的应用范围广泛，从服装到非服装，包括自消毒服、驱蚊服、缝合线和创面护理敷料。这是一个快速发展的科学领域，已经并将继续受到促进健康和提高生活质量需求的推动。

这也是一个跨学科的研究领域，需要高分子和纤维科学家、物理学家和生物学家之间的紧密合作。例如，对不愈合慢性创面的细胞和生物化学机制的理解，可以为纤维敷料设计提供更好的进步空间，而纤维敷料设计对于优化生物活性剂传递和创面修复愈合环境至关重要。纤维制造和表面改性技术的新突破将有利于开发多重响应性生物功能性纺织品，这可能是未来几年的趋势。

15.7 其他信息资源

Hipler，U-C.，Elsner，P. *Biofunctional Textiles and the Skin*. Karger：Basel，2006.

Williams，R. *Surface Modification of Biomaterials：Methods Analysis and Applications*. Woodhead Publishing Limited：Cambridge，2010.

15.8 参考文献

AATCC (2010a). 'Antibacterial finishes on textile materials：assessment of，AATCC Test Method 100'，*AATCC Tech Manual*，85，142-144.

AATCC (2010b). ' Antibacterial activity assessment of textile materials：Parallel Streak Method，AATCC Test

Method 147', *AATCC Tech Manual*, 85, 251-252.

Abdel-halim E S, Fouda M M G, Hamdy I, Abdel-Mohdy F A and Ei-Sawy S M (2010). 'Incorporation of chlorohexidin diacetate into cotton fabrics grafted with glycidyl methacrylate and cyclodextrin', *Carbohydr Polym*, 79, 47-53.

Abdel-Mohdy F A, Fouda M M G, Rehan M F and Aly A S (2008). 'Repellency of controlled-release treated cotton fabrics based on cypermethrin and prallethrin', *Carbohydr Polym*, 73, 92-97.

ASTM International (2010). 'Standard test method for determining the antimicrobial activity of immobilized antimicrobial agents under dynamic contact conditions, ASTM E2149-10', *Annual Book of ASTM standards*, 11.05.

Avny Y and Schwenker R F (1967). 'Grafting of preformed polystyrene onto cotton cellulose', *Textile Res J*, 37, 817-823.

Badrossamay M R and Sun G (2009). 'Durable and rechargeable biocidal polypropylene polymers and fibers prepared by using reactive extrusion', *J Biomed Mater Res Part B*, 89, 93-101.

Bartels V T (2006). 'Physiological comfort of biofunctional textiles', *Curr Problem Dermatol*, 33, 51-66.

Bergbreiter D E, Srinivas B and Gray H N (1993). 'Surface graft polymerization on polyethylene using macroinitiators', *Macromolecules*, 26, 3245-3246.

Bottcher H, Soltmann U, Mertig M and Pompe W (2004). 'Biocers: ceramics with incorporated microorganisms for biocatalytic, biosorptive and functional materials development', *J Mater Chem*, 14, 2176-2188.

Chen H and Hsieh Y L (2005). 'Enzyme immobilization on ultrafine cellulose fibers via poly (acrylic acid) electrolyte grafts', *Biotechnol Bioeng*, 90, 405-13.

Chen T (1998). 'The relationship between specific properties and use of chitosan', presented on the National Symposium on Nature Marine Product and Nature Biological Medicine: Beijing, China, pp. 282-284.

Cheng S Y, Yuen M C W, Kan C W, Cheuk K K L, Chui C H and Lam K H (2009). 'Cosmetic textiles with biological benefits: gelatin microcapsules containing vitamin C', *Int J Mol Med*, 24, 411-419.

Cheng S Y, Yuen C W M, Kan C W, Cheuk K K L and Tang J C O (2010). 'Systematic characterization of cosmetic textiles', *Textile Res J*, 80, 524-536.

Dong H, Wang D, Sun G and Hinestroza J P (2008). 'Assembly of metal nanoparticles on electrospun Nylon 6 nanofibers by control of interfacial hydrogen-bonding interactions', *Chem Mater*, 20, 6627-6632.

Dowsett C (2003). 'An overview of Acticoat dressing in wound management', *Br J Nurs*, 12, S44-S49.

Draize J H, Woodard G and Calvery H O (1944). 'Methods for the study of irritation and toxicity of substances applied topically to the skin and mucous membranes', *J Pharmacol Exp Ther*, 82, 377-390.

El-Naggar A M, Zohdy M H, Hassan M S and Khalil E M (2003). 'Antimicrobial protection of cotton and cotton/polyester fabrics by radiation and thermal treatments. I. Effect of ZnO formulation on the mechanical and dyeing properties', *J Appl Polymr Sci*, 88, 1129-1137.

Gastmeier P, Stamm-Balderjahn S, Hansen S, Zuschneid I, Sohr D, et al. (2006). 'Where should one search when confronted with outbreaks of nosocomial infection?', *Am J Infect Control*, 34, 603-5.

Gopalakrishnan D (2007). 'Mosquito repellent fabrics', *Man-made Textiles India*, 50, 15-18.

Hadwiger L A, Kendra D F, Fristensky B W and Wagoner W (1985). 'Chitosan both activates genes in plants and inhibits RNA synthesis in fungi', In *Chitin in Nature and Technology*, Muzzarelli R A A, Jeuniaux C and Gooday G W (eds.), Plenum Press, New York, p. 209.

Hebeish A, Fouda M M G, Hamdy I, Ei-Sawy S M and Abdel-Mohdy F A (2008). 'Preparation of durable insect repellent cotton fabric: Limonene as insecticide', *Carbohydr Polym*, 74, 268-273.

Ikeda Y and Kurokawam Y (2002). 'Enantioselective esterification of racemic ibuprofen in isooctane by immobilized lipase on cellulose acetate-titanium iso-propoxide gel fiber', *J Biosci Bioeng*, 93, 98-100.

ISO (1999). 'ISO 10993-5: biological evaluation of medical devices: tests for cytotoxicity: in vitro methods', International Organization for Standardization, Geneva, Switzerland.

ISO (2002a). 'ISO 10993-4: biological evaluation of medical devices: selection of tests for interactions with blood',

International Organization for Standardization, Geneva, Switzerland.

ISO (2002b). 'ISO 10993-10: biological evaluation of medical devices: tests for sensitization', International Organization for Standardization, Geneva, Switzerland.

JIS (2008). 'Testing for antibacterial activity and efficacy on textile products, JIS L 1902: 2008', Japanese Standards Association, Akasaka Minato-ku, Tokyo, Japan.

Kendra D F and Hadwiger L A (1984). 'Characterization of the smallest chitosan oligomer that is maximally antifungal to fusarium-solani and elicits pisatin formation in pisumsativum', *Exp Mycol*, 8, 276-281.

Kim Y H, Lee D K, Cha H G, Kim C W and Kang Y S (2007). 'Synthesis and characterization of antibacterial Ag-SiO2 nanocomposite', *J Phys Chem C*, 111, 3629-3635.

Knittel D and Schollmeyer E (2000). 'Permanent modification of fibrous materials with biopolymers', *Adv Chitin Sci*, 4, 143-147.

Korshak V V, Mozgova K K, Shkolina M A, Korostylev B N, Lipovetskaya O Y and Zasechkina A P (1962). 'Grafted copolymers. IX. ', *Vysokomolekulyarnye Soedineniya*, 4, 1469-1473.

Kowalczyk T, Nowicka A, Elbaum D and Kowalewski T A (2008). 'Electrospinning of bovine serum albumin. Optimization and the use for production of biosensors', *Biomacromolecules*, 9, 2087-2090.

Kuroyanagi Y, Shiraishi A, Shirasaki Y, Nakakita N, Yasutomi Y, et al. (1994). 'Development of a new wound dressing with antimicrobial delivery capability', *Wound Repair Regen*, 2, 122-129.

Leuba S and Stossel P (1986). 'Chitosan and other polyamines: Antifungal activity and interaction with biological membranes', In *Chitin in Nature and Technology*, Muzzarelli R A A, Jeuniaux C and Gooday G W (eds.), Plenum Press, New York, p. 215.

Lewis H G P, Caulfield J A and Gleason K K (2001). 'Perfluorooctane sulfonyl fluoride as an initiator in hot-filament chemical vapor deposition of fluorocarbon thin films', *Langmuir*, 17, 7652-7655.

Leza M L, Casinos I and Guzman G M (1991). 'Graft copolymerization of 4-vinylpyridine onto cotton. The ceric ion concentration effect', *Angew Makromol Chem*, 184, 19-26.

Li D, Frey M W, Vynias D and Baeumner A J (2007). 'Availability of biotin incorporated in electrospun PLA fibers for streptavidin binding', *Polymer*, 48, 6340-6347.

Liesenfeld B, Toreki W, Moore D and Schultz G S (2007). Absorbent wound dressing with a non-leaching antimicrobial activity and a controlled-release bioactive agent. International patent application WO/2007/024972. 2007-March-01.

Lin J, Murthy S K, Olsen B D, Gleason K K and Klibanov A M (2003). 'Making thin polymeric materials, including fabrics, microbiocidal and also water-repellent', *Biotech Lett*, 25, 1661-1665.

Liu N, Sun G, Gaan S and Rupper P (2010). 'Controllable surface modifications of polyamide by photo-induced graft polymerization using immobilized photo-initiators', *J Appl Polym Sci*, 116, 3629-3637.

Liu S and Sun G (2006). 'Durable and regenerable biocidal polymers: Acyclic N-halamine cotton cellulose', *Ind Eng Chem Res*, 45, 6477-6482.

Liu S and Sun G (2008). 'Biocidal acyclic halamine polymers: Conversion of acrylamidegrafted-cotton to acyclic halamine', *J Appl Polym Sci*, 108, 3480-3486.

Liu S and Sun G (2009). 'New refreshable N-halamine polymeric biocides: N-chlorination of acyclic amide grafted cellulose', *Ind Eng Chem Res*, 48, 613-8.

Liu S, Zhao N and Rudenja S (2010). 'Surface interpenetrating networks of poly (ethylene terephthalate) and polyamides for effective biocidal property', *Macromol Chem Phys*, 21, 286-296.

Livage J, Coradin T and Roux C (2001). 'Encapsulation of biomolecules in silica gels', *J Phys: Condensed Matter*, 13, R673-R691.

Lu P and Hsieh Y L (2010). 'Layer-by-layer self-assembly of Cibacron Blue F3GA and lipase on ultra-fi ne cellulose fi brous membrane', *J Membr Sci*, 348, 21-27.

Luepke N P (1985). 'Hen' s egg chorioallantoic membrane test for irritation potential', *Food Chem Toxicol*, 23,

287-291.

Luepke N P and Kemper F H (1985). 'The HET-CAM test: An alternative to the Draizer eye test', *Food Chem Toxicol*, 24, 495-496.

Luu Y K, Kim K, Hsiao B S, Chu B and Hadjiargyrou M (2003). 'Development of a nanostructured DNA delivery scaffold via electrospinning of PLGA and PLA-PEG block copolymers', *J Controlled Release*, 89, 341-353.

Ma M and Sun G (2005). 'Antimicrobial cationic dyes. Part 3: simultaneous dyeing and antimicrobial finishing of acrylic fabrics', *Dyes Pigm*, 66, 33-41.

Ma M, Mao Y, Gupta M, Gleason K and Rutledge G C (2005). 'Superhydrophobic fabrics produced by electrospinning and chemical vapor deposition', *Macromolecules*, 38, 9742-9748.

Martin T P, Kooi S E, Chang S H, Sedransk K L and Gleason K K (2006). 'Initiated chemical vapor deposition of antimicrobial polymer coatings', *Biomaterials*, 28, 909-915.

McDowall D J, Gupta B S and Stannett V (1982). 'The ceric ion method of grafting acrylic acid to cellulose', in Hon D N S, *Graft copolymerization of lignocellulose fibers*, ACS Symposium Series, Washington DC, pp. 45-55.

McDowall D J, Gupta B S and Stannett V T (1984). 'Grafting of vinyl monomers to cellulose by ceric ion initiation', *Prog Polym Sci*, 10, 1-50.

McQueen R H, Keelan M and Kannayiram S (2010). 'Determination of antimicrobial efficacy for textile products against odor-causing bacteria', *AATCC Rev*, 10, 58-63.

Nevell T P and Zeronian S H (1985). *Cellulose Chemistry and its Applications*, Ellis Horwood Ltd., Chichester,

Park J Y, Kong B, Chi Y S, Kim Y and Choi I S (2009). 'Aryl Azide-based photografting of â-cyclodextrin onto cellulose diacetate fibers', Bull Korean Chem Soc, 30, 1851-1854.

Perelshtein I, Applerot G, Perkas N, Grinblat J, Hulla E, et al. (2010). 'Ultrasound radiation as a "throwing stones" technique for the production of antibacterial nanocomposite textiles', *Appl Mater Interface*, 2, 1999-2004.

Qian L and Sun G (2004). 'Durable and regenerable antimicrobial textiles: Improving efficacy and durability of biocidal functions', *J Appl Polym Sci*, 91, 2588-2593.

Rabea E I, Badawy M E, Stevens C V, Smagghe G and Steurbaut W (2003). 'Chitosan as antimicrobial agent: applications and mode of action', *Biomacromolecules*, 4, 1457-1465.

Ren X, Zhu C, Kou L, Worley S D, Kocer H B, et al. (2010). 'Acyclic N-halamine polymeric biocidal films', *J Bioact Compat Polym*, 25, 392-405.

Rudenja S, Zhao N and Liu S (2010). 'Surface interpenetrating networks of polyacrylamide in poly (ethylene terephthalate) as a means of surface modification', *Eur Polym J*, 46, 2078-2084.

Savard T, Beauliu C, Boucher I and Champagne C P (2002). 'Antimicrobial action of hydrolyzed chitosan against spoilage yeasts and lactic acid bacteria of fermented vegetables', *J Food Protect*, 65, 828-833.

Schmidt A, Buschmann H J, Knittel D and Schollmeyer E (2003). Method for producing reactive cyclodextrins, textile material provided with same, and use of said cyclodextrin derivatives. U. S. Pat 7754877.

Schoukens G and Kiekens P (2009). 'New bioactive textile dressing materials from dibutyrylchitin', *Int J Clothing Sci Technol*, 21, 93-101.

Seong H, Kim J and Ko S (1999). 'Preparing chito-oligosaccharides as antimicrobial agents for cotton', *Textile Res J*, 69, 483-488.

Shin Y, Yoo D I and Min K (1999). 'Antimicrobial finishing of polypropylene nonwoven fabric by treatment with chitosan', *J Appl Polym Sci*, 74, 2911-2916.

Sibbald R G, Browne A C, Coutts P and Queen D (2001). 'Screening evaluation of an ionized nanocrystalline silver dressing in chronic wound care', *Ostomy Wound Manage*, 47, 38-43.

Sohn S O, Lee S M, Kim Y M, Yeum J H, Choi J H and Ghim H D (2007). 'Aroma finishing of PET fabrics with PVAc nanoparticles containing Lavender Oil', *Fiber Polym*, 8, 163-167.

Son W K, Youk J H, Lee T S and Park W H (2004). 'Preparation of antimicrobial ultrafine cellulose acetate fibers with silver nanoparticles', *Macromol Rapid Commun*, 25, 1632-1637.

Srikar R, Yarin A L, Megaridis C M, Bazilevsky A V and Kelley E (2008). 'Desorptionlimited mechanism of release from polymer nanofibers', *Langmuir*, 24, 965-974.

Sudarshan N R, Hoover D G and Knorr D (1992). 'Antibacterial action of chitosan', *Food Biotechnol*, 6, 257-272.

Sun X Y, Shankar R, Borner H G, Ghosh T K and Spontak R J (2007). 'Field-driven biofunctionalization of polymer fiber surfaces during electrospinning', *Adv Mater*, 19, 87-91.

Sun Y and Sun G (2001). 'Novel regenerable N-halamine polymeric biocides. I. Synthesis, characterization, and antibacterial activity of hydantoin-containing polymers', *J Appl Polym Sci*, 80, 2460-2467.

Tanner B D (2009). 'Antimicrobial Fabrics-issues and opportunities in the era of antibiotic resistance', *AATCC Rev*, 9, 30-33.

Thomas S and McCubbin P (2003). 'A comparison of the antimicrobial effects of four silver-containing dressings on three organisms', *J Wound Care*, 12, 101-107.

Tsuneda S, Saito K, Furusaki S and Sugo T (1995). 'High-throughput processing of proteins using a porous and tentacle anion-exchange membrane', *J Chromatogr A*, 689, 211-218.

Tungprapa S, Jangchud I and Supaphol P (2007). 'Release characteristics of four model drugs from drug-loaded electrospun cellulose acetate fiber mats', *Polymer*, 48, 5030-5041.

Vigneshwaran N, Kumar S, Kathe A A and Varadarajan P V (2006). 'Functional finishing of cotton fabrics using zinc oxide-soluble starch nanocomposites', *Nanotechnology*, 17, 5087-5095.

Wang D, Sun G and Chiou B (2007). 'A high-throughput, controllable, and environmentally benign fabrication process of thermoplastic nanofibers', *Macromol Mater Eng*, 292, 407-414.

Wang D, Sun G, Xiang B and Chiou B (2008). 'Controllable biotinylated poly (ethyleneco-glycidyl methacrylate) (PE-co-GMA) nanofibers to bind streptavidin-horseradish peroxidase (HRP) for potential biosensor applications', *Eur Polym J*, 44, 2032-2039.

Wang J and Cai Z (2008). 'Incorporation of the antibacterial agent, miconazole nitrate into a cellulosic fabric grafted with b-cyclodextrin', *Carbohydr Polym*, 72, 695-700.

Wang Y and Hsieh Y L (2008). 'Immobilization of lipase enzyme in polyvinyl alcohol (PVA) nanofi brous membranes', *J Membr Sci*, 309, 73-81.

Wendt C, Wiesenthal B, Dietz E and Ruden H (1998). 'Survival of vancomycinresistant and vancomycin-susceptible enterococci on dry surfaces', *J Clin Microbiol*, 36, 3734-3736.

Wright J B, Lam K and Burrell R E (1998). 'Wound management in an era of increasing bacterial antibiotic resistance: A role for topical silver treatment', *Am J Infect Contr*, 26, 572-577.

Xing Q, Eadula S R and Lvov Y M (2007). 'Cellulose fiber-enzyme composites fabricated through layer-by-layer nanoassembly', *Biomacromolecules*, 8, 1987-1991.

Xu X L, Chen X, Ma P, Wang X and Jing X (2008). 'The release behavior of doxorubicin hydrochloride from medicated fibers prepared by emulsion-electrospinning', *Eur J Pharm Biopharm*, 70, 165-170.

Yamamoto K, Miwa Y, Tanaka H, Sakaguchi M and Shimada S (2002). 'Living radical graft polymerization of methyl methacrylate to polyethylene film with typical and reverse atom transfer radical polymerization', *J Polym Sci, Part A*, 40, 3350-3359.

Yan J and Chen J, (2003). Antimicrobial yarn having nanosilver particles and methods for manufacturing the same. U. S. Pat 6979491.

Yasuda K, Funabashi K and Chiyoda A, 1985, Antimicrobial fabrics having improved resistance to discoloration. U. S. Pat 4504541.

Zhang Y, Lim C T, Ramakrishna S and Huang Z (2005). 'Recent development of polymer nanofibers for biomedical and biotechnological applications', *J Mater Sci: Mater Med*, 16, 933-946.

Zhao N, Zhanel G G and Liu S (2011). 'Regenerability of antibacterial activity of interpenetrating polymeric N-halamine and poly (ethylene terephthalate) ', *J Appl Polym Sci*, 120 (1), 611-622.

第 16 章

医院洗衣房及其在医用纺织品中的作用

J. Beringer，J. Kurz
德国海恩斯坦研究所

摘要：医院洗衣房总是与医疗纺织品紧密联系，即使在实用医学的早期阶段，每次医学干预之后，所涉纺织品也必须清洗。本章从历史的角度，以德国的发展为例，介绍医院洗衣房清洁工作的演变。本章主要讨论洗衣机的类型、医院使用的纺织品、表面活性剂、漂白剂和增白剂以及洗涤的过程。本章也通过评述德国使用的质量标准 RAL，讨论了医院洗衣房的测试和质量控制。当然，对于其他工业化国家，这些基本原则和普适要求也同样适用。

关键词：医院洗衣房，医用纺织品，洗衣机类型，表面活性剂，漂白剂，增白剂，洗涤过程，质量标准。

16.1 引言

医院洗衣房与医疗纺织品或与手术室（OR）纺织品，一直都密切相关。即使在实用医学的早期阶段，每个涉及医疗干预的纺织品都必须清洗。本章参考德国发生的例子，从历史的角度说明了从过去到现在医院洗衣房及其相应环境的变化。基本原则和普适要求几乎适用于所有现代工业国家。

医院洗衣房的技术发展从洗衣盆开始，之后为初期的滚筒洗衣机，直到最先进的高科技工艺连续批量洗衣机，不再与传统的洗衣房有任何共同点。相反，如今的医院洗衣房是工业生产工厂，组织严密，计算精确。所以医院洗衣房，或更一般说来商业洗衣房，更恰当应称为工业化洗衣房。

医院洗衣房过去和现在区别的主要关键因素可归纳如下：

- 外包。外部纺织公司取代医院内部的洗衣房。医疗保健系统的成本削减促进了医院由外包服务来洗衣。

- 质量保证和卫生保障的特殊性。对纺织服务企业建立有效的质量保证和卫生保障措施，并经政府批准后，就可以允许医院要洗的衣物在医院外处理。
- 阻断感染链。消毒洗涤程序的发展是至关重要的一个步骤，标志医院洗衣房回归至系统构架的再次利用。

16.2 医院洗衣房的关键问题

16.2.1 洗涤-烘干机、洗涤-离心机和洗涤-提取机的发展

位于德国埃斯林根（Esslingen）的 L. H. Lorch 机械厂尽管在 1910 年就开发出立式洗衣烘干机，可供实际使用，但直到 1913 年才正式投入使用。因此，德国洗衣机的诞生年份可以追溯到 1913 年。然而，直到 1945 年第二次世界大战结束之前，洗衣机在德国几乎是不为人知的。甚至著名的洗衣专家 W. Kind 博士，在 1949 年出版的一本关于商业洗衣店的书中也根本没有提到这种洗衣机。在 20 世纪 60 年代，形势发生了变化，呈现出两种不同的趋势。位于德国杜塞尔多夫-拉斯的 Gebr. Poensgen 机械厂，是德国处于领先地位的一家工厂，采用了 Lorch 公司于 1913 年推出的洗涤-旋转干燥器的原理，而同时美国的机器制造商对家用洗衣机采用高速滚筒原理。

在 20 世纪初，美国机器在洗衣机领域不断成功。在当时技术的进步来自美国，而德国机械工厂最初的反应则比较谨慎。除了德国 Seibt&Kapp Erdmannshausen 公司，在小型机器领域占据了一席之地外，美国主导了市场。但是之后德国迅速赶了上来。在 20 世纪 60 年代中期，他们提供了各种尺寸的洗衣机，其容量范围从 10～150kg 不等。

逆流洗衣机、自动在线洗衣机和连续批量洗衣机的开发

洗衣机排出的液体仍然可以很好地用于浸泡亚麻布，这一点是开发新的洗涤工艺的出发点。实践经验证明，液体的热量以及剩余的肥皂仍然具有洗涤效果。然而，收集液体再将其倒入洗涤桶，是相当困难的。这种复杂的程序与现代蒸汽洗衣店旨在实现合理的工作流程并不一致。

逆流洗涤

工程师 Sulzmann 专注于利用余热和残留的洗涤剂进行进一步洗涤。他设计了一个由 12 台洗衣机相互连接的洗衣设备。洗涤液可以从一台洗衣机流到另一台洗衣机。注入系统的清水首先用作漂洗，然后用于漂白、洗涤，最后再用于预洗。因此，逆流洗涤的原理被设计出来，并取得了持续的成功。其只需要用前三分之一的热量和水，以及只用一半的洗涤剂。此外，新系统减少了工作量。一个人就能操作一个由 12 台机器组成的洗涤设备。

Sulzmann 将该专利卖给了不莱梅的 Engelhardt und Förste（E&F）机械厂，后者根据 Sulzmann 设计的系统生产了第一批逆流设备。洗衣机轮换装载、卸载衣物，使洗涤工不得不围绕机器来回走动。每台机器都须手动减小逆流，然后重新调回系统。

逆流洗涤是 20 世纪洗衣机技术最重要的发明。迄今为止，这一原理在经济上和生态上都是首屈一指的。

独立机台逆流操作的连续批量洗衣机

当 Gebr. Poensgen 机械厂设计逆流设备时，甚至进一步采取一个步骤，将每台洗衣机放置于旋转传送带上，让装载和卸载衣物都可以在同一位置完成。现在，E&F 系统中机器的移动代替了洗衣工来回走动。减少洗衣房同一地方的洗衣设备，以更便捷和节约成本的方式装卸旋转干燥机，这些改进才最受人关注，而不只是取代洗衣工。

连续流水线洗衣机或在线自动化洗衣机

当逆流原理在 1950 年底完全成熟时，机器制造商试图通过自动运输衣物来改进洗衣过程，从而开发出所谓的在线自动洗衣机。其中之一是 Poensgen 公司的洗涤输送带 WBS。它有一个倾斜的洗涤筒管，但由于洗涤效果不理想，批次分离不够充分，无法获得市场认可。虽然如此，Poensgen 公司仍被誉为第一家实施连续流水线洗涤机器的工厂。

1961 年，Engelhardt&Förster 公司推出了在线自动洗衣机 R100，在商业洗衣技术中引进了新的原理。与之前常用的滚筒不同，E&F 公司采用了几个类似于外筒一半的半筒壳，将其排成一列，在滚筒中，洗衣机特殊的驱动产生洗涤力，并将衣物从一个半筒壳输送到另一个半筒壳。根据文献，与最初的逆流设备相比，E&F 成功地进一步减少了消耗，但未能设法将性能提高到能让这种高价格的设施在短期内摊销的程度。尽管如此，Engelhardt&Förster 的在线洗衣机还是占据了相当大的市场份额，特别是医院洗衣房产生了浓厚的兴趣，因为这种机器可以将脏衣服和干净衣服分开，不会有大问题。

在 20 世纪 60 年代，Senking 机械厂开发了运输洗衣机。实际上，它是一个单滚筒自动在线洗衣机，并且非常接近后来的连续批量洗衣机。所洗衣物通过螺旋形吊环进行输送。

单滚筒和双滚筒洗衣机代表了第二个开发阶段，紧随其后，德国主要的洗衣机工厂（Poensgen，Engelhardt & Förster，Senking）生产出连续工作的洗衣机。迄今为止，仅开发了两种由一个滚筒组成的单滚筒连续批量洗衣机。它们是 Voss 机械厂的 Archimedia 和 Ad. Schulthess 机械厂的 ST35 连续设备。

1963 年，位于法兰克福附近的 Neu-Isenburg 的 Pfaff 公司开发了 Archimedia 的概念设计，但是直到在 1970 年，Sarstedt 的 Voss 机械厂才实施了这一设计。将衣物从一个循环到另一个循环的输送方式，是连续批量洗衣机的显著特点。为此，将阿基米德型的螺杆与滚筒在内部紧密焊接，这样一来，一方面形成了独立的隔间；另一方面，在一次完整旋转期间，可以将一个批次的衣服运送到连续批量洗涤器的下一个区域。通过螺杆的中空轴向隔室提供水、洗涤剂和蒸汽。整个滚筒支撑在两端的定位辊上。在洗涤循环期间，滚筒以约 300°的旋转角度摆动。11 根肋材固定到滚筒上，促使衣物旋转稳定。为了输送衣物，在完成循环后将滚筒旋转 360°。在此过程中，衣物停留在底部，并没有像其他系统那样被抬升。此设备采用分流逆流系统，用分开的液体供给预洗段、主洗段和最后的冲洗段。在 Vossin Sarstedt 公司于 1979 年停止生产 Archimedia 之后，先是 Passat 集团，再到后来的 Kannegiesser 公司，还继续进行这些设备的生产，直到 1995 年停止。

在 1975 年，瑞士机器公司 Ad. Schulthess&Co. AG 向德国市场推出了逆流洗衣设备。这种 ST 35 是一个单筒式洗衣机，配有特殊的入口水阀，用于向各个部分供应水和洗涤剂/漂白剂。类似的出口水阀系统排出了脏液。浸泡段采用连续流动工作。后续工序采用分离的逆流运行方式。在洗涤过程中，旋转角度为 300°，通过在滚筒底部的螺旋侧壁旋转到 360°，从而将衣物输送出去。

大约在 1970 年，与 Archimedia 循环洗涤设备推出的同时，Poensgen 机器厂将双滚筒连续批量洗衣机 PWZ 推向市场。从一开始它就是为了可以扩展而设计的，可以进一步增添其他可选择的隔仓。当滚筒旋转时，滑动片（见图 16.1）刮起衣物穿过液体，并将带有部分游离液体的衣物提起。这部分液体通过内滚筒上的小孔流回外滚筒中。在循环期间，当衣物通过滚筒的上半部分时，它又再次回落到收集的液体中。当整个循环完成后，以相反的方向旋转 360°，进行输送。滑动片取出衣物，并通过内管输送到下一个隔仓。每个隔仓分别装载和卸载衣物，因此具有启动电流峰值较低的优点，但缺点是耗时和复杂的控制技术。压力为 2 巴（bar）的压缩空气施于内管，以免堵塞。PWZ 有不同规格，可选 4～16 个单元，每单元批量为 35kg 的衣物，每小时的处理量介于 300～1680kg 之间。

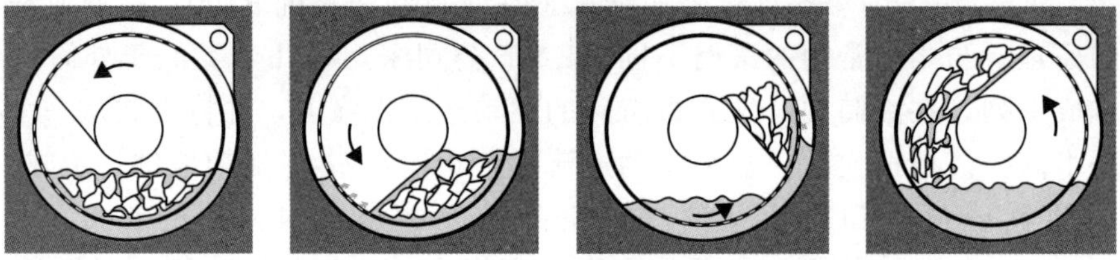

图 16.1　洗涤衣物在 PoensgenPWZ 内滚桶中移动的示意图

1970 年，由 Senking 在希尔德斯海姆生产的连续批量洗涤器 P14 原则上可称为双滚筒结构，但也显示出单滚筒结构的特征。内滚筒由焊接在一起的各个滚筒单元形成。中间隔间的无孔隔离壁具有用于输送衣物的开口。内滚筒壳上打孔。位于每个隔间的升降板摇晃衣物并将其运送到下一个隔仓。内滚筒在相反方向上旋转 360°，将洗衣批次与提升板一起输送到下一个隔仓。P14 的批量约为 15kg。特殊型号可以管理重达 36kg 的批次。P16 计划作为单滚筒洗衣机，但出于洗衣技术的原因，在某些地区扩大为双滚筒。与 P14 线相比，P16 机器从顶部进行衣物转送。大约在 1980 年，P18 系列推出了一个单滚筒/双滚筒式洗衣机，参照使用阿基米德型螺杆，但没有内部管道。1995 年随着 Senking 的“通用”生产线放弃了连续逆流技术，采用了换浴技术，原则上符合循环逆流。最新的技术发展是无槽式换浴器。

Engelhard&Förster 的逆流洗涤设备也是一个带有独立单元的双滚筒系统，但在各种细节方面改进相当大。每个单元都有自己的驱动器，固定在封闭的外部滚筒上方。在三秒的洗涤循环期间，内部滚筒与垂直参考线成 180°的旋转角度旋转。在可调节循环时间结束后，所有内部滚筒同时旋转 360°并输送衣物。运输螺旋同步收集衣物，并将它们输送到下一个单元。

大约在 1978 年，Milnor 公司的连续批量洗衣机是 Arista Contrain 系统双滚筒式洗衣机的进一步发展。内滚筒具有约 240°的旋转角度。转动一周后，衣物被运送到下一个隔仓。自动在线洗衣机不断发展。今天它们的销售型号有 76028 G3、76039 G3 和 92048 G4。

1988 年，帕萨特集团开发了 Poensgen-Sulzmann 的小型 PWZ 模块。名为 Ultra Tandem，最小的机器由三个滚筒组成，分为六个单元，每个单元的负载能力为 15kg。

1977 年 Dreher GmbH 公司的双滚筒连续批量洗涤器 Contrain 3500 以大约 220°的旋

转运动对衣物进行处理。转动一周后，衣物被运送到下一个隔仓。法国机器制造商 Arista 提供了设施的基本设计。

Transferon 集团继续根据逆流原理双滚筒结构设计了自动在线清洗机。Kannegiesser 公司合并了最初的 Archossia of Voss 和 Poensgen-Sulzmann 的 PWZ 模块，并设计了 PowerTrans，优化了耗水量和能源利用率。连续批量清洗机的开发仍在进行中，并取得了惊人的进展。总而言之，这项技术将来的发展前景是最有意义的。

16.2.2 衣物的消毒

直到 1961 年，公众才有提高洗衣卫生的意识，当时颁布了德国人类传染病预防和控制法，《联邦流行病控制法》（缩写为 Bundesseuchengesetz）；1976 年，德国卫生局 BGA 颁布了“医院感染检测、预防和控制”指令；1979 年，德国卫生局 BGA 颁布了医院洗涤、医院洗衣设施和洗涤过程的指令附件，以及商业洗衣店供给医院洗涤物的条件。德国医院行政经理专业协会（Fachvereinigung der Verwaltungsleiter deutscher Krankenanstalten e. V.）发布了医院的内部洗衣设施，中央洗衣店和商业洗衣店的洗涤指令。在此阐明了医院清洗处理的必要措施。此外，德国卫生局（BGA-Liste）测试和批准消毒清单和事故预防条例“洗衣”（VBG 7y），从洗衣房工作人员的角度来定义医院洗衣房的处理方法。

卫生当局颁布的新规定引起了医院洗衣设施的根本性结构变化，因为医院必须提高相当多的财力才能满足新的卫生要求。因此，许多医院根据官方规定考虑在外部进行洗衣这一项措施。因此，在 20 世纪 80 年代初，医院开始让外部商业洗衣店洗衣服。为了支持医院洗涤的恰当卫生处理，1986 年德国质量保证和认证研究所（Deutsches Institut für Gütesicherung und Kennzeichnung）向 RAL 颁发了 RAL-GZ 992/2 医院洗衣新质量标准（见 16.4 节），这项标准规定了德国卫生局的卫生要求，并将其完全适用于洗衣问题。

衣物的传染性分为三类：高度传染性、传染性和潜在传染性。在送出医院之前，高度传染性的衣物必须直接在病房消毒。传染性衣物必须收集在特别标记的容器（例如洗衣袋）中。洗涤过程中，在洗涤和溶液消毒之前，不得清空排掉溶液。然而，潜在传染性衣物的洗涤程序只需要对衣物本身进行消毒，不对溶液进行消毒。

要考虑的洗涤方法是热处理和化学-热处理。热处理必须在 90℃ 的温度下持续 10min 或在 85℃ 下持续 15min。对于每个化学-热处理，德国卫生局发布批准了产品清单并确定了应用条件的过程。这些清单仅适用于传染性衣物。

结构性措施规定将清洁区域和不洁区域分开。人员通道必须使用闸门（气闸）以及集装箱运输来保护。必须能够在干净的一侧装载洗衣机，并在不洁净的一侧清空它们。只要符合特定的要求，所有市售洗衣机都是合适的（参见 16.2.1 节，涉及洗衣机）。

关于人员，规定了在不洁净区域必须进行工作的卫生条件，并且必须采取预防措施来保护工人的健康。要求对洗衣设施中的所有相关活动进行卫生计划，以便为所有组织过程建立最佳卫生条件。当运输干净的衣物时，应遵循精确的规则来对运输车辆和洗涤的衣物的包装进行消毒。根据用于医院洗衣的质量控制系统 RAL-GZ 992/2 规定了定期自我监控和外部控制。

16.2.3 医院纺织品

规范和指导方针

1964 年，德国医院行政经理专业协会（Fachvereinigung der Verwaltungsleiter deutscher Krankenanstalten e. V.）成立了洗衣设施专家委员会（Fachausschuss Wäscherei）。1965 年，实际工作开始于对洗衣设施的统计调查。这是与商业洗衣店的市场价格相比，在医院内部洗衣店和中央洗衣店进行洗涤的成本的比较汇编。直到 1990 年中期，这项调查被认为是行政管理人员和洗衣业主的重要信息来源。

这项调查显示，医院的纺织材料配备完全不同，是因为以前的 DIN 标准不适合医院采购亚麻和服装。因此，专家委员会决定制定自己的采购准则，并将任务分配给海恩斯坦（Hohenstein）研究所，以产生技术规范。1969 年出版了“医院纺织品招标书规范”（Unterlagen für die Ausschreibung von Krankenhaustextilien）。在通用语中，这些技术规范被缩写为海恩斯坦技术参数（Hohenstein er TB's）。后来增加了对混纺织物制成的防护服的要求，并出版了 160 页的书，其中包含所有技术规范以及医院纺织品采购和纺织品洗涤的主要法律和法规。

在 1969 年出版了技术规范之后，这些规范被广泛传播使德国标准化研究所在没有替代的情况下撤回了用于医院床上用品的织物、医院内衣和衣服的 61 621 标准（DIN 61 621 'Gewebe für Krankenhausbettwäsche，-Leibwäsche und-bekleidung），以便支持医院纺织品的技术规范。然而在 20 世纪 90 年代，欧洲标准化越来越重要，德国标准化研究所再次接受了这一主题，承担了在 CEN TC 248“纺织品和纺织产品”框架内成立德国工作组的责任。以“医疗系统中的纺织品”为名，规定了医疗系统中主要纺织品的要求。在 2001 年的最后讨论之后，发布了有效期为两年的欧洲预标准，用以测试内容的实用性。“试用期”到期后，有效期再次延长。在德国，预标准并未达到与共存技术规格相同的认知水平。

有趣的是，足够的行政管理人员同样对采购纺织品和洗衣设施感兴趣，因为在 1982 年，最初的洗衣设施专家委员会更名为洗衣设施和纺织品供应问题专家委员会（Fachkommission für Wäschereifragen und textile Versorgung）。

用于外科手术的纺织品

说到手术纺织品，首先想到的是手术室人员和手术帷帘。然后，人们可以想象外科医生穿着绿色和蓝色的手术服，和他们的助手一起站在手术台周围，旁边是用一盏大灯照亮的电子指示装置。手术用的口罩、手套和帽子也属于这种情况。然而，这是一个长期的技术和社会发展进程。

外科医生防护便服的第一批照片可以追溯到 19 世纪 90 年代。在以前，外科医生的便服是血染的，这种情况没有负面含义。穿着血迹斑斑的衣服在镇上跑来跑去，是非常荣耀的。

转入 20 世纪，手术室服装迎来了新的“白色时代”。但是，仍然没有手术手套、口罩和帽子。20 世纪初，是手术室用纺织品的一个里程碑，因为便服被防护服取代。直到大约 1930 年，才开始使用外科口罩。只有从那时开始，才能找到外科医生和助手戴着口罩的照片，当时的口罩可能是用简单的棉纱布制成的。

第二次世界大战后，外科医生和患者的纺织品供应量迅速增加。首先介绍了外科医生用防护服和患者手术床单的普遍用途。手术室纺织品全部由棉布制成。首先，这些服装用橡胶围裙保护；然后，特别是在涉及大量液体的操作时，再用塑料涂层的纺织围裙保护。

20 世纪 60 年代，医院逐步给它们的手术室服装做防水处理，以保护外科医生免于接触血液和其他体液。因此很快就发现，由于它们的多孔性，棉纺织品仅在有限程度上能够有效地排斥液体。随后的一步是使用本征密度尽可能高的织物，如当时由 50％聚酯和 50％棉制成的混纺织物是非常合适的。

纺织品的防水整理开始是在手术室材料领域发展。现在，纺织品制造商试图使用“防水纺织品”，这些“防水纺织品”已经由私营部门试用并取得信任，同样也用于手术室。虽然起初看起似乎很容易，但是启动时出现了相当大的问题，因为手术室纺织品不仅必须是耐洗的，而且还要尽可能经常消毒。通常，人们认为至少 50 次循环使用，但期望的目标其实是 100 次循环使用。

在 20 世纪 70 年代，德国只有两种产品具有足够的透气性和绝对的防水性。这两种产品是 SympaTex®和 GORE-TEX®，第一种产品更便宜，但不适用于手术纺织品，因为它不能完全抵抗灭菌，只剩下 GORE-TEX®。通过使用这些纺织层压片，可以为患者提供新的卫生质量的防护服和手术巾。目前，手术纺织品已经同时具有防水和透气性。

在医疗产品法律实施之后，不仅产品本身得到了改善，并且洗涤过程也发生了变化。为了回收医疗产品，必须观察许多重要参数，这些参数在文献和标准中有详细描述。

16.3 医院洗衣房对医用纺织品卫生的影响

16.3.1 表面活性剂

20 世纪 30 年代初，由于高压煤液化加氢设备的开发，从脂肪高压合成脂肪醇取得了成功。因此，生产肥皂所用的脂肪酸现在已经被脂肪醇代替，成为了该方法的基本原料。不用碱中和脂肪酸，用硫酸来转化脂肪醇，得出脂肪醇硫酸盐，它是一种钠盐，具有与肥皂相同的发泡能力。此外，它具有出色的洗涤能力，是中性的，并且能够抵抗导致水硬度的物质。因此，一种新的温和洗涤剂诞生了，它于 1932 年以 FEWA 的名义推向市场。

因为化学工业能够提供足够的脂肪醇，所以新型洗涤剂的开发变得可行。大自然是主要的供应来源。化学家发现，海洋哺乳动物的鲸蜡和液体鲸油是纯脂肪醇和脂肪酸酯。通过简单地分离酯，可以得出脂肪醇和脂肪酸，它们是洗涤剂的原料产物。

随着 1939 年第二次世界大战的开始，在极地海域的鲸鱼捕猎突然结束。因此，不再提供生物脂肪供应，人们不得不接受使用石蜡（一种在褐煤提取过程中煤液化产生的废物），而且石油中同样也含有大量的石蜡烃。

实际问题归结于一个任务：如何采用易行的化学转化将某一化学基团插入石蜡分子中。事实上，有可能通过催化氧化生产石蜡脂肪酸，然后用碱中和后，得到肥皂。石蜡脂肪酸也可以还原成石蜡醇，能够制成可以抗硬水的脂肪醇硫酸酯，其质量相当于由脂肪醇硫酸酯制成的 FEWA。

石蜡氧化为洗涤剂提供了更重要的原料。结合苯，开发了一种名为烷基苯磺酸盐的新原料，它代表了用于精致纺织品的重垢洗衣洗涤剂和轻垢洗涤剂（图 16.2）的主要成分之一。通过将直链石蜡链改变为支化的石蜡链（图 16.3），最初生物可降解性的困难可以克服。

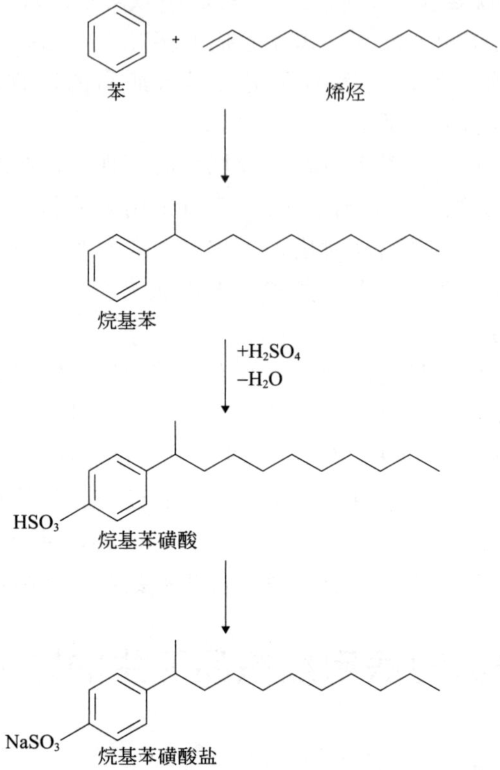

图 16.2 烷基苯磺酸盐的合成

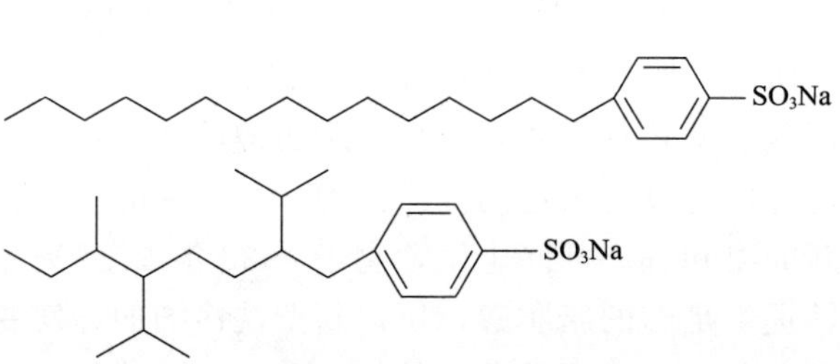

图 16.3 直链烷基苯磺酸盐（上）和高支化烷基苯磺酸盐（下）

随着脂肪醇与聚乙二醇醚的转化，产生了具有特定乳化和分散性质的新洗涤活性物质。它们不能在水溶液中离解，因此被称为非离子表面活性剂，几乎应用于清洁技术的各个方面。由于在低温下具有更好的去污力，这些洗涤原料（即脂肪酸聚乙二醇醚）趋向于较低程度的乙氧基化。

由可再生资源制成的洗涤原材料代表了表面活性剂研究的最新发展，它们通常被称为糖表面活性剂，其为烷基多葡糖苷（APG）和脂肪酸葡糖酸（GA）。

尽管在过去几十年中涉及表面活性剂的所有新发展，但烷基苯磺酸盐是最常用的洗涤原料。

16.3.2 洗衣房衣物的漂白和荧光增白

氯漂白剂

在商业洗衣店的早期阶段，氯漂白液和氯化石灰是两种最重要的漂白剂。1785 年，法国化学家 C. L. Bertholet（1748～1822 年）将氯气通入含有次氯酸钾的碳酸钾溶液中，生产出第一种氯漂白液。这刚好发生在巴黎郊区的 Javelle，氯气漂白液按地名命名为 Javelle 漂白水。直到 20 世纪初，次氯酸钾已被次氯酸钠取代，但是该名称仍未改变。

与流体氯气漂白液相比，氯化石灰代表了氯可以作为商品的最方便的形式。它是一种易碎的无色粉末，在干燥的地方长期储存时也能保持其氯含量。1799 年英国化学家 Smithson Tennant（1761～1815 年）首次在工业过程中生产出氯化石灰，基于此，它成为洗衣商店中最受欢迎的漂白剂，其氯含量平均为 25%～36%。

在施用氯化石灰的前几天，它必须浸泡在冷水中，比例为（1∶10）～（1∶20），这取决于石灰的氯含量。随后得到的碱性上层清液是漂白溶液。

首先，用冷的 5%～6%漂白溶液处理衣物约 15min。之后，必须冲洗衣物，直到氯气的气味消失。最后，将二硫化钠作为抗氯化物加入最后的漂洗浴中。

过氧化氢和加成化合物

1907 年，当 Persil 开始使用过硼酸盐漂白量产时，洗衣商店同样也关注家用产品，并且必须了解，就家用漂白而言，需要更温和地清洗衣物。

来自杜塞尔多夫的德国公司 Henkel&Cie，向市场推出了第一种含氧漂白剂 Oxygenol。它可以添加到洗衣店中迄今仍然使用的碱性肥皂水中，不需要用随后额外的抗氯化剂漂白处理，而只需将这种新产品添加到最热的浴中。

含氧漂白剂成功的关键是工作更安全，过程更便捷。在接下来的几年中，含氧漂白剂使氯漂白剂逐渐退出市场，但是并未完全退出，因为正确使用的氯漂白剂也具有不可否认的优点。直到今天，这种情况依然没有改变。

在早期，洗衣商店很少使用过氧化氢作为商业洗衣液，因为它不足够稳定并且会因此快速分解。它们更喜欢用酸转化过氧化钠使其产生过氧化氢。然而，洗衣店采用原始粉末形式的过硼酸钠，尽管它在冷水中不能很好溶解。几十年来，含氧漂白剂的应用成为洗衣商店的公认标准。

过氧乙酸

虽然，含氧漂白剂的应用对于洗衣店的日常操作非常方便，但是在约 60℃及更低的洗涤温度下，它们并不能发挥作用。在 20 世纪 60 年代，人们越来越多地将聚酯和棉混纺织物引入市场，于是提出了低温漂白剂的必要性。用过氧乙酸作为漂白剂，可以在较低温度洗涤这种类型的衣物。

多年来，过氧乙酸的洗涤过程也用于有色衣物，并被接受用于医院洗衣的消毒洗涤程序。过氧乙酸以液体形式添加并且在生产中稳定性良好。除过氧化氢外，过氧乙酸是商业洗衣最常使用的漂白剂。

荧光增白剂

第二次世界大战后，德国 Leverkusen 公司的化学家 Farbenfabriken Bayer 发现了用于替代洗涤蓝的荧光增白剂。与蓝色相反，衣物的黄色被补偿为浅灰色，让人感觉“更白”，荧光增白剂也确实增加了衣物的白度。它们会吸收电磁光谱的紫外和紫色区域并在蓝色区域重新发光，因此也补偿了黄色，但额外增加了白度的感觉。

自 1941 年起，主要应用基于杂环取代的二苯乙烯的荧光增白剂。这些产品可用于使棉、黏胶和聚酰胺纤维增白。对于聚酯纤维，取代的二乙烯基二苯乙烯是合适的增白剂。

荧光增白剂赋予衣物洗涤后“白度”新的意义。现在仅仅把衣服洗干净是不够的。它还必须“闪光”，这个词从严格意义上讲是辐射光线。现在的白色与 50 年前没有荧光增白剂时所能达到的白度比较，那时洗出的衣物看起来还是有点黄！

16.3.3 洗衣过程

最初几年的基本发现

建于 19 世纪末的蒸汽洗衣店基本上采用了洗衣女工的洗涤方法，用机器代替了手工劳动，用饱和蒸汽加热洗涤液，使用化学物质代替光催化漂白（将衣物放在洗衣店外草坪上暴晒）。

当时，对实现优化的洗涤结果所需的洗涤过程中各种要素的相互作用并不了解。这并不令人惊讶，洗涤程序有四个决定性要素：力学、化学、温度和时间，把它们结合起来还需要一段时间。仅在 20 世纪 30 年代赫伯特・辛纳博士才研究了这些要素对洗涤过程的影响，解释了结果，并将发现应用于实践（参见 16.9.8 节）。

从 1900 年到 1915 年，洗涤程序经历了显著的变化。在 20 世纪初，衣物在洗衣机中处理后，首先要检查剩余污垢和污渍；15 年后，这个步骤被完全取消了。从一开始，特别脏的衣物放入沸腾蒸汽桶中 20～30min。肥皂和苏打水仍然作为洗衣洗涤剂，加入洗涤苏打（硅酸钠和苏打水）浸泡。为了获得优异的洗涤效果，进行了两次机器热洗循环。第二个循环周期中的洗涤槽用作下一个洗涤循环期间的第一次洗涤槽。

在高温下洗涤时，将著名家用品牌洗涤剂 Persil 与过硼酸盐或过氧化氢漂白剂结合起来使用。显然，尚未找到令人满意的用于稳定过氧化氢液体的解决方案，漂白剂在储存期间就已经分解。但是使用过氧化物发生器，洗涤剂能够在漂白过程之前直接生成过氧化物溶液。

对于氯漂白工艺，氯漂白液代替含氯石灰，并且直接在洗衣房中用特殊装置现场制造。大约 1925 年，蒸汽洗衣店再次改变了它们的洗涤理念。浸泡时间变短，大约两到三个小时，这改善了洗衣店的工作流程。对于肥皂、苏打和过硼酸盐或过氧化氢的应用，建立了具有两个浴的系统。对于有溶剂的洗涤剂，保留单浴的程序。在第二次洗涤浴之后，在用清水冲洗之前，进行氯漂白，然后漂洗。

热洗衣物的处理没有改变。仍然煮沸衣物是清洁纺织品最重要的一步（见 16.9.2 节）。1921 年，柏林市政工程师 Otto Neumann 表示，沸腾过程应至少持续 45min，所有洗衣机必须配备安全蒸汽管，即所谓的发泡管，防止洗衣机内部超压。

很明显，在如此恶劣的条件下，衣物会被损坏。除此之外，还有高浓度的苏打、碳酸盐和硅酸盐，它们来自水中的硬矿物质。结果，衣物变得很硬且很粗糙。特别是亚麻布，麻绒变得散乱。

从 1925 年到 1950 年

在 1925 年前后的文献中，找不到关于适当洗涤程序的安全性论述。即使在高标准技术书籍中，也没有明确规定洗涤过程的程序要求。相反，作者仅仅列出了众所周知的洗涤程序，这些程序是由洗衣粉生产厂商在实践中开发的。但到了 1935 年，这一情况发生了变化，当时在美国系统开发的洗涤工艺在德国广为人知，并由德国洗衣协会（Wirtschaftsstelle des Deutschen Wäschereiverbandes）根据具体的国家管控体系付诸实践。现在，化学和物理化学洗涤过程已经过科学分析，并得出了正确的结论。

所描述的程序是由帝国专业协会（Reichsinnungsverband）的研究和经济部门生成的。它基本符合美国对几种洗涤过程的建议。在德国，它被称为“苏打-肥皂程序”。将过硼酸钠和过氧化氢加入第三皂液中，使用“现代”氧漂白代替氯漂白液时，洗涤过程显著缩短。此外，也不再需要氯漂白浴和抗氯剂。对于特别脏的衣物，建议在洗涤前浸泡，以及用酶制品去除重度的蛋白质污渍。

直到 1945 年第二次世界大战结束，德国洗衣程序的原则已经制定出来，迄今仍然有效。第一次洗涤浴是在 30～40℃的温度下加入洗涤碱，并持续 10～15min。对于非常脏的衣物，接着进行第二次洗涤。之后在主洗浴中加入过氧化氢，在 80℃下持续约 15min。随后用温水冲洗衣物四次，再用冷水冲洗一次。氯漂白溶液用于第五次漂洗浴中。之后，洗好的衣服必须用抗氯剂在另外的浴中处理。

总之，可以说在 1925～1950 年之间，洗衣洗涤剂和洗涤程序的发展有六个主要变化。

第一，已经认识到长时间的高碱度和高温，例如超过 30min，将导致严重的纤维损坏。因此，苏打水仅用于低温预洗。

第二，在向硬水洗涤液中立即加入肥皂时，开发出的石灰皂是不具备洗涤活性的。它只能通过蒸煮改造成具有洗涤活性的碳酸氢钠皂。因此，将肥皂-碳酸钠的组合改变为碳酸钠-肥皂。这是改善洗涤程序的重大进步。

第三，所有洗衣洗涤剂生产商起初首选的洗涤苏打水，其已被含有硅酸钠的产品部分替换或补充。人们意识到含有硅酸钠的洗涤碱不仅具有突出的清洁效果，而且还有助于轻柔地洗衣服。20 世纪 30 年代，政府所属洗衣店禁止使用含有硅酸钠的产品，即使是为当地社区或公共机构服务的洗衣商店也必须遵守这一禁令，现如今看来似乎很奇怪。

第四，在洗涤温度约为 60℃时，用含过氧化氢、过硼酸盐和过碳酸盐的含氧漂白剂代替含 0.5～1g/L 的氯漂白剂。这种变化伴随着长期的科学讨论，并在初期推广时被洗衣行业拒绝。它后期这种变化开始启动，到最后已经十分明确，含氧漂白剂不比现有的氯漂白剂贵。除化学方面外，含氧漂白剂还有一种心理优势。现在，顾客通过洗衣设施时闻不到的氯气味，人们会将氯气的气味与洗涤的破坏作用联想起来。

第五，从 1933 年开始，人造纤维和棉制成的混纺织物以及人造丝越来越多，洗衣程序必须适应这些新材料的新敏感性。必须开发更温和的程序，合成表面活性剂是非常合适的。产生了脂肪醇磺酸盐（Sekurit）、脂肪酸缩合产物（Sunova）、烷基磺酸及其衍生物（MS-Seife，Rif-Pulver）和非离子化产物（U119）。

从 1939 年开始及随后的战争年代中，合成表面活性剂在洗衣粉市场中占主导地位，因为生产肥皂所需的脂肪，主要用于满足营养需求。然而，当脂肪酸可用时，通过用硫酸基取代羧基使其耐硬水。通过将石蜡硫酸化和乙氧基化成功地生产了不含任何脂肪酸的合成表面活性剂。在第一次世界大战中，战争协会对洗涤剂施行配给和监管；在第二次世界大战期间，化学技术的进步保证了给洗衣店提供了相当数量的洗涤剂，这与第一次世界大战形成鲜明的对比。第二次世界大战后，洗涤剂化学家可以采用战争年代的发现，继续推进合成表面活性剂的进一步发展。

第六，20世纪60年代，使水软化的离子交换剂已经发展到了现如今的水平，尽管较小的洗衣店仍然多年使用苏打水。使用无机络合剂（如 Calgon）和有机产品（如 Trilon），使易于在洗衣商店中使用的产品得以推出。

总体而言，在1925～1950年期间，洗衣程序迈出了一大步。原则上，洗涤的基本程序是众所周知的。在洗涤剂生产商和德国专业协会（Reichsinnungsverband）经济与研究办公室的帮助下，洗衣店学会了正确组织程序课程。通过建立用于适当洗衣护理的质量标签，客观地控制洗衣程序，并优化洗衣质量以及进行温和的洗衣处理。

从1950年到1970年

首先，洗衣程序没有太大变化。其次，有足够的肥皂和苏打水，但洗衣机和衣物与二战前及二战期间是一样的。在这20年中，不同类型洗涤剂的数量增加了许多倍。从先前的主要组件开发出了相当多的产品，肥皂和苏打水适合于在洗衣过程中使用。现在，出现重垢洗涤剂、鞋面底洗涤剂、主洗和预洗洗涤剂以及粗糙或深色材料用的洗涤剂产品。含有特殊碱类、特殊表面活性剂、磷酸盐或漂白剂的预洗剂可用于处理特定的污垢。自动进料的开始导致关于洗衣程序的妥协。

自20世纪50年代以来，德国公司 Engelhardt&Förster 和 Gebr. Poensgen 在德国洗衣店使用了相当多的逆流设备，并为这些设备制定了标准的洗衣程序。在经典洗衣程序中，最重要的成分是重垢洗涤剂或主洗洗涤剂和漂白剂。

在洗涤期间对医院所洗衣物进行消毒时，除了选择熟悉的洗涤剂外，还使用含氯产品，主要是由 Henkel 制造的 Tryplosan。经过进一步检验的消毒剂可以在德国卫生局公布的清单中找到。

总而言之，在1950～1970年期间，洗衣店可以使用各种有效的产品来清洗脏的纺织品。但是，绝大多数产品不再根据其所含成分而是根据其用途命名的。只有在少数几种情况下，清洁剂的成分是已知的。但是这并不重要。重点是最后要洗干净衣物。这是肥皂和苏打时代的终结，反之亦然。文献中关于洗衣程序的讨论也几乎停止了。

从1970年到现在

自1970年以来，发生了一次重大变化，首先从由德国萨斯特机械厂 Voss 制造的连续批量 Archimedia 清洗机开始，自动化在线清洗机已经成为洗衣技术的重要组成部分。因此，迄今沿用适于分离浴的经典洗衣程序应当按流水线过程来替换。它们涉及最大限度地去除污渍以及最大限度地减少清洁剂和试剂的必要量。这两个目标需要洗衣程序专家来实现。洗衣店老板和他们的洗衣工经常无法自己处理这种情况，因此，洗涤剂生产厂商及其技术服务人员承担了这项任务，并且直到现在仍然如此。洗涤剂生产厂商将洗涤剂的开发作为谨慎保守的商业秘密，而专业媒体仅仅赞扬其有效性，几乎不涉及洗涤剂成分。

另一方面，像聚酯和棉的混纺织物那样的洗衣规程也有很好的记录。它们是在20世纪70年代经过相当大的努力开发的，目的是引入一种有巨大市场的新型工作服。洗涤这些材料本身不是问题，困难在于必须创建一种洗衣规程，能够使后续的褶皱整理达到令人满意的平滑效果。

医院采用过氧乙酸作为洗衣的漂白剂或消毒剂，是洗衣程序的另一个重要变化。这件随着剂量方式从手动到机械的转换，机械计量通常用于自动在线洗衣机，对于洗涤提取器是可选的。然而，多年来，粉末状产品的剂量方式已经发展到最优越的程度。然而，洗涤剂生产厂商甚至刚一开始就为其产品实现机械剂量给料。毕竟，机械剂量技术的发展是商业洗衣店越来越以技术为导向的必然结果。

16.4 医院洗衣房卫生特性的检测和质量控制

16.4.1 RAL 质量标志 992

历史发展

在第二次世界大战期间，不可能为洗衣店建立一个共同的标准。洗衣护理的基本理念是在洗涤过程中对纤维进行温和的处理，因此只有在机器技术再次更新时，洗衣者才能将其应用到实践中，同时供应行业也可以提供质量稳定的创新产品。这项工作于 1953 年完成，并建立了质量标志。

德国国家交付条件委员会（National Board for Delivery Conditions）申请的质量规范已在《德国洗涤技术和化学技术杂志》（*Wäschereitechnik und Chemie*）上发布，允许专家讨论并完成它。然而，主要观点仍然保持不变。在质量标志被德国专利局注册为优质品牌后，所有关于徽标设计和质量标志市场地位的分歧都得到了解决。几年之内，对于“洗衣的温和处理”这个话题就没有什么不同意见了。

RAL 规范的内容是最先进的。与今天相比，1953 年的质量标志仅涉及实际的洗衣过程。1970 年引入了进一步的标准。1971 年颁布了新的章程以及新的质量和测试法规。该协会也被重新命名，现在称自己为适当洗衣护理质量协会（Gütegemeinschaft ssgegemäße Wäschepflege e. V.）。质量标志本身只是在签署方面有所改变。徽标本身保持不变（图 16.4）。

图 16.4 RAL 质量标志 992
“适当的洗衣服务”标志

显而易见的是，卫生学将在洗衣店中发挥重要作用，因为洗衣店开始将自己定位于医疗保健系统，这成为洗衣行业结构变化的开始，并一直持续到了 20 世纪 80 年代。直到 20 世纪 70 年代，医院内部洗衣店几乎处理了所有医疗保健系统的洗衣店。当时，德国卫生局公布了外部洗衣店卫生清洁洗衣的指导方针，从而使这些要求标准化。因此，这为将医院衣服送给商业洗衣店铺平了道路。在与来自斯图加特医学研究所的医学博士 Walter Steuer 以及 Verband der Krankenhausdirektoren Deutschlands e. V.（德国医院协会主任）的合作下，明确指示了如何满足德国卫生局的要求以及如何遵守限值。首先是德国质量协会（Gütegemeinschaft）和德国医院协会主任发布了两页建议，直到 1986 年，RAL-RG 992/2 Krankenhauswäsche（RAL 医院洗衣质量标志）体现了质量协会历史上一个新的里程碑。

质量标志的想法被转移到其他清洁洗衣领域，1999 年发布了一个新的质量标志 RAL-GZ 992/3，用于食品加工业的洗涤。

16.4.2 商业洗衣店的 RAL 质量标志

RAL 992/1—家用亚麻和收缩纺织品

凭借这一品质标志，洗衣店开始了 RAL 质量保证。当时，清洁家用亚麻布是其主要业务。

RAL 992/2—医院洗衣

最初，每家医院都有自己的内部洗衣设施。在 20 世纪 70 年代末，机器已经过了最优时期，必须更换。另一方面，商业洗衣店的技术配备堪称典范，并且具有可用的空闲容量。因此，向商业部门提供医院衣物似乎是很自然的事。但是，如果不严格遵守卫生方面的规定，这就无法实施。洗衣店必须为其设施建立卫生管理制度。这种情况是在医院负责人、联邦州卫生局和德国卫生局以及海恩斯坦研究所的密切合作下发生。

RAL 992/3—食品加工业的洗衣

与食物接触需要保持高度卫生。与食品接触的纺织品也必须符合规定的卫生状况。直到 1998 年，都没有任何约束性准则。在食品部门负责人与 Robert Koch 研究所、洗衣店和海恩斯坦研究所的合作下，共同制定了质量和测试法规，这些法规符合食品加工业通常必要的卫生标准，并可用于商业洗衣店。质量标志还包含欧洲标准 DIN EN 14065 洗衣加工纺织品-风险分析和生物污染控制（RABC）的规定。例如，医院厨房的工作服必须按照这些卫生指令进行处理。

国外质量标志

一直到 1990 年，只有在德国，适当洗衣护理的 RAL 质量标志才显得重要。在协调整个欧洲经济生活的程序的过程中，奥地利和瑞士的洗衣店加入了。2001 年 Slovenian 洗衣店和一家 Slovakian 洗衣店在过去几年里已经加入。预计在未来几年内，波兰、希腊和捷克共和国的洗衣店将申请质量标志。

与此同时，日本的 13 家洗衣店满足了 RAL 质量标志。在权衡了包括欧洲 RABC 系统在内的国际质量体系的优缺点后，选择了 RAL 质量标志，这是唯一一个对技术要求和卫生限制有明确标准的系统。

与此同时，全球都显示出了对德国 RAL 质量标志的兴趣，中国和美国只是两个例子。

16.4.3 欧洲标准 EN 14065 RABC

1998 年，位于布鲁塞尔的欧洲标准化委员会开始将食品加工业采用的卫生管理系统 RABC 系统（风险分析和生物污染控制系统）转移到纺织品的清洗过程中。在法国国家标准化组织——法国标准化协会（afnor）的倡议下，一个国际技术组第 248 号委员会“纺织品和纺织产品”工作组及其秘书处设在英国，英国标准化研究所（BSI）负责解决内容的问题，并将其与既定法规相协调。2003 年 2 月，DIN EN 14065 标准号以德文标题 Wäschereien aufbereitete Textilien-Kontrollsystem Biokontamination（纺织品-洗衣房处理的纺织品-生物污染控制系统）发布。该标准的适用范围扩展到所有纺织品清洗后应具有特定卫生状况的领域。这是一个提高工艺熟练程度的标准，但并不意味着对水洗纺织品的最终状态在数量上有具体要求。每个使用该标准的用户都可以指定适合其洗衣的价值。

为了实行质量管理系统，符合风险分析和生物污染控制系统的小册子被设计了出来。所谓的 intex 认证可以颁发给成功的实际实施者。

16.5 最先进的医院洗衣房

上面提到的这些发展都在为具有先进物流系统的高科技医院洗衣房铺路，如今，这些洗衣系统已很少用于医院内部设施。取而代之的是，医院大部分工作由纺织服务承包商负责，它们提供所谓的全面服务。

德国医院洗衣店的现有技术可以在生产链中得到最好的解释。脏衣物用带有模块化可分离运输空间（用于清洁和脏污衣物）的货车收集。具有潜在传染性的衣物与传染性衣物不同。后者不允许分类，但必须与洗衣袋一起直接放入自动在线洗衣机进行消毒。其洗衣程序主要是使用过氧乙酸消毒剂化学热处理。在衣物脱水后，在离心机或脱水机中脱水，最后在滚筒式干燥机中进行干燥。然后在必要时对衣物进行检查和修补。在最终灭菌过程之前，最常见的操作是将纺织品组合在一起，并最终通过上述的货车返回到医院。

16.6 未来趋势

医院洗衣店未来的发展方向可以用两个关键词来描述：可持续性和盈利性。目前，水和能源等资源已经整合到一个复杂的循环过程中，并将进一步完善。接下来的任务是，找到一种有效的方法来取出在清洁过程中未使用的过程化学品。由于“健康”限制已被削弱，因此不可能进一步减少新添加的工艺用水。如今，在不降低良好洗涤性能的情况下，清洁 1kg 衣物仅用不到 3L 清水的记录已经不可能再进一步减少了。

因此，未来必须特别强调医院洗衣店流程的可持续性，以优化纺织品的再利用和节约可用资源。然而，洗衣过程的安全性和质量不应受到影响。这是维持医院现有卫生状况以及为人民提供最佳医疗服务的唯一途径。

16.7 其他信息资源

有关医院洗衣房，医用纺织品和加工纺织品主题的进一步信息来源如下：

Robert-Koch-Institut（www. rki. de)

RAL-Gütezeichen（www. ral-guetezeichen. de)

RAL-Gütezeichen Sachgemäße Wäschepfl ege（www. waeschereien. de)

RABC（www. rabc-wfk. com/)

Hohenstein Institute（www. hohenstein. de)

wfk-Forschungsinstitut für Reinigungstechnologie e. V. (www. wfk. de)

intex Industrieverband Textil Service（www. intex-verband. de，www. intex-med. de)

16.8 进一步阅读

Andès L E (1922). Wasch-, Bleich-, Blau-, Stärke-und Glanzmittel, 2. verb. Wien/Leipzig, Auflage.

Arringten L J (1990). *From Small Beginnings*, Salt Lake City, UT.

Autorenkollektiv (1976). *100 Jahre Henkel 1876-1976*, Düsseldorf.

Autorenkollektiv (1986). *7. 000 Jahre Handwerk und Technik*, Herrsching.

Autorenkollektiv (2003). Gütegemeinschaft sachgemäße Wäschepfl ege e. V.; Kultur und Geschichte der textilen Sauberkeit, Bönnigheim.

Autorenkollektiv (2003). Gütegemeinschaft sachgemäße Wäschepfl ege e. V.; Von der Dampfwaschanstalt zum Textildienstleister, Bönnigheim.

Barleben I (1951). Kleine Kulturgeschichte der Wäschepfl ege, Düsseldorf.

Bertrich F (1966). Kulturgeschichte des Waschens, Düsseldorf.

Bottler M (1908). Bleich-und Detachiermittel der Neuzeit, Wittenberg.

Bottler M (1924). Bleich-, Reinigungs-, Wasch-, Detachiermittel, Bleichverfahren und Bleichapparate der Neuzeit, Wittenberg.

Buchholz W (ca. 1870). Allgemeines Wäschebuch, Hamburg.

Cordes W (1932). Waschmaschinen, Lette.

Gawalek G (1962). Wasch-und Netzmittel, Berlin.

Grothe H (1884). Katechismus der Wäscherei, Leipzig.

Henkel & Cie. GmbH (Hg.) (1976). Waschmittelchemie-Aktuelle Themen aus Forschung und Entwicklung, Heidelberg.

Kurz J (1968). Betriebsabrechnung und Kalkulation in der Wäscherei, München.

Kurz J (2006). Kulturgeschichte der häuslichen Wäschepfl ege, Heidelberg.

Kurz J (2007). Die Kulturgeschichte der professionellen Textilpfl ege, Edition Braus-Wachter Verlag, Heidelberg. ISBN 978-3-89904-314-3.

Kurz J (2007). Die technische Evolution der Dampfwäscherei, Edition Braus-Wachter Verlag, Heidelberg. ISBN 978-3-89904-291-7.

Kurz J (2007). Französische Wäsche und deutsche Textilreinigung, Heidelberg.

Kurz J et al. (1973). Lexikon für Textilreiniger, München.

MEWA (1983). Die Geschichte einer Dienstleistung 1908-1983, Wiesbaden.

Radeck O (1912). Die Behandlung der Wäsche nach den neuen Erfahrungen, 10. Aufl age, Freiburg (Schlesien).

Reumuth H (1965). Der Schmutz in seiner ganzen Vielfalt, Baden-Baden.

Roggenhofer G (1903). Die Wäscherei in ihrem ganzen Umfange, 1. Aufl age, Wittenberg.

Roggenhofer G (1914). Die Wäscherei in ihrem ganzen Umfange, 2. Aufl age, Wittenberg.

Roggenhofer G (1927). Die Wäscherei in ihrem ganzen Umfange, 3. Aufl age, Wittenberg.

Senf RM (1989). Saubere Sachen, Wiesbaden.

Walland H (1913). Kenntnis der Wasch-, Bleich-und Appreturmittel, Berlin.

Wasser, Werke (1998). 90 Jahre MEWA, Wiesbaden.

16.9 附录：补充信息

除本章的基本主题外，以下部分还包含其他信息。

16.9.1 柏林科赫研究所

科赫研究所（Robert Koch Institute，RKI）是德国联邦管理和研究机构，它直接向德国联邦卫生部报告。该研究所成立于 1891 年，前身是普鲁士皇家传染病研究所，也是科赫专注于研究和开发结核菌素的地方。1935 年该研究所归属德国帝国卫生部管理，并于 1942 年改建为德国国家机构。1952～1994 年，该研究所是第二次世界大战后新成立的德国卫生局的一部分。自 1994 年再次对管理局进行细分以来，该研究所以著名医学家和微生物学家科赫的名字命名。通过医疗保健中的纺织卫生问题，纺织品服务业和科赫研究所紧密联系在一起。

16.9.2 德国卫生当局清单

科赫研究所批准并接受了一份消毒剂和消毒过程的清单。热和化学-热处理用于对洗衣机中的衣物进行消毒。在化学-热过程中，大多数是应用 PCE 化合物的过程。

16.9.3 手术室纺织品的欧洲和国家指令

1993 年 6 月 14 日的欧洲医疗产品指南 93/42/EWG 确定，纺织品必须被视为医疗产品。1994 年 8 月 2 日的《医疗产品法》和 1998 年 8 月 6 日和 2002 年 1 月 1 日的修正案已将该条例实施为国内法。自 1997 年以来，CEN/TC 205/WG 14 在欧洲讨论和确定了对纺织品的要求。德国的一个委员会集中了各国的观点，并在欧洲范围内表明了这些观点。标准化活动的结果发表在 DIN EN 13795-1～3 上。其目的是确保一次性和可重复使用的产品，即患者生命周期内的长袍和窗帘的必要安全水平。

16.9.4 聚酯微纤维

从纺织技术的角度来看，纺织层压板的使用是手术纺织品领域的重大进步。然而，必须承认，与棉或混纺织物相比，防护服相对较重。此外，在简单的手术期间或在涉及少量液体的情况下，手术服不必完全防水。因此，瑞士公司 Rotecno 与 RENTEX 一起推出了具有防水性能的超细纤维隔离衣。后来，其他制造商也推出了类似的产品。

16.9.5 保护性手术服的生理特征

20 世纪 70 年代，对第一批 GORE-TEX® 隔离衣进行了测试，其服装生理特性尚不清楚。毕竟，这种纺织材料是完全不透水的，但其目的是使穿戴者所散发的湿气能够渗透。海恩斯坦服装生理学研究所对其进行了广泛的验证试验。Karl-Heinz Umbach 博士用他开发的皮肤模型以及人体模型“Charlie”测试了这种材料。

16.9.6 混纺织物的优缺点

用聚酯/棉混纺织物代替棉制成的医护人员防护服是一个耗时的过程。像所有新事物一样，它既被接受也被拒绝。由于成本更低，行政管理人员赞成使用它；由于穿着舒适性降低，工作人员不赞成使用。为了阐明这一问题，1971 年在 Hohenstein 负责的情况下进行了一次大规模的测试。然而，这个话题仍在讨论中，并且使用混纺织物的趋势明显上升。1973 年，Hohenstein 技术研究院制定了采购聚酯/棉混纺织物防护服的招标指南。即使在今天，混纺织物或棉织物的利弊仍在争论中。

16.9.7 表面活性剂的种类

阴离子表面活性剂是有机物质。当这些表面活性剂溶解在水中时，就会产生带负电荷的颗粒，即阴离子。这些是活性洗涤组分。相反，阳离子表面活性剂在水中电离成带正电荷的洗涤活性阳离子和无洗涤活性阴离子。

非离子表面活性剂在水中既不形成阳离子也不形成阴离子。它们在水中的溶解度是基于亲水部分与水分子的结合。

“表面活性剂”是表面活性化合物的官方名称。另外一个德语单词“tensides”来自拉丁语单词“tensus”、英语单词“tense”。在这种情况下，水的表面张力的含义是：表面张力水通常收缩成一个水滴，并且对表面的润湿减慢。表面活性剂降低表面张力，因此可以快速润湿表面。

16.9.8 Sinner 圆圈

Sinner 圆圈的概念（图 16.5）源于 Herbert Sinner 博士对科学的理解和宣讲。在开姆尼茨（Chemnitz）的德国国家技术学院和德累斯顿理工大学学习后，他首先在德国公司 IG Farbenindustrie Hoechst 的色彩部门工作。然后，他在德累斯顿的德国纺织工业研究所担任了一年半的科学助理。在接下来的五年里，他在人造丝生产行业工作。1932 年，他开始在杜塞尔多夫的 Henkel&Cie 公司工作。在那里，他处理纺织品的洗涤程序并改善机械洗涤设备的洗涤效果。他发表了几篇论文并讲授了从纺织品中去除污垢的过程。他天生才华横溢，可以用更简单的方式解释复杂的程序。1966 年，Herbert Sinner 因年事已高而离开汉高公司。

洗衣过程的有效清洁性能由多种因素决定，主要包括：化学作用、机械作用、温度和时间等。将这些因素合到一起，才达到 100%；或比喻地说，它们合到一起后形成了一个完整的圆圈（参见图 16.5）。例如，如果清洗时间减少，则必须增加一个或多个其他因素，才能够达到相同的清洗性能。

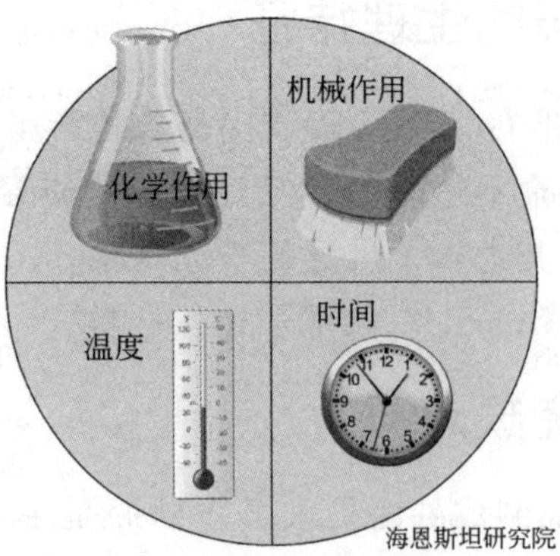

图 16.5 Sinner 圆圈：化学作用、机械作用、温度和时间

第 17 章

医用纺织品的气味控制

R. H. McQueen
加拿大艾伯塔大学

摘要： 由皮肤、伤口或大小便失禁产生的强烈气味，都是难以处理的问题；对于散发气味的患者和与之息息相关的人（例如护理人员、家庭成员），都会造成一定困扰。某些纺织品会因为细菌代谢的分泌物，产生更强烈的气味。但是纺织品也可以通过吸收有气味的挥发物、释放抗菌剂或散发气味来控制气味。本章将讨论在医疗环境中人类恶臭的来源、气味的测量方法以及通过纺织品控制或减少气味的方法。

关键词： 气体吸收，抗菌剂，感官测量，仪器测量，伤口气味，身体气味，微生物。

17.1 引言

气味可以被描述为“一种可以被嗅觉感知的物质特性”（Trumble and Stevenson，2002 年）。人体气味主要来源于汗腺、尿液、粪便、呼气、唾液、乳房、皮肤和性器官的分泌物。健康的人会散发出强烈的气味，这是由多种因素造成的，例如他们的个人生理、饮食、体育活动和卫生习惯。不健康的人可能会由于个人体内菌群失衡、代谢活动差异、尿失禁或大便失禁以及治疗药物的摄入而进一步增加难闻且强烈的体味，此外，伤口感染或组织坏死也会引起恶臭。由于组织感染或坏死、失禁或疾病而散发出强烈气味的人会变得孤僻、孤立和抑郁，因为这些气味会影响他们与家人和朋友的关系（van Toller，1994 年）。

尽管控制个人恶臭气味的策略应首先解决问题的根源（例如口服或局部用药以减少微生物感染，建议改变卫生习惯），但也可用纺织品减少恶臭的强度：通过吸收气味挥发物；掺入抗菌剂；或通过散布香料掩盖恶臭。适当翻新可以有效去除在使用过程中已转移到纺织品上的污垢和微生物，以及转移到纺织品基质中或在纺织品基质中产生的臭味化合物。气味控制产品的评估可以通过感官分析（使用人的鼻子）或通过仪器分析（使用检测气味剂浓度和/或结构的仪器）进行评估。

17.2 气味的测量

通过嗅觉检测气味。在医院或其他护理机构中，患者、卫生从业人员、朋友和家人都能够察觉到患者伤口以及被褥或衣物弄脏后发出的难闻气味。感觉或心理物理评估是指使用人体传感器系统地识别气味或气味组合的存在、强度和/或质量的科学方法。测试气味存在的另一种方法，是通过使用化学和/或电子传感器等仪器，对空气中或纺织品基材中气味化合物的浓度和类型加以测定。两种方法都有其优点和局限性。抗菌功效测试通常用于测量或预测经过抗菌处理的纺织品中异味累积的可能性。然而，并没有证据表明这种测量方法直接对应于纺织品中的气味控制。

17.2.1 气味的感官评估

对于创建和进行有害气味的标准化测试和评估，尽管人的鼻子只是一个不完美的工具，但感官评估是一门科学学科，用于引发、测量、分析和解释对材料/基材所感知的反应，因为它们可以被视觉、嗅觉、味觉，触觉和听觉感知（Stone 和 Sidel，2004 年）。选择正确的测试方法（例如成对比较、定标测试、顺序）非常重要，因为收集到的评估样本信息可能会不足。气味的感官测量包括对气味的质量和强度的测量。

感官测试方法

鉴别测试用于确定至少两个样本是否是彼此不同的，并且对于检测样本之间的微小差异是最有用的。鉴别测试的常见示例是：配对比较测试、三角测试、二重-三重测试、A 非 A 测试、五分之二测试（Lawless 和 Heymann，1998 年）。

类别量表是一种通过对刺激赋值来评估刺激的方法。通常这是一个数字量表，但可以包含直线上的单词或坐标点（Lawless 和 Heymann，1998 年）。类别数目不够多可能会使量表不适合区分不同程度的刺激，而点太多则会使检测出并不存在的差异的可能性增大（Lawless 和 Heymann，1998 年）。

线性量表（或视觉模拟评估表）要求评估者通过在线性量表上做标记来评定感觉，该标记已通过某种形式的描述符（例如，弱/强，低/高）固定在每个端点上。线性量表相对于类别量表的一个明显优势是，评估者不受其选择的限制，因为线性量表提供了“连续分级的选择方案”，因此有可能获得更大的区分度（Lawless 和 Heymann，1998 年）。

当需要通过使用定类、定序、定距和定比量表的技术来量化感觉时，量表在感官测量中很有用（Stevens，1951 年）。类别量表和线性量表都非常有用，因为它们都适用于不同的应用程序，并且使用简单、易于统计分析。两者都具有成本效益和时间效益，因为它们可以为单个刺激提供至少一个数据点（Lawless 和 Heymann，1998 年）。

等级量表是基于某种选定的属性（例如，从高到低），将三个或更多样本进行的过程排序，通常是不允许联系的强制选择过程（Pangborn，1984 年）。等级量表通常用于初步筛选，以识别可能与该组不同的样品。等级量表无法衡量样本之间/或之中的差异大小，并且只用于在样本之中进行直接比较，所以对于比较一个阶段与另一个阶段的样本，它并不是一个有效的方法（Pangborn，1984 年）。

量值估计是“对属性强度赋值的过程，其方式是赋值之间的比率与对应感知的幅度之间的比率相同”（国际标准化组织，2008 年）。由于判断是按比例表示的，一个比例可以直接与另一个比例进行比较。通过让每个评估者使用共同的参考样本，其判断可能比受类别量表或线性量表的某种类型的交叉比较影响的判断更可靠（Pangborn，1984 年）。对于具有中等到较大的超阈值差异的刺激而言，量值估计是最为有效的方法（Chambers 和 Wolf，1996 年）。

用于评估伤口和身体异味的测试示例

在评估能使气味得到改善的使用吸味剂和/或经过抗菌处理的纺织品时，可能难以在体内使用鉴别测试，因为患者之间的差异将导致气味强度和质量的变化（后者可能使样本之间混淆），使用匹配对照样本（即处理过的或控制气味的敷料与同一患者伤口上未处理或常规的敷料相匹配）有一定可能性。然而，如果气味评估是通过直接评估伤口，而不是通过评估从身体上用纺织品基质带出的气味，那么要想在统计学上可行，鉴别测试就需要大量的评估人员，这就带来了后勤和伦理方面的挑战。体外研究可能更容易用于鉴别测试，因为特定浓度的气味剂可用于纺织基质，尽管这不适用于仅依赖于控制细菌数量的纺织品。类别量表可能更适用于体内气味评估，但需要有足够数量的评估员直接评估患者身上的气味。由于气味特征或质量的不同所产生的复杂性仍然可能是一个问题。尽管如此，许多体内或体外评估体臭的研究都与纺织品上残留的气味强度直接相关。各种类别量表和线性量表已被用来衡量腋窝或脚的气味强度。线性量表（标记从低到高）用于测量棉、羊毛和涤纶针织面料在男性腋下穿着后散发的气味强度（McQueen 等，2007 年）。

在临床环境中，对健康从业人员或患者已采用不同类型的类别量表来评估伤口气味。临床试验中使用了不同版本的四分制量表：例如，无臭到恶臭（Bowler 等，1999 年）；无气味、轻微、中等和严重气味（Jørgensen 等，2005 年）；无严重的气味（Karlsmark 等，2003 年）。在实践中，用于评估伤口气味的另一种常见的等级量表是“气味评级方法”（Poteete，1993 年），该标准是根据贝克和黑格最初使用的量表（Baker 和 Haig，1981 年；Haughton 和 Young，1995 年）改编而成的（表 17.1）。这种量表在临床上的优点是，与其他许多量表相比，它提供了更详细的信息，因为评估者（从业者）相对于患者的存在以及敷料是该量表中固有的。该量表可用于评估治疗期间气味的改善情况（例如使用经过抗菌处理的敷料），但不适用于评价吸收气味敷料（如活性炭敷料）在控制异味方面的效果。

表 17.1　气味评级方法或 Baker-Haig 评级

评分	评估
重度	进入敷料完好的房间（离患者 6～10ft❶ 远），气味明显
中度	进入敷料去除的房间（离患者 6～10ft 远），气味明显
轻度	当敷料去除后，离患者很近，气味很明显
无气味	在患者的床边移除敷料，也没有明显的气味

注：源自 Haughton 和 Young，1995 年。

能够提供更大辨别能力的伤口气味测量标尺是一个 10cm 的线性标尺，该标尺从 0～10 沿数字标出（0 表示“无伤口气味”、1～4 表示“轻微气味”、5～8 表示“中度气味”、

❶ $1ft=3.048\times10^{-1}m$。

9～10表示“极度气味”），是研究人员和患者每日监测伤口气味的工具（Kalinski等，2005年）。然而，通常很难对评级视为绝对的，也很难对不同时间、不同时段或不同环境下的评级进行比较，因为感官测量可能会受到评价刺激的环境的影响（Lawless和Heymann，1998年）。临床试验中用于评估伤口气味改善的四点量表的鉴别能力是足够的，因为伤口愈合的措施是在数周内完成评估的。

用鼻子创建和执行有害气味的标准化测试和评估并不精准，此测试结果完全取决于评估者的气味敏锐度和一致性。“专家”或“经验丰富的检测官”一词经常被使用，但没有进一步详细说明所称专家的含义（Rennie等，1991年；Taylor等，2003年）。据报道，在一些腋窝气味试验中，需要根据气味的敏锐度来选择评估者。尽管雄甾烯酮和雄甾烯醇等是最常见的增味剂（Rennie等，1990年；Zeng等，1991年），但人们并不总是清楚地知道具体是哪种化合物（例如Taylor等，2003年）。对这两种化合物的嗅觉缺失，在人群中非常普遍（Amoore，1977年）。然而人们也会对腋窝气味中常见的其他化合物产生特异性嗅觉缺失，比如3-甲基-2-己烯酸（Baydar等，1992年），Zeng等（1991年）的研究中四名评估者中的一人就是这种情况。只有少数几个评估体味的感官试验报告了感官分析的细节和培训评估员的水平（如Troccaz等，2004年；Rennie等，1990年）。

在大多数临床试验中，如果将伤口气味评估包括在伤口愈合改善评估中，评估者通常是护士、临床医生或被称为“研究人员”，他们在护理伤口的各个方面均具有专业知识，但可能不能根据气味的敏锐度进行选择（Holloway等，2002年；Jørgensen等，2005年；Münter等，2006年；Karlsmark等，2003年）。在一些试验中，要求患者自己评估气味，有些再经过专业人士额外评估，有些则没有（Kalinski等，2005年；Holloway等，2002年；Jørgensen等，2008年）。虽然Holloway等（2002年）在他们的研究中确实排除了嗅觉异常（如嗅觉缺失或嗅觉减退）的患者，但很少提及患者的嗅觉灵敏度。

伤口和身体气味的定性描述

气味的描述性分析在许多方面都存在问题。评估小组可能会在用于量化和限定气味的术语上存在分歧，这可能导致结果的混淆和模糊。术语“典型”或“经典”腋窝气味已用于许多鉴定腋臭的研究中。例如，Rennie等（1990年）在一项关于16-雄甾烯类固醇的研究中使用了这些术语，尽管多达50%的人对这些甾体没有嗅觉；Zeng等（1991年）发现“典型”腋窝气味与C_6～C_{11}脂肪酸有关。一位作者将腋窝气味定义为“一种典型的刺鼻体臭”，但后来他提到微球菌在体外产生的样本具有“独特的汗味和酸性气味”。据推测，与“非分泌式气味”相比，“刺激性刺鼻气味”和“分泌式气味”不同（Leyden等，1981年）。

五名癌症患者的肉芽状伤口发出的气味被描述为具有“类似的刺激性硫黄气味”；其中三名患者的伤口也发出轻微的“臭鱼”气味；另外两名患者的伤口发出“奶酪”气味（Shirasu等，2009年）。腐胺和尸胺的存在与强烈的刺鼻气味有关，并被描述为可引起呕吐反射（Van Toller，1994年）。两名评估员对区分硫黄气体具有很好的敏锐度，分别将含硫化合物、硫化氢、甲硫醇和二甲基硫醚描述为“烂鸡蛋”、“腐烂的蔬菜”和“甜味”（Suarez等，1998年）。

一项研究中利用腋窝提取物与细菌悬液进行共培养，该研究提供了最详细的方案来对体味的气味质量进行分类（如Troccaz等，2004年）。在这项研究中，使用了6个描述性术语［酸、鸡汤、洋葱、汗味（辛辣）、黄油、花香］，其 11 点强度范围为 0（无）～10（非常强）。由调香师和 30 名评估员组成的训练有素的小组进行了描述性分析，通过使用主成分分析（PCA），可以确定汗液和洋葱与汗液和酸之间的密切联系（图 17.1）（Troccaz 等，2004 年）。这项研究的新颖之处在于提供了对腋臭的定性分析方法，虽然此项体外研究在一定程度上仍然没有考虑到人类腋窝的多样性和复杂性，但这些气味探测方法，以及产生气味的方法，有可能应用于在受控环境下测量纺织品内的体味。

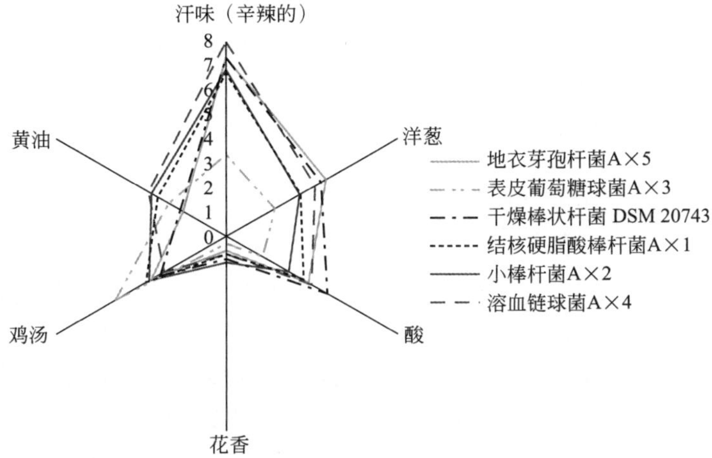

图 17.1 细菌产生的汗臭味

（评估专家小组的嗅觉评估。酸、花香、黄油、汗味、洋葱和鸡汤等中的六种菌株在无菌无气味腋窝汗液上孵育 12h 后的平均强度值的分布图）（Troccaz 等，2004 年）

17.2.2 气味的仪器评估

气味检测的物理化学方法包括对气味物质化学结构和气味浓度进行仪器分析（Neuner-Jehle 和 Etzweiler，1991 年）。人类对气味的感知与气味的物理或化学性质之间的关系，不像其他感觉（如颜色或声音）那样简单，这些感觉可能与已知物理量（如强度和波长）相关。通过定量化学分析技术，可以测量气味的结构和浓度。理想的情况是开发一种能够复制人类嗅觉系统的仪器，而不需要增加人类变异性、敏感性和感知能力的这些问题。

测量纺织品上气味的方法

通常采用两种方法来测量纺织品上气味的存在和浓度：直接分析纺织品基体；或对样品上方的顶空进行分析。直接分析纺织基材，使用气相色谱-质谱（GC-MS）分析技术分析样品之前，通常涉及一个多阶段的提取和净化过程（如 Bird 和 Gower，1982 年；Preti 等，1987 年）。人的鼻子检测空气中某种化合物的能力与该化合物的挥发性有关。因此，这种方法用于测量吸收大量恶臭的吸收性纺织品（例如活性炭敷料）气味的适用性可能会受到质疑。直接测量样品的另一个固有问题是，在气味混合物中一些不重要的化合物可以被预测为重要的。此外，许多挥发性化合物可以是无味的，或具有较高的气味阈值，因此在人类嗅觉中并不重要。气相色谱技术与嗅觉测定法（GC-O）的结合是确定一种物质中的气味活性化合物的有效方法（例如 Boscaini 等，2003 年；Zeng 等，1991 年）。GC-O 已经成功应用了很多年，尽管作为气味的检测仪器，它仍然是依赖人类的。

直接测量和相关的GC-MS技术已被用于测定腋窝异味中重要的气味化合物。腋窝分泌物中气味化合物的测定包括用溶剂提取棉花或“未指定的”衬垫（或直接用溶剂擦洗腋窝），然后水解和酸化，最后进行GC-MS分析（Zeng等，1991年；Natsch等，2003年）。虽然这些研究明确地分离了恶臭中重要的化合物（往往是酸性的），但这种将分泌物分离成酸性部分的过程可能导致一些重要的碱性和中性气味被忽视。例如，许多酯类、酮类，尤其是醛类物质被认为是造成之前被汗水和皮脂弄脏的水洗衣物气味的主要因素（Munk，2000年）。

对样品上方顶空的分析是直接测量和化学提取技术的替代方法。用于检测顶空挥发物的仪器包括一系列气体传感器（电子鼻）、在线实时化学电离仪（例如PTR-MS，SIFT）和用于GC-MS分析的捕集装置。

电子鼻

已经开发了几种被称为电子鼻的仪器，它们通常由一组气敏半导体组成，并连接到一个适当的模式识别系统上。电子鼻具有检测复杂气味的能力。它们最多可以有40个传感器，每个传感器都根据不同的化学特异性进行了校准，当组合在一起使用时，可以提供一种测量模式。电子鼻依赖于模式识别，因此无法识别未知（或意外）的化合物。

常见的化学传感阵列包括金属氧化物传感器（例如氧化锡探测器）、导电聚合物（例如聚吡咯膜）和压电传感器（Persaud，2005年）。氧化锡检测器具有许多“鼻子”的用途，并且能够检测大量有机挥发物。但是，操作设备通常需要高温（300～400℃），这使它们的运行成本很高，并且高温导致挥发物质在传感器表面分解的风险（Persaud等，1996年）。石英谐振器和表面声波装置由涂有传感膜的压电基板组成。衍生自芳香族和杂芳香族材料的导电聚合物可测量半导体薄膜的电阻变化。

电子鼻被用于食品工业中的质量控制和污染物及异味的检测（例如Persaud等，1996年；Frank等，2001年）、畜禽废物的环境监测（例如Persaud等，1996年）、污水处理厂（例如Stuetz等，1999年）和医学领域中的细菌代谢产物分析（例如Bailey等，2008年）。迄今为止，在医学领域，电子鼻可用于测量一段时间内伤口气味的改善情况，而不是有效地测量特定纺织品的气味控制能力。例如，敷料本身已被用作收集气味的媒介，然后放置在容器或袋子中，使其达到平衡，最后将气味通过传感器进行评估（Parry等，1995年；Greenwood，1997年）。但是，人类的鼻子对气味化合物的敏感度通常比用于检测气味的仪器要高，这一点可以从对猪粪中化合物的分析中得到说明（Persaud等，1996年）。

实时分析中的化学电离

利用化学电离概念的仪器可以进行实时分析，而无需进行预处理或复杂的提取；它们避免了电子碰撞电离时有机分子的碎裂。质子转移反应质谱仪（PTR-MS）和选择离子流管质谱仪（SIFT-MS）都使用流动漂移管内的化学电离（Lindinger等，1998年；Spanel和Smith，1996年）。与传统的电子碰撞电离不同，化学电离不会发生强烈的分裂，因此，当要分析气体混合物时，化学电离是检测挥发性有机化合物的首选技术。SIFT-MS需要四极质量过滤器，而PTR-MS则不需要四极质量过滤器，因为H_3O^+是唯一的反应性离子。由于PTR-MS和SIFT-MS技术用于化合物的在线监测，而不是主要用于气体成分分析，因此通常建议使用GC-MS方法进行完整的化合物鉴定（Lindinger等，1998

年)。

化学电离技术已成功用于检测腋臭中的羧酸(如 von Hartungen 等,2004 年)。SIFT-MS 和 PTR-MS 均可用于鉴定样品中的几种痕量气体,潜在地提供了化合物存在的"指纹",并且通过选择已知存在的气体,还可用于分析浓度随时间的变化(Spanel 和 Smith,1996 年;Lindinger 等,1998 年)。PTR-MS 用于检测织物散发的腋臭(McQueen 等,2008 年),尽管未使用 GC-MS 验证特定化合物,但根据其分子量,已检测到可能是短链脂肪酸的化合物。但是,PTR-MS 并未检测到任何中链脂肪酸,这些中链脂肪酸也被怀疑是造成腋窝异味的主要因素(McQueen 等,2008 年)。

17.2.3 抗菌功效测试

测量抗菌性能在减少细菌数量或防止微生物生长方面的有效性,是测量或预测气味减少或防止纺织品上气味积聚的一种间接方法。减少异味的情况可以根据细菌数量的减少情况来确定,通常采用标准的测试方法,如 AATCC 100。由于抗菌药物治疗有控制气味的潜力,然而,仅使用抗菌效果测试作为评估气味减少的方法是不适当的。

多数抗菌效果测试都是在体外测定细菌生长情况,包括对细菌数量的定量测量或定性测量。定量测量包括吸收或悬浮液试验,即在接触时间为"0"时,以及在选定的培养时间间隔后,对接种到处理过和未处理过的试验标本上的细菌数量进行评估。如 AATCC 100,ISO 20743-Method 10.1 等测试方法,在规定的培养时间后,通常在 24h 或 18h 的静态条件下,测定细菌的减少量(国际标准化组织,2007 年;美国纺织化学家和印染师协会,2004 年)。另一种评估动态条件下抗菌效果的方法是 ASTM E 2149(美国材料和试验协会,2001 年)。

分别将革兰氏阳性和革兰氏阴性的测试生物指定为金黄色葡萄球菌和肺炎克雷伯菌。尽管这些测试生物是已知的病原体,但它们与通过人类汗液新陈代谢产生的气味无关;应测试引起气味的细菌种类是否与芽孢杆菌种类相对应,因为芽孢杆菌是一种发现于脚臭中的菌株,可能会对抗菌活性纺织品产生抗性(McQueen 等,2010 年)。

17.3 医疗应用中气味控制的关键问题

17.3.1 气味来源

气味来源差异很大。在医疗应用中,可能会伴随有许多与患者治疗相关的气味,如消毒剂、药物或使用会影响患者周围空气质量的机器;但是,本章仅讨论来自患者的气味。

人体皮肤散发出的体味

当然,每个人的气味强度会有所不同,因为有些人可能天生就比其他人更易散发难闻气味,而糟糕的卫生和/或健康状况会进一步加剧这种差异。虽然多种疾病和综合征具有独特的气味(Senol 和 Fireman,1999 年),但造成人体气味的主要生理因素来自腋窝区的内外分泌腺、胸骨、肛门-生殖器区域、乳晕、眼睑、头皮、耳道、脚和手(Henkin,1995 年)。许多相同区域的皮脂腺分泌物,也会造成异味。摄入如大蒜、洋葱、酒精等食物和一些治疗药物等也会增强人体产生的气味(Henkin,1995 年;Labows 和 Preti,

1992 年）。尽管皮肤的所有部分都会在某种程度上散发异味，但最常见的散发强烈异味的部位是腋窝（腋下）、足部和肛门生殖部位。

因为腋窝部位存在高密度的外分泌腺和高密度的细菌，所以腋窝是大量气味产生的场所。腋窝区的分泌腺也为细菌的代谢提供了潮湿的环境，但是大量的内分泌腺出汗不一定等于腋窝会散发恶臭。外分泌腺和皮脂腺产生的富含蛋白质的分泌物由胆固醇、其他类固醇和长链脂肪酸组成（Labows，1988 年），正是通过这些分泌物的生物转化产生腋窝异味。构成腋臭的化合物种类繁多，一般包括以下三类化合物：16-雄甾烯类固醇（Bird and Gower，1982 年）、短链和中链脂肪酸（Zeng 等，1991 年）和产生硫黄味腋臭的挥发性硫化合物（VSC）和硫烷基链烷醇（Troccaz 等，2004 年；Natsch 等，2004 年）。

因汗腺密度高，使脚部具有潮湿的环境，所以支持大量的细菌生长。已发现短链羧酸是造成脚恶臭的主要挥发物，异戊酸存在于所有被认为具有脚臭味的受试者中，而在没有脚臭味的受试者中不存在（Kanda 等 1990 年；Ara 等，2006 年）。

在健康个体中，生殖器恶臭并不常见。但是，当阴道微生物感染或失衡时，强烈的异味可能与阴道分泌物有关。已发现，患有细菌性阴道病的妇女，短链脂肪酸和多胺，特别是腐胺和尸胺的浓度会增加（Cook 等，1992；Chen 等，1979 年）。

与人类排泄物有关的气味

粪便和尿液等人类排泄物产生的气体，可能是造成恶臭的原因。尽管尿液中存在多种挥发性化合物，但是新鲜尿液通常没有强烈的气味，除非是由某些饮食摄入或某些疾病引起的（Zlatkis 等，1981 年）。另一方面，在细菌代谢分解尿的过程中，所产生的氨使得陈旧的尿液可能会产生恶臭（Louhelainen 等，2001 年）。

酸、硫和氮的挥发物可能使粪便产生臭味（Sato 等，2002 年）。研究发现，腹泻患者粪便中脂肪酸（如乙酸、丙酸、丁酸和异戊酸）的浓度会增加（Sato 等，2002 年）。硫化氢和甲硫醇虽然在粪便中的浓度很小，但仍被认为是恶臭气味的重要组成部分。此外，研究发现，硫化氢的存在和浓度与肠胃恶臭的强度高度相关（Suarez 等，1998 年）。

在医疗机构中，患者尿失禁或肠功能丧失的可能性很普遍，尤其是在重症监护室和老年医疗机构中更是如此。床上用品、内衣和失禁产品等纺织品可能会被尿液或粪便污染，若不加以适当管理，它们也会散发出恶臭。在日常生活中经历不同程度大小便失禁的成年人，会担心泄漏和气味被他人发现（Lagro-Janssen 等，1992 年；Fader 等，2008 年）。

伤口产生的气味

大多数伤口都可以轻松治愈，并且不会散发出难闻的气味。但是，慢性伤口，如真菌性肿瘤、褥疮、其他感染的伤口，以及有脱落或坏死组织可能会阻碍愈合的伤口，可能会伴有强烈的恶臭（Grey 等，2006 年；Kalinski 等，2005 年；Collier，2000 年）。伤口中存在恶臭通常表明伤口已被感染，因为从健康伤口散发出的气味通常没有那么强烈（Williams 和 Griffiths，1999 年）。真菌性伤口（如肌肉、脂肪、皮肤）以及失活或坏死的组织中可能存在多种组织类型。伤口中的组织类型，可能存在的厌氧、好氧细菌和代谢性挥发性副产物的范围，都将影响从伤口散发出的气味（Moody，1998 年）。脂质代谢过程中可能会释放出挥发性脂肪酸，例如丙酸、异戊酸和戊酸、异丁酸和丁酸（Moody，1998 年；Collier，2000 年；Dankert 等，1981 年）。腐胺和尸胺等挥发物也是腐烂伤口散发的常见气味，可引起呕吐反应（Van Toller，1994 年）。伤口渗出液，特别是不流动的渗出液，也可能导致恶臭。

17.3.2 微生物

皮肤、伤口和身体排泄物产生的绝大多数恶臭，都是由微生物代谢蛋白质、脂质和/或碳水化合物引起的。由于大多数细菌会在高湿度的环境中繁衍，因此与皮肤的其他区域相比，腋窝、足部和腹股沟区域通常与细菌种群数高有关。皮肤或伤口产生气味通常需要较高的细菌负荷数。当微生物在每克组织中繁殖不少于 10^6 个菌落形成单位（CFU）时，可认为伤口已被感染（Jackson，2001 年）。在腋窝提取物上培养的两株能产生腋窝气味的棒状杆菌，在种群密度达到 10^5CFU/cm^2 和 10^6CFU/cm^2 后才开始产生异味（Rennie 等，1991 年）。另外，当细菌种群（主要是白喉类）保持在 10^4CFU/cm^2 以上时，患者的臭汗病并没有得到改善（Guillet 等，2000 年）。

好氧菌通常是造成皮肤（例如腋窝或脚）恶臭的原因。腋窝菌群往往以葡萄球菌或棒状杆菌为主导，同时也存在丙酸杆菌和微球菌（Taylor 等，2003 年；Kloos 和 Musselwhite，1975 年；Rennie 等，1990 年）。但是，引起腋臭的主要原因是需氧棒状杆菌（Taylor 等，2003 年；Rennie 等，1990 年）。足部菌群主要是葡萄球菌、棒状杆菌和微球菌（Marshall 等，1987 年）。大量的棒状杆菌和葡萄球菌都与脚臭有关，但没有分离出引起臭味的主要生物（Marshall 等，1988 年）。在后来的研究中，发现芽孢杆菌属数量多的人脚臭味更强，尽管总体上发病率相对较低（Ara 等，2006 年）（见图 17.2）。

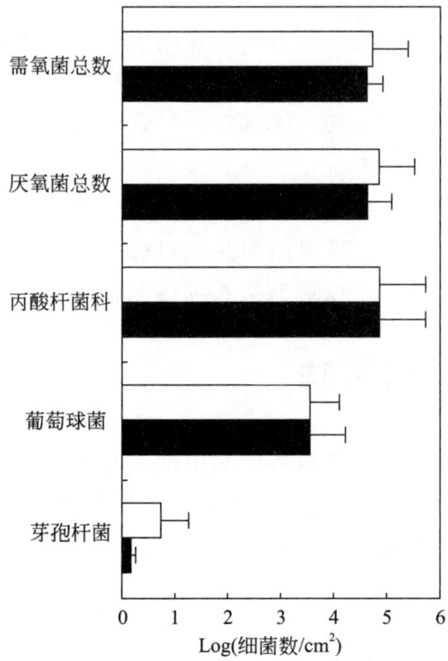

图 17.2 平均细菌数与脚臭味之间的关系

空心线：通过感官测试判定从患有脚臭的受试者的足底分离出的细菌为 3 级或更高；
实心条：通过感官测试判定从患有脚臭的受试者的足底分离出的细菌为 2 级或更低。
在 96 名健康个体中，使用五点量表法通过直接感官测试来评估足底的气味水平，
并且将受试者分为 3 级或更高水平的受试者和 2 级或更低水平的受试者（Ara 等，2006 年）
© 2008 年加拿大核管理委员会颁发转载许可

虽然厌氧和好氧微生物都经常出现在恶臭的伤口上，但厌氧细菌是造成伤口恶臭的罪魁祸首（Altemeier，1938 年；Hampson，1996 年）。拟杆菌属物种通常与感染的臭味肿瘤和伤口有关，尽管在非臭味肿瘤上也发现了它们的存在（Hampson，1996 年）。虽然厌氧细菌一直存在于恶臭的伤口中，但厌氧和需氧细菌之间的相互作用似乎是产生恶臭的必要条件。正如 Bowler 等（1999 年）所发现的，恶臭常与厌氧和好氧微生物的存在有关，而不是只与好氧细菌的感染有关。拟杆菌属菌种、有色和无色的革兰氏阴性厌氧菌、普氏杆菌和卟啉单胞菌，与恶臭密切相关。至于在有臭味和无臭味的伤口上都大量存在的消化性链球菌种类对臭味是否有影响则不太清楚（Bowler 等，1999 年）。24 例腿部静脉溃疡患者中有 14 例鉴定出具有 β-血型链球菌的混合菌落，并通过电子鼻检测到具有独特的气味特征（Parry 等，1995 年）。

17.3.3 纺织品

医院使用的纺织品或纤维材料分为两类；可多次使用（可重复使用）；或仅可一次性使用（一次性）。可多次使用的纺织品必须经过适当的消毒处理，并根据用途在完全重复使用之前进行完全灭菌（例如手术床单）。通常，多次使用的纺织品是机织的或针织的，在有些情况下可能是某种复合材料，增加了薄膜或涂层。一次性产品往往由非织造纤维材料和/或薄膜制成。在接触伤口（如敷料）或外科手术过程中使用的产品，应无菌和低绒，以减少微生物或异物引起伤口感染的可能性。有气味残留的一次性产品可以处理掉，但多用途产品中的气味必须通过适当的去污技术去除。

纺织品会导致恶臭；潮湿的纺织品为微生物的生长提供了良好的环境。在医学和卫生领域，气味和纺织品之间的关系可以分为两类。一是防止纺织品内产生异味（如床上用品和衣服内的汗水或人的其他分泌物或排泄物）；二是通过使用纺织品（例如绷带和敷料、失禁产品、排气装置）来控制气味。

许多吸收性纺织品由天然的亲水性纤维组成，例如再生纤维素或棉。超吸收性凝胶可用于制造吸收性卫生产品。但是，吸湿纺织品也可能吸收这些臭味化合物。脂质在疏水性聚酯或聚丙烯纤维的纤维表面上的吸附为某些细菌菌株提供了极好的营养来源。

17.4 用纺织品控制气味

可重复使用的纺织品和一次性非织造产品中的气味控制一般有三种形式：①控制引起恶臭的细菌和真菌；②吸收/吸附有气味的挥发物；③散发气味以掩盖恶臭。对于可重复使用的纺织品，可通过适当的翻新方法去除异味以及可能产生异味和细菌的基质。

17.4.1 抗菌纺织品

纺织品中加入抗菌剂可以杀死微生物或抑制微生物在纺织品上或纺织品中的生长，从而发挥作用。纺织品中使用的大多数抗菌剂具有杀菌作用（即杀死微生物），其作用方式包括破坏细胞壁、改变细胞膜通透性、使蛋白质变性、抑制或改变微生物代谢途径（Gao 和 Cranston，2008 年）。纺织品中常用的抗菌剂是银、三氯生、双六亚甲基双胍（PHMB）和季铵化合物（QAC）。通常纺织品中使用抗菌剂的主要目的是抑制纺织品中的微生物生长或杀死其中的微生物，但不影响穿着或使用纺织品的人身上的固有或非致病性皮肤微生物群。因此，除非抗菌剂确实从纺织品上渗透出来，否则不可能完全控制人体的气味，因为经处理的纺织品只能控制纺织品内部的气味，而不能控制皮肤或身体其他区域的气味。尽管如此，仍然有必要减少纺织品内部的气味积累，因为源自人体的气味和与人体接触的纺织品散发出的气味可能在质量和强度上有所不同。这些差异可能是由湿度、温度、气流、养分的变化以及皮肤和纺织品上抗菌剂的存在而引起的（Dravnieks 等，1968 年）。

微生物是造成人体大部分恶臭的主要原因，但令人惊讶的是，很少有研究将气味强度与经过处理的纺织品的抗菌功效联系起来。已经进行了一些与健康无关的研究，这些研究将减少或改善纺织品上的臭味或有气味的挥发性有机化合物（VOC）与细菌种群的减少联系起来（Payne 和 Kudner，1996 年；Mao 和 Murphy，2001 年；Obendorf 等，2007 年）。在医学领域，已经进行了一些研究，这些研究将使用抗菌处理的伤口敷料与改善气味和伤口愈合相结合（Jørgensen 等，2005 年；Münter 等，2006 年）。该领域的整体研究不足可能是由于以下事实：在医学应用中，感染或疾病的传播是由于细菌或病毒的传播所致，抗菌处理纺织品倾向于降低这种传播，而不仅是减少或控制气味（如 Borkow Gabbay，2008 年）。因此，大多数研究只关注于在体外减少潜在的致病微生物。在临床试验或其他评价抗菌创面敷料有效性的体内研究中，重点是与创面愈合相关的其他参数（如大小、疼痛、渗出液），而不是专门针对甚至消除异味的改善。

尽管 Payne 和 Kudner（1996 年），Obendorf 及其同事（2007 年）以及 Mao 和 Murphy（2001 年）的研究并没有专门涉及与健康相关的服装/纺织品，但他们的发现可能具有一定的价值，抗菌剂评估的类型和其织物中的纤维含量仍可能存在于医院的衣服/床上用品中（如棉、涤纶和棉/涤纶混合物）。Payne 和 Kudner（1996 年）报告称，将 0.2% PHMB 的盐酸盐溶液加到棉毛巾上时，没有发现气味。这种气味的缺乏与在 37℃ 下孵育 24h 后的金黄色葡萄球菌的数量小于 10^5～10^6 CFU/mL 有关。当浓度为 10^8 CFU/mL 时，未经处理的非织造棉布会产生强烈的刺激性气味，而用不同浓度的 PHMB（即 48mg/kg、184mg/kg、552mg/kg）处理过的棉布未显示细菌数量增加或细菌种群减少（Payne and Kudner，1996 年）。虽然金黄色葡萄球菌是一种常见的潜在致病菌，但与体内的恶臭没有关联。相反，大量棒状杆菌与腋臭和脚部细菌相关（Taylor 等，2003 年；Ara 等，2006 年）。

Obendorf 及其同事将纹状棒状杆菌菌株与硫酸雄甾酮一起孵育在用 0%、0.5% 和 1% 的银磷酸锆处理过的聚酯织物上，测量了 5α-雄甾-2-烯-17-酮（雄甾-17-酮）的量（Obendorf 等，2007 年）。存在的硫酸雄甾酮是雄甾-17-酮气味的代表性前体物。随着织物上载银磷酸锆浓度的增加，雄甾-17-酮的含量降低。尽管这项工作表明，由于抗菌剂的存在，气味的产生可以在织物内得到控制，但它并不代表真实情况，即气味可能在皮肤上产生，气味化合物随后转移到织物上。此外，化合物雄甾-17-酮仅代表从人类腋窝排出的许多腋臭中的一种。

Mao 和 Murphy（2001 年）对使用 Tinosan AM 100（一种含三氯生的抗菌剂）处理过的织物（未报告纤维含量）进行了穿戴试验。在一项双盲研究中，有 20 名参与者（12 名男性，8 名女性）在每个腋下都戴了一块织物。参与者被要求在四个特定的时间间隔

（即穿戴 7h、存放 16h、第二次穿戴 7h、第二次存放 16h）评估织物散发的气味。在所有评估中，有 90%的参与者表示与未处理的织物相比，参与者更喜欢处理过的织物（参与者不知道哪些是经过处理的、哪些是未经处理的），并且据报道，经过处理的织物被认为“更新鲜”（Mao 和 Murphy，2001 年）。对于 Tinosan AM 100 处理过的尼龙织物和 50%棉/50%涤纶混纺面料，在 37℃下孵育 24 h 后，金黄色葡萄球菌和肺炎克雷伯菌的数减少了 2～3 个数量级（Mao 和 Murphy，2001 年）。尽管没有进行体内细菌计数的检查研究，并且所使用的感官测试程序无法量化气味的强度，但是这项研究是为数不多的对抗菌处理的纺织品的研究之一，该研究实际上包括了一项穿戴试验，用来评估气味的改善是否与抗菌活性有关。

在伤口敷料中加入抗菌药物是很常见的，因为抗菌敷料可以减少伤口的细菌负荷，也可以减少伤口敷料本身细菌的黏附和生长。减少伤口中的微生物负荷有益于伤口愈合以及去除引起恶臭的微生物。银是伤口敷料中最常见的抗菌剂，碘基和 PHMB 纱布或敷料也可用于伤口敷料（Morin 和 Tomaselli，2007 年；Michaels 等，2009 年）。

大量的体外研究报告了银在敷料中具有不同程度的生物杀灭活性，这主要与载体敷料的特性和银在伤口中的传递有关（Thomas 和 McCubbin，2003 年；Mooney 等，2006 年；Parsons 等，2005 年）。也有体内试验检验银敷料在伤口愈合中的有效性。大多数临床试验的重点是伤口愈合是否有进展或得到改善。如果根本没有提到，恶臭的存在和/或改善仅是治愈的继发性因素（Jude 等，2007 年；Tredget 等，1998 年；Innes 等，2001 年；Michaels 等，2009 年）。

在一项大型临床试验（$n=208$）中，将含银敷料（Aquel Ag、Acticoat、Acticoat 7、Acticoat Absorbent Contreet Foam、Urgotul SSD）与非抗菌敷料用于小腿活动性溃疡患者，并进行了比较（Michaels 等，2009 年）。评估试验开始后第 12 周的愈合情况，无论是使用含银敷料或常规敷料，在腿部溃疡的改善/愈合方面均未发现明显差异。在试验开始时，有 15%的含银敷料组和 11.3%的非抗菌组报告有臭味溃疡；然而，作者没有具体报告在研究过程中气味是否有所改善（Michaels 等，2009 年）。

在另外的两项大型临床试验中，检验了含银的亲水性泡沫敷料（Contreet Foam，Coloplast）在改善伤口愈合和减少伤口气味方面的有效性（Jørgensen 等，2005 年；Münter 等，2006 年）。在一项比较研究中，人们评估了 Contreet Foam 相对于亲水性聚氨酯泡沫敷料［不具有抗菌特性（如 Allevyn Hydrocellular 敷料，Smith&Nephew）］对改善慢性静脉和/或动脉小腿溃疡愈合的效果（Jørgensen 等，2005 年），109 名患者参加了这项研究，并被随机分配到 Contreet Foam 组（$n=52$）和 Hydrocellular dressing 组（$n=57$）。研究人员每周对腿部溃疡进行评估，为期四周。除其他伤口愈合指标外（如渗出物量、疼痛、溃疡大小），移除敷料后立即用四分制（无气味、轻微气味、中等气味、严重气味）对气味进行主观评价（见图 17.3）。在研究开始时，Contreet Foam 组中 52%（52 人中有 27 人）的患者有恶臭性溃疡，而非银敷料组中则有 58%（57 人中有 33 人）的患者有恶臭性溃疡。在第一周结束时，Contreet Foam 组的气味显著改善，据报告只有 17%（52 人中有 9 人）的患者有异味，而非银组有 47%（57 人中有 27 人）的患者有异味。在剩下的三周试验中，没有用 Contreet 泡沫敷料的溃疡被评为具有严重的异味，而到第 4 周，大约 40%的用非银敷料组的腿溃疡仍然有异味，并且至少有 3～5 名患者有

“严重气味”。完成了“生活质量”患者问卷调查的一周后，Contreet Foam 组中只有 6% 的患者表示有异味，而非银敷料组中仍有 21% 的患者表示有异味（Jørgensen 等，2005 年）。在第二项临床试验中，将 Contreet 泡沫敷料与处理感染伤口的常规方法（$n=619$）进行了比较，其中一些方法包括使用抗菌活性敷料。据报道，用 Contreet Foam 伤口敷料包扎的患者的恶臭减轻速度比常规方法更快（Münter 等，2006 年）。

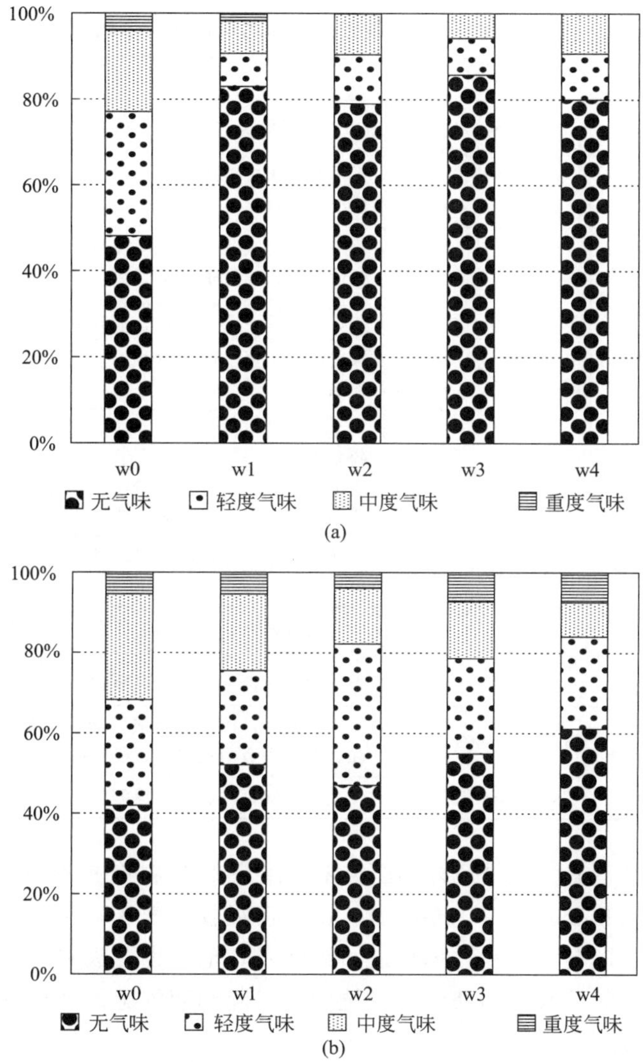

图 17.3　研究人员在去除敷料后每周进行的访问中评估了不同处理的伤口气味水平

（a）Contreet Foam 处理；（b）Allevyn Hydrocellular（Jørgensen 等，2005 年）

17.4.2　吸收气味的纺织品

活性炭

医用纺织品（如伤口敷料）中使用抗菌剂的目的，是防止感染的发生或促进感染伤口的愈合，而气味控制则是一种辅助作用。而在伤口敷料中加入活性炭是专门用来控制气味的。由含碳物质燃烧或热分解制成的活性炭布具有高度的多孔性，并且由于其较大的表面积和化学结构（主要是碳，但也有一定量的氧、氢和某些甚至可能含氮的其他类型），具有吸附多种气体和液体的能力。由活性炭布或颗粒制成的纺织品用于吸收恶臭，也用于伤口敷料、失禁产品和肠胃排气装置（Ohge 等，2005 年；Thomas 等，1998 年）。表 17.2 描述了市售的活性炭敷料。

表 17.2 活性炭基控制气味的伤口敷料示例

敷料	公司	产品描述
Actisorb Silver 220	Johnson & Johnson Medical Ltd	主要伤口敷料；纺丝尼龙套筒中含浸有 0.22%银的活性炭布 没有液体吸收功能，但允许液体根据需要通过敷料进入吸收性次级敷料
CarboFlex	ConvaTec Ltd	一种具有吸收性伤口接触层的多组分、非黏性敷料。活性炭布位于吸收性纤维（藻酸盐/羧甲基纤维素纤维）层和提供液体单向流动的多孔塑料膜的后面。另一吸收层和塑料膜位于活性炭纤维的后面。自备的敷料用于浅层伤口，或辅助敷料用于深层伤口。由于吸收剂成分的存在，湿伤口的气味处理得以加强
Carbonet	Smith & Nephew	主要敷料可以搭配或不搭配次要敷料使用；具有伤口接触层的多组分敷料，该伤口接触层由针织黏胶人造丝构成，该接触层由吸收性纤维素层支撑，并黏结到夹在两层聚乙烯网之间的活性炭布上；良好的流体处理性能
CliniSorb	CliniMed	活性炭布夹在黏胶人造丝层与尼龙涂层之间。建议用作二次敷料
Lyofoam C	Mölnlycke Health Care	直接接触敷料，用附加胶带或绷带固定；在亲水聚氨酯接触层和疏水聚氨酯外层之间有一层活性炭布；良好的流体处理能力，如吸收性聚氨酯板可吸收伤口分泌物
Pharmapad Carbon	Pharma-plast Ltd	次要敷料；由三层组成，活性炭布夹在两层黏胶/尼龙“热黏合”非织造织物之间；吸收液体的敷料
Sorbsan Plus Carbon	Unomedical Ltd	具有藻酸钙皮肤接触层和辅助吸收层的多层活性炭敷料

已经发现，含有活性炭布的敷料比不含活性炭的敷料在控制伤口恶臭方面更有效(Lee 等，2007 年；Thomas 等，1998 年)。由于仅吸收了气味，敷料本身可能不会对引起恶臭（如细菌）产生影响。但是，据报道，细菌及其孢子也会吸附到 Actisorb Silver 敷料中的活性炭纤维上，活性炭会捕获细菌，抗菌银引起细菌细胞的结构发生变化，导致细菌死亡（Jackson，2001 年）。

当活性炭材料与吸收剂成分相结合以吸收和控制敷料中的液体时，气味的减少会得到改善（Thomas 等，1998 年；Lee 等，2007 年）。Thomas 等（1998 年）比较了五种市售创面敷料在限制有味的挥发性二乙胺向周围环境扩散的有效性（Thomas 等，1998 年）。在五种敷料中，有四种含有活性炭（如 Actisorb Plus，Carboflex，Carbonet，Lyoofam C)；另一种不含活性炭，但具有很强的吸收性（如 Release）。将含有 2%二乙胺的测试溶液以 30 mL/h 的速度通过密闭的多孔板加到敷料上，该室腔通过入口和出口连接到便携式环境分析仪（Miran 1B2，Quantitech）。记录在检测室中检测到 10mg/kg 二乙胺之前施加到敷料上的测试溶液的体积。所有敷料都会在一定程度上延迟了敷料上方空气中二乙胺的存在，包括不含活性炭的释放敷料。但是，与吸收性敷料相比，活性炭的存在增加了加到敷料中的溶液的量。同时具有活性炭和吸收性能的敷料是减少二乙胺向周围空气中释放的最有效的敷料（如 Carboflex 和 Carbonet）（Thomas 等，1998 年）。作者发现，吸湿层和活性炭布层的结合极大地减少了挥发性物质向空气中的释放。

使用与 Thomas 及其同事类似的方法，对 7 种活性炭敷料（Carboflex、Lyoofam C、Carbonet、Sorbsan plus Carbon、Actisorb Silver 220、Carbopad VC、Clinisorb）和一种不含活性炭的吸收性敷料（如标准的 Melolin 敷料）进行了比较（Lee 等，2007 年）。Lee 等的发现，活性炭敷料与敷料中的液体吸收剂结合可以减少二乙胺在周围空气中被检测到的时间，这与 Thomas 等的观点一致。Lee 和其同事还测量了实验敷料的透气性和水蒸气透过率。在控制挥发性化合物的释放方面，一种不包含吸收剂层的产品（Actisorb Silver），与两种含吸收剂活性炭产品（即含碳的 Carbonet 和 Sorbsan）同样有效。

其他吸收材料/聚合物

环糊精是环状寡糖，它由 6～8 个吡喃糖苷基连接在 C1 和 C4 上的吡喃葡萄糖苷单元组成。环糊精由于其环形结构强的疏水性，能够与其他分子形成包合物。可通过使用环糊精可控制恶臭，方法是将芳香剂掺入环糊精中形成包合物（掩盖异味），或将有气味的分子吸收到其内部结构中（Buschmann 等，2001 年）。Lipman 和 van Bavel（2007 年）报道了一项体外试验，在该试验中，一种新的含环糊精的水胶体创面敷料减少了可能从伤口散发出的恶臭。水胶体敷料是自粘、吸收性、不渗透性的伤口敷料，能创造湿润的环境，从而促进创面愈合。它们通过吸收渗出液或水分形成凝胶来发挥作用（Thomas，1992 年）。水胶体敷料并不起气味吸收剂的作用，事实上，某些类型的水胶体在吸收伤口的渗出物时，所产生的“半液体”凝胶会发出难闻的气味（Thomas，1992 年）。水分存在时，环糊精对气味的吸收是最有效的，由于水胶体敷料创造了一个潮湿的环境，环糊精与水胶体的结合增强了环糊精对气味的吸收。在体外试验中，环糊精用于水胶体创面敷料，其对丁酸和戊酸气味的吸收是有效的（Lipma 和 van Bavel，2007 年）。经测试，环糊精-水胶体创面敷料与市售的含活性炭伤口敷料（如 Actisorb，Carbonet，Carboflex）的气体吸收效果相当。活性炭创面敷料中伤口血清的存在可能会阻碍气味的吸收（Lipman 和 van Bavel，2007 年）。然而，商业化生产的吸收气味的水胶体创面敷料尚未上市。

除环糊精外，其他用于女性卫生用品、一次性尿布和大小便失禁产品的除臭剂还包括沸石、硅酸盐、吸收胶凝剂、淀粉、离子交换树脂（如 Guarracino and Giovanni，2000 年；Gagliardi 等，2001 年）。也有研究表明，天然黏土矿物 α-海泡石也可用于减少恶臭，在伤口处理方面也有效（Kose 等，2005 年）。

与由人造丝或聚酯纤维制成的可洗涤吸收性产品相比，用于尿失禁和大便失禁的一次性物品通常在保留气味（以及尿液）方面表现更好。一次性失禁产品由绒毛纸浆纤维或粉末状高吸收性聚合物组成；后者就其质量而言，要比一次性纸浆材料能吸收更多的液体（Fader 等，2008 年）。

天然纤维

由天然纤维（如羊毛和棉）制成的面料，与合成纤维（如聚酯纤维）制成的面料相比，穿着在腋窝部位时散发出的气味更少（McQueen 等，2007 年）；尤其是羊毛被认为是低气味特性的。由于皮肤细菌在 100%羊毛织物中比在 100%聚酯纤维上能存活更长的时间，因此作者得出结论，羊毛织物对气体挥发物的吸收，很可能是皮肤中细菌减少（或减少气味积累）的原因，而不是某些固有的抗菌性能。在后来的一项研究中，通过PTR-MS法对之前穿过的羊毛、棉和聚酯织物的腋窝挥发物进行了测定（McQueen等，2008年）。人们发现，挥发物是短链脂肪酸，腋窝分泌物细菌代谢副产物，在涤纶织物中其含量高于棉、毛织物。在七天的时间里，聚酯纤维中的短链脂肪酸有所增加，但羊毛和棉织物都没有出现这种情况。用羊毛制成的纺织品在医学应用中用途有限，因为它们无法承受像其他纺织品（如棉和聚酯）所能进行的严格的清洁和灭菌程序。可以将其他蛋白质纤维（如蚕丝）用抗菌剂AEGIS AEM 5772/5（烷氧基硅烷季铵盐）处理，以减少因金黄色葡萄球菌定植而引起的特应性皮炎的症状（Senti等，2006年）。尽管这些服装并未专门用于减少气味的积累，但丝绸面料可能以类似于羊毛织物的方式一样，来降低气味强度。

17.4.3 香味纺织品

使用芳香剂，可以掩盖令人不愉快的气味，也是控制室内气味的常用方法（如空气清新剂）。个人卫生用品和化妆品通常都有香味，以掩盖身体散发的自然气味。最常见的是，将以气溶胶、液体或固体形式存在的芳香物质直接喷或擦到皮肤上。纺织品和非织造纤维卫生用品也可以有香味。但将香料加入到纺织品中并保持持久的香气仍是一个难题。这是因为，从本质上讲，香水是易挥发的，并且香水的强度会很快消散。将液体或气体香料封装在一个小胶囊中，使香气随时间缓慢释放，是将香气掺入纺织品的最常用方法，可以延长挥发性化合物的储存寿命，以供实际使用。

香薰疗法是将精油用于治疗，与传统的西药相比，提供了另一种更全面的替代疗法。镇静和放松或使身体恢复活力可能是香薰疗法的益处（Wheeler Robins，1999年）。因此，在医学应用中，薰衣草之类的精油可用于增强放松效果并帮助人们入睡，同时还能掩盖异味。Lennox（1997年）报道茉莉和薰衣草香薰化合物已被用于掩盖疗养院中令人不愉快的气味。使用β-环糊精中的包合物分子将迷迭香、薰衣草、茉莉花、柠檬和檀香掺入到100%棉中，经过30天的处理后仍继续散发出气味（Wang和Chen，2005年）。他们未对洗涤的持久性进行评估。在熔体纺丝之前，将气味分子注入聚丙烯切片（Liu等，2009年），是一种替代方法，可以在纺织品上使用气味封装化合物。

在某些情况下，掩盖作用可能不足以有效消除极强的异味，例如从受感染的伤口散发出的恶臭。护理人员和患者一旦将令人愉悦的气味与负面含义联系起来，可能会产生相反的效果（Haughton和Young，1995年）。

17.4.4 翻新纺织品

清洁纺织品的主要目的是去除污垢和斑渍，其次是去除异味。在医疗机构中，清洁等同于消毒，因为去除潜在感染性微生物至关重要。床上用品、医院提供给患者和医护人员的衣服，都要经过严格的洗涤，对于已知被感染者使用的床单和衣物，应有特殊的处理和洗涤要求。洗涤液和高温洗涤（65～80℃），以及含漂白剂的洗涤剂或其他漂白剂，能够有效杀灭医院洗衣房中的细菌（Barrie，1994年）。因此，不太可能在重复使用的亚麻布上残留气味。若用较低的洗涤温度和不含漂白剂的洗涤剂，这种结合会导致细菌在洗涤过程中幸存下来，并随后可能从衣物上散发出臭味（Munk等，2001年）。在家庭洗涤和干燥的情况下，某些细菌菌株可以在洗涤过程中幸存下来，因此气味不一定会被去除。如果衣服没有快速干燥，气味会随着残留的细菌在潮湿的环境中大量繁殖，尤其是在纤维素织物上（Nagoh 等，2005 年；Munk 等，2001 年）。Munk 等（2001 年）发现，在 50℃ 的洗涤温度下铜绿假单胞菌和大肠杆菌等革兰氏阴性菌被完全根除；完全杀死金黄色葡萄球菌和表皮葡萄球菌的菌株，需要 60℃ 的洗涤温度。

17.5 未来趋势

目前正在开发和改进用于纺织品的抗菌剂，不仅用于控制潜在的传染性微生物，而且还用于控制或预防异味的产生。纺织工业关注的是这样一种抗菌剂，它对穿戴者/使用者安全、对环境影响小，而且足够耐用、可在纺织品的整个使用周期内保持抗菌性。将气味吸收到纺织品基质中，可能仍然是防止强烈的恶臭从纺织品中散发出来的最有效方法。可能会继续进行气味吸收化合物（如环糊精）在纺织品内有效性进一步强化的研究。纺织品使用寿命内的耐用性，以及对使用者和环境的安全性，仍是关键问题。

开发有效的气味控制纺织品越来越受到重视，我们需要改进方法来客观地评估气味的改善或消失。从人体和感染的伤口散发出来的气味具有复杂性和多样性，以及嗅觉敏感性的差异，因此，开发可靠且可重复的感官测试方法来检测纺织品中气味的质量或强度仍然需要保留。应注意所使用的感观方法的类型，感观人员的筛选和选择，以及在纺织品上收集气味的适当方法。在许多应用中，对于检测仪器，仍然需要加强和改进检测方法，从而能够实时检测挥发性恶臭化合物，并使其灵敏度更接近于气味阈值。

17.6 致谢

感谢 Mari Bergen 在撰写本章时所提供的建议和帮助。

17.7 参考文献

Altemeier W A (1938). The cause of the putrid odor of perforated appendicitis with peritonitis. *Ann Surg*, 107 (4), 634-635.

American Association of Textile Chemists and Colorists (2004). *AATCC Test Method 100 Antibacterial Finishes on Textile Materials: Assessment of*. American Association of Textile Chemists and Colorists, Research Triangle Park, North Carolina.

American Society for Testing and Materials (2001). *ASTM E 2149-01: Standard Test Method for Determining the Antimicrobial Activity of Immobilized Antimicrobial Agents Under Dynamic Contact Conditions*. ASTM International, West Conshohocken, PA.

Amoore J E (1977). Specific anosmia and the concept of primary odors. *Chem Sense Flavor*, 2 (3), 267-281.

Ara K, Hama M, Akiba S, Koike K, Okisaka K, *et al*. (2006). Foot odor due to microbial metabolism and its control. *Can J Microbiol*, 52 (4), 357-364.

Bailey A, Pisanelli A M and Persaud K C (2008). Development of conducting polymer sensor arrays for wound monitoring. *Sens Actuators B*, 131 (1), 5-9.

Baker P G and Haig, G (1981). Metronidazole in the treatment of chronic pressure sores and ulcers. A comparison with standard treatment in general practice. *Practitioner*, 225 (1354), 569-573.

Barrie D (1994). Infection-control in practice-how hospital linen and laundry services are provided. *J Hosp Infect*, 27 (3), 219-235.

Baydar A E, Petrzilka M and Schott M P (1992). Perception of characteristic axillary odors. *Perfume Flavor* 17 (6), 1-9.

Bird S and Gower D B (1982). Axillary 5-alpha-androst-16-en-3-one, cholesterol and squalene in men: Preliminary evidence for 5-alpha-androst-16-en-3-one being a product of bacterial action. *J Steroid Biochem Mol Biol*, 17 (5), 517-522.

Borkow G and Gabbay J (2008). Biocidal textiles can help fight nosocomial infections. *Med Hypotheses*, 70 (5), 990-994.

Boscaini E, van Ruth S, Biasioli F, Gasperi F and Mark T D (2003). Gas chromatography-olfactometry (GC-O) and proton transfer reaction-mass spectrometry (PTR-MS). Analysis of the flavor profile of grana padano, parmigiano reggiano, and grana trentino cheeses. *J Agric Food Chem*, 51 (7), 1782-1790.

Bowler P G, Davies B J and Jones S A (1999). Microbial involvement in chronic wound malodour. *J Wound Care*, 8 (5), 216-218.

Buschmann H J, Knittel D and Schollmeyer E (2001). New textile applications of cyclodextrins. *J Inclusion Phenom Macrocyclic Chem*, 40 (3), 169-172.

Chambers E and Wolf M B (1996). *Sensory Test Methods*. American Society for Testing and Materials (ASTM), West Conshohocken, PA.

Chen K C S, Forsyth P S, Buchanan T M and Holmes K K (1979). Amine content of vaginal fluid from untreated and treated patients with nonspecific vaginitis. *J Clin Invest*, 63 (5), 828-835.

Collier M (2000). Management of patients with fungating wounds. *Nurs Standard*, 15 (11), 46, 48-50, 52.

Cook R L, Redondo-Lopez V, Schmitt C, Meriwether C and Sobel J D (1992). Clinical, microbiological, and biochemical factors in recurrent bacterial vaginosis. *J Clin Microbiol*, 30 (4), 870-877.

Dankert J, Holloway Y, Bouma J, van der Werf J and Wolthers B G (1981). Metronidazole in smelly gynaecological tumours. *Lancet*, 318 (8258), 1295.

Dravnieks A, Krotoszynski B K, Lieb W E and Jungermann E (1968). Influence of an antibacterial soap on various effluents from axillae. *J Soc Cosmetic Chem*, 19, 611-626.

Fader M, Cottenden A, Getliffe K, Gage H, Clarke-O'Neill S, *et al*. (2008). Absorbent products for urinary/faecal incontinence: a comparative evaluation of key product designs-Introduction. *Health Technol Assess*, 12 (29).

Frank M, Ulmer H, Ruiz J, Visani P and Weimar U (2001). Complementary analytical measurements based upon gas chromatography-mass spectrometry, sensor system and human sensory panel: a case study dealing with packaging materials. *Anal Chim Acta*, 431 (1), 11-29.

Gagliardi I, Guarracino M and Toro C (2001). U. S. Pat. 6, 245, 693. U. S. Patent and Trademark Office, Washington, DC.

Gao Y and Cranston R (2008). Recent advances in antimicrobial treatments of textiles. *Textile Res J*, 78 (1), 60-72.

Greenwood J E (1997). Monitoring wound healing by odour. J Wound Care, 6 (5), 219-221. Grey J E, Enoch S and Harding K G (2006). Wound assessment. *BMJ*, 332, 285-288.

Guarracino M and Giovanni C (2000). U. S. Pat. 6, 080, 908. U. S. Patent and Trademark Office. Washington, DC.

Guillet G, Zampetti, A and Aballain-Colloc M (2000). Correlation between bacterial population and axillary and plantar bromidrosis. *Eur J Dermatol*, 10, 41-42.

Hampson J P (1996). The use of metronidazole in the treatment of malodorous wounds. *J Wound Care*, 5 (9), 421-425.

Haughton W and Young T (1995). Common problems in wound care: malodorous wounds. *Br J Nurs*, 4 (16), 959-963.

Henkin R I (1995). Body Odor. *JAMA*, 273 (15), 1171-1172.

Holloway S, Bale S, Harding K, Robinson B and Ballard K (2002). Evaluating the effectiveness of a dressing for use in malodorous, exuding wounds. *Ostomy Wound Manage*, 48 (5), 22-28.

Innes M E, Umraw N, Fish J S, Gomez M and Cartotto R C (2001). The use of silver coated dressings on donor site wounds: A prospective, controlled matched pair study. *Burns*, 27 (6), 621-627.

International Organization for Standardization (ISO) (2007). ISO 20743: Textiles-Determination of antibacterial activity of antibacterial finished products. International Organization for Standardization, Genève.

International Organization for Standardization (ISO) (2008). ISO 5492: 2008 Sensory analysis-Vocabulary. International Organization for Standardization, Genève.

Jackson L (2001). Use of charcoal dressing with silver on MRSA-infected wound. *Br J Commun Nurs*, 6, S19-S26.

Jørgensen B, Gottrup F, Karlsmark T, Bech-Thomsen N and Sibbald R G (2008). Combined use of an ibuprofen-releasing foam dressing and silver dressing on infected leg ulcers. *J Wound Care*, 17 (5), 210-214.

Jørgensen B, Price P, Andersen K E, Gottrup F, Bech-Thomsen N, *et al*. (2005). The silver-releasing foam dressing, Contreet Foam, promotes faster healing of critically colonised venous leg ulcers: a randomised, controlled trial. *Int Wound J*, 2 (1), 64-73.

Jude E B, Apelqvist J, Spraul M and Martini J (2007). Prospective randomized controlled study of Hydrofiber (R). dressing containing ionic silver or calcium alginate dressings in non-ischaemic diabetic foot ulcers. *Diabet Med*, 24 (3), 280-288.

Kalinski C, Schnepf M, Laboy D, Nusbaum J, McGrinder B, *et al*. (2005). Effectiveness of a topical formulation containing metronidazole for wound odor and exudate control. *Wounds*, 17 (4), 84-90.

Kanda F, Yagi E, Fukuda M, Nakajima K, Ohta T and Nakata O (1990). Elucidation of chemical compounds responsible for foot malodour. *Br J Dermatol*, 122 (6), 771-776.

Karlsmark T, Agerslev R H, Bendz S H, Larsen J R, Roed-Petersen J and Andersen K E (2003). Clinical performance of a new silver dressing, Contreet Foam, for chronic exuding venous leg ulcers. *J Wound Care*, 12 (9), 351-354.

Kloos W E and Musselwhite M S (1975). Distribution and persistence of Staphylococcus and Micrococcus species and other aerobic bacteria on human skin. *Appl Microbiol*, 30 (3), 381-395.

Kose A A, Karabagli Y, Kurkcuoglu M and Cetin C (2005). Alpha sepiolite: An old clay mineral a new dressing material. *Wounds: Compendium Clin Res Pract*, 17 (5), 114-121.

Labows J N (1988). Odor detection, generation, and etiology in the axilla. In Antiperspirants and Deodorants, Laden K and Felger C B (eds.). *Marcel Dekker*, New York.

Labows J N and Preti G (1992). Human semiochemicals. In *Fragrance: The Psychology and Biology of Perfume*, Van Toller S D and Dodd G H (eds.). Elsevier Applied Sciences, London.

Lagro-Janssen T, Smits A and Van Weel C (1992). Urinary incontinence in women and the effects on their lives. *Scand J Prim Health Care*, 10 (3), 211-216.

Lawless H T and Heymann H (1998). *Sensory Evaluation of Food: Principles and Practices*. Chapman and Hall, New York.

Lee G, Anand S C, Rajendran S and Walker I (2007). Efficacy of commercial dressings in managing malodorous wounds. *Br J Nurs*, 16 (6), S14-S20.

Lennox M (1997). Aromatic mixer. *Elderly Care*, 9 (1) 36.

Leyden J J, Kenneth M D, McGinley J, Holzle E, Labows J N and Kligman A M (1981). The microbiology of the human axilla and its relationship to axillary odor. *J Investig Dermatol*, 77 (5), 413-416.

Lindinger W, Hansel A and Jordan A (1998). On-line monitoring of volatile organic compounds at pptv levels by means of proton-transfer-reaction mass spectrometry (PTR-MS). -Medical applications, food control and environmental research. *Int J Mass Spectrom*, 173 (3), 191-241.

Lipman R D A and van Bavel D (2007). Odor absorbing hydrocolloid dressings for direct wound contact. *Wounds*:

Compendium Clin Res Pract, 19 (5), 138-146.

Liu Y, Fernando T and Pierce J D (2009). Consumer acceptability of scent-infused knitting scarves using functional melt-spun PP/PLA bicomponent fibers. *Textile Res J*, 79 (6), 566-573.

Louhelainen K, Kangas J, Veijanen A and Viilos P (2001). Effect of in situ composting on reducing offensive odors and volatile organic compounds in swineries. *AIHAJ-Am Ind Hyg Assoc J*, 62 (2), 159-167.

Mao J W and Murphy L (2001). Durable freshness for textiles. *AATCC Rev*, 1 (11), 28-31.

Marshall J, Holland K T and Gribbon E M (1988). A comparative study of the cutaneous microflora of normal feet with low and high levels of odour. *J Appl Bacteriol*, 65 (1), 61-68.

Marshall J, Leeming J P and Holland K T (1987). The cutaneous microbiology of normal human feet. *J Appl Bacteriol*, 62 (2), 139-146.

McQueen R H, Keelan M and Kannayiram S (2010). Determination of antimicrobial efficacy for textile products against odor-causing bacteria. *AATCC Rev*, 10 (4), 58-63.

McQueen R H, Laing R M, Brooks H J L and Niven B E (2007). Odor intensity in apparel fabrics and the link with bacterial populations. *Textile Res J*, 77 (7), 449-456.

McQueen R H, Laing R M, Delahunty C M, Brooks H J L and Niven B E (2008). Retention of axillary odour on apparel fabrics. *J Textile Inst*, 99 (6), 515-523.

Michaels J A, Campbell W B, King B M, MacIntyre J, Palfreyman S J, *et al*. (2009). A prospective randomised controlled trial and economic modelling of antimicrobial silver dressings versus non-adherent control dressings for venous leg ulcers: the VULCAN trial. *Health Technol Assess*, 13 (56), 1.

Moody M (1998). Product focus. Metrotop: a topical antimicrobial agent for malodorous wounds. *Br J Nurs*, 7 (5), 286.

Mooney E K, Lippitt C M, Friedman J and Plastic Surgery Educational Foundation Data Committee (2006). Silver dressings. *Plast Reconstr Surg*, 117 (2), 666-669.

Morin R J and Tomaselli N L (2007). Interactive dressings and topical agents. *Clin Plast Surg*, 34 (4), 643-658.

Munk S, Johansen C, Stahnke L H and Adler-Nissen J (2001). Microbial survival and odor in laundry. *J Surfact Deterg*, 4 (4), 385-394.

Munk S, Munch P, Stahnke L, Adler-Nissen J and Schieberle P (2000). Primary odorants of laundry soiled with sweat/sebum: Influence of lipase on the odor profile. *J Surfact Deterg*, 3 (4), 505-515.

Münter K C, Beele H, Russell L, Crespi A, Gröchenig E, *et al*. (2006). Effect of a sustained silver-releasing dressing on ulcers with delayed healing: the CONTOP study. *J Wound Care*, 15 (5), 199-206.

Nagoh Y, Tobe S, Watanabe T and Mukaiyama T (2005). Analysis of odorants produced from indoor drying laundries and effect of enzyme for preventing malodor generation. *Tenside, Surfact, Deterg*, 42 (1), 7-12.

Natsch A, Gfeller H, Gygax P, Schmid J and Acuma G (2003). A specific bacterial aminoacylase cleaves odorant precursors secreted in the human axilla. *J Biol Chem*, 278 (8), 5718-5727.

Natsch A, Schmid J and Flachsmann F (2004). Identification of odoriferous sulfanylalkanols in human axilla secretions and their formation through cleavage of cysteine precursors by a C-S lyase isolated from axilla bacteria. *Chem Biodivers*, 1, 1058-1072.

Neuner-Jehle N and Etzweiler F (1991). The measuring of odors. In Perfumes: Art, Science and Technology, Muller P M and Lamparsky D (eds.). *Elsevier Applied Science*, New York.

Obendorf S K, Kim J O and Koniz R F (2007). Measurement of odor development due to bacterial action on antimicrobial polyester fabrics. *AATCC Rev*, 7 (7), 35-40.

Ohge H, Furne J K, Springfield J, Ringwala S and Levitt M D (2005). Effectiveness of devices purported to reduce flatus odor. *Am J Gastroenterol*, 100 (2), 397-400.

Pangborn R M (1984). Sensory techniques of food analysis. In Food Analysis: Principles and Techniques, Gruenwedel D W and Whitaker J R (eds.). *Marcel Dekker*, New York.

Parry A D, Chadwick P R, Simon D, Oppenheim B and McCollum C N (1995). Leg ulcer odour detection identifies beta-haemolytic streptococcal infection. *J Wound Care*, 4 (9), 404-406.

Parsons D, Bowler P G, Myles V and Jones S (2005). Silver antimicrobial dressings in wound management: A comparison of antibacterial, physical, and chemical characteristics. *Wounds*, 17 (8), 222-232.

Payne J D and Kudner D W (1996). A durable antiodor finish for cotton textiles. *Textile Chem Color*, 28 (5), 28-30.

Persaud K C (2005). Medical applications of odor-sensing devices. *Low Extrem Wounds*, 4 (1), 50-56.

Persaud K C, Khaffaf S M, Payne J S, Pisanelli A M, Lee D H and Byun H G (1996). Sensor array techniques for mimicking the mammalian olfactory system. *Sens Actuat B-Chem*, 36 (1-3), 267-273.

Poteete V (1993). Case study: Eliminating odors from wounds. *Adv Skin Wound Care*, 6 (4), 43-46.

Preti G, Cutler W B, Christensen C M, Lawley H, Huggins G R and Garcia C R (1987). Human axillary extracts: Analysis of compounds from samples which influence menstrual timing. *J Chem Ecol*, 13 (4), 717-731.

Rennie P J, Gower D B and Holland K T (1991). In-vitro and in-vivo studies of human axillary odour and the cutaneous microflora. *Br J Dermatol*, 124 (6), 596-602.

Rennie P J, Gower D B, Holland K T, Mallet A I and Watkins W J (1990). The skin microflora and the formation of human axillary odour. *Int J Cosmet Sci*, 12 (5), 197-207.

Sato H, Morimatsu H, Kimura T, Moriyama Y, Yamashita T and Nakashima Y (2002). Analysis of malodorous substances of human faeces. *J Health Sci*, 48 (2), 179-185.

Senol M and Fireman P (1999). Body odor in dermatologic diagnosis. *Cutis*, 63 (2), 107-111.

Senti G, Steinmann L S, Fischer B, Kurmann P, Storni T, *et al*. (2006). Antimicrobial silk clothing in the treatment of atopic dermatitis proves comparable to topical corticosteroid treatment. *Dermatology*, 213, 228-233.

Shirasu M, Nagai S, Hayashi R, Ochiai A and Touhara K (2009). Dimethyl trisulfide as a characteristic odor associated with fungating cancer wounds. *Biosci Biotechnol Biochem*, 73 (9), 2117-2120.

Spanel P and Smith D (1996). Selected ion flow tube: A technique for quantitative trace gas analysis of air and breath. *Med Biol Eng Comput*, 34 (6), 409-419.

Stevens S S (1951). Mathematics, measurement and psychophysics. In *Handbook of Experimental Psychology*, Stevens, S. S (ed.). Wiley, New York.

Stone H and Sidel J L (2004). *Sensory Evaluation Practices*. Elsevier Academic Press, San Diego.

Stuetz R M, Fenner R A and Engin G (1999). Assessment of odours from sewage treatment works by an electronic nose, H_2S analysis and olfactometry. *Water Res*, 33 (2), 453-461.

Suarez F L, Springfield J and Levitt M D (1998). Identification of gases responsible for the odour of human flatus and evaluation of a device purported to reduce this odour. *Gut*, 43 (1), 100-104.

Taylor D, Daulby A, Grimshaw S, James G, Mercer J and Vaziri S (2003). Characterization of the microflora of the human axilla. *Int J Cosmet Sci*, 25 (3), 137-145.

Thomas S (1992). Hydrocolloids: A guide to the composition, properties and use of hydrocolloid dressings and the commercial presentations available. *J Wound Care*, 1 (2), 27-30.

Thomas S, Fisher B, Fram P J and Waring M J (1998). Odour-absorbing dressings. *J Wound Care*, 7 (5), 246-250.

Thomas S and McCubbin P (2003). An in vitro analysis of the antimicrobial properties of 10 silver-containing dressings. *J Wound Care*, 12 (8), 305-308.

Tredget E E, Shankowsky H A, Groeneveld A and Burrell R (1998). A matched-pair, randomized study evaluating the efficacy and safety of Acticoat * silver-coated dressing for the treatment of burn wounds. *J Burn Care Res*, 19 (6), 531-537.

Troccaz M C, Starkenmann C, Niclass Y, van de Waal M and Clark A J (2004). 3-Methyl-3-sulfanylhexan-1-ol as a major descriptor for the human axilla-sweat odour profile. *Chem Biodivers*, 1, 1022-1035.

Trumble W R and Stevenson A (eds.). (2002). *Shorter Oxford English Dictionary*, Oxford University Press, Oxford, UK.

van Toller S (1994). Invisible wounds: The effects of skin ulcer malodours. *J Wound Care*, 3 (2), 103-105.

von Hartungen E, Wisthaler A, Mikoviny T, Jaksch D, Boscaini E, *et al*. (2004). Proton-transfer-reaction mass spectrometry (PTR-MS) of carboxylic acids determination of Henry's law constants and axillary odour investigations. *Int J Mass Spectrom*, 239, 243-248.

Wang C X and Chen S L (2005). Fragrance-release property of β-cyclodextrin inclusion compounds and their application in aromatherapy. *J Ind Textiles*, 34 (3), 157-166.

Wheeler Robins J L (1999). The science and art of aromatherapy. *J Holistic Nurs*, 17 (1), 5-17.

Williams K and Griffiths E (1999). Malodorous wounds: Causes and treatment. *Nurs Resident Care*, 1 (5), 276-285.

Zeng X-N, Leyden J J, Lawley H J, Sawano K, Nohara I and Preti G (1991). Analysis of characteristic odors from human male axillae. *J Chem Ecol*, 17 (7), 1469-1492.

Zlatkis A, Brazell R S and Poole C F (1981). The role of organic volatile profiles in clinical diagnosis. *Clin Chem*, 27 (6), 789-797.

第 4 篇

医用纺织品案例研究与应用

第 18 章

医疗过滤器用纺织品

W. Zhong
加拿大曼尼托巴大学

摘要： 纤维类的材料适用于过滤和分离的应用，因为它们具有大的表面积和高度多孔的结构。在为衰竭的人体器官（例如肾、肝、肺和胰腺）提供长期或临时的体外支持方面，由多孔中空纤维制成的医疗过滤器具有重要的应用价值。本章主要介绍了中空纤维生物反应器聚合物的类型和结构，以及中空纤维生物反应器的应用。此外，还讨论了医疗过滤器的表征和评价方法。

关键词： 过滤，中空纤维生物反应器，血液透析。

18.1 引言

纺织品或纤维材料具有高度多孔结构和大的比表面积，因此可达到过滤和分离等目的。纤维材料用途广泛也是因为其生物相容性，它们可以在生物人工肾脏、肝脏和肺等装置中实现许多生物医学的最终用途，即基于中空纤维膜的过滤和透析能力的用途。这些体外装置已经发展到可以代替衰竭的器官执行关键功能，从而改善、延续甚至挽救患者的生命。好消息是这些重要设备的设计和开发早已变成了大家奋斗的目标，而不再仅仅是一个热门话题。本章旨在对相关主题值得了解的内容作具体说明：各种医疗过滤器的需求和应用、运行方式以及在设计开发之前和运行期间必须完成的工作（即对它们的性能进行评价和表征），最后简述了未来可能对它们的改进。

18.2 医疗过滤器的关键问题

人类的正常生活依赖于其器官发挥正常功能。其中某些器官会参与废物过滤、解毒、代谢以及物质/营养物质在身体其他部位的传递/交换的复杂过程。这些器官中任何一个发生急性衰竭都会对整个生命系统造成严重干扰，并且通常是致命的。因此，体外装置和（或）装置系统已经被开发作为衰竭器官的替代物，或者作为对一个或几个器官衰竭患者的临时援助手段。

自 1923 年以来，血液透析器已被用来作为一种临床人工肾脏支持。它提供了人体肾脏的两个基本功能：血液透析和超滤。血液透析器通常由两个半透膜隔开的腔室组成：一个腔室用于容纳患者的血液，另一个用透析液浴（即电解质的水溶液，其浓度应接近人血清的正常水平）填充。水和电解质等小分子可以自由通过两个隔室之间的半透膜，而红细胞、白细胞以及脂肪和蛋白质分子由于尺寸较大而无法透过膜，被截留在血液腔室中。也就是说，只有身体中的废物才会从人体血液中滤出。

可以看出，半透膜或玻璃纸是血液透析器的关键元件。早期血液透析器采用玻璃纸管或叠层玻璃纸制成[1]，现在因其不稳定性和低效性被淘汰。新型高效血液透析仪是基于中空纤维生物反应器的功能研制的（如图 18.1）。生物反应器由半透膜制成的大量细小纤维组成，这些细小纤维通过圆柱形外壳/夹套共同运作[1-3]。这种纤维管腔内的空间被称为管腔或毛细血管腔，外部空间被称为毛细管外腔。它们组成了进行过滤的两个隔腔。

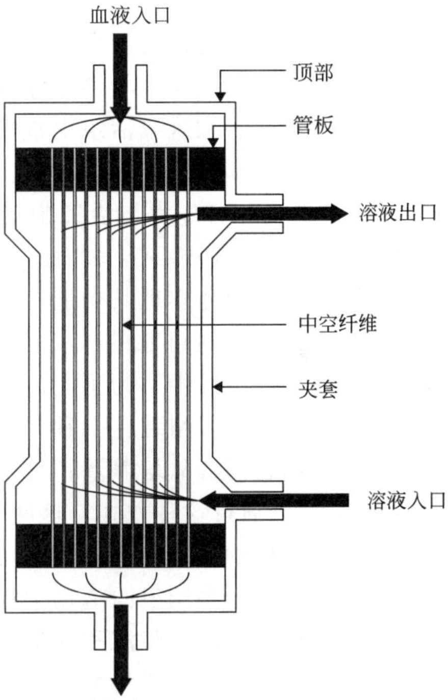

图 18.1　典型的中空纤维透析器

在构建中空纤维生物反应器的过程中，采用两种类型的聚合物：纤维素基聚合物和合成聚合物[4]。纤维素基中空纤维膜通常由纤维素再生而成。目前非常明确的是：游离羟基（—OH）会导致血液相容性差[5]，这也是采用改性纤维素材料的原因。在纤维素基膜中，最广泛使用的是醋酸纤维素和铜铵人造丝。合成中空纤维膜可由聚砜、聚酰胺和聚丙烯腈制成，并且可以对这些材料进行改性以改善中空纤维生物反应器的功能。

对于与生物活体直接接触的任何聚合物材料，生物相容性是最重要的评价指标。就用于血液透析的中空纤维生物反应器而言，血液相容性是必不可少的，因为它有助于避免血栓或凝血。此外，一些小分子量的毒素在血液透析过程中可能会快速黏附在白蛋白上，难以通过扩散的方式被清除，因此理想的中空纤维生物反应器应具有防污性，而防污性又在很大程度上取决于设备血液相容性的优劣。通过使用一种新型材料对中空纤维生物反应器进行改性，可以实现这个目的，这种材料是基于大量存在于人类细胞膜的磷脂聚合物。2-甲基丙烯酰氧乙基磷酰胆碱（MPC）是一种具有磷脂极性基团的甲基丙烯酸酯单体，其共聚物已用于中空纤维膜的改性。而 MPC 聚合物被用作聚砜膜的添加剂，并且已被证明能够有效地降低蛋白质吸附和血小板黏附，从而改善血液相容性[6,7]。醋酸纤维素中空纤维膜也通过 MPC 聚合物共混或表面涂覆进行改性[8,9]。通过这种方法制备的膜展现出更好的渗透性、血液相容性和细胞相容性，因此可用于血液净化和构建肝辅助生物反应器。

聚合物或单体也已用于改性中空纤维膜的表面。聚乙烯吡咯烷酮（PVP）是一种亲水性聚合物，可与聚砜膜共价结合以改善后者的亲水性。与未经此法改性前相比，这些聚砜膜展现出更少血小板黏附量和更低的血浆蛋白吸附水平[10]。PVP 还可用作聚醚砜膜的添加剂，以改善其亲水性和血液相容性[11,12]。聚乙二醇（PEG）是一种亲水性聚合物，与肽和蛋白质相容性极佳，且对人体无毒性。据报道，表面接枝 PEG 的聚砜膜具有更好的亲水性和血液相容性[13]。聚丙烯酸被认为能够改善聚砜膜的表面性能[14]。有证据表明，用紫外线照射固定在聚砜膜上的单链 DNA 有助于减少蛋白质在膜上的吸附，并提高膜的血液相容性[15]。

已经报道，可以借用物理方法（如低温等离子体处理）对聚砜膜和聚丙烯腈薄膜表面亲水改性[13,16,17]。举个例子，用水等离子体和氦等离子体处理，将大大增加聚砜膜的表面亲水性，并降低它们的蛋白质黏附率[16]。正如所认为的那样，低温水等离子体处理将导致亲水表面永久改性：等离子体处理后的聚砜膜能保持可润湿性超过 16 个月[17]。

对于用于与活细胞或活组织直接接触的膜的构建，需要特殊的聚合物或具有特殊结构的聚合物，以及特殊的处理方式。据报道，不同类型的碳水化合物固定化磷酸胆碱（MPC）聚合物，可作为与活细胞接触的界面用于平面和中空纤维膜[18]。与黏附于聚甲基丙烯酸正丁酯（PBMA）表面的细胞相比，黏附于固定化碳水化合物的 MPC 聚合物表面的细胞能更有效地实现其功能。因此该聚合物被认为能够为肝细胞的培养提供合适的表面，也展现其在构建可靠的人工生物肝脏（BAL）装置中的潜在用途。在交叉式中空纤维生物反应器的设计中，为了实现长期维持和分化人类肝细胞这一目标，推荐使用两种类型的中空纤维膜交替组装：一种是改性聚醚醚酮（PEEK-WC），它为细胞提供了内有营养物质和代谢物的含氧培养基；另一种是聚醚砜，用于去除细胞间室中的代谢物和细胞特异性产物[19]。通过这种方式，这两种膜模拟了体内的动静脉血管。根据此报告，人类肝细胞能够在这样的系统中维持代谢功能长达 18 天。而另一种设计是基于半乳糖基化壳聚糖纳米纤维支架的多层径向流动生物反应器[20]。它由 65 层堆叠的聚碳酸酯板制成，静电纺丝的壳聚糖纳米纤维将沉积在板上以支持肝细胞。由于改善的细胞黏附性，这些半乳糖基化的壳聚糖纳米纤维膜将能更有效地发挥作用。此外，推荐在培养基中使用猪红细胞，因为它们为肝细胞提供氧气。结果表明，这种类型的生物反应器可为肝衰竭患者提供短期支持。

18.3 中空纤维生物反应器的应用

中空纤维生物反应器最常见的一种临床应用是血液透析器。临床透析器中使用的膜由纤维素或合成聚合物制成，且由约 10000 个内径约 200μm 的中空纤维束组成[21]。它允许血液每次以数盎司的量在中空纤维的内腔中流动。血液中各种电解质的浓度必须维持在狭窄的范围内，以避免对患者造成严重伤害。为此，透析器的毛细管外腔填充有透析液浴。这种透析液是一些矿物质的溶液，其钠、钾、氯和其他电解质的浓度接近人体血清中的正常水平。因此在整个透析过程中这些物质的浓度在膜两侧几乎相等，使得只有血液中不需要的废物会被滤出。并且由于持续更换新的溶液，透析液浴中的废物浓度能够保持在较低水平以维持透析的效率。这种透析器有时也被称为人工肾。

人工肾的另一个功能是超滤，通过毛细管内外腔之间的压力差将患者体内多余的水分排出。如果患者自上次透析以来摄入的液体超过推荐量，可以对透析液施加负压（抽吸）。

在上述实例中，血液通过一个管道系统从患者的动脉被抽取到人工肾进行透析和超滤，最终再由另一根管道回流至患者的静脉[22]。据估计，接受透析治疗 15 年的患者，其血液须和 4000m^2 的外物表面相接触[23]。

最近，组织工程领域的研究人员开始尝试开发所谓的生物（工程）人工肾。除了透析和超滤之外，它们还将执行更复杂的功能，诸如代谢、内分泌及免疫等。如此一来，生物人工肾将发挥远远超出过滤功能的作用，所有这些都是为了增加（急性或慢性）肾功能衰竭患者的生存机会[24]。这些生物人工肾与传统的血液透析器类似，不同之处在于将活细胞引入毛细管外空间，然后附着在空心纤维的外表面上。或者，这些细胞可以包埋在凝胶中或固定在聚合物微载体上，从而防止孔阻塞或阻碍膜间传质。这些活细胞可以溯源至不适合尸体移植的人肾细胞和猪肾细胞。在收集、培养并将它们接种到空心纤维生物反应器上之后，它们有望代表肾脏执行一些代谢功能[24,25]。

类似的，基于中空纤维的生物人工肝装置，可以通过在中空纤维内培养活的肝细胞（来自动物或人）并促使患者的血液在毛细管外腔中循环来开发。通常，通过中空纤维膜扩散到腔隙血液中的毒性成分被包埋的肝细胞代谢，然后扩散回血液或被腔内流冲走。这些细胞可以在中空纤维外培养，或者使血液通过腔隙。在生物人工肝装置的开发中，确保肝细胞在这样的体外环境中发挥功能至关重要，并极具挑战性。

由于生物人工肾和生物人工肝的构建，一般都使用类似的高分子材料，因此，精心设计的中空纤维过滤系统，可以应用于生物人工肾和人工肝辅助装置中先进的全血净化系统[8,9]。在这样的系统中，肾或肝衰竭患者的血液将被泵入血浆去除装置以将血细胞与血浆分离。由此分离的血浆进入生物混合肝辅助反应器以进行解毒。解毒后的血浆首先通过一个执行传统过滤功能的血液过滤器，随后通过生物混合肾小管，并在其中进行再吸收。

中空纤维生物反应器也已应用于其他体外装置，即人工肺和在心脏手术期间进行体外循环的体外血液氧合器。中空纤维膜用来分离血液和气体。血液从中空纤维束外部流动穿过，而气体（通常是氧气或氧气/氮气混合物）在纤维内部流动。氧气进出血液的扩散由跨膜的浓度梯度驱动[26-28]。除了类似于血液透析器的中空纤维模块外，人造肺的另一种结构是微孔编织管（如图 18.2）。微孔织物可以缠绕在中心管上以形成束[29]。血液在织物束上流动，而气体在内部流动，其氧气扩散的方式类似于中空纤维血液氧合器。

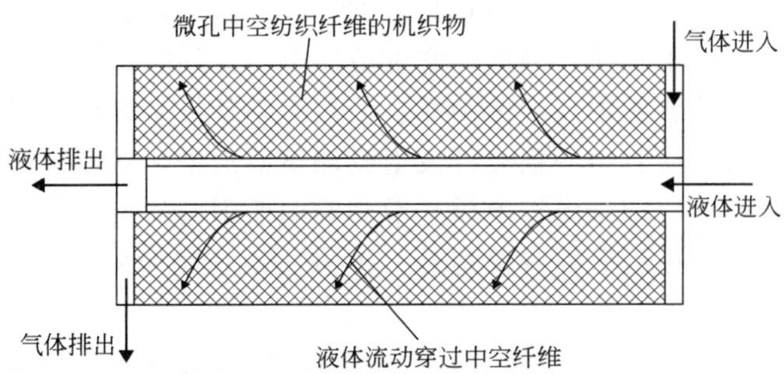

图 18.2 人工肺使用的中空纤维机织物

纤维生物反应器已被用于开发治疗糖尿病的生物人工胰腺[30-33]。相关研究工作主要集中在胰岛与平板或中空纤维膜的整合中。这些膜将细胞从血液中分离出来，对葡萄糖和胰岛素具有渗透性，但对免疫球蛋白和淋巴细胞不具有渗透性[34]。然而，组织工程器官的大部分研究仍仅停留于实验室阶段。

除人造器官外，中空纤维在构建酶反应器、细菌和酵母菌培养的细胞生物反应器[35,36]，甚至在废物处理方面都有广泛的应用[37,38]，这是因为与平面膜相比，中空纤维提供了更大的表面积，因此更有助于解决培养中的细胞与环境之间的物质传递和交换问题。

18.4 医疗过滤器的评估和特性

中空纤维膜的结构（孔隙率、透气性等）的表征方法多种多样，而这种结构与生物医学应用中的膜传质密切相关。大部分工作旨在阐明材料的表面特性如何影响它们与生物流体（例如血液）、细胞和组织的相互作用。

18.4.1 中空纤维膜扩散/液体渗透性测定

与平板膜相比，中空纤维膜在测试其性能时存在相当大的困难。例如，为了测量它们的渗透性，可能需要设计和建造特殊的模型透析器。与真正的透析器相比，这种模型透析器仅由约百分之一甚至更少的纤维组成。这种稀疏纤维的模型相对于真正的透析器的优点是：①所有中空纤维都可以确保无阻塞、不破裂；②纤维之间的相互作用可以忽略不计；③可以看到纤维周围的流场。从而能够以更高的精度定量地表征中空纤维膜的输运性质[39]。

或者，可以通过简单的检测设置来测试中空纤维对小分子的扩散渗透性：将一束中空纤维安装在含有循环生理盐水溶液（透析液）的大浴槽中。随后可以在透析器入口和出口处测试流体的浓度，求得膜的扩散渗透性[40]。然而，在这一过程中，可能会由于对测试流体施加压力而发生的过滤。因此，最好不要将此法用于高渗透膜（由于压力梯度）。综上所述，这是一种精度较低的方法，由于透析器入口和出口的差异较小，可能不适用于高分子量的溶质[41]。

一种精度更高的方法，是使用一种标有放射性同位素的溶质作为测试流体。测试的中空纤维经过一定时间的透析，残余溶质可以定量[42]；但是需进行特殊处理，必须严格控制其数量以防过度的同位素辐射。因此，它的应用有一定局限性[43]。

另一种技术，是在被测的中空纤维两端，使用光学纤维来连续测量纤维腔内的溶质浓度。在测试中，一束激光从其中一根光纤发射到测试溶液中，然后被另一根光纤捕获，并用硅光电二极管进行检测。记录由于溶质扩散到腔内而引起的透射光强随时间的延迟，以便分析得到溶质的浓度，进而研究其渗透性。该方法不依赖于膜的对流传质和渗透流动，因此在精度上优于常规方法[43,44]。

液体渗透性，即过滤系数，一般可由 $\mathrm{D}_p=0$ 时的过滤试验得到，其关系式为：

$$J_{\mathrm{V}}=k(\Delta P-\sigma\Delta\pi) \tag{18.1}$$

式中，k 是液体渗透性，即过滤系数；σ 是 Staverman 反射系数；ΔP 是膜两侧溶液的压强差；$\Delta\pi$ 是膜两侧溶液的渗透压差[41]。

一个具有临床意义的参数是溶质清除率，它表示溶质从血液中透析出的速率与输入血液浓度（C_{blood}）的比值[23]：

$$清除率=\frac{溶质透析出的浓度}{C_{blood}} \qquad [18.2]$$

18.4.2 孔径及孔径分布测量

表征中空纤维膜的孔径和孔径分布，可以通过直接方法或间接方法进行。直接的物理方法有显微镜法、起泡点法和水银孔隙度法。间接方法基于膜对参考分子和粒子的渗透和排斥性能[45,46]，包括水渗透、气体渗透及溶质输运等。

显微镜观察和显微图像处理，直接提供了膜表面孔隙形状、大小、分布等形貌的可视化信息，而不能提供孔隙长度和弯曲度等信息。可用的显微观测方法包括透射电子显微镜（TEM）、扫描电子显微镜（SEM）、场发射扫描电子显微镜（FESEM）和原子力显微镜（AFM）。在 TEM 和 SEM 使用时，都采用了高电子束能量，这会对样品表面造成损伤并使观察变得困难。相较而言，FESEM 可以在低光束能量下进行，而 AFM 根本没有涉及到电子束能量。使用 TEM 和 SEM 涉及的另一个问题是样品制备的复杂性。首先，样品必须干燥，以避免其原始结构被破坏；随后必须将干燥的膜嵌入并切片，这些过程非常复杂，可能会造成样品的变形和变质。相比之下，由于 AFM 能够在空气中甚至在液体下形成非导电表面的图像，样品无需干燥准备并暴露在真空中，因此受损的可能性较小[46]。因此，AFM 是目前最常用的膜孔结构显微观察技术[47-50]。然而，包括 AFM 在内的微观方法虽然能够获得多孔表面结构的信息，却不能区分开孔和闭孔。因此，一种结合多种方式综合描述中空纤维膜多孔结构的方法应运而出[48]。

间接测试方法通常与液体流量、气体流量、溶质流量等渗透参数相关，用于确定对流量开放的孔隙孔径大小。因此，它们仅给出了沿整个孔道呈现的孔隙收缩的最小尺寸。这些方法也用来表征膜本体的孔径大小。

水渗透性法相对简单，能够间接评估孔径。平均孔半径 r 可由下式计算[51,52]：

$$r=(8u\Delta xk\tau/A_s) \qquad [18.3]$$

式中，u 是水的黏度；Δx 是膜厚度；τ 是由孔长度/膜厚度确定的曲折度；A_s 是膜表面孔隙率。而 $k=J/P$ 中，J 代表水通量；P 是跨膜压力。在恒压液体置换法（CPLM）中，该压力保持在标准的低值以避免误差（渗透率可随施加的压力而变化）[53]。

测量气体（通常是纯氮气）通过多孔膜的流速，也可以提供一种确定膜平均孔径的方法[46,48]。在不同的跨膜压力下测量通过膜的通透量。以截距 B_0 和斜率 K_0 作渗透率的线性函数，平均孔径可以通过下式计算：

$$r=\frac{16}{3}\left(\frac{B_0}{K_0}\right)\left(\frac{2RT}{\pi M}\right)^{1/2}\mu \qquad [18.4]$$

式中，R 是气体常数；T 是绝对温度；M 是气体的分子量；μ 是气体黏度。

溶质渗透方法基于测试期间的过滤通量 J 和排斥率 f。一种膜对一种溶质产生排斥的浓度 C_m 被定义为：

$$f=1-\frac{C_f}{C_m} \qquad [18.5]$$

式中，C_f 是过滤后的溶质浓度。这个参数代表了膜对溶质分子的选择性行为。对于溶质分子通过膜的输运模型，已经发展出了几种理论。并且，正如在若干综述中所讨论的，为了给出孔径/结构和输运行为之间的关系[41,46,47]，已经推导出不同的表达式。

测量膜的多孔结构的间接方法仅提供（算数）平均值。为了阐明输运行为与孔隙结构之间的关系，一种全面的、可能被广泛接受的方法仍有待研究。因此，通常结合各种表征方法以提供关于膜结构的补充信息[45,48]。

18.4.3 医疗过滤器表面性能评价

医疗过滤器的表面特性（如细胞黏附和血液相容性）对其性能至关重要。为了澄清这些特性，已经设计出了许多方法。

测量液体（通常是水）在表面上的接触角是评价膜材料表面亲水性最简单的方法之一[16]。由定义可知，疏水表面的接触角大于 90°，亲水性表面的接触角小于 90°，如图 18.3 所示。当液体完全润湿亲水表面时，接触角变为零［如图 18.3（c）］。最常用的测量接触角的方法是用望远镜或显微镜观察静止液滴。接触角可以直接用测角仪确定，也可以用视频系统记录图像，用拉普拉斯方程计算轮廓线。

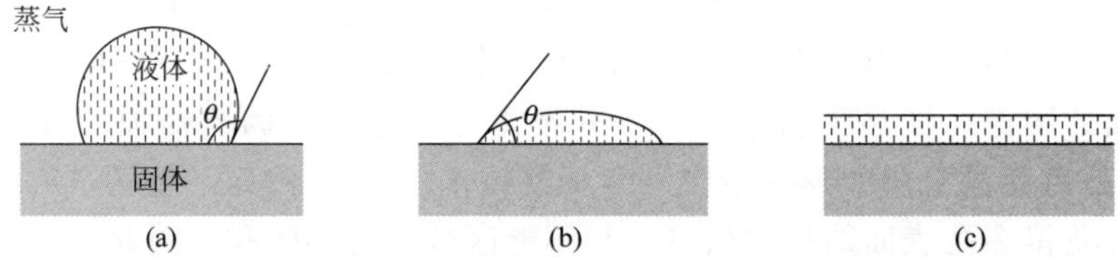

图 18.3 液体在某水平表面上的接触角

（a）疏水表面；（b）亲水表面；（c）表面完全润湿

对于流体静力学效应可忽略不计的小液滴，可根据液滴高度 h 和接触半径 a 计算接触角[54]：

$$\mathrm{Tan}\left(\frac{\theta}{2}\right)=\frac{h}{a} \qquad [18.6]$$

对于测定膜样品的润湿性，最灵敏和应用最广泛的方法是 Wilhelm 法，其作用是通过电子微量天平的读数来阐明界面黏附张力。将样品悬挂在电子天平的一个臂上，并部分浸没在装有测试液体的烧杯中。保持测试液体的平台在垂直方向上机械移动，从而可以测量动态接触角[6,55]。动态接触角包括前进接触角（当样品浸入液体中时）和后退接触角（当样品从液体中取出时）。

傅里叶变换红外衰减全反射（FTIR-ATR）和 X 射线光电子能谱（XPS）通常用于分析膜材料的表面化学性质。从这些光谱中可以检测到特殊的官能团或化学结构[13,16]。

蛋白质在膜上的吸附也可以进行监测。用于此目的模型的蛋白质有人血浆纤维蛋白原[6]、白蛋白、γ-球蛋白[7,14] 等。吸附在聚合物膜上的人血浆蛋白质的量，通过在 37℃ 下将膜浸入含有血浆蛋白（如人血浆纤维蛋白原）的磷酸盐缓冲液（PBS）中，经过一定时间之后加以确定。随后轻轻取出膜，并用 PBS 冲洗几次。接着将膜转移到含有 1% 十二烷基硫酸钠（SDS）水溶液的容器中，摇动以除去吸附在表面上的蛋白质。蛋白质分析试剂盒可用于测定 SDS 溶液中的蛋白质的量[6]。采用金胶体标记免疫分析法可以定量膜对人血浆中蛋白质的吸附，步骤如下[7]：①将样品膜切成盘状，固定在 24 孔板中；②使膜先与 PBS 接触以平衡表面，再与人去血小板血浆（PPP）接触；③除去血浆并用 PBS 冲洗膜；④确保膜与白蛋白、γ-球蛋白和纤维蛋白原其中的一种原发抗体进行培养。与被吸附蛋白质发生反应的原发抗体通过交联固定，而二次抗体用金胶体标记。并且可利用扫描电镜（SEM）对金胶体颗粒的数量进行定量分析。黏附在膜上的血小板数量也可以在以下步骤结束时确定[7]：①让富含血小板的人血浆（PRP）与膜样品接触；②冲洗膜，然后将它们放入质量分数为 1% 的聚乙二醇辛基苯基醚的 PBS 溶液中，以裂解黏附的血小板。然后用酶解法对黏附的血小板进行定量，以确定裂解产物的乳酸脱氢酶活性。

对于生物工程支架上活细胞的生存和功能，膜对细胞的黏附性至关重要。已经进行了多项研究，以评价活细胞在生物反应器上的黏附性和功能。例如众所周知，人类肝细胞可以被植入生物反应器的腔外空间，当细胞黏附到中空纤维的外表面后，再用含氧介质灌注。细胞培养标本可通过扫描电镜观察。当细胞染色后，可以通过激光共聚焦扫描显微镜（LCSM）研究在生物反应器中培养的细胞的形态学行为。各种染色剂可用来显示细胞的不同组成部分[18,19]。同时可以使用高效液相色谱（HPLC）收集培养基分析细胞代谢物浓度[19]。

18.5 未来趋势

在为衰竭的人体器官（例如肾，肝，肺和胰腺）提供长期或临时的体外支持方面，由多孔中空纤维制成的医疗过滤器具有重要的应用价值。目前，只有基于中空纤维血液透析器的人工肾脏被用于临床。以能够支持活细胞的功能化中空纤维膜为基础，生物工程体外培养装置已经在实验室中得到了广泛研究。在生物工程装置的设计和开发方面，仍然存在相当大的挑战，这些装置必须展现出足以令人信服的能力，才能进一步商业化。其中一个挑战，就是如何为活细胞提供一个离体环境，该环境能密切促进健康人体器官的体内条件，从而充分发挥患者生存所必需的代谢功能。它们是最有可能构建模拟人体器官功能辅助系统的材料之一，因此，生物工程膜将是未来研究的重点。在进行相关研究和开发的过程中，最大的问题是我们能否设计和生产出生物相容性的膜材料（包括血液相容的），能够支持细胞的长期生长和功能，具有选择性的渗透性，并在最终使用时具有足够的强度。通过化学交联、接枝、共聚或物理共混对传统材料进行改性，既可以提高材料的细胞黏附、过滤或转移效率等性能，又可以降低其不良性能（如蛋白质吸附），相关工作可能会进一步加强。除了已经做出的努力之外，新的努力方向也有所展望：可以着手进行或加强动物模型和临床试验的开发。届时，材料科学、工程和医学领域的科学家跨学科协作将有望取得一些突破。

18.6 参考文献

[1] Clark W R (2000). Hemodialyzer membranes and configurations: A historical perspective. *Semin Dialysis*, 13 (5), 309-311.

[2] Tzanakakis E S *et al*. (2000). Extracorporeal tissue engineered liver-assist devices. *Annu Rev Biomed Eng*, 2, 607-632.

[3] Sueoka A and Takakura K (1991). Hollow fiber membrane application for blood treatment. *Polym J*, 23 (5), 561-571.

[4] Woffindin C and Hoenich N A (1995). Hemodialyzer Performance—a Review of the Trends over the Past 2 Decades. *ArtifOrgan*, 19 (11), 1113-1119.

[5] Bowry S K (2002). Dialysis membranes today. *Int J ArtifOrgan*, 25 (5), 447-460.

[6] Ishihara K *et al.* (1999). Modification of polysulfone with phospholipid polymer for improvement of the blood compatibility. Part 1. Surface characterization. *Biomaterials*, 20 (17), 1545-1551.

[7] Ishihara K *et al.* (1999). Modification of polysulfone with phospholipid polymer for improvement of the blood compatibility. Part 2. Protein adsorption and platelet adhesion. *Biomaterials*, 20 (17), 1553-1559.

[8] Ye S H *et al.* (2006). High functional hollow fiber membrane modified with phospholipid polymers for a liver assist bioreactor. *Biomaterials*, 27 (9), 1955-1962.

[9] Ye S H *et al.* (2005). Design of functional hollow fiber membranes modified with phospholipid polymers for application in total hemopurificationsystem. *Biomaterials*, 26 (24), 5032-5041.

[10] Higuchi A *et al.* (2002). Chemically modified polysulfonehollowfibers with vinylpyrrolidone having improved blood compatibility. *Biomaterials*, 23 (13), 2659-2666.

[11] Wang H T *et al.* (2009). Improvement of hydrophilicity and blood compatibility on polyethersulfone membrane by adding polyvinylpyrrolidone. *Fiber Polym*, 10 (1), 1-5.

[12] Torrestiana-Sanchez B, Ortiz-Basurto R I and Brito-De La Fuente E (1999). Effect of nonsolvents on properties of spinning solutions and polyethersulfone hollow fiber ultrafiltration membranes. *J MembrSci*, 152 (1), 19-28.

[13] Song Y Q *et al.* (2000). Surface modification of polysulfone membranes by lowtemperature plasma-graft poly (ethylene glycol) onto polysulfone membranes. *J Appl Polym Sci*, 78 (5), 979-985.

[14] Ulbricht M and Riedel M (1998). Ultrafiltration membrane surfaces with grafted polymer ' tentacles ': preparation, characterization and application for covalent protein binding. *Biomaterials*, 19 (14), 1229-1237.

[15] Zhao C S *et al.* (2003). Surface characterization of polysulfone membranes modified by DNA immobilization. *J Membr Sci*, 214 (2), 179-189.

[16] Ulbricht M and Belfort G (1996). Surface modification of ultrafiltration membranes by low temperature plasma. 2. Graft polymerization onto polyacrylonitrile and polysulfone. *J Membr Sci*, 111 (2), 193-215.

[17] Steen M L *et al.* (2001). Low temperature plasma treatment of asymmetric polysulfone membranes for permanent hydrophilic surface modification. *J Membr Sci*, 188 (1), 97-114.

[18] Iwasaki Y *et al.* (2008). Interfacing biomembrane mimetic polymer surfaces with living cells-Surface modifi cation for reliable bioartificial liver. *Appl Surf Sci*, 255 (2), 523-528.

[19] De Bartolo L *et al.* (2009). Human hepatocyte functions in a crossed hollow fiber membrane bioreactor. *Biomaterials*, 30 (13), 2531-2543.

[20] Chu X H *et al.* (2009). In vitro evaluation of a multi-layer radial-flow bioreactor based on galactosylated chitosan nanofiber scaffolds. *Biomaterials*, 30 (27), 4533-4538.

[21] Klein E, Ward R A and Lacey R E (1987). Membrane processes: dialysis and electrodialysis, in *Handbook of Separation Process Technology*, Rousseau R W (ed.). Wiley: New York, pp. 954-981.

[22] Noordwijk J v (2001). *Dialysing for Life: The Development of the Artificial Kidney*. Kluwer Academic Publishers, Dordrecht; Boston, xii, p. 114.

[23] Stamatialis D F *et al.* (2008). Medical applications of membranes: Drug delivery, artificial organs and tissue engineering. *J Membr Sci*, 308 (1-2), 1-34.

[24] Fissell W H *et al.* (2001). The role of a bioengineered artificial kidney in renal failure. *Bioartificial Organs Iii: Tissue Sourcing, Immunoisolation, and Clinical Trials*, 944, 284-295.

[25] Saito A (2003). Development of bioartificial kidneys. *Nephrology*, 8, S10-S15.

[26] Dierickx P W *et al.* (2001). Mass transfer characteristics of artificial lungs. *Asaio J*, 2001, 47 (6), 628-633.

[27] Dierickx P W, de Wachter D S and Verdonck P R (2001). Two-dimensional finite element model for oxygen

transfer in cross-flow hollow fiber membrane artificial lungs. *Int J ArtifOrgan*, 24 (9), 628-635.

[28] Tatsumi E *et al*. (2000). Preprimed artificial lung for emergency use. *ArtifOrgan*, 24 (2), 108-113.

[29] Wickramasinghe S R, Garcia J D and Han B B (2002). Mass and momentum transfer in hollow fibre blood oxygenators. *J Membr Sci*, 208 (1-2), 247-256.

[30] Chae S Y, Kim S W and Bae Y H (2001). Bioactive polymers for biohybrid artificial pancreas. *J Drug Target*, 9 (6), 473-484.

[31] Morita S (1998). An experimental study on the bioartificial pancreas using polysulfone hollow fibers. *Jpn J Transplant*, 33 (3), 169-180.

[32] Boyd R F *et al*. (1998). Solute washout experiments for characterizing mass transport in hollow fiber immunoisolationmembranes. *Ann Biomed Eng*, 26 (4), 618-626.

[33] Velez G M *et al*. (1997). Mass transfer in hollow fiber-type artificial pancreas devices. *FASEB J*, 11 (3), 1676-1676.

[34] Beck J *et al*. (2007). Islet encapsulation: Strategies to enhance islet cell functions. *Tissue Eng*, 13 (3), 589-599.

[35] Brotherton J D and Chau P C (1996). Modeling of axial-flow hollow fiber cell culture bioreactors. *Biotechnol Prog*, 12 (5), 575-590.

[36] Rios G M *et al*. (2004). Progress in enzymatic membrane reactors-a review. *J Membr Sci*, 242 (1-2), 189-196.

[37] Marrot B *et al*. (2004). Industrial wastewater treatment in a membrane bioreactor: A review. *Environ Prog*, 23 (1), 59-68.

[38] Visvanathan C, Ben Aim R and Parameshwaran K (2000). Membrane separation bioreactors for wastewater treatment. *Crit Rev Environ Sci Technol*, 30 (1), 1-48.

[39] Li M *et al*. (2002). An experimental investigation of hollow fiber flow in dialyzer. *Int J Nonlinear Sci Numerical Simulation*, 3 (3-4), 261-265.

[40] Klein, E *et al*. (1976). Transport and mechanical-properties of hemodialysis hollow fibers. *J Membr Sci*, 1 (4), 371-396.

[41] Sakai K (1994). Determination of Pore-Size and Pore-Size Distribution. 2. Dialysis Membranes. *J Membr Sci*, 96 (1-2), 91-130.

[42] Sakai K *et al*. (1988). Determination of pore radius of hollow-fiber dialysis membranes using tritium-labeled water. *J Chem Eng Jpn*, 21 (2), 207-210.

[43] Kanamori T *et al*. (1994). An improvement on the method of determining the solute permeability of hollow-fiber dialysis membranes photometrically using optical fibers and comparison of the method with ordinary techniques. *J Membr Sci*, 88 (2-3), 159-165.

[44] Ohmura T *et al*. (1989). New method of determining the solute permeability of hollowfiber dialysis membranes by means of laser lights traveling along optic fibers. *ASAIO Transact*, 35 (3), 601-603.

[45] Zhao C S, Zhou X S and Yue Y L (2000). Determination of pore size and pore size distribution on the surface of hollow-fiber filtration membranes: a review of methods. *Desalination*, 129 (2), 107-123.

[46] Nakao S (1994). Determination of Pore-Size and Pore-Size Distribution. 3 Filtration Membranes. *J Membr Sci*, 96 (1-2), 131-165.

[47] Khayet M, Khulbe K C and Matsuura T (2004). Characterization of membranes for membrane distillation by atomic force microscopy and estimation of their water vapor transfer coefficients in vacuum membrane distillation process. *J Membr Sci*, 238 (1-2), 199-211.

[48] Khayet M and Matsuura T (2003). Determination of surface and bulk pore sizes of flat-sheet and hollow-fiber membranes by atomic force microscopy, gas permeation and solute transport methods. *Desalination*, 158 (1-3), 57-64.

[49] HayamaM, Kohori F and Sakai K (2002). AFM observation of small surface pores of hollow-fiber dialysis membrane using highly sharpened probe. *J Membr Sci*, 197 (1-2), 243-249.

[50] Feng C Y *et al*. (2001). Structural and performance study of microporous polyetherimide hollow fiber membranes

made by solvent-spinning method. *J Membr Sci*, 189 (2), 193-203.

[51] Sakai K *et al*. (1987). Comparison of methods for characterizingmicroporous membranes for plasma separation. *J Membr Sci*, 32 (1), 3-17.

[52] Ishikiriyama K *et al*. (1995). Pore-size distribution measurements of poly (methylmethacrylate) hydrogel membranes for artificial-kidneys using differential scanning calorimetry. *J Colloid Interface Sci*, 173 (2), 419-428.

[53] Lee Y *et al*. (1997). Modified liquid displacement method for determination of pore size distribution in porous membranes. *J Membr Sci*, 130 (1-2), 149-156.

[54] Dimitrov A S *et al*. (1991). Contact-angle measurements withsessile drops and bubbles. *J Colloid Interface Sci*, 145 (1), 279-282.

[55] Lin Y C *et al*. (2009). Peptide modification of polyethersulfonesurfaces toimprove adipose-derived stem cell adhesion. *Acta Biomater*, 5 (5), 1416-1424.

第 19 章

患者手术期间使用的保温纺织品

U. Möhring，D. Schwabe，S. Hanus
德国图林根纺织研究所

摘要：本章描述了在长时间手术过程中，患者所面临的冷应激问题，以及与之相关的问题。进一步叙述了为防止冷应激而导致的体温过低，可以使用哪些类型的纺织品并提供了这些纺织品的实例，以及对未来发展趋势作出预测。本章叙述了基于纺织品加热系统的构造，以及用于不同用途的纺织品类型。对于纺织品基的和非纺织品基的可重复使用与一次性使用的加热系统，其优缺点也在本章中一并加以比较。

关键词：间隔织物，保温，加热系统，加热纺织品，低温。

19.1 手术中预防患者冷应激的关键问题及其重要性

由于产生的热量有限，在手术过程中麻醉患者的身体会失去大量的热量，从而使体温过低。另外，蒸发和冲洗液引起的冷却也会降低患者的体温[1]。医学文献中描述了患者体温降低存在许多潜在的并发症，包括许多其他问题，例如患者由于寒冷而颤抖，以及血液凝固因子的不良反应[2-5]。因此，无论在手术中还是术后，以及在重症监护的恢复阶段，将患者的体核温度保持在 35.5～37℃之间是非常重要的。出现体温低于 35℃的患者主要为两类：儿童和老年人[1]。儿童不能通过肌肉震颤产生热量；此外，它们具有相对于其体重更大的表面积。老年人代谢率降低，是导致低体温风险更高的进一步因素，同时，与年龄相关的疾病会加剧这种影响[6]。因此，这是非常核心的问题。目前针对不同患者进行保温的体系，主要解决方案是基于加热空气或加热导线。这些装置都有许多缺点：首先，它们没有足够的灵活性，这意味着该装置无法与身体进行最佳配合；其次，大多数装置由于其尺寸过大而妨碍了外科医生的操作；最后，当使用塑料涂层织物时，它们的透气性有限。水对流系统还有另一个缺点，即被病原微生物污染的风险：当回流换热器与供应管连接时，水的出口是不可避免的。微生物调查显示，这些部位可能被病毒污染；这就意味着存在高感染的风险[7]。

19.2 手术期间用于维持患者体温纺织品的主要类型

许多纺织品结构可用于改善和维持患者的体温，如手术台和床垫上的覆盖物。包括机织织物、层叠织物、三维针织织物以及隔热非织造织物。充分的绝热是这些结构至关重要的因素，因为这使得系统能够被动地工作，并防止体温过低。如果构造得当，针织织物隔层具有突出的绝热能力；它们作为衬底使用时具有减压效果，因此它们可以降低褥疮的风险。下面将描述这一系统的组合特征。该加温系统基本上由两部分组成：电子控制的风扇辅助空气加热器和多组分层状纺织品。加热的空气通过纺织品表面传导，并通过微细纤维纺织品在接近皮肤区域释放热量。外科手术的要求可以通过各种产品类型来实现。在TITV格蕾兹和海恩斯坦研究所开展的综合研究项目中，针对纺织品隔层进行了开发和研究，以确定其绝热性能。该项目研究如何构建这些纺织品的结构，以防止患者在手术期间体温过低，作为可重复使用的纺织品，针织织物隔层的绝热性能得到显著提高。如果需要使用一次性材料，非织造填料尤其有效。纺织品表面的结构应确保其中保存空气，整个纺织体系的绝热性可提高36%[8]。图19.1比较了标准材料、经编织物隔层和泡沫的热阻性能。

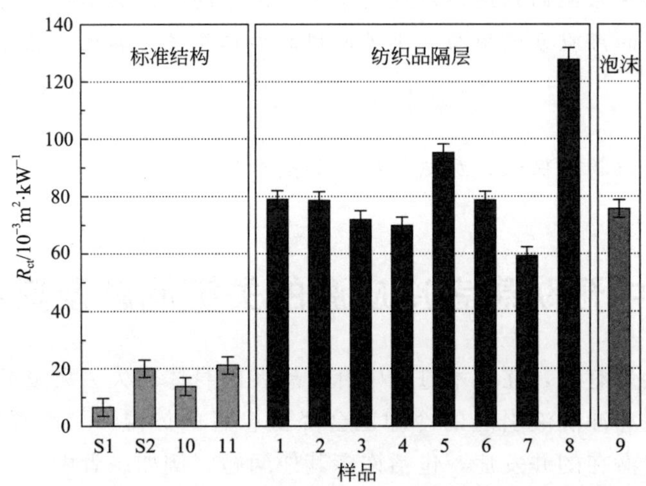

图 19.1 纺织品隔层的热阻及其与标准结构和泡沫结构热阻的比较（来自海恩斯坦研究所）

19.3 纺织品在保持患者体温方面的应用

在手术期间，为了保持患者身体处于足够高的温度，实施了不同的操作准则：纺织品被动系统、纺织品主动系统以及基于非织造织物的对流和传导系统。目前市场上已建立的系统可以分为两个功能原理：加热空气对流和导电加热电线。其中，第一类有可重复使用的产品，也有一次性产品。在这些系统中，为了确保有适当的空气循环，这些设计大多需要大面积的空气传导，结果是这些系统置于患者身上时需要很大的空间。输送热空气需要外部设备和管道连接，与设备相关的复杂性非常高，外科医生可能受到管道的妨碍。此外，因为空气在腔室内易被冷却，不能一直均匀地分散在整个被覆盖区域上。对于以这种方式构建的系统，必须考虑另外两个关键因素：由于热气流与患者的皮肤直接接触，因此蒸发导致对液体的需求增加；其次，由于手术台和附近的空气湍流，卫生问题也是至关重要的。

在第二类加热系统中，使用导电线的加热系统，其构造为可重复使用的产品，因此必须是商业上可再加工的。铜线和碳纤维优选作为加热元件；由于具有腐蚀性，需要通过各种类型的合成膜对铜线进行封装，这种合成膜会降低透气性。此外，该系统相当不灵活，并且无法适应所有患者的身体。

常用的被动加热系统通常无法达到所需的保温水平，尤其当涉及大创口手术时更是如此。它们可以隔绝环境，确保不会损失身体的热量。例如，对于这些由不同织物层制成的覆盖材料，通常用外部装置来加热，以提高保温性能。

同样，经常使用的薄金属箔，它们只可以在较短时间内减少热量损失，例如在手术室内被抢救的患者和新生儿被转运时就可用到。

19.4 未来趋势

19.4.1 纺织物基系统使用的增加（可重复使用对一次性使用）

外科手术用纺织物基系统变得越来越重要，其趋势是使用可重复材料，去代替一次性材料。为了比较这些材料的优缺点，已经进行了几项不同的研究。其中一项名为手术室中的安全/生态/经济（SAFEC）的研究[9] 指出：如果再生加工过程是专业的，材料管理和质量管理又是严格控制的，那么可重复使用外科纺织品的需求则完全可以满足。此外，该研究表明，可重复使用的纺织品在潮湿条件下具有许多正面的性能，如阻隔效果、掉毛和机械稳定性，均超出了规范准则。另一项研究涉及经济方面，可以确定存在显著差异。仅考虑单位成本是不够的，因为没有考虑替代产品的成本效应。特别是，功能性缺陷将导致额外的材料消耗和其他未知的后续费用。总而言之，该研究得出的结论是，随着手术的动态性和液体含量的增加，一次性产品的额外成本将不成比例地增加[10]。

19.4.2 加热与减压的组合用于防止褥疮

另一个发展趋势是加热和减压的组合。特别是在长时间的手术中，局部压力应变与湿气积聚结合起来，导致出现褥疮；不仅会带来相应的费用，而且还会给患者带来额外的压力。在这种情况下，具备上述这两个功能原理的系统具有许多优势，而不仅仅是从经济角度考虑。三维结构在防止褥疮方面有许多优势，特别是三维针织物由于有筛网一样的结构，不仅能提供透气性，而且还能提供湿气输运性能。在这种情况下，针织物隔层经证实其减压性能可被视为理想的附加特性[11]。图 19.2 显示针织物隔层的横截面。从表面可以清楚地看到绒头纱，这些起绒纱线像数千个小弹簧一样工作，并具有对压力产生响应的弹性。如上所述，多孔结构可实现高透气性。

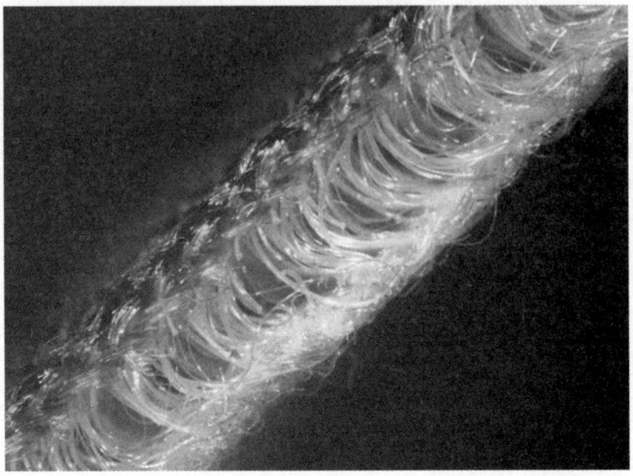

图 19.2 针织物隔层的横截面（来自 TITV Greiz）

19.4.3 使用碳纤维和其他类型纤维的可透过 X 射线系统

采用可透过 X 射线的主动加热系统，是未来的另一个方向。在这种情况下，使用非金属导电纤维，并将这些纤维整合到纺织品中，尤为重要。与金属纤维相比，非金属纤维（如碳纤维）在提高 X 射线透过性方面具有优势。实际上，可透过 X 射线系统在市场上有销售，但这些系统都是以非纺织品为基础的，并且透气性和透湿性都非常有限。在其服装生理特性方面，专门由纺织品组件制成的系统具有突出的优势。

19.4.4 避免“开放式”系统：手术室的绒布

尽量减少或避免颗粒的释放（掉毛），也是进一步的发展趋势。因此，不建议使用棉纺织品，因为如今手术室已不能接受绒毛颗粒存在。三层板和微纤维满足了 EN 13795 条例的所有需求[12]。“开放式”加热系统伴随的颗粒排放使之充满了风险。如上所述，存在湍动空气与空气中相关颗粒相互作用的危险。在这方面，与“开放式”系统相比，封闭式系统具有明显的优势，并且将来会在市场上稳固地建立起来。封闭系统的特点是加热介质（水或空气）不会释放到周围环境中；它在封闭的环境中循环。因此，上述可能存在的缺点大多被排除在外。

19.4.5 相变材料的使用

在过去几年中，相变材料（PCM）变得越来越重要。这些材料是存储介质，在纺织品领域的应用是基于其物理学原理的。如果加热 PCM 并达到其熔点，则发生相变，由固相变为液相。在相变过程中，热量可以保存在 PCM 内。相反的情况下，从液相转变为固相的过程中会释放出所储存的热量。在纺织品应用中，石蜡是最常用的原材料，因为它的比热容最高，并且可以在这些材料中调节所需的温度。可以通过不同的解决方案，将 PCM 集成到纺织品结构中。使用涂覆工艺可以进行应用；但是，还可将 PCM 直接加入纤维中。这样一来，PCM 可以永久包埋于纤维中，并且尽可能地保留纺织品特性，如柔韧性和透气性。例如，Smartfiber AG 公司生产的 *smartcel*™*clima* 纤维就是这种实例。

19.4.6 热系统在物理治疗中的应用前景

织物基的主动加热系统不仅适用于低温预防，还用于理疗。在所谓的温热疗法中，新陈代谢被刺激，氧气、营养物质和抗体被调动，同时腐烂产物被移除。在医学上，下列效应主要归因于热效应：肌肉松弛，改善血液流动，减少关节液的黏度，改善结缔组织的伸展性和缓解疼痛[13-15]。其中，热疗法尤其适用于肌肉骨骼疾病的慢性期，例如关节炎、脊柱疾病以及肌肉紧张。加热纺织品不仅在热疗方面具有决定性的优势，而且在伤口愈合方面也具有决定性的优势[16]，；已经指出，在当进行大规模干预时，热疗如何有效地降低伤口的感染率，并且可通过增加胶原蛋白含量改善伤口愈合的过程。

图 19.3 显示了纺织绷带的原型是如何成形的。该原型在低于 12V 的低压区提供了 40～50W 的热量输出。这种织物基的系统优点在于质量轻、柔韧性高以及透气性好。因为它们可以被精细塑型并施用于人体，因此需要治疗的部位可以精确地进行加热。如果使用涂金属层的聚合物纱线，与固体金属加热丝相比，在可能发生局部缺陷的情况下也不会出现过热点。

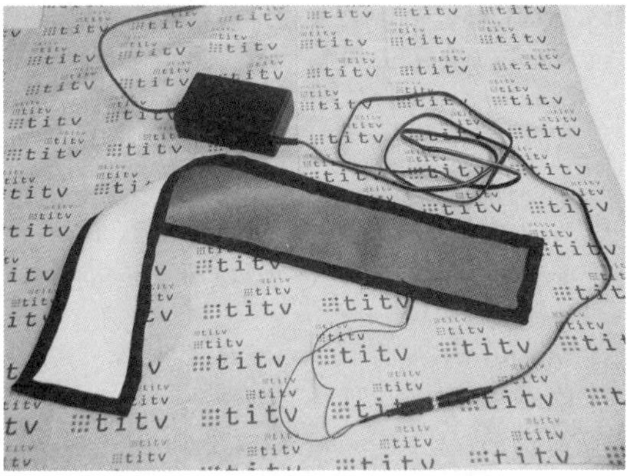

图 19.3 用于电加热的纺织绷带
（来自：TITV Greiz）

在 WarmX 公司和 TITV Greiz 公司合作开发的商业化的可加热内衣中，金属涂层聚合物纱线已经得到应用。具有银涂层的导电纱线材料直接整合到纺织品中（在这种情况下是针织纺织品），以确保近皮肤区域被加热。电源由可拆卸、电子控制的可充电电池提供。热量输出可以调整到几个不同的水平。纺织品可水洗穿着舒适。不同的设计意味着该系统可以适应穿着者的个性化需求。

总之，可以说被动和主动可加热纺织品结构都显示出巨大的发展潜力，可能的应用还远未穷尽。良好的服装生理特征、高水平的柔性和低质量只是众多优势中的一小部分，这使得它们注定会应用于医用纺织品领域。事实上，未来的趋势是向商业上可回收的多元化产品发展，这进一步刺激了纺织材料在市场上的成功应用。

19.5 其他信息资源

出版物

Schwabe D，Möhring U and Bartels V T（2005），‘Entwicklung von Textilienfür OP-Abdecktücher und-Unterlagen’，Melliand-Textilberichte 6，444-446.

Rotsch C，Hanus S，Schwabe D，Oschatz H and Möhring U（2008），‘Lösungenfür die Medizinaus der Textilforschung’，Orthopädie-Technik 8，634-638.

Schwabe D and Möhring U（2008），‘Mit 3D-Heizgewirken gegen das Auskühlen des Körperswährend der Operation’，Kettenwirk-Praxis 1，23-24.

Schwabe D and Möhring U（2008），'BeheizbareAbstandsgewirke'，Melliand-Textilberichte 3-4，84-85.

网站

www. barkey. de

www. carbamed. ch

www. mi. med. uni-goettingen. de

www. moeckundmoeck. de

www. op-textilien. at

www. somamedical. de

www. titv-greiz. de

19.6 参考文献

[1] Hack M C M（05/2003）. ZwischenHypothermie und Hitzestress. *Geriatrie Praxis Österreich*，S. 15.

[2] Lindahl S G E（1988）. Energy expenditure and fluid and electrolyte requirements in anesthetized infants and children. *Anesthesiology*，69（3），377-382.

[3] Grivel F，Herrmann C，Hoeft A and CandasV（1990）. Skin temperatures and thermal judgments in sedentary subjects exposed to either heated floor or heated ceiling. International Conference on Environmental Ergonomics IV，October 1-5，1990，Austin TX，pp. 40-41.

[4] Frank S M，Fleisher L A，Breslow M J，Higgins M S，Olson K F，*et al.*（1997）. Perioperative maintenance of normothermia reduces the incidence of morbid cardiac events-A randomized clinical trial. *J Am Med Assoc*，277（14），1127-1133.

[5] Weyland W，Braun U and Kettler D（1997）. *Perioperative Hypothermie*. AktivDruck and Verlag，Ebelsbach.

[6] Durchdenwald G（2003）. Hypothermiebei Patientenwährend und nach der Operation. *Pflegepraxis*，S. 1 ff.

[7] Weitkemper H H，Spilker A and Knobl HJ（2003）. Untersuchungzurmöglichen Keimreduzierung in Wasserkreisläufen am Beispiel von Hypothermiegeräten. *Kardiotechnik*，*Deutsche Gesellschaft fürKardiotechnike. V.*

[8] Bartels V T and Schwabe D（2004）. Entwicklung von Textilien für OP-Abdecktücher und-Unterlagen zur Verbesserung und Aufrechterhaltung des Wärmehaushalts des Patienten. Schlussbericht zum Forschungsvorhaben AiF-Nr. 13368 BG/1，BekleidungsphysiologischesInstitut Hohenstein，Bönnigheim&Textilforschungsinstitut Thüringen-Vogtland，Greiz，2004.

[9] Feltgen M，Schmitt O and Werner H P（2000）. Der Mensch im Mittelpunkt：OP-Abdeckmaterialien und OP-MäntelsindMedizinprodukte. *Hygiene and Medizin*，25（Suppl. 2），S. 60 ff.

[10] Egger A（2007）. Einweg versus Mehrweg. *Clinicum*，S. 44-45.

[11] Heide M，Siegert D，Möhring U，Swerev M，Klein P，*et al.*（06/2002）. EntwicklungfunktionellerAbstands gewirkeals OP-Tischauflage. *Melliand-Textilberichte*，S. 441-442.

[12] Egger A，Mittermayer H（2007）. Mehrweg im Vorteil. *Clinicum*，S. 36.

[13] Schmidt K L，Drexel H and Jochheim K A（1994）. *Lehrbuch der PhysikalischenMedizin und Rehabilitation*，S. 338.

[14] Zenz M and Jurna I（2001）. In：*Lehrbuch der Schmerztherapie*. Wissenschaftliche Verlagsgesellschaft.

[15] Diener H C and Maier C（2008）. In：Das Schmerztherapiebuch 2008. Urbanfischer，S. 393.

[16] Coerper S（2002）. Stimulation der Wundheilung durch Wärme：eine neue Behandlungsoption? *HARTMANN WundForum*，S. 16-18.

第 20 章

外科医生手术服评估：追求手术服的舒适感避免产生生理压力

W. Nocker
德国，顾问

摘要： 在标准系列 EN 13795 中规定了手术服应满足的基本要求，然而，并没有具体数据给出舒适性相关的属性。通常，当人们感到热度适当时，他们的身体上和精神上都是最舒适的。在温暖的环境中，只有当身体能够蒸发足够的汗液时，才会出现这种情况。研究表明，当气候环境、工作负荷以及衣服层的织物和物理参数都已知时，可以预测服装系统的热舒适性。本章描述了在选择手术室使用的纺织品时必须考虑的因素，文中提到了各种可以用于评估纺织品的测试方法、标准和指令。目前，由微细纤维织物组成的手术服可达到最佳的热舒适性。这种高性能多用途产品由三层不同膜层叠而成，涉及从微纤维产品到非透气涂层，涵盖了广泛的舒适范围。

关键词： 手术服，生理应激，热生理舒适性，水蒸气阻力，手术防护服，EN 13795，ISO 11092，应用于烧伤的手术室纺织品，需求的生理特征。

20.1 历史背景

直到 19 世纪下半叶，手术时外科医生仍穿着西装，军医们则穿着他们的制服。而那时，手术室的特殊纺织品，如手术服、手套、口罩和帽子还闻所未闻。在手术中患者身体裸露，伤口感染经常发生。直到 19 世纪末，才引入了特殊的医院服装，例如外科手术服。患者则穿着病号服，并在手术过程中被干净的被单覆盖（Colebrook and Hood，1948 年）。

直到 20 世纪 70 年代，尽管人们已经知道，由棉或棉混纺制成的手术室纺织品会因产生棉绒而导致感染风险，但仍然广泛应用（Hohenstein Report，1992 年）。此外，还发现棉或棉混纺织品并不能阻止微生物渗透和液体渗透。在欧洲指令（93/42 EWG 1993 年，2007 年）生效后，这些纺织品不再允许在手术区直接邻近的区域使用。

20.2 手术服

20.2.1 符合 EN 13795 标准的医疗产品

手术服作为医疗产品，必须满足标准系列（EN 13795，2003 年，2005 年，2006 年）中规定的基本要求。在 EN 13795-1（2003 年）中，规定了手术服的相关性能，如屏障效应、纯度、低颗粒释放率和强度。而在 EN 13975-2（2005 年）条例规定了其测试方法，在 EN 13795-3（2006 年）中规定了手术服作为一项合格的医疗产品应满足的条件。对于不同类型的手术，可以定义不同的产品质量（性能等级）为：

- 高性能，适用于具有高感染风险和液体渗透的手术；
- 标准性能，适用于风险较低的手术。

这种质量等级适用于一次性和可重复使用的产品。只要不满足其中任意一个必需参数，就不能再作为手术服使用。

20.2.2 用于两种性能等级的材料

满足标准性能等级的一次性外科纺织品主要由纤维素纸浆水刺缠绕的非织造布、再作 FC 整理而制成，或由 PP 纤维制成的纺粘-熔喷-纺粘结构制成。满足高性能类别的一次性外科纺织品主要由纺粘-熔喷-非织造结构组成，每单位面积具有更大的质量，或者由具有 PE 或 PP 膜的水刺缠绕的非织造织物的薄膜层叠材料制成。

满足标准性能等级的可重复使用的外科纺织品主要由 PES 长丝的机织物经 FC 整理而制成，而用于高性能的外科纺织品则由 PTFE 膜加 PES（或 PU）膜构成的多层层叠材料制成。有关详细信息，请参阅以下出版物：Bärlocher 和 Gysin，1994 年；Träubel 等，1994 年；Bechter 等，1995 年；Mehnert 和 Bernstein，1996 年；Rigby 和 Subhash，1996 年；Bernstein，1997 年；Kunze，1998 年）。

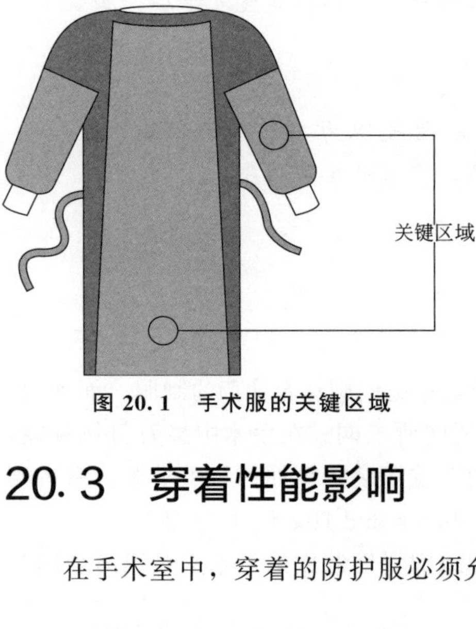

图 20.1 手术服的关键区域

由于伤口附近区域暴露的风险与其他区域的风险不同，而需求也各不相同。因为，手术服正面和袖子属于“高风险”区域，而其余部分是“低风险”区域。所以，大多数手术服的不同区域由不同织物组成（图 20.1）。

20.3 穿着性能影响

在手术室中，穿着的防护服必须允许穿着者在整个工作中能够避免热生理过载；并且能够保持穿着舒适性。这主要受以下因素影响：

- 工作地点的温度湿度；
- 工作负荷；
- 整个服装系统；
- 穿着者的个人状况。

20.3.1 环境温度湿度

手术室的温度湿度主要由安装的空调系统控制。详细规定按 DIN 1946-4（1986 年）条例。空调系统要完成的任务如下：

- 确保尽可能低的污染程度，因为空气中的细菌数量与术后感染风险成正比；
- 保护仪器台；
- 确保充足的新鲜空气供应和有毒气体的清除；
- 保持正压力；
- 让手术团队感觉温度适宜，同时对患者有益。

除了用于治疗烧伤的特殊房间，手术室的温度范围为 22～26℃。空气湿度按 DIN 1946-2（1994 年）条例规定。干燥空气的绝对湿度不应超过 11.5g/kg，相对湿度不得高于 65%，这是 22℃时的极限值。对于较高的温度，温度这一绝对值也是极限。在 26℃和 11.5g/kg 干燥空气下，相对湿度最大值为 54%，相对湿度的最小值为 30%。

20.3.2 工作负荷

代谢速率是衡量工作难度的一个指标，由基础代谢率和行为驱动代谢率组成。根据身体活动和体重，人体会产生不同的热量。如表 20.1 所示，Mecheels（1998 年）的研究结果适用于体重 70kg，身高 173cm 标准身材。这些值对于体重更重的人更高，对于体重更轻的人则更低。

在手术期间，外科医生和助手几乎要一直站立，通常持续数小时。在工作期间，外科医生不能倚靠任何东西，并且经常必须保持稍微弯曲的姿势。只有一些操作可以用物理上不那么费力的坐姿进行，例如眼科手术或神经外科手术。然而，每次手术都需要注意力高度集中，并造成相当大的精神压力。外科医生代谢速率的平均值为 200W（AIF 报告号 11090，1999 年）。

表 20.1　不同活动期间标准体重的工作负荷

活动	工作负荷/W	活动	工作负荷/W
睡觉	85	中等程度的工作	280
坐	115	较重的工作	350
站	160	非常重的工作	450
轻松的工作	200		

来源：Mecheels（1998 年，第 18 页）。

20.3.3 服装系统

在手术室工作的人所穿的传统服装系统包括：

- 私人内衣和袜子：主要由棉或棉混纺制成，不是无菌的；
- 医院提供的医用服装：长裤、短袖衬衫（短裤）、主要由 PES/CO 混合物制成，灭菌级；
- 无菌长袍：标准性能或高性能等级；
- 手术专用鞋、帽、口罩和手套。

20.3.4 穿着者的个人状况

穿戴者的日常状况取决于许多因素，例如睡眠不足、营养、咖啡、茶、甜食、酒精、药物等的消耗、身体状况、精神和情绪。

20.4 舒适性要素

舒适性要素包括人体工程学和生理学两方面因素。符合人体工程学的舒适性意味着衣服的合身程度，它能提供多大的运动自由度，以及穿着者如能较容易地完成必要的运动。通过试穿很容易评估。生理舒适是皮肤感觉舒适和热生理舒适的结合。

皮肤感官舒适性受到纺织品的许多物理参数影响，这些参数表明织物在皮肤上的感觉：柔软、柔顺、坚硬、刺痒、潮湿皮肤上有黏性等。对于外科手术服，皮肤感觉的舒适性很重要，尤其是在衣袖等部位，长袍靠近皮肤并与皮肤直接机械接触。皮肤感觉舒适度是机械接触知觉的总称，由以下参数确定：黏着指数、润湿指数、表面指数、接触点数量、硬度。有关详细信息，请参阅 AIF 报告编号 7169（1988 年）。

人类是一种恒温的活体生物，因此只有保持其体核温度恒定在狭窄范围内才能生存。只有当产热和散热平衡、身体处于中性热状态时，人体才会感到热生理上的舒适。否则，身体的热含量会发生变化，并随之改变人的体核温度。仅靠机体自主温度调节系统是不够的。因此，需要衣服来帮助身体维持舒适的热平衡。

热生理舒适性主要取决于所穿衣服允许热量和水分渗透的程度。当人体暴露在高温下时，会产生汗液并使其在皮肤上蒸发，以降温和对抗高温。这是人体保持其体核温度尽可能恒定最有效的机制。

此外，温度调节受到衣服的款式和剪裁方式的影响。在织物和人体皮肤之间，有一层空气。它们可以在这个空间内循环（＝对流）或交换（＝通风）。当穿着者移动时，对流和通风会发生变化。衣服的款式和剪裁方式可以支持或阻碍热量和水分的传递。

20.5 纺织品舒适度相关参数的评估

根据织物的穿着情况，可以确定织物的各种舒适性参数。当没有或只有轻微的体力过劳时，会产生无意识的排汗（通过皮肤扩散）。描述该现象的舒适性参数是热传导阻抗性（R_{ct}），透湿阻力（R_{et}）和水蒸气透过指数（i_{mt}）。它们是在生理纺织实验室中通过皮肤模型（出汗防护热板）测定的（ISO 11092，1993 年）。

在可感知的体力消耗期间，或在温和的温度下，人类已经感觉到自己出汗了。这是通过汗腺有感觉的排汗，但在皮肤上还没有流汗。蒸发发生在汗腺的导管处或出口处。除了上述参数之外，这种穿着状况还可以通过织物对蒸气形式的汗液的缓冲作用（水分平衡值，F_d）来描述。

在剧烈的体力劳动或炎热环境中，人体出汗过多，汗液以液体形式出现在皮肤上。除了上述所有舒适性参数之外，该穿着情况可以通过收集的缓冲参数 K_f，液体渗透性 F_1 和水分量 G_2 来表征。所有这些舒适参数在 ISO 11092（1993 年）；BPI 1.2（1963 年）和 BPI 1.3（1985 年）中有详细描述。

图 20.2　热人体模型
来源：Hohensteiner 报告（2000 年，第 11 页）

由于工作期间的劳累程度从来都不是恒定的，而是以较高或较低活动和休息的阶段为标志，织物在潮湿时必须具有足够的隔热能力，且应快速干燥以防止运动后发冷，这样穿着者不会在休息时或手术后感到寒冷。这些特性由潮湿织物的隔热能力（R_{ct}）、干燥时间（t）、保水能力（ΔG）来描述。所有这些参数组合起来用于计算热生理舒适度等级。在对人体试验对象进行广泛测试之后，证明计算是正确的（AIF 报告号 7169，1988 年）。

基于上述物理学测量，可以对纺织品的预期生理舒适度以及这些织物的耐受和极限值进行有效说明。然而，预期的生理舒适性不仅取决于手术服所用材料的性质，款式和剪裁方式以及服装系统的其他所有部分也起着重要作用。采用具有可移动肢体的热人体模型，可以测试整个服装系统的热生理舒适性，如图 20.2 所示。

通过计算纺织品的所有舒适参数，可以预测服装系统对穿着者的生理影响、舒适特性和允许使用范围。这些计算方式在 AIF 7504 报告中有详细描述。

20.6　出汗是生理压力应激的结果

人类不断受到环境的刺激。如果这些刺激让人感觉或被认为是剧烈的，那么它们就被称为压力源。人们将它们区分为社会压力源（例如同事之间的问题）、精神压力源（例如时间压力、工作压力）和身体压力源（例如环境温度和湿度）。它们会引发身体反应，例如心律不齐、血压变动、汗液分泌增加等。

外科医生和其他在手术室工作的人都会面临各种各样的压力。环境微气候可能会增加汗液的分泌，另外长时间或困难的手术会产生精神压力。突然的情绪冲击（例如惊吓）可能引发能量转换反应和大量出汗。由于这种情况与皮肤的血液循环无关，这种现象也被称为“冷汗”。

以下部分将描述增加的汗液分泌与服装系统的相互作用。如兰德尔（Randall，1946 年）所描述的那样，外泌汗腺的显著汗液散失可由以下因素引发：

- 由于热量调节排汗
  —— 刺激皮肤的温度传感器
  —— 血液温度升高
- 由于身体出汗

—— 精神压力
—— 情绪影响

- 药理学引起的排汗，例如：

—— 尼古丁
—— 肾上腺素
—— 毛果芸香碱

- 由于特殊的反射性汗液

—— 局部疼痛
—— 当地的压力
—— 脊柱反射
—— 味觉刺激

外分泌汗腺属于整个人类机体中最发达的腺体，其分泌能力表现为：当暴露在高温下时，①它们可在整个身体表面产生每小时高达 2L 的汗液；②当饮用足够的液体时，每天 10L 汗液（Kuno，1956 年）。

在情绪和性刺激情况下，有时也由热刺激引发，汗液通过顶泌汗腺明显消散（Fiedler，1968 年）。顶泌汗腺，也称为气味腺，仅位于身体的某些部位，大多数形成毛囊附属物，例如鼻子、腋窝、乳房和生殖器区域。

根据 Higuchi（1960 年）和 Cros 等（1961 年）的发现，与有感觉的出汗不同，汗液的无感觉散失是一个独立的物理过程，通过皮肤肌酐层进行扩散，它主要受以下因素影响：

- 皮肤表面与周围空气之间的水蒸气分压差；
- 角质层的含水量；
- 皮肤病。

在文献中测量和描述的扩散速率范围为 2g/h（Kuno，1956 年）至 24g/h（Gasselt，1965 年）。

在某一活动中会产生多少热调节性汗液，通常无法预测。一方面，人有很多不同的类型，有些人容易流汗，有些则不然。另一方面，身体素质和训练条件也有所不同。然而，最重要的是，所穿的服装系统的纺织物理特性起着决定性作用。为了使主体保持在理想的热中性范围内，散热必须等于产生的热。人体大约有 10%的热量是通过呼出的空气来释放的。根据服装系统的绝热能力（传热阻力 R_c）和所处环境的温度梯度，另一部分热量以干的形式耗散，即通过传导、对流和辐射耗散。剩下的必须通过汗水蒸发带走。衣物系统的透湿阻力 R_e，以及衣物系统内水蒸气分压与周围大气之间的梯度，这两个因素决定了这部分热量。如果该热量小于维持热平衡所需的蒸发热流量，则皮肤温度和体核温度将升高。尽管身体不能蒸发更多的汗水，但身体的出汗将会更多。因此，汗液液体残留在皮肤上，或被内衣吸收。这将会让人感觉不适。

20.7 受控穿着试验

在可以进行监控试验测量的气候控制室中，对人体试验对象进行受控穿着试验，只有这样才能检查实验室测量的结果（见第 4 章）。要弄清楚理论所得的结果是否可应用于实践，这样做完全是必要的。

成功的测试最重要的是选择合适、可比的测试对象。通过事先体检，评估受试对象的健康状况和身体素质，只有符合要求的人才有资格成为受试者。以下是一些例子：他们的排汗强度应该既不太强也不太弱。因为需要他们主观地描述感觉，即使是热量、水分、工作负荷和舒适度方面的微小差异，他们也应该高度敏感。一旦选择了测试对象，他们就必须熟悉测试条件：当实际测试开始时，不应该有任何习惯性的伪造结果。测试应始终在一天的同一时刻进行，以排除与时间相关的波动。对身份不明的个人进行所谓的“粗制滥造的测试”，永远不会产生可靠的结果。

所要测量的客观参数是，例如：

- 直肠温度 T_{re}，作为体核温度的量度；
- 皮肤温度 T_s，作为多达 10 个不同部位的平均测量值；
- 心率，HR；
- 温度，TM；
- 微环境中的相对湿度 FM，在皮肤和最里面的织物层之间测量。

这使得潜在的干扰变量得到控制，并使气候控制室中的试验具有可重复性。在某些情况下，在服装的特定最终用途中进行的工作不能在一个气候控制室内完成。这种情况下，只能通过额外刺激模拟代谢速率以弥补缺少特定的工作因素。

20.7.1 可重复使用和一次性手术服的舒适度试验结果

研究一

研究项目号 AIF No. 11090（1999 年）中，海恩斯坦服装生理学研究所使用第 20.5 节中描述的方法，测试了关于人体模型和 34 个纺织品样品（有和没有屏障效应）的 21 件手术服。该结果用于计算出一个生理需求曲线，以规定手术服的穿着舒适度。它基于 ISO 11092（1993 年）的皮肤模型确定水蒸气透过阻力 R_{et}。

表 20.2 表示出从“非常好”到“不满意”的等级评定，该等级对应于阻隔织物的水蒸气透过阻力 $R_{et,B}$、背衬织物的水蒸气透过阻力的 $R_{et,R}$，以及由此产生的生理特性。表 20.2 中的评级用于对所测试的屏障纺织品进行分类，如图 20.3 所示，背衬织物的水蒸气透过阻力 $R_{et,R}$ 的范围为 1.31～4.75m^2 · Pa/W。

表 20.2 基于 ISO 11092 测量的 OR 屏障和背衬材料需求的生理感觉评级

评价	测试值	性能
很好	$R_{et,B} \leqslant 8$	烧伤手术室同样适用
好	$8 < R_{et,B} < 17$	普通手术室适用
可接受	$17 \leqslant R_{et,B} < 40$ 或 $R_{et,R} < 4$	普通手术室可接受的不适
不满意	$R_{et,B} > 40$ 且 $R_{et,R} > 4$	导致过热应激

注：源自海恩斯坦报告（2000 年，第 12 页）。

$R_{et,B}$＝阻隔织物的耐水蒸气性；$R_{et,R}$＝背衬织物的耐水蒸气性。

选取了 4 件手术服进行测试。将从皮肤模型和人体模型上测量获得的数据输入预测模型（Mecheels 和 Umbach，1976 年，1977 年；AIF No. 5504，1992 年）。假设代谢转换为

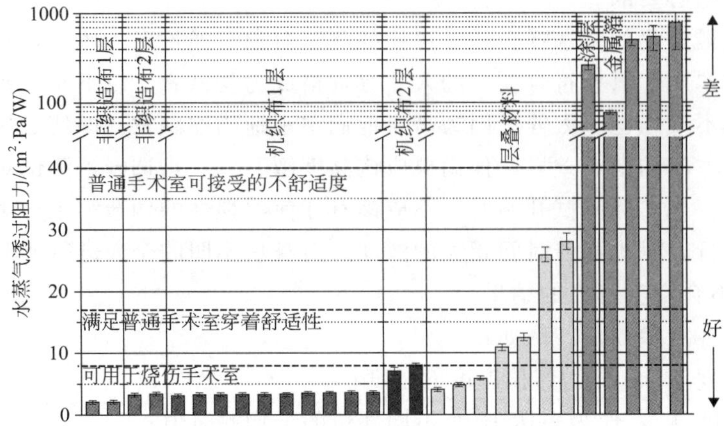

图 20.3　阻隔纺织品的分类

资料来源：海恩斯坦报告（2000 年，第 12 页）

200W，不舒适的持续时间段仍是在可以接受的范围。在该测试设置中，计算了整个服装系统的热作用范围。有关详细信息，请参阅表 20.3。

表 20.3　根据 AIF 报告 11090 计算出的“实用范围”，手术服编号

编号	手术服	应用	性能	$R_{et,B}$/(m^2·Pa/W)	$R_{et,R}$/(m^2·Pa/W)	应用范围/℃
1	1	一次性	高	5.89	5.89	15.9～32.8
2	4/5	可回收	高	12.51	4.75	15.2～31.4
3	21/31	可回收	标准	3.28	3.82	17.0～33.8
4	33～34/34	一次性	高	781	2.05	13.3～25.4

注：$R_{et,B}$—阻隔织物的水蒸气透过率；$R_{et,R}$—背衬织物的水蒸气透过率。

对于受控穿着试验，环境温度湿度的选择为 25℃、50％相对湿度，这在根据 DIN 1946 规定的较高温度范围上，代谢率为 200W，试验持续 3h。

直肠温度，T_{re} 和心率 HR 可用于测定穿着者的身体疲劳程度。在测试结束时，所有直肠温度在 37.15℃±0.05℃的范围内，并且心率在约（95±5)/min 的范围内，这意味着穿着者没有遭受生理压力。尽管在测试结束时这些值还没有达到稳定状态，仍然略有上升，即使试验持续时间翻倍，也不会达到 T_{re}＝37.5℃的不适温度。

与直肠温度的微小差异对应的是，平均皮肤温度只有最低程度的差异，因此被认为是微不足道的。正如预期的那样，微环境中的平均相对湿度显示出带有不透水屏障层（编号 33-34/34）的手术服与其他手术服之间的显著差异。有关更多详细信息，请参见图 20.4。当相对湿度上升到 70％时，将达到不适区（Diebschlag，1976）。穿着者将这件手术服与其他样品来比较，认为这件更保温、更潮湿、更不舒适。

研究二

经验表明，由超细纤维织物制成的手术服舒适度很高。通常，对于多层结构的穿着舒适度较低。在另一项研究（海恩斯坦测试报告，2000 年）中，将对 10 件由三层层叠织物、微细纤维织物和涂层非织造织物制成的手术服进行比较，旨在找出三层产品与其他产品相比的穿着舒适性。首先，对手术服及其材料进行 20.5 节中描述的测试。随后，进行

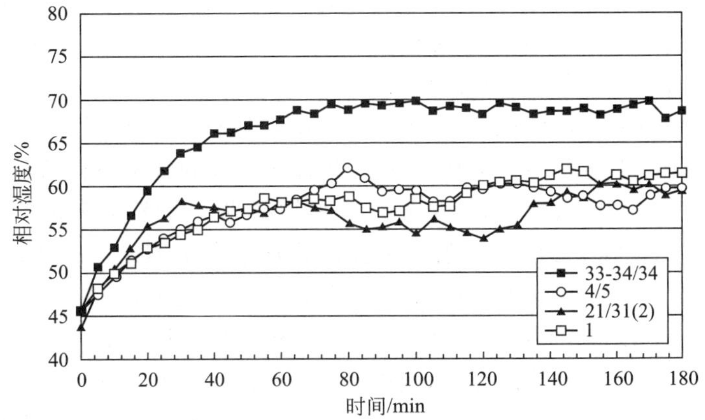

图 20.4 微气候中的相对湿度

资料来源：AIF 编号 11090（1999 年，第 100 页）

预测性计算，以计算在代谢率为 200W 并且长时间不适的条件下允许的热应用范围。结果如表 20.4 所示。

表 20.4 根据海恩斯坦测试报告（2000）计算的“实用范围”

编号	手术服	应用	性能	$R_{et,B}$/(m^2 · Pa/W)	$R_{et,R}$/(m^2 · Pa/W)	应用范围/℃
1	MF1	可回收	标准	2.66	2.68	14.0～26.8
2	MF2	可回收	标准	3.68	3.68	13.9～26.4
3	MF3	可回收	标准	4.21	2.13	14.0～26.6
4	3L，PTEF1	可回收	高	12.27	2.13	13.6～25.2
5	3L，PTEF2	可回收	高	2.60	2.14	14.1～27.0
6	3L，PU1	可回收	高	44.80	44.80	12.3～20.9
7	3L，PU2	可回收	高	15.69	1.17	13.1～24.1
8	3L，PTFE1	可回收	高	2.97	2.97	14.1～26.9
9	PC1	一次性	高	∞	2.60	12.0～21.7
10	PC2	一次性	高	∞	2.51	12.0～19.3

注：MF—微细纤维；3L—带 PTFE 膜或 PU 膜的三层层叠织物；$R_{et,B}$—阻隔织物的水蒸气透过率；$R_{et,R}$—背衬织物的水蒸气透过率。

在典型手术室条件下，室温在 22～26℃之间（参见 20.3.1 节），假设代谢率为 200W，只有微细纤维产品和层叠织物 5 和 8 出现轻微的舒适损失。对于其他层叠织物，可以预估其不舒适度水平更高；而 6 号样品已经达到不舒适的不透水产品的程度。

对于所测试的 10 种服装系统，可接受应用范围不包括用于治疗烧伤的典型正常温度约为 32℃手术室。对于穿着者而言，这意味着他工作的时间越长，他就越有可能因体核体温升高而感到不适，甚至过热。当人的体核温度超过 38.2℃时，则认为不可继续工作（Goldmann，1988）。到达这一点的时间称为“耐受时间，t_{tol}”。到达耐受时间点时，穿着者应该休息一下。当体核温度高于 38.5℃时，则认为不可能工作了。

为了测试适用于烧伤手术室的 10 种手术服，记录标准体重、代谢率为 200W 的穿着者在三个小时手术结束时的体核温度。所有三种微细纤维产品和三种具有 PTFE 膜的层叠织物，Tre 均小于 37.6℃。这表明这些手术服的舒适度仅略低于在正常手术室中使用时的舒适度。次好的类别包含 PU 膜制成 7 号手术服：Tre＝37.8℃。对于 6 号（PU 膜）和 9 号（部分涂层）的组合，情况变得更糟。其中，体核温度升至 38.1℃和 38.0℃。这是一种令人难以忍受的不适，因为液体汗水正顺着穿着者的整个身体流淌。生理上最差的组合似乎是 10 号，主要由不透气的涂层非织造织物制成。最终直肠温度为 Tre＝38.3℃。在 t_{tol}＝121min 后达到 38.2℃的临界值。因此，这种手术服不能用于烧伤手术室。

在 25℃环境下，对 10 种手术服进行受控穿着试验。150min 后，对客观和主观数据进行评估（来自 W. L. Gore 的数据）。在三种微纤维产品和层叠材料 5 和层叠材料 8 中，体核温度最低；在两种不透水的产品中，体核温度最高。对于微细纤维产品和 8 号层叠织物，在胸部区域测量微环境中的相对湿度最低（约 60％RH）；对于不透水的产品和 6 号层叠织物，测定的相对湿度达到最高（约 90％RH）。

可感知的水分按等级进行评估，并与测量的湿度相关（r^2＝0.78）：

- 不透水层的 5 级（＝某些区域的汗流）；
- 层叠织物 6 的 4 级（＝湿润的身体，衣服粘在身体上）；
- 所有其他产品的 3 级（＝湿润身体）。

热感与体核温度相关（r^2＝0.88）：

- 防渗层的 5 级（＝非常热）；
- 层叠织物 6 的 4 级（＝热）；
- 所有其他产品的 3 级（＝非常温暖）。

穿着舒适度的等级必须从 1 级（＝非常好）到 6 级（不足）。测试对象没有给出任何判断标准。结果：

- 9 号防渗服装系统 4 级（＝足够）；
- 不透水衣物系统 10 和层叠织物 6 的等级 3 级（＝令人满意）；
- 所有其他样品的 2 级（＝好）。

仅根据热生理学数据，就可以预估穿着舒适度的程度。

20.8 采购标准

20.8.1 舒适手术服的采购标准

前面的部分已经表明，基本上可以预估每种手术服在特定应用中的舒适性，而与性能的等级水平无关。从服装生理学的观点来看，这是可取的，即使因为成本限制很少允许这样做。但是，表 20.4 中推荐的阻隔材料和背衬材料的水蒸气传输阻力值将有助于作出正确的决定，并且足够准确。毕竟，并非所有的手术服都是相同的：款式和设计不同，阻隔面积和非阻隔面积的比例也不同。这两项研究都表明，防护织物的传热阻力并不重要。该值的变化对整个服装系统的总隔热系统的影响最小。起决定性作用的是织物的层数和手术服底层内的空气。因此，不必指定舒适的手术服所应满足的传热阻力值。

如果服装质量小，则在生理上是有利的。它越重，穿起来就越费力：代谢率会上升

(Dorman 等人，2005 年)。大多数一次性产品的单位面积质量明显低于可重复使用的产品。尽管如此，研究认为这个参数不太重要，因为手术服的质量只是整个服装系统质量的一小部分（见 20.3.3 节）。

20.8.2 一次性和可重复使用的手术服的采购标准

手术室服装的采购是一个复杂的决策过程。最重要的标准是满足 EN 13795 中规定的卫生要求。穿着舒适性不太重要；首先必须考虑经济和生态标准（图 20.5)。

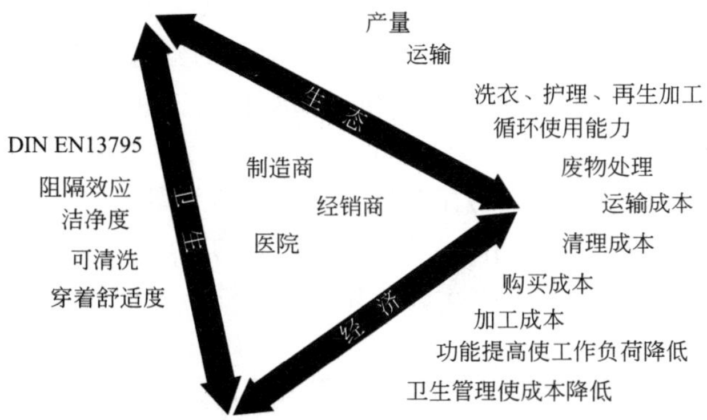

图 20.5 外科用纺织品性能评价标准的面面观

2003～2009 年，德累斯顿工业大学开展了一项跨学科交叉项目，“根据卫生、生态和经济方面对纺织品进行评估”。下面，将描述“研究结果总结”中（Cherif 等，2009 年）的一些结果。

354 家医院报告了其手术室纺织品供应的实际情况。在他们的采购询价和投标中规定的四个最重要的标准是：供应安全性、可靠性、清洁质量、采购价格。54%的受访者仅使用一次性手术服，26%使用一次性和可重复使用的手术服，20%仅使用可重复使用的手术服。使用一次性手术服最重要的原因是安全性和易用性。可重复使用的手术服最重要的原因是穿着舒适性和生态环保性。对于可重复使用的手术室服装的供应链管理者来说，尽可能多地保留功能属性是决定性的因素。跨学科项目的实地研究包括三组高性能可重复使用的手术服，在 70 个使用周期内进行了测试：带有硅树脂涂层的 PES 长丝织物，带有 PU 膜的三层层叠织物板和带有 PTFE 的三层层叠织物。“事实证明，可重复使用的纺织品在市场上是可以买到的，这些纺织品已经非常接近技术上的最佳状态，并且具有至少 70 次循环的长期使用寿命。”（Cherif 等，2009 年，第 74 页）。在穿着舒适性方面，可重复使用的手术室用 PTFE 膜制成的手术服效果最好，并被评为“良好”。其穿着舒适度高于一次性手术服。

20.9 结论和建议

当感觉热舒适时，身体的热平衡是有序的。这一点很重要，因为当人们感觉温度合适时，人的效率通常最高。如 20.6.1 节所述，可在干燥和湿润状态下传导的最大热量，取决于温度之间和分压之间的梯度，以及热和水分传输阻力。在正常手术室的环境条件下，约 40%的代谢转换以干燥状态下进行，而在烧伤手术室中，该值下降至 20%。靠近皮肤的微环境中相对湿度较低是可取的，因为它们增加了热舒适性：在相同的环境温度下，随着相对湿度的增加，环境会变得更热（Schmidtke，1974 年）。因此，对于在手术室工作的人来说，汗水蒸发后散发出来的热量对他们的热舒适感起着决定性的作用。

按照 20.5 节中描述的测量和计算方法，基本上可以足够准确地预测给定应用的手术服的穿着舒适性。当仅仅判断手术室服的舒适性时，阻隔材料和背衬材料的水蒸气传输阻力，是一个实用且足够精确的确定预期的热生理舒适性的标准。经认证的测试机构可以根据 ISO 11092 进行这些测量。表 20.2 中给出的建议应成为 EN 13795-1 规范性章节的一部分。附件 A 中目前提供的信息与舒适性无关。手术服的舒适性涵盖了从“非常舒适”到“无法忍受”的整个范围。微细纤维产品提供了最高的舒适度，而主要由非透气涂层非织造布制成的手术服极度不舒服。它们不得用于烧伤手术室，即使在普通的手术室中，它们的适用性也非常有限。在这两组之间存在具有三层不同类型膜的层叠材料，它们的水蒸气传输阻力范围从“非常低”到“非常高”。有些产品的穿着舒适度与微细纤维产品相当。然而，由于服装系统的所有层都有助于提高穿着舒适性，因此建议不仅要改善防护层，还要改善服装的其他部分。

为了提高可重复使用的手术服的接受度，需要提高使用循环周期。即使跨学科的科学研究已经显示出高性能可重复使用手术服的良好结果，但调查的细节表明，仍有足够的潜力来提高可达到的循环再生次数。

20.10 参考文献

93/42 EWG（1993，2007）. Richtlinie über Medizinprodukte.

AIF-Nr. 7169（1988）. Schlussbericht zum Forschungsvorhaben Quantifizierung，*Messung und Bewertung des hautsensorischen Tragekomforts von Textilien durch ein Vorhersagemodell*，Bekleidungsphysiologisches Institut Hohenstein，Bönnigheim.

AIF-Nr. 7504（1992）. Schlussbericht zum Forschungsvorhaben *Grundsatzuntersuchung über die prozessgesteuerte Simulation der Thermoregulation des Menschen*，Bekleidungsphysiologisches Institut Hohenstein，Bönnigheim.

AIF-Nr 11090（1999）. Schlussbericht zum Forschungsvorhaben Erforschung der *bekleidungsphysiologischen Anforderungsprofi le an Textilien für KrankenhausSchutzbekleidung*，Bekleidungsphysiologisches Institut Hohenstein，Bönnigheim.

Bärlocher K and Gysin H P（1994）. Vorbehandlung und Veredlung von Textilien aus Zellulosefasern，*Textilveredlung*，29（1/2），18-25.

Bechter D，Barthau R and Herlinger H（1995）. Polymer-Faser-Haftungen bei Beschichtungen-2. Mitteilung：Einflü der Porosität auf die Haftung mikroporöser PUR-Beschichtungen，*Melliand Textilberichte*，76（4），263-265.

Bernstein U（1997）. Microfasertextilien für Schutzkleidung mit Barriereeigenschaften（BMWI-Projekt 190/93），*Technische Textilien/Technical Textiles*，40（2），105.

BPI 1.2（1993）. Standard-Prüfvorschrift *Bestimmung der Pufferwirkung von Textilien mit dem Thermoregulationsmodell der menschlichen Haut*，Bekleidungsphysiologisches Institut Hohenstein，Bönnigheim.

BPI 1.3（1985）. Standard-Prüfvorschrift *Bestimmung der Wärmeisolation eines feuchten Textils mit dem Thermoregulationsmodell der menschlichen Haut*，Bekleidungsphysiologisches Institut Hohenstein，Bönnigheim.

Cherif Ch，Günther E，Jatzwauk L and Mecheels S（2009）. *Evaluierung von OP-Textilien*，*Ergebnisse einer Untersuchung nach hygienischen*，*ökonomischen und ökologischen Gesichtspunkten*，TU-Dresden.

Colebrook L and Hood A M (1948). Infection through soaked dressings, *Lancet*, 252, 6531, 682-683.

Cros J, Klotz H P and Tremolières J (1961). *Ann d' Endocrinol*, 22, 939.

Diebschlag W (1976). *Thermophysiologische Untersuchungen am Menschen als Grundlage einer optimalen Auslegung von Bekleidungssystemen*, Habilitationsschrift, TU-München.

DIN 1946-2 (1994). Raumlufttechnik: *Gesundheitstechnische Anforderungen.*

DIN 1946-4 (1999). Raumlufttechnik: *Raumlufttechnische Anlagen in Krankenhäusern.*

Dorman L, Havenith G and Thermprotect network (2005). *The Effects of Protective Clothing on Metabolic Rate*, ICEE congress, Ystad, Sweden.

EN 13795, Surgical drapes, gowns and clean air suits, used as medical devices, for patients, clinical staff and equipment. part 1 (2003): *General requirements for manufactures, processors and products.* part 2 (2005): *Test methods.* part 3 (2006): *Performance requirements and performance levels.*

Fiedler H P (1968). *Der Schweiß*, Aulendorf, Editio Cantor.

Gasselt H R M van and Vierhout R R (1963). *Dermatologie*, 127, 255.

Goldman R (1988). Standards for human exposure to heat. In: Environmental Ergonomics. Taylor and Francis, London, pp. 99-136.

Higuchi P (1960). *Soc Cosmet Chem*, 11, 85.

Hohensteiner Report ensteiner In (1992). *Textilien im Operationssaal-ein Rückblick in das letzte Jahrhundert*, Forschungszentrum Hoh stitute, Bönnigheim.

Hohensteiner Report (2000). *Tragekomfort von Schutz-und Arbeitskleidung im Krankenhaus*, Forschungszentrum Hohensteiner Institute, Bönnigheim.

Hohenstein Test Report (2000). Fabrics for surgical gowns and OR-garment ensembles, Z0.4.3884, Bekleidungsphysiologisches Institut Hohenstein.

ISO 11092 (1993). Measurement of thermal and water-vapor resistance under steady-state conditions (sweating guarded-hotplate test).

Kuno Y (1956). *Human Perspiration*, Charles C. Thomas, Springfield.

Kunze B (1998). Vliesproduktion mit Spunlaid-Technologien, *Vliesstoffe/Technische Textilien*, 29 (1/2), 18-25.

Mecheels J (1998). *Körper-Klima-Kleidung*, Schiele and Schön, Berlin.

Mecheels J and Umbach K H (1976). Thermophysiological properties of clothing systems, *Melliand Textilbericht*, 57, 1142-7146.

Mecheels J and Umbach K H (1977). Thermophysiological properties of clothing systems, *Melliand Textilbericht*, 58, 76-85.

Mehnert L and Bernstein U (1996). Mikroporöse Strukturen und ihre Anwewndung für Schutzbekleidung, *Melliand Textilberichte*, 76 (4), 263-265.

Randall W C (1946). Quantitation and regional distribution of sweat glands, *J Clin Invest*, 25, 761-767.

Rigby J and Subhash C (1996). Nonwovens in medical and healthcare products, Part 2: Materials and applications. *Tech Textile Int*, 5 (8), 24-29.

Schmidtke H (1974). *Ergonomie* 2, Carl Hanser, München.

Träubel H, Schütze D I and Pedain J (1994). Bessere Tragehygiene durch wasserdampfdurchlässige Materialien, *Textilveredelung*, 29 (6), 171-177.

第 21 章

护士职业服装：舒适度改进与经济效益相结合

M. Walz
德国 Eschler 纺织股份有限公司

摘要：本章考察职业护士服，并探讨在兼顾经济效益的同时提高护士服穿着舒适度的可行性。重点介绍了一项以优选纺织材料为目标的研究结果。在此项研究计划中，考察了护士职业服装的一般要求和特殊要求，探索如何定义和测量穿着者的舒适程度，并检测了优化后的新材料在工业化洗涤循环后的耐用程度。证实以针织微细纤维织物为基础可开发出优于市场标准产品的新材料。

关键词：针织工作服，穿着者舒适度，洁净服，职业服装，清洁，优化纺织品，质量标准 704，提高效率，可持续性。

21.1 引言

纺织品是居家和工作场所中的基本材料。但是，在更加复杂的工作环境中，它们往往没有得到足够的重视。医院环境中不同条件下穿着的护士职业装更是如此。纺织工业需要发展一种基于科学研究的解决方案以满足这些条件的要求。

21.1.1 本章概述

本章主要分为三个部分，第一部分概述了职业服装的一般要求和具体应用。将根据 EN 13795 洁净服标准讨论在手术室中穿着的服装，包括所选织物的规格。

第二部分论述了穿着者的舒适性，以及如何定义穿着者的舒适度，如何测量舒适度，以及对可接受舒适度的要求。我们还探究了怎样提高穿着舒适度。随后讨论了一项相关研究结果，其中包括舒适性优良的工作服面料的生产过程。

第三部分论述了纺织品和服装的耐用性。考察了纺织品对多项工业洗涤和干燥过程的耐受性，主要参考织物的力学性能和舒适性特征，并对现有的织物样本做了详尽的论述。

随着人口老龄化和医疗系统成本上涨，成本已经成为一个优先考虑的问题。本章最后论述了对医疗保健行业成本的评估和对生态环境的影响。

21.1.2 护士服装的关键问题和要求

职业服装的一般要求

如普通服装一样，职业服装也必须满足一些基本的要求。设计时需要考虑的因素不仅包括合身、款式、气候适应性和易洗性，还应考虑人类生态学（如 Oeko-Tex® 100），以保护人们免受服装上有害物质的侵害，以及避免产品及生产过程对生态的影响（如 bluesign®）。

除了这些基本要求外，职业服装的设计还必须考虑成本、耐用性和在指定工作环境中的功能性，例如，防护服必须符合 EN 标准。为企业提供服装的纺织品租赁行业在不断扩大，它们需要不同类型的，在工业洗涤中拥有良好的可加工性的服装。

护士职业服的特殊要求

无论纺织品的最终用途如何，总有一些需求优先级更高。出于这个原因，一些需求将被调整，大多数情况下会折中处理。对于护士职业服：不透明、舒适和款式尤为重要。

护士服的主体颜色通常为白色或浅色，所用的织物必须不透明。再加上护士服特定的风格和款式，这两个特点会使穿着者身心愉悦，甚至对其生理舒适性也许并无影响。

护士的活动和生理压力

护理过程通常包括普通和特殊患者的护理——相关健康数据的记录、协助主治医生工作和一些治疗[1]。这些程序包含高强度的体力过劳，例如移动患者。穿着合身的功能性职业服，可减小这种体力过劳。

在手术室使用的附加要求

手术室内的服装需要经常被更换和清洗，因此必须男女通用，不可个性化。因为在手术环境中衣物要求无菌，所以清洁是必须的；因为清洗过程需要高温灭菌，所以清洗和干燥过程会对衣物造成损害。

在吸湿排汗方面，高性能的织物会优于标准织物，尤其当医务工作者穿着 X 射线防护服或手术服时。织物的颜色也必须合理，要避免影响光线，从而影响整个手术团队的视觉感受。

手术室内穿着的衣服，尤其要重视卫生，因为它们是护士与患者间的一道屏障。断裂的纤维会增加院内感染风险，因此织物的结构十分重要。已经制定了关于手术着装的相应标准——EN 13795[2]。与洁净服密切相关，包括特定织物的起毛倾向（DIN EN ISO 9073-10）[3]，指材料本身微粒的最小释放量（如纤维或部分纤维）；机织织物的抗拉伸强度（DIN EN ISO 9073-3）[4]，针织织物的干燥胀破强度（DIN EN ISO 13938-1）[5]，作为抗菌屏障时，干燥状态下的渗透能力（DIN EN ISO 22612）[6]（一般来说，在干燥状态下织物抗菌渗透的能力更强）；无菌清洁度（DIN EN ISO 11737-1）[7] 和无异物标准，主要包括微生物洁净度（生物负荷），水溶性物质和颗粒物质（外来颗粒）的洁净度。

21.2 材料和方法

21.2.1 材料说明

为了评价新的纺织品结构，需要用一组常见织物的数据进行比较。本次参照样品是一类用65/35%的PES/CO短纤维混纺材料，质量为$215g/m^2$的优质机织物。

目前已研发出各种新型结构，并进行了测试。材料2由98%聚酯微细纤维长丝和2%碳纤维混合而成，拥有额外的抗静电性能，质量为$120g/m^2$，采用经编工艺制成。材料1和材料3分别由涤纶长丝和涤纶短纤纱组成的100%涤纶制品。这两种面料均为双面材料，质量分别为$215g/m^2$和$190g/m^2$。

21.2.2 试验方法说明

这里简要介绍了本课题所采用的测试方法。工业洗涤和干燥是根据DIN EN ISO 15797-2[8]标准进行的，具有明确的循环次数和运行参数。在布料上添加标记，以便洗涤前后的测量，从而根据DIN EN ISO 3759[9]标准评估收缩率。

为测试穿着者的舒适程度，需测试不同的参数，随后统一计算出穿着舒适度等级。在大部分测试中，热生理值用人体皮肤模型计算。

根据DIN EN ISO 12947-1[10]标准进行耐磨性测试，布料的两面均被擦洗，直到出现第一根纱线被破坏。类似的，根据DIN EN ISO 12945-2[11]标准进行起球测试，先经过规定次数的刷洗后，再对布料表面进行统一评估。

根据ICI方法进行挂破实验。样品随机落入带有钉子的连续转动的盒子内，之后对产生的损害进行评估。

破裂强度试验中，表面积为$7.3cm^2$的样品被固定在橡胶板上。橡胶板下的压力逐渐上升，直到布料被破坏。根据EN ISO 13938标准，最终压力值为织物强度的估算值。

21.3 清洁度

测试的新材料均已通过洁净服标准[12]，尤其适用于手术室内使用。材料1内部和外部的IPM值分别为2.91和3.29，材料2内外的IPM值分别3.43和2.17，它们均达到了高度洁净的要求。除此之外，材料1内外部的起毛倾向分别为$\log_{10}3.09$和$\log_{10}3.51$；相应的，材料2内外部的起毛倾向分别为$\log_{10}3.66$和、$\log_{10}2.55$，证明材料2性能更优。

材料2还通过了干燥渗透测试，其值为30.7KBE和1.49log；也通过了微生物洁净度测试，其值<2log KBE/dm^2。后面的章节将详细介绍这两种材料在耐用、效能和穿着舒适度等方面的性能。

21.4 提高护士服的舒适性

21.4.1 穿着者舒适度的定义

穿着舒适的衣服有助于人体体温的调节。人体以两种不同的方式调节温度：为了保持身体温暖，皮肤的血管会收缩，以减少表面的热量损失。这种方式不是很有效，因此世界上大多数地区的人需要靠穿衣服来保持体温稳定。人如果开始进行体力活动或周围环境温度升高，身体需要通过降温以保持体温在 37℃上下。与此同时，血管会扩张，为了散出更多的热量；同时皮肤表面也会产生汗液，加速降温过程。不合身的衣服会阻碍躯体活动，导致体温升高，从而给躯体造成更大的压力。合身且舒适的衣服并不会引起穿着者的注意；只有当衣服引起不适时，穿着者才会意识到它们的存在。穿着者舒适度可定义为根据衣着、气候和活动的不同，所产生的生理方面的压力。

21.4.2 穿着舒适度的测量

海恩斯坦研究所对服装生理功能的研究获得国际认可，各种生物物理测量装置用于服装系统穿着性能的定量评价，如工作服（表 21.1）。

表 21.1 工作服穿着舒适度的指导值

参数	参考值
热生理参数	
R_{ct}=热阻性	(10～20)×10h^{-3}·m^2·K/W
R_{et}=水蒸气阻力	<8m^2·Pa/W
i_{mt}=水蒸气指数	>0.15
Fd=蒸气相缓冲作用	>0.4
Kf=液相缓冲作用	>0.78
F=每小时排汗量	>765g/m^2
感官参数	
iK=黏度指数	<15
iB=湿润度	<270
iO=表面指数	3～9
nK=接触点数	<1500
S=硬度	<60°
穿着舒适度等级	
热生理舒适等级	<3.0
感觉舒适等级	<3.0
综合舒适等级	<3.0

对纺织品和服装的穿着舒适性进行的定量测量和评估，使研究机构能够为每项具体的应用计算出一个特定的参考值。表中的参考值是基于海恩斯坦研究所研究结果得出，这些参考值是在各种调查中得出的，包括有受试者参与的实验。

21.4.3 改变纺织物结构提高舒适度

纺织品可以根据特定服装的要求进行特殊设计。这些功能间相互关联，所以通常会获得一个折中的方案。纺织工业的任务是发掘穿着者的需求，并通过优化纺织系统来优先满足这些需求。

提高穿着者舒适度是整个纺织产业的追求。服装以原材料、纤维或纱线结构、织物加工、染色和设计为基础。其中每一个步骤都可以改进。

在明确普通工作服和特殊护士服要求的前提下，对织物稍做改进意义重大。鉴于聚酯材料的基本性能，使用的最好材料应是聚酯。将普通纱线结构改为微细纤维长丝，可提高穿着舒适性。新型材料可以将水分输送到衣服外侧，或储存在纤维之间的空隙里，而非将水分滞留在纤维内部。因此，与天然纤维相比，新型材料更加干爽。为进一步优化这种效果，可将面料结构改为双面，由于不同直径的单根纤维产生的毛细效应，这种面料可通过物理作用力将水分推拉至外部。同时纤维越细，储存的水分将越多。与标准工作服相比，它们的手感也更加柔软。

使用长丝纱线，可以提高力学性能，使用过程中产生的毛羽也更少。如果能将织物内表面设计成一个个小间隔，就能避免衣服黏着于皮肤，同时增加汗液的吸收。

这种织物需要有多孔结构。致密的机织材料将限制热辐射向外扩散的量，并降低透气性。针织织物通常比同质量的紧密机织织物更透气，是由于针织结构由针脚构成，这样的结构同时提供了一定的可拉伸性。

永久性亲水处理是对纺织品的另一项重要改进。通过这种处理，织物很容易吸收水分，并将其输送到衣物外侧。为了把服装整理得如同循环使用刚开始时的水平，必须要进行再生。每次用化学品处理时，都必须考虑对织物性能的影响。例如，使用织物柔软剂会在织物上形成疏水表面。所有这些变性都可以创新功能织物，类似于体育运动界所用的织物。职业装和功能性运动服属于两个类别，这里的困难是将这两个类别的需求相互结合。

21.4.4 ProInno 项目的研究结果：标准纺织品与各种优化纺织品的比较

Eschler 纺织公司和海恩斯坦研究所在 2008～2009 年期间承担了一项研究工作，旨在提高医疗行业工作服的穿着舒适度，并研发生产和测试了各种新型织物[13]。测试中，以市场上的标准品为对照，包括采用 65/35（%）PES/CO 短纤维材料混纺的优质样品。实验证实，穿着者的整体舒适度可以从 2.2 最高提高到 1.1。

材料 2 由微细纤维长丝和 2%碳纤维混纺组成，具有抗静电性能。材料 2 由经编技术制成，单位面积质量为 $20g/m^2$，它与标准机织物有很大的差异，后者是由棉混纺纱线制成的。材料 2 的热生理参数值差异较大，造成了穿着者的穿着体验有所差异（见表 21.2）。热阻为 9.4，比标准的面料低了约 30%；湿热阻力为 1.85，接近参数 1.7，也明显低于标准品。

在感官参数的结果中，材料 2 同样优于标准品，尤其是黏着度为 2.8，湿润度为 1.4，且硬度仅为 18.8。

通过这些特定数值，得出材料 2 的整体舒适度等级为 1.1。材料 1 和材料 3 分别由涤纶长丝和涤纶短纤纱组成。相较于材料 2，它们的触感、外观和质量更接近于标准面料，但针织结构使它们的触感更加柔软。材料 1 和材料 3 的不同之处在于，后者将单位面积质量从 $215g/m^2$ 减小到 $190g/m^2$，并用了直径较小的单纤维和稍粗的纱线，使舒适性进一步提高。

表 21.2 优化纺织品与标准品产品的穿着舒适性比较

测试/规范		标准质量织物	材料 1	材料 2	材料 3
热生理参数	R_{ct}	15.7	18.7	9.4	12.4
	R_{et}	3.22	3.19	1.85	3.25
	i_{mt}	0.29	0.35	0.3	0.23
	Fd	0.56	0.57	0.61	0.58
	Kf	0.86	0.99	0.96	0.97
	F1	20.1	20.3	23.9	20.5
	F	812	820	966	828
	G2	5	6.9	5	6.4
	G (rel)	31.4	44.7	54.4	40.5
感官参数	iK	17.1	10.9	2.8	8.2
	iB	>600	1	1.4	0.2
	iO	3.2	3.9	1.6	2.6
	nK	1359	1512	1586	1614
	s	31.0	25.3	18.8	29.4
穿着舒适度	$TK^{(T)}$	—	1.8	1.1	1.7
	$TK^{(S)}$	—	1.3	1.1	1.9
	$TK^{(combined)}$	2.2	1.6	1.1	1.8

与标准品相比，这两种材料的热阻 R_{ct} 值均按预期有所降低；然而，在某些情况下，其他数值并没有得到改善，甚至不如标准品。热生理舒适度等级为 1.7，比标准品高了 0.1。然而感官舒适度下降了 0.6，降至 1.6。这导致综合舒适度为 1.8，虽优于标准品，但低于材料 1。

21.5 提高工业洗涤过程中护士服的耐用性

21.5.1 可重复使用纺织品的一般说明

纺织品租赁服务公司为医疗保健机构提供各类专业纺织物，包括手术专用服、职业服和病员服。在卫生、适用性、安全性（适用于患者和医院工作人员）、舒适性和可追溯性等方面，可重复使用的医用纺织品必须达到医疗保健领域的高标准。

可重复使用纺织品的循环使用有一系列特定的步骤。首先，衣物被穿着使用；穿过的衣物会被放入箱子或储柜中；随后被租赁公司收取。护士服更换的最短周期为每天一次；但如果出现可见的污染，必须立即更换。手术室中的情况更为复杂多变，每次离开并重新进入无菌环境时，都需要更换衣物。因此，为保障需求，衣物必须确保可重复利用。

租赁公司会把穿过的衣服送到专业洗衣店，洗衣店会按照严格的程序进行洗涤和烘干，随后检查衣物是否有破损并进行必要的修补或更换。在分拣和包装后，衣物又被送回医院，并放入专门的衣柜中。一般的职业装都是个性化的，每位员工拥有指定的服装。然而，因为手术室内的衣物需要大批量分发且经常更换，无法做到个性化，所以剪裁需男女皆宜。

租赁公司不仅仅需要提供租赁、清洁和修补的服务，还需要为客户提供量身定制的服务。他们同时可为医院管理者提供内部物流和服装管理方面的支持，从而降低成本，优化库存。

21.5.2 工业洗涤能力的测量方法和规定值

海恩斯坦研究所公布了针对租赁业使用的服装质量标准。这些标准是根据目前纺织业的技术限制和清洁公司的要求而制定的。质量标准 701ff[14] 规定了纺织品的最低要求；如果满足这些要求，可以认为这些纺织品适合工业加工。质量标准 704 展示了 POLO 衫和衬衫的数据。表 21.3 列出纺织材料的力学性能，包括染色牢度、耐用性和再加工性。因为所研发的织物以聚酯为主，通常可以达到所需的色牢度标准，所以在研究护士服的改进时，染色牢度未被讨论。

表 21.3 海恩斯坦质量标准 704：工业洗涤准则值

测试	测试方法	染色	变色
耐水	DIN EN ISO 105 E01	≥4	≥4～5
耐汗性	DIN EN ISO 105 E04	≥3～4	≥4
耐摩擦性	DIN EN ISO 105 X12	干燥≥4；潮湿≥3	—
耐洗性	105-C06/E2S	≥4	≥4
耐次氯酸盐洗涤	DIN 54016	≥4	≥4
耐次氯酸盐漂白	DIN EN ISO 105 N01	—	≥4
耐过氧化漂白	DIN EN ISO 105 N02	≥4	≥4
耐清洗/干热的结合	Fixotest 5min，190℃， DIN EN ISO 105 C05	≥3～4	≥4
耐光性	DIN EN ISO 105 B02	— 最低标准	≥5
顶破强度	EN ISO 13938	600kPa	
耐磨蚀	DIN EN ISO 12947-1（双面）	25000 转	
抗起球	DIN EN ISO 12945-2 （5 周期 EN15797 后）	2-39（7000 转） 3（5000 转）	
勾边	ICI	≥4	
收缩	DIN EN ISO 3759，DIN EN 25077 （5 周期 EN15797 后）	+3%至-5.0%	
免烫	DIN EN ISO 15487 （3 周期 EN15797 后）	＞50%CO，≥3.0； ＜50%CO，≥3.5	

除了海恩斯坦研究所公布的质量标准之外，还有用于租赁行业的工作服面料的另一准则。欧洲纺织品服务协会（European Textile Service Association，简称 E.T.S.A.）公布了 E.T.S.A. 的标准，其中包括单位面积质量为 150～400g/m^2 的聚酯/棉混纺机织品，其物理性能和色彩测试与海恩斯坦标准非常相似。尤其在手术室环境下，新一代的由轻质合成纤维制成的工作服更加舒适和卫生。虽说，E.T.S.A 的要求并非完全适用，但仍可作为一般准则，但这些要求还需纺织专家的合理解释。

21.5.3 改变纺织物提高效率

如上所述，通过纺织工程的改进来改善纺织品所需功能是可行的，但这往往会削弱其他方面的性能。因此，必须明确性能的优先次序，以达成折中结果。

一般来说，使用较粗的纱线或/和增加布料的质量，都可以提高纺织品的耐用性。但Eschler公司决定仅研发合成材料基的纺织品，因为它们可以同时拥有舒适、卫生、耐用的性能，并且比天然纤维轻得多。虽然在纺织业内这并不是一种新观，只是许多人仍拒绝穿合成纤维的织物，这种想法在医院仍然广泛流行。

按照研究计划专门研发的材料，经测试表明，按照海恩斯坦质量标准704比较，结果非常好，尽管它们的设计特点是穿着舒适性。

材料2具有最佳穿着舒适性（等级1.1），同时顶破强度值为876kPa，轻松超过DIN EN ISO 13938标准推荐的最小值600kPa。起球标准DIN EN ISO 12495-2显示，与最低值2-3分相比，材料2内外侧评分均在4～5分之间。材料2的ICI钩挂测试评分为4。第一次测试中，有两个指标并不理想。根据DIN EN ISO 12947-1标准，机织面料耐磨性标准为25000转，材料2实际为20000转，并未达到标准。但对于轻质针织面料，这个结果依然可被接受（接近标准的机织面料）。5次洗涤循环后收缩为－4.5%，同样在针织面料规定值范围内，但未达到机织面料的要求。

材料1单位面积质量为215g/m^2，穿着舒适性等级为1.6。不同于材料2，材料1的外观更接近标准品。由于拥有针织结构，材料1的手感比机织品更柔软。从力学性能的观点来看，这个表中的数值反映出结果非常好。以EN 15797为标准，材料1的顶破强度为892kPa、起球测试内侧为3-4，外侧为4、勾破值为4、5个循环后收缩率为－2.5%，所有结果都显著高于需求值。只有耐磨性的值为20000转，低于要求数值。由于针织织物缝制的职业装在市场上是新产品，因此必须在真实工作条件下进行试穿加以验证（表21.4）。

表21.4　优化材料力学性能相关的测试结果

性质	测试方法	材料1	材料2
顶破强度	EN ISO 13938	892.4kPa	876.4kPa
耐磨性	DIN EN ISO 12947-1（双面）	20000转	20000转
起球	DIN EN ISO 12945-2（两次EN15797周期后）	外侧4；内测3～4	外侧4～5；内测4～5
勾边	ICI	4	4
收缩	DIN EN ISO 3759，DIN EN 25077（5次EN15797周期后）	－2.56%	－4.5%
免烫	DIN EN ISO 15487（3次EN15797周期后）	3.5	3.5

实验室进行的测试项目只能用于在特定纺织品开发阶段。洗涤和试穿的检测对服装的批准至关重要。服装性能会受许多不同因素的影响，例如洗涤的类型和所用的干燥程序。

租赁纺织品的质量以及潜在的使用寿命尤其重要，在盈利能力方面也十分重要。

21.5.4　研究项目ProInno的结果：提高效率与穿着舒适性结合

该研究项目的目的是设计一种纺织品，在穿着舒适性方面优于市场上的标准产品，同时可经受工业洗衣程序的处理。为了比较两种纺织品的耐用性，在海恩斯坦研究所的实验室按照EN 15797标准对这两种布料进行了多达75次循环的洗涤程序处理。为了获得新面料的耐用性信息，在洗涤循环后又重复了一些测试。一个重要的测试是顶破强度试验，该试验表明使用后材料和纱线的强度都有降低。三种材料的测试结果均有实用价值。

试验结果表明，材料 1 和材料 2 洗涤干燥循环后在强度方面完全没有的损失。测量精度范围内，测试结果完全相同，具体为 892 kPa（材料 1）和 877 kPa（材料 2）。材料 3 最初的顶破强度为 842 kPa；在 75 次循环后增加到 899kPa。这可能是由洗涤引起的布料收缩造成的，因为密度的增加会导致每个测试区域的纱线数量增加。

但根据材料 1 在 75 次洗涤和干燥循环后收缩－5.6％，材料 2 在 75 次洗涤和干燥循环后收缩－3.5％，得出 75 次洗涤干燥循环后强度损失约为 5％（图 21.1）。另一项关于面料表面耐用性的测试为起球试验——用来评估纺织物表面结构的变化。同样，三种材料的结果均有意义。洗涤循环后所有材料的外侧数值并没有显著变化。材料 1 从 4 增加到 4～5，材料 2 和材料 3 在重复加工前后保持在 4～5 不变（图 21.2）。

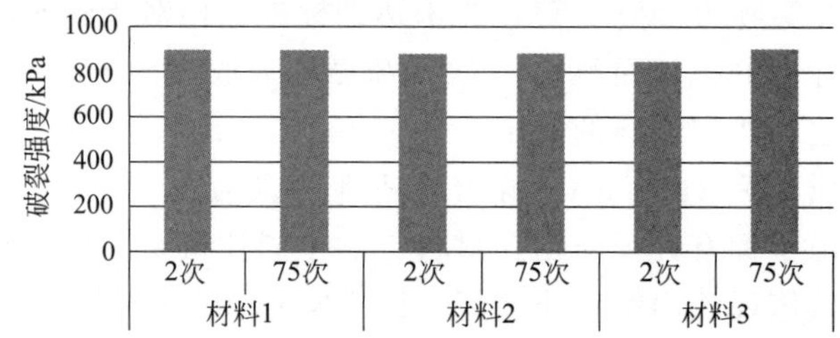

图 21.1　材料在 2 次和 75 次洗涤干燥后顶破强度值的比较[7]（根据 EN 15797 标准）

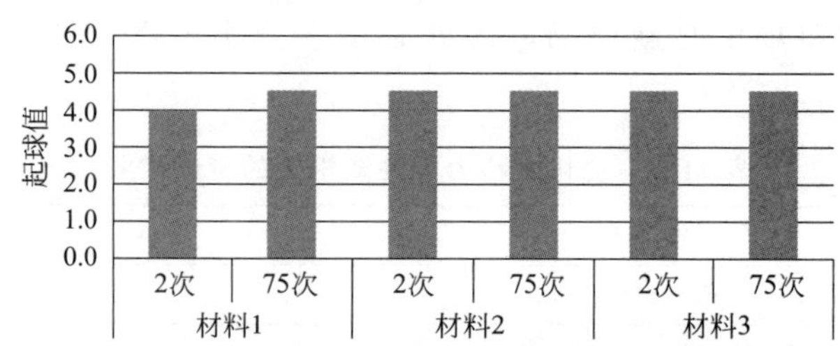

图 21.2　材料在 2 次和 75 次洗涤干燥后起球值的比较（根据 EN 15797 标准）

除了力学测试之外，研究人员还拍摄了各种扫描电镜（SEM）显微图来显示材料表面的变化。材料 1 中可以看到少量均匀分布的断裂的超细微纤维，经过 75 次循环处理后，图中出现一些额外的松散纤维，并开始形成一些较小的堆积物。然而，正如起球测试数据所证明的那样，表面仍然没有起毛球。

材料 2 由 100％长丝组成，性能更优，重复处理前后无差异，电镜下几乎看不见松散的纤维。在材料 2 的结构中，还添加了一种带碳纤维的抗静电丝。碳纤维在 SEM 图片上清晰可见。由于 ProInno 并未研究布料的抗静电性能，所以在材料 2 处理前后，抗静电性没有被测试。但 SEM 照片显示碳纤维完全没有变化，可认为抗静电性能在洗涤过程中是持久的，并存在于服装的整个寿命期间内（图 21.3 和图 21.4）。

该研究计划的目的是帮助开发超级职业服装，将适于工装的织物与优化的穿着舒适性结合在一起。因此除了超级的舒适性外，还必须可承受多种加工过程的应力。所以，在 75 次循环后重复了几项试验。

图 21.3　材料 1 经过 2 次和 75 次洗涤干燥循环后的织物表面视图[7]

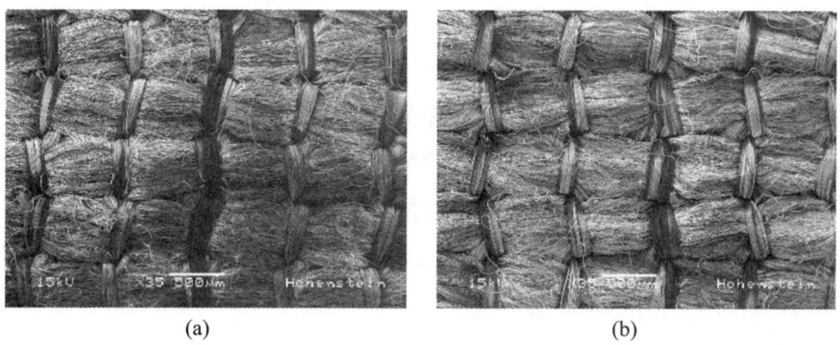

图 21.4　材料 2 经过 2 次和 75 次洗涤干燥循环后的织物表面视图[7]

热生理测量中，以汗液输送量 F 为指标。每小时的汗液输送量 F 的极小值应为 $765\mathrm{g/m^2}$。对于材料 1，F 值的初始值为 $820\mathrm{g/m^2}$，经 2 次循环周期后，F 值略有下降；经 75 次循环周期后，F 值降至 $800\mathrm{g/m^2}$。这相当于从“非常好”降为“好”。材料 2 从穿着舒适性方面来看是最好的织物，F 值在循环后从 $966\mathrm{g/m^2}$ 下降到 $893\mathrm{g/m^2}$。虽然看起来舒适感降低很多，但因初始值高，下降后的值仍处于“非常好”的水平。

对于感官参数，选择润湿指数 iB 作为比较指标，最大值参考为 270。即使经过 75 次循环后，这两种材料的性能也远优于参考值。从这些结果可以看出，两种材料在整个使用寿命周期内都能保持非常好的穿着舒适性（图 21.5 和图 21.6）。

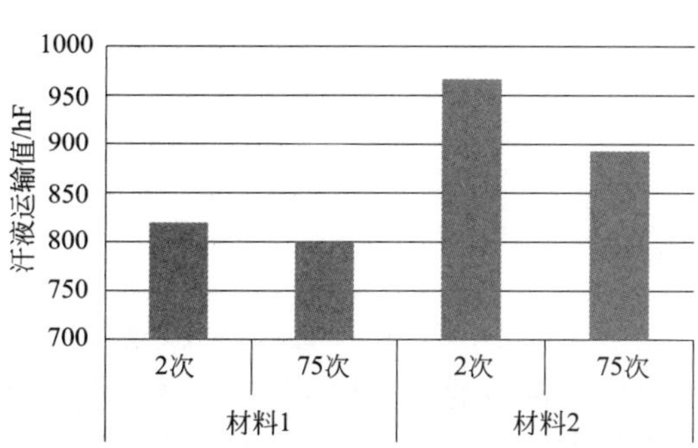

图 21.5　2 次和 75 次循环周期后材料的汗液运输值 *F* 的比较（根据 EN 15797 标准）[7]

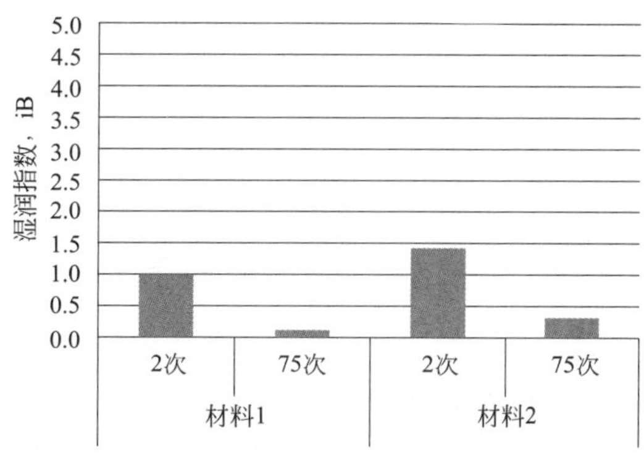

图 21.6　2 次和 75 次循环周期后材料的润湿指数 iB 的比较[7]**（根据 EN 15797 标准）**

21.6 在资源、洗涤、干燥、耐用性和医院感染方面可能的节约

研究表明，由聚酯纤维制成的高性能面料可满足租赁业的所有需求，同时这些面料具备非常好的穿着舒适度和卫生标准。虽然与传统职业服装相比，这种新面料的生产成本更高，但它们的使用成本更低。

如果将合成纤维制成的产品租给医院，管理费用将大幅降低，并且租赁公司能提供全套服务。合成纤维吸收的水分比天然纤维少，它们干燥速度更快，在烘干时能耗更低，因此能节省大量洗衣费用。Eschler 公司表明，与标准面料相比，新型纤维面料的能耗仅为原来的 30%。当涉及耐用性时，通常合成纤维将优于天然纤维。更耐用的纺织品意味着在整个服装生命周期中必要的修补更少。

德国每年发生 52.5 万～100 万例院内感染，是德国医院内最常见的一类感染。按照 EN 13795 标准研发的新服装有可能减少这类感染事件的发生，因为释放在医院环境中的可传递微生物的微粒更少。如果可减少这些微粒的传播，则可以大幅改善卫生水平。

在德国，医疗费用是以病例为基础一次性支付的。所以，患者住院时间的长短将直接影响医院的运营成本，进而影响医院的收入。考虑到所有这些因素，可认为较高成本的职业服将在其整个使用过程中得到平衡。

21.7 微细纤维针织物的应用

21.7.1 护士职业服装：一般用途

护士服和护士裤可采用微细纤维针织物制成。服装可以保留其传统的剪裁和风格（如材料 1；图 21.7）。

21.7.2 手术服

设计手术服时，在参考 EN 13795 清洁标准的同时还需要考虑是否舒适。由较轻的微细纤维制造的织物，如上面提到的材料 2，是符合这类应用的理想材料（图 21.8）。

21.8 未来趋势

21.8.1 医疗部门需要节省成本

在未来几十年之内，医疗成本将会随着人口老龄化而不断上升。随着步入老龄化，将有更多的人需要医疗治理和协助。与此同时，支付医疗保险的人会越来越少。为维持公平和社会体系，医疗部门面临的降低成本的压力也会越来越大。面对这一问题，德国对医疗体系进行了重组。目前，德国医院按病例一次性收费，因此，患者住院时间的长短将直接影响医院的成本，从而影响医院的收入。

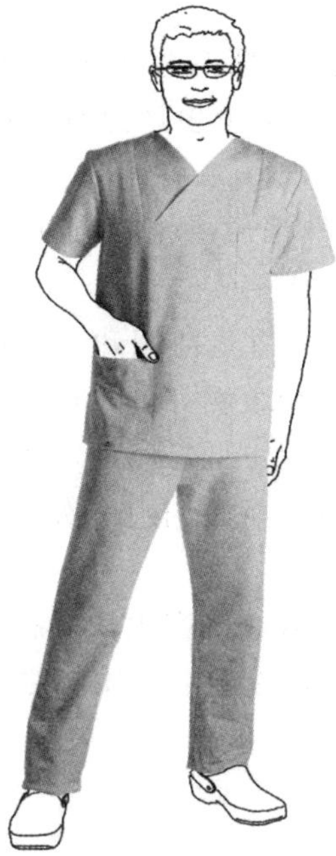

图 21.7　Karl Dieckhoff GmbH&Co. KG 设计的由微细纤维面料制成的护士职业服[15]

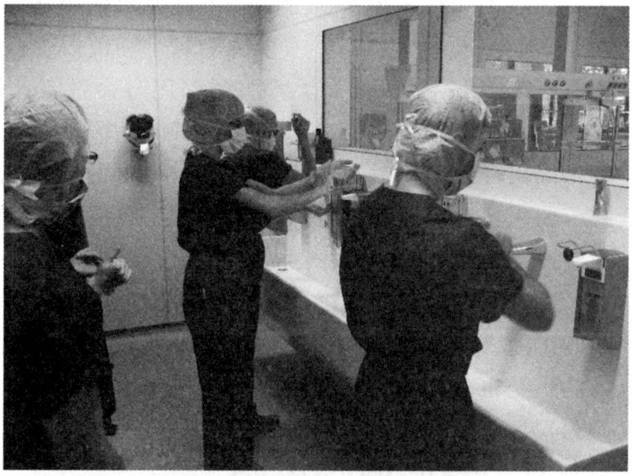

图 21.8　Karl Dieckhoff GmbH&Co. KG 设计的由微细纤维材料制成的手术服[15]

21.8.2　手术室和医院的综合考虑

手术室和医院内的医用纺织品和职业服的选择非常复杂，需要考虑的因素繁多，很难做出一般性结论；每个案例都必须根据自己的需求进行调整。

通常，人们在购买物品时往往只在意购买成本，但未考虑可能存在的隐性节约：例如较低的投资、运营成本，废物处理和租赁服务的消费透明度。通常，很难由此看出所购买的产品是否会导致工作效率的提高和院内感染的减少。

21.8.3　多功能纺织品

未来的趋势将引领我们开发出多功能纺织品。在拥有耐用性和舒适性的同时，应当补充其他永久性功能，例如抗静电、抗菌和土壤环境下快速降解的能力。智能纺织品将进一步改善对患者的护理工作。电子设备与纺织品的结合已经取得重大进展。依靠这些纺织品，人体状态可随时被监测。如果患者的健康状况出现恶化，这些设备会立刻发出警报，通知医护人员。

21.8.4　可持续性

从生态学的角度看，不同纤维可能有不同的效应。让我们将合成纤维与天然纤维加以比较，看看生产每吨纤维所需的土地面积：例如，每生产 1t 羊毛需要 67ha；棉花需要 1.3ha；合成纤维需要 0ha。每生产 1t 棉耗水 25000m^3；生产 1t 聚酯纤维耗水 4m^3。合成纤维以石油为原料，占全球石油总消费量的 0.8%。而且，市场已经提供部分或完全回收聚酯所生产的纱线[16]。

目前市场上有各种各样的环保品牌涉及纺织品生产。例如拥有目前最先进技术的bluesign®，其认证的公司只能使用通过测试和批准的原材料，整个生产过程也必须是环境友好型的。

剑桥大学在一项名为“好穿吗?”的研究中，计算了一件棉质 T 恤的碳排放，其中 60%产生于 25 次洗涤后，主要因为烘干和熨烫过程会消耗许多能量[17]。

E. T. S. A. 受委托对手术服的使用寿命进行评估。研究了可重复使用和一次性的手术服的差别，结果表明，考虑到所有可能的因素，包括昂贵的医疗废物处理，可重复使用的手术服对环境影响最小，因为对能源、水资源和化学药品的消耗更低。然而，还应当考虑到，因为可重复使用的外科纺织品产生的废物和排放更少，所以将它们与一次性纺织品相比较，对全球变暖和雨水过度酸化的影响要小得多[18]。

可重复使用的纺织品和提供租赁服务的洗衣店，都将对区域经济产生积极影响，并为国内工业做出重要贡献[19,20]。在决策过程中，除了医用纺织品的成本和质量之外，对环境的影响也应该成为一个重要的考量因素。

21.9 其他信息资源

生产者

Karl Dieckhoff GmbH & Co. KG，DE-42389 Wuppertal，www. dieckhoff-textil. de

Bierbaum-Proenen，GmbH & Co. KG，DE-50668 Köln，www. bp-feelthedifference. com

Alsico，BE-9600 Ronse，www. alsico. be

Sioen-Med，BE-8850 Ardooie，www. sioen. be

租赁公司/洗衣店

LEO System GmbH，DE-58239 Schwerte，www. leo-system. net

Opalys GmbH，DE-96231 Staffelstein，www. opalys. de

研究机构

Hohenstein Institute，www. hohenstein. de

wwH-c GmbH，www. wwH-c. com

HygCen—Centrum für Hygiene und medizinischeProduktsicherheit GmbH，www. hygcen. de

协会

Industrieverband Textil Service e. V. ，www. intex-med. de Industrievereinigung Chemiefaser e. V. ，www. IVC-eV. de

European Textile Services Association，www. etsa-europe. org

网站

bluesign technologies ag，www. bluesign. com

Funktionstextilien-online，www. funktionstextilien. de

Oeko-Tex® Standard 100，www. oeko-tex. com

21.10 致谢

作者声明 Arbeitsgemeinschaft industrieller Forschungsvereinigungen Otto von Guericke e. V. 的 PRO INNO 2 F0125504UL7 号拨款资助了上述研究项目。

21.11 参考文献

[1] Job description nurse，http：//berufenet. arbeitsagentur. de/berufe/start? dest=profession&prof-id=27354.

[2] DIN EN 13795 1-3：2009：Surgical drapes，gowns and clean air suits，used as medicaldevices for patients，clinical staff and equipment.

[3] DIN EN ISO 9073-10：2005-03：Textiles-Test methods for nonwovens-Lint andother particles generation in the dry state.

[4] ISO 9073-3：1989-07：Textiles-Test methods for nonwovens-Determination oftensile strength and elongation.

[5] DIN EN ISO 13938-1：1999-10：Textiles-Bursting properties of fabrics-Part 1：Hydraulic method for determination of bursting strength and bursting distension.

[6] DIN EN ISO 22612：2005-03：Clothing for protection against infectious agents-Testmethod for resistance to dry microbial penetration.

[7] DIN EN ISO 11737-1：2006-04：Sterilization of medical devices-Microbiologicalmethods-Determination of a population of microorganisms on product.

[8] DIN EN ISO 15797：2002：Textiles-Industrial washing and finishing procedures fortesting of workwear.

[9] DIN EN ISO 3759：2008-05：Textiles-Preparation，marking and measuring of fabricspecimens and garments in tests for determination of dimensional change.

[10] DIN EN ISO 12947-1-4：2007-4：Textiles-Determination of the abrasion resistance offabrics by the Martindale method.

[11] DIN EN ISO 12945-2：2000-11：Textiles-Determination of fabric propensity tosurface fuzzing and to pilling.

[12] HygCenPrüfbericht SN 9787，22. 12. 2009.

[13] ProInno 2-Vorhaben Nr. KF0125504UL7，InstitutHohensteine. V.，EschlerTextilGmbH.

[14] HohensteinerQualitätsstandard 701ff.，Hohenstein Institute.

[15] Karl Dieckhoff GmbH & Co. KG，DE-42389 Wuppertal.

[16] Chemiefasern-EinBeitragzurökologischenZukunft，IndustrievereinigungChemiefasere. V.，20. 09. 2007.

[17] Well dressed? The present and future sustainability of clothing and textiles in theUnited Kingdom. University of Cambridge，Institute for Manufacturing.

[18] E. T. S. A.：Life Cycle Assessment of Surgical Gowns (2000).

[19] http：//www. intex-med. de/fileadmin/user _ upload/intex _ med/Dokumente/Infodienst _ 01. pdf.

[20] http：//www. intex-med. de/fileadmin/user _ upload/intex _ med/Dokumente/Infodienst _ 03. pdf.

第 22 章

患者接受度高的医用绷带和长袜

C. Rotsch，H. Oschatz，D. Schwabe，
M. Weiser，U. Möhring
德国图林根-伏格兰德纺织研究所

摘要：通过按照身体部位定做或缠绕的纺织物，例如弹性绷带和长袜，可以取得许多医学治疗效果。在治疗静脉或淋巴管系统疾病的过程中，这些纺织品起到辅助作用，目的是在受疾病影响的身体区域上实现特定的压缩效应，从而定向消除液体。本章讨论了用于静脉或淋巴疾病的纺织品结构。叙述了几种纺织品结构，并对其适应证、应用、测量方法和未来趋势进行了探讨。

关键词：弹性绷带，压缩袜，压缩纺织品，加压疗法，压力测量系统。

22.1 引言

通过按照身体部位定做或缠绕的纺织物，例如弹性绷带和长袜，可以取得许多医学治疗效果。对于身体部位或单个关节，采用绷带可以施加定向压缩和/或保护功能（稳定和运动控制）(Spitzenverbände der Krankenkassen，2008 年)。局部压力的产生可通过衬垫实现。弹性绷带的功能是：固定伤口敷料（固定绷带）、压缩（压缩绷带）、完全或有一定限度使身体部位固定（悬吊/支撑绷带）。根据该指示，可以制造具有不同的力-伸长行为的弹性绷带。在复杂的抗水肿物理疗法中，压缩袜也可作为对静脉或淋巴管系统产生影响的压缩器具。此外，固定或包扎身体部位的具有压缩效果的纺织品，也可用于治疗不同外观的术后或烧伤瘢痕（如用于手臂和腿的导管，压缩绷带，压缩胸罩等）。

本章讨论了用于静脉或淋巴疾病的纺织品结构。叙述了几种纺织品结构，并对其适应证、应用、测量方法和未来趋势进行了探讨。

22.2 医用绷带和长袜的关键问题和作用

22.2.1 医用绷带和压缩纺织品的应用

在治疗静脉或淋巴管系统疾病期间，这些纺织品起辅助治疗作用，目的是在受疾病影响的身体区域上实现特定的压缩效果，从而定向消除液体。采用诸如长袜或绷带这样的柔性织物结构，包覆不适的身体部位，施加一定的初始张力，并按确定的方式加压。根据治疗和临床图像，患者在休息和运动期间施以组合产生的压缩压力，其结果是有趣的。

组合的压缩压力受到医学治疗类型（即所使用的压缩装置的类型和器具）和纺织品结构的力-伸长行为的影响。纺织结构的复位力必须在穿着期间释放医学上规定的压缩效果。为此，必须对纺织品的力-伸长行为进行明确和重复的调整，这一点十分重要。

可以分别相应采用适当的压缩压力或压力程序，在压力程序中压力会适合试验过程而加以变化，除此之外，要使患者高度接受，并达到预期的治疗效果，生态安全和良好的佩戴舒适度也是必要的。除了将纺织品的压缩作用作为一种医疗疗法外，它们在医疗保健、预防受伤或提高运动性能方面的商业用途，也是一个有趣和重要的市场。

22.2.2 加压疗法的医学背景：静脉和淋巴疾病

加压疗法用于各种疾病，例如淋巴或静脉功能不全、脂质水肿等；更有甚者，在瘢痕治疗中，它作为唯一的治疗方法，或作为复杂治疗方案的一部分。静脉曲张、慢性静脉功能不全和淋巴水肿，是加压疗法的最常见适应证。

静脉曲张和慢性静脉功能不全

静脉曲张是指浅表静脉的囊状、延伸和曲折化，通常出现在下肢。根据临床标准，可以区分以下主要形式的原发性静脉曲张：

- 蜘蛛静脉曲张，或微静脉曲张；
- 交通静脉曲张；
- 网状静脉曲张；
- 侧支静脉曲张；
- 躯干静脉曲张。

个人的静脉曲张类型可以单独出现上述的一种，或几种形式一起出现。

通常，根据严重程度和发生的反流，静脉曲张可分为四个不同阶段。一个重要方面是静脉瓣膜功能不全，它们无法正常关闭，这影响静脉血的回流，继而导致血流阻滞或减少。

相比之下，慢性静脉功能不全（CVI）的特征在于，从外周到中央静脉的血液慢性回流障碍，伴随静脉高压，特别是引起皮肤区域的改变。术语“CVI”不能得出关于疾病原因的结论。对于表征和分类，存在不同的尺度或原理。在实际应用中，可采用 Widmer 的三阶段法对 CVI 进行分类：

- 第一阶段：晚上有肿胀倾向；
- 第二阶段：第一阶段＋营养失调，色素沉着过度（充血性水肿，皮肤硬化）；

- 第三阶段：第一阶段和第二阶段＋急性或愈合性静脉性腿部溃疡。

德语国家使用更复杂的CEAP分类，而不是三阶段分类。除临床症状（C）外，还根据病因学（E）、解剖学（A）和病理学（P）进行分类。因此，包含其他因素是可能的，从而可以更准确地描述个别医疗案例（Partsch，2002年，2007年；Wuppermann，2002年）。

淋巴水肿

淋巴系统除了具有免疫功能外，还有清理间质的功能。通过淋巴系统去除蛋白质、水、脂肪和细胞或细胞成分。由于淋巴引流中断，从而导致结缔组织肿胀和硬化，于是形成淋巴水肿。

原因可能是（罕见的）先天性淋巴引流障碍，即所谓的原发性淋巴水肿。在大多数情况下，淋巴管在解剖学上或生理学上发育不良，引流受到干扰。在更常见的情况下，继发性淋巴水肿-淋巴引流受到良性或恶性肿瘤的阻碍，或淋巴管被损伤、感染、肿瘤手术或放射治疗破坏。

淋巴水肿通常位于肩部或上臂，由乳腺癌手术引起（术中淋巴结必须从腋窝中移除）。除了侵犯淋巴管外，淋巴水肿还可能由感染、炎症或寄生虫引起。

在发生严重淋巴引流障碍时，身体部位有时会急剧增大。这种疾病被称为象皮病。通常需要非常耗时乃至于要进行终身的理疗以减少充血。

文献描述了淋巴水肿的三个阶段：

- 第1阶段：可逆期，富含蛋白质的水肿，仅有少量局部纤维组织改变，水肿在高位仍然柔软且可逆。
- 第2阶段：自发性不可逆阶段，纤维组织改变和脂肪组织增生，水肿坚硬并且在高位不可逆。
- 第3阶段：出现象皮病，主要表现为增生性纤维硬化改变，脂肪组织增生，大面积肿胀。

淋巴水肿也可以与脂肪再分布等其他疾病一起发生。这种并发症称为脂肪水肿。从治疗角度来看，一个特别复杂的病例是合并慢性静脉功能不全。这种疾病被称为静脉-淋巴水肿（Partsch，2002年；Asmussen和Söllner，2004年）。

22.2.3 加压疗法的应用及纺织材料

加压疗法的应用和参数

加压疗法，即对人体施加外部压力，是最成熟的方法，同时也是静脉和淋巴疾病最重要的辅助治疗方法（Hohlbaum，1987年，1988年）。它可以辅助其他治疗，或作为终生独立疗法。纺织品绑带/绷带、医用压缩袜或机械气动系统，都可用于加压治疗。在人体上施加压力产生的效应，可以通过液体不可压缩的事实来解释。因为腹部组织主要由水组成，并且液体突然转向进入组织内部的空间较小，所以组织压力增加。与此相反，在血管系统中，液体能够转向，这就是医学压力疗法对血管系统（液体含量很高）具有明显效应的原因。（Asmussen，1991年；Partsch，2002年，2007年；Brznak，2003年；Asmussen和Söllner，2004年）。

压缩压力

医学意义上的压缩压力是对封闭组织、嵌入的血液和淋巴管产生的压力。

它可以通过压缩的方式从外部（压缩袜，绷带）产生，也可以通过抵抗压缩阻力而膨胀的肌肉从内部产生。

压缩压力通常表示为毫米汞柱（mmHg）。弹性纺织材料的压缩压力值可根据拉普拉斯（法国数学家，1749～1827 年）定律确定，使用以下等式：

$$P=\frac{S}{R} \tag{22.1}$$

式中，P 是压缩压力；S 是织物的张力（按绷带宽度计算出，单位是 N/cm）；R 是封闭末端的半径。这意味着半径越小（在张力恒定之下），压力值越高（$P \sim 1/R$）。图 22.1 再次指出了通过压缩绷带施加在腿上的压力与腿部半径之间的关系（Rabe 和 Pannier-Fischer，2000 年；Thomas，2002 年；Schuren 和 Mohr，2008 年）。医学中对物理参数（如压力和张力）的描述与工程科学中的不同。文献中也没有标准的命名法。

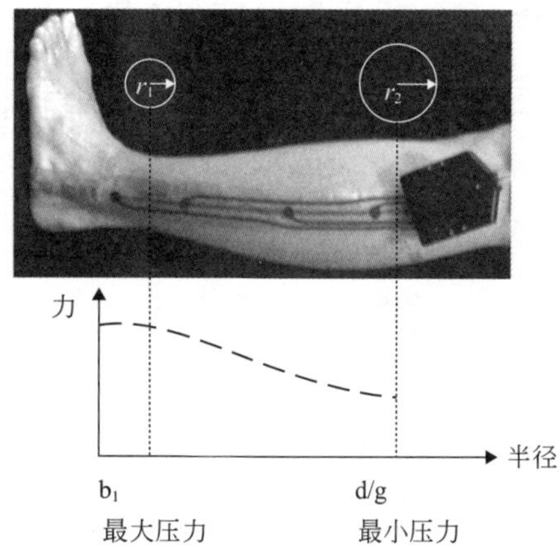

图 22.1 根据 Laplace 的人体腿部压力流动（Asmussen 和 Söllner，2004 年）

静压和工作压力之间的比较

原则上，压缩绷带有两种压力：静压和工作压力（Partsch，2007 年）。具体数值取决于：

- 绷带的类型，尤其是材料的弹性；
- 使用期间的预拉伸；
- 绷带的层数或长袜的强度；
- 绷带的状态（使用时间、穿着和洗涤次数）（Partsch 等，1999 年；Asmussen 和 Söllner，2004 年；Partsch，2007 年）。

静压是压缩装置在肌肉组织松弛时施加到组织和血管的永久压力。施加或拉伸压缩绷带产生的动力，等于作为静压对组织施加影响的动力。因此，静压通常被描述为施加的压力。通常，静压是恒定的（在无移位和半径恒定的条件下），因此不同压缩等级的所有压力值（参见“纺织性能作为压缩材料的基础”一节，第 488 页）与之相关。静压主要影响浅表血管，阻碍充血（Asmussen，1991 年；Rabe 和 Pannier-Fischer 2000 年；AsmussenSöllner，2004 年）。

工作压力产生于肌肉抵抗压缩装置的阻力，因为其体积通过收缩而增加。这样，就产生了工作压力，因此也称为肌肉压力。工作压力暂时起作用，并压缩浅表和下方的静脉和淋巴管。由于静脉可以在肌肉的松弛期间再填充，并且通过工作压力再次压出，高的工作压力使肌肉泵的效率显著增加。使用非弹性（或短拉伸弹力）绷带如锌膏绷带（Unna 靴子），工作压力值将达到最大值（Asmussen，1991 年；Rabe 和 Pannier-Fischer，2000 年；Asmussen 和 Söllner，2004 年）。

治疗性加压过程

压缩应该在预期的液体输运方向上连续释放，例如从腿的远端到近端。表 22.1 显示了腿部治疗正常压力梯度的推荐值。该压力梯度是通过从踝部到大腿持续拉伸的压缩绷带来实现的（参见图 22.1 和 22.3.1 节）。由于腿的形状为非圆锥形，所需的压力持续降低需要通过衬垫材料来实现。压力值在骨边缘处可能相对较高，因为绷带在这些点处被拉伸得更紧。另一方面，按照拉普拉斯定律（见图 22.1）。与腿的其他区域相比，这些区域的半径较小。因此，在纺织品的恒定应变下，可以在骨边缘处施加高的压力值。同时，在诸如前脚踝区域（如比斯加德区域）之类的点可以记录低的甚至没有可测量的压力值。为了在腿部实现恒定的压力分布，必须填充边缘和其他部位以获得几乎圆柱形的形状。由于解剖学特征，脚上的良好压力分布是非常困难的（Rabe 和 Pannier-Fischer，2000 年；Asmussen 和 Söllner，2004 年；Partsch，2007 年）。

表 22.1 治疗性加压过程

测试点	相对压力值	
	压缩等级Ⅱ	压缩等级Ⅲ＋Ⅳ
脚踝上方测试点 b	100%	100%
脚踝上方测试点 b1	70%～100%	70%～100%
膝关节下方测试点 c	50%～80%	50%～70%
大腿的中端/末端	20%～50%	20%～40%

加压疗法影响人体组织的实例

- **加速静脉血流**

用压缩绷带、压缩袜或其他装置压缩四肢（如腿部），导致从表面组织区域到下面区域形成一种压力梯度。对于压力低于平均压力的组织（皮肤、肌肉组织、静脉），所受到的压缩从表皮到内部逐渐降低。在动脉流量不变的情况下，静脉直径的减少导致静脉流量增加 1.5 倍（Strössenreuther，1991 年）。压缩装置用于卧床患者。流速的降低，特别是在手术期间和手术后，使这些患者易患腿静脉血栓。通过穿着压缩袜来加速静脉流速有助于降低血栓形成的风险。

- **肌肉泵的功能改善**

站立时身体靠在脚底上，静脉丛被压出。脚的静脉瓣打开。小腿肌肉放松，该区域的静脉瓣膜关闭。当小腿肌肉收缩时，足部的静脉瓣膜关闭，脚踝和小腿的静脉瓣膜打开。静脉瓣暴露和释放的变化以及静脉瓣的开启和关闭使静脉血主动地泵入心脏。如果存在静脉瓣膜功能减退或功能障碍，泵的功能会减弱。通过压缩绷带减小静脉直径，可以关闭功能不足的静脉瓣膜（Strössenreuther，1991 年；Partsch，2003 年）。与肌肉泵有关的压缩疗法的另一个效果是产生支撑，因为之前的过度膨胀会使皮肤失去恢复弹性的能力。因此，血液回流协助肌肉工作的效率增加。

- **中央血液动力学效应**

四肢特别是腿部的压缩，导致大量液体转移到身体的中心部位。这增加了心脏的预负荷以及心脏-时间-容积。在边缘心脏病的情况下，应注意液体的重新定位，特别是同时使用小腿和大腿绷带；它可能使已经受损的心脏超负荷（Strössenreuther，1991 年；Partsch，2002 年）。

- **对动脉灌注的影响**

压缩绷带通常导致皮肤和肌肉中毛细血管灌注的减少。已经证明，用永久性柔性绷带对患肢进行抗水肿治疗后，灌注值明显增加。通过腿部压缩减少灌注对于患有动脉阻塞性疾病的患者是很重要的。如文献中所述，在踝动脉压力低于 80mmHg 时，任何腿部压缩疗法都被排除在外。接触压力只有几毫米汞柱的完全无弹性的绷带（锌膏绷带）可以在小腿肌肉泵的帮助下积聚现有的水肿。这里的灌注甚至可以增加，而中长或长拉伸绷带可以促使灌注减少。这是由于这些绷带在四肢造成了更高的静压值（Rabe 和 Pannier-Fischer，2000 年；Partsch，2002 年）。所描述的对人体的影响只是压缩疗法总谱的一部分。

22.2.4 纺织压缩材料：压缩方法的分类

作为压缩材料基础的纺织品性能

为了治疗静脉和淋巴疾病，加压疗法使用多种纺织品作为加压手段，例如用于人体施加外部压力的压缩袜或绷带。根据治疗目标，可以使用不同的压缩材料，其属性的分类和描述可参考几个标准（Partsch，2007 年）。

纺织品的**力-伸长行为**描述了有效力与产生伸长百分率之间的关系。总伸长包括可逆伸长和持续伸长，以及不断变化的转变。因为有几种可能的负载类型，所以可以执行不同的负载测试。对于弹性压缩纺织品而言，拉伸力-伸长行为是决定性的。在使用期间，纺织品结构被拉伸（对于绷带，与绷带技术和肌肉组织状态有关；对于压缩袜，与穿袜时的伸长率相关）。之后，材料变回伸长状态，并根据患者的运动在静压和工作压力之间交替变化（图 22.2）。

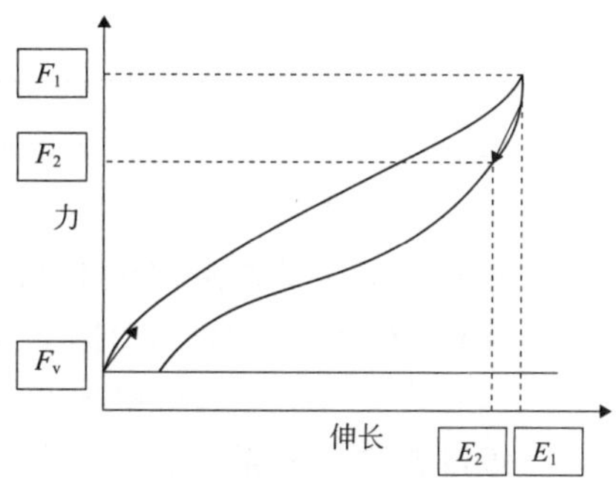

图 22.2 压缩纺织品在应用过程中的力-伸长行为

1—开始穿的状态；2—穿好时的状态

拉伸弹性可以描述为“材料在拉伸的作用下伸长，并在除去外力后全部或部分回复到原始尺寸的能力”（Reumann，2000 年），它也表明材料在此过程中回复有多快，或称没有材料疲劳。

在材料、织物构造技术和整理的相互作用下，产生了所希望的力-伸长性能。用于弹性绷带和压缩袜的纱线材料包括：弹性结构高捻纱，弹性结构变形复丝，还有物质本征弹性的或弹性体生胶的纱线，或包覆弹性体的纱线（图 22.3）。

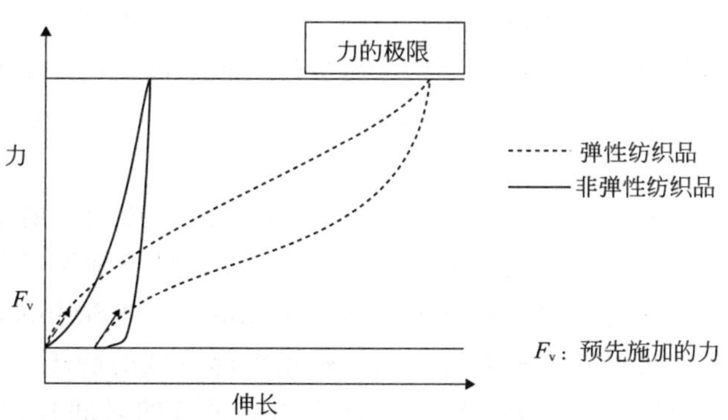

图 22.3 弹性和非弹性纺织品力-伸长行为的比较（在恒定力极限内的单次拉伸载荷）

压力纺织品：性能和应用

绷带或压缩袜的压缩力影响患者穿着时伸长的回复力。压缩力由弹性纱线的种类（化学结构、织构、纱线组成）、数量和纱线支数（直径）决定。纱线卷曲的类型（机织中纱线的矩形交叉，或针织和经编中的网格形成）也起着重要作用。

根据压力值（RAL-GZ 387）对压缩袜进行分类（Asmussen，1991 年；Partsch 等，1999 年）（表 22.2）。由于使用了包扎技术，压缩绷带的分类更加困难。在英国标准 BS 7505：19956 中存在六种类型：类型 1 为轻度弹性保持绷带，类型 2 为支撑绷带（无弹性，短拉伸），类型 3A～3D 为压缩绷带。对这四个级别进行评估，以确定它们对给定脚踝尺寸（23cm）施加特定压力值的能力；在绷带的两个连续层之间采用 50%重叠。

表 22.2　根据绷带的伸长特性对绷带进行分类

名称	最大弹性伸长率/%
非弹性绷带	0（锌膏绷带）
短拉伸弹力绷带	<60（90）
中拉伸弹力绷带	60（90）～140
长拉伸弹力绷带	>140

与 RAL-GZ 387 相当，德国标准将压缩绷带分为四类。英国和德国标准之间的界限彼此不同。这可能是由所需压力值的差异和使用不同的测试程序造成的。

伸长率描述了在限定的载荷期间压缩纺织品长度的增加度。这种伸长率也称为“拉伸”，因此创建了诸如长拉伸/短拉伸弹力绷带之类的术语（Asmussen，1991 年；Partsch 等，1999 年；Asmussen 和 Söllner，2004 年）。

短拉伸弹力绷带具有低伸长率并且对肌肉的收缩具有高抵抗力。因此，它们的特征在于高工作压力，这也导致内部静脉的压缩。与高工作压力相比，短拉伸弹力绷带具有较低的静压，因此血管可在休息状态下再填充（Rabe 和 Pannier-Fischer，2000 年；Partsch，2005 年）。由于身体轮廓只能在小范围内适应，采用精确的绷带技术和规律性地控制绷带是必要的。

长拉伸弹力绷带通过其高伸长能力避免肌肉收缩。它们的特点是工作压力低，对内部静脉影响较小。高恢复力在静止状态下对身体施加高压力值并压缩周围血管，阻碍静脉再充盈（von Gregory，1978 年；Rabe 和 Pannier-Fischer，2000 年）。

压缩绷带的描述性伸长率（百分比）是在拉伸试验中确定的，其拉伸载荷为绷带宽度的 10N/cm，实际使用时，绷带的正常载荷为 3N/cm（von Gregory，1978 年；Weber 等，1991 年）。

根据其伸长率对压缩绷带的分类列于表 22.2 中。由于针织物的结构特点，弹性压缩袜在纵向和横向都具有弹性。当以最小直径（b 值）将长袜拉伸至明显更大尺寸的脚跟和脚背时，横向弹性对长袜的应用起着重要作用（Asmussen 和 Söllner，2004 年）。

然而，压缩袜不是根据它们的伸长率而是根据踝部区域的静压（类似于压缩等级）来分类的。压缩纺织品的另一种分类方法是根据应用于患者的时间长短。表 22.3 显示了可拆卸和永久绷带之间的主要区别。从维持治疗到抗水肿治疗的变化是浮动的，因此分类也根据作者和治疗类型而变化（Rabe 和 Pannier-Fischer，2000 年；Partsch，2002 年）。

表 22.3 根据使用周期对压缩绷带进行的分类

名称	可拆卸绷带	永久性绷带
使用周期	每日拆卸	几天到两周
压缩方式	中长拉伸弹力绷带，压缩袜	短拉弹力伸绷带，黏性绷带
作用范围	体表血管，组织	深层血管，组织
应用症状	轻度到重度肿胀	重度肿胀
使用对象	专业人员或患者	仅专业人员

表 22.4 显示了根据其**黏附特性**对压缩绷带的分类。它们可以区分为：

- 非黏附性绷带；
- 有黏力的绷带；
- 黏附性绷带。

它们的使用取决于治疗的种类（Asmussen，1991 年）。

根据临床图像和治疗目标，可以应用加压绷带或压缩袜。目前没有应用压缩（静脉）绷带的标准技术，一般采用以下方法：

- 压缩绷带采用反包装技术；
- 根据 Sigg 的短-拉伸绷带；
- 缓冲绷带；
- 压缩绷带，长-拉伸绷带；
- 锌膏绷带，用于最高压力值；绷带的精确形状是必不可少的；
- 多层绷带（四层系统，适用于英语地区）；
- Pütter 绷带（Hach 和 Hach-Wunderle，2000 年；Dissemond，2005 年；Kammerlander，2005；Partsch，2007 年）。

表 22.4 根据黏附性对压缩绷带进行的分类

名称	性质
非黏附性	对皮肤和其他表面都呈现无黏附性
黏性	仅黏附在绷带层上，不会黏附在其他表面
黏附性	可在皮肤和其他表面自动黏附

医用压缩袜是一种弹性纺织品，其踝部区域（测量点 b）的接触压力至少为 18mmHg。进一步分类取决于这些接触压力值（德国，如表 22.5 所示）。根据治疗目的，可以使用圆形针织或平针针织的长袜（Rabe 和 Gerlach，2006 年）。

表 22.5 压缩袜的压缩等级

特性	等级			
	Ⅰ	Ⅱ	Ⅲ	Ⅳ
压缩强度	轻度	中度	强烈	非常强烈
脚踝附近压力	18～21	23～32	34～46	≥49

22.3 提高患者对医用绷带和长袜的接受度

22.3.1 产品基本特性

总的来说，纺织行业的趋势造就了高要求、高创新的产品。这包括穿着舒适、健康以及性能等因素（Hartmann 和 Ullsperger，1999 年）。绑带/绷带和医用压缩袜等医用纺织品也顺应这一趋势。特别是在过去几年中，压缩纺织品的性能不断得到改善，其目标是更好地接受治疗方法，同时提高治疗的成功率和随之而来的成本效益以及市售产品的销售额。

关于纺织品的全部相关产品特性，建议区分穿戴性能和使用寿命性能。对患者的依从性最重要的是穿戴性能。除了医疗功能外，客户还希望纺织品兼具很高的穿着舒适度和时尚感（图 22.4）。

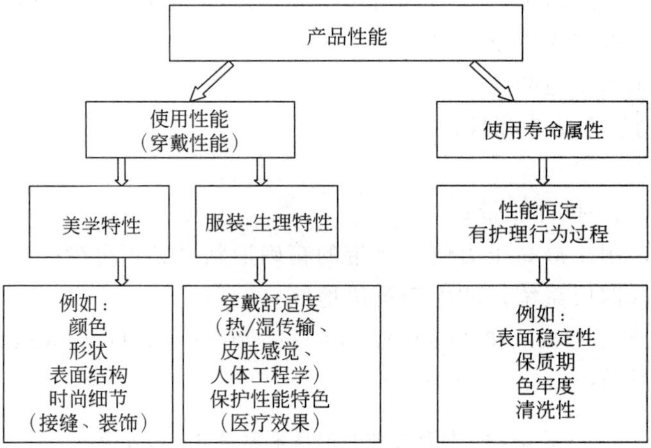

图 22.4 基本产品特性（Kirstein，2000 年）

“穿着舒适”描述了一种总体上中性的状态，即没有出现不便和疼痛的感觉。穿着舒适性是一种综合性能，在以下方面尽可能让使用更舒适和充分（Hofer，1997 年；Höfer，2008 年）：

- 热生理穿着舒适性（热量和湿气交换）；
- 皮肤感官特性（耐受性、触觉、柔软度、低硬度等）；
- 符合人体工程学的穿着舒适性（移动性、对身体造成的压力、正确贴合）；
- 健康和性能支持。

随后将给出一些改善压缩纺织品的穿着舒适性的实例。

22.3.2 改善热生理学性质的实例

随着用于淋巴引流的短拉伸绷带三维结构的发展，热生理佩戴舒适性（热和湿气交换）、皮肤感觉特性（柔软度和较小硬度）以及符合人体工程学的穿戴舒适度（患者活动性）方面得到改善。

传统的包扎技术使用管状绷带、填充物或泡沫来支撑/填充，并使用多个短拉伸弹力绷带进行压缩。这种多层系统导致肢体僵硬或无法活动，并在绷带下滞留热量。TITV Greiz 开发了一种基于双拉舍尔技术的三维短拉伸弹力绷带（Wollina 等，2003 年；Rotsch 等，2009 年；Schwabe 等，2009 年）（图 22.5）。这款三维针织弹性压缩绷带结合了以下几个优点：

- 节省辅助材料；
- 最佳的生理舒适度；
- 易于护理（干燥周期短）；
- 可重复使用；
- 提高患者依从性。

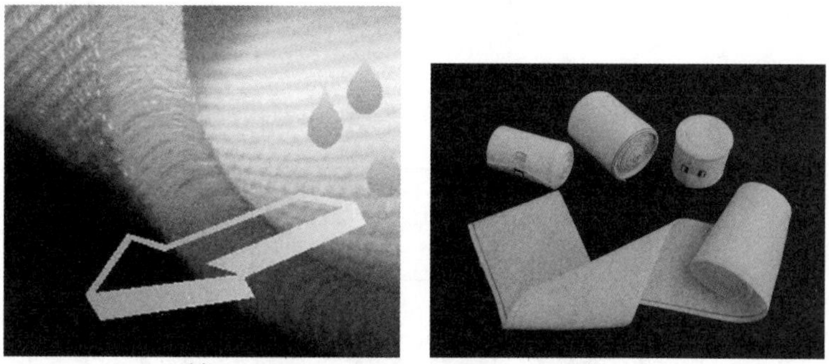

(a) (b)

图 22.5 用于压缩绷带的隔层织物

（a）隔层织物结构便于汗液运输（示意图）；（b）3D 针织压缩绷带

除了测定三维绷带与传统绷带相比的穿戴特性外，BPI Hohenstein 在气候室中与测试人员进行了一系列测试，以验证他们对测试参数的主观感受。实验结果表明，测试者的感受与最重要的参数相符（Heide 和 Möhring，2005 年）（图 22.6）。

22.3.3 纺织品精加工的未来趋势和可能性

如前所示，即使是医用压缩纺织品也无法接近纺织品的发展趋势。除了医疗功能外，客户还希望时尚的纺织品结构具有尽可能多的附加功能。一个例子是具有按摩效果的有图案的压缩袜。产品的颜色和局部着色完美，以及产品其他附加特性将确保产品在未来有广泛接受度（=依从性）。

通过纺织品整理实现纺织品其他可能的特性包括：护理作用或抗菌效果，以及凉爽、清新或促进健康的芳香味，均匀的晒黑和防止紫外线照射。

这些效果可以通过将物质整合到具有开放结构的体系中来实现，例如环糊精、树枝状大分子、冠醚或类似物质，开放体系的缺点是在几次洗涤后完全丧失这些特征。一个折中的方案是在额外的洗涤周期中加入药剂，这甚至能够考虑顾客的偏好。

中空纤维具有特殊地位，可以将选定的药剂吸收到纤维中，并在分解过程中释放出来。具有封闭结构的体系有更强的选择性和稳定性。在生产过程和纺织品的储存期间，胶囊系统（微胶囊或纳米胶囊以及嵌段共聚物）保护被包裹的物质，并且仅在纺织品的使用期间通过摩擦或排汗等特定反应释放它们。但是，在最多 20 次洗涤后，大多数胶囊丧失

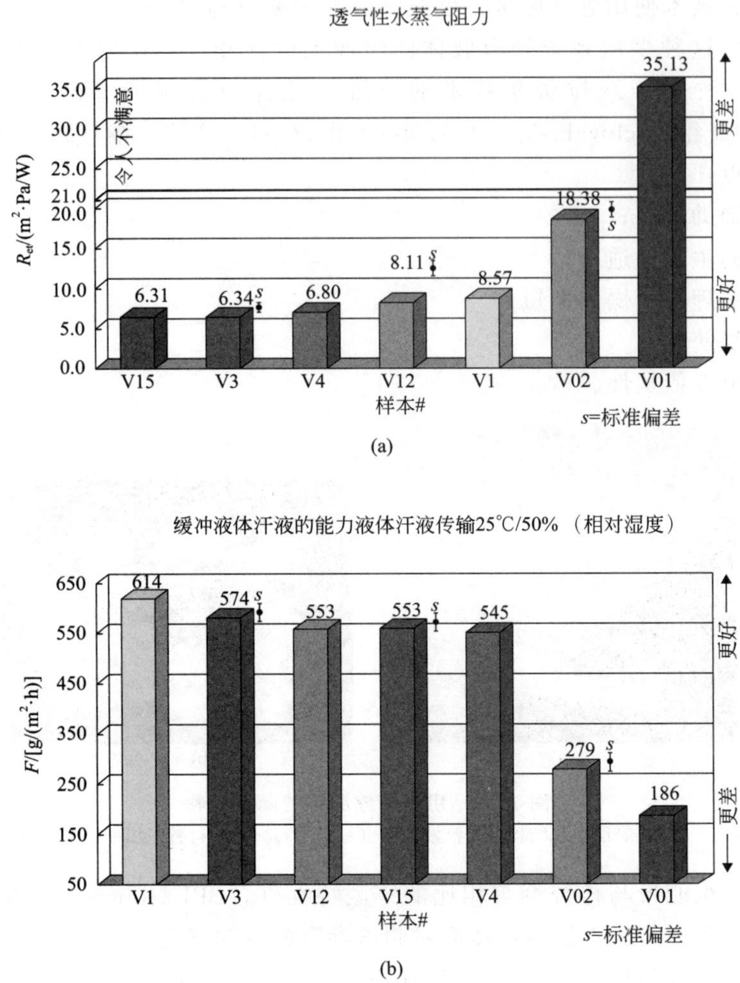

图 22.6 隔层织物绷带（V1-V15）与 CPE 的传统绷带材料（V02 和 V01）的服装生理特性测试结果的比较

（a）透气性的比较；（b）汗液运输能力的比较（Heide 和 Möring，2005 年）

作用，需要重新加载以获得稳定的效果。

在化学纤维纺丝过程中，可以添加充当阵列组分的添加剂。有机添加剂如氯化联苯、天然萜烯、藻类或其他实例。加入组合添加剂的效果与提高纺织品寿命周期的效果类似，因为释放的银离子可以用来自纤维阵列内部的颗粒代替。

同样，通过结合系统直接耦合银，或通过溶胶-凝胶涂层工艺等技术实现的纳米结构，可以使物质置于薄金属氧化物层（例如氧化硅）之中，并可在很长一段时间内释放。

从纺织品中释放出的药剂已经批准作为纺织品的抗菌添加剂（Hohlbaum，1987 年，1988 年；Klyscz 等，1996 年；Hofer，1997 年；Höfer，2008 年；Kirstein，2000 年；Lampe 等，2002 年；Kammerlander，2005 年；Heide 等，2006 年；Lansdown，2006 年；Lai 和 Li-Tsang，2009 年）。结果表明，应用含银纺织品对神经性皮炎患者的健康状况有一定的改善作用（Heide 等，2006 年）。

穿着连续释放小剂量药物压缩袜的患者，其皮肤护理明显优于使用单一大剂量药物的患者。考虑到这些患者的皮肤已经出现症状，这是更合理的方法。对患者皮肤来说，持续穿压缩袜是一种额外的压力，可能会出现刺激症状。护理物质可以是维生素 E、天然或合成维生素 C，以及以芦荟、海藻、银杏树或茶树油为基础的草本制剂（Mathis，2002 年；Zyschka 等，2004 年；Mathis 和 Mehling，2006 年；Umbach，2006 年）。

22.3.4 压缩性能

患者适应性：定制压缩纺织品

要实现预期的治疗效果，压缩装置正确适应患者个人身体几何形状，是压缩疗法的重要方面。可以使用不同的方法来实现所需的压力行为。在治疗开始时，用卷尺收集合适的大小和长度尺寸（例如对腿部）。现在可以根据有效标准（例如 RAL GZ 387）的尺寸测量表，利用收集的数据选择合适的压力长袜，或者可以针对不同的几何形状单独制造。采用可自由编程的针织机器，在一定的几何长度极限之内，这是可以做到的。

除了手工方法之外，光学技术还可以采集个人腿部的几何形状。长袜制造商使用多种方法进行数字记录以及图像处理，并使用腿部尺寸的数字数据和机器设置进行个性化定制。这确保了产品与患者腿部形状的完美贴合。

根据压缩疗法的预期治疗效果，还可以通过考虑绷带的类型和包扎技术，再来选择绷带。在这些情况下，控制施加的压缩压力是困难的，并且需要实践以及治疗师的经验。对于患者来说，正确的自我包扎是一项挑战。简单的视觉辅助工具包括绷带表面的光学指示器，它们使操作更容易，例如，在未拉伸状态下是一个椭圆，而在最佳拉伸时形成一个圆形。这种方法也适用于压缩袜（Thomas 和 Fram，2003 年）。

为了实现对压缩袜和绷带施加压力值的最优控制，使用合适的系统进行体内压力监测，是最佳解决方案。传感器系统可记录压力值，并通过改变包扎技术或者预拉伸使其与治疗目标相适应。不仅可以通过压力测量系统监测压缩平均值的正确应用或拟合，而且还可以通过减小腿部体积和伴随的压缩效应的损失或可能的压缩材料老化，进一步实现治疗的可测量控制。

压力测量系统

压缩方法产生的压力的研究和量化，始于 20 世纪下半叶，Van der Molen 在 1955 年的研究为此奠定了基础。在此之前，产生的压力值都是基于估算或抗水肿疗法的治疗效果。已有一些不同的方法并不需要压力的科学测量精度；但是，对于测量压缩压力的研究也存在不同的兴趣。一方面，主治医师需要了解适当的压力装置可以产生的压力。另一方面，压缩压力测量仪器是现有压缩装置质量控制的关键。

例如，在德国，德国弹性长袜质量标签协会（GZG）的协议以及四种压缩类别的实施需要确定压缩值，从而开发出合适的测试程序，包括其实用性和可重复性证明（Partsch 等，1999 年；Rabe 和 Pannier-Fischer，2000 年）。

压缩压力的测定需要了解所使用材料的力-伸长行为（Lampe 等，2002 年）以及这些数据对患者腿部尺寸的适应性。间接测量方法只能用于压缩绷带。虽然这里使用了不同的伸长指标，但得到的压力值仅显示实际压力值的近似值。这是治疗师个人包扎技术和绷带缠绕的结果。直接记录绷带和皮肤之间的压缩压力值是解决若干医学或纺织技术问题的最佳方法（Steinberg 和 Cooke，1993 年；Klyscz 等，1996 年；Häfner，2000 年；Partsch

等，2006 年）。

现有三种压缩压力测定方法：

- 直接体内方法；
- 间接体外方法；
- 治疗成功的控制。

医学的一个共同趋势是所谓的“循证医学”。这有助于治疗的质量控制，并给服务提供者为支付相应的治疗服务所需的效率声明。这也是压缩疗法的典型趋势。国际静脉学联合会（IUP）所要求的“循证压缩疗法”使用针对压缩疗法的不同方法（Partsch，2003 年，2004 年）。一项对随机监测研究的评估，调查了几种静脉和淋巴疾病的治疗结果和治疗过程。此外，对缺失的研究和有效性证明方法提出了建议。研究的一个重要目标是压缩装置的最终接触压力和对相应治疗过程对压缩压力的推导。压缩压力或时间压力曲线的直接体内测定是一种重要的方法（Partsch 等，2006 年）。

间接体外方法的基本原理是测定机织物或针织物的力-伸长行为。进一步的数学计算给出了符合腿部尺寸的压缩压力（Häfner，2000 年；Lampe 等，2002 年）。压缩压力是根据制造商的规格扩展压缩袜所需的力。根据 RAL-GZ387 在测点 b、b1、c、d、e、f 和 g 上的测试结果，用测力计进行无损检测是有效的（Rabe 和 Pannier-Fischer，2000 年）。

间接体外测量压缩压力非常适用于压缩压力的测定、医用压缩袜的对比、质量保证和生产。值得注意的是，所得压力值仅对于与所研究的伸长率和腿部尺寸相对应的腿有效。间接方法适用于多层压缩绷带。单个压缩绷带的特征在于它们的力-伸长率图表，但很难估算绷带之间的摩擦力。

除其他外，可使用以下间接方法：

- Hatra 压力测试装置，由 Hatra 于 1972 年在英国推出；
- Hosy 方法，由 Weber 和 Göhr 于 20 世纪 80 年代在德国海恩斯坦开发；
- 气动测量，由 Stolk 于 1980 年发表（Rabe 和 Pannier-Fischer，2000 年；Asmussen 和 Söllner，2004 年；Partsch，2007 年）。

直接体内测量方法的目标是直接测量受影响肢体的压缩压力。这里的问题是：人的四肢并不是理想的圆柱形状，压缩压力与四肢的半径成反比。因此，压缩压力只能在具有恒定尺寸的有限且小的区域上测定，这意味着传感器本身会通过其结构高度来影响测量值。因此，这些方法的结果仅是腿的限定区域的近似值。将弹性胶囊置于绷带和皮肤之间，然后充气，在胶囊内部的压力等于绷带背部压力，因此在压缩装置某一点上就允许测定出背面的压力，最后使压缩材料松弛。这是第一次采用简单的压力计来加以测定。随后出现一些压力监测系统和电动气动工具，允许对行走的患者进行动态测量。从 1965 年开始，更频繁地使用具有力依赖性电阻或压电电阻传感器。过去和现在对传感器的要求都是如此：

- 对于恒定的腿部尺寸，传感器的体积可忽略不计；
- 易于操作；
- 在不同测量点同时测量。

使用以下直接方法：

- Tonometer，由 Van der Molen 于 1955 年推出；
- SIGG 测试仪，于 1964 年推出；

- Assum 测量工具，于 1965 年推出；
- Komprimeter，由 Haid 于 1965 年推出；
- 医学长袜测试仪（MST），由 Borgnis de Bruyne 和 Dvorak 于 1978 年首次描述；
- Talley 系统，于 1993 年推出；
- Klyscz 接触压力系统 MCDM 1，于 1996 年推出；
- 接触压力测量系统，由 Blazek 和 Schultz-Ehrenburg 于 1997 年推出；
- 新型压力测量系统，自 20 世纪 90 年代以来有不同的版本；
- Kikuhime 压力测量系统，于 20 世纪 90 年代末在日本北海道技术学院开发（Steinberg 和 Cooke，1993；Partsch 等，1999；Häfner 和 Eichner，2002 年；Rohrer 和 Rotsch，2005 年；Lai 和 Li-Tsang，2009 年）。

某一位受试人员，在确定的运动序列期间，其动态压力分布的实例，如图 22.7 所示。其中可以清楚地识别静压和工作压力之间的差异。这种差异是评估压缩纺织品的重要标准。在静脉学中，引入了术语“刚性”。该术语可以理解为压缩纺织品的硬度或有效性。静压应该最小，而工作压力应该高得多，以确保血管的填充和上身中血液的主动泵送。高压波动也对周围组织具有按摩效果（Partsch，2005 年 a，b；Rotsch 等，2005 年；Partsch 等，2006 年）。

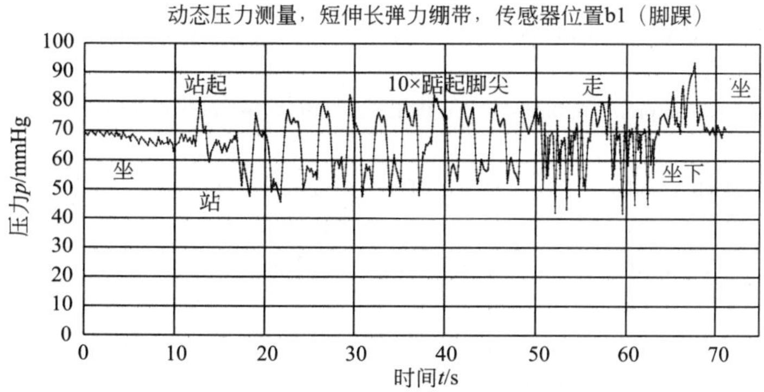

图 22.7 静压和工作压力的动态压力测量示例（Rotsch 等，2005 年）

22.4 结论

医用压缩纺织品的开发是一个极其复杂的过程。一方面，需要实现压缩压力和压力分布的医疗和治疗要求，或者需要通过纺织工艺过程来实现热生理学特性；另一方面，考虑到模块化包扎系统、包扎材料、患者个体产生或额外压缩压力测量等因素，压缩纺织品的个体适应性变得越来越重要。医用压缩纺织品的所有开发过程的共同目标，是实现压缩纺织品对各个治疗和解剖指征的最佳适应。

除了对压缩纺织品的这些要求之外，治疗师对所谓的“循证医学”越来越感兴趣，其中治疗或压缩装置的概念证明是一个核心问题。这不仅对于医学很重要，对健康经济学也很重要，因为在未来，治疗方法将越来越多地仅由概念验证后的健康和护理保险公司付费。这里优先的方法仍然还是压缩压力测量，在过去几年中，涉及到患者产生的压力的这种测量，已经有愈来愈多的详尽信息，其研究快速增多。

除了医疗需求，患者依从性的提高也是一个重要方面。特别是在医学压缩治疗中，患者的合作和压缩装置的持久使用是必不可少的。良好的穿着舒适性，光学和设计的改进，都支持这个发展方向。例如，压缩长筒袜有多种颜色可供选择。通过不同的技术，将香味剂和皮肤护理剂等附加性能集成到纺织品中，也能够提高患者的接受度。

压缩纺织品的开发是一个复杂的过程，需要不同工程部门和医疗部门之间的跨学科合作，以确保为客户提供个性化的有效治疗产品。

22.5 参考文献

Asmussen P D（1991）. Konstruktion von Kompressionsmitteln，Sortiment. In *Lehrbuch derLymphologie für Mediziner und Physiotherapeuten. 2. Bearbeitete Aufl-age*. Földi M andKubik S（eds.）. Gustav Fischer Verlag，Stuttgart，Jena，New York.

Asmussen P D（1991）. Physikalische Grundlagen. In *Lehrbuch der Lymphologie fürMediziner und Physiotherapeuten. 2. bearbeitete Auflage*. Földi M and Kubik S（eds.）. Gustav Fischer Verlag；Stuttgart，Jena，New York.

Asmussen P D and Söllner B（2004）. *Kompressionstherapie-Prinzipien und Praxis*，1. *Aufl age*，Urban und Fischer，München，Jena.

Brznak，KD（2003）. Kompressionstherapie-Grundlagen，Wirkungen und Anwendungen. *Orthopädie-Technik*，3，194-201.

Dissemond J（2005）. Kompressionstherapie bei Patienten mit Ulcus cruris venosum. *Deutsches Ärzteblatt*，102（41），A2788-A2792.

Hach W and Hach-Wunderle V（2000）. Die Kompressionstherapie in der Chirurgie derprimären Varikose. *Gefässchirurgie*，6（1），47-53.

Häfner HM（2000）. Tübinger Studienergebnisse zum Druckverhalten verschiedenerKompressionstherapeutika. *Orthopädie-Technik*，12，1059-1062.

Häfner HM and Eichner M（2002）. Klinische Überprüfung des Anpressdruckes unterschiedlicher Konfektionsgrößen des zirkulären Kompressionsfertigverbandes Tubulcus®. *Phlebologie 05*，31，108-111.

Hartmann W D and Ullsperger A（1999）. Smart Clothes-wie intelligent wird unsereBekleidung im nächsten Jahrtausend sein? In *Jahrbuch für die Bekleidungsindustrie*.

Schierbaum W（ed.）.，Schiele & Schön，Berlin，pp. 28-51.

Heide M and Möhring U（2005）. Entwicklung wiederverwendbarer Abstandsgewirke mitdefi niertem dehnungselastischen Verhalten zur Abfallvermeidung bei der KomplexenPhysikalischen Entstauungstherapie. Schlussbericht BMBF-ForschungsvorhabenNr. 0330447，TITV Greiz.

Heide M，Möhring U，Hänsel R，Stoll M，Wollina U and HeinigB（2006）. Antimicrobialfinished textile three-dimensional structures. In *Biofunctional Textiles and the Skin. Current Problems in Dermatology*. Hipler U-C and Elsner P（eds.）.，Karger，Basel，volume 33，pp. 179-199.

Hofer A（1997）. Textil-und Modelexikon. Band 2，L-Z，Deutscher Fachverlag 7. Aufl age. Höfer D（2008）. Die Zukunft der Medizintextilien-Hightech zum Wohle des Patienten. *Management & Krankenhaus*，04 April 2008，p. 29.

Hohlbaum G G（1987）. Zur Geschichte der Kompressionstherapie I. *Phlebologie undProktologie*，16，241-255.

Hohlbaum G G（1988）. Zur Geschichte der Kompressionstherapie II. *Phlebologie undProktologie*，17，24-37.

Kammerlander G（2005）. Grundlagen für eine Kompressionstherapie. In *LokaltherapeutischeStandards für chronische Hautwunden*，Springer Vienna，pp. 61-102.

Kirstein T（2000）. Produktentwicklung für körpernahe Bekleidung unter Berücksichtigungder textilen Materialeigenschaften. Dissertation, Technische Universität Dresden.

Klyscz T, Rosenheimer M, Scherer W and Jünger M (1996). Dynamische In-vivo-Messungen des Anpressdruckes von Kompressionsstrümpfen mit einer Mikro-Sonde. *Biomed Technik*, 41, 69-73.

Lai CH and Li-Tsang CW (2009). Validation of the Pliance X System in measuringinterface pressure generated by pressure garment. *Burns*, 35, 845-851.

Lampe R, Mitternacht J and Gradinger R (2002). Zugmessungen zur Ermittlung derKompressionseigenschaften von Bandagen. *Orthopädie-Technik*, 9, 706-713.

Lansdown A B G (2006). Silver in health care: Antimicrobial effects and safety in use. In *Biofunctional Textiles and the Skin, Current Problems in Dermatology*. Hipler U-C and Elsner P (eds.). Karger, Basel, volume 33, pp. 17-34.

LiY (1997). Bekleidungskomfort und Fasereigenschaften. Konferenz-Einzelbericht: The 4th Asian Textile Conference, Taiwan.

Mathis R (2002). Textilien mit kosmetischen Substanzen. *Melliand Textilberichte*, 5, 339-340.

Mathis R and Mehling A (2006). A serious approach to wellbeing with textiles. Lecture 45th Dornbirn Man-made Fibres Congress, 20-22 September 2006.

Partsch H (ed.) (2004). Evidence based compression therapy. *VASA*, 34 (Suppl. 63), 3-6.

Partsch H (2002). *Kompressionstherapie von venösen Beingeschwüren. Wie funktioniertsie*, Édition Phlébologiques Francaises, volume 2, 04-06, pp. 137-144.

Partsch H (2003). Evidence based compression therapy-eine initiative der InternationalUnion of Phlebology (IUP). *Phlebo J*, 2.

Partsch H (2003). Zum Verständnis der Pathophysiologie der Kompression. EWMA Positionsdokument, Medical Education Partnership Ltd.

Partsch H (2005). Die phasengerechte Kompressionsbehandlung beim Ulcus crurisvenosum. *Orthopädie-Technik*, 4, 238-245.

Partsch H (2005). The Static Stiffness Index: A Simple Method to Assess the ElasticProperty of Compression Material In Vivo. *Dermatologic Surg*, 31 (6), 625-630.

Partsch H (2007). Kompressionstherapie bei venösen Unterschenkelgeschwüren. In *Manual der Wundheilung*, pp. 171-178.

Partsch H, Clark M, Bassez S, Benigni J, Becker F, Blazek V, *et al*. (2006). Measurement of Lower Leg Compression In Vivo: Recommendations for the Performance of Measurements of Interface Pressure and Stiffness. *ermatologic Surg*, 32 (2), 224-233.

Partsch H, Rabe E and Stemmer R (1999). *Kompressionstherapie der xtremitäten*. EditionPhlebologiques Francaises, Paris, pp. 68-74.

Rabe E and Pannier-Fischer F (2000). Therapie der chronischen enenkrankheiten. In: *Grundlagen der Phlebologie*. Rabe E (ed.). Einführung, Köln, pp. 68-87.

Rabe E and Gerlach H (eds.). (2006). *Praktische Phlebologie: Empfehlungen zur differenzierten Diagnostik und Therapie phlebologischer Krankheitsbilder*, volume2, Georg Thieme Verlag.

RAL-GZ 387 (2000). Gütesicherung, Medizinische Kompressionsstrümpfe. DeutschesInstitut für Gütesicherung und Kennzeichnung e. V., Ausgabe 09 (2000).

Reumann RD (2000). *Prüfverfahren in der Textil-und Bekleidungstechnik*. pringerVerlag, Berlin, Heidelberg.

Rohrer C and Rotsch C (2005). Measurement of interface pressure using a simple transducerand date-logger. 6th European American Congress on Venous Diseases. 30th AnnualCongress of the Czech Society of Phlebology, Prague, Czech epublic 26-28 May 2005.

Rotsch C, Hanus S, Schwabe D, Neudeck A, Zschenderlein D and MöhringU (2009). Textile Solutions for Diagnostic and Therapeutic Applications. Roceedings International Conference, Latest Advances in High-Tech-Textiles and Textile-Based Materials; 80 years Department of Textiles, pp. 41-47; ISBN 9789081392426.

Rotsch C, Oschatz H, Möhring U and Rohrer C (2005). Objektiver Vergleich von Kompressionsdruck-messsystemen für die Kompressionstherapie. *Orthopädie-Technik*, 11, 789-793.

Schuren J, Mohr K (2008). The effi cacy of Laplace' s equation in calculating bandagepressure in venous leg ulcers. Wounds, 4 (2), 38-47.

Schwabe D, Hanus S and Möhring, U (2009). Abstandsgewirke-die optimale Basis fürmedizinische Anwendungen. *Orthopädie-Technik*, 11, 764.

Spitzenverbände der Krankenkassen (2008) Bekanntmachung der Spitzenverbände derKrankenkassen über die Fortschreibung der Produktgruppe 05 "Bandagen" desHilfsmittelverzeichnisses nach § 139 SGB V vom 2. Juni 2008

Steinberg; Cooke (1993). Design and evaluation of a device for measurement of interfacepressure, *J Biomed Eng*, 15 (6), 464-468.

Strössenreuther RH K (1991). Wirkungsweise der Kompressionstherapie, In *Lehrbuchder Lymphologie für Mediziner und Physiotherapeuten*, 2. *bearbeitete Aufl age*. Földi Mand Kubik S (eds.). Gustav Fischer Verlag, Stuttgart, Jena, New York.

Thomas S (2002). The use of the Laplace equation in the calculation of sub-bandagepressure, Surgical Materials Testing Laboratory, Princess of Wales Hospital, Bridgend, Wales, 05 (2002).

Thomas S and Fram P (2003). An evaluation of a new type of compression bandagingsystem, Surgical Materials Testing Laboratory, Princess of Wales Hospital, Bridgend, Wales. Available: http: //www. worldwidewounds. com/ 2003/september/Thomas/New-Compression-Bandage. html, [last update09/2003].

Umbach K H (1996). Bekleidungsphysiologische Aspekte bei der Entwicklung funktioneller Textilien, Tagungsband der 3. Dresdner Textiltagung, Dresden.

Umbach K H (2006). Wellness-textiles-what do we mean by that, 45th Man-made FibresCongress Dornbirn 20-22 September 2006.

von Gregory R (1978). Eigenschaften elastischer Binden, *Phlebologie und Proktologie*, 7, 171-182.

Weber M, Külter H and Wulfhorst B (1991). Textiltechnische Aspekte zu Kompressionsverbänden, *Band-und Flechtindustrie*, 1, 25-27.

Wollina U (2005). Spezielle Anforderungen der sensitive und Ekzemhaut an Textilien, Vortrag zum Workshop "Neurodermitikerkleidung" am 03. November 2005 TechnischeAkademie Hohenstein e. V.

Wollina U, Heide M, Müller-Litz W, Obenauf D and Ash J (2003). Functional Textiles inPrevention of Chronic Wounds, Wound Healing and Tissue Engineering, In *Textiles andthe Skin*, *Current Problems in Dermatology*. Elsner P, Hatch K and Wigger-Alberti W (eds.). Karger, Basel, volume 31, pp. 82-97.

Wuppermann T (2002). Die chronisch venöse Insuffi zienz, Internist, 2002 43: 16-26 Springer Verlag.

Zyschka R, Brückmann R, Kammerer B and Schreiber H (2004). Wellness-Finish mitVitamin E, *Textilveredlung*, 7/8, 1-4.

第 23 章

超强吸水剂及其医学应用

G. Bartkowiak，H. I. Frydrych
波兰，中央劳动保护研究所-国家研究所；
波兰，中央劳动保护研究所-国家研究所和罗兹工业大学

摘要：本章首先定义了超强吸水剂，然后阐述了它们的化学结构、性能及其在市场上的出售形式（包括粉末、纤维或者纤维状结构）。重点介绍它们在医疗、卫生、医用纺织品以及在提高服装舒适性方面的应用。按照综合评述若干美国专利，追踪了超强吸水剂的研发过程。将含有超强吸水剂的非织造织物用于舒适性的改进，作者们自己也做了测定，还将这些材料制成的衣物进行了人体工学测试，其结果也记述于本章。根据这些实验，在不同的医疗及健康相关领域，特别为了改进紧身衣或内衣穿着舒适度，一定含量的超强吸水剂似乎是合理可行的。

关键词：超强吸水材料，水凝胶，Oasis 纤维，液体吸收和储存。

23.1 引言

超强吸水剂也称为水凝胶，是在水中溶胀的亲水性交联聚合物（即超强吸水性聚合物，SAPs）。有时也称它们为智能凝胶，因为 1g 水凝胶甚至可以吸收高达 1000g 的水（Glados 和 Maciejewski，1998 年）。超强吸水剂大致可以分为两种。第一种是物理凝胶，也称为可逆凝胶。它们具有三维空间网状结构，其中聚合物链通过静电力、氢键及疏水相互作用而连接。这种凝胶不稳定，可被转换成高分子的混合物，例如明胶和琼脂。第二种为化学凝胶，它们具有稳定的三维空间结构，其中聚合物链之间通过牢固的共价键连接（Nałęcz，2002 年）。

超强吸水剂的工业化生产是从 20 世纪 80 年代开始的。最初，是以粉末形式生产。它们的基本用途是作为吸收水溶液和生理液体的卫生用品。主要用于儿童和成人的纸尿裤以及女性卫生用品，以及其他类似的用途。毫无疑问，在这些应用中，超强吸水性材料将取

代传统的吸水性材料，如布、棉、纸填料、纤维素纤维等。

到了 20 世纪 90 年代初，超强吸水剂应用范围已经扩展到其他商业领域，例如生产电能量通信电缆及密封电线，农业方面（土壤中水的储留），包装（食物器皿上液体吸收）和运输行业（运输期间监测液体泄漏），电影和舞台应用的人工雪的制作及过滤。当一些特定环境参数如温度、pH 值、盐浓度等发生变化时，聚合物凝胶具有进行可逆构象振动的能力，可用于微型制动器的开发，其特点是高功率重量比和构建兼容性。例如，它们可以用于智能服装开发（Solari，1994 年）。除了粉末，超强吸水剂也以箔片和泡沫的形式生产。最新的技术成果是高吸水性纤维，发展前景广阔。

超强吸水剂在医用纺织品中的应用意义重大，因为它们在患者的护理和治疗方面具有革命性意义。本章叙述了超强吸水剂以医学、卫生和家庭（此处强调舒适）为目标的应用。阐明了超强吸水剂的定义，以及它们的化学结构、性质和市场上出现的形式（粉末、纤维或纤维结构）。此外，它们在医疗用途（隐形眼镜、药物递送系统、混合器官、人体肌肉细胞和血管重建），卫生和医用纺织品（医用敷料、婴儿纸尿裤、尿失禁用品、手术桌垫）以及改善衣物舒适度（紧身衣、内衣或半面罩）等方面得到了极大关注。在评述一些美国专利的基础上，可以跟踪超强吸水剂的发展方向。将含有超强吸水剂的非织造织物用于舒适性的改进，对这些材料制成的衣物进行了人体工学测试，也都加以记述。根据这些实验，在不同的医疗和健康相关领域，特别为了改进紧身衣或内衣穿着舒适度，一定含量的超强吸水剂似乎是合理可行的。

23.2 超强吸水剂高分子合成方法及其化学结构

超吸水性聚合物（水凝胶）通常是通过乙烯基和二乙烯基单体在氧化还原引发剂存在下共聚而成。基础单体是丙烯酰胺、丙烯酸、甲基丙烯酸及其衍生物。最常用的二乙烯基单体是 *N*,*N*-亚甲基-双丙烯酰胺（NMBA）；也有少部分用乙二醇双丙烯酸酯、二乙烯基苯磺酸钠、四羟甲基乙烯脲或丙烯酸烯丙酯。聚（乙二醇）、聚（天冬氨酸）、聚（乙烯醇）、马来酸酐共聚物和聚（*N*-乙烯基吡咯烷酮）也用于超强吸水剂的多聚合成（Bereś 和 Kałędkowska，1992 年；Glados 和 Maciejewski，1998 年）。

通常，在具有一定聚合引发剂存在的条件下，聚合过程可以在一定温度或高能辐射下发生。制备水凝胶的化学合成法和辐射交联合成方法是有区别的（El Fray，2005 年）。

在化学合成方法中，使用过硫酸盐作为聚合引发剂。化学交联水凝胶是由单体的聚合或聚合物的交联而产生的。水凝胶是由亲水性单官能单体与双官能单体或多官能单体共聚而成，而丙烯酰胺、丙烯酸和甲基丙烯酸是必须单体。在这种方法中，聚乙烯醇（PVAL）、聚环氧乙烷（PEO）、聚（*N*-乙烯基吡咯烷酮）（PVP）、聚丙烯酰胺（PAA）等聚合物也较常用（Roweton 等，1997 年）。

水凝胶的辐射交联依赖于聚合物链牢固的共价键连接，并且它们不会发生破坏，除非整个大分子被破坏。交联过程由钴-60 或铯-137 发射的 γ 射线引发，加速的电子流也可以引发。在上述方法中，凝胶是通过以下聚合物的交联获得的：聚乙烯醇、聚环氧乙烷、聚（*N*-乙烯基吡咯烷酮）、聚丙烯酸（Bereś 和 Kałędkowska，1992；Nałęcz，2002 年）。

当辐射作用于聚合物水溶液时，由于 C—H 键均裂而在高分子链上形成自由基。另外，由于水分子的辐射分解，形成了可以攻击高分子链的羟基自由基，从而产生大自由基。这种大自由基有助于在共聚物链上形成共价键并在该系统上形成最终交联结构（Bereś 和 Kałędkowska，1992 年；Nałęcz，2002 年）。

通过该方法可获得聚乙烯醇、聚乙二醇、聚丙烯酸水凝胶，以及通过辐照聚乙烯基甲基醚水溶液获得热敏水凝胶。

形成的凝胶的性质，尤其是它们的溶胀能力和渗透性，取决于聚合物浓度和辐照剂量。交联密度随聚合物分子浓度及照射剂量的增加呈正比（Bereś 和 Kałędkowska，1992 年；El Fray，2005 年；Nałęcz，2002 年）。

超强吸水剂的物理性质取决于许多因素，例如聚合物基质的类型、官能团特征、聚合物交联度、反应物的比例、照射引发剂的量、反应温度、产物的粉碎程度、化学组成和吸收溶液的温度等（Glados 和 Maciejewski，1998 年）。

少量交联剂在改变超吸水性聚合物的性质中起主要作用。除了改变溶胀和力学性能外，交联剂还影响聚合期间生成的可溶性聚合物的量，这是由于交联剂与丙烯酸或丙烯酸钠相对反应活性不同的结果。空间位阻、相邻双键位点所至迁移率降低、给定交联剂进行分子间加成反应的倾向，以及交联剂在单体混合物中的溶解度等因素，都影响交联效率。

离子化的交联聚合物网络的溶胀原理是基于渗透压的概念。根据 Flory 理论（1953 年），聚合物的作用正如一张半透膜，不允许电荷取代基离开聚合物进入周围溶液。这是因为离子化的单体含有固定电荷，它们可吸引外部溶液中的离子。于是，建立了一种电荷梯度，在聚合物内部的自由离子浓度大于外部浓度。这就是一种原因，梯度引起的渗透压使其高分子链溶胀，而又有离子进一步扩散进入。

假若超吸水聚合物进行更高度交联，则其在溶胀状态下刚性加强。提高颗粒的刚性，将使膨胀颗粒能够推开复合材料的纤维组分，从而使其在随后与液体接触期间保持一定孔隙率和渗透性。但是，必须对其进行优化，因为太硬的颗粒会撕裂周围的纤维导致泄漏。

最有效的吸水性材料是带有解离的离子官能团的聚合物网络。除了这是分子尺度的链构成网络外，这个网络的图像与一团棉纤维非常相似。区别在于棉通过对流吸水；水通过“被吸”起来，润湿干纤维；而超强吸水剂是在分子水平上通过扩散起作用，因为它们的“棉纤维”实际上是长链分子。

最初在颗粒内部含水量较低时，周围水扩散到超吸收性聚合物颗粒中。随着水进入颗粒，它会膨胀以容纳更多的水分子。因为聚合物分子是交联的，所以它们不溶于所吸收的液体中。

针对最有意义的超强吸水剂，就其所用的基材、制备方法和医学应用，在以下段落中叙述（Tyliszczak 和 Pielichowski，2007 年）。

丙烯酸的特征在于具有强的化学反应活性。通过丙烯酸的均聚反应或其与丙烯酰胺的共聚获得水凝胶。N,N'-亚甲基双丙烯酰胺（NMBA）、二乙烯基苯磺酸钠、乙二醇丙烯酸酯和其他二乙烯基（divinyl）或丙烯酸类化合物用于丙烯酸超强吸水剂的交联。丙烯酸水凝胶常被用作其他用途，尤其活性敷料，在活性物质控制释放系统和组织工程中的基质（Glados 和 Maciejewski，1998 年；Tyliszczak 和 Pielichowski，2007 年）。

甲基丙烯酸水凝胶由甲基丙烯酸与丙烯酰胺（acrylamide）共聚而成，它们在药学和医学中主要作为控制活性物质释放速率的载体。甲基丙烯酸 2-羟乙酯（HEMA），一种甲基丙烯酸的衍生物，用于生产隐形眼镜（Glados 和 Maciejewski，1998 年；Tyliszczak 和 Pielichowski，2007 年）。

聚天冬氨酸（PKA）是具有水溶性和吸湿性的化合物，并且由于其无毒且可生物降解被用作生物材料。如 PKA 复合物可用于肿瘤学研究。基于 PKA 的水凝胶是化学或光照交联的结果。化学交联常在极性溶剂中进行，使用多胺、多硫醇和氨基酸（赖氨酸、半胱氨酸）等化合物。化学交联过程可以通过常规方法或微波照射进行（Polaczek 等，2003 年）。

聚 *N*-乙烯基吡咯烷酮（PVP）用于生产水凝胶，其在聚（*N*-乙烯基吡咯烷酮）与二甘醇二乙烯醚交联的过程中获得。以这种方式获得的水凝胶已经用作敷料材料和系统，用于控制活性物质释放速率等方面（Glados 和 Maciejewski，1998 年）。

基于**聚乙烯醇**（PVAL）的水凝胶由羟基的自由基或光照交联而得。戊二醛或 1,4-六亚甲基二异氰酸酯用作交联剂。所获得的水凝胶用于生产过滤膜、活性敷料、植入物和控制活性物质释放速率的控释系统（Glados 和 Maciejewski，1998 年）。

聚乙二醇（PEG），生物相容性和无毒性等特性，被应用于生物医学、制药、细胞工程和水凝胶的生产。基于 PEG 的超强吸水剂是通过末端羟基自由基或光照交联，以及与其他化合物共聚所得。三异胺、多官能团异氰酸酯和二异氰酸酯与三元醇（triol）的混合物也会用作交联剂（Glados 和 Maciejewski，1998 年）。

多糖水凝胶可通过对其化学修饰获得，包括：凝胶化、接枝适当的单体、水解和干燥聚合物水凝胶。丙烯腈、丙烯酰胺和丙烯酸是最常用的接枝单体。在这种情况下，在水解过程中发生交联。另一种交联方法是将 *N*-羟基-亚甲基-丙烯酰胺加入淀粉溶液中。多糖水凝胶应用于餐巾纸生产和组织工程中或作为活性敷料（Glados 和 Maciejewski，1998 年）。

马来酸酐是强电子受体，并且易于与供体单体如烯烃和乙烯基醚进行自由基共聚。该反应最容易在苯溶液中进行，在苯溶液中新生成聚合物不溶，并以白色粉末形式沉淀。尽管至少有一个基团未被取代，但马来酸酐环容易被打开。另一端容易进行酯化或酰胺化反应。正是由于这种性质，马来酸酐共聚物可以容易地与其他化合物交联。最常用的交联剂是乙二醇，乙酰化甘油和糖类。由于使用马来酸酐，可以获得两亲性凝胶，其中共聚单体是丙烯酰胺和具有长脂肪族链的 α-烯烃。这些物质可用作药物载体如：用于肾脏给药（Glados 和 Maciejewski，1998 年）。

23.3 超强吸水剂的形式及其性质

23.3.1 概述

理想的吸水性能是具有吸水能力强、可逆吸收速度快、吸收量高、力学强度好、无毒性、化学性质稳定、耐热性能好、灵活性高（Glados 和 Maciejewski，1998 年）等性质。如前所述，水凝胶由聚合物链在特定位点交联构成，由此形成三维交联结构。在干燥状态下，聚合物链形成紧密折叠的线团。在水中，聚合物链中官能团发生溶解和解离。在静电力的作用下，正电荷离子解离从而导致聚合物链中键合的负电荷间发生相互排斥。这导致聚合物线团发生一定程度松散，从而获得进一步吸收液体的可能性，并最终形成凝胶。当聚合物链形成的特定空间网络扩展到最大体积时，该过程终止（Glados 和 Maciejewski，1998 年）。

超强吸水剂的吸水过程，也称为溶胀，最常表示方法为 1g 干凝胶吸收的溶液或水的质量（g）。每克超强吸水剂可吸收几克到几百克溶剂，并且取决于许多因素。官能团的类型和聚合物交联程度对这种现象具有决定性的影响。另一个重要的决定因素是产品粉碎程度以及吸收溶液的组成。有能够与凝胶官能团反应的电解质和化合物的存在，通常会降低超强吸水剂的吸收（Szlezyngier，2000 年）。

超强吸水剂的吸水能力取决于水中离子的存在，对于蒸馏水/去离子水，可吸收其质量的 500 倍（体积的 30～60 倍）；而对于 0.9％盐水溶液，只能吸收的其质量的 50 倍。聚合物的总吸收能力和溶胀能力取决于交联的类型和程度。较低交联密度的聚合物具有较高的吸收能力，并能形成更柔软、更有黏性的凝胶。高交联密度聚合物比低交联密度聚合物吸水能力低，凝胶强度更高，在低压下可维持形状。

溶胀是一种扩散现象，受到溶胀材料分子与流体分子的亲和力的控制。离子凝胶的溶胀平衡由三种主要力的平衡决定：

- 第一种力：网络链和溶剂的混合自由能；
- 第二种力：由被永久电荷群包围的反向离子的流动性引起的网内渗透压（离子膨胀压力）；
- 第三种力：柔性的网络响应力（柔性的溶胀压力）。

与第三种力（Kiatkamjornwong 和 Punchareon，1999 年）相反，第一种力及第二种力有利于凝胶的膨胀。

当选择适当的超强吸水剂作为吸收结构时，需要考虑以下基本参数：

- 吸收力：在特定情况下，当织物或织物集合体上没有负荷时，吸收一定量液体的能力。在某些情况下，它被称为“自由吸收”。
- 负荷下的吸收力：当织物或织物组分上有负荷时，吸收一定量液体的能力。在大多数情况下，超强吸水剂生厂商会提供以下给定压力下的吸收值：0.3；0.5；0.6 及 0.7psi（1psi＝6896Pa）。
- 盐水的吸收：即使盐含量很小，吸水剂对去离子水与盐溶液储留值也存在差异。盐浓度通常为 0.2％～0.9％的氯化钠。
- 储水力：储留一定水量的能力。

超强吸水剂可以以不同的形式存在（例如粉末，纤维）。而以粉末以及纤维形式存在时其性质不同。

23.3.2 颗粒和粉末形式的超强吸水剂

最常用的超强吸水性聚合物是坚硬、干燥、颗粒状的粉末，看起来很像干净的白砂或颗粒状的蔗糖。颗粒和粉末状的典型超强吸水剂的实例如下所示。表 23.1 列出了用于卫生巾和婴儿纸尿裤的超强吸水剂的特性。

表 23.1　用于卫生产品超强吸水剂的技术参数

SAP 粉末技术参数	
外观	白色颗粒
吸收能力/(g/g)（按茶袋容量大小，10min）	≥49
水分含量/%	≤4
pH	6.5～7.1
粉体密度/(g/cm^3)	0.59～0.69
粒径分布（在 850μm 处）/%	≤1

Degussa 公司的产品 T5066 具有粉末的一致性。在化学成分上，它是钠盐交联聚丙烯酸，与水结合，产生凝胶，阻止进一步的液体输运（流动）。该产品主要在技术方面应用（Degussa 数据表，2010 年）。技术参数如下：

- 粒度：$(0\sim63)\times10^{-6}$m；
- 尺寸为 63×10^{-6}m 颗粒的比例：最大为 2%；
- 非湿润状态下颗粒的尺寸：最小值为 2×10^{-3}m；
- 产品湿度：5%±2%；
- 降解温度：>200℃。

最近，市场上出现了由可再生资源制成的新型生物基材超强吸水性材料。这些产品不仅是一种环境可持续的石油基材料的替代品，而且还为婴儿纸尿裤、成人尿失禁、女性卫生、食品包装和其他工业应用提供有效的吸水性和保湿性。最新一代生物基材料的例子是由 Archer Daniels Midland Company（ADM）生产的 BioSAP™、Lysorb™ 218 和 Lysorb™ 220。ADM 生产用于一次性个人卫生应用的生物基材超强吸水性聚合物（ADM，2010 年）。

23.3.3　纤维形式的超强吸水剂

最近，市场上出现了纤维形式的合成吸收剂。从化学组成上来看，它们是由钠盐中和的交联丙烯酸共聚物。纤维形式的吸附剂的应用解决了它们引入纺织品的问题。表 23.2 列出了有关超强吸水纤维的信息；表 23.3 列出了它们的基本参数（根据生产商提供的信息）。根据表 23.3 的数据，可以说吸水率最高的纤维是：来自 Camelot 公司生产的 Fibredi 和 Fibresorb。Fibredi 纤维按造纸法制备非织造织物。

表 23.2　世界上的超强吸水性纤维

生产商	国家	产品名称
Camelot Superabsorbents Ltd	加拿大	Fiberdri，Fibersorb
Technical Absorbents Ltd	英国	Oasis
东洋纺织有限公司（Toyobo Ltd）	日本	Lanseal

注：资料来自 Ackers，1997。

在吸汗垫和人体液吸收材料中，盐水的自由吸附是非常重要的，相比之下，Fibresorb、Lanseal 和 Oasis 纤维之间存在显著差异。它们对盐水的吸收程度相似；然而，在负荷下，Oasis 纤维的盐水吸收速率最高。值得注意的是，Oasis 纤维的吸收速率最高［Oasis 约为 2.41g/(g·s)，其他纤维约为 1g/(g·s)］。

表 23.3　超强吸水性纤维的性能

品名		Fiberdi		Fibersorb	Lanseal		Oasis
		1130	1160	908	5d	2.6d	101/2
吸收作用性质	去离子水						
	吸收率/(g/g)	280	350	380	150	120	80
	储存（0.5psi 压力下）/(g/g)	225	250	240	—	—	60
	生理盐水（0.9% 氯化钠）						
	吸收率/(g/g)	60	80	55	50	40	40
	储存率（0.5psi 压力下）/(g/g)	47	60	35	20	15	30
	负载吸收率（0.3psi 压力下）/(g/g)	18	15	9	—	—	23
	吸收速率/[g/(g·s)]	1.2	0.8	1.0	30s 内吸收量达到最大体积的 70%	—	15s 内吸收量达到最大体积的 90%
强伸性质	拉伸强度/(cN/dtex)	—	—	1.0	1.9	2.4	0.4
	断裂应变/%	—	—	<15	15～25	25～35	22
pH		6.0	6.0	6.0	7.0	7.0	5.8

注：1psi＝6895Pa。

从水蒸气吸收的角度来看，超强吸水性纤维优于粉末。Oasis 纤维吸收水蒸气的能力（根据生产商提供的信息）如图 23.1 所示（其他生产商未提供此类数据）。

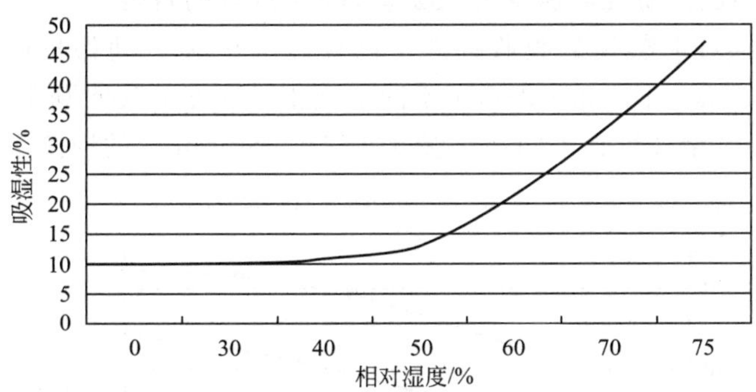

图 23.1　Oasis 纤维的水蒸气吸收能力与空气相对湿度关系（根据生产商的数据）

在强度方面，Lanseal 纤维更好；因此，它们具有非常好的纤维可纺性。随着空气相对湿度的增加，超强吸水纤维的强度降低，但其应变力增加。这种关系如图 23.2 所示。

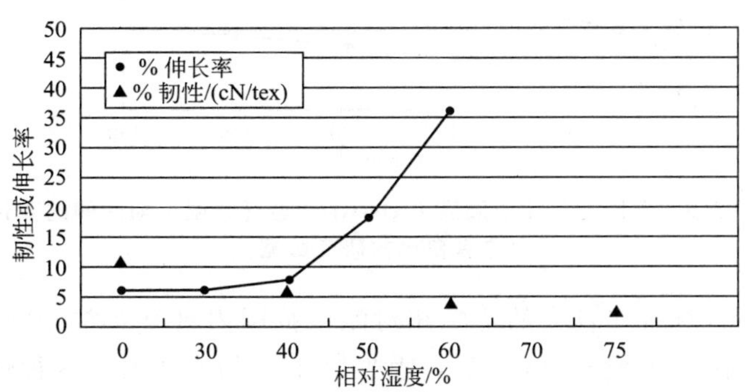

图 23.2　Oasis 纤维的强度和伸长率与空气相对湿度的关系（根据生产商提供的数据）

根据对纤维特性的分析，特别是是否有压力存在下对盐水的吸收（表 23.4），以及在高相对湿度（RH）期间对水蒸气的吸收（图 23.1），Oasis 纤维适合用作在紧身防护服的吸汗垫，以提高使用者的舒适度。它们的另一个优点是吸收速率高（总吸收时间为 15s）。

表 23.4　102 型 Oasis 纤维的性质

参数		数值
长度/mm		52
相对湿度为 40%的强度/(cN/dtex)	pH	5.8
	湿度/%	15
去离子水	负荷条件下的吸收率/(g/g)	45
	储存率/(g/g)	65
	自由吸收率/(g/g)	85
盐水	负荷条件下的吸收率/(g/g)	21
	储存率/(g/g)	35
	15s 后自由吸收率/(g/g)	45
	20s 后自由吸收率/(g/g)	42

经波兰中央劳动保护研究所测量的 102 型 Oasis 纤维的特性

Oasis102 型纤维对水蒸气的吸收性能，已在波兰中央劳动保护研究所-国家研究所（*CIOP-PIB*）进行测量，图 23.3 表示了不同空气相对湿度下其回潮率随时间的变化；图 23.4 表示了 Oasis102 型纤维在不同相对湿度空气中 180min 后的回潮率。

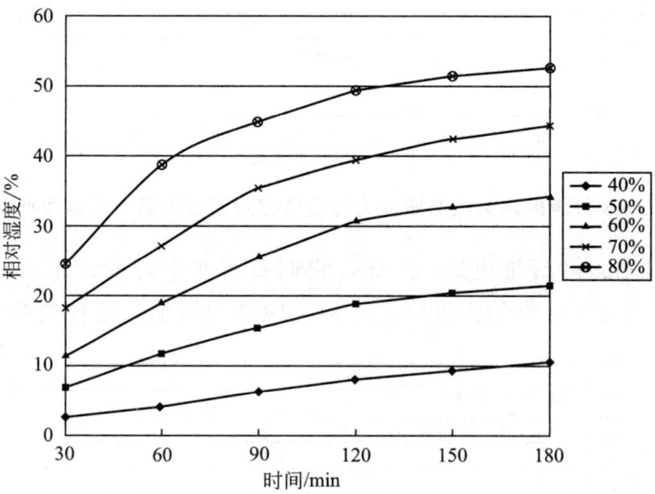

图 23.3　不同空气相对湿度中 Oasis102 型纤维湿度随时间的变化
（作者自己的研究数据）

结果表明，Oasis 纤维在较大的空气相对湿度范围内具有非常好的水蒸气吸收性能。在 80%相对湿度的空气中暴露 30min 后，吸收约 25%的水蒸气。这种性质对于它们的进一步应用非常重要。例如，在不透气（紧身）衣服下，当工作几分钟后，微气候湿度甚至

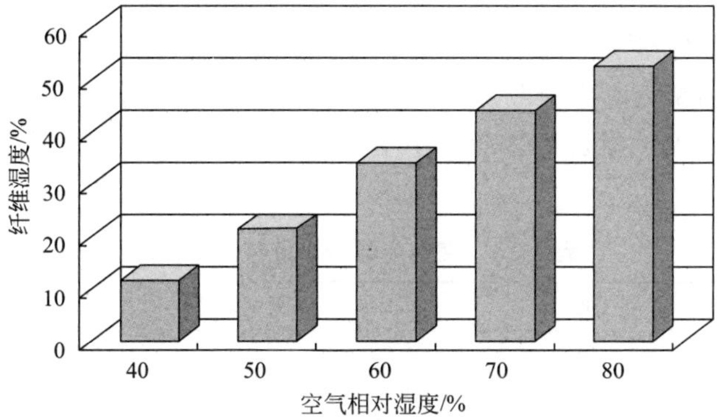

图 23.4　Oasis102 型纤维在不同空气相对湿度下的纤维回潮率
(作者自己的数据)

可以达到 100%。还在 CIOP-PIB 实验室中测定了 Oasis 102 型纤维对盐水的吸收。这些测量结果列于表 23.5。

表 23.5　CIOP-PIB 测量的 Oasis 纤维对盐水（0.9% NaCl）的自由吸收

时间	吸收/(g/g)
15s 后	20
30s 后	25

23.4　基于适当专利评述的超吸水材料的开发阶段

本章还按时间顺序介绍了有关纤维状超强吸水剂的发明。研究它们可以使读者对超强吸水剂在医疗卫生用品发展方向有所了解。

- **美国专利 3670069**——高吸水性、高保水性能的羟乙基纤维素纤维的制备工艺(Mitchell 等，1972 年)。

通过特殊的纤维成型装置挤出纤维素溶液来制备纤维状纤维素产品，该纤维成型装置包含数量受控的分立流动通路形成的多孔挤出介质。用这种方法制备的纤维素纤维具有独特和非常可取的物理性质和结构特性，可用于形成新的以及改进非织造织物和一次性用品。

- **美国专利 3940542**——聚氨酯水凝胶、胶带、天然及其他合成纤维的复合材料(Knopf 等，1976 年)。

根据该专利，通过挤出或纺丝含有异氰酸酯封端的预聚物的溶液来制备遇水膨胀、轻度交联的水凝胶聚合物纤维，胶带和丝带。包含的反应物为平均分子量高达约 25000 的聚烷氧基多元醇和有机二异氰酸酯，将它们加入混凝反应池中；其中预聚物通过交联剂轻微交联，交联剂是水或有机多胺。交联剂以非常稀的浓度存在于混凝反应池中。

与以前生产的粉末和颗粒相比，本发明生产的水凝胶纤维具有若干优点。它们可以准确地置入机织和非织造织物中，当它们与其他纤维结合在一起时，在处理过程中，甚至在使用期间发生溶胀后，它们也能保持位置不变。通过选择用于制备水凝胶纤维的封端异氰酸酯，按照预聚物的反应物及其相对比例，以及通过调节用于制备复合物的水凝胶纤维的量，可以控制或调节纤维制品的吸水性。其优点是能够产生任意长度或线密度的水凝胶纤维。此外，所制备的聚氨酯水凝胶除具有较高的水吸收能力外，还具有较高的盐溶液吸收能力。这些纤维不溶于三氯乙烯溶剂，其性质如表 23.6 所示。这种纤维可以用于尿布、床单、面巾纸和毛巾。

表 23.6　聚氨酯超吸水性纤维的性质

纤维	线密度/den	吸水率/%	水溶性/%
1	173	21.53	0.42
2	131	20.94	0.44

- **美国专利 4721647**——吸收制品（Nakanishi 等，1988 年）。

一种吸水产品包括纤维基质材料，其部分或者全部是由疏水性和吸水性聚合物制成，其中一部分与它们周围的纤维结合在一起，基本上以球状粒子的形式存在。确保聚合物稳固并且使基质材料的柔软性得以保持。所研发的产品适用于卫生和医疗制品，如卫生巾，一次性纸尿裤和绷带，同样还适用于农业、林业、土木工程等其他经济领域。

- **美国专利 5002814**——超吸水性纤维束的生产及应用方法（Knack 和 Beckert，1991 年）。

本发明与超吸水性纤维束相关，它组成了吸水性聚合物制品的核心，其中还嵌入了聚合物短纤维。借助于黏合剂，或者借助于纤维束的网络化，由吸水聚合物颗粒彼此黏结，或与聚合物纤维黏结，由此可以控制所需要的颗粒尺寸，从而可以生产出超吸水纤维束。这种超吸水性纤维束可用于卫生产品，特别是婴儿纸尿裤、月经垫、尿失禁用品以及从疏水性液体中分离水和含水成分。其中一种制备方法如下：将 3g 聚醚砜树脂和 6g 聚合物粉末倒入 $250\times10^{-6}m^3$ 烧杯中，加入 6.8g 稀释后的分散溶液并剧烈混合。因为聚合物颗粒彼此黏附并黏附到纤维上，从而获得了小到中等尺寸的纤维束。将产物在 50～60℃ 的温度下干燥后，得到柔软的绒毛状产品。

- **美国专利 5304420**——具有高吸湿性和高吸水性的含乙烯醇单体聚合物纤维（Hirakawa 等，1994 年）

该专利叙述的纤维、纱线和纤维产品具有耐久性、高吸湿性和高吸水性，即使通过染色或清洗也不会损失。纤维柔软、体积膨松，类似于天然纤维。另外它们可以在纤维化步骤中进行染色，且在生产过程中不会出现问题。此发明中纤维基本上由一种醇羟基被修饰的含乙烯醇单体聚合物和另一种形成纤维聚合物相所组成。本发明的纤维和纱线，可以纺成像单丝那样的长丝或短纤维的形式，如做成切断短纤维、短纤维纱线以及混纺纱线。它们可以纺制成织物，也可以是非织造织物的组成部分，并且可以由这些纤维和纱线最终制成衣服或者毛巾。

- **美国专利 6783852 B2**——高吸水性聚乙烯醇纤维和含有此纤维的无纺织物（2004 年）。

本发明的目的是提供具有高吸水性、良好强度和伸长性能的 PVA 纤维，并且可以由此制备织物。该发明产物，由水溶性聚乙烯醇制备的交联 PAV 纤维，其可满足以下要求：

- 在 30℃水中的吸水率：可达到纤维自身质量的 10～100 倍；
- 在 30℃水中的纤维直径：吸水后纤维直径可变为未吸水前的 2～10 倍；
- 熔点范围为 160～220℃，熔化热为 40～100J/g。

23.5 超强吸水剂在医药中的应用

1960 年，Wichterle 和 Lim 从甲基丙烯酸 2-羟乙酯（HEMA）合成交联的亲水性超强吸水剂，并将其制备的水凝胶首次用于生产隐形眼镜。当时，水凝胶的特征是吸水性等于 80g/g 的干聚合物质量。在接下来的几年中，获得了吸收率更大的超强吸水剂（按照 1g 干聚合物计算吸水 40～1600g）。目前，水凝胶应用于医药、制药和组织工程。随着时间的推移，所讨论的聚合物已广泛应用于外科卫生棉条和个人卫生用品的大规模生产（Bereś 和 Kałędkowska，1992 年；Tyliszczak 和 Pielichowski，2007 年）。

23.5.1 隐形眼镜

至今，聚甲基丙烯酸-2-羟乙酯已应用于隐形眼镜的生产。由于存在羟基，这种聚合物具有亲水性，这就是氧气可以毫无阻碍地通过凝胶水相到达眼球的原因。干燥时，该材料具有硬质有机玻璃的特性；而在水合后，它变得柔软而有弹性。关于水凝胶的性质及其应用可能性的进一步研究仍在继续（Bereś 和 Kałędkowska，1992 年；Tyliszczak 和 Pielichowski，2007 年；ElFray，2005 年）。

23.5.2 给药系统应用

以水凝胶基质形式形成的材料使得其一旦经手术植入、注射或以其他方式引入生物体中，即可将其中的药物不间断或以一定速率释放到体液中。关于这种系统的作用方式有两种不同的观念：其一，小分子药物的释放是水凝胶溶胀的结果；其二，含有药物的聚合物基质在溶蚀后，药物能以一定的生物降解速率向周围环境释放（Tyliszczak 和 Pielichowski，2007 年）。

从水凝胶基质中释放药物的例子，是由 Ravichandran 研究制备的聚合物。在 *N*-乙烯基吡咯烷酮、丙烯酸和聚乙二醇（聚［*N*-NVP-AA］-PEG）参与下，所合成的共聚物具有 pH 敏感性、生物相容性和生物可降解性。在 pH 值与胃液（pH 1.2）和肠液（pH 6.8）相似的缓冲液中，检测不同 pH 对水凝胶溶胀程度的影响。结果显示，该系统在胃液的酸性环境中缓慢溶胀，这使得胃中的药物释放时间延长从而获得局部释放系统（Gupta 等，2002 年）。

23.5.3 水凝胶在组织工程中的应用

由丙烯酰胺与丙烯酸酯的共聚物和生理盐溶液组成的溶胀凝胶，可以作为微生物的培养环境，也可作为人和动物细胞的培养环境。由于水凝胶的物理特性以及其生物相容性、促凝血性、对氧气的良好渗透性、代谢产物水溶性等，使它们与软组织相似，对于微生物细胞水凝胶可以创造更有效的生存环境，与目前应用的其他材料相比，可以确保细胞生长更快。超强吸水剂可用作组织再生中的基质（Zdebiak 和 El Fray；2006 年）。采用聚乙二醇、聚乙烯醇或基于聚环氧乙烷和聚环氧丙烷的共聚物制备的水凝胶，是软骨细胞增殖的理想底物（Zdebiak 和 El Fray 2006 年；Tyliszczak 和 Pielichowski，2007 年）。

23.5.4 杂交器官

目前，可替代受损器官（如胰腺或肝脏）的杂交内脏器官正在研究中。杂交胰腺雏形由活的动物细胞构成，并且外面包裹了一层膜，可以保护其免受受体免疫系统的破坏。聚乙烯醇水凝胶膜与周围环境具有良好的生物相容性。它不会被组织包裹、可渗透氧气、葡萄糖和胰岛素。基于纤维素或丙烯酸酯衍生物的人造肾脏、声带和肌腱的雏形已经被制造出来（Zdebiak 和 El Fray，2006 年；Tyliszczak 和 Pielichowski，2007 年）。

23.5.5 血管和人体肌肉细胞的重建

据 Sakai（Sakai 等，2008 年）研究，水凝胶纤维具有可被细胞黏附的表面，并且可通过酶促反应降解，被开发用于制造在凝胶中具有与天然血管相似的平滑肌细胞（SMC）和内皮细胞（EC）层的管状结构。将含海藻酸钠和明胶的牛内皮细胞（BECs）的水凝胶纤维浸泡在含有氧化海藻酸钠（AO）的培养基中制备纤维。BECs 在 8%的 AO 中浸泡，三小时内细胞活力没有降低。小鼠的 SMCs 黏附并在 AO 交联的水凝胶上增殖。研究人员通过将含有 BECs 的水凝胶纤维覆盖于小鼠 SMCs 的表面，并将其嵌入胶原凝胶中。然后，它们使用藻酸盐裂解酶降解纤维，从而在水凝胶中获得溶蚀孔道。使用特定的荧光染料对释放的 ECs 进行组织学分析，观察到具有分层 BECs 和小鼠 SMCs（MSMCs）的管状结构的形成（Sakai 等，2008 年）。

将蛋白质引入聚丙烯腈人工肌肉系统，可以增强其响应性。研究水解聚丙烯腈-大豆蛋白质共混物（H-PAN/SP）水凝胶纤维的微观形态和溶胀/收缩动力学。结果表明，含有大豆蛋白质的水凝胶膜具有良好的、稳定的 pH 响应。此外，交联密度和交联温度对水凝胶膜的 pH 响应有影响。动态拉伸和收缩行为的研究，有助于理解和控制 H-PAN/SP 水凝胶膜的 pH 响应（Yu 和 Gu，2008）。

23.6 超强吸水剂在卫生用品和医用纺织品方面的应用

23.6.1 超强吸水性聚合物（SAPs）在卫生用品方面的应用

超强吸水性聚合物的最大用途是用于个人卫生产品。按照使用的超强吸水剂的量排序，依次为一次性婴儿纸尿裤、儿童训练裤、成人失禁用品和女性卫生巾。AMCOL 国际联合公司对其 1995 年销售的超强吸水性聚合物使用总量进行估算发现。其中基于超强吸水剂卫生产品占份额的比例为：85%婴儿纸尿裤，10%成人失禁产品，3%女性卫生，2%其他产品（Pytlik 等，2000 年）。

婴儿尿布

婴儿尿布创造了最大的产品应用量，因此将对它进行最精确的描述。超强吸水性聚合物的使用，彻底改变了纸尿裤工业。利用聚合物惊人的液体储留能力，纸尿裤制造商开始设计尿布。在轻微的机械压力下，超强吸水性聚合物吸收并保留尿液的质量约为本身质量的 30 倍。溶胀的凝胶使液体固化，为有弹性的橡胶状态，可以防止液体渗漏到婴儿的皮肤和衣服上。

在尿布芯中的聚合物基质的设计必须考虑多方面问题。纸尿裤的吸收速率不得低于婴儿的排尿速率，否则会发生尿液渗漏。复合材料的吸收速率受超吸收性聚合物吸收速率的影响。另一方面，聚合物的快速溶胀可能是、也可能不是设计所期望的。在一些尿布设计中，如果复合材料的孔隙率和渗透性降低，快速膨胀则可能导致尿布泄漏。超强吸水性聚合物的吸收速率受聚合物的最大吸收能力及其粒径和形状的影响。在复合结构中，放置快速的还是慢速的吸水聚合物对复合材料的有效性具有重要意义。此外，颗粒大小、位置和相对量在优化吸水率中起重要作用。在某些纸尿裤设计润湿区中，超强吸水性聚合物的溶胀有时会滞后发生，就能使尿液有更长的时间在尿布上均匀分布。通过将液体更好地分布在整个尿布上，核芯湿润区域的饱和度降低，因此可以进一步吸收水分。

20 世纪 90 年代初，随着超吸水性聚合物对吸收芯影响的深入了解，超薄纸尿布成为可能。在这些纸尿布中纤维素纸浆的使用量减少了一半，从而生产出了更薄的纸尿布，并在纸尿布芯中加入了更高浓度的超强吸水性聚合物（Buchholz 和 Graham，1998 年）。

在尿布中添加了一层单独的无纺布的纤维，以改善尿液的分布。该分流层位于由纤维素纤维和超强吸水性树脂组成的复合吸收剂芯与多孔保护层之间。与标准纤维素绒毛或高吸水性聚合物相比较，分流层的吸水性及密度较低，允许液体在尿布内快速分布。这一层由化学交联纤维素纤维或非吸收性无纺材料（如聚丙烯纤维）制成，其多孔性足以使液体自由通过（Buchholz and Peppas，1994）。

颗粒状或粉末状的超强吸水性聚合物，基本上以两种方式添加到婴儿尿布中，分别是分层法或共混法。在**分层法**中，首先将粉末状超强吸水性聚合物分散在一层绒毛纸浆上。然后将绒毛折叠，使聚合物位于吸水剂结构的中心层。这种结构再覆盖一层非织造织物。在**共混法**中，超强吸水性聚合物首先与绒毛浆均匀混合，然后将这种混合物放入吸水剂结构，随后再用非织造织物覆盖。

负载下的吸水性和凝胶的抗剪切稳定性是超强吸水性聚合物的重要性能，也与尿布性能密切相关。尿布渗漏与凝胶剪切稳定性密切相关。通过增加交联作用而产生的更坚硬的超强吸水性颗粒，可以获得更高的凝胶模量，并帮助颗粒承受婴儿体重的剪切力。超强吸水性聚合物生产商一直对开发可生物降解的尿布或其他吸收性产品感兴趣。含有可生物降解的超强吸水性树脂的物品，可以在城市堆肥设施中处理，也可以扔进厕所，在家庭化粪池或城市污水处理厂进行降解。一些声称具有生物降解性的尿布已经上市，但没有一种在商业上取得成功。

更先进的超强吸水性聚合物的持续发展有几个原因。尿布制造商希望降低制造成本。一种可以在吸水剂芯中起其他作用的超强吸水剂，可以取代芯材中的其他成分，从而降低原材料成本并简化结构。例如，一种超强吸水性纤维能够提供快速的液体吸收和足够的芯吸和输送，它可以取代吸水芯中的纤维素绒毛，从而可能生产出更简单或更便宜的尿布。另一方面，高档纸尿布的制造商为了要求更高的价格而寻求产品的差别化。一种先进的超强吸水性树脂具有市场上的性能优势，例如对吸收性产品的生物降解性，可能对尿布制造商具有特殊的价值（Pytlik 等人，2000 年）。

成人失禁用品

用于水和水溶液的片状吸水剂，可应用于许多技术和工业最终用途，包括卫生用品，如由德国 Krefeld 的 Stockhausen 所开发婴儿纸尿裤、成人失禁用品和伤口敷料等。它们提供了以粉末或颗粒形式将超强吸水性聚合物（SAPs）固定的可能性，使其按所需的任何排列方式固定于一张或多张片材。

美国专利 6051317（Brueggemann 等，2000 年）中公开了一种高吸水性片材，以充分利用 SAPs 的溶胀能力。该结构对水和水性液体具有很强的吸收能力，特别是在荷载作用下。该结构包括：①至少一种可遇水溶胀的合成和/或天然聚合物；②至少一种水溶性的合成和/或天然聚合物。

第一聚合物组分 A 以特定的方式固定在具有片状设计的基体组分 B 内。该基质可由多种水溶性、可成型的合成聚合物制成，包括：聚乙烯醇、聚烷基烯丙基醚、聚乙二醇醚、聚乙烯基吡咯烷酮、聚丙烯酸酯和聚甲基丙烯酸酯；天然聚合物，如瓜尔胶、海藻酸盐、琼脂、黄原胶、果胶和淀粉。

较优的 SAP 材料包括部分中和的并轻微交联的聚合物、丙烯酸和丙烯酰胺的共聚物，接枝淀粉聚合物以及交联淀粉和纤维素衍生物。其中一个合适的产品实例为来自德国施托克豪森化工厂公司生产的 Favor 和 Stockosorb。

研究发明人指出，粉末状 SAP 的粒度取决于结构的预期用途。他们补充表明，用于女性卫生用品的吸收性片材必须尽可能薄。通过喷涂、流布或刮刀涂布等工艺过程，将基质 B 的黏稠溶液施于金属板、硅化纸或聚四氟乙烯薄膜，可以制造这种结构（SAP 组分 A）。然后，将 SAP 组分 A 喷洒水溶性聚合物，再将由此得到的片材在合适的温度下干燥，并从所用的辅助表面上转移出来。超吸水性片材的柔性可通过使用添加剂如增塑剂或增塑剂材料来改变，也可以使用填料来改变。吸收率取决于基质材料与 SAP 的比例（Anon，2000 年）。

23.6.2 水凝胶敷料

湿水凝胶敷料，包括第三代最先进的敷料材料，是从天然聚合物（琼脂、明胶、果胶）和合成聚合物（聚乙烯基吡咯烷酮和聚乙二醇）的混合物中获得的，将它们进行商业包装，并进行电子流或 γ 射线辐射灭菌。水凝胶敷料最常用于烧伤，但也用于创伤性伤口溃疡和褥疮。由于水凝胶具有相当大的灵活性，它们可以应用于身体的任何部位。去除水凝胶敷料非常简单，并且无痛。这种敷料与传统敷料相比，在治疗过程中皮肤再生和重建的速度更快（Szewczyk 和 Cwajda，2005 年）。

理想的伤口敷料的主要目的是保持环境湿润，同时去除多余的积液和任何有毒颗粒。现代伤口敷料能保持适当的湿度，防止干性伤口出现结痂，使伤口愈合更快。保持伤口潮湿的环境对于借助保护和防止神经末梢的刺激来减轻疼痛是非常重要的（Alvarez 等，1989 年）。

水凝胶伤口敷料由亲水聚合物三维网络制成，遇水膨胀，保留大量的水。水凝胶的凝胶团能够吸收渗出液、保持伤口高湿度并允许细胞生长和迁移。它还向坏死组织供水，具有良好的净化性能。

为了获得湿润的环境治疗伤口，还可以使用由多糖制成的右旋聚体伤口敷料，除了渗出液外，还可以形成一种凝胶，这种凝胶具有显著的吸收大颗粒的特性（例如，当将细菌放置在伤口敷料的颗粒层之间时，从伤口中清除细菌）。还可以使聚酯伤口敷料作成板状或椭圆形的海绵形式，这样可以透气。但干痂或黑色坏死的伤口禁用。

从海藻中提取的天然多糖，可以制成海藻酸钠伤口敷料，能够吸收渗出液并加速凝血过程（Tonnesen 和 Karlsen，2002）。任何残留在伤口中的多余凝胶，都会被生物降解成葡萄糖残留物，不会引起任何过敏症状。含有超强吸收剂的伤口敷料应使用林格氏合剂（Ringer liquid）激活。超强吸水剂的活性在于软化和吸收坏死组织，冲洗和吸收致病细菌。上述伤口敷料可每隔几天更换一次；制造商认为最长不要一次性使用超过 7 天。当患者反馈伤口疼痛、发热或者伤口处敷料不再有吸水能力时，表明需要更换敷料。

23.6.3 手术台的被单

超强吸水剂可应用于临床环境中使用的材料。美国乔治亚州阿尔法瑞塔市的全友医疗（Microtek Medical）公司推出了一种新型材料 Mojave，该材料具有通过专利工艺制成的超强吸水性树脂芯，该工艺将超强吸水性聚合物均匀地分布在高性能纤维的基质中。Mojave 制造的屏障不受血液和体液、病毒和细菌的影响，从而为患者、医护人员及其设备提供更好的保护。

此外，用 Mojave 制造的三层层叠织物通过强力截留液体，并将其锁定在超强吸水性树脂芯中。有助于防止流体流出时的交叉污染，这种材料也有助于减少水分的接触，并通过将液体排走并锁定在核心部位来保护患者皮肤的完整性。Mojave 最初是作为手术室桌布而制造的（Microtek，2010）。

23.7 超强吸水剂在改善舒适性中的应用

23.7.1 应用条件说明

为防止化学侵蚀而穿紧身织物却增加能量消耗。同样的情况也存在于医护人员穿隔离服时，尤其是手术人员。结果表明，应用涂层织物制成的服装与棉织物相比，能源消耗增加约 58.3J/s（Holmer，1995 年）。人体在高温下穿着紧身衣进行工作尤其困难。据报道，即使在工作强度低的情况下，穿着涂层材料制成的紧身衣的工人，在炎热的环境中与在气候温和的情况下相比较能坚持工作的时间更短，而且需要更长的休息时间。这种情况存在于许多工作场所，通常在没有空调系统的手术室。紧身衣下面的微气候特点是温度和湿度的急剧增加，在 20min 的工作后达到饱和。紧身衣会加重使用者的机体负担，首先，在体力活动中会对循环系统产生负面影响（Holmer，1995 年）。这种衣服的一个极端例子是用来防止液体和气体中的化学物质。它是由两面都涂有合成聚合物的材料制成的。

23.7.2 含有超强吸水性纤维的新纺织品类型

作者在紧身衣里层使用超强吸水剂作为内衬垫，以降低衣服里面的微气候湿度。作者设计出以非织造织物做的背心或单独配件插入衣服、手套和鞋子中。假设在紧身防护服工作时，人体平均出汗量约为 13.9×10^{-2}g/s，穿着工作服时间为 3h，则需要确保人体每 0.6m^2 的吸附量约为 2500g/m^2。

制备了不同 Oasis 纤维含量（50，30 和 15%）的吸水非织造织物。吸收水分后，超强吸水性纤维形成凝胶，降低了非织造织物的稳定性。它们被用于双组分混合物中。共聚物的主要原料依次为：长绒棉（37×10^{-3}m）、聚丙烯（1.3×10^{-4}g/m，38×10^{-3}m）和聚酯（1.3×10^{-4}g/m，38×10^{-3}m）。棉因其超强吸湿性能而被应用。它可以提高吸水剂的吸水效率。聚丙烯和聚酯具有热塑特性，有助于完成加工过程，比如压制、层叠和增强等工艺。一种计划中的非织造织物单元由三种部分组成。表 23.7 给出了计划的无纺组件和无纺组件特性。非织造织物生产工艺流程在以下环境条件下进行：相对湿度 40%和温度（20±3)℃。由吸收剂技术有限公司生产的 Oasis 纤维非常光滑，没有任何卷曲，并且对空气中的水分具有很高的吸收率，因此完成工艺过程非常困难。非织造织物（C 和 I）用环径（5×10）$\times10^{-3}$m 的棉网进行针刺增强。

表 23.7 不同类型的非织造织物

非织造织物类型	原料	每平方米质量/(g/m^2)	厚度/mm
A	50% 102 型 Oasis 纤维/50% 棉纤	150.6	3.32
B	30% 102 型 Oasis 纤维/70%棉纤	131.8	3.37
C	30% 102 型 Oasis 纤维/70%针刺棉网织布	164.0	3.12
D	50% 102 型 Oasis 纤维/50% 聚酯	204.7	2.32
E	30% 102 型 Oasis 纤维/70% 聚酯	276.7	3.71
F	15% 102 型 Oasis 纤维/85% 聚酯	197.3	3.02
G	50% 102 型 Oasis 纤维/50% 聚丙烯	226.3	3.57
H	30% 102 型 Oasis 纤维/70% 聚丙烯	203.9	3.01
I	34% 102 型 Oasis 纤维/33%棉纤/33%丙纶针刺棉缝制	240.9	2.99
J	50% 102 型 Oasis 纤维/50% 抗菌涤纶	190.5	3.86

23.7.3 超强吸水纤维纺织品调节紧身衣里面微气候的效果评估

材料测量结果

对含有 Oasis 纤维的非织造织物进行了计量评定。

热阻

服装微气候温度受热通量的影响，热通量依赖于织物的热阻，其结果如图 23.5 所示。在分析基础非织造织物热阻的基础上，可以说大部分非织造织物均具有较高热阻。对于厚度为 2.32×10^{-3}m 的非织造织物中的织物 D，其热阻在 $86.1\times10^{-3}m^2\cdot K/W$；厚度为 3.86×10^{-3}m 的非织造织物中的织物 J，其热阻为 $155.6\times10^{-3}m^2\cdot K/W$。对于紧身防护服里面的吸湿垫，热阻最低，效果最好；因此，从这个观点来看，非织造织物中的织物 D 被认为是最好的。

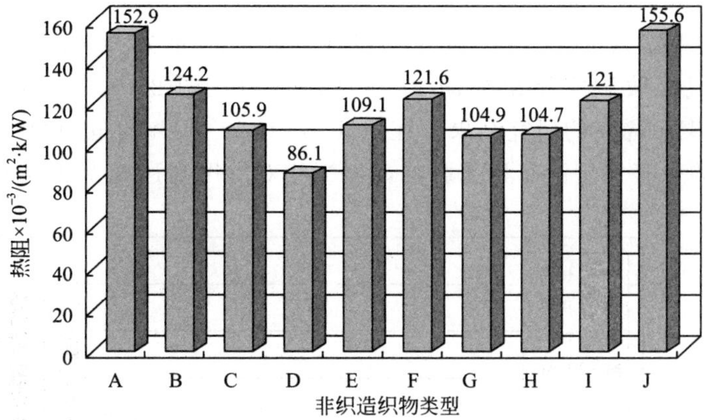

图 23.5 基础非织造织物的热阻

吸湿性

根据织物的吸湿性，从织物的结构分析对水蒸气的吸收。根据波兰标准（PN-P-04635，1980）进行测量时，将样品悬挂在盛满水的烧杯上方，并在规定的空气条件下放置 4h：相对湿度约为 100%，空气温度为 20℃。结果如图 23.6 所示。

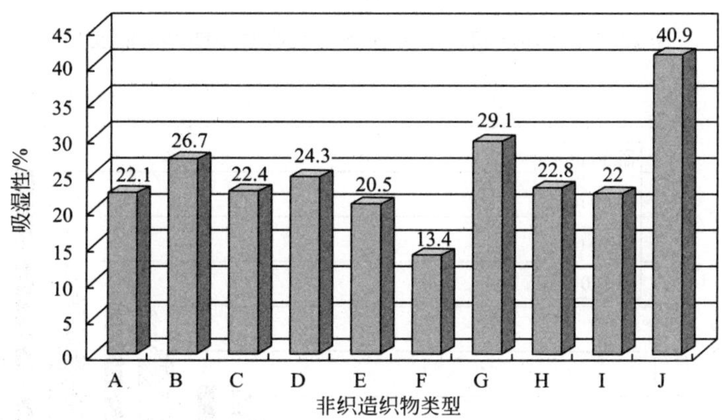

图 23.6 非织造织物的吸湿性

对于非织造织物，研究结果表明，超强吸水性纤维含量较高的材料，具有较高的吸湿性，但也取决于其他纤维的含量。样品 J（50%Oasis/50%抗菌腈纶）显示出最高的吸湿性（40.9%）以及样品 F（15%Oasis/85%聚醚砜树脂）显示最低的吸湿性（13.4%）。

根据上述标准对吸湿性的研究，并不能完全模拟防护服下水蒸气吸附的真实条件。实际上，紧身防护服里面的微气候温度为 30～35℃；而相对湿度在很短的时间内从 30%上升到 100%。

分析了 Oasis 纤维在不同空气相对湿度值下实时吸收水汽的能力。称取具有超强吸水剂的非织造织物样品，然后在 105℃的温度下干燥至恒重。随后，将样品放入温度为 30℃的微气候室中，其相对湿度为：30%、40%、50%、60%、70%、80%和 90%。在每个相对湿度下，测量出样品增加的质量。在 30min、60min、90min、120min 和 180min 后，测定样品相对于干燥样品的增重，可以计算出不同相对湿度下水蒸气的相对吸收率。

对于非织造织物 A（50％Oasis/50％棉），对应时间为 30min、60min、90min 和 120min，其水蒸气吸收测定结果如图 23.7 所示。而在图 23.8 中，给出非织造织物 G（50％Oasis/50％聚丙烯）的研究结果。在 RH 为 50％～80％的范围内，吸收时间对这些非织造织物吸收的水蒸气量没有显著影响，但当相对湿度高达 90％时会有影响。

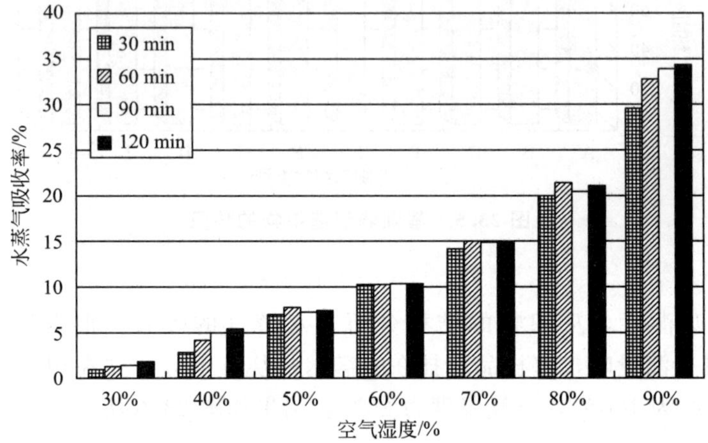

图 23.7　针刺非织造织物 A 水蒸气吸收率随时间的变化

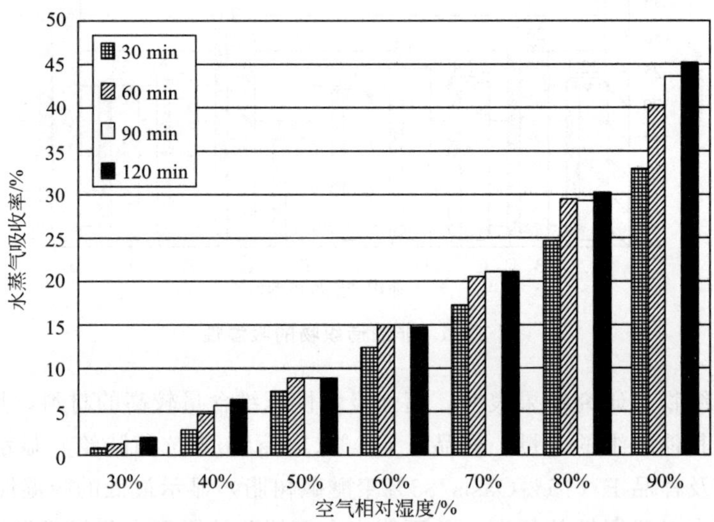

图 23.8　针刺非织造织物 G 水蒸气吸收率随时间的变化

汗液吸附的动力学

分享一下含 Oasis 纤维的织物，它们对液体的吸收，影响了人们对热舒适性的主观感受。采用材料与液体表面接触的方法（Krolikowska 和 Goetzendorf-Grabowska，2002 年），测定了含超强吸水材料对汗液的吸附。该方法反映了服装与出汗的人体皮肤接触的实际情况，并可对随时间变化的吸附现象进行评价。所获得的曲线是参数分析的基础，它定义了吸附过程的整个进程（图 23.9）。

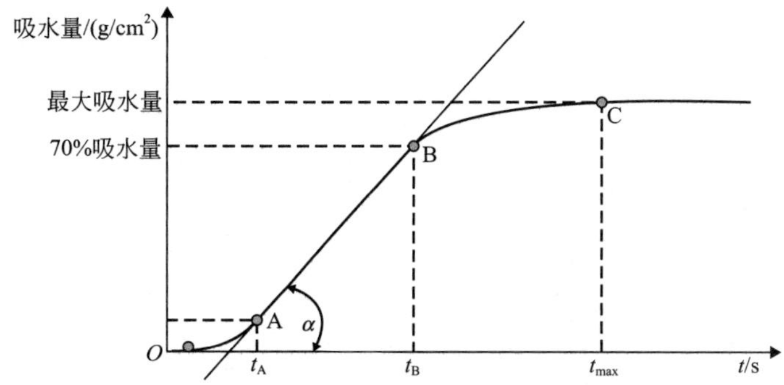

图 23.9 典型的吸附曲线

按照样品体积中液体质量的快速（直线型的）增加，可以表征合理的吸附时间。AB 段的切线与 X 轴的夹角为吸附速度 $V_{30\sim70}$ ［单位为 $\mu L/(cm^2 \cdot s)$］（注：$1\mu L/cm^2 \cdot s = 10^{-5} m/s$）。当吸附速度突然降低，并持续到液体质量增加完全停止，此瞬时就是饱和阶段的开始。在饱和区开始的这一点上，测定每 $1cm^2$ 样品吸收液体的最大吸附量 S_{max}，单位为微升（$1\mu L = 10^{-9} m^3$）（注：$1cm^2 = 10^{-4} m^2$）。该点所对应时间定义为总吸附时间 t_{max}（单位：s）。

假设在使用紧身防护服的过程中，会持续、密集地分泌汗液，并且在防护服的压力下使用，则采用以下测量条件：液体脉冲供量约 $0.2423\mu L$，施加在样品上的压力约 500 Pa。

为了接近与汗液分泌相关的实际情况，根据有关汗液化学成分的文献数据（PN-91/P-04913，1991 年），使用酸性汗液替代物进行了试验。为了比较分析特定的材料变量，对于每平方米不同质量数值，将最大吸附值（S_{max}）除以材料的单位表面质量 m_p（Bartkowiak，2006 年），可以计算出吸附效率指数（E）：

$$E = S_{max}/m_p (\mu L \text{ 汗液}/mg \text{ Oasis 织物}) \qquad [23.1]$$

初步测试表明，吸附值与材料中超强吸水材料 Oasis 纤维的含量不成正比。这就是为什么引入了一个称为 Oasis 吸附效率指数（E_{Oasis}）的附加参数，表征了样品吸收的液体量与给定材料中 Oasis 纤维的单位质量（m_o）的关系（Bartkowiak，2006 年）：

$$E_{Oasis} = S_{max}/m_o (\mu L \text{ 汗液}/mg \text{ Oasis 纤维}) \qquad [23.2]$$

分析了 Oasis 纤维的原料组成和比例对其吸汗参数的影响，图 23.10 给出了基础非织造织物最大吸附量的结果；而图 23.11 是吸附速度的结果。在图 23.10 和图 23.11 中，还给出了针刺非织造织物 G 和非织造织物 I 与热压非织造织物 M 和非织造织物 N 的汗液吸附结果。

从给定材料的吸附效率来看，最大吸附量非常重要。非织造织物 A、非织造织物 I 和非织造织物 J 的最高吸附量达到约 $340\mu L/cm^2$（$1\mu L/cm^2 = 10^{-5} m^3/m^2$），非织造织物 A 和非织造织物 I 均是 Oasis 纤维和棉的混纺织物，而非织造织物 J 则加入一定比例抗菌纤维 Amicor（抗菌纤维）。由 Oasis 纤维/聚醚砜树脂制成的非织造织物 D、非织造织物 E 和非织造织物 F 具有非常高的吸附值（$298.3\sim321.5\mu L/cm^2$）。除非织造织物 G、非织造织物 M 和非织造织物 J 之外，其他所有非织造织物的特征在于高液体吸附值。与上述提

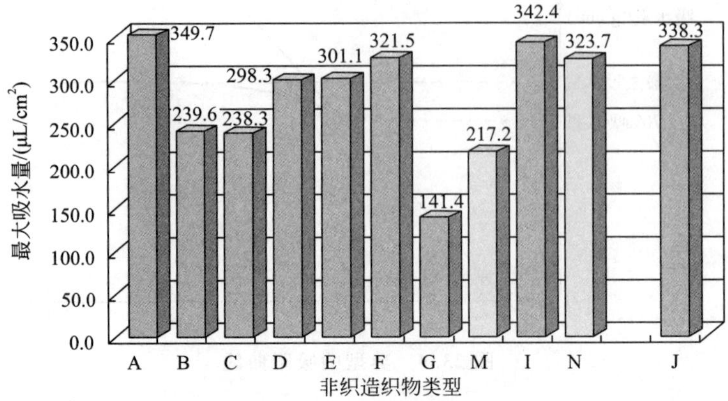

图 23.10　非织造织物吸汗量

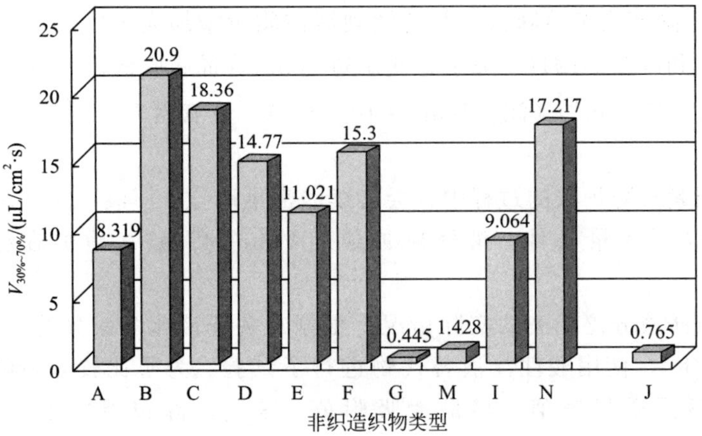

图 23.11　非织造织物吸汗率

到的所有非织造织物相比较，由 Oasis 和聚丙烯纤维混纺制成的非织造织物 G 最大吸附量（141.4μL/cm^2）和吸附速率（0.44μL/cm^2·s）较低。值得指出的是，含有 30% Oasis/70%聚丙烯纤维的非织造织物 H 没有发现对液体吸附，因此图中没有列出。由于热压使 G 型非织造织物被压扁，大量的 Oasis 纤维与装置板的湿表面接触。基于这个原因，热压后的非织造织物 G 的最大吸附量（即为非织造织物 M，吸附 217.0μL/cm^2）和吸附速率[2.12μL/(cm^2·s)] 均增加，而吸附总时间减少（从 342.5s 减少至 94.0s）。非织造织物的吸附效率如图 23.12 所示；而与 Oasis 纤维比例与吸汗效果的相关性见图 23.13。

通过分析棉纤维对吸附效率的影响，可以看出 Oasis 纤维与棉纤维混合使用的优越性。类型 A 和 B 的特征是具有最高的吸附效率和 Oasis 利用效率（E_{Oasis}）。样品 F 是 Oasis/PES 的共混物，其对液体的吸附结果如下所述。当混合物中 Oasis 纤维的比例从 50%减少到 30%（类型 B），吸附效率从 23.2μL/mg 降到 18.3μL/mg。考虑到非织造织物 Oasis 纤维的吸附效率（E_{Oasis}）的相互关系，非织造织物 B（30% Oasis/70% CO）与非织造织物 A（50% Oasis/50% CO）相比较，有更高的吸附效率。

棉在与 Oasis 纤维的混纺中起着非常重要的作用，因为它将汗水转移到更深层的非织

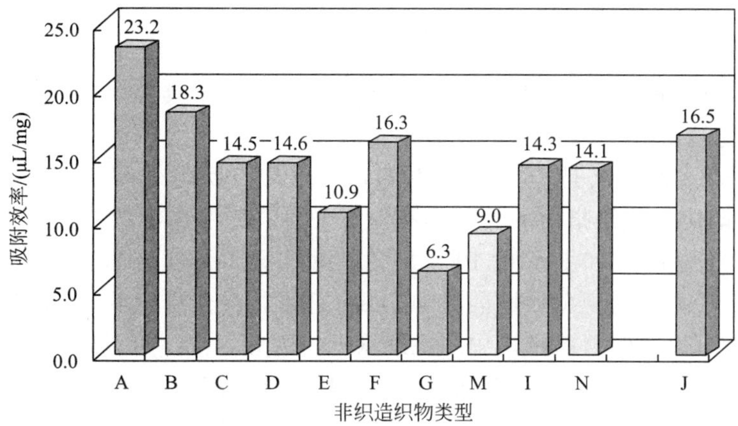

图 23.12　非织造织物吸附效率

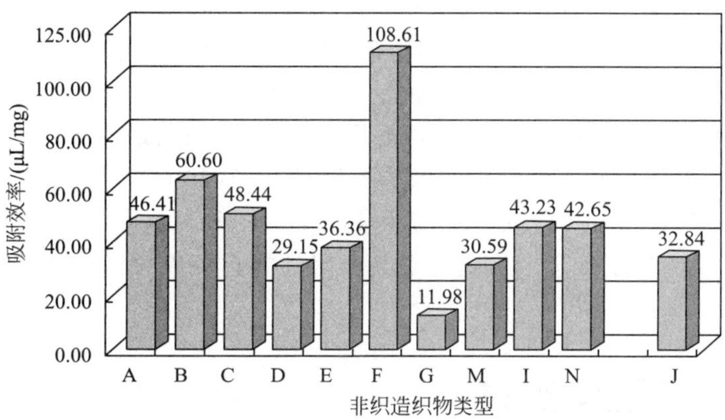

图 23.13　基础非织造织物吸汗效率与 Oasis 纤维所占比例的关系

造织物中。在吸附液体后，Oasis 纤维呈凝胶状，并将液体保留在纤维内；它们不会将液体转移到其余相邻纤维中。因此，具有 Oasis 纤维的纺织结构能够吸收液体，这是由于：

- Oasis 纤维与液体直接接触；
- 通过吸收液体的纤维将液体转移到更深的下层 Oasis 纤维中（环环相扣的原理）；
- 沿亲水纤维毛细管输运液体。

在含有一定比例 Oasis 纤维的非织造织物中，棉纤维起积极作用，依赖于棉有能力将液体转移到非织造织物的深层，并将其传递给与液体并不直接接触的 Oasis 纤维。

分析超强吸水性非织造织物原料对其吸附水平的影响，应重点在于分析共混非织造织物 Oasis/PP 的吸附和吸附动力学与 Oasis/PES 的共混非织造织物 N 是不同的。非织造织物 D、非织造织物 E、非织造织物 F 具有非常高的最大吸附值（298.3～321.5μL/cm^2）；非织造织物 D 和非织造织物 F 的特征在于高的吸附效率（14.5～16.3μL/mg）。

比较非织造织物 D 与非织造织物 F，可以发现：将 Oasis 纤维的量从 50%降低到 15%，引起吸附效率增加，而且与 Oasis 吸附效率（E_{Oasis}）相关的那种吸附效率也增加。因此，可以得出结论，在由 Oasis/PES 共混制成的非织造织物中，Oasis 纤维比例的增加不会改善非织造织物的吸附性能。Oasis 纤维的填充率太高，就不能输运液体，而使得材料孔隙之间的液体相互输运变得困难。

对具有相同 Oasis 纤维含量（50%），但输运层的合成纤维并不相同的非织造织物进行分析，表明使用 PES 纤维的非织造织物 D 的结构相较于具有一定比例 PP 纤维的非织造织物 G 更有优越性。

非织造织物 D 的特点是，由于应用 Oasis 纤维，吸附效率 E_{Oasis}（图 23.12 和图 23.13）提高了两倍。值得指出的是，具有以下 Oasis 纤维比例的非织造织物具有非常高的吸附效率：30% Oasis 和 15%的 PES 共混。而 30% Oasis 与 70% PP 的非织造织物根本不吸收汗液。观察到此现象的原因与和 Oasis 纤维相混合纤维的表面特性有关。PES 具有亲水性表面，可以减轻材料结构中的毛细输运，因此，液体可以转移到与之无直接接触的纤维上。PP 表面疏水，不利于毛细运输，不具备这种能力。在 Oasis/PP 的非织造织物中，只有与液体直接接触的纤维才能吸收液体；其余的纤维不能输运液体。

非织造织物 I（34% Oasis 纤维/33%棉纤维/33%聚丙烯纤维）的液相吸附结果证实了这一结论。因为其结构中棉纤维的存在，使得具有很高的吸附效率 E 和 E_{Oasis} 的这一特点。含有相同比例 Oasis 与 PP 混纺的非织造织物（H），没有任何吸收液体的能力，因为少量的 Oasis 纤维与汗液接触，并不能进一步输送汗液。

总结汗液吸附动力学结果，可以得出以下几种非织造织物的最佳汗液吸附动力学参数：

- 含有 Oasis 纤维和棉纤维的非织造织物（A、B 和 I）；
- 含有 Oasis 纤维和 PES 的非织造织物（D、E 和 F）。

非织造织物 G 的热压处理大大提高了其吸附性能。可以说，非织造织物 M 具有令人满意的吸湿性。

23.8 人体工程学测试

23.8.1 超强吸水性非织造织物内衣和背心的研究

为了进一步研究关于服装应用的人体工程学，具有下列成分（oa）的针刺非织造织物：

- 30%超强吸水 102 型 Oasis 纤维；
- 30% PES 树脂（传输液体）；
- 30% PP 纤维（黏合物）；
- 10%抗菌涤纶“Amicor+”。

为了获得可以在紧身防护服下使用的结构，对非织造织物进行双面压延（热压）。从高吸水性非织造织物 Oasis（oa）上切下具有图 23.14 所示结构的背心，其侧面可以用丝带系紧，这确保了吸汗的非织造织物与内衣接触。

考虑到棉质内衣广泛普遍使用的现状，以传统棉质双罗纹针织物（标记为 ba）和由超强吸水性非织造织物（标记为 oa）制成的背心作为对象，进行研究。研究中使用的内衣包括一件长袖 T 恤和一条长裤。棉质内衣同样也用作对照比较的变量以研究没有吸汗背心的紧身衣服。表 23.8 给出了所研究服装改进中所用材料的特性；其对水蒸气和汗液的吸收测量结果，见表 23.9 和表 23.10。

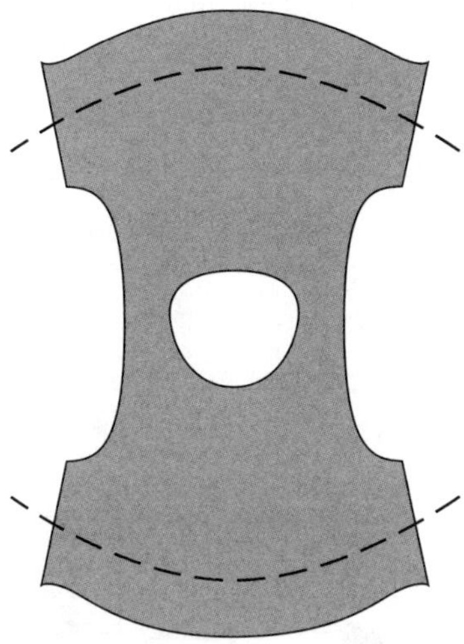

图 23.14　高吸水非织造织物背心的结构

表 23.8　含 Oasis 纤维的非织造织物和棉针织物的研究结果

样本	材料类型	单位面积质量/(g/m^2)	厚度/mm	吸湿性/%	热阻/(m^2·K/W)	水蒸气阻力/(m^2·Pa/W)
oa	Oasis 纤维非织造织物	250	0.79	24.95	0.042	—
ba	棉针织物	164	0.88	13.21	0.040	7.43

表 23.9　含 Oasis 纤维的非织造织物和棉针织物的水蒸气吸附研究结果

样本	材料类型	水蒸气吸收速率/%					
		70%湿度			90%湿度		
		30min 后	60min 后	90min 后	30min 后	60min 后	90min 后
oa	Oasis 非织造织物	12.0	12.8	13.1	20.8	24.6	25.6
ba	100%棉针织物	6.6	6.8	6.9	9.7	10.1	10.5

表 23.10　含 Oasis 纤维的非织造织物和棉针织物的汗液吸附动力学研究结果

样本	材料类型	最大吸收量/(μL/cm^2)		吸收速率 $V_{30\%\sim70\%}$/[μL/(cm^2·s)]		T_{max}/s	吸收效率，E/(μL/mg)	吸收量/Oasis 纤维质量，E_{Oasis}/(μL/mg)
		S_{max}	SD	V	SD			
oa	Oasis 纤维非织造织物	492	11.7	26.1	2.95	56	19.68	65.6
ba	100%棉针织物	111	2.58	31.6	2.74	8	6.76	—

所列举的结果表明，含有 Oasis 纤维的高吸水非织造织物满足以下要求：

- 良好的导热性；
- 在整个空气相对湿度范围内，水蒸气的高吸收率；

- 对汗液高度吸附，可超过吸附元件质量的几倍。

非织造织物（oa）是热压成型的产品，其特点是热阻低，与棉针织物热阻的水平相当。

所得结果（表 23.8 和表 23.9）表明，与棉织物相比，含有 Oasis 纤维的非织造织物的水蒸气吸附量是棉织物的两倍以上。在 70%的空气湿度下 30min 后，含湿度降到 12%（对比 ba 为 6.6%），在 90%湿度的空气中 30min 后，含湿度达到 20.8%（对比 ba 为 9.7%）（图 23.15）。

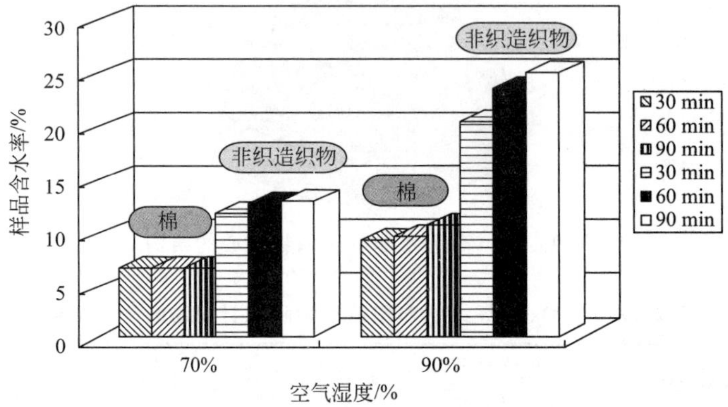

图 23.15　棉针织物（ba）和吸汗非织造织物（oa）对水蒸气的吸收

含有 Oasis 纤维的非织造织物（oa）还有一个特点在于对酸性汗液的吸附与棉针织物（ba）相比较，它要高 4 倍以上。非织造织物（oa）和棉针织物（ba）均显示出相当高的吸附速率（表 23.10）。

23.8.2　供研究的服装套装

供研究的所有紧身防护服（工作服），均采用有聚氯乙烯涂层的织物制成，特点不透水蒸气，质量为 $332g/m^2$、厚度为 $0.285\times10^{-3}m$。用于研究的服装类型及其名称如表 23.11 所示。

表 23.11　用于微环境研究的服装类型及其名称

编号	标记	衣服套装
1	bb	紧身防护服＋棉质内衣（作为比较的套装）
2	bk	紧身防护服＋棉质内衣＋采用高吸水非织造织物制成的背心

23.8.3　人体工程学试验的试验条件和试验程序

参与试验者为五名健康男性，年龄在 21～22 岁之间，体重在 62～91kg 之间，身高在 1.75～1.88m 之间。在参加研究之前，所有受试者都接受了体检。所有人都参加了包括两套服装在内的两套测试。参与者在 Monark 牌功率自行车（丹麦）上进行强度为 50 W 的体育锻炼。

在实验模拟气象环境房间（Angelantoni Centro-Sud，意大利）进行服装测试。室内温度为（21.3±0.5）℃，空气流速为（0.17±0.04）m/s，空气的相对湿度为（61±6）%。一次测试的持续总时间为65min。受试者首先进行60min体育锻炼，然后在接下来的5min内在功率自行车上保持姿势不变，以确保心率的恢复。如有以下情况发生即刻中止实验。

- 体内温度：38℃；
- 心率：达到最大值的90%；
- 受试者自诉疲倦或感觉不好的主观症状；
- 皮肤上任一测试点体表相对湿度达到100%。

来到实验室后，受试人员保持坐姿15min。在此期间，受试人员喝0.2L矿泉水来维持身体水分。然后测量人的血压和心率。如果数值正确，则开始测试。

在测试期间，测量了以下参数。

- 皮肤温度和相对湿度：胸部和背部中心，每10min记录一次；
- 体内温度，每10min记录一次；
- 心率（HR），运动期间和运动结束后5min后连续记录；
- 测试前后的体重。

在测试过程中使用了以下设备：心电图（ECG）电极（Biazet，波兰）用于测量皮肤体表微气候温度，传感器（Rotronic，瑞士）用于测量体表微气候相对湿度，外部声学管道中的热电偶（Ellab A/S，丹麦）用于测量内部温度。一个Polar S-610精度工具包（芬兰）用于连续记录心率。

23.8.4 结果和讨论

衣物表面温度湿度的研究结果如图23.16～图23.19所示。结果发现，正如预期的那样，在穿紧身防护服的工作期间，所有测量点的湿度和温度都会增加。

图23.16和图23.17显示了胸部微环境的变化。发现具有超强吸水剂非织造织物吸汗背心（bk）的衣服湿度显著低于对照组棉针织衣物（bb）。在实验的20min期间，没有吸汗背心的棉针织衣物紧身防护服（bb）的湿度超过82%，而具有超强吸水剂非织造织物吸汗背心紧身防护服（bk）相对湿度仅为61%。

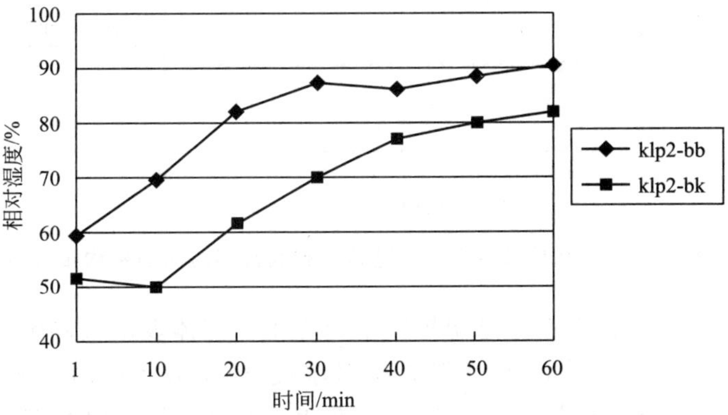

图23.16 不同服装类型受试者胸部衣服内侧的平均相对湿度

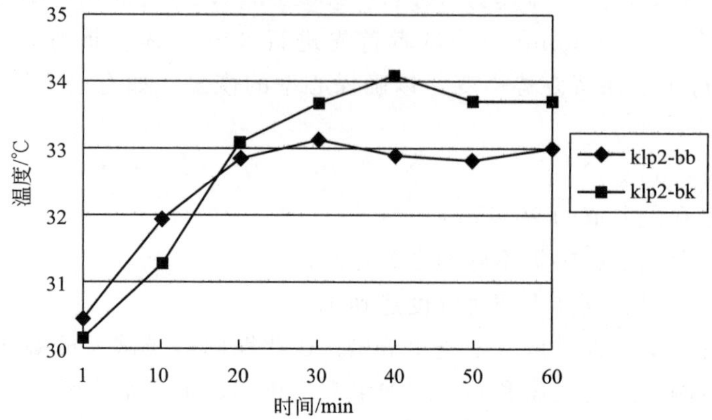

图 23.17　不同服装类型受试者胸部衣服内侧的平均体表温度

相对湿度达到 80%，可认为是引起使用者不适的最低水平，对于具有吸汗背心的衣服，患者在运动后 50min 才达到该水平。运动 60min 后，两种衣服相对湿度分别达到：90%（bb）以及 81%（bk）。

实验前 20min，所有穿着不同衣服的测试者左侧胸部体表温度均相近。20min 后，穿着吸汗背心组受试者体表温度缓慢增加（bk，pk）。60min 后，两组受试者平均体表温度分别达到：33℃（bb）、33.7℃（bk）。对照组衣服（bb）受试者体表温度较低，可能是 bk 组服装中间有吸汗背心夹层所致温度较高。

受试者背部体表的湿度和温度变化如图 23.18 和图 23.19 所示。在没有吸汗背心的棉质衣服上，背部出汗更强烈更快。在试验条件下，在计划试验期结束之前，仅在背面观察到水蒸气完全饱和。仅在测试开始 25min 或 36min 后，五名受试者中三名背部相对湿度达到 100%。在另一个测试组中，使用吸汗背心，测试可持续 60min 而衣服内侧的水蒸气仍未充分达到饱和。

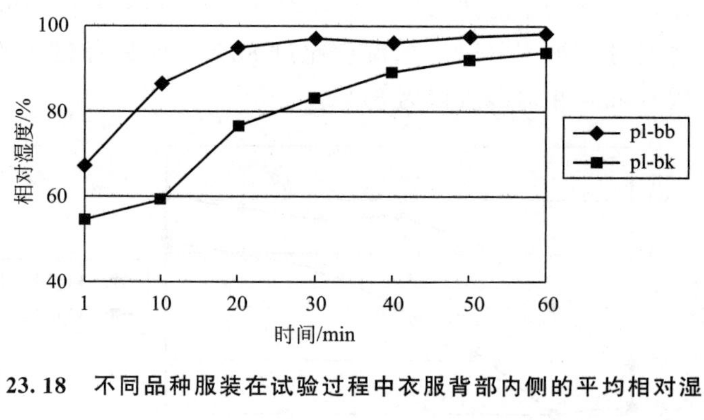

图 23.18　不同品种服装在试验过程中衣服背部内侧的平均相对湿度

超强吸水非织造织物背心在紧身防护服中的应用，使体表微气候湿度显著降低。运动 10min 后，没有吸汗背心的受试者背部的相对湿度达到 87%；而有吸汗背心的受试组（bk）仅达到 59%。在运动的第 20min 后，没有背心的受试组（bb）背部的相对湿度达到 95%；而穿戴吸汗背心的受试组（bk）相对湿度为 77%。

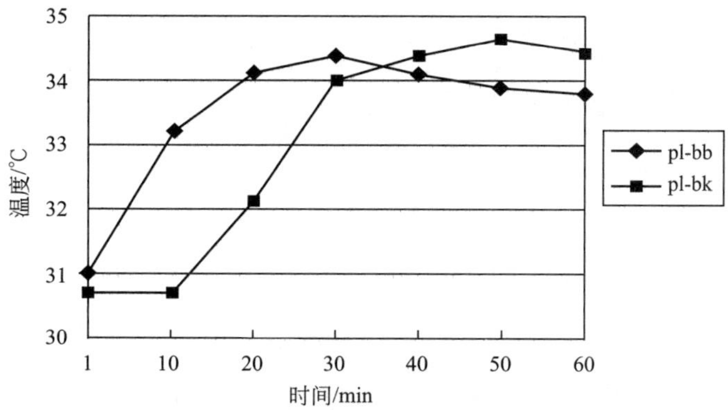

图 23.19　不同品种服装在试验过程中衣服背部内侧的平均温度

在实验进行到第 35min 时，bk 组背部微气候温度有所降低。从 35min 起，bk 组的受试者背部温度略高于 bb 组的体表温度，并且在实验结束时差异为 0.7℃，这种差异不具有统计学意义。

一般而言，与具有吸汗背心的衣服相比，不穿吸汗背心的棉质内衣中的湿度更高。在此统计学分析基础上，可以证明，在测试的第 10min、20min 和 30min，对于穿着不具有吸汗元件的棉织衣物受试者组与穿戴吸汗背心受试者组比较，二者的衣服在胸部和背部体表相对湿度差异具有统计学显著性（$p<0.05$）。这些结果表明吸汗元件的积极影响，因为它们可以使受试衣服类型的使用时间更长，衣服内侧相对湿度的增加更缓慢。

总而言之，紧身衣人体工程学测试结果表明，在紧身防护服下应用吸汗背心，可以大大降低紧身防护服内的体表微气候湿度。由于超强吸水性无纺材料在衣服中以附加层的形式存在，可能导致额外热量的积累，因此观察到内衣体表的微气候温度有小幅增加。

23.9　超吸收材料在半遮面罩中的应用

半遮面罩的使用经常伴有不舒服的感觉，这就直接导致对它们将不按照设计使用，或者根本不使用。不常使用过滤半遮面罩的最常见原因，是它们会引发机体刺激，甚至在半遮面罩接触的地方（脸颊，下巴或鼻）对使用者发生过敏反应，这是半遮面罩内部湿度较高的原因。潮湿的空气导致水蒸气的积聚，从而使半遮面罩制备材料的过滤器膨胀，结果产生的粗糙层引起皮肤刺激。

波兰中央劳动保护研究所-国家研究所（CIOP-PIB）采用一种创新技术，将超强吸水 102 型 Oasis 纤维与过滤纤维结合在一起，构建了具有一层吸湿作用的 FFP3D 型过滤半遮面罩。利用该技术可将非织造织物制成半遮过滤面罩，以吸收水蒸气，并将其置于盖内，并且可根据使用者的需要进行调节（图 23.20）。吸湿层直接吸收汗液和水蒸气，有效地减弱了非织造织物粗糙表面与皮肤紧密贴合带来的不适，从而延长了半遮面罩的使用时间。

吸湿层优化的关键是非织造织物吸湿混合原料的用量，既能保持吸收水蒸气的最佳能力，同时又不会影响半遮过滤面罩的基本功能。

最终使用共混材料的含量对半遮过滤面罩的过滤过程没有任何影响；其过滤效率始终保持在最高的第三级防护（FFP3），同时也不会增加使用者呼吸空气的阻力。

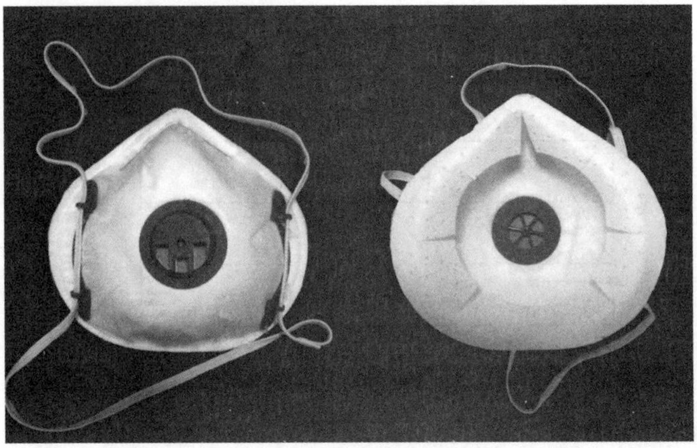

图 23.20 由 Oasisi 102 纤维非织造织物制成吸湿层的半遮过滤面罩

此外，吸湿层的存在不会在半遮面罩的结构内部造成任何过量的湿度收集，所以半遮面罩不会给使用者的面部增加任何负担，否则在使用过程中使用者可能会感到疲劳。通过在面罩层内额外放置一个紧密配合的半遮过滤面罩的吸湿层，使得面罩层更有利于调节。从此类设备使用角度来看，适当调整可确保维持半遮面罩的有效密封性，是选择和正确使用面罩的基本标准。

吸收空气湿气的过滤半遮面罩符合欧洲标准 PN-EN149＋A12009（2009），涉及可以及时将气溶胶渗透维持到适当水平，同时还有一些修改建议。

23.10 结论

综上所述，超强吸水剂的化学结构、外观形式以及在医学不同领域和个人舒适度方面的广泛应用，已经得到证明。使用超强吸水剂的优点多且明显。超强吸水剂的发展，以及新的应用方法，正在取得巨大的进步。我们期望，继续发明新的和更好的（更有效的）解决方案，并发现超强吸水剂的其他实际应用。

23.11 参考文献

Ackers P J (1997). 'The future for superabsorbent fibres', *Tech Textile Int*, 2.

ADM (2010). Superabsorbents, Archer Daniels Midland Company Available: http://www.adm.com/en-US/products/industrial/superabsorbents/Pages/default.aspx [Accessed 12 July 2010].

Alvarez O, Rozint J and Wiseman D (1989). 'Moist environment for healing: Matching the dressing to the wound', *Wounds*, 1, 35-51.

Anon (2000). Sheet-like superabsorbent structures, Medical Textiles. Available: http://find articles.com/p/articles/mi_hb5987/is_2000_Nov/ai_n32008400/[Accessed 12 July 2010].

Bartkowiak G (2006). 'Liquid sorption by nonwovens containing superabsorbent fibers', *Fibres Textiles East Eur*, 1, 57-61.

Bartkowiak G and Szucht E (2002). 'Liquid sorption in two layer packets of structuraly differentiate knitted materials', *Fibres Textiles East Eur*, 4, 45-48.

Bereś J and Kałędkowska M (1992). 'Super-absorbency', *Chemik*, 3, 59-61.

Brueggemann H, Dahmen K, Lehwald D and Theilmann R (2000). 'Sheet-like superabsorbent structures'. U. S. Pat. 6051317.

Buchholz F L and Graham A T (1998). *Modern Superabsorbent Polymer Technology*, John Wiley & Sons, New York.

Buchholz F L and Peppas N A (1994). *Superabsorbent Polymers: Science and Technology*, American Chemical Society, Washington.

Chen and Park K (2000). 'Synthesis and characterization of superporous hydrogel composites', *J Control Release*, 65, 73-82.

Degussa data sheet (2010). High performance polymers. Available: http: //www. degussa-hpp. com/[Accessed 18 July 2010].

El Fray M (2005). 'Multiblokowe elastomery termoplastyczne i żele polimerowe reagujące na bod ce zewnętrzne', *Elastomery*, 4, 10-14.

Flory P (1953). *Principles of Polymer Chemistry*, Cornell University Press, New York.

Glados S and Maciejewski M (1998). 'Hydrogels. Synthesis and applications', *Wiadomooeci Chemiczne (Chemical News)*, 52, 101-123.

Greger R and Windhorst U (1996). *Comprehensive Human Physiology: From Cellular Mechanisms to Integration*, Springer, Berlin.

Gupta P, Vermani K and Garg S (2002). 'Hydrogels: from controlled release to pH-responsive drug delivery', *Drug Discovery Today*, 7 (10), 569-579.

Hirakawa K, Tanaka K, Kawamoto M and Tsuda T (1994). 'Vinyl alcohol unit-containing polymer fibers having high moisture absorption and high water absorption'. U. S. Pat. 5304420.

Holmer I (1995). 'Protective clothing and heat stress', *Ergonomics*, 38, 166-182.

Inada S, Kobayashi S, Taniguchi J, Mizuki S, Kamada H and Nishiyama M (2004). United States

Kiatkamjornwong S, Punchareon P (1999). 'Influence of reaction parameters on water absorption of neutralized poly (acrylic acid-*co*-acrylamide) synthesized by inverse suspension polymerization', *J Appl Polym Sci*, 72 (10), 1349-1366.

Knack I and Beckert W (1991). 'Superabsorbent fibre flocks, methods for their production and application'. U. S. Pat. 5002814.

Knopf R J, Matthews V E and Jones A P (1976). 'Polyurethane hydrogel fibers and tapes and composites with natural and other synthetic fibers or films'. U. S. Pat. 3940542.

Królikowska H and Goetzendorf-Grabowska B (2002) 'Metoda oceny powierzchniowej chlonnooeci cieczy przez wyroby włókiennicze', *Przegląd Włókienniczy*, 11, 5-6.

Kuś H, Misterka S, Pielka S and Juszkiewicz M (1998). 'Miejscowe leczenie ran oparzeniowych i urazowych hydrożelowym opatrunkiem Geliperm. ', *Polimery w Medycynie*, 4, 211-217.

Marszałek A, Bartkowiak G and Łężak K (2009). 'Physiological effects of a modification of impermeable protective clothing construction', *Int J Occup Safety Ergon*, 1 (4), 61-73.

Martini S (1998). Superabsorber und ihre Anwendungrn, *Melliand Textilberichte*, 10, 717.

Microtek Medical (2010). Product data sheet. Available: http: //www. microtekmed. com/ index. htm [Accessed 12 July 2010].

Mitchell R L, Muller T E, Stevens H D and Tabke R S (1972). 'Process for forming hydroxyethyl cellulose fibers having high water absorption and high water retention properties'. U. S. Pat. 3670069.

Nakanishi M. Sakuari A and Kobayashi T (1988). 'Absorbent article'. U. S. Pat. 4721647. Nalęcz M (2002). *Biomateriały*, PAN, Warsaw.

Oasis Fibre Superabsorbent (2010). Product Data Sheet. Available: http: //www. techabsorbents. com/EN/SAF [Accessed 12 July 2010].

Patent 6783852 B2, (2004). 'High-absorbent polyvinyl alcohol fibers and nonwoven fabric comprising them'.

PN-91/P-04913 (1991). 'Textiles. Determination of colour fastness to perspiration', Polish Standardization Committee, Warsaw.

PN-EN 149+A1: 2009 (EN 149+A1: 2009). 'Respiratory protective devices. Filtering half masks to protect against particles. Requirements, testing, marking', Polish Standardization Comm-ittee, Warsaw.

PN-P-04635 (1980). 'Methods of fabric assessment-determination of higroscopicity', Polish Standardization Committee, Warsaw.

Polaczek J, Dziki E and Pielichowski J (2003). 'Characteristics of hydrogel matrixes-biomedical applications', *Polimery*, 1, 2003, 61-65.

Pytlik E, Molino D and Moritz J (2000). Superabsorbent polymers, Available: http://www.eng.buffalo.edu/courses/ce435/Diapers/Diapers.html [Accessed 12 July 2010].

Rongan (2004). SAP Powder. Available: http://www.china-rongan.com/madetail.asp? prID = 41&name = SAP%20Powder [Accessed 12 July 2010].

Roweton S, Huang S J and Swift G J (1997). 'Poly (aspartic acid): synthesis, biodegradation, and current applications', *Environ Polym Degrad*, 3, 175-181.

Sakai S, Yamaguchi S, Takei T and Kawakami K (2008). Oxidized alginate-cross-linked alginate/gelatin hydrogel fibers for fabricating tubular constructs with layered smooth muscle cells and endothelial cells in collagen gels, *Am Chem Soc*, Available: http://pubs.acs.org/doi/abs/10.1021/bm800286v [Accessed 12 July 2010].

Solari M (1994). 'Evaluation of the mechanical properties of a hydrogel fiber in the development of a polymeric actuator', *J Intell Mater Syst Struct*, 5 (3), 295-304. Available: http://jim.sagepub.com/cgi/content/abstract/5/3/295 [Accessed 12 July 2010].

Szewczyk M T and Cwajda J (2005). 'Wound healing materials of new generation infections', *Your Health*, Available: http://www.zakazenia.org.pl/index.php? okno=7&id=123& art_type=14 [Accessed 12 July 2010].

Szlezyngier W (2000). Man-made materials, vol. 3, FOSHE, Rzeszów.

Tonnesen H H and Karlsen J (2002). 'Alginate in drug delivery system', *Drug Dev Ind Pharm*, 26 (6): 621-630.

Tyliszczak B and Pielichowski K (2007). 'Characteristic of hydrogel matrices-biomedical application of polymeric superabsorbents', Technical Journal. *Chemistry*, R. 104, z. 1-Ch, pp. 159-167.

Yu L and Gu L (2008). Hydrolyzed polyacrylonitrile-*blend*-soy protein hydrogel fibers: a study of structure and dynamic pH response, *Soc Chem Ind*, Available: http://www3.interscience.wiley.com/journal/121520265/abstract? CRETRY=1&SRETRY=0 [Accessed 12 July 2010].

Zdebiak P and El Fray M (2006). 'The perspectives of polymeric hydrogels and thermoplastic elastomers as cartilage-like materials', *Inżynieria Biomateria-łów*, (54-55), 27-35.

第 24 章

医用纳米纤维织物

L. Van Der Schueren，K. De Clerck
比利时根特大学

摘要： 纳米纤维织物在医学领域可能具有很大的应用潜力，因为它们独特的性能可以满足医用标准。在对纳米纤维进行概述之后，本章将详细阐述纳米纤维在伤口敷料、药物递送系统和组织工程中应用的可能性。这些案例研究将证明纳米纤维在各个医学领域中应用的巨大潜力。

关键词： 纳米纤维，静电纺丝，伤口敷料，药物释放系统，组织工程。

24.1 引言

本章讨论了纳米纤维纺织品在医学应用中的可能性。首先，对纳米纤维织物进行了概述，讨论了纳米纤维的定义、可能的生产方法和纳米纤维的一般特性。重点阐述了静电纺丝工艺。在接下来的章节中，介绍了纳米结构在医学领域的主要应用，即伤口敷料、药物递送系统和组织工程体系等方面。对于每个应用领域，论述了该领域所需的材料特性、纳米纤维如何满足这些性能以及使用哪些聚合物可以实现这些特性。随后，将纳米纤维结构的性能与该应用领域的标准材料的性能进行了对比。最后，从不同角度阐述了未来的发展趋势，包括原料、工艺流程本身以及可能的后处理工序。

24.2 纳米纤维纺织品

24.2.1 纳米纤维

在所有科学领域中，纳米技术是一个蓬勃发展的研究领域，对此纺织工业的焦点在于开发超细纤维。微细纤维、亚微米纤维和纳米纤维之间是有区别的，后者的直径小于500nm。纳米纤维在微观尺度和宏观尺度之间提供了一种联系，虽然直径在纳米范围内，但长度可以达到千米。

24.2.2 生产流程

目前有几种生产纳米纤维的方法。然而，静电纺丝是其中唯一一种成熟的技术，其在工业中的应用也日益增多（Greiner 和 Wendorff，2007 年）。因此，将在第一节中对静电纺丝进行详细的探讨，而其他技术将在第二节介绍。

静电纺丝

静电纺丝是一种相对简单的工艺过程，可将聚合物溶液加工成为纳米纤维。除了使用聚合物溶液，也可以直接对聚合物熔体进行静电纺丝加工，但由于一些潜在的困难，目前关于这种工艺的研究报道相对较少。此外，采用熔体静电纺丝法只能得到亚微米纤维（Lyons 等，2004 年；Larrondo 和 Manley，2003 年；Zhou 等，2006 年）。因此，这里将对聚合物溶液静电纺丝法的基本原则进行阐释（如图 24.1 所示）。静电纺丝主要依赖于静电力作用，通过在聚合物溶液流经的喷嘴尖端 1 和收集板 2 之间施加由直流电压电源 3 产生的电场，可以获得静电力。此电场可致使聚合物溶液从球形垂滴变形为锥体，即泰勒锥 4。一旦静电力克服了聚合物溶液在喷嘴处的表面张力，射流 5 就会从喷嘴尖端引出。在射向收集板的过程中，射流会由于电荷与外加电场的相互作用和溶剂挥发的影响而变得不稳定，从而导致弯曲和倾斜。这两个过程会引起射流的拉伸，由此形成的纳米纤维会随机沉积在收集板上，形成非织造织物结构 6。典型的非织造织物结构扫描电镜图如图 24.2 所示。

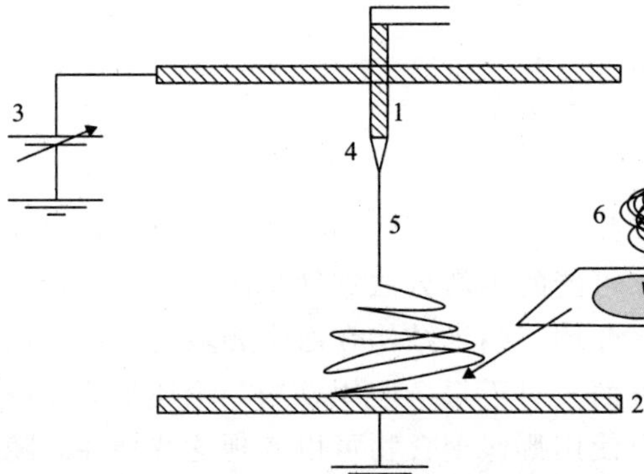

图 24.1 静电纺丝装置

1—喷嘴；2—收集板；3—直流电压源；4—泰勒锥；5—聚合物溶液射流；6—非织造织物

静电纺丝过程看来似乎相当简单，其实有一系列的参数会对生产过程产生影响。这些参数可以分为三组：加工过程参数，溶液参数和环境参数。过程参数包括流量、喷嘴尖端到收集板的距离和电压。溶液参数包含黏度、分子量、分子量分布、溶剂、导电率和表面张力。环境参数是指温度、湿度和空气流速。这一巨大的参数范围为各种可能的纳米纤维结构提供了不同的性能。

静电纺丝技术是目前最有前途的大规模生产连续纳米纤维的技术，其直径在纳米级和微米级之间（Greiner 和 Wendorff，2007 年）。该技术提供了实现控制纤维直径的可能性，并可用于多种聚合物和潜在的添加剂。到目前为止，已经有 100 多种合成和天然聚合物通过静电纺丝技术成功地纺成了超细纤维。

其他技术

还有一些其他生产超细纤维的方法。然而，它们生产的细度总有某种极限，而静电纺丝法则没有，所以对此只作简要的讨论。拉伸过程类似于干法纺丝，可以用来生产很长的纳米单纤维。但是，所使用的材料必须能够经受强烈的变形，并应具有足够的凝聚力以支撑牵拉过程中产生的应力。这一要求在静电纺丝法中不是必需的，因为它是在非接触的情况下进行拉伸的（Ondarcuhu 和 Joachim，1998 年；Li 和 Xia，2004 年）。

图 24.2　静电纺丝非织造织物扫描电镜图

模板聚合系统是使用纳米孔膜作为模板来生产实心或空心的纳米纤维。理想的材料是能够在薄膜的孔洞中进行聚合。通过这种加工过程可以生产由各种原材料和聚合物纳米纤维制备的纳米结构，可得到直径为 3nm 的纳米纤维。与拉伸技术相比较，模板聚合不能生产一个接一个连续的纳米纤维。此外，这种方法的生产速度比较慢（Martin，1996 年；Li 等，2005 年 b；Ikegame 等，2003 年；Feng 等，2006 年）。

在一种相分离工序中，形成高度多孔的三维贯通纳米孔网络的不同步骤包括聚合物溶解、相分离和凝胶化、用水从凝胶里萃取出溶剂、冷冻和真空冷冻干燥。然而，这个过程同样是耗时的，且仅限于特定的聚合物（Ma 和 Zhang，1999 年；van de Witte 等人，1996 年）。

自组装是指组件通过特定的、局部的相互作用而形成的模式或结构的自主组织，能够生产纳米纤维网络（Whitesides 和 Grzybowski，2002 年）。然而，这种过程既复杂又耗时。

熔喷法和“海岛”工艺过程显示出了高生产率。在熔喷时，聚合物熔体在相对较高的压力下从模孔中挤出。随后，纤维被一股热气流拉伸。这样得到的纤维直径范围为 500nm～2μm。纤维的熔体破裂不稳定性代表对熔喷法可获得的最细纤维的基本极限（Ellison 等，2007 年）。按这种“海岛”工艺，可纺出双组分的纤维。这种纤维中存在许多以岛相形式的纤维排列在另一种“海相”组分中，这种海相组分后期会通过萃取去除。这种工艺可得到纳米级的纤维，但对所使用的聚合物有很高的要求，因而这种技术有一定的局限性（Nakata 等，2007 年）。

24.2.3　纳米纤维结构的性质

通过将纤维的直径减小到纳米级尺寸，会产生一些特别和独有的性能，从而使得纳米纤维结构成为适用于各种应用的材料。这些性质包括大的比表面积特性（高达 $100m^2/g$），高孔隙率（高达 95%）和小孔径（50～200nm）。由于具有较大的表面积，纳米非织造织物可以非常高效地吸收液体（Fang 等，2008 年）。由于粗糙度是在纳米层面确定的，纳米纤维垫子具有非常平整的表面（De Vrieze 等，2007 年）。纳米纤维材料的力学性能可能会优于其他形式的材料（Huang 等，2003 年）。纳米纤维结构另外一个重要的性质是它的柔软性，可以形成各种尺寸和不同形状（Liang 等，2007 年）。此外，纳米纤维垫子的性能可以通过修改参数来调整，以满足特定的应用需求。

24.3 纳米纤维在医学领域的应用

几乎所有的人体组织，比如骨骼、软骨、皮肤等都可以被认为是纳米纤维系统。因此，在自然系统出现缺陷或问题的情况下，人造纳米纤维结构是模拟天然细胞外基质（ECM）和帮助愈合的理想候选材料。尤其是纳米尺度的纤维结构与生物医学应用更为相关，这是由于病毒和细菌的尺度就属于这一数量级。下一节将探索纳米纤维在医学领域的应用，从伤口敷料和药物缓释系统开始，以组织工程应用结束。

24.3.1 伤口敷料

伤口愈合是真皮和表皮组织再生的过程。在严重的伤口中，除了伤口边缘部分，几乎没有可用的细胞来重建组织。这就会导致较长的伤口愈合过程，同时有形成疤痕组织的高风险（Marler 等，1998 年）。另外一个问题是，使用标准的伤口绷带处理高渗液伤口时，绷带会迅速被组织液浸透。这就导致绷带使用寿命过短，这既对患者和医护人员带来不便，还会造成经济上的不利。伤口愈合材料应该不仅能够为组织重建提供基底，还应该能够在伤口恢复过程中可控地递送活性物质，比如药物。直到今天，这些都是难以实现的需求。因此，纳米非织造布有望成为解决上述问题的新途径。

纳米纤维结构的某些特性使得它们最适合用于伤口敷料。高孔隙率、孔隙连通良好以及独特的高比表面积，为液体的吸收提供了优良的材料。与此同时，这种结构可以控制液体流出，保持伤口湿润从而防止伤口脱水，而不会使渗出液在敷料下面堆积。这种保持伤口湿润的想法被认为是有益于伤口愈合的（Kumar，2006 年）。而且，由于孔径小，外源性微生物被阻止进入伤口，从而避免了感染（Fang 等，2008 年）。此外，大量的气孔可保障与环境之间的液体和气体交换（其中氧气是最重要的气体）（Greiner 和 Wendorff，2007 年）。由于高的比表面积，纳米纤维结构的使用对细胞的黏附、铺展和分化也有促进作用（Min 等，2004 年 a）。确实也有实验证明，细胞在纳米纤维结构上显示出了更高的细胞黏附和铺展能力（Min 等，2004 年 b；Noh 等，2006 年）。

几种聚合物被用于生产纳米纤维伤口敷料。尤其是可生物降解的聚合物在这个领域显得很有意义。天然聚合物和合成聚合物有所不同。天然聚合物通常表现出与人体细胞更好的相互作用和较低的免疫原性；两者都有利于伤口愈合。然而，天然聚合物在静电纺丝工艺中难以加工，其性能的内在变化是另外一个劣势所在。天然聚合物可分为蛋白质（例如胶原和丝蛋白）和多糖（例如壳聚糖和纤维素）（Schiffman 和 Schauer，2008 年）。另一方面，合成聚合物趋向于具有增强的力学性能、更易于工程化以满足特定的应用需求，但是其与机体的细胞相互作用较弱。通过将天然聚合物和合成聚合物相结合，两个的优势或许可以造就更加优异的伤口敷料。以下是最常用的伤口敷料用材料的概述，并没有对聚合物在创面敷料中的应用进行全面、详尽的研究。

胶原是一种对伤口敷料很有意义的天然聚合物，因为它是皮肤天然的细胞外基质成分。要生成胶原纳米纤维的结构，可以模拟天然细胞外基质中的三维网络结构。在大鼠的开放性伤口试验中，研究者发现与纱布处理的对照组相比，蛋白质纳米纤维治疗组的早期愈合速度更快（Rho 等，2006 年）。壳聚糖是一种天然多糖，具有止血活性、无毒、生物降解性和内在的抗菌性能，因此被认为是一种很有前途的伤口敷料材料（De Vrieze 等，2007 年；Ignatova 等，2006 年）。当将胶原和壳聚糖混合使用时，获得的膜在促进真皮和表皮再生方面优于市售的纱布，结果如图 24.3 所示（Chen 等，2008 年）。同样，蚕丝的丝素也已经静电纺丝，由于其生物相容性和可生物降解性，有作为纳米纤维伤口敷料使用的潜力。此外，丝素蛋白结构可以调整为具有良好的透氧透水性（Min 等，2004 年 a）。

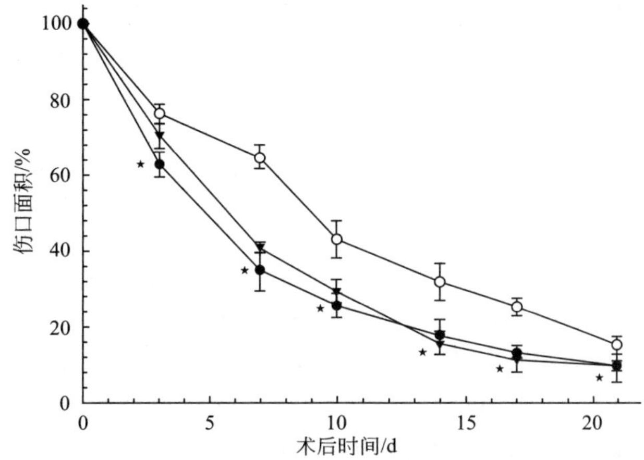

图 24.3 不同治疗时间后的伤口面积

（○）商用纱布；（▾）商用胶原蛋白海绵；（●）胶原/壳聚糖纳米纤维膜（**Chen** 等，**2008** 年）

最常见的医用合成聚合物有聚乙醇酸（PGA）、聚乳酸（PLA）、聚己内酯（PCL）以及其共聚物等合成聚酯。这类聚合物已被美国食品与药品管理局（FDA）批准用于医学应用。它们可随时间降解成无毒的终产物，降解时间取决于分子结构、分子量等因素，降解时间在数周和数月之间。PGA 具有生物相容性、高强度等性能，但其降解过快，并不适用于伤口敷料（Dong 等，2009 年）。PCL 和一小部分 PLA 展现出了较慢的降解速率，同时也具有与 PGA 相似的性能。因此，它们作为伤口处理材料更为合适（You 等，2005 年；Duan 等，2007 年；Van der Schueren 等，2011 年）。

另外一种有前途的合成聚合物是聚氨酯。这类聚合物显示出一些独特的性能，如优异的阻隔性能和透氧性（Lamba 等，1998 年）。因为蒸发失水受到控制，在用于遮盖伤口时聚氨酯纳米结构能够使体液从伤口中渗出，无需使伤口干燥，而且伤口表面不会积水。猪的组织病理学实验结果表明，与使用非纳米纤维结构时相比，使用电纺聚氨酯垫时的上皮化率有所提高（Khil 等，2003 年）。

聚乙烯醇（PVA）也具有生物相容性、耐化学性、优良的力学性能和无毒等特性，因此能被用作伤口敷料。然而，PVA 是水溶性的，这可能会在伤口的潮湿环境下引起一些问题。此问题可以通过热处理交联来克服（Hong 等，2006 年；Jia 等，2007 年）。

文献报道了几种将天然聚合物和合成聚合物相结合的例子（Shalumon 等，2010 年；Park 等，2010 年）。当天然的聚合物胶原蛋白与合成的 PCL 相结合，得到的复合结构能够促进细胞黏附、分化和真皮成纤维细胞的铺展，从而促进伤口的愈合（Venugopal 等，

2006 年)。通过将 PLA 和壳聚糖结合，聚酯的优点和壳聚糖的抗菌性能相联合，制成了一种很有前途的伤口敷料（Ignatova 等，2009 年)。天然聚合物海藻酸钠具有一些适用于伤口的性能，比如生物相容性、生物可降解性、无毒和亲水性。单使用海藻酸钠进行电纺丝加工不可行，但通过将天然的海藻酸钠与合成的可生物降解聚合物，如 PVA、PEO（聚氧乙烯）混合，则可以得到一种特殊的材料（Lu 等，2006 年；Safi 等，2007 年)。

有几种方法可以提供具有杀菌特性的纳米结构，用这些方法，可以清除细菌和微生物的入侵。众所周知，银是对微生物最具毒性的元素，因此银离子对各种细菌都有杀灭作用（Son 等，2004 年；Lala 等，2007 年)。因此，通过在纳米纤维中加入银，会大大降低感染的风险。由于纳米纤维结构比表面积大，相信其抗微生物活性强于传统的微米纤维（Son 等，2004 年)。此外，静电纺丝技术促进了这种银纳米粒-聚合物复合体系的生产，因为可以在纺丝流程开始前，通过在聚合物溶液中加入硝酸银或银纳米粒来实现。纳米粒子的掺入在生产过程中没有任何困难，而且纳米粒子均匀地分布在获得的纳米纤维上（Jin 等，2005 年；Jia 等，2007 年)（如图 24.3)。例如，当聚乙烯醇与硝酸银结合时，银离子被释放出来，为伤口区域提供快速和持续的抗菌活性（Hong，2006 年)。

除了银之外，碘也具有杀菌作用（Mizukami 和 Yokoyama，1996 年)。因此产生了聚乙烯基吡咯烷酮（PVP）-碘纳米纤维，它可以逐渐释放碘（Ignatova 等，2007 年)。另一种实现抗菌性能的方法是使用抗菌聚合物。Jeong 等人（2007 年）以含有季铵盐基团的改性聚氨酯为例（季铵盐具有消毒剂的特性)，通过静电纺丝生产纳米纤维。也有对壳聚糖进行季铵盐化处理，以获得更好的抗菌性能（Ignatova 等，2006 年)。

除了为伤口敷料添加抗菌活性，也可以添加其他成分以实现更多的功能。添加氯化锌是因为它的消炎能力，同时它可以作为伤口的营养剂（Moon 和 Crabtree，2003 年)。氧化锡纳米颗粒可以被用作舒缓和异味控制剂（Hong 等，2008 年)。

在未来的产业化应用中，纳米纤维结构可能会大规模连续生产，然后分销并用于患者。然而，Smith 和 Reneker（2001 年）开发了一种替代方法，通过一个小装置在皮肤上直接电纺非织造结构（见图 24.4)。

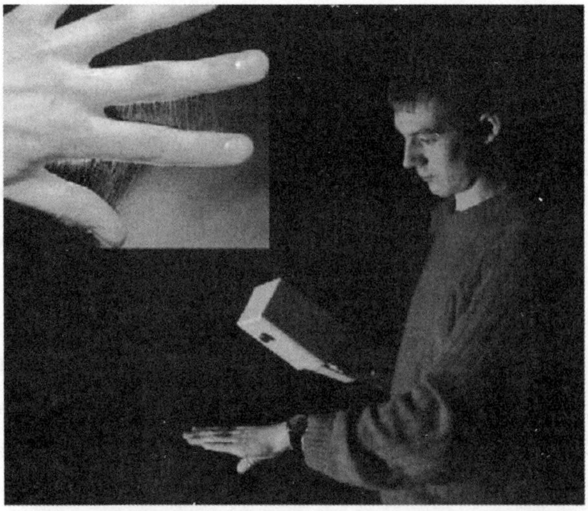

图 24.4 用于伤口敷料静电纺丝的手持设备（Greiner 和 Wendorff，2007 年）

24.3.2 药物缓释系统

如 24.3.1 节所述，伤口愈合是一个复杂的过程，在这个过程中会发生各种各样的问题，感染的发生就是其中之一。这些感染显著延长了愈合过程，更有可能形成疤痕（Edwards 和 Harding，2004 年）。抗生素等药物被用来治疗感染，但口服给患者带来不便，并可能导致肾脏和肝脏毒性等并发症（Suzuki 等，1998 年）。此外，肠道运输会降低药物的功能（Yih 和 Al-Fandi，2006 年）。因此，局部用药被认为是有益的（Noel 等，2008 年）。这种局部给药系统被称为药物释放系统，在医学治疗中可以有效地释放药物。理想情况下，会在感染部位和感染期间使用适当剂量的药物。药物是在局部递送的，因此与传统治疗相关的毒性风险会被降到最低。除了在外部应用于伤口，也可以在内部使用，如防止术后粘连（Kim 等，2004 年）。

纳米纤维结构具有一些特殊的性质，使其可应用于药物传递系统。由于静电纺丝技术，纳米纤维结构的生产变得简单易行。通过在开始前将药物添加到聚合物溶液中，可以很容易地进行药物加载。由于比表面积大，释放速率可以达到高值（Zong 等，2002 年）。此外，纳米纤维可能有助于有效地传递药物，因为药物载体材料的尺寸越小，就越容易被人体吸收（Huang 等，2003 年）。此外，实验表明，静电纺丝工艺对所含药物的活性和行为没有影响（Kim 等，2004 年；Taepaiboon 等，2006 年；Zong 等，2002 年），以及药物可以沿纤维均匀分布（Luong-Van 等，2006 年）。另一个优点是获得的负载纳米纤维结构可以被切割成任何必要的形式，从而很容易提供药物的局部递送（Kenawy 等，2002 年）。

用于药物释放装置的聚合物，通常与用作伤口敷料的聚合物相似。特别是生物可降解聚合物，如 PLA、PGA、PCL、PVA 和 PEO 及其共聚物（Kenawy 等，2002 年；Katti 等，2004 年；Kenawy 等，2007 年；Luong-Van 等，2006 年；曾等，2003 年）。通过周围聚合物的稳定降解和药物在聚合物结构中的扩散来释放药物，是生物降解聚合物组成的药物传递系统的普适作用原理。但是，也有人使用非生物降解聚合物，其中药物释放仅由扩散引起（Verreck 等，2003 年）。

疏水性和亲水性药物都可以载入纳米纤维，这是相较于其他药物传递系统的一个优势，如主要局限于亲水药物的水凝胶以及更适合疏水药物的聚合胶束（Kim 等，2004 年）。除了药物外，还可以添加 DNA、蛋白质和生长因子等大分子。然而，这些试剂是水溶性的，传统的静电纺丝法对它们的截留和缓释具有很大的挑战性。Luu 等人（2003 年）成功地将 DNA 添加到可生物降解的嵌段共聚物中，但 DNA 位于纤维表面，导致药物突释。为了真正将 DNA 固定在纤维内，应该进行一些修饰，这样可以促进聚合物降解所引起的均匀释放。同样对于蛋白质药物，仍然很难消除最初的药物突释（Kim 等，2007 年）。

突释是药物释放系统中经常发生的情况。有时，突释可能是有益的，但一般来说，期望得到一个均匀、恒定的释放曲线。许多参数会影响纳米纤维药物输送系统的释放动力学，例如聚合物的类型、聚合物和所载药物的亲疏水性、聚合物和药物的溶解度、纳米结构的形貌、药物分子在电纺介质中的状态，等等。静电纺丝药物释放体系的一个主要优点是：可以通过调整纳米结构的形貌、孔隙率和组成来精确地控制释放曲线和动力学。用这种方法可以最大限度地减少药物突释（Zeng 等，2005 年 a；Taepaiboon 等，2006 年；

Kim 等，2004 年）。

然而，药物浓度也会影响释放曲线，浓度越高，由于药物在纳米纤维表面的富集，突释的风险就越大（Kim 等，2004 年）。为了避免这种突发性释放，必须重视药物在聚合物-溶剂体系中的溶解度和相容性。当药物不溶解时，只能获得分散体，药物将位于或接近纳米纤维的表面，就会导致突释（Zeng 等，2005 年 a）。

除了选择合适的材料外，还有其他方法可以防止突释。药物与聚合物的共价结合避免了药物递送初期的高浓度释药（Jiang 等，2004 年）。在纳米纤维表面包覆一层聚合物壳是另一种控制释放曲线的方法（Zeng 等，2005 年 b）。为了进一步改善药物释放，引入了同轴纺丝技术（Huang 等，2005 年）。这是一个简单的过程，在此过程中可以获得高的药物负载能力，通过改变壳和毛细管芯的供料速率可以很容易地控制释放曲线（Jiang 等，2005 年；Jiang 等，2006 年）。

一些研究试图预测载药对纳米纤维直径和形态的影响。在大多数情况下，纤维的平均直径会受到影响，而且直径的增大和减小都有观察到（Katti 等，2004 年；Kim 等，2004 年）。在许多药物-聚合物组合中，当其他药物-聚合物体系发生变化时，结构的形态不受药物载荷的影响。这些结果表明，这些效应取决于药物类型和应用的聚合物。综上所述，对于聚合物和药物的每一种组合，都应该分别研究药物掺入对纳米纤维形态和直径的影响以及所获得的释放曲线。

24.3.3 组织工程

组织工程被描述为一个跨学科领域，是应用工程和生命科学的原则来开发生物替代品，以恢复、维持或改善组织功能（Langer 和 Vacanti，1993 年）。组织工程支架是一种替代天然细胞外基质（ECM）的结构，直到宿主细胞能够重新繁殖并合成新的天然基质（Li 等，2002 年）。为了实现预期的生物学功能，与原生组织的形态相似性是重要的（Zhang 等，2005 年 b）。支架还应具有高孔隙率，因为这对细胞增殖很重要。此外，适当的孔径分布和高表面积为细胞附着提供足够的空间是必要的。一般来说，支架必须是可生物降解的，降解速率必须与新自然组织形成的速率相似。生物相容性和无毒性是其他需要达到的合理条件，因为组织是在体内使用的。当支架被应用于治疗大的组织缺损时，它们也应该能使血管向内生长（Shin 等，2004 年）。最后，需要表现出良好的机械性能，能与受损组织的特性和结构完整性相匹配。

目前用作支架的材料和结构是多种多样的。由多种材料制成的泡沫、凝胶、粉末和薄膜被测试为潜在的组织工程材料。然而，与天然组织的纳米尺寸相比，它们的功效受到了微米直径的限制。因此，细胞无法在支架里深度生长，无法形成三维结构（Lee 等，2005 年）。

对支架材料的要求与纳米纤维结构的性能密切相关，因此纳米纤维结构在组织工程中具有良好的应用前景。此外，静电纺丝工艺能够产生类似 ECM 的复杂、无缝、三维结构。另一个优点是，由于直径小，人体细胞可以附着在纤维周围并很好地组织（Huang 等，2003 年）。此外，细胞可以在支架内浸润生长（Zhang 等，2005 年 a）。为了使细胞更好地迁移，微纤维和纳米纤维可以结合在一起（Tuzlakkoglu 等，2005 年）。高孔隙率也促进了营养物质和废物的输运，这有利于愈合过程（Shin 等，2004 年）。除了用作软组织外，电纺纳米纤维还可沉积在硬组织假体装置上，充当假体装置与宿主组织之间的界面。其结果是，减少了硬组织假体装置与固有组织之间的刚度失配，防止了装置失效（Buchko 等，1999 年）。

用于组织工程与用于伤口敷料和药物输送的聚合物，在类型上没有太大区别。天然的和合成的以及生物可降解和非生物可降解聚合物都有应用。同样，生物可降解聚酯，如 PGA、PLA 和 PCL 是最常用的。尽管天然高分子具有良好的生物相容性和细胞黏附性，但力学强度大多较低，不能用于体外实验。因此，合成高分子材料在组织工程中的研究越来越广泛。为了提高这些合成聚合物的生物相容性，从而帮助修复受损组织，特定的成分被吸附到其表面（Yoshimoto 等，2003 年）。各种各样的细胞如蛋白质、成纤维细胞、干细胞等被播种到这些结构上为组织修复提供支持（Riboldi 等，2005 年）。由于具有高比表面积和纳米级粗糙度，与传统的组织工程系统相比，这种播种可以更有效地进行（Greiner 和 Wendorff，2007 年）。另一种解决这一缺点的方法是将合成聚合物和天然聚合物混合或通过嫁接某些成分来修饰聚合物表面（Venugopal 等，2005 年；Ma 等，2005 年 b）。

纳米纤维结构可用于构建肌肉、骨骼、软骨、血管等一系列组织：

- 肌细胞在由不同类型的聚合物和不同的聚合物共混物组成的膜上附着和增殖良好。在 PLA/PCL 聚合物共混物中，对肌肉细胞行为的研究表明，不仅促进了细胞的附着和增殖，而且细胞也保持了其特定的表型，这表明了它们在支架内的生物学功能（Mo 等，2004 年）。
- PCL 是骨组织工程中最常用的聚合物，主要是由于其降解过程慢，力学性能好（Li 等，2005 年 a）。碳酸钙可以添加进去，以促进骨细胞的生长过程（Fujihara 等，2005 年）。
- 由于损伤软骨的修复目前仍很困难，因此纳米纤维支架被研究用来解决这一问题。胶原纳米纤维与软骨细胞具有良好的相容性，可用于软骨支架材料（Matthews 和 Boland，2003 年）。
- 血管，尤其是小直径的血管，是其他重要的组织，一旦损伤就很难修复。由于血管在尺寸大小、力学和生化特性、细胞含量和超微结构等方面的多样性，血管移植物的制作应得到精确控制（Agarwal 等，2008 年）。通过结合不同的聚合物，包括合成的和天然的，有可能能够调整血管支架的力学性能和抗血栓形成特性。因此，可以模仿天然血管的结构、功能和灵活性（Lee 等，2007 年；Stitzel 等，2006 年）。用明胶等天然聚合物嫁接合成结构，可以促进血管细胞的生长和铺展。纳米纤维的排列为细胞定向服务，这与天然血管一致（Ma 等，2005 年）。

以上只提到了人体组织的几个例子，实际上还有很多其他组织可以被纳米纤维结构模仿。

24.4 未来趋势

24.4.1 聚合物变性

如前所述，通过结合不同的聚合物可以获得不同的和新的材料性能。这些组合可以通过共聚或共混实现。这种方法的一个主要优点是，可以通过调整各组分的比例来调整得到的聚合物属性。由于不受特定合成方案的限制，共混的应用更加广泛（Xie 等，2008 年）。总之，通过选择合适的聚合物组合，纳米纤维结构的性能可以达到最佳的医用状态。

24.4.2 加工过程调整

为了进一步优化纳米纤维结构的特性，静电纺丝技术不断创新。核-壳电纺丝不仅具有制备药物释放装置的价值，而且在电纺丝过程中壳体还能保护核芯材料，使活细胞得以结合（Townsend-Nicholson 和 Jayasinghe，2006 年）。此外，甚至可以用这种方法生产中空纤维（Liang 等，2007 年）。

为了获得某些细胞所期望的和天然的各向异性，排列整齐的纳米纤维有时是必要的。因此，可以使用旋转的轮子代替静态收集电极板（Corey 等，2007 年；Lee 等，2005 年 a）。为了优化元件在纳米纤维支架中的传输，开发了一种双重孔隙结构。提高力学性能的盐和纳米颗粒被加入到结构中，然后用盐浸出/气体形成方法处理。因此，由纳米纤维间的空隙和处理后产生的大孔隙组成的非织造织物就被生产出来了（Lee 等，2005 年 b）。

24.4.3 后处理工序

纳米纤维结构制备完成后，对其表面进行变性，可以在保持纳米纤维结构优点的同时进一步提高其生物学性能。这些变性通常是通过生物活性成分的表面接枝来实现的（Chua 等，2005 年；Ma 等，2005 年 a）。除了接枝外，还可以进行涂层和等离子体处理来改变纳米纤维表面的特性，从而产生所需的性能（Park 等，2007 年）。

24.5 其他信息资源

关于纳米纤维的进一步文献和信息可以在 Ramakrishna 等（2005 年）及 Brown 和 Stevens（2007 年）的参考书中找到。技术和工业方面的信息的可以通过网站 Fibroniq 查询，这是根特大学实验室的一个联盟，将他们的专业技术融入了静电纺技术和纳米纤维的开发，以及采用纳米纤维结构的原型产品的开发中。

24.6 参考文献

Agarwal S, Wendorff J H and Greiner A (2008). Use of electrospinning technique for biomedical applications, *Polymer*, 49, 5603-5621.

Brown P J and Stevens K (2007). *Nanofi bers and Nanotechnology in Textiles*, Woodhead Publishing Ltd, UK.

Buchko C J, Chen L C, Chen Y and Martin D C (1999). Processing and microstructural characterization of porous biocompatible protein polymer thin films, *Polymer*, 40, 7397-7407.

Chen J P, Chang G Y and Chen J K (2008). Electrospun collagen/chitosan nanofibrous membrane as wound dressing, *Colloids Surf A*, 313/4, 183-188.

Chua K N, Lim W S, Zhang P, Lu H, Wen J, *et al*. (2005). Stable immobilization of rat hepatocyte spheroids on galactosylated nanofiber scaffold, *Biomaterials*, 26, 2537-2547.

Corey J M, Lin D Y, Mycek K B, Chen Q, Samuel S, *et al*. (2007). Aligned electrospun nanofibers specify the direction of dorsal root ganglia neurite growth, *J Biomed Mater Res Part A*, 83A, 636-645.

De Vrieze S, Westbroek P, Van Camp T and Van Langenhove L (2007).

Electrospinning of chitosan nanofibrous structures: feasibility study, *J Mater Sci*, 42, 8029-8034.

Dong Y, Liao S, Ngiam M, Chan C K and Ramakrishna S (2009). Degradation Behaviors of Electrospun Resorbable Polyester Nanofibers, *Tissue Eng Part B: Rev*, 15, 333-351.

Duan Y Y, Jia J, Wang S H, Yan W, Jin L and Wang Z Y (2007). Preparation of antimicrobial poly (ε-caprolactone) electrospun nanofibers containing silver-loaded zirconium phosphate nanoparticles, *J Appl Polym Sci*, 106, 1208-1214.

Edwards R and Harding K G (2004). Bacteria and wound healing, *Curr Opin Infect Disease*, 17, 91-96.

Ellison C J, Phatak A, Giles D W, Macosko C W and Bates F S (2007). Melt blown nanofibers: Fiber diameter distributions and onset of fiber breakup, *Polymer*, 48, 3306-3316.

Fang J, Niu H, Lin T and Wang X (2008). Applications of electrospun nanofibers, *Chin Sci Bull*, 53, 2265-2286.

Feng X, Yang G, Xu Q, Hou W and Zhu J J (2006). Self-Assembly of polyaniline/Au composites: From nanotubes to nanofibers, *Macromol Rapid Commun*, 27, 31-36.

Fujihara K, Kotaki M and Ramakrishna S (2005). Guided bone regeneration membrane made of polycaprolactone/calcium carbonate composite nano-fibers, *Biomaterials*, 26, 4139-4147.

Greiner A and Wendorff J H (2007). Electrospinning: A fascinating method for the preparation of ultrathin fibers, *Angew Chem Int Ed*, 46, 5670-5703.

Hong K H (2006). Preparation and Properties of Electrospun Poly (vinyl alcohol) /Silver Fiber Web as Wound Dressings, *Polym Eng Sci*, 47, 43-49.

Hong Y, Li Y, Zhuang X, Chen X and Jing X (2008). Electrospinning of multicomponent ultrathin fibrous nonwovens for semi-occlusive wound dressings, *J Biomed Mater Res Part A*, 89A, 345-354.

Huang Z M, Zhang Y Z, Kotaki M and Ramakrishna S (2003). A review on polymer nanofibers by electrospinning and their applications in nanocomposites, *Composite Sci Technol*, 63, 2223-2253.

Huang Z M, He C H, Yang A, Zhang Y, Han X J, *et al*. (2005). Encapsulating drugs in biodegradable ultrafine fibers through co-axial electrospinning, *J Biomed Mater Res Part A*, 77A, 169-179.

Ignatova M, Starbova K, Markova N, Manolova N and Rashkov I (2006). Electrospun nano-fibre mats with antibacterial properties from quaternised chitosan and poly (vinyl alcohol). *Carbohydr Res*, 341, 2098-2107.

Ignatova M, Manolova N and Rashkov I (2007). Electrospinning of poly (vinyl pyrrolidone) -iodine complex and poly (ethylene oxide) /poly (vinyl pyrrolidone) iodine complex-a prospective route to antimicrobial wound dressing materials, *Eur Polym J*, 43, 1609-1623.

Ignatova M, Manolova N, Markova N and Rashkov I (2009). Electrospun non-woven nanofibrous hybrid mats based on Chitosan and PLA for wound-dressing applications, *Macromol Biosci*, 9, 102-111.

Ikegame M, Tajima K and Aida T (2003). Template Synthesis of Polypyrrole Nanofibers Insulated within One-Dimensional Silicate Channels: Hexagonal versus Lamellar for Recombination of Polarons into Bipolarons, *Angew Chem*, 115, 2204-2207.

Jeong E H, Yang J and Youk J H (2007). Preparation of polyurethane cationomer nanofiber mats for use in antimicrobial nanofilter applications, *Mater Lett*, 61, 3991-3994.

Jia J, Duan Y Y, Wang S H, Zhang S F and Wang Z Y (2007). Preparation and characterization of antibacterial silver-containing nanofibers for wound dressing applications, *J US-China Med Sci*, 4, 52-54.

Jiang H, Fang D, Hsiao B, Chu B and Chen W (2004). Preparation and characterization of ibuprofen-loaded poly (lactide-co-glycolide) /poly (ethylene glycol) -g-chitosan electrospun membranes, *J Biomater Sci Polym Ed*, 15, 279-296.

Jiang H, Hu Y, Li Y, Zhao P, Zhu K and Chen W (2005). A facile technique to prepare biodegradable coaxial electrospun nanofibers for controlled release of bioactive agents, *J Controlled Release*, 108, 237-243.

Jiang H, Hu Y, Zhao P, Li Y and Zhu K (2006). Modulation of protein release from biodegradable core-shell structured fibers prepared by coaxial electrospinning, *J Biomed Mater Res Part B*, 79, 50-57.

Jin W J, Lee H K, Jeong E H, Park W H and Youk J H (2005). Preparation of polymer nanofibers containing silver nanoparticles by using poly (N-vinylpyrrolidone), *Macromol Rapid Commun*, 26, 1903-1907.

Katti D S, Robinson K W, Ko F K and Laurencin C T (2004). Bioresorbable nanofiberbased systems for wound healing and drug delivery: Optimization of fabrication parameters, *J Biomed Mater Res*, 70B, 286-296.

Kenawy E R, Bowlin G L, Mansfield K, Layman J, Simpson D G, *et al.* (2002). Release of tetracycline hydrochloride from electrospun poly (ethylene-co-vinylacetate). poly (lactic acid) and a blend, *J Controlled Release*, 81, 57-64.

Kenawy E R, Abdel-Hay F I, El-Newehy M H and Wnek G E (2007). Controlled release of ketoprofen from electrospun poly (vinyl alcohol) nanofibers, *Mater Sci Eng A*, 459, 390-396.

Khil M S, Cha D I, Kim H Y, Kim I S and Bhattarai N (2003). Electrospun nanofibrous polyurethane membrane as wound dressing, *J Biomed Mater Res Part B*, 67B, 675-679.

Kim K, Luu Y K, Chang C, Fang D, Hsiao B S, Chu B and Hadjiargyrou M (2004). Incorporation and controlled release of a hydrophilic antibiotic using poly (lactide-coglycolide) -based electrospun nanofibrous scaffolds, *J Controlled Release*, 98, 47-56.

Kim T G, Lee D S and Park T G (2007). Controlled protein release from electrospun biodegradable fiber mesh composed of poly (? -caprolactone) and poly (ethylene oxide), *Int J Pharm*, 338, 276-283.

Kumar C (2006). *Tissue, Cell and Organ Engineering*, Weinheim, Wiley-VCH.

Lala N L, Ramaseshan R, Bojun L, Sundarrajan S, Barhate R S, *et al.* (2007). Fabrication of Nanofibers With Antimicrobial Functionality Used as Filters: Protection Against Bacterial Contaminants, *Biotechnol Bioeng*, 97, 1357-1365.

Lamba N, Woodhouse K, Cooper S (1998). *Polyurethane in Biomedical Applications*, CRC Press, New York.

Langer R and Vacanti J P (1993). Tissue engineering, *Science*, 260, 920-926.

Larrondo L and Manley R St J (2003). Electrostatic fiber spinning from polymer melts. I. Experimental observations on fiber formation and properties, *J Polym Sci: Polym Phys Ed*, 19, 909-992.

Lee C H, Shin H J, Cho I H, Kang J M, Kim I A, *et al.* (2005 a). Nanofiber alignment and direction of mechanical strain affect the ECM production of human ACL fibroblast, *Biomaterials*, 26, 1261-1270.

Lee Y H, Lee J H, An I G, Kim C, Lee D S, *et al.* (2005 b). Electrospun dual-porosity structure and biodegradation morphology of Montmorillonite reinforced PLLA nanocomposite scaffolds, *Biomaterials*, 26, 3165-3172.

Lee S J, Joo J J, Lim G J, Atala A and Stitzel J (2007). In vitro evaluation of electrospun nanofiber scaffolds for vascular graft application, *J Biomed Mater Res Part A*, 83A, 999-1008.

Li W J, Laurencin C T, Caterson E J, Tuan R S and Ko F K (2002). Electrospun nanofibrous structure: A novel scaffold for tissue engineering, *J Biomed Mater Res Part A*, 60, 613-621.

Li D and Xia Y (2004). Electrospinning of nanofibers: Reinventing the wheel?, *Adv Mater*, 16, 1151-1170.

Li W J, Tuli R, Huang X, Laquerriere P and Tuan R S (2005 a). Multilineage differentiation of human mesenchymal stem cells in a three-dimensional nanofibrous scaffold, *Biomaterials*, 26, 5158-5166.

Li H, Ke Y and Hu Y (2005 b). Polymer Nanofibers Prepared by Template Melt Extrusion, *J Appl Polym Sci*, 99, 1018-1023.

Liang D, Hsiao B S and Chu B (2007). Functional electrospun nanofibrous scaffolds for biomedical applications, *Adv Drug Delivery Rev*, 59, 1392-1412.

Lu J W, Zhu Y L, Guo Z X, Hu P and Yu J (2006). Electrospinning of sodium alginate with poly (ethylene oxide), *Polymer*, 47, 8026-8031.

Luong-Van E, Grndahl L, Chua K N, Leong K W, Nurcombe V and Cool S M (2006). Controlled release of heparin from poly (? -caprolactone) electrospun fibers, *Biomaterials*, 27, 2042-2050.

Luu Y K, Kim K, Hsiao B S, Chu B and Hadjiargyrou M (2003). Development of a nanostructured DNA delivery scaffold via electrospinning of PLGA and PLA-PEG block copolymers, *J Controlled Release*, 89, 341-353.

Lyons J, Li C, Ko F (2004). Melt-electrospinning part Ⅰ: processing parameters and geometric properties, *Polymer*, 45, 7597-7603.

Ma P X and Zhang R (1999). Synthetic nano-scale fibrous extracellular matrix, *J Biomed Mater Res Part A*, 46, 60-72.

Ma Z, Kotaki M, Yong T, He W and Ramakrishna S (2005 a). Surface engineering of electrospun polyethylene terephthalate (PET) nanofibers towards development of a new material for blood vessel engineering, *Biomaterials*, 26, 2527-2536.

Ma Z, He M, Yong T and Ramakrishna S (2005 b). Grafting of gelatin on electrospun poly (caprolactone) nanofibers to improve endothelial cell spreading and proliferation and to control cell orientation, *Tissue Eng*, 11, 1149-1158.

Marler J J, Upton J, Langer R and Vacanti J P (1998). Transplantation of cells in matrixes for tissue regeneration, *Adv Drug Delivery Rev*, 33, 165-182.

Martin C R (1996). Membrane-based synthesis of nanomaterials, *Chem Mater*, 8, 1739-1746.

Matthews A and Boland E D (2003). Electrospinning of collagen type Ⅱ: A feasibility study, *J Bioactive Compatible Polym*, 18, 125-134.

Min B M, Lee G, Kim S H, Nam Y S, Lee T S and Park W H (2004 a). Electrospinning of silk fibroin nanofibers and its effect on the adhesion and spreading of normal human keratinocytes and fibroblasts in vitro, *Biomaterials*, 25, 1289-1297.

Min B M, Jeong L, Nam Y S, Kim J M, Kim J Y and Park W H (2004 b). Formation of silk fibroin matrices with different texture and its cellular response to normal human keratinocytes, *Int J Biol Macromol*, 34, 223-230.

Mizukami Y and Yokoyama T (1996). A study on the bactericidal activity of povidoneiodine, *Med Electron Microsc*, 26, 111-115.

Mo X M, Xu C Y, Kotaki M and Ramakrishna S (2004). Electrospun P (LLA-CL) nanofiber: a biomimetic extracellular matrix for smooth muscle cell and endothelial cell proliferation, *Biomaterials*, 25, 1883-1890.

Moon C H and Crabtree T G (2003). New Wound Dressing Techniques to Accelerate Healing, *Curr Treat Option Infect Disease*, 5, 251-260.

Nakata K, Fujii K, Ohkoshi Y, Gotoh Y, Nagura M, *et al.* (2007). Poly (ethylene terephthalate) nanofibers made by sea-island-type conjugated melt spinning and laser-heated flow drawing, *Macromol Rapid Commun*, 28, 792-795.

Noel S P, Courtney H, Bumgardner J D and Haggard W O (2008). Chitosan films, A potential local drug delivery system for antibiotics, *Clin Orthopaed Relate Res*, 466, 1377-1382.

Noh H K, Lee S W, Kim J M, Oh J E, Kim K H, Chung C P, *et al.* (2006). Electrospinning of chitin nanofibers: Degradation behavior and cellular response to normal human keratinocytes and fibroblasts, *Biomaterials*, 27, 3934-3944.

Ondarcuhu R and Joachim C (1998). Drawing a single nanofibre over hundreds of microns, *Europhys Lett*, 42, 215-220.

Park K, Ju Y M, Son J S, Ahn K D and Han D K (2007). Surface modification of biodegradable electrospun nanofiber scaffolds and their interaction with fibroblasts, *J Biomater Sci Polym Ed*, 18, 369-382.

Park S A, Park K E and Kim W (2010). Preparation of sodium alginate/poly (ethylene oxide) blend nanofibers with lecithin, *Macromol Res*, 18, 891-896.

Ramakrishna S, Fujihara K, Teo W E, Lim T C and Ma Z (2005). *An introduction to electrospinning and nanofibers*, World Scientific Publishing, Singapore.

Rho K S, Jeong L, Lee G, Seo B M, Park J Y, *et al.* (2006). Electrospinning of collagen nanofibers: Effects on the behavior of normal human keratinocytes and early-stage wound healing, *Biomaterials*, 27, 1452-1461.

Riboldi S A, Sampaolesi M, Neuenschwander P, Cossu G and Mantero S (2005). Electrospun degradable polyesterurethane membranes: potential scaffolds for skeletal muscle tissue engineering, *Biomaterials*, 26, 4606-4615.

Safi S, Morshed M, Ravandi S A H and Ghiaci M (2007). Study of Electrospinning of Sodium Alginate, Blended Solutions of Sodium Alginate/Poly (vinyl alcohol) and Sodium Alginate/Poly (ethylene oxide), *J Appl Polym Sci*, 104, 3245-3255.

Schiffman J D and Schauer C L (2008). A review: Electrospinning of biopolymer nanofibers and their applications, *Polym Rev*, 48, 317-352.

Shalumon K T, Anulekha K H, Girish C M, Prasanth R, Nair S V and Jayakumar R (2010). Single step electrospinning of chitosan/poly (caprolactone) nanofibers using formic acid/acetone solvent mixture, *Carbohyd Polym*, 80, 413-419.

Shin M, Yoshimoto H and Vacanti J P (2004). In vivo bone tissue engineering using mesenchymal stem cells on a novel electrospun nanofibrous scaffold, *Tissue Eng*, 10, 33-41.

Smith D and Reneker D H, PCT/US00/27737, 2001.

Son W K, Youk J H, Lee T S and Park W H (2004). Preparation of antimicrobial ultrafine cellulose acetate fibers with silver nanoparticles, *Macromol Rapid Commun*, 25, 1632-1637.

Stitzel J, Liu J, Lee S J, Komura M, Berry J, *et al.* (2006). Controlled fabrication of a biological vascular substitute, *Biomaterials*, 27, 1088-1094.

Suzuki Y, Tanihara M, Nishimura Y, Suzuki K, Kakimaru Y and Shimizu Y (1998). A new drug delivery system with controlled release of antibiotic only in the presence of infection, *J Biomed Mater Res*, 42, 112-116.

Taepaiboon P, Rungsardthong U and Supaphol P (2006). Drug-loaded electrospun mats of poly (vinyl alcohol) fibres and their release characteristics of four model drugs, *Nanotechnology*, 17, 2317-2329.

Townsend-Nicholson A and Jayasinghe S N (2006). Cell electrospinning: A unique biotechnique for encapsulating living organisms for generating active biological microthreads/scaffolds, *Biomacromolecules*, 7, 3364-3369.

Tuzlakkoglu K, Bolgen N, Salgado A J, Gomes M E, Piskin E and Reis R L (2005). Nanoand micro-fiber combined scaffolds: A new architecture for bone tissue engineering, *J Mater Sci: Mater Med*, 16, 1099-1104.

Van der Schueren L, De Schoenmaker B, Kalaoglu O I and De Clerk K (2011). An alternative solvent system for the steady state electrospinning of polycaprolactone, *Eur Polym J*, 47, 1256-1263.

van de Witte P, Dijkstra P J, van den Berg J W A and Feijen J (1996). Phase separation processes in polymer solutions in relation to membrane formation, *J Membr Sci*, 117, 1-31.

Venugopal J, Zhang Y and Ramakrishna S (2005). Fabrication of modified and functionalized polycaprolactone nanofibre scaffolds for vascular tissue engineering, *Nanotechnology*, 16, 2138-2142.

Venugopal J, Zhang Y and Ramakrishna S (2006). In vitro culture of human dermal fibroblasts on electrospun polycaprolactone collagen nanofibrous membrane, *Artif Organs*, 30, 440-446.

Verreck G, Chun I, Rosenblatt J, Peeters J, Van Dijck A, *et al.* (2003). Incorporation of drugs in an amorphous state into electrospun nanofibers composed of a water-insoluble, nonbiodegradable polymer, *J Controlled Release*, 92, 349-360.

Whitesides G M and Grzybowski B (2002). Self-assembly at all scales, *Science*, 295, 2418-2421.

Xie J, Li X and Xia Y (2008). Putting electrospun nanofibers to work for biomedical research, *Macromol Rapid Commun*, 29, 1775-1792.

Yih T C and Al-Fandi M (2006). Engineered nanoparticles as precise drug delivery systems, *J Cell Biochem*, 97, 1184-1190.

Yoshimoto H, Shin Y M, Terai H and Vacanti J P (2003). A biodegradable nanofiber scaffold by electrospinning and its potential for bone tissue engineering, *Biomaterials*, 24, 2077-2082.

You Y, Min B M, Lee S J, Lee T S and Park W H (2005). In Vitro degradation behavior of electrospun polyglycolide, polylactide, and poly (lactide-co-glycolide), *J Appl Polym Sci*, 95, 193-200.

Zeng J, Xu X, Chen X, Liang Q, Bian X, *et al.* (2003). Biodegradable electrospun fibers for drug delivery, *J Controlled Release*, 92, 227-231.

Zeng J, Yang L, Liang Q, Zhang X, Guan H, *et al*. (2005 a). Influence of the drug compatibility with polymer solution on the release kinetics of electrospun fiber formulation, *J Controlled Release*, 105, 43-51.

Zeng J, Aigner A, Czubayko F, Kissel T, Wendorff J H and Greiner A (2005 b). Poly (vinyl alcohol) nanofibers by electrospinning as a protein delivery system and the retardation of enzyme release by additional polymer coatings, *Biomacromolecules*, 6, 1484-1488.

Zhang Y, Ouyang H, Lim C T, Ramakrishna S and Huang Z M (2005 a). Electrospinning of Gelatin Fibers and Gelatin/PCL Composite Fibrous Scaffolds, *J Biomed Mater Res Part B*, 72B, 156-165.

Zhang Y, Lim C T, Ramakrishna S and Huang Z M (2005 b). Recent development of polymer nanofibers for biomedical and biotechnological applications, *J Mater Sci*: *Mater Med*, 16, 933-946.

Zhou H, Green T B and Joo Y L (2006). The thermal effects on electrospinning of polylactic acid melts, *Polymer*, 47, 7497-7505.

Zong X, Kim K, Fang D, Ran S, Hsiao B S and Chu B (2002). Structure and process relationship of electrospun bioabsorbable nanofiber membranes, *Polymer*, 43, 4403-4412.

索 引

K

L

M

N

O

P

Q

R

S

T

W

X

Y

Z

其他

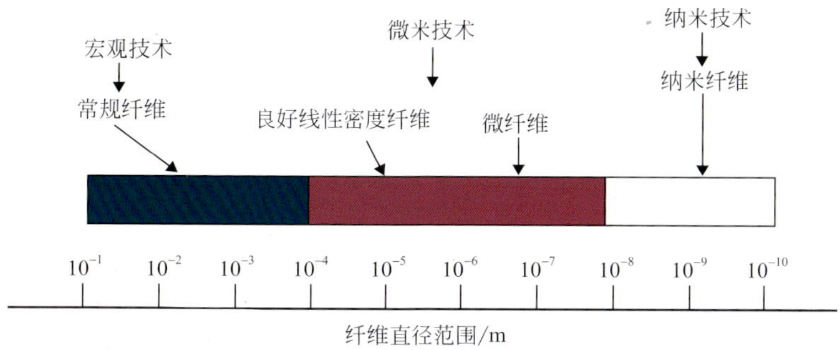

图 1.1　工业制造 / 加工技术与纤维直径的关系（取自 Sawhney 等，2008 年）

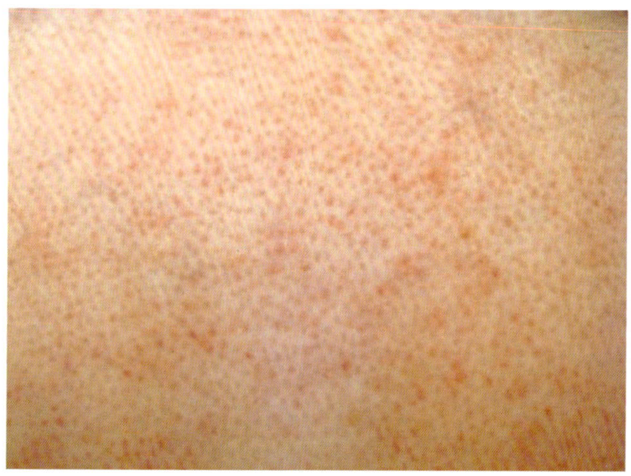

图 10.1　特应性毛囊性角化病

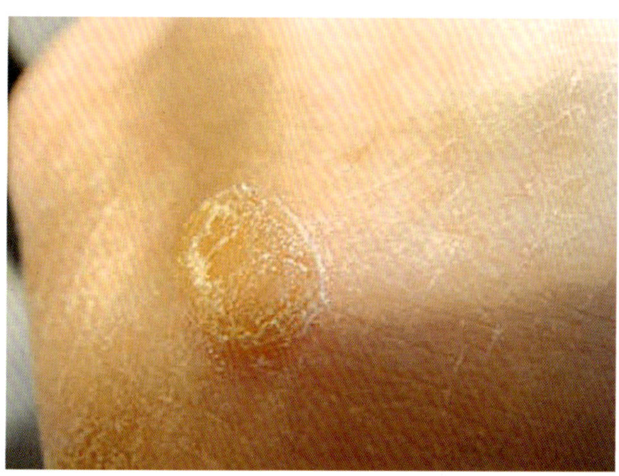

图 10.2　足底愈伤组织

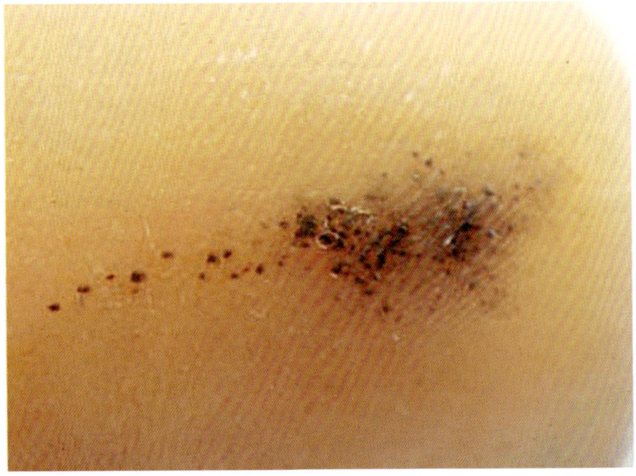

图 10.3　黑踵病，由袜子和鞋子的剪切力导致的角质层出血

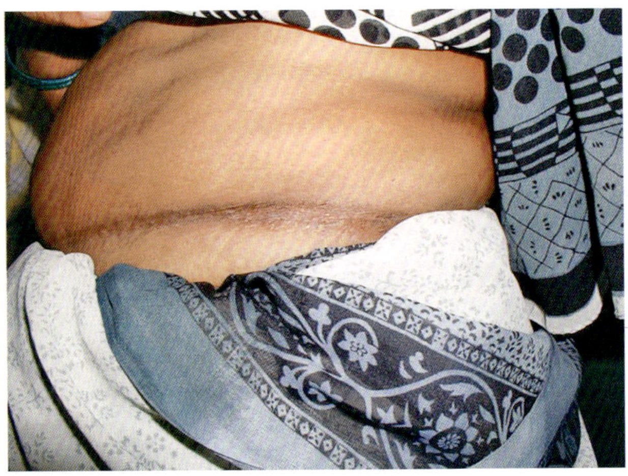

图 10.4　传统服装引起的髋关节摩擦性黑色素过多症

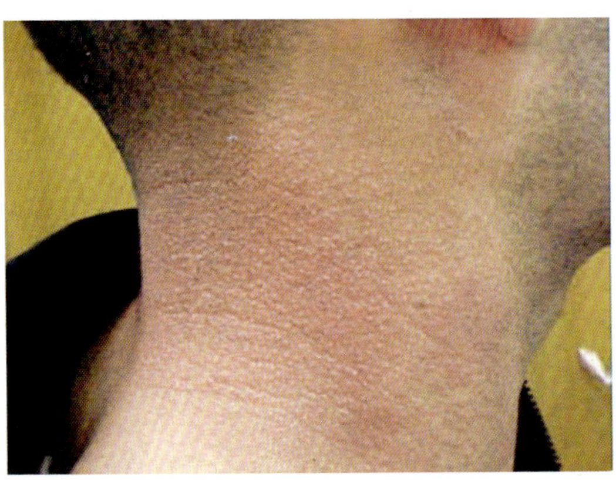

(a)

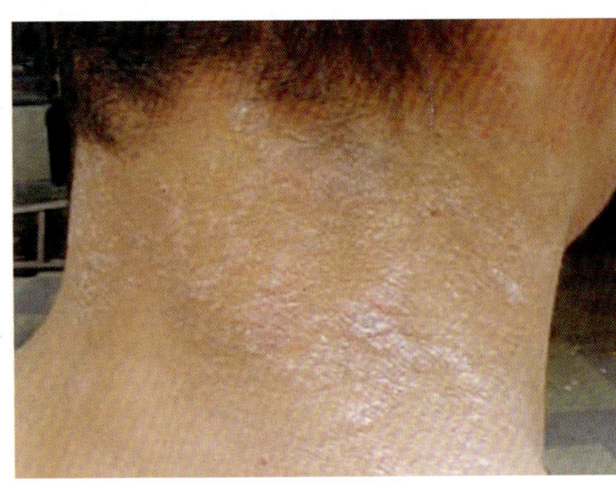

(b)

图 10.5　织物粗糙度对特应性皮肤的影响

（a）由衣物导致的“脏脖子”外观；（b）在炎热气候下由聚酯基衣物导致的颈部苔藓性皮炎